한솔아카데미가 답이다!

토목기사·토목산업기사 인터넷 강좌

한솔과 함께라면 빠르게 합격 할 수 있습니다.

단계별 완전학습 커리큘럼

기초핵심 – 정규이론과정 – 모의고사 – 마무리특강의 단계별 학습 프로그램 구성

기초핵심 (기초역학) ▶ 정규강의 (이론+문풀) ▶ 모의고사 (시험 2주전) ▶ 블랙박스 특강 (우선순위핵심)

토목기사·토목산업기사 유료 동영상 강의

구 분	과 목	담당강사	강의시간	동영상	교 재
필 기	응용역학	안광호	약 22시간		
	측량학	고길용	약 31시간		
	수리학 및 수문학	한웅규	약 20시간		
	철근콘크리트	고길용	약 25시간		
	토질 및 기초	박광진	약 29시간		
	상하수도공학	이상도	약 17시간		
	기사 과년도	과목별 교수님	약 62시간		
	산업기사 과년도	과목별 교수님	약 41시간		

• 유료 동영상강의 수강방법 : www.inup.co.kr

HANSOL INFO

수험생이 알아야 할 출제경향

최근의 출제문제를 중심으로 분석한 출제빈도와 중요내용입니다.

과목	단원명	출제문항수	세부항목
응용역학	1. 힘과 모멘트	1~2	평형해석, 부정정차수, sin법칙
	2. 단면의 성질	2	단면2차모멘트, 단면계수, 도심
	3. 재료의 역학적성질	2	프아송비, 변형량, 비틀림응력, 주응력
	4. 정정보	3~4	휨모멘트 계산, 반력계산
	5. 보의 응력	1~2	휨응력, 전단응력
	6. 라멘 아치 트러스	2	라멘의 휨모멘트, 3힌지의 수평반력, 트러스의 부재력
	7. 기둥	2	최대압축응력, 좌굴길이, 오일러 좌굴하중, 세장비
	8. 처짐 탄성변형	3~4	보의 처짐, 트러스처짐, 휨변형에너지
	9. 부정정구조	2~3	변위일치법, 모멘트분배법
계		20	
측량학	1. 측량학개론	1~2	측지학분류, 지구형상, 좌표계, 지구물리측정
	2. 거리측량	1	방법, 보정값, 관측값 해석
	3. 평판측량	1~2	3요소, 측량방법, 오차
	4. 수준측량	2~3	용어, 기포관감도, 교호, 지반고계산, 야장기입
	5. 각측량	1~2	측량방법, 트랜싯, 각오차
	6. 기준점측량	2	트래버스 종류, 관측오차, 계산문제, 조정, 삼각망, 조건식수, 삼변측량
	7. 스타디아지형측량	2~3	원리와 공식, 오차, 지성선, 등고선, 기입방법
	8. 면적체적측량	2	직선면적, 곡선면적, 체적계산, 면적분할
	9. 노선측량	3	단곡선, 설치방법, 완화곡선, 클로소이드, 종단곡선
	10. 하천측량	1~2	정의, 수위관측소, 유속측정방법
	11. 사진측량	2	특성, 특수3점, 항공사진축척, 시차차, 중복도, 사진매수, 입체시, 표정, 사진지도, 원격탐측
계		20	
수리학 및 수문학	1. 유체의 기본성질	1	표면장력, 비중, 공학단위, 차원
	2. 정수역학	2~3	전수압, 피토관, 부체상태
	3. 동수역학	3	연속방정식, 운동방정식, 항력, 마찰저항, 흐름상태
	4. 오리피스와 위어	2~3	위어의 유량, 오리피스 유속
	5. 관수로	2~3	마찰손실수두, 유속계수, 펌프마력
	6. 개수로	3	비에너지, 경심, 도수에너지, 최대유량조건
	7. 지하수	1~2	투수계수, 유량계산, 지하수유속, 여과수량
	8. 수문학 일반	2~3	수문기상, 물의순환과정
	9. 증발과 유출	2~3	단위도, 합리식
계		20	

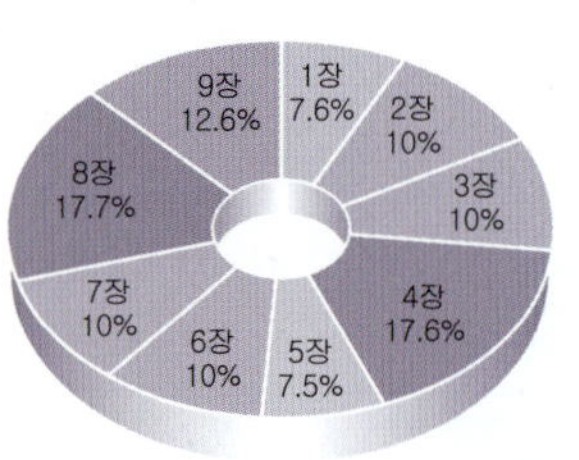

응용역학

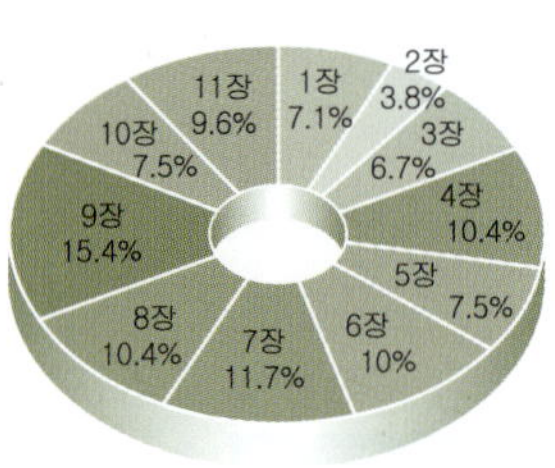

측량학

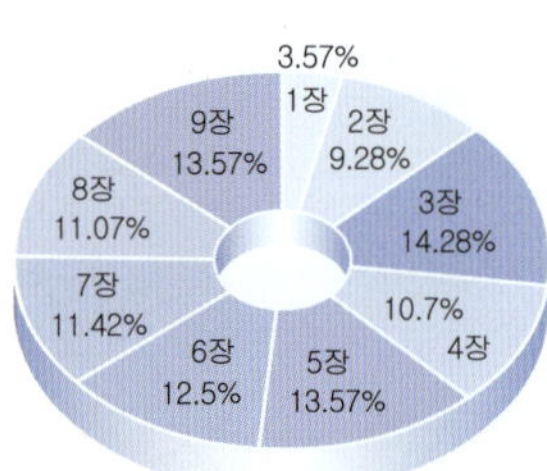

수리학 및 수문학

과목	단 원 명	출제문항수	세 부 항 목
철근콘크리트 및 강구조	1. 기본개념	1	성립이유, 콘크리트강도, 철근종류
	2. 설계방법	1	설계법 비교, 기본가정
	3. 강도설계법	4~5	단철근직사각형보, 복철근직사각형보, T형보, 처짐균열
	4. 전단설계법	3	전단철근종류, 철근량, 간격, 전단마찰
	5. 정착과 이음	1~2	철근상세, 부착, 정착, 이음
	6. 기둥	1~2	구조세목, 단주해석, 장주해석
	7. 슬래브	1	종류, 설계, 구조상세, 2방향슬래브
	8. 옹벽 확대기초	1	안정조건, 옹벽설계, 기초소요면적
	9. PSC	3	정의 특징, 재료, 분류, 기본개념, 손실
	10. 강구조 교량	3~4	리벳이음, 고장력볼트, 용접이음, 교량
계		20	
토질 및 기초	1. 흙의 기본적성질	2~3	상관관계, 단위무게, 연경지수, 통일분류법
	2. 흙의 투수성과 침투	2	다르시법칙, 투수계수, 유선망특성
	3. 유효응력	2~3	모관영역의 유효응력, 침투수압, 분사현상
	4. 흙의 압축성	1~2	압밀도, 선행압밀하중, 압밀시간계산, 침하량계산
	5. 흙의 전단강도	3~4	전단강도계산, 배수방법에따른 삼축압축, 전단특성, 간극수압계수
	6. 토압	1	랜킨의 토압이론, 정지토압계수, 토압계산
	7. 사면의 안정	1	유한사면의 안정, 무한사면의 안정
	8. 흙의 다짐	2	다짐곡선의 성질, 다짐특성, 현장다짐
	9. 기초	2~3	얕은기초지지력계산, 말뚝의 지지력, 부마찰력, 군말뚝, 공기케이슨
	10. 연약지반개량공법	2	개량공법의 종류, 샌드드레인, 페이퍼드레인, 컴포저 공법, 바이브로플로테이션, 사운딩
계		20	
상하수도공학	1. 상수도시설계획	2~3	상수도 구성, 급수인구 급수량산정
	2. 수질관리	1~2	먹는 물 수질기준, 자정작용, 부영양화
	3. 수원과 취수	2	수원 및 취수지점 선정요건, 종류
	4. 상수관로시설	2~3	도수 · 송수 · 배수 · 급수계획, 관로설계공식
	5. 정수장시설	3	정수방법, 시설, 배출수처리시설
	6. 하수도시설계획	3~4	하수도구성 계통, 하수배제방식, 계획하수량산정
	7. 하수관로시설	2~3	하수관로계획, 하수도관, 우수조정지
	8. 하수처리장시설	3~4	하수처리방법, 처리시설, 오니처리시설
	9. 펌프장시설	2	계획, 종류, 관련식, 펌프특성곡선
계		20	

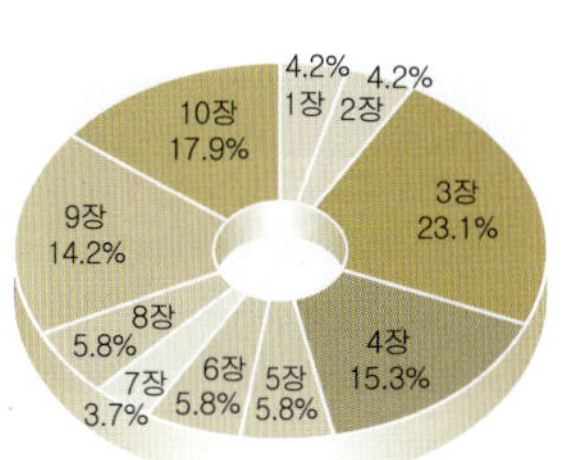

철근콘크리트 및 강구조

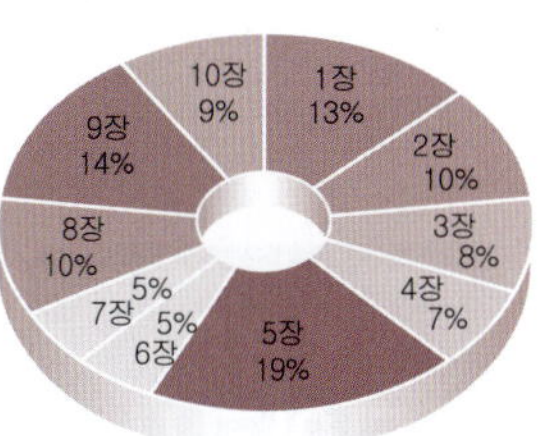

토질 및 기초

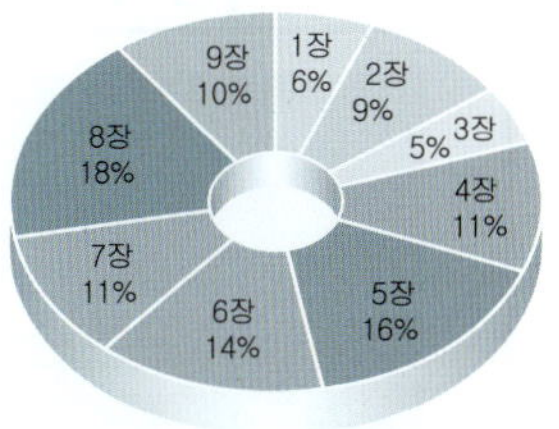

상하수도공학

본 도서를 구매하신 분께 드리는 혜택

본 도서를 구매하신 후 홈페이지에 회원등록을 하시면 아래와 같은 학습 관리시스템을 이용하실 수 있습니다.

무료동영상 (3개월 제공)

토목기사 · 토목산업기사 합격은 출제경향 및 기출학습에서 갈린다

- 최근 3개년 기출문제 제공

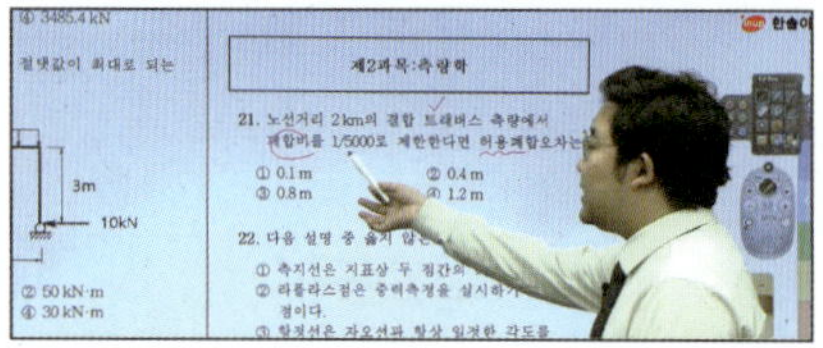

- 2026년 대비 출제경향분석

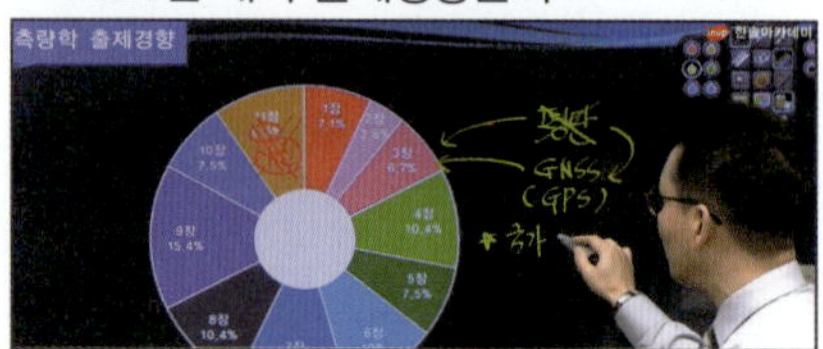

전국 모의고사

토목기사 · 토목산업기사 시험일 2주전 실시(세부일정은 인터넷 전용 홈페이지 참조)

- 전국 실전모의고사

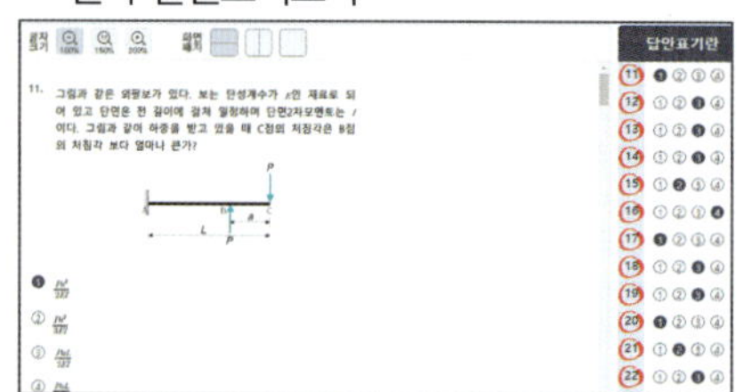

- 토목기사 실기 동영상강좌 할인쿠폰

모의고사 결과 상위 10% 이내 회원은 토목기사 실기 동영상 강좌 30,000원 할인쿠폰

CBT 모의고사

토목기사 · 토목산업기사 CBT모의고사

- 토목기사 6회

CBT대비 기사 6회 실전테스트
- CBT 토목기사 6회분
  - 2023년, 2024년, 2025년 과년도

- 토목산업기사 6회

CBT대비 산업기사 6회 실전테스트
- CBT 토목산업기사 6회분
  - 2023년, 2024년, 2025년 과년도

[등록절차] 도서구매 후 뒷표지 회원등록 인증번호를 확인하세요.

포켓북 제공 일주일 완성! 핵심정리 120제

측량학

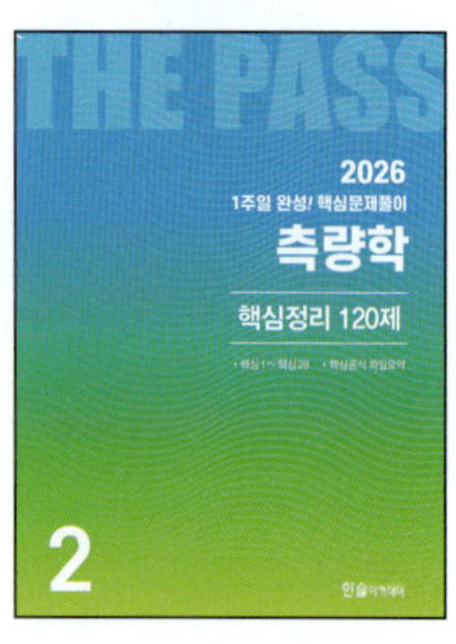

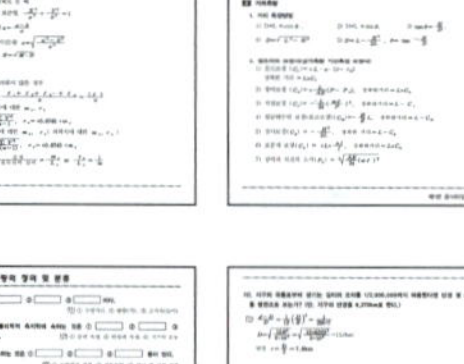

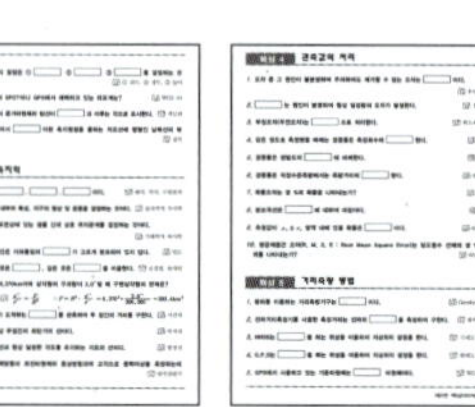

THE PASS

2026

토목기사·산업기사 시리즈

측량학

기출문제 무료동영상

핵심정리 120제

CBT 모의고사

2

한솔아카데미 H/A/N/S/O/L//A/C/A/D/E/M/Y

머리말

정보화시대를 맞이하여 세계는 무한경쟁의 시대에 접어들었으며 경쟁력은 무엇보다 우수한 전문기술의 확보에 달려 있다고 할 수 있다. 특히 측량기술은 최첨단 과학기술의 척도라고 해도 과언이 아닐 정도로 중요한 기술로 '미항공우주국'에 근무하는 과학기술 전문인력중 가장 많은 수를 차지하는 직종중의 하나이다.

측량이란 지구 및 우주 상에 존재하는 모든 점들의 상호간 위치를 결정하고 이를 거리, 높이, 방향, 면적, 체적 등을 계산하여 도면이나 전산 처리하여 필요한 형태로 저장해서 사용하는 것으로 정의할 수 있다.

측량을 공부하면서 학습자들이 느끼는 어려움은 수식이 많고, 매 단원마다 다른 측량방법이 나온다는 것이다.

이 책은 이러한 어려움을 덜어주기 위해 강의 중에 느꼈던 내용들을 수험자들이 알기 쉽게 요약하고 정리하여 누구나 쉽게 학습할 수 있도록 출제경향에 맞게 엮었다.

이 책의 특징을 요약하면 다음과 같다.

첫째 : 측량학 개론에서 하천측량까지 총 10장으로 구성되었으며, 다시 각 장마다 중요한 내용들을 세부목차로 하여 핵심문제와 함께 정리하였다.

둘째 : 세부목차마다 학습방향과 학습포인트를 두어 꼭 학습해야될 내용들을 알 수 있도록 하였다.

셋째 : 각 단원마다 핵심내용과 핵심문제에 맞춰 공부한 후 출제예상문제를 충분한 해설과 함께 두어 학습의 효과를 높이도록 하였다.

이 수험서가 국가검정기술자격시험, 공무원, 입사시험 등을 준비하는 수험생들에게 다소나마 도움이 되기를 바라며 미비된 내용이나 오류 등 부족한 점은 계속 수정해 나갈 것을 약속드립니다. 이 책이 출판될 수 있도록 애써주신 한솔아카데미의 여러 임직원들에게 깊은 감사를 드립니다.

저자 드림

"한솔아카데미" 교재는 앞서갑니다.

교재구성 특징

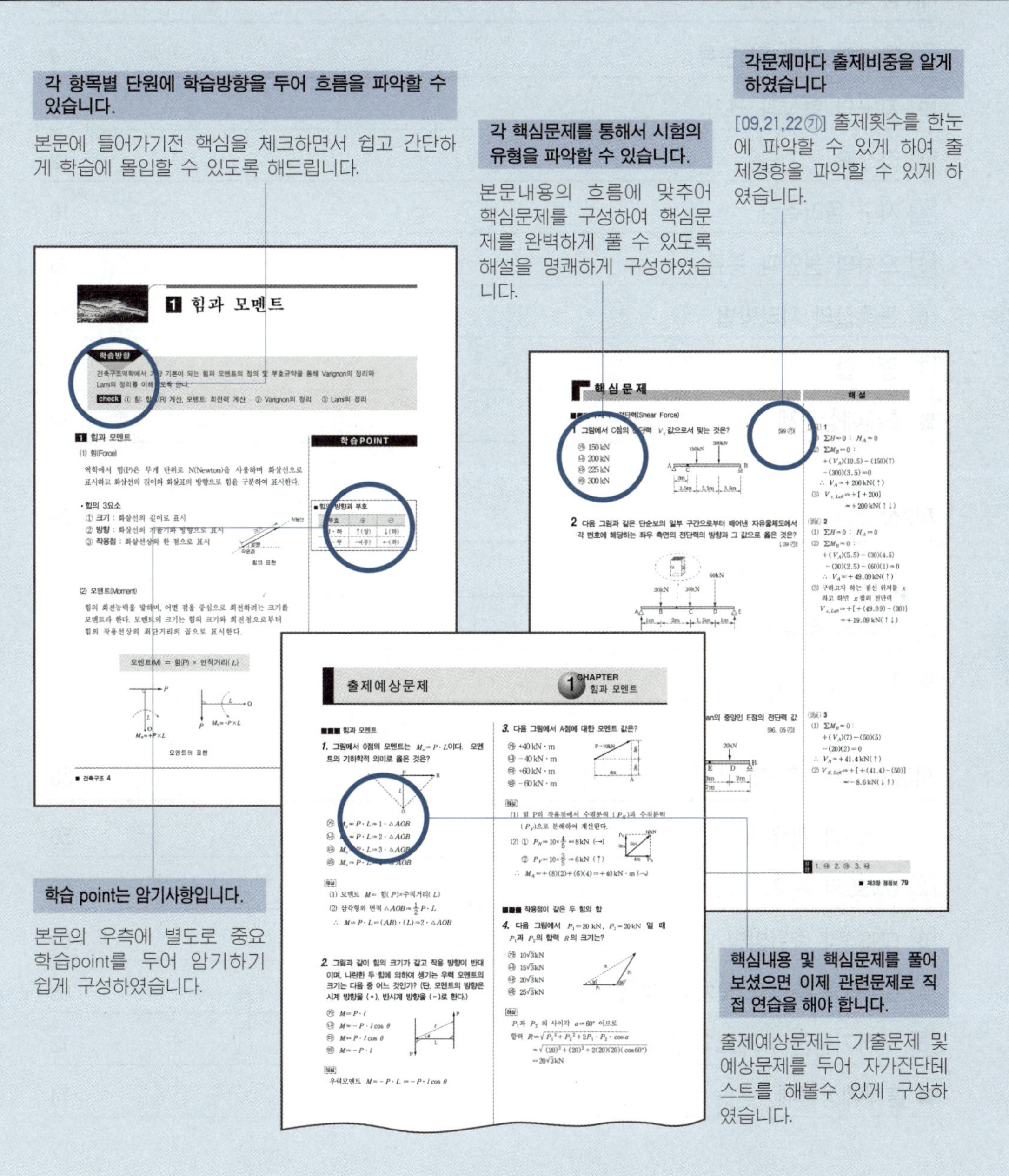

각 항목별 단원에 학습방향을 두어 흐름을 파악할 수 있습니다.
본문에 들어가기전 핵심을 체크하면서 쉽고 간단하게 학습에 몰입할 수 있도록 해드립니다.
각 핵심문제를 통해서 시험의 유형을 파악할 수 있습니다.
본문내용의 흐름에 맞추어 핵심문제를 구성하여 핵심문제를 완벽하게 풀 수 있도록 해설을 명쾌하게 구성하였습니다.
각문제마다 출제비중을 알게 하였습니다
[09,21,22㉮] 출제횟수를 한눈에 파악할 수 있게 하여 출제경향을 파악할 수 있게 하였습니다.
1 힘과 모멘트
학습방향
학습POINT
핵심문제
해설
출제예상문제
CHAPTER 1 힘과 모멘트
학습 point는 암기사항입니다.
본문의 우측에 별도로 중요 학습point를 두어 암기하기 쉽게 구성하였습니다.
핵심내용 및 핵심문제를 풀어 보셨으면 이제 관련문제로 직접 연습을 해야 합니다.
출제예상문제는 기출문제 및 예상문제를 두어 자가진단테스트를 해볼수 있게 구성하였습니다.

목 차

제10장 하천측량

부 록 : 과년도 출제문제

CBT 대비 토목기사, 토목산업기사 실전테스트는 홈페이지 (www.inup.co.kr)에서 CBT 모의 TEST로 함께 체험하실 수 있습니다.

■ **CBT대비 기사 6회 실전테스트**

- CBT 토목기사 제1회 (2025년 제1회 과년도)
- CBT 토목기사 제2회 (2025년 제3회 과년도)
- CBT 토목기사 제3회 (2024년 제1회 과년도)
- CBT 토목기사 제4회 (2024년 제3회 과년도)
- CBT 토목기사 제5회 (2023년 제1회 과년도)
- CBT 토목기사 제6회 (2023년 제3회 과년도)

■ **CBT대비 산업기사 6회 실전테스트**

- CBT 토목산업기사 제1회 (2025년 제1회 과년도)
- CBT 토목산업기사 제2회 (2025년 제3회 과년도)
- CBT 토목산업기사 제3회 (2024년 제1회 과년도)
- CBT 토목산업기사 제4회 (2024년 제3회 과년도)
- CBT 토목산업기사 제5회 (2023년 제1회 과년도)
- CBT 토목산업기사 제6회 (2023년 제4회 과년도)

제2과목

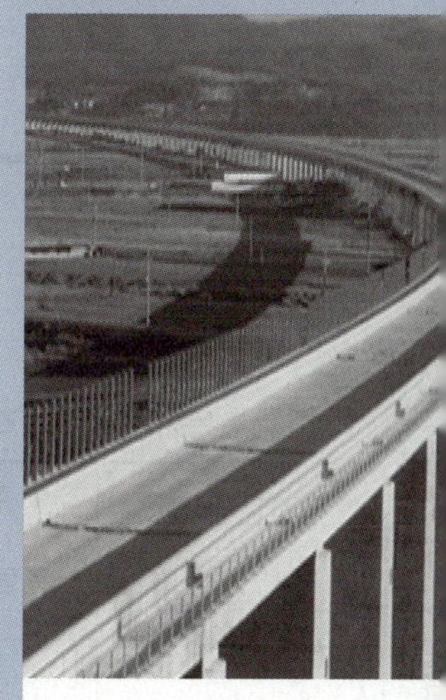

측 량 학

(과년도 기출문제 분석수록)

출제기준

■ 토목기사 필기 (적용기간 : 2026. 1. 1 ~ 2027. 12. 31)

자격종목	주 요 항 목	세 부 항 목	세 세 항 목
측량학 기사 (필기)	1. 측량학일반	1. 측량기준 및 오차	1. 측지학개요 2. 좌표계와 측량원점 3. 측량의 오차와 정밀도
		2. 국가기준점	1. 국가기준점 개요 2. 국가기준점 현황
	2. 평면기준점측량	1. 위성측위시스템(GNSS)	1. 위성측위시스템(GNSS) 개요 2. 위성측위시스템(GNSS) 활용
		2. 삼각측량	1. 삼각측량의 개요 2. 삼각측량의 방법 3. 수평각 측정 및 조정 4. 변장계산 및 좌표계산 5. 삼각수준측량 6. 삼변측량
		3. 다각측량	1. 다각측량 개요 2. 다각측량 외업 3. 다각측량 내업 4. 측점전개 및 도면작성
	3. 수준점측량	1. 수준측량	1. 정의, 분류, 용어 2. 야장기입법 3. 종ㆍ횡단측량 4. 수준망 조정 5. 교호수준측량
	4. 응용측량	1. 지형측량	1. 지형도 표시법 2. 등고선의 일반개요 3. 등고선의 측정 및 작성 4. 공간정보의 활용
		2. 면적 및 체적 측량	1. 면적계산 2. 체적계산
		3. 노선측량	1. 중심선 및 종횡단 측량 2. 단곡선 설치와 계산 및 이용방법 3. 완화곡선의 종류별 설치와 계산 및 이용방법 4. 종곡선 설치와 계산 및 이용방법
		4. 하천측량	1. 하천측량의 개요 2. 하천의 종횡단측량

■ 토목산업기사 필기 (적용기간 : 2026. 1. 1 ~ 2027. 12. 31)

자격종목	주 요 항 목	세 부 항 목	세 세 항 목
측량 및 토질 (전) 측량학	1. 측량학일반	1. 측량기준 및 오차	1. 측지학개요 2. 좌표계와 측량원점 3. 국가기준점 4. 측량의 오차와 정밀도
	2. 기준점측량	1. 위성측위시스템(GNSS)	1. 위성측위시스템(GNSS) 개요 2. 위성측위시스템(GNSS) 활용
		2. 삼각측량	1. 삼각측량의 개요 2. 삼각측량의 방법 3. 수평각 측정 및 조정
		3. 다각측량	1. 다각측량 개요 2. 다각측량 외업 3. 다각측량 내업
		4. 수준측량	1. 정의, 분류, 용어 2. 야장기입법 3. 교호수준측량
	3. 응용측량	1. 지형측량	1. 지형도 표시법 2. 등고선의 일반개요 3. 등고선의 측정 및 작성 4. 공간정보의 활용
		2. 면적 및 체적 측량	1. 면적계산 2. 체적계산
		3. 노선측량	1. 노선측량 개요 및 방법(추가) 2. 중심선 및 종횡단 측량 3. 단곡선 계산 및 이용방법 4. 완화곡선의 종류 및 특성 5. 종곡선의 종류 및 특성
		4. 하천측량	1. 하천측량의 개요 2. 하천의 종횡단측량

제 1 장 측량학 개론

출제경향분석

다음 단원에서 주로 출제되고 있으며 오차의 원인과 종류 및 관측값의 처리방법은 직접 출제되지는 않으나 오차에 대한 기본 개념으로 매우 중요하다.

1. 측량의 정의 및 분류　　2. 지구의 형상과 크기
3. 좌표　　4. 종합

단원별 경향분석

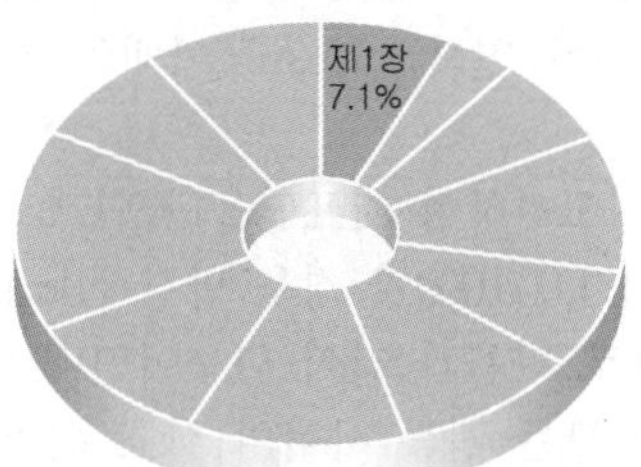

토목기사

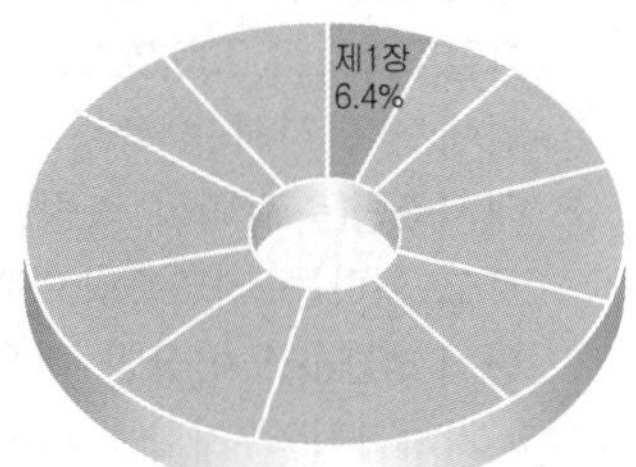

토목산업기사

항목별 경향분석

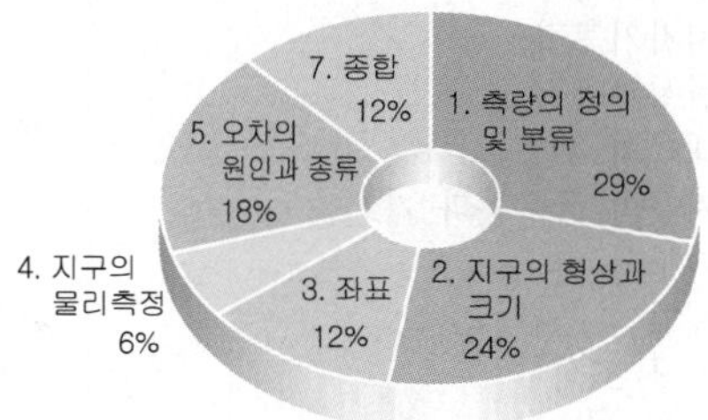

토목기사

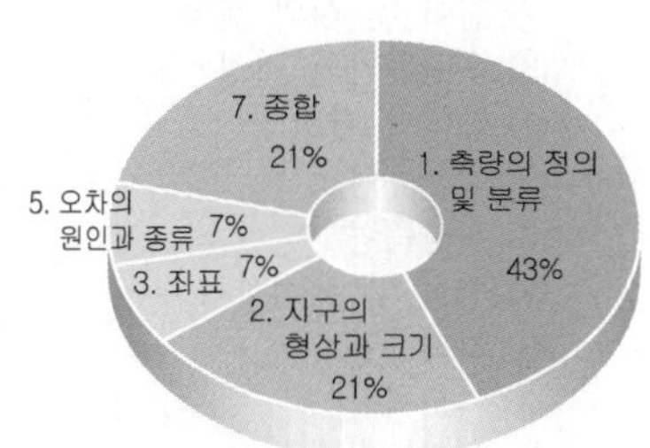

토목산업기사

1 측량의 정의 및 분류

학습방향

측량이란 어떤 대상을 측정하고 그 측정한 결과를 계산하고 오차론에 의해 오차조정을 하여 도면으로 나타내는 작업을 말하며 분류방법은 목적, 방법, 면적, 사용기계기구 등에 따른다.

① 측량의 정의　　② 대지측량과 평면측량의 관계
③ 기하학적 측지학과 물리학적 측지학

1 측량(Survey)의 정의

(1) 고전적 개념 : 지구상에 존재하는 모든 점들의 위치를 결정하여 도식에 의해 도면으로 나타낸 것이다.

(2) 현대적 개념 : 지구 및 우주공간에 존재하는 관측대상물에 대하여 길이, 각, 시, 질량등의 요소에 의하여 정량적, 정성적인 해석을 하는 학문이다.

2 측량의 분류

(1) 측량지역의 대・소에 따른 분류

① 평면측량(국지적 측량) : 지구의 곡률을 고려하지 않은 측량으로 **허용정밀도를 1/1,000,000**로 할 경우 **반경 11km, 면적 400km²** 이내의 지역에서 실시하는 측량

② 대지측량(측지학적 측량) : 지구의 곡률을 고려하여 지표면을 곡면으로 보고 행하는 정밀측량으로 허용정밀도가 1/1,000,000일 경우 반경 11km, 면적 400km² 이상인 넓은 지역의 측량으로 다음과 같이 나누어진다.

㉮ 기하학적 측지학 : 지구 표면상에 있는 모든 점들 사이의 상호 위치 관계를 결정

㉯ 물리학적 측지학 : 지구 내부의 특성, 지구의 형태 및 운동 등 물리학적 요소를 결정

기하학적 측지학(일반측량)	물리학적 측지학
① 측지학적 3차원 위치의 결정	① 지구의 형상 해석
② 길이 및 시의 결정	② 중력측정
③ 수평위치의 결정	③ 지자기측정
④ 높이의 결정	④ 탄성파측정
⑤ 천문측량	⑤ 대륙의 부동
⑥ 위성측량	⑥ 지구의 극운동과 자전운동
⑦ 면적 및 체적산정	⑦ 지구의 열
⑧ 하해측량	⑧ 해양의 조류
⑨ 지도제작	⑨ 지구 조석
⑩ 사진측정	

학습POINT

■ 측량의 3요소

① 좁은 의미에서 측량이란 점들의 위치를 결정하기 위하여 거리, 방향(각), 고저차(높이)를 측정하는 것을 말하는데 이를 측량의 3요소라 한다.

② 현대의 측량은 이 3요소(X, Y, Z)에 시간 T를 포함시켜 4차원 측정이 가능하다.

③ 측량에서 말하는 거리란 기준회전타원체 면상에 투영한 거리로 수평거리를 뜻한다.

▶05㉠, 07, 09, 10㉕
・측량의 분류

■ 기하학적 측지학과 물리학적 측지학

① 기하학적 측지학은 우리가 흔히 실시하는 일반측량이라고 보면 타당하다.

② '결정'이란 단어가 들어가면 기하학적 측지학이다.

■ 세부측량

- 평판측량, 시거측량, 음파측량, 나반측량

③ 대지 측량과 평면 측량의 구분

그림에서

R : 지구반경으로 6,370km

D : 지구표면을 따라 관측한 곡선(호)의 길이

d : 수평면을 따라 관측한 직선(현)의 길이라 하면

$$\frac{d-D}{D}=\frac{1}{12}\left(\frac{D}{R}\right)^2$$ 이 된다.

이 식에서

㉮ 거리오차 $(d-D)=\frac{1}{12}\frac{D^3}{R^2}$

㉯ 허용 정밀도 $(\frac{d-D}{D})=\frac{1}{12}(\frac{D}{R})^2=\frac{1}{m}$

㉰ 평면으로 간주되는 범위 $(D)=\sqrt{\frac{12R^2}{m}}$

즉, 거리측정의 허용오차를 1/1,000,000이라 하면 $\frac{1}{10^6}=\frac{1}{12}\left(\frac{D}{R}\right)^2$

∴ D = 22km

즉, 반경 11km이내를 평면 측량으로 간주

(2) 측량 순서에 따른 분류

① 골조측량(기준점 측량)

㉮ 삼각측량 : 모든 측량의 기준이 되는 삼각점의 위치를 결정

㉯ 트래버스 측량 : 삼각점 사이에 기준점을 만들기 위한 측량으로 결합트래버스와 폐합트래버스가 있다.

㉰ 평판의 전진법 : 도면상의 도해도근점을 결정한다.

② 세부측량

㉮ 평판측량 방법 : 방사법, 전진법, 교회법

㉯ 스타디아 측량방법

㉰ 거리측량의 지거법

3 천문측량의 목적

(1) 경위도 원점 및 측지원자 결정

(2) 도서지역(독립된)의 위치 결정

(3) 연직선 편차 결정

(4) 지구의 형상 결정

(5) 측지측량망의 방위각 조성

■ 대지측량과 평면측량의 출제유형

1. 수평거리(D)가 주어졌을 때 허용 정도를 구하는 문제

예제 지구표면의 거리 100km까지를 평면으로 볼 때 허용정도는?

$$\frac{d-D}{D}=\frac{1}{12}\left(\frac{D}{R}\right)^2=\frac{1}{12}\left(\frac{100}{6370}\right)^2=\frac{1}{50,000}$$

2. 허용정도가 주어졌을 때 평면의 한계를 구하는 문제

예제 거리의 정도가 $\frac{1}{1,000,000}$ 일 때 평면으로 볼 수 있는 한계는?

$$\frac{d-D}{D}=\frac{1}{12}\left(\frac{D}{R}\right)^2=\frac{1}{10^6}$$

$$\therefore D=\sqrt{\frac{12\cdot R^2}{10^6}}=\sqrt{\frac{12\times6370^2}{10^6}}\fallingdotseq 22\text{km}$$

$$r=\frac{D}{2}=11\text{km}$$

3. 허용정도에 의한 거리 오차를 구하는 문제

예제 허용정도 $\frac{1}{10^6}$ 일 때 거리오차는?

$$\frac{d-D}{D}=\frac{1}{12}\left(\frac{D}{R}\right)^2=\frac{1}{10^6}$$

$$\therefore d-D=\frac{D}{10^6}=\frac{22\text{km}}{10^6}=2.2\text{cm}$$

핵심문제

해설

1 다음 중 측량의 3대 요소가 아닌 것은? [97, 94 ㉠]

㉮ 거리측량　　㉯ 각측량

㉰ 고저측량　　㉱ 면적측량

2 다음 측지학의 분류 중 기하학적 측지학에 속하는 것은? [02 ㉠]

㉮ 중력 측정

㉯ 탄성파 측정

㉰ 지구의 운동

㉱ 지구반경 측정

3 다음 측지학에 관한 설명 중 잘못된 것은? [98, 85 ㉠]

㉮ 지구곡률을 고려한 반경 11km 이상인 지역의 측량에 측지학의 지식을 필요로 한다.

㉯ 지구표면상의 길이, 각 및 높이의 관측에 의한 3차원 좌표 결정을 위한 측량만을 말한다.

㉰ 지구표면상의 상호위치 관계를 규명하는 것을 기하학적 측지학이라 한다.

㉱ 지구 내부의 특성, 형상 및 크기에 관한 것을 물리학적 측지학이라 한다.

4 다음 중 물리학적 측지학에 해당되는 것은? [00㉢, 16 ㉠]

㉮ 탄성파 관측　　㉯ 면적 및 부피 계산

㉰ 구과량 계산　　㉱ 3차원 위치 결정

5 다음 설명 중 옳지 않은 것은? [99, 16 ㉠]

㉮ 측지학이란 지구내부의 특성, 지구의 형상 및 운동을 결정하는 측량과 지구표면상 모든 점들간의 상호위치 관계를 산정하는 측량을 위한 학문이다.

㉯ 측지측량은 지구의 곡률을 고려한 정밀측량이다.

㉰ 지각변동의 측정, 항로등의 측량은 평면측량으로 한다.

㉱ 측지학에서는 지구의 측정을 위한 물리학적 측지학과 측량을 위한 기하학적 측지학으로 나눈다.

해설 **1**

- 측량의 3요소
  ① 수평거리
  ② 방향(각)
  ③ 고저차(높이)

해설 **2**

지구 반경의 측정은 기하학적 측지학에 속한다.

해설 **3**

지구의 곡률을 고려한 반경 11km 이상의 지역에서는 측지학의 지식을 필요로 하며 측지학에는 기하학적 측지학(㉯항)과 물리학적 측지학이 있다.

해설 **4**

물리학적 측지학은 기하학적 측지학과 대비되는 개념으로 지구의 형상해석, 중력측정, 지자기측정, 탄성파 측정 등이 있다.

해설 **5**

지각변동, 항로등의 측량은 측지학적(대지) 측량으로 실시한다.

정답 1. ㉱ 2. ㉱ 3. ㉯ 4. ㉮ 5. ㉰

6 거리 60km인 지역을 평면으로 고려하여 측량을 실시했을 때 얻어지는 측량성과의 허용오차범위는 얼마로 보아야 하는가?(단, 지구의 반경은 6,370km) [01, 15 ㉠]

㉮ 1/135,256 ㉯ 1/325,129
㉰ 1/541,025 ㉱ 1/739,297

7 다음 중 측량목적에 따른 분류가 아닌 것은? [96 ㉠]

㉮ 천문측량 ㉯ 거리측량
㉰ 수준측량 ㉱ 지적측량

8 지구곡률을 고려한 대지측량을 해야 하는 범위는? (단, 정도는 1/100만로 한다.) [95 ㉠]

㉮ 반경 11km, 넓이 200km² 이상인 지역
㉯ 반경 11km, 넓이 300km² 이상인 지역
㉰ 반경 11km, 넓이 400km² 이상인 지역
㉱ 반경 11km, 넓이 500km² 이상인 지역

9 지구반경 6,400km에서 구면상의 거리차는 평면거리 20km에서는 얼마인가? [91 ㉡]

㉮ 0.0163m
㉯ 0.0171km
㉰ 0.0701km
㉱ 0.0269km

10 지구의 곡률에 의하여 발생하는 오차를 $1/10^6$까지 허용한다면 평면으로 가정할 수 있는 최대 반지름은?(단, 지구곡률반지름 R=6,370km) [83 ㉡, 16 ㉠]

㉮ 약 5km
㉯ 약 11km
㉰ 약 22km
㉱ 약 110km

해설

해설 **6**

- 허용정도

$$\frac{(d-D)}{D}=\frac{D^2}{12R^2}=\frac{60^2}{12\times 6370^2}=\frac{1}{135,256}$$

해설 **7**

거리 측량은 측량방법에 따른 분류이다.

해설 **8**

$$\frac{d-D}{D}=\frac{1}{12}\left(\frac{D}{R}\right)^2$$

$$\frac{1}{100만}=\frac{1}{12}\left(\frac{D}{6370}\right)^2$$

$$\therefore D=\sqrt{\frac{12\times 6370^2}{100만}}\fallingdotseq 22\text{km}$$

$$\therefore \text{ 반경 } r=\frac{D}{2}=11\text{km}$$

$$\text{면적 } A=\pi r^2\fallingdotseq 400\text{km}^2$$

해설 **9**

$$\frac{d-D}{D}=\frac{1}{12}\left(\frac{D}{R}\right)^2$$

$$\therefore d-D=\frac{1}{12}\cdot\frac{D^3}{R^2}=\frac{1}{12}\cdot\frac{20^3}{6400^2}=0.0163\text{ m}$$

해설 **10**

$$\frac{d-D}{D}=\frac{1}{12}\left(\frac{D}{R}\right)^2 \text{에서}$$

$$\left(\frac{d-D}{D}=\frac{1}{10^6}\right)$$

$$D=\sqrt{12\times\frac{R^2}{10^6}}\fallingdotseq 22\text{km}$$

$$\therefore r=\frac{D}{2}=11\text{ km}$$

정답 6. ㉮ 7. ㉯ 8. ㉰ 9. ㉮ 10. ㉯

2 지구의 형상과 크기

학습방향

구에 가까운 곡면으로 이루어진 지표면을 평면인 도면상에 나타내기 위해서는 지구의 형상과 크기를 알아야 하며 지구의 형상을 구로 볼 경우와 회전타원체로 보는 경우에 따라 곡률반경도 달라진다.

① 지구의 곡률반경　　② 지구의 편평률과 이심률

③ 지오이드

1 지구를 구로 간주할 때

천문학, 지구물리학 등에 사용되며 회전 타원체의 삼축반경을 산술평균하여 R을 구한다.

곡률반경 $R=\dfrac{2a+b}{3}$

여기서, a : 적도반경(장반경)　b : 극반경(단반경)

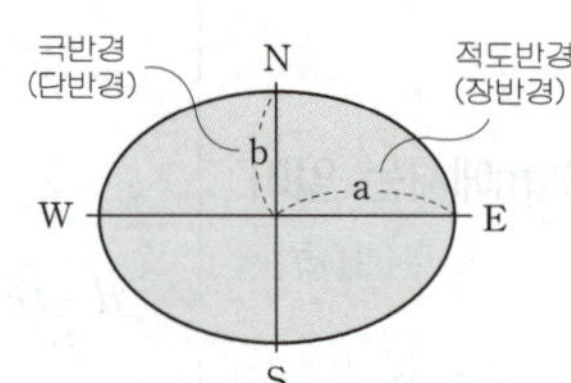

그림. 적도반경과 극반경

2 지구를 회전타원체로 간주할 때

지구의 모습은 적도 반경이 극반경보다 약간 부풀려진 회전 타원체이다.

① 타원의 방정식 : $\dfrac{X^2}{a^2}+\dfrac{Y^2}{b^2}=1$

② 지구의 이심률(편심률) : $e=\dfrac{\sqrt{a^2-b^2}}{a}$

③ 지구의 편평률 : $\varepsilon=\dfrac{a-b}{a}$

④ 횡의 곡률반경 : $N=\dfrac{a}{W}$

⑤ 자오선의 곡률반경 : $M=\dfrac{a(1-e^2)}{W^3}$

여기서, $W=\sqrt{1-e^2\sin^2\phi}$

⑥ 중등 곡률반경 : $R=\sqrt{M\cdot N}$

학습POINT

■ 지구가 타원체인 증거

1. 지구의 위도간격이 고위도(극지역) 일수록 커진다.
2. 지구는 양극을 축으로 회전하므로 적도지역이 부풀려진 타원체 모양이다.
3. 추시계가 고위도 일수록 빨라진다. 즉, 만유인력이 고위도로 갈수록 커지는데 그 이유는

   F(만유인력) $=G\dfrac{m\cdot M}{R^2}$

   에서 고위도일수록 R 값이 작아지기 때문이다.

3 지구 타원체

지구 타원체는 타원의 방정식으로부터 장반경과 단반경의 크기가 결정되면 그 형상과 크기를 결정할 수 있다.

① 회전 타원체 : 한 타원의 주축을 중심으로 회전하여 생기는 실제 지구와 가장 가까운 회전타원체를 지구의 형으로 규정하는데 이 때의 회전타원체를 지구 타원체라 한다.

② 기준 타원체 : 어느 지역의 대지측량계의 기준이 되는 지구 타원체를 말하며 **준거타원체**라고 한다.

③ 국제지구 타원체 : 1979년 IUGG 총회에서 국제적인 측량 및 측지작업에 사용하기로 의결한 하나의 통일된 지구 타원체 값을 말한다.

▶04㉯, 07㉮
• 지구 타원체

■ 준거타원체를 기준으로 하는 요소

1. 삼각점의 경위도 좌표
2. 지구의 편평률
3. 측지 경위도

4 지오이드(Geoid)

① 지오이드란 평균해수면을 육지내부까지 연장했을 때 지구 전체를 둘러싼 가상적인 공간이다.

② 지오이드 모양은 서양배 모양으로 생겼다.

③ 북극에서는 지오이드가 지구 타원체보다 약 13.5m 위에 있고 남극에서는 약 24.1m 아래에 있다.

④ 중위도의 반지름은 남반구가 북반구보다 약 15m 더 크다.

⑤ **수준측량의 기준면이 지오이드**. 즉, 평균해수면이므로 지오이드는 해발의 기준면, 즉 **고도 0m**가 된다.

⑥ 지오이드에서의 위치에너지는 0이므로 지오이드를 등 Potential면이라고 한다.

⑦ 지오이드는 바다에서는 지구타원체보다 낮으나, 육지에서는 지오이드 위에 있는 물질의 인력으로 지오이드가 끌려 올라와 지구타원체보다 높아진다.

⑧ 지구타원체와의 차이는 수십미터 미만이다.

⑨ 수면과 중력은 직각이므로 지오이드는 중력의 방향에 수직이다.

⑩ 지오이드 형상과 지구타원체 형상과의 어긋남을 지오이드 고(geoid height)라 한다.

⑪ 지오이드 고를 알기 위한 방법에는 지구상의 중력에서 정하는 방법과 연직선 편차로부터 결정하는 두 가지 방법이 있다.

■ 지오이드와 지구타원체

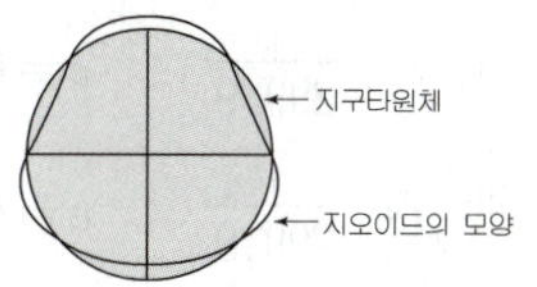

평균 해수면을 육지까지 연장하는 가상적인 곡면을 지오이드라 하며, 육지에서 지오이드는 운하나 터널을 파서 해수면을 끌어들인 것과 같다.
지오이드 모양은 서양 배 모양으로 남·북반구가 비대칭형이다.

▶04, 06, 08㉮, 04, 05㉯
• 지오이드

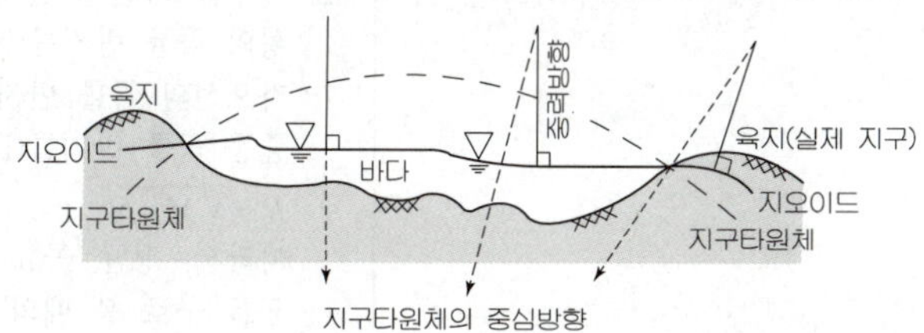

그림. 지구타원체와 지오이드 및 실제지형간의 관계

핵심문제

1 지구의 크기로서는 회전타원체의 삼축 반경을 산술평균하는 것으로 그 값은 다음 중 어느 것인가? (단, 지구의 적도반경 : 6,377km, 극반경 : 6,356km이다.)

㉮ 약 6356km　　㉯ 약 6370km
㉰ 약 6375km　　㉱ 약 6380km

2 지구의 적도반경 6378km, 극반경 6,356km라 할 때 지구타원체의 편평률(f)과 이심율(e)은? [95 ㉮]

㉮ $f=\frac{1}{289.9}$, $e=0.0069$

㉯ $f=\frac{1}{289.9}$, $e=0.0830$

㉰ $f=\frac{1}{299.9}$, $e=0.0069$

㉱ $f=\frac{1}{299.9}$, $e=0.0077$

3 지구를 장반경이 6,377.393km, 단반경이 6,356.079km인 타원체로 볼 때 편평률은? [00 ㉮]

㉮ 1/298　　㉯ 298
㉰ 1/299　　㉱ 299

4 지오이드(Geoid)에 대한 설명으로 옳은 것은? [01 ㉭, 16 ㉮]

㉮ 육지와 해양의 지형면을 말한다.
㉯ 육지 및 해저의 요철(凹凸)을 평균한 매끈한 곡면이다.
㉰ 회전타원체와 같은 것으로 지구의 형상이 되는 곡면이다.
㉱ 평균해수면을 육지내부까지 연장했을 때의 가상적인 곡면이다.

5 지구를 회전 타원체로 볼 때 지구 위의 한 점에 대한 곡률반지름을 구하고자 할 때 속하지 않는 분류는?

㉮ 중등 곡률 반지름
㉯ 평균 곡률 반지름
㉰ 횡의 곡률 반지름
㉱ 자오선의 곡률 반지름

해설

해설 1

지구를 구로 볼 때는 회전타원체의 삼축반경을 산술평균해서 지구의 크기를 결정한다.

평균반경 $R=\frac{2a+b}{3}$

$=\frac{2\times6377+6356}{3}=6370\text{ km}$

해설 2

① $f=\frac{a-b}{a}$

$=\frac{6378-6356}{6378}=\frac{1}{289.9}$

② $e=\frac{\sqrt{a^2-b^2}}{a}$

$=\frac{\sqrt{6378^2-6356^2}}{6378}$

$=0.0830$

해설 3

$\varepsilon=\frac{a-b}{a}$

$=\frac{6377.393-6356.079}{6377.393}$

$=\frac{1}{299}$

해설 4

지오이드는 평균해수면을 육지까지 연장한 가상적인 곡면으로 높이가 '0'이 된다. 지오이드는 지구 타원체와 육지(실제 지구) 사이를 지난다.

해설 5

1. 지구를 구로 볼 때
평균 곡률 반지름 $R=\frac{2a+b}{3}$
2. 지구를 회전 타원체로 볼 때
횡의 곡률 반지름(N)
자오선의 곡률 반지름(M)
중등 곡률 반지름(R)
$R=\sqrt{M\cdot N}$
따라서, 평균 곡률 반지름은 지구를 구로 볼 때의 분류이다.

정답 1. ㉯ 2. ㉯ 3. ㉰ 4. ㉱ 5. ㉯

6 적도반경과 극반경과의 차이는 약 몇 km인가? (단, 적도반경 : 6,370km 이고 편평률은 $\frac{1}{299}$ 이다.)

㉮ 21.3km ㉯ 31.0km
㉰ 40.0km ㉱ 42.6km

7 지구의 편평도가 1/297에서 1/400로 된다면 지구의 적도 반지름은 (A) 되고, 극반지름은 (B)된다.

A, B
㉮ 증가, 증가
㉯ 증가, 감소
㉰ 감소, 감소
㉱ 감소, 증가

8 지구를 구체로 취급할 때 위도 1° 간의 거리는? (단, 지구의 반지름은 6,370km로 한다.)

㉮ 약 91km ㉯ 약 101km
㉰ 약 111km ㉱ 약 121km

9 다음 관계 중 옳은 것은? (단, N : 지구의 횡곡률반경, R : 지구의 자오선 곡률반경, a : 타원지구의 적도의 반경, b : 타원지구의 극반경이다.) [25 ㉮]

㉮ 측량의 원점에서의 평균 곡률 반경은 $\frac{3+2b}{3}$ 이다.
㉯ 타원에 의한 지구의 곡률반경은 $\frac{a-b}{a}$ 로 표시된다.
㉰ 지구의 편평률은 $\sqrt{N\cdot R}$ 로 표시된다.
㉱ 지구의 편심률은 $\sqrt{\frac{a^2-b^2}{a^2}}$ 로 표시된다.

10 타원체에 관한 설명으로 옳은 것은? [15 ㉰]

㉮ 어느 지역의 측량좌표계의 기준이 되는 지구타원체를 준거타원체(또는 기준타원체)라 한다.
㉯ 실제 지구와 가장 가까운 회전타원체를 지구타원체라 하며, 실제 지구의 모양과 같이 굴곡이 있는 곡면이다.
㉰ 타원의 주축을 중심으로 회전하여 생긴 지구물리학적 형상을 회전타원체라 한다.
㉱ 준거타원체는 지오이드와 일치한다.

해설

해설 **6**

편평율 $(\varepsilon)=\frac{a-b}{a}$

$\frac{1}{299}=\frac{a-b}{a}$

$a-b=\frac{a}{299}=\frac{6370}{299}$

$=21.304\,\text{km}$

해설 **7**

편평도 $\varepsilon=\frac{a-b}{a}$ 에서
a : 장반경(적도반경)
b : 단반경(극반경)

ε이 $\frac{1}{297}$ 에서 $\frac{1}{400}$ 로 되려면 (a-b)의 값이 작아져야 되므로 장반경(a)은 감소하고 단반경(b)이 증가해야 된다.

해설 **8**

$2\pi R\times\frac{1°}{360°}$

$=2\times3.14\times6370\times\frac{1}{360}$

$=111.12\text{km}$

해설 **9**

- 편평률 $(\varepsilon)=\frac{a-b}{a}$
- 중등 곡률 반경 $=\sqrt{N\cdot R}$
- 구의 곡률 반경 $=\frac{2a+b}{3}$

해설 **10**

① 지오이드에 가장 가까운 회전타원체를 지구타원체라 하며 극반경과 적도반경으로 그 모양을 나타낸다. 베셀값, 헤이포드값 등이 있다.
② 지구는 단축(극반경)을 중심으로 회전하는 회전타원체로 기하학적으로 정의된다.
③ 지오이드에 가장 유사한 지구타원체를 준거타원체라 말하며 완만한 요철이 있는 지오이드와 달리 완전한 타원체이다.

정답 6. ㉮ 7. ㉱ 8. ㉰ 9. ㉱ 10. ㉮

3 좌표

학습방향

좌표란 공간상의 한 물체 또는 한 점의 위치를 나타내는 규약이다.
시험에는 UTM 좌표가 주로 출제되며 가끔 UPS 좌표와 측지좌표도 출제된다.
① UTM 좌표는 지구를 위도 8°×경도 6°의 사각형으로 나타낸다.
② UPS 좌표는 양극지역에 대한 좌표이다.

1 평면 직각 좌표

측량지역의 적당한 한 점을 좌표의 원점으로 정하고 그 평면상에서 원점을 지나는 자오선을 X축, 동서방향을 Y축이라 하고 각 지점의 위치는 직교좌표값(x, y)로 표시한다.

■ 우리나라 도원점의 위치(가상점)

명 칭	경 도	위 도	비 고
서부 원점	동경 125°	북위 38°	서부 좌표계
중부 원점	동경 127°	북위 38°	중부 좌표계
동부 원점	동경 129°	북위 38°	동부 좌표계
동해 원점	동경 131°	북위 38°	동해 좌표계

학습POINT

▶05㉠, 06, 07, 08, 09㉡
• 평면 직각 좌표

2 U.T.M 좌표

U.T.M(국제 횡 메르카토르(Mercator)) 투영법에 의하여 표현되는 좌표계로서 적도를 횡축, 자오선을 종축으로 하는 평면직각좌표를 말한다.
이 좌표는

① 지구를 회전타원체로 보고 베셀(Bessel) 값을 사용한다.
② 지구 전체를 **6°씩 60개의 구역**(종)으로 나누고 각 종대의 중앙자오선과 적도의 교점을 원점으로 하여 원통도법인 횡 Mercator(TM) 투영법으로 등각투영한다.
③ 각 종대에서 **위도는 남·북위의 각 80°까지**만 포함시키며 **다시 8°간격**으로 **20구역(횡)으로 나누어 C(80°S~72°S)**에서 X(72°N~80°N)까지 (단 I와 O는 제외) 20개의 알파벳 문자로 표시한다.
④ 즉 UTM좌표에서 종대 및 횡대는 **경도 6°×위도 8°의 사각형 구역**으로 구분된다.
⑤ 거리좌표는 m단위로 표시하며 종좌표에는 N을, 횡좌표에는 E를 붙인다.
⑥ 우리나라는 **51, 52종대 및 ST횡대**에 속한다.
⑦ 중앙 자오선의 **축척계수는 0.9996**이다.

■ U.T.M좌표와 U.P.S좌표의 적용범위

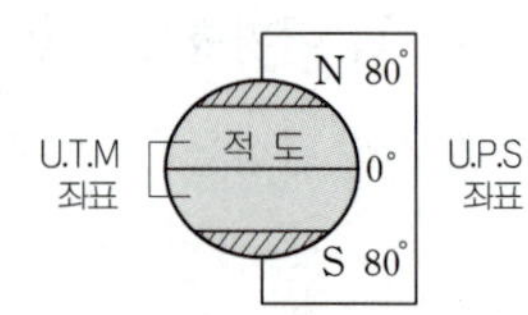

3 U. P. S 좌표

극심 입체투영법에 의해 위도 80° 이상의 양극지역에 대한 좌표를 나타낸다.

4 측지 좌표(지리좌표)

기본측량과 공공측량에 있어서 표준타원체(준거타원체)에 대한 지정위치를 경도, 위도 및 평균해수면으로부터의 수직거리로 표시한 것을 말한다.

5 경위도 좌표

지구상의 절대적 위치를 표시하는데 가장 널리 사용되는 좌표계로

① 경도, 위도로 수평위치를 나타낸다.

② 타원체 면으로부터의 높이, 또는 표고를 사용하면 3차원 위치가 표시된다.

③ 본초자오선(영국 그리니치(Greenwich) 천문대(경도의 원점)를 지나는 자오선)과 적도의 교점(위도의 원점)을 원점으로 삼는다. (위도 0°, 경도 0°)

④ 1°에 대한 적도상의 거리는 약 111km이다.

■ 측지기준계(GRS : Geodetic Reference System)

국제 측지 및 지구물리 연합에 의하여 채택된 지구타원체 모형을 말하며 2010년부터 우리나라의 기준으로 사용하는 GRS 80은 WGS 84와 거의 동일하다.

6 W.G.S-84 좌표

▶05, 08㉮, 08㉶

- W.G.S-84 좌표
- 천문좌표

(1) World Geodetic System 1984의 약자이다.

(2) W.G.S 좌표체계는 지도, 챠트, 측지의 목적으로 미국 국방성에서 개발하였다.

(3) 지구 타원체는 부피의 중심을 기준으로 하나 W.G.S 좌표체계는 지구의 질량 중심을 기준으로 한다.

(4) W.G.S-84는 1986년 이후 G.P.S 측량의 기준으로 사용되며 NNSS에서 사용되었던 W.G.S-72 좌표계를 보완, 대체한 좌표계이다.

(5) W.G.S-84 Ellipsoid(W.G.S-84 타원체)의 제원

① 장반경 : 6378137

② 단반경 : 6356752

③ 편평률 : 1/298.257223563

■ 국제지구기준 좌표계(ITRF)

좌표원점을 해수와 대기의 질량을 고려한 지구의 질량중심으로 하는 3차원직교 좌표계이다.

7 천문좌표

① 지평좌표 : 관측자의 연직선과 지평면을 기준으로 한 좌표

② 적도좌표 : 자전축과 이에 수직인 적도면을 기준으로 한 좌표

③ 황도좌표 : 지구의 공전궤도면을 기준으로 한 좌표

④ 은하좌표 : 은하계의 적도면을 기준으로 한 좌표

■ 지평좌표계

관측자를 중심으로 천체의 위치를 간략하게 표시할 수 있다.

핵심문제

1 우리나라 평면직각좌표계의 원점의 수는? [91㉠]

㉮ 1점 ㉯ 2점
㉰ 3점 ㉱ 4점

2 지구의 경도 180° 에서 경도를 6° 간격으로 동쪽을 향하여 구분하고 그 중앙의 경도와 적도의 교점을 원점으로 하는 좌표는? [94㉠]

㉮ 평면 직각좌표 ㉯ 극좌표
㉰ 적도좌표 ㉱ U.T.M 좌표

3 평면직각좌표에서 동서거리로 표시하는 것으로 맞는 것은? [95, 06㉦]

㉮ X좌표
㉯ Y좌표
㉰ 경도(D)
㉱ 위도(L)

4 측지학적 3차원 위치 결정에 해당되지 않는 것은? [94㉠]

㉮ 위도
㉯ 경도
㉰ 진북 방위각
㉱ 높이

5 측지좌표 기준계로서 SPOT이나 GPS에서 채택하고 있는 좌표계는? [05㉠]

㉮ GRS 80 ㉯ WGS 72
㉰ WGS 84 ㉱ U.T.M

6 지구전체를 경도 6°씩 60개의 종대로 나누고, 위도 8°씩 20개(남위 80°~북위 80°)의 횡대로 나타내는 좌표계는? [00, 16㉦]

㉮ UPS 좌표계 ㉯ 평면직각 좌표계
㉰ UTM 좌표계 ㉱ WGS 84 좌표계

해설

해설 1

• 평면 직각좌표의 원점

서부도원점 : 동경 125°북위 38°
중부도원점 : 동경 127°북위 38°
동부도원점 : 동경 129°북위 38°
동해도원점 : 동경 131°북위 38°

해설 2

• UTM 좌표.

지구전체를 6°씩 60개의 구역으로 나누고 각 종대의 중앙자오선과 적도의 교점을 원점으로 하는 좌표계

해설 3

1. 평면 직각좌표
   X : 남북간의 거리
   Y : 동서간의 거리
2. U.T.M. 좌표
   위도 : X 좌표축
   경도 : Y 좌표축

해설 4

측지 경위도는 지리좌표라고도 하며 기본측량과 공공측량에 있어서 준거타원체에 대한 지점의 위치를 경도, 위도 및 평균 해수면으로 부터의 높이로 표시한 것을 말한다.

해설 5

GPS 측량은 지구의 질량 중심을 기준으로 하는 W.G.S 84 좌표계를 사용한다.

해설 6

① UTM 좌표 : 지구 전체를 경도 6° 위도 8°(남, 북위 각 80°까지)인 60×20=1200개의 사각형으로 표시
② UPS 좌표 : 남, 북위 각 80° 이상인 극지역을 나타 내는 좌표

정답 1. ㉱ 2. ㉱ 3. ㉯ 4. ㉰ 5. ㉰ 6. ㉰

7 측량에서 위치를 좌표로 표시할 때 U.T.M 좌표계에서는 우리나라가 52S 부분에 속한다. 이 좌표는 경도를 어디서 어떠한 방법으로 구분한 것인가? [04㉠]

㉮ 경도 180°에서 동쪽으로 6°씩 구분한 것
㉯ 경도 180°에서 서쪽으로 8°씩 구분한 것
㉰ 경도 0°에서 동쪽으로 8°씩 구분한 것
㉱ 경도 0°에서 서쪽으로 6°씩 구분한 것

8 우리나라 중부원점의 좌표값은? [01㉠]

㉮ 38°00′ N , 127°00′ E ㉯ 38°00′ N , 129°00′ E
㉰ 38°00′ N , 125°00′ E ㉱ 38°00′ N , 123°00′ E

9 다음의 사항 중 옳은 것은 어느 것인가? [91㉠]

㉮ 우리나라의 수준면은 1911년 인천의 중등해수면 값을 기준으로 하였다.
㉯ 일반적인 측량에 많이 사용되는 좌표는 극좌표이다.
㉰ 지각변동의 측정, 긴 하천 또는 항로의 측량은 평면측량으로 행한다.
㉱ 위도는 어떤 지점에서 준거타원체의 법선이 적도면과 이루는 각으로 표시한다.

10 임의의 지점에 있어서 진북이란 뜻이 옳은 것은? [82㉦]

㉮ 측량용 자침이 가리키는 방향
㉯ 측지원점을 통하는 자오선에 평행인 남북선의 북방향이다.
㉰ 그 지점에서 지구의 북극에 향하는 방향
㉱ 그 지점에서 북극성의 방향이다.

11 다음 중 U.T.M 도법에 대한 설명이다. 옳지 않은 것은? [03㉠]

㉮ 중앙 자오선에서 축척계수는 0.9996이다.
㉯ 좌표계 간격은 경도를 6°씩, 위도는 8°씩 나눈다.
㉰ 우리나라는 51 구역(ZONE)과 52 구역(ZONE)에 위치하고 있다.
㉱ 경도의 원점은 중앙자오선에 있으며 위도의 원점은 북위 38°이다.

12 다음 중 천문좌표에 속하지 않는 것은?

㉮ 지평좌표 ㉯ 수평좌표
㉰ 적도좌표 ㉱ 은하좌표

해설

해설 **7**

UTM 좌표의 경위도 표시 방법
① 경도 : 지구를 적도상에서 서경 180°를 기준으로 동쪽으로 6°간격으로 1에서 60까지 60등분
② 위도 : 남위 80°에서 북위 80°까지 8°씩 20등분하여 C에서 X까지 나타냄

해설 **8**

• 평면직각좌표 원점

원 점	위 도	경 도
서부원점	38°N	125°E
중부원점	38°N	127°E
동부원점	38°N	129°E
동해원점	38°N	131°E

해설 **9**

1. 우리나라의 수준면은 전국 5개 지역의 평균해수면을 기준으로 했다.
2. 측량범위가 크지 않은 일반적인 측량에 많이 사용되는 좌표는 평면직교좌표이다.
3. A≒400km² 이상의 넓은 지역 또는 반경 11km 이상의 긴 지역은 지구의 곡률을 고려한 대지(측지학적)측량으로 행한다.

해설 **10**

진북이란 자오선에 평행인 남북선의 북방향이다.

해설 **11**

경도의 원점은 그리니치 천문대에 있으며 위도의 원점은 적도이다.

해설 **12**

천문좌표에는
1. 지평좌표 2. 적도좌표
3. 황도좌표 4. 은하좌표

정답 7. ㉮ 8. ㉮ 9. ㉱ 10. ㉯ 11. ㉱ 12. ㉯

4 지구 물리측량

학습방향

지구물리 측량에는 지자기 측정, 지하구조를 탐사하기 위한 탄성파 측정, 지하자원이나 지구 형상해석을 위한 중력측량 등이 있다.

① 지자기 측정의 3요소는 편각, 복각, 수평분력이다.
② 탄성파 측정시 낮은 곳 → 굴절법, 깊은 곳 → 반사법을 사용한다.
③ 중력은 표고와 지하의 물질분포에 따라 그 값이 달라진다.

1 중력측량

중력측량이란 중력 기준점에서의 절대측정, 중력분포측량, 중력 이상을 이용한 지하자원 측량, 지각변동, 지구형상 해석을 위한 자료 제공 등을 위해 실시하는 측량을 말한다.

(1) 중력

만유인력과 지구 자전에 의한 원심력이 합성된 것으로 적도상의 원심력은 전체 중력의 0.3%, 극지방 원심력은 전체 중력의 0%이다.

① 중력의 방향 : 연직 방향(정수면은 중력방향과 직각이 되는 평면)이다.
② 적도에 가까울수록 중력은 감소한다.(Huygens)
③ 중력의 단위 : g · cm/sec^{2}이고 gal이라고 부른다.

(2) 중력의 측정방법

① 상대측정 : 중력기지점의 중력치를 기준으로 미지점의 중력치를 구하는 것으로 양 지점에서 동일 측정기기를 사용해서 되풀이 측정하는 방법을 말한다.
② 절대측정 : 다른 지점의 중력치를 기준으로 하지 않고 중력치를 구하는 측정법(고정도의 장비와 조작필요)을 말한다.

(3) 중력의 보정

지형 보정, 고도 보정, 아이소스타시 보정, 에토베스 보정 등

① 에토베스보정 : 지구에 대한 동체의 상대운동의 영향에 의한 중력효과를 보정
② 아이소스타시 보정(지각균형보정) : 지형의 요철에도 불구하고 어느 깊이의 지하에서는 일정한 압력으로 되는 것으로 역학적인 평행이 성립되는 현상(등압과 평형)을 말한다.

학습POINT

▶05㉠, 10㉯
• 중력측량
• 중력의 보정

■ 중력 $(F) = G \cdot \dfrac{M \cdot m}{R^2}$

여기서,
G : 만유인력 상수
$M,\ m$: 두 물체의 질량
R : 지구 반지름(즉, 어느 지점에서 지구 중심까지의 거리)

이 식에서 중력의 크기는 R값이 커질수록(표고가 높을수록) 작아짐을 알 수 있다.

(4) 중력이상(重力異常 : gravity anomaly)

지구 내부의 물질분포나 지형의 영향으로 중력측정에서 얻은 값은 일정한 밀도의 회전 타원체로 생각할 경우의 값과는 다르다.

① 중력이상 = 실제 관측된 중력값 - 표준 중력식에 의한 값
② 중력이상의 값이 (+)이면 지하에 무거운 물질(철, 금속…)이 있다.
③ 중력이상의 값이 (-)이면 지하에 가벼운 물질(석유, 가스, 물…)이 있다.
④ 중력이상이 생기는 것은 지구 내부의 지질밀도가 고르게 분포되어 있지 않기 때문이다.

2 지자기 측량

지자기는 방향과 크기를 가진 양으로 Vector량이다. 따라서 지자기는 그 방향과 크기를 구함으로써 정해진다.

지자기의 방향과 자오선과의 각을 편각, 수평면과의 각을 복각, 수평면 내에서 자기장의 크기를 수평분력이라하며 이 삼요소를 측정하여 그 지점의 자기장을 규정하는 것을 지자기 측량이라 한다.

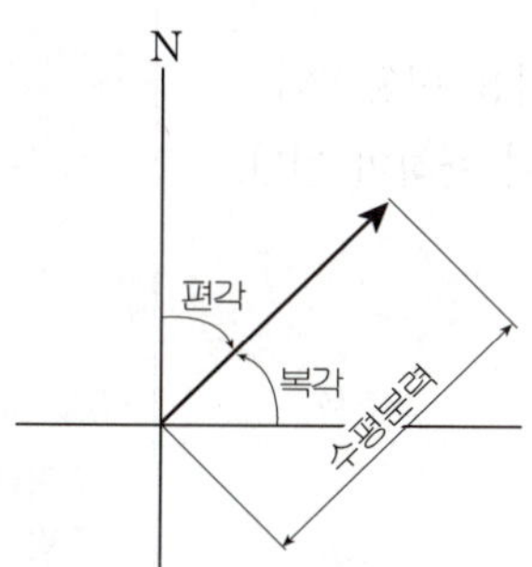

그림 지자기 측정의 3요소

> 08 산
> • 지자기 측량

■ 지자기 측정의 3요소

1. 편각 : 자오선과 지자기의 방향과의 각
2. 복각 : 수평면과 지자기의 방향과의 각
3. 수평분력 : 수평면내에서 자기장의 크기

3 탄성파(지진파) 측량

탄성파 측량은 자연 지진이나 인공적 지진(화약폭발 등으로 발생)에 의하여 지진파를 발생시킨 후 이것의 관측으로 지하구조를 탐사하는 것으로 낮은 곳은 굴절법, 깊은 곳은 반사법을 이용한다.

지진파 : 지진이 발생하면 지진에너지는 지진파의 형태로 전파해 나간다.

> 06 기
> • 탄성파 측량

■ 탄성파 측량방법

1. 낮은 곳 : 굴절법
2. 깊은 곳 : 반사법

핵심문제

1 지자기의 3요소에 해당되지 않는 것은? [96, 08㉾]

㉮ 연직선 편차 ㉯ 편각
㉰ 복각 ㉱ 수평분력

2 지표상 중력의 크기는?

㉮ 어느 곳이나 같다.
㉯ 극지방이 크다.
㉰ 중위도 지방이 크다.
㉱ 적도 지방이 크다.

3 측지학에 대한 설명 중 옳지 않은 것은? [98 ㉠]

㉮ 물리학적 측지학은 지구 내부의 특성, 지구의 형상 및 운동을 결정하는 것이다.
㉯ 기하학적 측지학은 지구표면상에 있는 점들 간의 상호 위치관계를 결정하는 것이다.
㉰ 탄성파 측정에서 지표면으로부터 낮은 곳은 굴절법을 이용한다.
㉱ 중력측정에서 중력은 관측한 곳의 표고와는 관계없이 행하여 진다.

4 중력이상의 주된 원인은? [00 ㉠]

㉮ 지하물질의 밀도가 고르게 분포되어 있지 않다.
㉯ 지하물질의 밀도가 고르게 분포되어 있다.
㉰ 태양과 달의 인력때문이다.
㉱ 화산 폭발이 원인이다.

5 지구 물리측정에서 지자기의 방향과 자오선과의 각을 무엇이라 하는가? [98, 94 ㉠]

㉮ 복각
㉯ 수평각
㉰ 편각
㉱ 수직각

해설

해설 1

• 지자기의 3요소
편각, 복각, 수평분력

해설 2

중력 $(F) = G \cdot \dfrac{M \cdot m}{r^2}$

여기서 G : 만유인력상수
$M \cdot m$: 두 물체의 질량
r : 지구반지름
이 식에서 중력의 크기는 r(지구반지름)이 작을수록 커지는 것을 알 수 있다.

해설 3

중력 $(F) = G \cdot \dfrac{M \cdot m}{r^2}$

위 식에서 중력은 표고가 낮을수록(r이 작을수록) 지하의 물질이 무거울수록 커짐을 알 수 있다.

해설 4

중력이상=실측중력값-표준계산 값
중력이상이 (+)이면 지하물질의 밀도가 크다.
중력이상이 (-)이면 지하물질의 밀도가 작다.

해설 5

• 지자기 측정의 3요소
1. 복각 : 지자기의 방향과 수평면과의 각
2. 편각 : 지자기의 방향과 자오선과의 각
3. 수평분력 : 수평면 내에서 자기장의 크기

정답 1. ㉮ 2. ㉯ 3. ㉱ 4. ㉮ 5. ㉰

6 얕은 곳의 광물탐사를 하기 위한 탄성파 측정방법은?

㉮ 굴절법 ㉯ 반사법
㉰ 굴착법 ㉱ 탐지법

7 천문측량의 목적이 아닌 것은? [03 ㉮]

㉮ 경위도 원점결정
㉯ 도서지역의 위치결정
㉰ 연직선 편차결정
㉱ 지자기 변화결정

8 다음의 설명 중에서 부적당한 것은 어느 것인가?

㉮ 물리학적 측지학은 지구의 형상해석, 중력 측정, 지자기 측정 등을 포함한다.
㉯ 중력 측정은 각 점에서의 중력의 크기를 구하는 것으로서 높이와는 무관한 방법이다.
㉰ 지자기 측정은 편각, 복각, 수평분력을 구하는 방법이다.
㉱ 위성측지란 측지위성의 위치를 지상의 구점에서 동시에 관측하여 지구의 형상 상호위치 관계를 구하는 방법이다.

9 적도상에서의 원심력은?

㉮ 전체 중력의 0%이다.
㉯ 전체 중력의 0.3%이다.
㉰ 전체 중력의 10%이다.
㉱ 전체 중력의 30%이다.

10 중력을 측정하고 지오이드 상의 점의 중력치로 보정을 해야 하는데 일반적으로 3가지 보정만을 하고 있다. 비교적 영향이 적은 것은?

㉮ 고도보정 ㉯ 위도보정
㉰ 지형보정 ㉱ 부게보정

해 설

해설 **6**

탄성파 측량은 낮은 곳은 굴절법, 깊은 곳은 반사법을 이용한다.

해설 **7**

지자기 변화의 결정은 지자기 측량으로 한다.

해설 **8**

지표에서의 중력은 고도가 높아짐에 따라 감소하며 지구중심에 가까워질수록 (고도가 낮아질수록) 증가한다.

해설 **9**

중력=만유인력+원심력이다.

1. 적도상의 원심력은 전체중력의 0.3%이며 극지방으로 갈수록 작아져 극지방에서는 0%가 된다.
2. 따라서 중력은 만유인력에 좌우된다.

해설 **10**

중력보정은 고도보정, 지형보정, 부게보정을 주로 실시한다.

정답 6. ㉮ 7. ㉱ 8. ㉯ 9. ㉯ 10. ㉯

5 오차의 원인과 종류

학습방향

모든 측량에는 오차가 발생한다. 따라서 정확하다는 것은 오차가 작다는 것을 말하며 오차가 없다는 말이 아니다. 측량을 신속히 하면 정확도가 떨어지고 정확히 하려면 시간이 많이 걸린다. 따라서 측량의 목적에 맞는 정확도를 갖는 것이 중요하다.

① 측정의 신뢰도를 숫자로 나타낸 것을 경중률이라 한다.
② 정오차는 측정횟수에 비례해서 증가한다.
③ 우연오차는 측정횟수의 제곱근에 비례해서 증가한다.

1 무게(또는 경중률)

측정값의 신뢰 정도를 표시하는 값을 무게 또는 경중률이라 한다. 일정한 거리를 측정하는데 갑은 1회, 을은 3회를 측정했다면, 을의 측정값은 갑의 측정값의 3배의 신뢰도가 있는 것이므로, 이때 갑과 을의 경중률(무게)의 비는 1 : 3이라고 한다.

(1) 최확값 (L_0)

어떤 관측량에서 가장 높은 확률을 가지는 값을 말하며 반복 측정된 값의 산술평균으로 구한다.

측정값을 l_1, l_2, l_3, ⋯, l_n 각 측정값의 경중률을 P_1, P_2, P_3, ⋯, P_n 최확값을 L_0 이라 하면

① 각 측정의 경중률이 같을 경우

$$L_0 = \frac{l_1 + l_2 + l_3 + \cdots + l_n}{n} = \frac{[l]}{n}$$

② 각 측정의 경중률이 다를 경우

$$L_0 = \frac{P_1 l_1 + P_2 l_2 + P_3 l_3 + \cdots + P_n l_n}{P_1 + P_2 + P_3 + \cdots + P_n} = \frac{[Pl]}{[P]}$$ 이 된다.

(2) 잔차(v)

최확값과 관측값의 차이를 말하며 때로는 오차라 부르기도 한다.

(3) 경중률(무게 또는 비중)과 오차와의 관계

① 경중률(P)은 정밀도의 제곱에 비례한다.
② 경중률(P)은 중등오차의 제곱에 반비례한다.
③ 경중률(P)은 관측횟수에 비례한다.
④ 직접수준측량에서 오차는 노선거리의 제곱근에 비례한다.

학습POINT

09㉠, 04㉡
- 무게
- 경중률과 오차와의 관계

■ 참값과 참오차

1. 참값이란 이론적으로 정확한 값으로 오차가 없는 값을 말하며 존재하지 않는다.
2. 따라서 아무리 주의 깊게 측정해도 참값을 얻을 수는 없다.
3. 그래서 참값을 대신해서 최확값을 사용한다.
4. 참오차 : (참값-측정값)으로 존재하지 않는다.

⑤ 직접수준측량에서 경중률은 **노선거리에 반비례**한다.
⑥ 간접수준측량에서 오차는 **노선거리에 비례**한다.
⑦ 간접수준측량에서 경중률은 **노선거리의 제곱에 반비례**한다.

2 오차의 원인

(1) 기계적 오차(instrumental error)

기계의 조작 불완전, 기계의 조정 불완전, 기계의 부분적 수축 팽창, 기계의 성능 및 구조에 기인되어 일어나는 오차이다.

(2) 개인적 오차(personal error)

측량자의 시각 및 습성, 조작의 불량, 부주의, 과오, 그밖에 감각의 불완전 등으로 인하여 일어나는 오차이다.

(3) 자연 오차(natural error)

온도, 습도, 기압의 변화, 광선의 굴절, 바람 등의 자연현상으로 인하여 일어나는 오차이다.

3 오차의 종류

▶04, 06, 07㉮, 05, 08㉭
• 오차의 종류
• 우연오차

(1) 정오차(누차, 누적오차)

오차의 발생원인이 확실하고, 측정횟수에 비례해서 증가하므로 누차라고도 한다. 정오차는 발생원인을 찾으면 쉽게 소거할 수 있다.

$$R = a \times n$$

여기서, R : 정오차
a : 1회 측정시의 오차
n : 측정횟수

(2) 우연오차(부정오차, 우차, 상차)

오차의 발생원인이 불분명하며 아무리 주의해도 없앨 수 없는 오차로 부정오차라 하며, 때로는 서로 상쇄되어 없어지기도 하므로 상차라 하고, 우연히 발생한다하여 우차라고도 한다.

우연오차는 측정횟수의 제곱근에 비례하며 Gauss의 오차론에 의해 처리한다.

$$R' = \pm b\sqrt{n}$$

여기서, R' : 우연오차
b : 1회 측정시의 오차

핵심문제

1 오차 중 그 원인이 불분명하여 주의하여도 제거할 수 없는 오차는? [87㉳]

㉮ 개인오차 ㉯ 기계오차
㉰ 자연오차 ㉱ 우연오차

2 A, B 두 사람이 어느 2점간의 고저측량을 하여 다음과 같은 결과를 얻었다면 2점간의 고저차에 대한 최확값은? [16㉳]

- A의 관측값 : 38.65±0.03m
- B의 관측값 : 38.58±0.02m

㉮ 38.58m ㉯ 38.60m
㉰ 38.62m ㉱ 38.63m

3 다음 오차에 대한 설명 중 옳지 않은 것은? [93㉳]

㉮ 특정에 수반한 오차의 분류로는 정오차, 우연오차, 참오차 등이다.
㉯ 정오차는 원인이 분명하여 항상 일정량의 오차가 발생한다.
㉰ 참값과 측정값과의 차를 참오차라고 한다.
㉱ 최확값과 측정값의 차를 확률오차라고 한다.

4 측량에서 관측된 값에 포함되어 있는 오차를 조정하기 위해 최소제곱법을 이용하게 되는데 이를 통하여 처리되는 오차는? [15㉳]

㉮ 과실 ㉯ 정오차
㉰ 우연오차 ㉱ 기계적오차

5 오차론에서 다루는 오차는?

㉮ 정오차 ㉯ 착오
㉰ 우연오차 ㉱ 누차

6 경중률에 대한 설명으로 틀린 것은? [15㉳]

㉮ 관측횟수에 비례한다.
㉯ 관측거리에 반비례한다.
㉰ 관측값의 오차에 비례한다.
㉱ 사용기계의 정밀도에 비례한다.

해설

해설 1

우연오차는 발생 원인이 불분명하여 우연히 발생하므로 아무리 주의해도 없앨 수 없는 오차로 측정 횟수의 제곱근에 비례하며 Gauss의 오차론에 의해 처리한다.

해설 2

$$최확값 = \frac{[Pl]}{[P]}$$

여기서, 경중율(P)은 중등오차의 제곱에 반비례한다.

$$\therefore P_1 : P_2 = \frac{1}{(0.03)^2} : \frac{1}{(0.02)^2} = 4:9$$

$$\therefore P_H = \frac{4 \times 38.65 + 9 \times 38.58}{4+9} = 38.60\text{ m}$$

해설 3

확률오차란 큰오차와 작은오차가 생기는 확률이 같다고 인정되는 오차로 다음과 같이 나타낸다.

$$(r_o) = \pm 0.6745\sqrt{\frac{[vv]}{n(n-1)}}$$

잔차 (v) : 최확값과 측정값의 차

해설 4

① 정오차는 측정횟수나, 측량거리 등에 비례하는 오차로 발생원인을 알면 쉽게 제거된다.
② 우연오차는 발생원인이 불분명하며 최소제곱법의 원리를 이용하여 처리한다.

해설 5

문제 1 해설 참고

해설 6

경중률은 중등오차의 제곱에 반비례한다.

정답 1. ㉱ 2. ㉯ 3. ㉱ 4. ㉰ 5. ㉰ 6. ㉰

7 동일 지점간 거리 관측을 3회, 5회, 7회 실시하여 최확값을 구하고자 할 때 각 관측값에 대한 보정값의 비(3회 : 5회 : 7회)로 옳은 것은? [16㉹]

㉮ $\frac{1}{3^2} : \frac{1}{5^2} : \frac{1}{7^2}$ ㉯ $\frac{1}{3} : \frac{1}{5} : \frac{1}{7}$

㉰ 3:5:7 ㉱ $3^2 : 5^2 : 7^2$

8 거리측정에서 생기는 오차 중 우연(偶然) 오차에 해당되는 것은? [01, 96㉠]

㉮ 측정하는 줄자의 길이가 정확하지 않기 때문에 생긴 오차

㉯ 온도나 습도가 측정 중에 때때로 변해서 생긴 오차

㉰ 줄자의 경사를 보정하지 않기 때문에 생기는 오차

㉱ 일직선 상에서 측정하지 않기 때문에 생긴 오차

9 줄자로 1회 측정할 때 거리측정의 확률오차가 ±0.01m이었다. 500m 거리를 50m 줄자로 측정할 때 확률 오차는? [00㉹]

㉮ ±0.01m ㉯ ±0.02m

㉰ ±0.03m ㉱ ±0.04m

10 2,000m의 거리를 50m씩 끊어서 40회 관측하였다. 관측결과 오차가 ±0.14m이었고, 40회 관측의 정밀도가 동일하다면, 50m 거리 관측의 오차는? [15㉠]

㉮ ±0.022m ㉯ ±0.019m

㉰ ±0.016m ㉱ ±0.013m

11 어떤 측선의 길이를 3군으로 나누어 관측하여 표와 같은 결과를 얻었을 때, 측선 길이의 최확값은? [15㉹]

관측군	관측값(m)	측정횟수
I	100.350	2
II	100.340	5
III	100.353	3

㉮ 100.344m ㉯ 100.346m

㉰ 100.348m ㉱ 100.350m

해 설

해설 **7**

보정값은 경중률에 반비례한다.

① 경중률은 관측횟수에 비례

② 보정값의 비 $= \frac{1}{3} : \frac{1}{5} : \frac{1}{7}$

해설 **8**

우연오차는 발생원인이 불분명하여 주의해도 없앨 수 없는 오차이다.

해설 **9**

$E = \pm C\sqrt{n}$

$= \pm 0.01\sqrt{\frac{500}{50}}$

$= \pm 0.03\text{m}$

해설 **10**

우연오차는 측정횟수의 제곱근에 비례

∴ 50m의 오차

$= \pm \frac{0.14}{\sqrt{40}} = \pm 0.022\text{ m}$

해설 **11**

경중률은 측정횟수에 비례한다.

∴ 최확값 =

$100.3 + \frac{0.050\times2 + 0.040\times5 + 0.053\times3}{2+5+3}$

$= 100.346\text{ m}$

정답 7. ㉯ 8. ㉯ 9. ㉰ 10. ㉮ 11. ㉯

6 관측값의 처리방법

학습방향

측량을 하여 얻은 관측값은 허용오차를 구하여 허용오차 내에 들면 오차조정을 하여 사용하고 허용오차의 범위를 벗어나면 재측한다. 우연오차는 최소제곱법에 의해 처리한다.

① 확률곡선의 확률분포 ② 평균 제곱근 오차
③ 최소제곱법

1 확률곡선(normal curve)

(1) 확률

측량에 있어서 미지량을 관측할 경우 부정오차의 발생이 불확실할 때 이 오차가 일어날 가능성의 정도

(2) 오차의 법칙

우연오차는 어떤 법칙을 갖고 분포하게 되는 분포특성이 있는데 이를 오차의 법칙이라 한다.

① 큰 오차가 생길 확률은 작은 오차가 생길 확률보다 매우 작다.
② 같은 크기의 양(+)오차와 음(−)오차가 생길 확률은 같다.
③ 매우 큰 오차는 거의 생기지 않는다.

(3) 확률곡선(오차곡선, 정규분포 곡선)과 확률오차

오차의 법칙에 따른 특성을 갖는 곡선을 말하며 확률오차는 밀도함수 전체의 50% 범위를 나타내는 오차로 표준편차의 승수 K가 0.6745인 오차이다.

학습POINT

■ 확률곡선

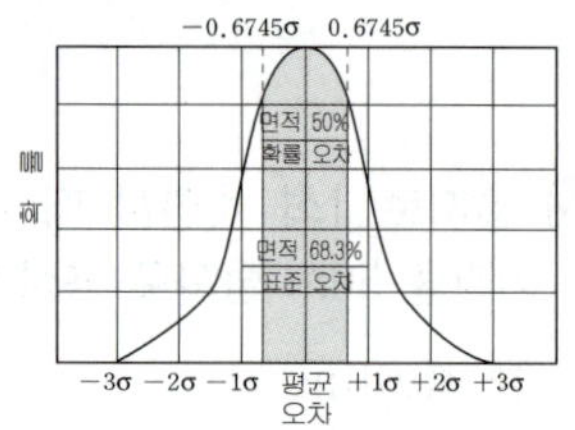

■ 표준 편차에 따른 확률 분포

표준편차	0.6745 σ	σ	1.6450 σ	1.960 σ	3 σ
확률 (%)	50.0	68.3	90.0	95.0	99.7

2 평균 제곱근 오차

▶09, 10㉮, 05㉯
• 평균 제곱근 오차

(1) 평균값 $(x)=\dfrac{[l]}{n}=\dfrac{l_1}{n}+\dfrac{l_2}{n}+\cdots+\dfrac{l_n}{n}$

위 식에서 전 관측의 정밀도를 같게 하면 오차 전파식으로부터 평균제곱근 오차(m_x)를 구할 수 있다.

(2) 평균제곱근 오차(m_x)

$$m_x^2=\left(\frac{1}{n}\right)^2 m^2+\left(\frac{1}{n}\right)^2 m^2+\cdots+\left(\frac{1}{n}\right)^2 m^2=n\left(\frac{m}{n}\right)^2$$

$$\therefore\ m_x=\pm\frac{m}{\sqrt{n}}=\pm\sqrt{\frac{[vv]}{n(n-1)}}$$

(3) 경중률을 고려한 평균값, 평균제곱근 오차

① 경중률을 고려한 평균값

$$(x_p)=\frac{p_1l_1+p_2l_2+\cdots+p_nl_n}{p_1+p_2+\cdots+p_n}=\frac{[pl]}{[p]}$$

② 경중률을 고려한 평균값의 평균제곱근 오차

$$m_{st}=\pm\sqrt{\frac{[pvv]}{[p](n-1)}}$$

3 최소 제곱법

05, 09㉮

• 최소 제곱법

동일한 정도로 관측한 값들의 잔차를 v_1, v_2, ⋯, v_n이라 하면 이들이 오차가 생기는 가장 확실한 확률은 정규분포곡선식에서

$\left(\frac{h}{\sqrt{\pi}}\right)^2 e^{-h^2(v_1^2+v_2^2+\cdots v_n^2)}=\left(\frac{h}{\sqrt{\pi}}\right)^2 e^{-h^2[vv]}$ 가 최대인 경우에 생긴다.

이 식의 값이 최대가 되려면 $[vv]$=극소인 경우 (π, e, h는 정수)다.

즉, $[h^2v^2]=h_1^2v_1^2+h_2^2v_2^2+\cdots+h_n^2v_n^2=$ 최소

이 식에서 **$[h^2v^2]$이 최소가 되도록 하는 값이 최확값**이다.

우연오차(부정오차)는 최소제곱법으로 처리한다.

핵심문제

1 다음 오차의 3원칙 중 틀린 것은?

㉮ 작은 오차는 큰 오차보다 자주 일어난다.
㉯ 정오차와 부오차의 발생 횟수는 거의 같다.
㉰ 너무 큰 오차는 발생하지 않는다.
㉱ 큰 오차는 작은 오차보다 자주 일어난다.

2 확률오차는 몇 %의 확률을 나타내는가? [93 ㉮]

㉮ 68.72% ㉯ 55%
㉰ 50% ㉱ 95.6%

3 모평균 μ_x, 표준편차 σ_x를 가진 정규 분포에 대한 설명이다. 틀린 것은?

㉮ 분포곡선은 σ_x에 대하여 대칭이다.
㉯ 측정값이 $\mu_x \pm \sigma_x$ 영역 내에 있을 확률은 68.3% 이다.
㉰ 측정값이 $\mu_x \pm 2\sigma_x$ 영역 내에 있을 확률은 95.4% 이다.
㉱ 최확값은 μ_x 이다.

4 잔차 v, 관측횟수를 n이라 하고, n이 그렇게 크지 않을 때 관측값의 평균자승 오차는?

㉮ $m = \pm\sqrt{\frac{[vv]}{n}}$
㉯ $m = \pm\sqrt{\frac{[vv]}{n(n-1)}}$
㉰ $m = \pm\sqrt{\frac{[vv]}{n-1}}$
㉱ $m = \pm 0.6745\sqrt{\frac{[vv]}{n(n-1)}}$

5 평균제곱근 오차(R. M. S. E : Root Mean Square Error)는 밀도함수 전체의 몇 % 범위를 나타내는가? [95 ㉮]

㉮ 50% ㉯ 68.26%
㉰ 67.45% ㉱ 95.45%

해설

해설 1

정규분포 곡선은 종의 모양이며 평균값을 기준으로 작은 오차는 자주 발생하며 큰 오차는 거의 발생하지 않는다.

해설 2

측량에서 많이 이용되는 확률(P)

$p_1 = \{-\sigma \le X-\mu \le \sigma\} = 0.6826$

$p_2 = \{-2\sigma \le X-\mu \le 2\sigma\} = 0.9545$

$p_3 = \{-3\sigma \le X-\mu \le 3\sigma\} = 0.9973$

$p_4 = \{-4\sigma \le X-\mu \le 4\sigma\} = 1$

확률오차는 일어날 확률이 50%일 때를 말하며 이때의 표준오차(σ)는 0.6745이다.

해설 3

정규분포 곡선은 모평균 μ_x에 대하여 대칭이다.

해설 4

$m = \pm\sqrt{\frac{[vv]}{n}}$
⇒ 관측치의 표준오차

$m = \pm\sqrt{\frac{[vv]}{n(n-1)}}$
⇒ 최확치에 관한 평균자승오차

$m = \pm\sqrt{\frac{[vv]}{n-1}}$
⇒ 확률오차(1회 측정시)

$m = \pm 0.6745\sqrt{\frac{[vv]}{n(n-1)}}$
⇒ 관측치의 확률오차

해설 5

1. 평균제곱근 오차(중등오차) : 확률곡선에서 측정값이 나타날 확률이 68.26%일 경우를 말하며 이때는 σ의 값을 갖는다.
2. 확률오차 : 확률곡선에서 측정값이 나타날 확률이 50% 일 경우를 말하며 이때는 0.6745 σ의 값을 갖는다.

정답 1. ㉱ 2. ㉰ 3. ㉮ 4. ㉯ 5. ㉯

7 종합

학습방향

이 단원은 한 단원으로 하기엔 부족하고 빠뜨릴 수는 없는 그런 부분들을 다루었다. 특히 구과량은 관심있게 학습할 수 있도록 하자

① 구과량은 측각의 정도와 면적의 정도가 같다고 놓고 구과량을 구한다.
② 위도의 종류

학습POINT

1 구면 삼각형

▶ 05, 06, 08㉮, 06, 07㉯
• 구면 삼각형

(1) 구면 삼각형

측량 대상지역이 넓을 경우 세 측점을 잡아 삼각형을 만들면 구면상의 삼각형이 되어 세 변이 직선이 아닌 호의 형태로 되고 따라서 삼각형의 내각의 합이 180°를 넘게 된다. 이런 삼각형을 구면 삼각형이라 한다.

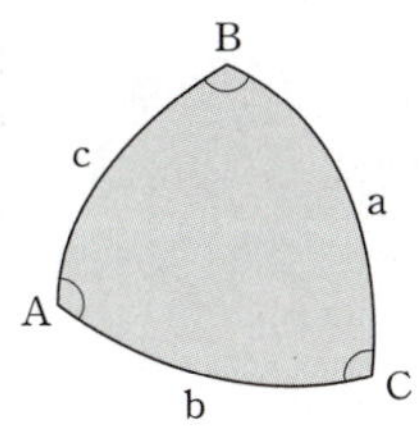

그림. 구면 삼각형

(2) 구과량

구면 삼각형 ABC의 세 내각을 A, B, C라 할 때 내각의 합은 180°보다 크며 이 차이를 구과량(도)이라 한다.

$A+B+C > 180°$

$\varepsilon = A+B+C-180°$

$\varepsilon'' = \frac{F}{r^2}\rho''$

여기서 ρ'' : 206265″
F : 구면삼각형의 면적
r : 구의 반경
ε'': 구과량

■ 구과량(ε)은

측각의 정도=면적의 정도로 놓고 구하면 편리하다

$$\frac{\varepsilon''}{\rho''} = \frac{F}{r^2}$$

$\therefore \varepsilon'' = \frac{F}{r^2} \cdot \rho''$

2 측량의 원점

(1) 평면 직각좌표의 원점

대삼각측량을 위한 가상의 기준점으로 모든 삼각형 X, Y좌표의 기준이 된다.

■ 원점의 위치

명 칭	경 도	위 도
동 해 원 점	동경 131°	북위 38°
동 부 원 점	동경 129°	북위 38°
중 부 원 점	동경 127°	북위 38°
서 부 원 점	동경 125°	북위 38°

(2) 경위도 원점

수원 국립지리원내에 설치(1985. 12. 27)

(3) 수준원점

인천만의 평균해수면을 기준으로 인천시 인하대학 구내에 설치(1963년), 표고는 26.6871m

■ 지적측량에서는 각 원점의 X 좌표에 +600,000m Y 좌표에 +200,000m를 더해서 도상에서 (-) 값을 갖는 좌표값이 나오지 않도록 하고 있다.

3 시(時)의 결정

(1) 세계시(U.T)

그리니치 자오선(경도 0°)에 대한 평균태양시

$$UT = LST - \alpha m \cdot s + \lambda + 12^h$$

여기서, $\alpha m \cdot s$: 평균태양시 적경

λ : 관측점의 경도(서경)

① UT_0 : 지방시의 영향을 고려하지 않는 세계시로 전세계가 같은 시각

② UT_1 : 극운동을 고려한 세계시로 전세계가 다른 시각

③ UT_2 : UT_1 에 계절변화를 고려한 것으로 전세계가 다른 시각

(2) 지방시(LST)

항성시라고도 하며 춘분점을 기준으로 측정된 시간으로 그 지점의 자오선(즉, 지방)마다 틀린 시

(3) 시태양시

춘분점 대신에 시태양을 사용한 항성시

(4) 평균태양시

우리가 쓰는 상용시로 (평균태양의 시간각+ 12^h)인 관계가 있다.

4 지구의 기하학적 성질

> ▶05 산
> • 자오선

(1) 자오선

양극을 지나는 대원의 남극과 북극사이의 절반

(2) 항정선

자오선과 항상 일정한 각도를 유지하는 선

(3) 묘유선

한 점을 지나는 자오선과 직교하는 선

(4) 측지선

지표상 두 점간의 최단거리 선으로 그 성질은 다음과 같다.

① 2개의 법면선의 중간에 있다.
② 2개의 법면선의 교각을 1 : 2로 나눈다.
③ 100km 이내일 경우 법면선의 길이와 같다고 본다.
④ 직접 측정하기 어렵고 계산에 의해서만 결정된다.

(5) 천문 경위도

지오이드에 준거하여 천문측량에 의해 구한 경위도.

(6) 본초 자오선

그리니치를 지나는 자오선.

(7) 위도

지표면의 한 점에 세운 법선이 적도면과 이루는 각.

① **천문위도** : 지구상의 한점에서 연직선이 적도면과 이루는 각.
② **측지위도** : 지구상의 한점에서 타원체에 대한 법선이 적도면과 이루는 각
③ **지심위도** : 지구상의 한점과 지구중심이 이루는 선이 적도면과 이루는 각.
④ **화성위도** : 지구 타원체의 A점을 지나는 적도면의 법선이 장반경 a 를 반경으로 하는 원상에 만나는 A′점과 지구중심을 연결하는 직선이 적도면과 이루는 각.

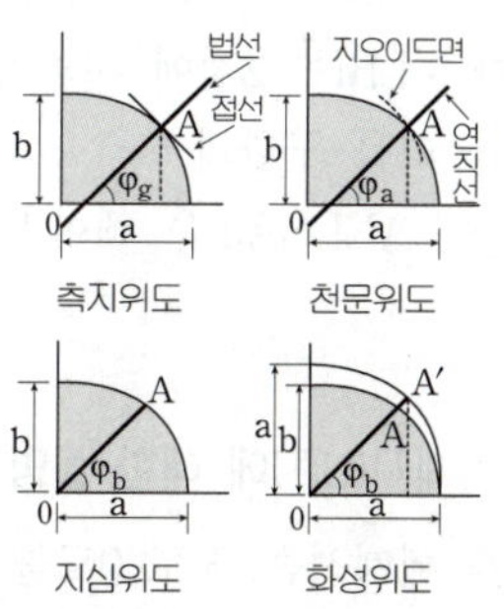

(8) Laplace 점

방위각, 경도를 측정하여 측지망을 바로잡는 점.

핵심문제

해설

1 우리나라 평면직각 좌표의 원점이 아닌 것은? [96 ㉮]

㉮ 동경 125°, 북위 38°

㉯ 동경 126°, 북위 38°

㉰ 동경 127°, 북위 38°

㉱ 동경 129°, 북위 38°

해설 **1**

평면직각좌표의 원점은 존재하지 않는 가상의 점으로 동부, 중부, 서부, 동해의 4개 원점이 있다.

2 지구의 곡률반경이 6,370km이며 삼각형의 구과량이 2.0″일 때 구면삼각형의 면적은? [00 ㉮]

㉮ 193.4km²　　㉯ 293.4km²

㉰ 393.4km²　　㉱ 493.4km²

해설 **2**

$$\frac{\varepsilon''}{\rho''} = \frac{F}{R^2}$$

$$\therefore F = R^2 \cdot \frac{\varepsilon''}{\rho''}$$

$$= 6,370^2 \times \frac{2.0''}{206,265''}$$

$$= 393.4\text{km}^2$$

3 세변의 길이가 각각 30km, 40km, 50km인 구면 삼각형의 내각을 측정했다. 이때 정확한 내각의 합은? (단, r = 6,370km임)

㉮ 179°59′57″　　㉯ 180°00′00″

㉰ 180°00′03″　　㉱ 180°00′05″

해설 **3**

• 구면 삼각형의 면적

$$F = \frac{1}{2} \cdot 30 \cdot 40 = 600\,\text{km}^2$$

구과량 $\varepsilon'' = \frac{F}{r^2} \cdot \rho''$

$$= \frac{600}{6,370^2} \cdot 206,265''$$

$$= +3''$$

∴ 내각의 합 = 180°+3″

= 180°00′03″

4 위성에 의한 위치결정 방법에 대한 설명이다. 잘못된 것은? [96 ㉮]

㉮ GPS 인공위성을 이용한 위치결정 방법이다.

㉯ NNSS는 인공위성의 도플러효과를 이용한 위치결정 방법이다.

㉰ VLBI는 2점에 전파가 도착하는 시간차를 관측하여 두 점간의 거리를 구한다.

㉱ LANDSAT은 레이저를 이용하여 위치 결정을 하는 방법이다.

해설 **4**

• LANDSAT

지구자원 탐측위성으로 NASA에서 발사되었으며 발사당시 ERTS로 명명되었으나 LANDSAT로 변경되었음

5 세계시(U.T)에 대한 설명 중 맞지 않는 것은? [96 ㉮]

㉮ 세계시는 경도 0도를 표준자오선으로 정한 시각이다.

㉯ UT_0는 천문관측에 의하여 관측지점의 항성시로부터 직접 산정한 것으로 각관측지점마다 다르다.

㉰ UT_1은 UT_0에 극운동의 영향에 의한 경년변화를 보정한 것으로 각 지방마다 다르다.

㉱ UT_2는 UT_1에 지구 자전속도의 변동에 관한 계절적 변화를 보정한 것이다.

해설 **5**

UT_0 : 지방시의 영향을 고려하지 않는 세계시로 전세계가 같은 시각임

정답 1. ㉯ 2. ㉰ 3. ㉰ 4. ㉱ 5. ㉯

5

Laplace 점은 방위각과 경도를 측정하여 측지망을 바로잡는 점이다.

6 다음 설명 중 잘못된 것은?

㉮ 측지선은 지표상 두 점간의 최단거리 선이다.
㉯ 항정선은 자오선과 항상 일정한 각도를 유지하는 지표의 선이다.
㉰ 라프라스점은 중력측정을 실시하기 위한 점이다.
㉱ 실제 지구와 가장 가까운 회전타원체를 지구타원체라 한다.

7 다음 측지선에 관한 설명 중 옳지 않은 것은? [84 ㉠]

㉮ 측지선은 두 개의 평면곡선의 교각을 2 : 1로 분할하는 성질이 있다.
㉯ 지표면상 2점을 잇는 최단거리가 되는 곡선을 측지선이라 한다.
㉰ 평면곡선과 측지선의 길이의 차는 극히 미소하여 무시할 수 있다.
㉱ 측지선은 미분기하학으로 구할수 있으나 직접 관측하여 구하는 것이 더욱 정확하다.

8 다음 설명 중 맞지 않은 것은?

㉮ 지오이드면이란 지구평면이 수면에 의하여 둘러싸였다는 가상곡면이다.
㉯ 연직선편기란 중력방향과 회전타원체면과의 교각이다.
㉰ 구과량은 구면삼각형의 면적에 비례한다.
㉱ 지구의 모양은 남북이 동서보다 약간 편평한 회전타원체이다.

9 현재 사용되는 지도의 위도표시 방법은 다음 중 어느 것을 사용하는가? [01 ㉠]

㉮ 지심위도 ㉯ 천문위도
㉰ 화성위도 ㉱ 측지위도

10 구면 삼각형의 성질에 대한 설명으로 맞지 않는 것은? [05 ㉠]

㉮ 구면 삼각형의 내각의 합은 180°보다 크다.
㉯ 어떤 측선의 방위각과 역방위각의 차이는 180°이다.
㉰ 2점간 거리가 구면상에서는 대원의 호길이가 된다.
㉱ 구과량은 구반경의 제곱에 비례하고 구면삼각형의 면적에 반비례한다.

해 설

해설 **6**

Laplace 점은 방위각과 경도를 측정하여 측지망을 바로잡는 점이다.

해설 **7**

측지선은 곡률을 고려한 선이므로 가상으로 존재한다.
따라서 실측할 수 없고 미분기하학으로 구한다.

해설 **8**

연직선편기란 중력방향과 회전타원체의 중심방향과의 교각으로 중력이상을 측정하는데 사용된다.

해설 **9**

측량학에서 지구는 타원체로 해석하므로 지도의 위도는 측지학적 위도를 사용한다.

해설 **10**

$\varepsilon = \frac{F}{R^2} \times \rho''$ 에서

구과량은 구면 삼각형의 면적에 비례하고 구반경의 제곱에 반비례한다.

정답 6. ㉰ 7. ㉱ 8. ㉯ 9. ㉱ 10. ㉱

출제예상문제

1. 지구의 반경 R = 6,370km라 하고 거리의 허용오차 $1/10^5$ 이라면 반경은 몇 km까지를 평면으로 볼 수 있는가? [24㉠]

㉮ 약 35km까지 ㉯ 약 70km까지
㉰ 약 140km까지 ㉱ 약 22km까지

해설

$\frac{1}{10^5}=\frac{1}{12}\left(\frac{D}{R}\right)^2$ 에서

$D=\sqrt{\frac{12\times R^2}{10^5}}=\sqrt{\frac{12\times 6370^2}{10^5}}=70\,\text{km}$

$\therefore$ 반경 $=\frac{D}{2}=35\,\text{km}$

2. 지구상의 50km 떨어진 두 점의 거리를 측량하면서 지구를 평면으로 간주하였다면 거리의 오차는 얼마인가? (단, 지구의 반경은 6,370km이다.) [18㉠]

㉮ 0.257m ㉯ 0.138m
㉰ 0.069m ㉱ 0.005m

해설

$\frac{d-D}{D}=\frac{1}{12}\left(\frac{D}{R}\right)^2$ 에서

$d-D=\frac{1}{12}\cdot\frac{D^3}{R^2}=\frac{1}{12}\times\frac{50^3}{6370^2}=0.257$

3. 적도의 반경과 극반경과의 차는? (단, 적도반경 6,377km, 편평율 $=\frac{1}{299}$)

㉮ 21.3km ㉯ 31.3km
㉰ 41.0km ㉱ 42.6km

해설

편평률 $(\varepsilon)=\frac{a-b}{a}$ 에서

$a-b=\frac{1}{299}\times a=\frac{6377}{299}=21.33\,\text{km}$

4. 지구의 곡면을 평면으로 보고 거리오차의 정도가 1/1,000,000라면 거리오차는? (단, 지구의 반경은 6,370km이다.)

㉮ 69.78cm ㉯ 49.15cm
㉰ 4.39cm ㉱ 2.21cm

해설

$\frac{d-D}{D}=\frac{1}{10^6}=\frac{1}{12}\left(\frac{D}{R}\right)^2$

$D=\sqrt{\frac{12\times 6370^2}{10^6}}=22\,\text{km}$

$\therefore$ 거리오차 $(d-D)=\frac{1}{12}\cdot\frac{D^3}{R^2}$

$=\frac{1}{12}\times\frac{22^3}{6370^2}=0.0000219\,\text{km}=2.19\text{cm}$

5. 지구표면의 거리 100km까지를 평면으로 간주했다면 허용 정도는 얼마인가? (단, 지구반지름 : 6,370km)

㉮ 1/10,000,000
㉯ 1/500,000
㉰ 1/100,000
㉱ 1/50,000

해설

허용정도($\frac{d-D}{D}$)를 구해보면

$\frac{d-D}{D}=\frac{1}{12}\left(\frac{D}{R}\right)^2$ 에서

R=6,370km, D=100km를 대입

$\frac{d-D}{D}=\frac{1}{12}\left(\frac{100}{6,370}\right)^2=\frac{1}{50,000}$

6. 지구의 반경을 6,400km로 할 때, 위도차 1°에 대한 위거의 호의 길이는?

㉮ 98.9km ㉯ 100.00km
㉰ 110.81km ㉱ 111.7km

해답 1. ㉮ 2. ㉮ 3. ㉮ 4. ㉱ 5. ㉱ 6. ㉱

해설
옆의 그림에서

$\varepsilon = R\theta rad$

$= 6400 \times 1° \times \dfrac{\pi}{180°}$

$= 111.70\,\text{km}$

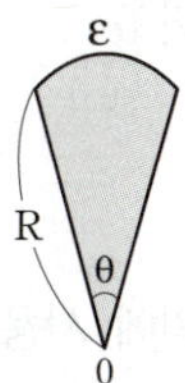

7. 지구의 크기로서는 회전타원체의 삼축 반경을 산술 평균 하는 것으로 그 값은 다음 중 어느 것인가? (단, 지구의 적도반경 : 6,385km, 극반경 6,355km이다.)

㉮ 약 6,356km　　㉯ 약 6,370km
㉰ 약 6,375km　　㉱ 약 6,380km

해설 평균반경

$$R = \frac{2a+b}{3} = \frac{2 \times 6385 + 6355}{3} = 6375\,\text{km}$$

8. 다음 측지학에 관한 설명 중 잘못된 것은?

㉮ 지구 내부의 특성 형상 및 크기에 관한 것을 물리학적 측지학이라 한다.
㉯ 지구표면상의 상호위치 관계를 규명하는 것을 기하학적 측지학이라 한다.
㉰ 지구표면상의 길이, 각 및 높이의 관측에 의한 3차원 좌표 결정을 위한 측량만을 말한다.
㉱ 지구곡률을 고려한 반경 11km 이상인 지역의 측량에 측지학의 지식을 필요로 한다.

해설
1. 기하학적 측지학 : 지표면상에 있는 점들의 상호 위치관계를 결정
2. 물리학적 측지학 : 지구 내부의 특성, 지구의 형상 및 크기를 결정

9. 측지학에 대한 설명 중 옳지 않은 것은?

㉮ 물리학적 측지학은 지구 내부의 특성, 지구의 형상 및 운동을 결정하는 것이다.
㉯ 기하학적 측지학은 지구표면상에 있는 점들 간의 상호 위치관계를 결정하는 것이다.
㉰ 탄성파 측정에서 지표면으로부터 낮은 곳은 굴절법을 이용한다.
㉱ 중력 측정에서 중력은 관측한 곳의 표고와는 관계 없이 행하여진다.

해설
1. 탄성파 측정시 : 낮은 곳 → 굴절법
　　　　　　　　깊은 곳 → 반사법
2. 중력측정 : 표고를 알고 있는 점(수준점)에서 중력에 의한 변화현상을 측정

10. 다음 중 기하학적 측지학에 속하지 않는 것은? [93, 86㉮]

㉮ 측지학적 3차원 위치의 결정
㉯ 면적 및 체적의 산정
㉰ 길이 및 시의 결정
㉱ 지구의 극운동과 자전운동

해설
1. '결정'이란 단어가 들어가면 기하학적 측지학이다.
2. '운동'이란 단어가 들어가면 물리학적 측지학이다.

11. 다음 중 물리학적 측지학에 속하지 않는 것은?

㉮ 지구의 형상해석　　㉯ 지자기 측정
㉰ 중력 측정　　㉱ 천문 측량

해설
천문측량은 기하학적 측지학이다.

12. 지구의 기하학적 성질을 설명한 것 중 잘못된 것은?

㉮ 지구상의 자오선은 양극을 지나는 대원의 북극과 남극 사이의 절반이다.
㉯ 측지선은 지표상 두 점간의 최단 거리선이다.
㉰ 항정선은 자오선과 일정한 각도를 유지하며, 그 선내 각점에서 북으로 갈수록 방위각이 커진다.
㉱ 지표상 묘유선은 지구타원체상 한점의 법선을 포함한다.

해답 7. ㉰　8. ㉰　9. ㉱　10. ㉱　11. ㉱　12. ㉰

해설

1. 항정선 : 자오선과 일정한 각도를 유지하므로 그 선 내의 각 점에서 방위각이 일정한 곡선이 된다.
2. 묘유선 : 지구타원체상의 한 점을 지나는 자오선과 직교 하는 선

13. 3각 측량의 구과량에 대한 다음 설명 중 틀린 것은?

㉮ 3각형에서는 3내각의 합이 180°보다 큰 것
㉯ 4각형에서는 4내각의 합이 360°보다 큰 것
㉰ n다각형에서는 n내각의 합이 (n−2)180°보다 큰 것
㉱ 평면 다각형의 폐합오차는 구과량과 같다.

14. 일반적인 측량에 많이 이용되는 좌표는?

㉮ 사교좌표　㉯ 극좌표
㉰ 직교좌표　㉱ 천문좌표

15. 우리나라 평면직각좌표의 원점 중 서부원점의 위치는?

㉮ 동경 125° 북위 38°
㉯ 동경 127° 북위 38°
㉰ 동경 125° 북위 40°
㉱ 동경 127° 북위 40°

16. 직각 좌표계에서 중앙자오선과 적도의 교점을 원점으로 횡메르카토르도법으로 투영한 좌표계는? [00㉮]

㉮ U.T.M 좌표
㉯ U.P.S 좌표
㉰ 3차원 극좌표
㉱ 가우스 크뤼거 좌표

17. 극심입체 투영법(Universal polar stereographic projection)에 의해 위도 80° 이상의 양극지역에 대한 좌표를 표시하는데 사용되는 좌표는?

㉮ U.T.M 좌표　㉯ U.P.S 좌표
㉰ 3차원 극 좌표　㉱ 가우스 크뤼거 좌표

18. G.P.S 측량에 사용되는 좌표계는?

㉮ W.G.S-72　㉯ W.G.S-84
㉰ 경위도 좌표　㉱ 측지좌표

해설

W.G.S-84 좌표는 지구의 질량중심을 기준으로 하는 좌표계이다.

19. 천체의 고도, 방위각, 시각을 관측하여 관측지점의 지리학적 경위도 및 방위를 구하는 측량은?

㉮ 천문 측량　㉯ 육분의 측량
㉰ 위성 측량　㉱ 지형 측량

20. 다음 설명 중 맞지 않는 것은?

㉮ 지자기 측정은 편각, 복각, 수평분력을 측정하는 것이다.
㉯ 구과량은 구면 삼각형의 면적에 비례한다.
㉰ 연직선 편차란 중력방향과 회전타원체 면과의 교각이다.
㉱ 지오이드면이란 지구표면을 수면에 의하여 둘러싸였다는 가상 곡면이다.

21. 다음 위도에 관한 설명 중 옳지 않은 것은?

㉮ 천문위도란 어떤 지점에서 연직선과 적도면이 이루는 각으로 표시된다.
㉯ 지심위도란 관측점과 지구중심을 연결한 선이 적도면과 이루는 각으로 표시된다.
㉰ 화성위도란 관측점의 법선이 적도면과 이루는 각으로 표시된다.
㉱ 측지위도란 어떤 지점에서 표준 타원체의 법선이 적도면과 이루는 각으로 표시된다.

해답 13. ㉱ 14. ㉰ 15. ㉮ 16. ㉮ 17. ㉯ 18. ㉯ 19. ㉮ 20. ㉰ 21. ㉰

22. 지오이드에 대한 설명 중 틀리는 것은? [03, 08, 17㉮]

㉮ 평균해수면을 육지까지 연장하는 가상적인 곡면을 Geoid라 하며 이것은 준거타원체와 일치한다.

㉯ Geoid는 중력장의 등포텐셜면으로 볼 수 있다.

㉰ 실제로 Geoid는 굴곡이 심하므로 측지측량의 기준을 채택하기 어렵다.

㉱ 지구의 형은 평균해수면과 일치하는 지오이드면으로 볼 수 있다.

해설 지오이드는 준거타원체와 거의 일치한다. 따라서 정확히 일치하지는 않는다.

23. 관측점의 연직선이 적도면과 이루는 각으로 지오이드를 기준으로 한 것은?

㉮ 측지학적 위도 ㉯ 천문위도
㉰ 지심위도 ㉱ 화성위도

해설

1. 측지위도 : 지도에 표시되는 위도로서 지구상의 한 점에서 타원체에 대한 법선이 적도면과 이루는 각
2. 천문위도 : 지구상의 한 점에서 연직선이 적도면과 이루는 각으로 지오이드를 기준으로 한 위도이다.
3. 지심위도 : 지구상의 한점과 지구 중심을 맺는 선이 적도면과 이루는 각
4. 화성위도 : 지구 중심으로부터 타원체의 장반경을 반경으로 하는 구를 그리고 타원체의 한점을 지나는 적도면의 법선이 이 구와 만나는 점과 지구 중심을 맺는 직선이 적도면과 이루는 각

24. 다음은 경위도에 대한 설명이다. 틀린 사항은 어느 것인가?

㉮ 측지위도는 어떤 지점에서 표준타원체의 법선이 적도면과 이루는 각

㉯ 천문위도는 어떤 지점에서 지오이드의 법선이 적도면과 이루는 각

㉰ 천문위도와 측지위도는 연직선 편차로 인하여 다소 값이 다르다.

㉱ 자오선 곡률반경(R)과 횡곡률반경(N)을 알 때 평균곡률반경 (r)은 $r=\frac{1}{2}(R+N)$ 이다.

해설 중등(평균)곡률반경 $=\sqrt{R\cdot N}$

25. 중력 측량시 이용되는 수준점은 다음 중 무엇을 기준으로 하는가?

㉮ 비고 ㉯ 표고
㉰ 높이 ㉱ 고도

해설 중력측정

표고를 알고 있는 지점에서 중력에 의한 변화현상(길이 or 시간)을 측정하는 것으로 단위는 gal이다.

26. 중력이상에 대한 설명 중 맞지 않는 것은?

㉮ 일반적으로 실측 중력값과 계산식에 의한 이론적 중력값은 일치하지 않는다.

㉯ 중력이상이 (−)이면 그 지점에 무거운 물질이 있다.

㉰ 중력이상에 의해 지표면 밑의 상태를 추정할 수 있다.

㉱ 중력의 실측값에서 중력식에 의해 계산한 값을 뺀 것이 중력이상이다.

해설

1. 중력이상값=중력실측값−표준계산값
2. 중력이상값이 (+)이면, 그 지점에 무거운 물질이 있고 (−)이면 가벼운 물질이 있다.

27. 중력을 측정하고 지오이드상의 점의 중력값으로 조정을 해야 하는데 일반적으로 3가지 보정만을 하고 있다. 이 3가지에 포함되지 않는 것은?

㉮ 고도보정 ㉯ 위도보정
㉰ 지형보정 ㉱ 무게보정

해답 22. ㉮ 23. ㉯ 24. ㉱ 25. ㉯ 26. ㉯ 27. ㉯

28. 다음 중력이상에 대한 설명 중 옳은 것은 어느 것인가?

㉮ 실측 중력값과 이론중력값은 일반적으로 일치하는 경우가 많다.
㉯ 중력이상은 실측 중력값에서 이론중력값을 뺀 값을 말한다.
㉰ 중력이상이 (-)이면 그 지점 부근에 무거운 물질이 있다.
㉱ 중력측정은 높이측정에만 이용된다.

해설

1. 실측 중력값과 이론 중력값은 지하 물질의 밀도에 따라 달라진다.
2. 중력이상이 (-)이면 그 지점 부근에 가벼운 물질이 있다.
3. 중력측정은 지하자원 측정, 지각변동, 지구의 형상 해석을 위한 자료제공 등에 쓰인다.

29. 깊은 곳의 광물탐사를 하기 위한 탄성파 측정법은?

㉮ 굴절법 ㉯ 반사법
㉰ 굴착법 ㉱ 탐지법

해설 탄성파 측정

1. 낮은 곳 → 굴절법
2. 깊은 곳 → 반사법

30. 지구물리 측정에서 지자기의 방향과 수평면과의 각을 무엇이라 하는가?

㉮ 편각
㉯ 천장각
㉰ 천저각
㉱ 복각

해설

편각 : 지자기의 방향과 자오선과의 각
복각 : 지자기의 방향과 수평면과의 각

31. 무게 또는 경중률에 대한 설명 중 옳지 않은 것은?

㉮ 같은 정도로 측정했을 때에는 측정횟수에 비례한다.
㉯ 무게는 정밀도의 제곱에 반비례한다.
㉰ 직접 수준측량에서는 거리에 반비례한다.
㉱ 간접 수준측량에서는 거리의 제곱에 반비례한다.

해설

무게는 정밀도의 제곱에 비례한다.

32. 변의 길이가 40km인 정삼각형 ABC의 내각을 오차없이 실측하였을 때, 내각의 합은? (단, R = 6.370km)

㉮ 180° −0.000034 ㉯ 180° −0.000017
㉰ 180° +0.000009 ㉱ 180° +0.000017

해설 구과량

$\frac{\varepsilon''}{\rho''} = \frac{F}{R^2}$ (∵ 이와 같이 비례식으로 이해바람)

$\therefore \ \varepsilon = \frac{\frac{1}{2}\times 40^2 \times \sin 60°}{6370^2}\rho''$

$= 1.7\times 10^{-5}\times \rho'' = 3.5''$

∴ 내각의 합 = 180°+ 0.000017

33. 해양측지에서 간출암 높이 및 해저수심의 기준이 되는 면은 다음 중 어느 것인가?

㉮ 약 최고고저면 ㉯ 평균중등수위면
㉰ 수애면 ㉱ 약 최저저조면

34. 지구의 곡률로부터 생기는 길이의 오차를 1/2,000,000까지 허용한다면 반경 몇 km 이내를 평면으로 보는가?

㉮ 22.00km ㉯ 7.80km
㉰ 10.20km ㉱ 15.00km

해답 28. ㉯ 29. ㉯ 30. ㉱ 31. ㉯ 32. ㉱ 33. ㉱ 34. ㉯

해설

$$\frac{d-D}{D}=\frac{D^2}{12R^2}=\frac{1}{2\times10^6}$$

$$D=\sqrt{\frac{12R^2}{2\times10^6}}=\sqrt{\frac{12\times6370^2}{2\times10^6}}=15.6\,\text{km}$$

$$\therefore \text{반경}=\frac{D}{2}=7.8\,\text{km}$$

35. 측지위도 38°에서 자오선의 곡률 반경값으로 가장 가까운 것은? (단, 장반경 = 6377397.15m, 단반경 = 6356078.96m)

㉮ 6385479.3m ㉯ 6375076.9m
㉰ 6358949.2m ㉱ 6354373.4m

해설

자오선의 곡률반경 $(M)=\frac{a(1-e^2)}{W^3}$

여기서, $e=\frac{\sqrt{a^2-b^2}}{a}$

$$=\frac{\sqrt{6377397.15^2-6356078.96^2}}{6377397.15}=0.081696823$$

$$W=\sqrt{1-e^2\cdot\sin^2\phi}$$

$$=\sqrt{1-0.081696823^2\times\sin^2 38°}=0.998734275$$

$$\therefore M=\frac{6377397.15(1-0.081696823^2)}{0.998734275^3}$$

$$=6358947.5\,\text{m}$$

36. 지오이드에 대한 다음 설명 중 틀린 것은?

㉮ 평균 해수면을 육지까지 연장하여 지구를 덮는 곡면을 가상하여 이 곡면이 이루는 모양을 지오이드라 한다.
㉯ 지오이드면은 일종의 수면이므로 물의 성질 때문에 지오이드면은 항상 중력방향에 수직이다.
㉰ 지오이드면은 대체로 실제 지구형과 지구 타원체 사이를 지난다.
㉱ 지오이드면은 대륙에서는 지구 타원체보다 낮으며, 해양에서는 지구 타원체보다 높다.

해설

지오이드는 밀도가 낮은 곳은 내려가고, 밀도가 높은 곳에서는 올라가므로 바다에서는 지구타원체보다 낮고 육지에서는 지오이드 위에 있는 물의 인력으로 지오이드가 끌려 올라와 지구 타원체보다 높아진다.

37. 지구의 기하학적 성질을 설명한 것 중 잘못된 것은?

㉮ 라플라스 점이란 방위각, 경도를 측정하여 측지망을 바로 잡는 점이다.
㉯ 측지선은 지표상 두 점간의 최단 거리선이다.
㉰ 항정선은 자오선과 일정한 각도를 유지하는 선으로 북으로 갈수록 방위각이 커진다.
㉱ 지표상 모유선은 지구타원체상 한점의 법선을 포함한다.

해설

항정선이란 자오선과 항상 일정한 각도를 유지하는 지표의 선으로 그 선내 각점에서 방위각이 일정한 곡선이다. 등방위선이라고도 한다.

38. 다음 천문 좌표계의 설명 중 옳지 않은 것은?

㉮ 지평좌표계는 관측자의 연직선과 수직인 적도면을 기준으로 한다.
㉯ 적도 좌표계는 지구의 자전축과 수직인 적도면을 기준으로 한다.
㉰ 황도좌표계는 천축과 수직인 대원을 포함한 면을 기준으로 한다.
㉱ 은하 좌표계는 은하계의 적도면을 기준으로 한다.

해설 천문좌표계

1. 지평좌표 : 관측자의 연직선과 지평면을 기준
2. 적도좌표 : 지구의 자전축과 수직인 적도면을 기준
3. 황도좌표 : 지구 공전 궤도면을 기준
4. 은하좌표 : 은하계의 적도면을 기준

해답 35. ㉰ 36. ㉱ 37. ㉰ 38. ㉰

39. 다음 관계 중 옳은 것은? (단, N : 지구의 횡곡률 반경, R : 지구의 자오선 곡률반경, a : 타원지구의 적도의 반경, b : 타원지구의 극반경이다.) [25 ㉮]

㉮ 측량의 원점에서의 평균곡률반경은 $\dfrac{a-2b}{3}$ 이다.

㉯ 타원에 의한 지구의 곡률반경은 $\dfrac{a-b}{a}$ 로 표시한다.

㉰ 지구의 편평률은 $\sqrt{N \cdot R}$ 로 표시된다.

㉱ 지구의 편심률은 $\sqrt{\dfrac{a^2-b^2}{a^2}}$ 로 표시된다.

해설

편평률 $(\varepsilon)=\dfrac{a-b}{a}$

구의 곡률반경 $(R)=\dfrac{2a+b}{3}$

40. 정밀수준측량에서는 타원보정을 한다. 타원보정량과 관계가 있는 것은?

㉮ 타원보정량은 경도와 관계있다.

㉯ 타원보정량은 위도와 관계있다.

㉰ 타원보정량은 직각좌표와 관계있다.

㉱ 타원보정량은 경도, 위도 공히 관계있다.

해설

1. 타원 보정은 회전타원체의 장축(a)과 단축(b)의 차이 때문에 실시한다.
2. 동일 위도상에서는 경도차에 의한 구의 반지름의 변화는 없다.
3. 동일 경도상에서는 위도차에 의한 구의 반지름(높이)이 고위도로 갈수록 작아진다.
4. 따라서 타원보정은 위도와 관계있다.

41. 반경 2m인 구면상의 구면삼각형 면적이 0.698m² 이라면 이 구면 삼각형의 구과량은 얼마인가?

㉮ 5°　　㉯ 10°

㉰ 15°　　㉱ 20°

해설

$$\varepsilon''=\frac{F}{r^2}\rho''$$

$$=\frac{0.698}{2^2}\times 206,265''=35,993''=10°$$

42. 양극을 지나는 대원의 북극과 남극 사이의 절반으로 중심각이 180°인 대원호를 무엇이라 하는가? [00㉾]

㉮ 항정선　　㉯ 묘유선

㉰ 측지선　　㉱ 자오선

해답 39. ㉱ 40. ㉯ 41. ㉯ 42. ㉱

제 2 장 거리측량

출제경향분석

측량학의 시험준비는 각 단원별로 ① 측량의 개요 ② 방법 ③ 오차와 정밀도를 정리하면 간단하다.
거리측량이란 두 점간의 수평거리(D)를 측정하는 작업으로 거리측정 후 보정하는 1. 거리측정값의 보정 2. 거리측량의 오차와 정밀도에서 주로 출제된다.

단원별 경향분석

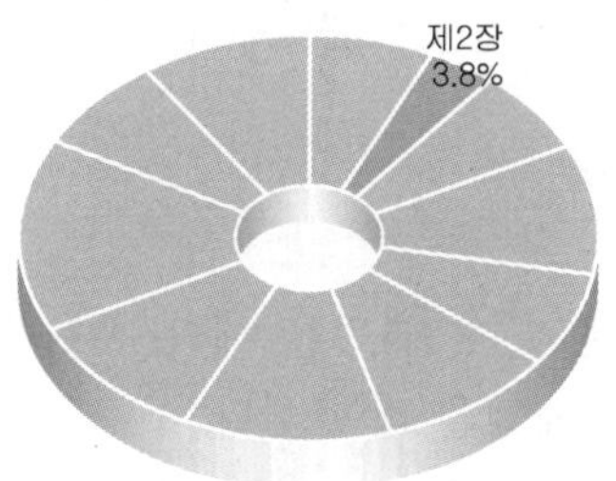

토목기사

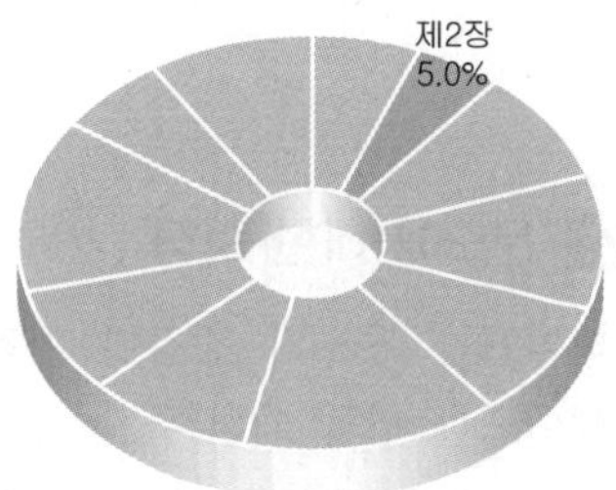

토목산업기사

항목별 경향분석

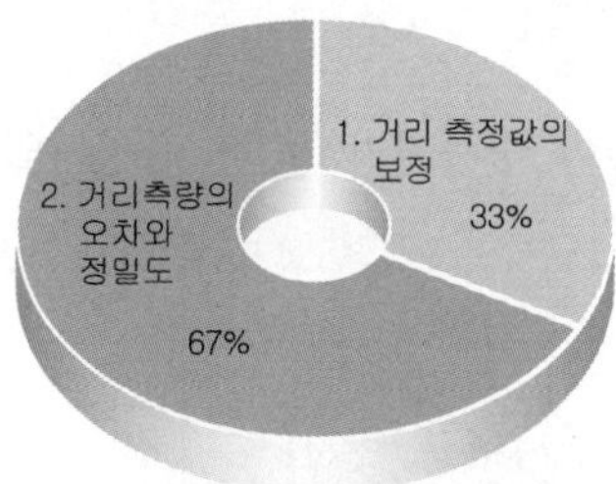

토목기사

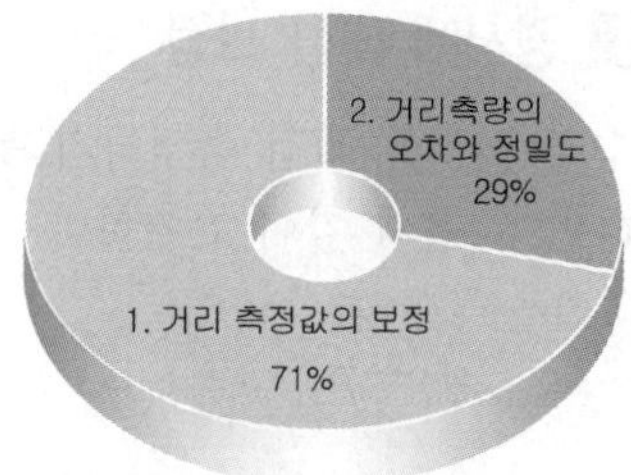

토목산업기사

1 거리 측정값의 보정

학습방향

강철 테이프에 의해 실측한 기선의 길이는 정확한 값을 얻기 위해서 다음과 같은 여러 가지 정오차에 대해 보정을 해 주어야 한다.

① 표준테이프에 대한 보정　② 온도에 대한 보정　③ 경사에 대한 보정
④ 처짐 보정　⑤ 표고 보정　⑥ 장력 보정

1 표준 테이프에 대한 보정

기선 측량에 사용한 테이프가 표준줄자에 비하여 얼마나 차이가 있는지를 검사하여 보정한다. 검사하여 구한 보정값을 테이프의 특성값이라 하며, 정확한 길이 L_0은 다음과 같다.

$$C_0 = \pm \frac{\triangle l}{l} L$$

$$L_0 = L + C_0$$

여기서, C_0 : 특성값 보정량
$\triangle l$: 테이프의 특성값
l : 사용 테이프의 길이
L_0 : 보정한 길이
L : 측정길이

2 온도에 대한 보정

테이프는 온도의 증감에 따라 신축이 생기게 된다. 측량할 때의 온도가 테이프를 만들 때의 표준 온도와 같지 않으면 보정을 해야 한다.

$$C_t = \alpha (t - t_0) L$$

여기서, C_t : 온도 보정량
α : 테이프의 팽창 계수
t : 측정할 때의 테이프의 온도(℃)
t_0 : 테이프의 표준온도(℃)로 보통 15℃

3 경사에 대한 보정

수평 거리를 직접 측정하지 못하고 그림과 같이 경사거리 L을 측정하였다면, 다음과 같이 보정한다.

$$C = \frac{-h^2}{2L}$$

여기서, C : 경사 보정량
h : 기선 양 끝의 고저차

L, h, A, B

그림. 경사보정

학습POINT

▶05, 06㉠, 09㉡
• 표준테이프에 대한 보정

■ 거리측정값의 보정시 항상 (−)가 붙는 경우

1. 경사보정
2. 처짐보정
3. 평균해수면위의 길이로 환산한 보정

위 세가지 측정은 항상 실제보다 크게 관측되므로 보정시 항상(−)부호를 붙인다.

■ 특성값(정수) 보정에 관한 문제유형

1. 표준테이프보다 짧은 테이프로 실제거리 Lm를 측정했다. 측정값은?
   $L(1 + \frac{\triangle l}{l})$
2. 표준테이프보다 짧은 테이프로 어떤거리를 측정한 값이 Lm였다. 실제거리는?
   $L(1 - \frac{\triangle l}{l})$
3. 즉 실제거리와 측정거리를 잘 구분해야 된다.

4 처짐에 대한 보정

테이프를 두 지점에 얹어 놓고 장력 P로 당기면 처진다. 그러므로 두 지점 간의 관측 거리는 실제 길이보다 길어진다. 이 양자의 차이를 처짐에 대한 보정량이라 한다.

$$C_s = -\frac{nl}{24}\left(\frac{wl}{P}\right)^2 = -\frac{L}{24}\left(\frac{wl}{P}\right)^2$$

▶08㉠, 05, 08, 09㉡
- 처짐에 대한 보정
- 표고에 대한 보정

5 표고에 대한 보정

기선은 평균 해수면에 평행한 곡선으로 측정하므로 이것을 평균 해수면에서 측정한 길이로 환산해야 한다. 따라서 보정량 C_h는 다음과 같다.

$$C_h = -\frac{LH}{R}$$

여기서, C_h : 평균 해수면상의 길이로 환산하는 보정량
R : 지구의 평균 반지름(약 6370km)
H : 기선 측정 지점의 표고

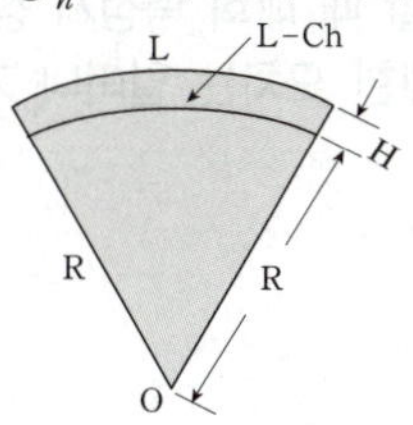

그림. 표고보정

■ 표고보정의 비례 관계

거리의 비=높이의 비

$$\frac{C_h}{L} = \frac{H}{R}$$

$$\therefore C_h = -\frac{L \cdot H}{R}$$

이런 비례관계로 이 식을 이해하면 쉽게 암기된다.

6 장력에 대한 보정

강철 테이프를 표준 장력보다 큰 힘으로 당기면 표준값보다 늘어나고, 작은 힘으로 당기면 적게 늘어난다. 후크의 법칙으로 구한 보정량 C_p는

$$C_p = (P - P_0)\frac{L}{AE}$$

여기서, C_p : 장력에 대한 보정량
P : 측정시의 장력(kg)
E : 테이프의 탄성 계수(kg/cm²)
A : 테이프 단면적(cm²)
P_0 : 표준장력(보통 10kg)

■ 광파거리 측정기와 전파거리 측정기의 비교

구 분	광파거리 측정기	전파거리 측정기
정밀도	(1~2)±2×10^{-6}D(cm) D : 관측거리(m)	(3~5)±4×10^{-6}D(cm)
최소 조작인원	1명(측정자와 반사경)	2명
측정가능 거리	원거리용 : 약 10m~60km 근거리용 : 약 1m~1km	약 100m~80km
기상조건	안개나 눈 등에 의해 시준 불가능	기상조건에 거의 좌우되지 않음
방해물	광선이 방해 받지 않아야 한다.	장애물에 의해 전파가 장애 받음(특히 송전선 부근의 경우)
조작시간	1변 10~20분	1변 20~30분
종류	지오디미터	텔룰로미터

■ 초장기선 전파 간섭계(V.L.B.I)

지구상에서 1,000~10,000km 정도 떨어진 거리를 한조의 전파계를 설치하여, 전파원으로부터 나온 전파를 수신하여 2개의 간섭계에 도달한 전파의 시간차를 관측하여 거리를 측정한다.

핵심문제

1 일률적인 경사지에서 AB 두 점간의 거리를 측정하여 150m를 얻었다. AB간의 고저차가 20m였다면 수평거리는?

㉮ 148.3m
㉯ 148.5m
㉰ 148.7m
㉱ 148.9m

2 2,000m를 50m 스틸테이프로 측정할 때 매회 측정시 정오차 +2.5 mm, 부정오차 ±2.5mm일 때 전길이에 대한 오차는 얼마나 기대되는가?

㉮ 100mm±15.8mm
㉯ 101.24mm±15.8mm
㉰ 102.50mm±7.4mm
㉱ 110.42mm±7.4mm

3 강줄자를 이용하여 지상에서 거리를 관측한 경우 보정해야 할 보정량 중 항상 ⊖(負) 부호를 가진 것으로 옳게 짝지어진 것은? [98㉿]

ⓐ 특성값 보정	ⓑ 온도보정	ⓒ 경사 보정
ⓓ 표고 보정	ⓔ 장력 보정	

㉮ ⓐ, ⓑ　　㉯ ⓑ, ⓒ
㉰ ⓒ, ⓓ　　㉱ ⓓ, ⓔ

4 50m의 줄자를 이용하여 관측한 거리가 165m이었다. 관측 후 표준 줄자와 비교하니 2cm 늘어난 줄자였다면 실제의 거리는? [16㉿]

㉮ 164.934m
㉯ 165.006m
㉰ 165.066m
㉱ 165.122m

해설

해설 **1**

$$C_h = -\frac{h^2}{2L} = -\frac{20^2}{2\times150} \fallingdotseq -1.3\,\text{m}$$

$$\therefore\ D = L + C_h = 150 - 1.3 = 148.7\,\text{m}$$

해설 **2**

전길이에 대한 오차=정오차±우연오차

· 정오차 $e_1 = \frac{L}{l}\cdot\delta_1 = \frac{2,000}{50}\times(+2.5) = 100\text{mm}$

· 우연오차 $e_2 = \delta_2\sqrt{\frac{L}{l}} = (\pm2.5)\times\sqrt{\frac{2,000}{50}} = \pm15.8\text{mm}$

∴ 전길이에 대한 오차
=100(mm)±15.8(mm)

해설 **3**

거리관측의 보정량 중 항상(−)값을 갖는 것
1. 경사보정
2. 처짐보정
3. 표고보정

해설 **4**

늘어난 자로 측정했으므로 실제거리는 관측거리보다 늘어난다.

$$L = L_o\left(1+\frac{0.02}{50}\right) = 165\left(1+\frac{0.02}{50}\right) = 165.066\,\text{m}$$

정답 1. ㉰ 2. ㉮ 3. ㉰ 4. ㉰

5 쇠줄자를 사용하여 2점간의 거리를 실측하니 45m이고 이에 대한 보정치가 4.05×10^{-3}m이다. 사용한 쇠줄자의 표준온도 및 표준장력이 각각 10℃, 5kg이라 하면 실측시의 온도는? (단, 선 팽창계수＝1.8×10^{-5}/℃) [96, 94㉾]

㉮ 10℃ ㉯ 15℃
㉰ 20℃ ㉱ 25℃

6 길이 50m인 쇠줄자(steel tape)를 5m 간격으로 받치고 장력 15kg를 가하여 기선 180m를 관측할 때 기선 전장에 대한 처짐 보정량을 구한 값은? (단, 쇠줄자의 자중은 0.00101kg/cm이다.) [97 ㉠]

㉮ -0.95cm
㉯ -0.85cm
㉰ +0.85cm
㉱ +0.95cm

7 평균표고 730m인 지형에서 $\overline{AB}$ 측선의 수평거리를 측정한 결과 5000m였다. 평균해수위면으로의 거리로 환산하면? (단, 지구의 반경은 6370km임) [01, 15, 25 ㉠]

㉮ 5000.57m
㉯ 5000.66m
㉰ 4999.34m
㉱ 4999.43m

8 135m 측선의 우연오차가 135mm였다면 같은 정도로 측량한 15m측량선의 우연오차는?

㉮ ±43mm ㉯ ±45mm
㉰ ±47mm ㉱ ±49mm

9 정확도 1/5000을 요구하는 50m 거리 측량에서 경사거리를 측정하여도 허용되는 두 점간의 최대 높이차는? [16 ㉠]

㉮ 1.0m ㉯ 1.5m
㉰ 2.0m ㉱ 2.5m

해 설

해설 **5**

1. 장력보정 A, E 값이 없으므로 생략
2. $C_t = \alpha \cdot L(t - t_o)$ 에서

$4.05\times10^{-3} = 1.8\times10^{-5}\times45\times(t-10)$

$\therefore t = 15℃$

해설 **6**

처짐 보정량(C_s)은 항상(−)이다.

$$C_s = -\frac{L}{24}\left(\frac{wl}{P}\right)^2 = -\frac{180}{24}\left(\frac{0.101\times5}{15}\right)^2 = -0.0085\,\text{m}$$

해설 **7**

$$C_h = -\frac{DH}{R} = -\frac{5\times730}{6370} = -0.57\,\text{m}$$

$\therefore L = D + C_h = 5000 - 0.57 = 4999.43\,\text{m}$

해설 **8**

우연오차는 측량거리의 제곱근에 비례하므로

$$\text{우연오차} = \pm135\,\text{mm}\times\sqrt{\frac{15\text{m}}{135\text{m}}} = \pm45\text{mm}$$

해설 **9**

① 경사보정량 $(C_h) = \frac{h^2}{2L}$ 에서

$h = \sqrt{2L\cdot C_h}$

② $\frac{1}{5,000} = \frac{C_h}{50} \rightarrow C_h = 0.01\,\text{m}$

$\therefore h = \sqrt{2\times50\times0.01} = 1\text{m}$

정답 5. ㉯ 6. ㉯ 7. ㉱ 8. ㉯ 9. ㉮

2 오차와 정밀도

학습방향

거리측량의 오차와 정밀도는 자주 출제되는 중요한 부분으로 최확값, 정밀도, 확률오차와 중등오차의 개념을 이해해야 한다.

① 정밀도란 측정량과 오차의 비로 정확도를 나타낸다.
② 최확값이란 참값을 대신한 실제의 값이다.
③ 확률오차와 중등오차

1 정밀도(precision)

정밀도란 어떤 양을 측정했을 때에 정확도의 정도를 나타내는 방법으로 오차와 측정량과의 비로서 분자를 1로 나타낸다. 여기서 오차란 우연오차다.

① 정밀도가 좋다 : 분모수가 크다.
② 정밀도가 나쁘다 : 분모수가 작다.

2 최확값(L_0)

최확값이란 같은 기구와 같은 측정방법으로 여러 번 반복 측정하여 그 평균값을 구한 것으로 참값을 대신 해서 실제의 값으로 쓰인다.

지금 n회 같은 정도로 반복 측정한 값을 l_1, l_2, l_3, ⋯, l_n 이라 하면

$$L_0 = \frac{l_1 + l_2 + \cdots + l_n}{n} = \frac{[l]}{n}$$

3 정밀도를 나타내는 방법

① 확률오차(r_0) 또는 중등오차(m_0)와 최확값과의 비로 나타내는 방법

$$m_0 = \pm\sqrt{\frac{v_1^2 + v_2^2 + v_3^2 \cdots + v_n^2}{n(n-1)}} = \pm\sqrt{\frac{[vv]}{n(n-1)}}$$

여기서, $L_0 - l_1 = v_1$, $L_0 - l_2 = v_2$, ⋯, $L_0 - l_n = v_n$ 을 잔차라 하고

$[vv] = v_1^2 + v_2^2 + v_3^2 + \cdots + v_n^2$

$r_0 = 0.6745 m_0$ 의 관계가 있으므로

$$r_0 = \pm 0.6745\sqrt{\frac{[vv]}{n(n-1)}}$$

학습POINT

▶05, 07, 09, 10㉺

• 최확값

■ 각각의 측량결과에 따른 최확값

	경중율이 같을 경우	경중률이 다를 경우
거리	$L_o = \frac{[l]}{n}$	$L_o = \frac{[Pl]}{[P]}$
각	$\alpha_o = \frac{[\alpha]}{n}$	$\alpha_o = \frac{[P \cdot \alpha]}{[P]}$
높이	$H_o = \frac{[H]}{n}$	$H_o = \frac{[P \cdot H]}{[P]}$

이처럼 최확값을 구하는 방식은 모든 측량방법이 같으며 단지, 경중률[P]을 구하는 것이 문제 해결의 열쇠가 된다.

② 2회 측정값의 차이와 평균값(L)과의 비율로 표시하는 방법

$$L=\frac{L_1+L_2}{2}$$

$$A=\frac{L_1-L_2}{L}$$

여기서, L_1, L_2 : 같은 양을 2회 측정한 값

A : 정밀도

L_1-L_2 : 거리 측량의 교차

③ 경중률을 포함하는 최확값, 중등오차, 확률오차의 관계

항목 \ 구분	경중률(P)이 일정한 경우	경중률(P)다른 경우
최확값 (L_o)	$L_o=\frac{l_1+l_2+\cdots+l_n}{n}$ $=\frac{[l]}{n}$	$L_o=\frac{P_1l_1+P_2l_2+\cdots+P_nl_n}{P_1+P_{2+}\cdots+P_n}$ $=\frac{[Pl]}{[P]}$
평균 제곱근 오차, 중등오차 (m_o)	① 1회 관측(개개의 관측값)에 대한 $m_o=\pm\sqrt{\frac{[vv]}{n-1}}$ ② n개의 관측값(최확값)에 대한 $m_o=\pm\sqrt{\frac{[vv]}{n(n-1)}}$	① 1회 관측(개개의 관측값)에 대한 $m_o=\pm\sqrt{\frac{[Pvv]}{n-1}}$ ② n개의 관측값(최확값)에 대한 $m_o=\pm\sqrt{\frac{[Pvv]}{[P](n-1)}}$
확률오차 (r_o)	① 1회 관측(개개의 관측값)에 대한 $r_o=\pm0.6745\cdot m_o$ ② n개의 관측값(최확값)에 대한 $r_o=\pm0.6745\cdot m_o$	① 1회 관측(개개의 관측값)에 대한 $r_o=\pm0.6745\cdot m_o$ ② n개의 관측값(최확값)에 대한 $r_o=\pm0.6745\cdot m_o$

4 허용정밀도의 범위

( )는 주의해서 측량할 때임

1) 지형에 따라		2) 사용 기계에 따라	
지형	정밀도의 범위	사용기구	정밀도의 범위
산지	$\frac{1}{500}\sim\frac{1}{1,000}$	체인	$\frac{1}{1,000}\sim\frac{1}{5,000}\left(\frac{1}{10,000}\right)$
평지	$\frac{1}{1,000}\sim\frac{1}{5,000}$	유리섬유 테이프	$\frac{1}{2,000}\sim\frac{1}{5,000}$
시가지	$\frac{1}{5,000}\sim\frac{1}{50,000}$	강철 테이프	$\frac{1}{5,000}\sim\frac{1}{25,000}\left(\frac{1}{100,000}\right)$

(1) 정오차(E_1) : 측정횟수에 비례

$$E_1=a\cdot n$$

여기서, a : 1회 측정시의 오차

n : 측정횟수

(2) 우연오차(E_2) : 측정횟수의 제곱근에 비례

$$E_2=\pm a\cdot\sqrt{n}$$

핵심문제

1 두 점 사이를 4회 반복하여 거리를 관측한 결과 425.35m를 얻었고 다시 2회 반복 관측하여 425.63m를 얻었다. 이 때 두 점 사이의 거리에 대한 최확값은? 〔02 ㉦〕

㉮ 425.40m ㉯ 425.44m
㉰ 425.50m ㉱ 425.54m

2 100m의 거리를 20m의 줄자로 관측하였다. 1회의 관측에 +5mm의 누적오차와 ±5mm의 우연오차가 있을 때 정확한 거리는? 〔02 ㉦〕

㉮ 100.015±0.011
㉯ 100.025±0.011
㉰ 100.015±0.022
㉱ 100.025±0.022

3 정밀도가 ±(10mm±5mm/km)로 표시되는 어느 EDM을 사용하여 1,500m의 거리를 측정하였다. 예측되는 오차는?

㉮ ±10mm ㉯ ±12.5mm
㉰ ±15.0mm ㉱ ±17.5mm

4 두점간 거리를 n회 측정한 값이 $L_1,\ L_2,\ L_3, \cdots, L_n$이고 이의 평균치가 L_0, 관측값의 최확값에 대한 잔차를 $V_1,\ V_2,\ V_3,\ \cdots,\ V_n$이라 할 때 다음 사항 중 옳은 것은? 〔88 ㉤〕

㉮ 평균치의 중등오차는 $m_0 = \pm\sqrt{\dfrac{\Sigma V^2}{n(n-1)}}$ 이다.

㉯ 평균치에 대한 확률오차는 $r_0 = \pm 0.6745\sqrt{\dfrac{\Sigma V^2}{(n-1)}}$ 이다.

㉰ 1회 측정의 중등오차는 $m = \pm\sqrt{\dfrac{\Sigma V^2}{n(n-2)}}$ 이다.

㉱ 1회 측정의 확률오차는 $R = \pm 0.6745\sqrt{\dfrac{\Sigma V^2}{(n-2)}}$ 이다.

5 어떤 길이를 10회 측정하여 평균제곱오차를 ±0.8cm 얻었다. 같은 방법으로 하여 평균제곱오차를 ±0.4cm로 하려고 한다면 몇 회 측정하는 것이 좋겠는가?

㉮ 40회 ㉯ 20회
㉰ 60회 ㉱ 80회

해설

해설 **1**

경중율은 관측횟수에 비례하므로

$$L_p = \frac{[PL]}{[P]} = 425 + \frac{4\times 0.35 + 2\times 0.63}{4+2} = 425.44\text{m}$$

해설 **2**

누적오차(정오차)는 측정횟수에 비례하고, 우연오차는 측정횟수의 제곱근에 비례한다.

$$\therefore L = 100 + 0.005\times 5 \pm 0.005\sqrt{5} = 100.025 \pm 0.011$$

해설 **3**

총오차

$$(E) = \pm\sqrt{10^2 + (5\times 1.5)^2} = \pm 12.5\text{ mm}$$

해설 **4**

· 평균치의 중등오차

$$m_0 = \pm\sqrt{\frac{\Sigma V^2}{n(n-1)}}$$

· 평균치의 확률오차

$$r_0 = \pm 0.6745\sqrt{\frac{\Sigma V^2}{n(n-1)}}$$

· 1회 측정의 중등오차

$$m_0 = \pm\sqrt{\frac{\Sigma V^2}{(n-1)}}$$

해설 **5**

중등오차는 관측횟수의 제곱근에 반비례한다.

$$m_0 = \frac{C}{\sqrt{n}} \quad C = m_0\sqrt{n} = 0.8\sqrt{10}$$

$$0.4 = \frac{0.8\sqrt{10}}{\sqrt{n}}$$

$$\therefore\ n = \left(\frac{0.8\sqrt{10}}{0.4}\right)^2 = 40$$

정답 1. ㉯ 2. ㉯ 3. ㉱ 4. ㉮ 5. ㉮

6 기선측정에서 5회 측정한 값의 최확치에 대한 잔차(v)의 $\sum v^2$ 이 1889720m× 10^{-10}일 때 최확치에 대한 확률 오차는? [84 ㉠]

㉮ ±0.00207m　　㉯ ±0.00083m

㉰ ±0.00026m　　㉱ 0.00803m

7 갑, 을 두 사람이 A, B 두 점간의 고저차를 구하기 위하여 서로 다른 표척으로 왕복측량한 결과가 갑은 38.994m±0.008m, 을은 39.003m±0.004m일 때, 두 점간 고저차의 최확값은? [16 ㉦]

㉮ 38.995m　　㉯ 38.999m

㉰ 39.001m　　㉱ 39.003m

8 A, B, C 3반이 동일 조건에서 어떤 거리를 측정하여 다음의 결과(최확값± 평균 제곱오차)를 얻었다. 최확값은 어느 것인가? (단, 100.521m±0.030m, 100.526m±0.015m, 100.532m±0.045m) [96, 94 ㉠, 07㉦]

㉮ 99.5256m

㉯ 100.5256m

㉰ 105.5652m

㉱ 110.5652m

9 직각삼각형의 직각을 낀 두변 a,b를 측정하여 다음 결과를 얻었다. 빗변 c의 거리는? (단, a=92.56±0.08, b=43.25±0.06) [00 ㉠]

㉮ 102.166 ± 0.044

㉯ 102.166 ± 0.0577

㉰ 102.166 ± 0.064

㉱ 102.166 ± 0.077

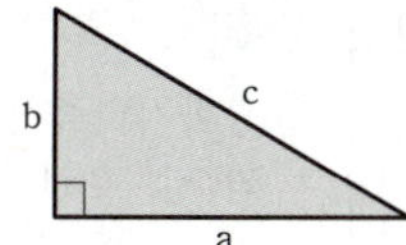

10 거리측정에서 생기는 오차 중 우연오차에 해당되는 것은? [03 ㉠, 95㉦]

㉮ 측정하는 줄자의 길이가 정확하지 않기 때문에 생긴 오차

㉯ 온도나 습도가 측정 중에 때때로 변해서 생긴 오차

㉰ 줄자의 경사를 보정하지 않기 때문에 생기는 오차

㉱ 일직선상에서 측정하지 않기 때문에 생기는 오차

해 설

해설 **6**

$$r_0 = \pm 0.6745\sqrt{\frac{[vv]}{n(n-1)}}$$
$$= \pm 0.6745\sqrt{\frac{1889720\times 10^{-10}}{5(5-1)}}$$
$$= \pm 0.00207\,\text{m}$$

해설 **7**

① 경중률은 오차의 제곱에 반비례

$$\frac{1}{0.008^2} : \frac{1}{0.004^2} = \frac{1}{4} : 1 = 1:4$$

② $P_H = \frac{[PH]}{[P]}$

$$= \frac{38.994 + 4\times 39.003}{1+4}$$
$$= 39.001\ \text{m}$$

해설 **8**

경중률은 오차의 제곱에 반비례하므로 $P_1 : P_2 : P_3$

$$= \frac{1}{0.030^2} : \frac{1}{0.015^2} : \frac{1}{0.045^2}$$
$$= 9 : 36 : 4$$

2. 최확값 $= \frac{[Pl]}{[P]} = 100 +$

$$\frac{0.521\times 9 + 0.526\times 36 + 0.532\times 4}{9+36+4}$$
$$= 100.5256\ \text{m}$$

해설 **9**

$c = \sqrt{a^2+b^2} = 102.166\,\text{m}$

$\sigma =$

$$\pm\sqrt{\left(\frac{92.56}{102.166}\times 0.08\right)^2 + \left(\frac{43.25}{102.166}\times 0.06\right)^2}$$
$$= \pm 0.077$$

해설 **10**

보정해서 처리가 가능한 오차를 정오차, 처리가 불가능한 오차를 우연오차라 한다.

정답 6. ㉮ 7. ㉰ 8. ㉯ 9. ㉱ 10. ㉯

출제예상문제

1. 50m의 줄자로 길이 200m를 측정할 때 줄자에 의한 길이 측정오차를 50m±4cm라면, 이때 발생하는 오차는?

㉮ ±2cm　　㉯ ±4cm
㉰ ±8cm　　㉱ ±10cm

해설
우연오차이므로 측정횟수의 제곱근에 비례

$E = \pm K\sqrt{n} = \pm 4\sqrt{\dfrac{200}{50}} = \pm 8 \text{ cm}$

2. 다음중 부정오차에 속하지 않는 것은?

㉮ 우차　　㉯ 상차
㉰ 추차　　㉱ 누차

해설
우연오차는 우차, 상차, 부정오차, 추차라고도 한다.
정오차는 누차, 누적오차라고도 한다.

3. 1회 측정에서 우연오차가 ±5mm일 때, 100회 연속 측정에서의 총 우연오차는 얼마인가?

㉮ ±500mm　　㉯ ±50mm
㉰ ±47mm　　㉱ ±49mm

해설

$E = \pm 5\sqrt{n} = \pm 5\sqrt{100} = \pm 50 \text{ mm}$

4. 20m줄자로 두 지점의 거리를 측정한 결과 320m를 얻었다. 1회 측정마다 ±3mm의 우연오차가 있을 때 옳은 것은?

㉮ 320±0.048m　　㉯ 320±0.013m
㉰ 320±0.012m　　㉱ 320±0.024m

해설
우연오차는 측정횟수의 제곱근에 비례

$\therefore\ n = \dfrac{320}{20} = 16$

$\therefore\ e = \sqrt{16} \times e_1 = \pm 0.012 \text{ m}$

5. 다음 중 옳지 않은 것은?

㉮ 삼변측량이란 삼각망의 수평각 대신에 변의 길이를 관측하여 삼각점의 위치를 구하는 측량이다.
㉯ 장거리 삼변측량에 이용되는 거리측량기에는 쇼란과 하이란 등이 있다.
㉰ 전자파거리 측정기에는 텔루로미터, 지오디미터 등이 있고, 텔루로미터는 기상조건에 영향을 많이 받으므로 정도가 낮다.
㉱ 전자파거리 측정기에 의한 거리측정의 오차 중에서 광속도오차, 굴절률 오차 등은 거리에 비례한다.

해설
광파거리측정기(지오디미터)는 빛을 사용하므로 안개 낀 날, 흐린날 등에는 사용이 곤란하다.

6. 80m의 측선을 20m의 줄자로 관측하였다. 만약 1회의 관측에 +5mm의 누적오차와 ±5mm의 우연오차가 있다고 하면 정확한 거리는?

㉮ 80.02±0.02m　　㉯ 80.02±0.01m
㉰ 80±0.01m　　㉱ 80±0.02m

해설

정오차 $= \dfrac{80}{20} \times 0.05 = 0.02 \text{ m}$

우연오차 $= \pm\sqrt{\dfrac{80}{20}} \times 0.05 = \pm 0.01 \text{ m}$

$\therefore$ 정확한 거리 $= 80 + 0.02 \pm 0.01 = 80.02 \pm 0.01 \text{(m)}$

해답　1. ㉰　2. ㉱　3. ㉯　4. ㉰　5. ㉰　6. ㉯

7. 길이 50m인 쇠줄자(steel tape)를 5m 간격으로 받치고 장력 10kg을 가하여 기선 180m를 관측할 때 기선 전장에 대한 처짐 보정량을 구한 값은? (단, 쇠줄자의 자중은 0.00101kg/cm이다.)

㉮ -0.95cm ㉯ -1.9cm
㉰ +1.9cm ㉱ +0.95cm

해설

$$C_s = -\frac{L}{24}\left(\frac{wl}{P}\right)^2$$
$$= -\frac{180}{24}\left(\frac{0.101\times5}{10}\right)^2 = -0.019\,\text{m}$$

8. 거리측량에서 생기는 다음 오차 중 우연오차에 해당되는 것은? [06산]

㉮ 측정하는 테이프의 길이가 정확하지 않기 때문에 생기는 오차
㉯ 거리를 일직선상에서 측정하지 않기 때문에 생기는 오차
㉰ 온도나 습도가 측정 중에 때때로 변하기 때문에 생기는 오차
㉱ 테이프의 경사를 정확히 보정하지 않기 때문에 생기는 오차

해설

1. 우연오차 : 아무리 주의해도 없앨 수 없는 오차
2. 정오차 : 크기가 정해져 있어 보정할 수 있는 오차

9. AB 두 점간의 사거리 30m에 대한 수평거리의 보정값이 -2mm이었다면 두 점간의 고저차는? [98산]

㉮ 0.06m ㉯ 0.12m
㉰ 0.25m ㉱ 0.35m

해설

$C_h = \frac{h^2}{2L}$ 에서

$$h = \sqrt{2LC_h} = \sqrt{2\times30\times0.002} = 0.35\,\text{m}$$

10. 기선의 길이가 1,500m이고 표고 h가 1,274m인 곳의 평균 해면에 대한 보정량은? (단, 지구반경은 6,370km이다.)

㉮ −30cm ㉯ +30cm
㉰ −20cm ㉱ +20cm

해설

$$C_h = -\frac{Dh}{R}$$
$$= -\frac{1,500\times1,274}{6,370,000} = -0.3\,\text{m}$$

11. 표고 1,500m인 평탄지에서 거리 3km를 평균 해면상의 값으로 고치기 위한 보정값을 구한 것이 옳은 것은 ? (단, 지구의 반경은 6,370km)

㉮ −0.706m ㉯ +0.706m
㉰ −0.078m ㉱ +0.078m

해설

$$C_h = -\frac{Dh}{R}$$
$$= -\frac{3,000\times1,500}{6,370,000} = -0.706\,\text{m}$$

12. 다음 그림과 같은 수평면과 45°의 경사를 가진 사면(斜面)의 길이 16.33m의 토사면(土斜面)이 있다. 이 사면을 30°로 할 때, 사면의 길이를 얼마로 하면 좋은가?

㉮ 17.5m
㉯ 19.3m
㉰ 21.2m
㉱ 23.1m

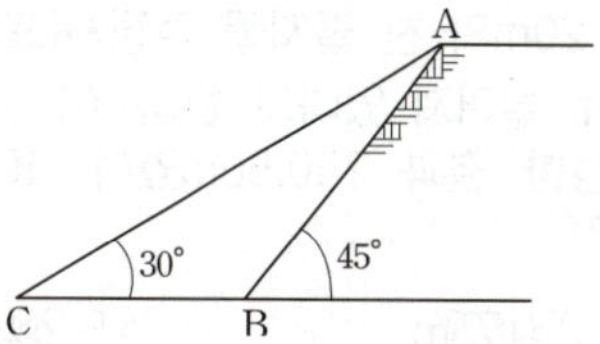

해설

$$\frac{\overline{AB}}{\sin 30} = \frac{\overline{AC}}{\sin 135°}$$
$$\therefore\ \overline{AC} = \overline{AB}\frac{\sin 135°}{\sin 30°}$$
$$= 23.09\,\text{m}$$

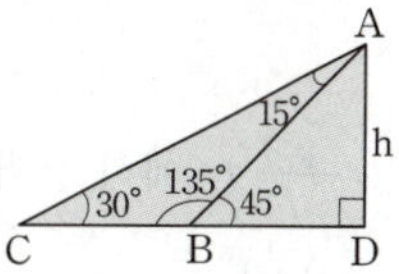

해답 7. ㉯ 8. ㉰ 9. ㉱ 10. ㉮ 11. ㉮ 12. ㉱

13. 테이프만으로 어떤 트래버스를 측정할 때 트래버스의 중앙에 장애물이 있어서 서로 대각선상의 점들 간에는 투시가 안 될 경우 적당한 방법은?

㉮ 수선구분법

㉯ 삼각구분법

㉰ 계선구분법

㉱ 구형구분법

해설

1. 수선구분법 : 측선상에 장애물이 있을 경우에 사용
2. 삼각구분법 : 모든 측선들 사이에 장애물이 없을 경우에 사용
3. 계선법 : 중앙에 장애물이 있어 장애물을 피해갈 경우에 사용

14. 연장 3km의 거리를 30m의 테이프로 측정하였을 때 1회 측정의 부정오차를 ±4mm로 보면 부정오차의 총화는?

㉮ ±30mm　　㉯ ±35mm

㉰ ±40mm　　㉱ ±45mm

해설

총우연오차 $= \pm a\sqrt{n}$

$= \pm 4\sqrt{\dfrac{3,000}{30}} = \pm 40\,\text{mm}$

15. 20m의 천 줄자를 검정자(표준자)와 비교한 결과 2cm 늘어져 있다고 한다. 이 천줄자를 써서 거리를 측정한 결과 250.50m였다. 표준자로 보정한 거리는?

㉮ 250.75m　　㉯ 250.45m

㉰ 250.54m　　㉱ 250.26m

해설

$C_0 = \pm \dfrac{\triangle l}{l} L$ 에서 늘어져 있으므로 (+)

$C_0 = + \dfrac{0.02}{20} \times 250.50 = 0.25\,\text{m}$

$\therefore\ L_0 = L + C_0 = 250.50 + 0.25 = 250.75\,\text{m}$

16. 강줄자를 이용하여 지상에서 거리를 관측한 경우 보정해야 할 보정량 중 항상 ⊖(負) 부호를 가진 것으로 옳게 짝지어진 것은?

ⓐ 특성값 보정　ⓑ 온도보정　ⓒ 경사보정
ⓓ 처짐 보정　ⓔ 장력 보정

㉮ ⓐ, ⓑ　　㉯ ⓑ, ⓒ

㉰ ⓒ, ⓓ　　㉱ ⓓ, ⓔ

해설 항상⊖ 보정값을 갖는 보정

1. 경사보정
2. 처짐보정
3. 표고보정

17. 20m의 tape가 표준길이보다 1cm 짧을 때 이 테이프로 100m²인 면적을 측정했다면 실면적은?

㉮ 100.10m²　　㉯ 100.20m²

㉰ 99.90m²　　㉱ 99.80m²

해설

면적은 길이의 제곱이므로

$A = A_0\left(1 \pm \dfrac{\triangle l}{l}\right)^2$ 이 되고 부호는 (−)

$\therefore\ A = 100\left(1 - \dfrac{0.01}{20}\right)^2 = 99.9\,\text{m}^2$

18. 20m 줄자로 두 지점의 거리를 측정한 결과 320m를 얻었다. 1회 측정마다 ±3mm의 우연오차가 있을 때 바른 거리는 얼마인가? (단위는 m)

㉮ 320±0.048

㉯ 320±0.013

㉰ 320±0.012

㉱ 320±0.024

해설

우연오차는 측정횟수의 제곱근에 비례하므로

$E = \pm 3\sqrt{\dfrac{320}{20}} = \pm 12\,\text{mm}$

해답 13. ㉰　14. ㉰　15. ㉮　16. ㉰　17. ㉰　18. ㉰

19. 1구간의 측량에서 +5mm의 정오차와 ±5mm의 우연오차가 포함되는 n구간의 전체오차는? [01㉮]

㉮ 0내지 $10n$ mm ㉯ $5\sqrt{n^2+n}$ mm
㉰ $(+5\pm\sqrt{5})n$ mm ㉱ $+5n\pm\sqrt{5n}$ mm

해설

정오차 : $m_1=5n$, 부정오차 : $m_2=5\sqrt{n}$

∴ 전체오차 :

$$E=\sqrt{m_1^2+m_2^2}=\sqrt{(5n)^2+(5\sqrt{n})^2}=5\sqrt{n^2+n}$$

20. 200m의 측선을 20m 줄자로 측정하였다. 1회 측정에서 +5mm의 누적오차와 ±25mm의 우연오차가 있었다면 정확한 거리는?

㉮ 200.00±0.05m ㉯ 200.05±0.079m
㉰ 100.020±0.01m ㉱ 100.025±0.01m

해설

정오차 $=5n=+5\times\frac{200}{20}=+50$ mm

우연오차 $=\pm25\sqrt{n}=\pm25\sqrt{\frac{200}{20}}=\pm79.05$ mm

∴ 정확한 거리 $=200+0.05\pm0.079=200.05\pm0.079$mm

21. 정밀도에 관한 다음 설명 중 옳지 않은 것은?

㉮ 정밀도란 어떤 양을 측정했을 때의 그 정확성의 정도를 말한다.
㉯ 정밀도는 확률오차 또는 중등오차와 최확치와의 비율로 표시하는 방법이 있다.
㉰ 정밀도는 2회 측정치의 차이와 평균치와의 비율로 표시하는 방법이 있다.
㉱ 확률오차 r_0와 중등오차 m_0 사이에는 $m_0=0.6745r_0$의 관계식이 성립된다.

해설

확률오차(r_0)는 밀도함수 전체의 50%범위를 나타내는 오차로 표준편차(또는 중등오차)의 67.45%를 나타낸다. 즉, $r_0=\pm0.6745m_0$
또한, 표준편차내에 관측값이 있을 확률($\mu\pm\sigma$)은 68.26%가 된다.

22. 무게 또는 경중률에 대한 설명 중 옳지 않은 것은?

㉮ 같은 정도로 측정했을 때에는 측정횟수에 비례한다.
㉯ 무게는 정밀도의 제곱에 반비례한다.
㉰ 직접 수준측량에서는 거리에 반비례한다.
㉱ 간접 수준측량에서는 거리에 제곱에 반비례한다.

해설

경중률은 정밀도의 제곱에 비례한다.

23. 측량에 있어서 실측거리는 240.34m이었다. 정확한 거리는? (단, 테이프에서 팽창계수는 +0.000012, 10℃로 한다. 이 테이프는 15℃에 있어서 검정치는 30m+3.2mm이다.)

㉮ 240.35m ㉯ 200m
㉰ 160.35m ㉱ 250.25m

해설

$C_t=\alpha(t-t_0)L$ 에서

$=0.000012(10-15)\times240.34=-0.0144$ m

$C_0=\frac{0.0032}{30}\times240.34=0.0256$ m

∴ $L_0=L+C_t+C_0=240.35$ m

24. 기선측량에서 6회 측정한 값의 최확치에 대한 잔차(v)의 Σv^2 이 1889720m× 10^{-10}일 때 최확치에 대한 확률 오차는?

㉮ ±0.00169m ㉯ ±0.00083m
㉰ ±0.00026m ㉱ ±0.00803m

해설

$$r_0=\pm0.6745\sqrt{\frac{[vv]}{n(n-1)}}$$

$$=\pm0.6745\sqrt{\frac{1889720\times10^{-10}}{6(6-1)}}$$

$$=\pm0.00169\text{ m}$$

해답 19. ㉯ 20. ㉯ 21. ㉱ 22. ㉯ 23. ㉮ 24. ㉮

25. 공기중에서 음파의 속도는? (단, 온도는 15℃이다.)

㉮ 331m　　㉯ 335m
㉰ 340m　　㉱ 350m

해설
V=331±0.609℃
=331+0.609×15=340m

26. 다음 전자파거리 측정기에 대한 설명 중 옳지 않은 것은?

㉮ 광파거리 측정기는 전파거리 측정기보다 1변 관측의 조작시간이 길다.
㉯ 전파거리 측정기는 광파거리 측정기보다 시가지 건물 및 산림 등의 장해를 받기 쉽다.
㉰ 전파거리 측정기의 최소 조작 인원은 2명이며 광파거리 측정기는 1명이다.
㉱ 전파거리 측정기를 사용하는 경우에 생기는 오차는 거리에 비례하는 것과 비례하지 않는다.

해설 1변 관측시 조작 시간
광파거리측정기 10~20분
전파거리측정기 20~30분

27. 같은 양을 2조로 나누어 측량한 결과 최확치의 계산식은 다음과 같다.
$X=\dfrac{P_1}{P_1+P_2}X_1+\dfrac{P_2}{P_1+P_2}X_2$, 이때 P_1 : P_2는 3 : 1이라면 X의 경중률은 얼마인가?

㉮ 1　　㉯ 2
㉰ 4　　㉱ ±10

해설

$X=\dfrac{3}{3+1}X_1+\dfrac{1}{3+1}X_2$

$X=\dfrac{3}{4}X_1+\dfrac{1}{4}X_2$

$\therefore\ 4X=3X_1+X_2$　그러므로 X의 경중률은 4이다.

28. 1회 측정에서 ±3mm의 우연오차가 생길 때 10회 측정했을 때의 우연오차는 얼마인가?

㉮ ±500mm　　㉯ ±0.3mm
㉰ ±30mm　　㉱ ±9.48mm

해설

$E=\pm3\sqrt{n}=\pm3\sqrt{10}=\pm9.487\text{ mm}$

29. AB측선에 장애물이 있어 직접 측정할 수 없으므로 AC 및 BC를 측정하여 거리를 구하였다. AB의 거리는 얼마인가? (단, AC=50m, BC=30m)

㉮ 35m
㉯ 40m
㉰ 42m
㉱ 45m

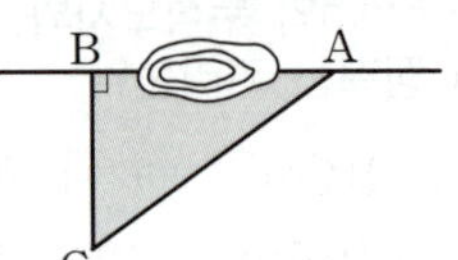

해설

$AC^2=AB^3+BC^2$

$\therefore\ AB=\sqrt{AC^2-BC^2}$
$=\sqrt{50^2-30^2}=40\text{ m}$

30. AB간의 거리측정에서 이것을 4개의 구간으로 나누어 각 구간의 평균 자승오차를 구하여 표의 값을 얻었다. 전 구간의 평균 자승오차를 구한 값은?

구 간	평균 자승오차
1	±3.2mm
2	±4.6mm
3	±3.8mm
4	±4.0mm

㉮ ±8.5mm　　㉯ ±9.5mm
㉰ ±7.9mm　　㉱ ±8.9mm

해설
오차 전파의 법칙에 따라
$M=\sqrt{m_1^2+m_2^2+m_3^2+\cdots}$
$=\sqrt{3.2^2+4.6^2+3.8^2+4.0^2}=\pm7.9\text{ mm}$

해답 25. ㉰ 26. ㉮ 27. ㉰ 28. ㉱ 29. ㉯ 30. ㉰

31. 지지말뚝의 간격(l)이 5m인 두 지점에서 장력 P = 15kg으로 스틸테이프를 잡아당겼을 때 처짐에 대한 보정량은? (단, w = 0.0078kg/cm임)

㉮ 1.5mm ㉯ 1.4mm
㉰ 1.5cm ㉱ 1.4cm

해설

처짐에 대한 보정(C_s) : 한 구간의 경우 측정거리 L은 l이 된다.

$$C_s = \frac{l}{24}\left(\frac{wl}{P}\right)^2$$

$$= -\frac{500}{24}\left(\frac{0.0078\times500}{15}\right)^2$$

$$= -1.41\text{ cm}$$

32. 광파거리 측정기의 특징이 아닌 것은?

㉮ 광파거리 측정기의 1변 조각시간은 20~30분 정도이다.
㉯ 안개와 구름이 있는 조건하에서 방해를 받는다.
㉰ 목표지점에 반사경을 장치하면 1인으로 측정이 가능하다.
㉱ 근거리용 관측 가능거리는 약 1m~1km이다.

33. 지구상에서 1,000~10,000km 정도 떨어진 거리를 한 조의 전파계를 설치하여, 전파원으로부터 나온 전파를 수신하여 2개의 간섭계에 도달한 전파의 시간차를 관측하여 거리를 측정하는 방법은?

㉮ 광파 간섭 거리계
㉯ 전파 간섭 거리계
㉰ 미해군 위성항법
㉱ 초장기선 전파 간섭계

34. 표고 h=326.42m인 지대에 설치한 기선의 길이가 L=500m 일 때 평균해면상의 보정량은? (단, 지구 반지름 R=6,367km 이다.)

㉮ -0.0156m ㉯ -0.0256m
㉰ -0.0356m ㉱ -0.0456m

해설

$$C_h = -\frac{L\cdot H}{R}$$

$$= -\frac{0.5}{6,367}\times326.42$$

$$= -0.026\text{ m}$$

해답 31. ㉱ 32. ㉮ 33. ㉱ 34. ㉯

MEMO

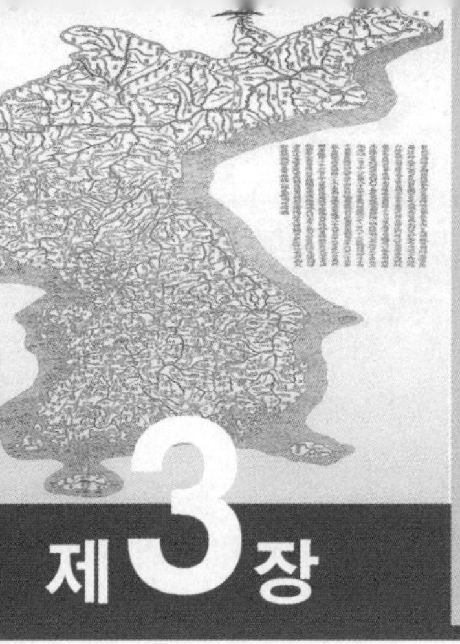

제3장 GNSS 측량 및 국가기준점

출제경향분석

GNSS 측량은 재래의 측량법을 대신하는 대부분의 기준점 및 세부측량 방법이다.
출제경향은 측량방법을 알고 난 후
1. 개요 2. GNSS 측량의 오차 등에서 주로 출제된다.

단원별 경향분석

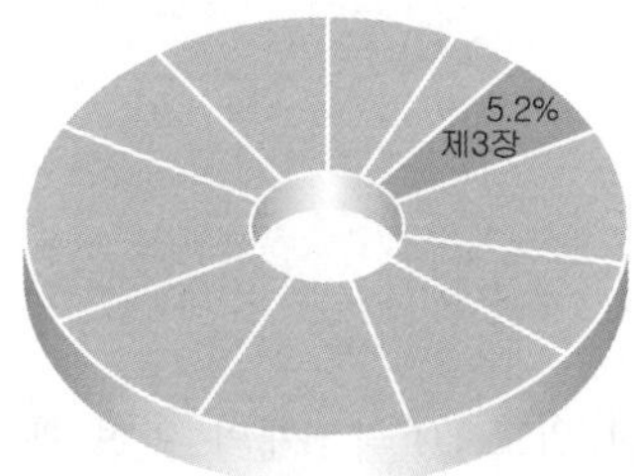

토목기사

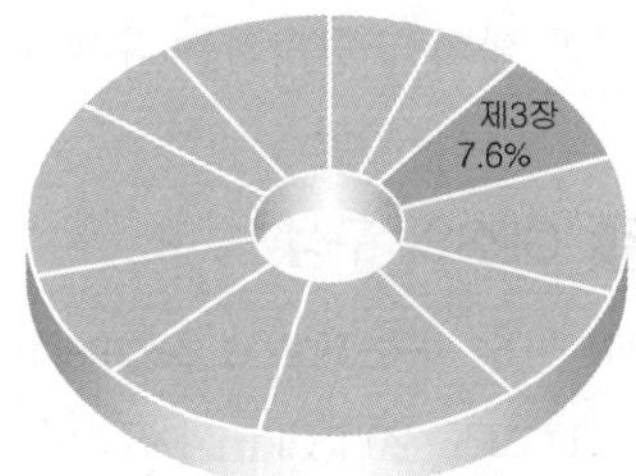

토목산업기사

항목별 경향분석

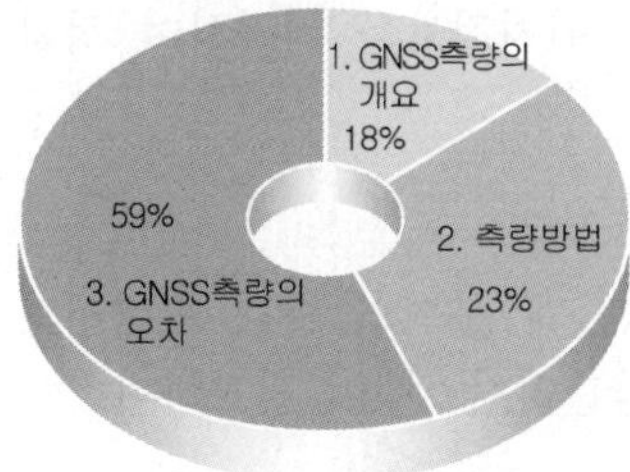

토목기사

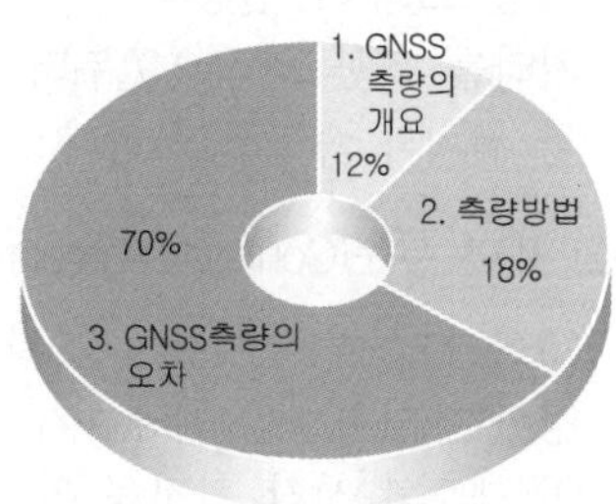

토목산업기사

1 GNSS의 개요(1)

학습방향

① GPS의 구성을 알 수 있다.
② GPS의 장·단점을 이해한다.
③ GNSS의 운용 현황을 알 수 있다.

1 GNSS(Global Navigation Satellite System)

범지구위성항법 시스템으로

① GPS-미국 ② GLONASS-러시아 ③ Galileo-EU
④ Beidou-중국 ⑤ qzss-일본 등의 위성항법 시스템이 운용되고 있다.

2 GPS(Global Positioning System)

GPS는 인공위성을 이용하여 정확한 위치를 알고 있는 위성에서 발사한 전파를 수신하여 관측점까지의 소요시간을 관측하여 관측점의 위치를 구하는 범지구위치결정체계이다. 측량 방법은 위치가 알려진 위성에서 미지점의 위치를 결정하는 후방교회법에 의한다.

3 GPS의 구성

(1) 우주 부문(Space Segment)

① 고도 20,183km와 55°의 기울임 각을 가진 위도 60°의 6개의 원형 궤도면 위에 배치되어 있는 GPS 위성들로 구성
② 11시간 58분의 주기를 가지고 지구주위를 돈다.
③ 3차원 후방교회법으로 위치 결정

(2) 사용자 부문(User Segment)

위성으로부터 전송되는 신호정보를 수신할 수 있는 GPS수신기와 자료처리를 위한 위성으로부터 전송되는 시간과 위치정보를 처리하여 정확한 위치와 속도를 구한다.

(3) 제어 부문(Control Segment)

GPS 시스템은 예상치 못한 여러 가지 환경들과 불의의 사태 속에서도 정확한 서비스를 제공하기 위해 정밀한 지상관리시스템이 필요하다.

① 궤도와 시각 결정을 위한 위성의 추적
② 위성시간의 동일화
③ 위성으로부터의 자료전송

학습POINT

■ GNSS 측량

1. 인공위성측량이라 할 수 있으며 관측자로부터 인공위성까지의 방향, 거리의 변화율을 관측하여 인공위성으로부터 수신된 전파를 토대로 관측점의 3차원 위치(경도, 위도 높이)를 결정하는 측량
2. 대부분의 GNSS 측량은 GPS를 기준으로 실시하기에 GPS 측량이라고도 한다.

■ G.P.S (Global Positioning System)

1. 범지구 위치결정체계의 약어로서 WGS-84 좌표체계를 사용한다.
2. 미국 국방성에 의해 개발된 24개의 인공위성에서 보내지는 신호를 수신기를 통해 정확한 위치결정에 사용된다.
3. 위성의 궤도고도는 약 20,000km, 주회동기 0.5 항성일이며 복수의 세슘 및 루비듐 원자시계와 위치결정용 L_1 Band 와 L_2 Band 송신기 탑재
4. GPS 위성의 전파항법체계는 ① 우주부분 ② 제어부분 ③ 사용자부분으로 이루어졌다.

4 GPS 측량의 장·단점

(1) 장점

① 기상조건에 영향 받지 않는다.
② 야간에 관측이 가능하다.
③ 관측점 간의 시통이 필요 없다.
④ 장거리도 측정이 가능하다.
⑤ 3차원 측정이 가능하다.
⑥ 움직이는 대상물 측정이 가능하다.
⑦ 고정밀 측량이 가능하다.
⑧ 24시간 상시 높은 정밀도를 유지한다.
⑨ 실시간으로 측정이 가능하다.

(2) 단점

① 우리나라 좌표계에 맞게 변환해야 한다.
② 위성의 궤도정보가 필요하다.
③ 전리층 및 대류권에 관한 정보를 필요로 한다.

5 GPS와 NNSS의 비교

항 목	N.N.S.S(Navy Navigation Satellite System)	G.P.S(Global Positioning System)
개발시기	1950년대 (1964년 실용화)	NNSS의 개량 발전형(1973년대)
궤도	극궤도운동	원궤도운동
고도	약 1,075km	약 20,183km
거리관측법	인공위성전파의 도플러 효과 이용	전파의 도달소요시간 이용. (위성으로부터 거리관측)
이용좌표계	WGS-72	WGS-84
구성	위성 5개	총 위성 26개 (6개의 궤도에 4개씩의 위성을 가지고 있으며 보조 위성 2개 포함)
정확도	수m	$10^{-6} \sim 10^{-7}$m
응용	선박의 항법, 측지기준점	· 범세계위치 결정체계. · 3차원 위치 결정가능 · 선박, 항공기, 로켓의 항법원조, 지각변동의 관측 등

■ GPS 위성궤도

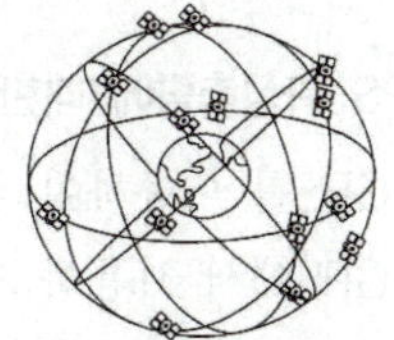

1. 궤도 : 대략 원궤도
2. 궤도수 : 6개
3. 위성수 : 24개
4. 궤도경사각 : 55°
5. 사용좌표계 : WGS-84

■ GPS의 응용분야

1. 측지측량 분야
 ① 지상측량보다 더 효율적인 측량이 기대된다.
 ② 정밀기준점측량, 중력측량, 항공사진측량, 노선측량 등에 이용된다.
2. 교통 분야
 ① 교통부문 지리정보체계(GIS-T)
 ② 인공지능 교통정보체계(ITS)
 ③ 차량항법시스템(CNS)
3. 지도제작
4. 항공분야
5. 해상측량분야
6. 우주분야
7. 군사용
8. 레저 스포츠 분야

※ 잠수함 등 수중이나 지하에는 이용하기 곤란하다.

■ GPS의 특징

1. 고정밀도 측량이 가능하다.
2. 장거리 측량이 가능하다.
3. 실시간 측량이 가능하다.
4. 24시간 상시 높은 정밀도를 가진다.
5. 날씨의 영향을 받지 않는다.
6. 관측점간의 시통이 필요치 않다.
7. WGS 84가 이용좌표계다.
8. NNSS의 개량 발전형이다.

핵심문제

1 GPS 위성측량에 대한 설명으로 옳은 것은? [15 ㉮]

㉮ GPS를 이용하여 취득한 높이는 지반고이다.

㉯ GPS에서 사용하고 있는 기준타원체는 GRS80 타원체이다.

㉰ 대기 내 수증기는 GPS 위성 신호를 지연시킨다.

㉱ VRS 측량에서는 망조정이 필요하다. .

2 GNSS 위성측량시스템으로 틀린 것은? [16 ㉮]

㉮ GPS ㉯ GSIS

㉰ QZSS ㉱ GALILEO

3 GPS 측량에서 이용하지 않는 위성신호는? [15 ㉮]

㉮ L1 반송파 ㉯ L2 반송파

㉰ L4 반송파 ㉱ L5 반송파

4 측점간의 시통이 불필요하고 24시간 상시 높은 정밀도로 3차원 위치측정이 가능하며, 실시간 측정이 가능하여 항법용으로도 활용되는 측량방법은?

㉮ NNSS 측량 ㉯ GPS 측량

㉰ VLBI 측량 ㉱ 토탈스테이션 측량

5 범세계적 위치결정체계(GPS)에 대한 설명 중 옳지 않은 것은?

㉮ 기상에 관계없이 위치결정이 가능하다.

㉯ NNSS의 발전형으로 관측소요시간 및 정확도를 향상시킨 체계이다.

㉰ 우주 부분, 제어 부분, 사용자 부분으로 구성되어 있다.

㉱ 사용되는 좌표계는 WGS72이다.

해설

해설 **1**

① GPS를 이용하여 취득한 높이는 타원체고이며 타원체고 - 지오이드고 = 지반고

② GPS의 기준타원체는 WGS 84이다.

③ 정지측량에 의한 기준점(삼각망) 측량에서 망조정이 필요하다.

해설 **2**

GSIS(Geo Special Information System)는 지형공간정보체계이다.

해설 **3**

GPS 위성은 L_1, L_2, L_5 대역의 반송파를 방송한다. 각 신호는 고유의 주파수를 가지며 측량에서 사용되는 신호는 대부분 L_1과 L_2이다.

해설 **4**

GPS측량은 약 20,000km 상공의 위성에서 발사한 전파의 도달 소요시간을 이용하여 위치를 관측하므로 측점간의 시통이 불필요하고 3차원 위치측정이 가능하며 높은 정밀도로 관측이 용이하다.

해설 **5**

G.P.S의 좌표체계는 지구의 질량 중심을 사용하는 WGS 84 좌표이다.

정답 1. ㉰ 2. ㉯ 3. ㉰ 4. ㉯ 5. ㉱

6 GPS(Global Positioning System)에 관한 설명으로 틀린 것은?

㉮ GPS에 의한 위치결정 시스템은 전파의 도달소요시간을 이용하여 위성으로부터의 거리를 관측한다.

㉯ GPS에서 사용하고 있는 타원체는 WGS-72이다.

㉰ 관측에 소요되는 시간과 정확도를 보완하기 위해 개발되었으며 NNSS의 개량형이다.

㉱ GPS에서 직접 구한 높이는 우리가 일상 사용하는 표고와 다르다.

7 다음 중 GPS를 응용할 수 있는 분야가 아닌 것은?

㉮ 측지 측량 분야

㉯ 레져스포츠 분야

㉰ 차량 분야

㉱ 잠수함의 위치결정 분야

8 NNSS와 GPS에 대한 설명 중 잘못된 것은?

㉮ NNSS는 전파의 도달 소요시간을 이용하여 거리 관측을 한다.

㉯ NNSS는 극궤도 운동을 하는 위성을 이용하여 지상위치 결정을 한다.

㉰ G.P.S는 원궤도 운동을 하는 위성을 이용하여 지상위치 결정을 한다.

㉱ G.P.S는 범지구적 위치 결정 시스템이다.

9 GPS의 특징을 설명한 다음 사항 중 틀린 것은?

㉮ 장거리 측량에도 이용된다.

㉯ 관측점간의 시통이 필요하지 않는다.

㉰ 날씨에 영향을 많이 받는다.

㉱ 고정밀도 측량이 가능하다.

10 GPS 구성 부문 중 위성의 신호 상태를 점검하고, 궤도 위치에 대한 정보를 모니터링하는 임무를 수행하는 부문은? [16, 25 ㉠]

㉮ 우주부문 ㉯ 제어부문

㉰ 사용자부문 ㉱ 개발부문

해 설

해설 **6**

GPS에서 사용하고 있는 타원체는 WGS-84이다.

해설 **7**

GPS 위성에서 보이지 않는 수중의 위치는 결정이 곤란하다.

해설 **8**

• 거리의 관측방법

1. NNSS : 인공위성의 도플러 효과를 이용
2. GPS : 전파의 도달 소요시간을 이용

해설 **9**

GPS는 날씨, 시통 등의 영향을 받지 않는다.

해설 **10**

GPS는 우주부문, 제어부문, 사용자부문으로 구성되어 있다.
제어부문은 위성에서 송신되는 신호의 품질점검, 위성 궤도의 추적, 위성에 탑재된 각종 기기의 동작상태 점검 및 그 밖의 각종 제어작업 등을 시행한다.

정답 6. ㉯ 7. ㉱ 8. ㉮ 9. ㉰ 10. ㉯

2 GNSS의 개요(2)

학습방향

① GPS 신호를 알 수 있다.
② GPS의 측위원리를 알 수 있다.

1 GPS 신호

GPS 신호는 C/A코드, P코드 및 항법메시지 등의 측위 계산용 신호가 각기 다른 주파수를 가진 L_1 및 L_2파의 2개 전파에 실려 지상으로 방송이 되며 L_1, L_2파는 코드신호 및 항법메시지를 운반하므로 반송파(Carrier Wave)라 한다.

(1) PRN(Pseudo-Random Noise) 코드

위성마다 갖는 고유코드로 수신기에서 같은 코드를 생성하여 신호도착시간을 측정

① P코드(10.23MHz) - 군사용으로 사용
- L_1과 L_2파 모두에 실려 전송

② C/A코드(1.023MHz) - 민간용으로 사용
- L_1파에 실려 전송

③ M코드(10.23MHz) - 군사용으로 사용되던 P코드의 새로운 형태
- 기존의 P코드에 비해 20dB이상, 약 100배 강도의 신호
- L_1과 L_2파 모두에 전송

(2) 반송파(Carrier)

① L_1파(1575.42MHz) - 초기부터 제공되던 주파수, 파장 19cm
- P코드와 C/A코드 모두 방송

② L_2파(1227.60MHz) - 초기부터 제공되던 주파수, 파장 24cm
- P코드만 전송

③ L_5파(1176.45MHz) - 생활안전신호 방송
- 2010년 Block IIF위성부터 방송 시작
- L_1과 L_2파에 비해 3dB(2배강도) 강한 신호 송출

(3) 항법메시지(Navigation Message)

위성의 상태정보, 위성시계의 시각과 오차, 천체력(almanac), 위성궤도력(ephemeris), 오차보정을 위한 계수, 전리층/대류권 지연 정보 등

학습POINT

■ GPS 위성 신호와 서비스

- SPS(Standard Positioning Service)

민간 이용자들 측위 서비스로서 대부분의 수신기는 SPS 신호를 받을 수 있도록 되어 있으며 SPS 정밀도는 미 국방성 정책에 의해 고의적으로 제한됨

- PPS(Precise Positioning Service)

암호 해독 장치를 갖춘 허가된 사용자만이 특별히 고안된 수신기를 이용하여 PPS를 수신할 수 있다. 미군과 연합군, 일부 미국 정부 기관, 기타 미 정부로부터 선택된 민간 사용자들이 대상이 됨

- Ephemeris(궤도력)
  - 위성의 현재 정확한 좌표와 시각 정보를 포함하고 있는 데이터
  - 수신 후 수시간 동안만 유효(위치 계산에 이용 가능)

- Almanac(천체력)
  - 24개 모든 위성에 대한 궤도 예측 데이터
  - GPS 수신기 내부에 저장되어 대략적인 위성 위치 추정에 사용됨
  - 수신 후 장기간(일주일~한달) 이용 가능
  - 반복주기 12.5분

2 GPS의 측위원리

(1) 코드 측정방식(거리=시간차×전파속도)

① 수신기 시계오차를 포함한 수신기와 위성간의 거리를 의사거리라 한다.
② 각 GPS위성은 약 1sec마다 자신만의 독특한 신호를 방송한다.
③ GPS수신기는 수신된 신호와 자신이 생성한 신호를 비교하여 일치할 때까지의 시간을 관측
④ 시간차(ΔT)로부터 거리가 결정된다.
⑤ GPS를 이용한 위치 및 시각 측정을 위한 기본 측정
⑥ 반송파 측정방식에 비해 정밀도가 떨어진다.

(2) 반송파 측정방식(거리=파장갯수×파장길이)

① 반송파 위상측정에 의한 거리 관측은 PRN 코드의 시간지연 대신에 위성에서 생성된 신호의 위상 변화를 이용하는 것
② 개념적으로는 코드 관측과 유사하나 수신기 칩까지의 거리를 계산하는 것이 아니라 반송파의 파장의 수를 헤아리는 것
③ 위성과 수신기까지의 거리에서 100,000,000개의 파장 개수를 세었다면, 각 파장의 길이는 19cm이므로 약 20,000km의 거리에 있음을 알 수 있음
④ 반송파 신호 측정 방식은 일명 간섭측위라 하며 전파의 위상차를 관측하는 방식이다.
⑤ 이 방식은 위상차를 정확히 계산하는 방법이 관건이 되며 그 방법으로 1중차, 2중차, 3중차의 단계를 거친다.
⑥ 일반적으로 수신기 1대만으로는 정확한 모호정수를 결정할 수 없으며 최소 2대 이상의 수신기로부터 정확한 위상차를 관측한다.
⑦ 후처리용 정밀 기준점 측량(허용오차 : 5mm 내외) 및 RTK(Realtime Kinematic)와 같은 실시간 이동측량(허용오차 : 1~2cm) 등 정밀한 측량에 사용된다.

■ 코드신호 측정방식의 특징

① 동시에 4개 이상의 위성신호를 수신해야 함
② 단독측위(1점 측위, 절대측위)에 사용되며 이때 허용오차는 5~15m
③ 2대 이상의 GPS수신기를 사용하는 상대측위중 코드 신호만을 해석하여 측정하는 DGPS (Differential GPS) 측위 시 사용되며 허용오차는 약 1m 내외임

■ RINEX(Receiver Independent Exchange Format)

1. GPS 관측치를 어떤 수신기로 관측하여도 그에 무관하게 공통적인 양식으로 변환되는 GPS 데이터 형식
2. 여기에서 만들어지는 공통적인 자료로는 의사거리와 위상자료, 그리고 도플러자료 등이다.

3 간섭측위에 의한 위상차 측정방법(차분법)

(1) 단일차분법

① 두 개의 수신기에 동일한 위성 자료를 수신하거나 한 개의 수신기로 두 대의 위성 자료를 수신하여 동시에 공통적인 오차를 제거하는 방법
② 단일차분에 의하여 제거 가능한 오차
- SA에 의한 오차
- 위성 시계 오차
- 위성 궤도 오차
- 대기 효과(기선이 짧을 때)

(2) 이중차분법(Double differencing)

① 두 개의 수신기와 두 대의 위성 자료를 수신하여 위성과 수신기에 있는 공통적인 오차를 제거하는 방법
② 이중차분에 의하여 제거 가능한 오차
- 수신기의 시계오차
- 전리층 지연
- 대류권 지연

(3) 삼중차분법(Triple differencing)

① 두 개의 이중차분관측값을 서로 다른 시간(epoch)에 따라 차분한 것으로 모호정수 제거를 목적
② 삼중차분에 의하여 제거 가능한 오차
- 모호정수 소거
- 사이클 슬립 검출

핵심문제

1 GNSS가 다중주파수(multi frequency)를 채택하고 있는 가장 큰 이유는? [19, 24, 25 ㉮]

㉮ 데이터 취득 속도의 향상을 위해
㉯ 대류권 지연 효과를 제거하기 위해
㉰ 다중경로오차를 제거하기 위해
㉱ 전리층 지연 효과의 제거를 위해

2 GNSS 데이터의 교환 등에 필요한 공통적인 형식으로 원시 데이터에서 측량에 필요한 데이터를 추출하여 보기 쉽게 표현한 것은? [20 ㉮]

㉮ Bernese
㉯ RINEX
㉰ Ambiguity
㉱ Binary

3 GPS 측량에서 이용하지 않는 위성신호는? [15 ㉮]

㉮ L1 반송파 ㉯ L2 반송파
㉰ L3 반송파 ㉱ L4 반송파

4 GPS 측량으로 측점의 표고를 구하였더니 89.123m였다. 이 지점의 지오이드 높이가 40.150m라면 실제 표고(정표고)는? [14 ㉯]

㉮ 129.273m ㉯ 48.973m
㉰ 69.048m ㉱ 89.123m

5 GPS에서는 어떻게 위성과 수신기 사이의 거리를 관측하는가?

㉮ 신호의 전달시간을 관측
㉯ 신호의 형태를 관측
㉰ 신호의 세기를 관측
㉱ 신호의 잡음을 관측

해설

해설 1

L_1, L_2 두 개의 주파수를 사용하는 것은 전리층의 전파지연이 주파수의 2승에 역비례함을 이용하여 그 전파지연을 교정하기 위함이다.

해설 2

RINEX(Receiver Independent Exchange Format)

GPS 측량에서 수신기의 기종이 다르고 기록형식, 데이터의 내용이 다르기 때문에 기선 해석이 되지 않으므로 이를 통일시켜 다른 기종 간에 기선 해석이 가능하도록 한 것

해설 3

GPS 위성 신호

① L1(10.23MHz×154=1575.42MHz) : 항법메시지, C/A코드, P(Y)코드
② L2(10.23MHz×120=1227.60MHz) : P(Y)코드, Block-IIR-M 이후부터는 L2C코드도 포함
③ L3(10.23MHz×135=1381.05MHz) : 미사일 발사, 핵 폭발 등의 고에너지 적외선 감지를 위해 방위지원프로그램 포함
④ L4(1379.913MHz) : 추가적인 전리층 보정을 위해 연구 중
⑤ L5(10.23MHz×115=1176.45MHz) : GPS 현대화 계획(GPS modernization)을 제안함. Block-IIF 위성 이후로 사용

해설 4

정표고=GPS의 표고-지오이드고
=89.123-40.150=48.973m

여기서, GPS 측량으로 구한 표고는 타원체고이다.

해설 5

① GPS측량에서는 위성에서 보낸 신호를 수신기에서 수신하여 거리를 측정한다.
② 수신기 시계오차를 포함한 수신기와 위성간의 거리를 의사거리라 한다.
③ 의사거리=전파의 속도×시간(전파수신)

정답 1. ㉱ 2. ㉯ 3. ㉱ 4. ㉯ 5. ㉮

6 GPS의 자료교환에 사용되는 표준형식으로 서로 다른 기종간의 기선해석이 가능하도록 한 GPS 데이터 형식은?

㉮ PRN ㉯ RINEX
㉰ DFX ㉱ DGPS

7 GPS 위성신호에 대한 설명으로 옳지 않은 것은?

㉮ L_1 반송파에 C/A코드와 P코드가 실려 전달된다.
㉯ L_2 반송파에 P코드가 실려 전달된다.
㉰ P코드는 10.23MHz의 주파수를 가진다.
㉱ C/A코드는 P코드의 1/100의 주파수를 가진다.

8 GPS 위성의 신호 구성요소로 볼 수 없는 것은?

㉮ AS코드 ㉯ P코드
㉰ C/A코드 ㉱ 항법 메시지

9 다음 중 GPS측량에서 의사거리(Pseudo-range)에 대한 설명으로 옳지 않은 것은?

㉮ 인공위성과 지상수신기 사이의 거리 측정값이다.
㉯ 대류권과 이온층의 신호지연으로 인한 오차의 영향력이 제거된 관측값이다.
㉰ 기하학적인 실제 거리와 달리 의사거리라 부른다.
㉱ 인공위성에서 송신되어 수신기로 도착된 신호의 송신시간을 PRN 인식코드로 비교하여 측정한다.

10 GPS 위성의 신호인 L_1과 L_2는 두 개의 PRNs(Pseudo-Random Noise codes)에 의해 변조된다. 이 코드의 명칭은?

㉮ f_0 코드, f_1 코드 ㉯ Ψ 코드, Δ 코드
㉰ P 코드, C/A 코드 ㉱ IDOT 코드, IODE 코드

해 설

해설 **6**

RINEX(Receiver Independent Exchange Format)
① GPS 관측치를 어떤 수신기로 관측해도 그에 무관하게 공통적인 양식으로 변환되는 GPS 데이터 형식
② 여기서 만들어지는 공통적인 자료는 의사거리, 위상자료, 도플러자료 등이다.

해설 **7**

C/A코드의 주파수 1.023MHz
P코드의 주파수 10.23MHz이다.

해설 **8**

GPS 신호는 C/A코드, P코드 및 항법 메시지 등의 측위계산용 신호가 각기 다른 주파수를 가진 L_1 및 L_2파의 2개의 전파에 실려 지상으로 방송된다.

해설 **9**

① 단독측위에서는 4개의 위성거리를 관측한다.
② 거리는 전파가 위성을 출발한 시각과 수신기에 도착한 시각의 차를 구함으로써 알 수 있다.
③ 의사(오차 포함된)거리=전파의 시간차×전파속도
④ 의사거리는 수신기 시계오차, 대기의 영향 오차 등을 포함한다.

해설 **10**

GPS 반송파는 P코드와 C/A코드로 구분된다.
1. P코드
① 반복주기가 7일인 PRN code (Pseudo-Random Noise codes)이다.
② 주파수가 10.23MHz이다.
③ PPS(Presise Positioning Service : 정밀측위서비스) - 군사용
2. C/A코드
① 주파수는 1.023MHz이다.
② L_1 반송파에 변조되어 SPS 사용자에게 제공
③ SPS(Standard Positioning Service : 표준측위서비스)-민간용

정답 6. ㉯ 7. ㉱ 8. ㉮ 9. ㉯ 10. ㉰

3 GNSS의 측위방법

학습방향

GNSS측량은 크게 단독측위(절대측위)와 상대측위로 나뉘며 측량용은 주로 정밀도가 높은 상대측위이다.
① 실시간 처리와 후처리 방식
② VRS와 FKP 방식이 시공현장에서 가장 많이 사용됨

1 단독측위와 상대측위

(1) 단독측위(Point Positioning)

① 보통 코드를 이용하여 실시간으로 한 대의 수신기를 이용하여 위치를 결정하는 방법으로 정밀도가 상대적으로 낮으며, 주로 항법이나 항해에 사용
② 절대측위(absolute positioning)이라고도 함

(2) 상대측위(Relative Positioning)

① 두 대 이상의 수신기를 동시에 조합하여 위치를 결정하는 방법
② 정밀도가 상대적으로 높으며, 주로 측지측량에 사용
③ C/A코드를 이용할 경우에는 1~10m, P코드를 이용할 경우 1m 이하, 반송파의 위상을 이용할 경우 1~20cm의 정확도로 위치를 결정할 수 있다.
④ 후처리 방법과 실시간 처리 방법에 따라 다양한 정확도를 확보할 수 있음

2 상대측위의 개요

(1) 상대측위(Relative Positioning)

① 절대측위와는 달리 상대적으로 다른 측점으로부터 보정정보를 받아 오차 보정을 할 수 있는 방법으로 정확한 위치 결정을 할 수 있음
② 오차 보정정보를 무엇으로 하느냐에 따라 코드 방식과 반송파 방식으로 구분할 수 있음

(2)

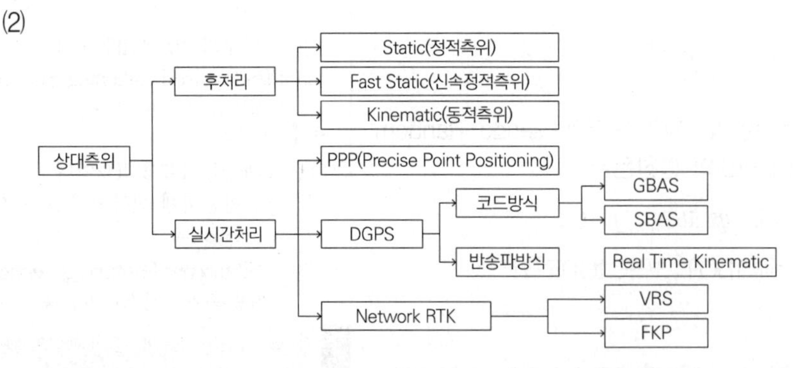

학습POINT

■ GPS의 작동 원리

① 위성 3개 이상으로부터 구한 의사거리의 교차점으로 3차원 공간위치(X, Y, Z) 결정
② 그러나 수신기 시계오차로 발생하는 오차 제거를 위해 4개 이상의 위성관측이 필요
③ 후방교회법과 유사하며 위성이 많이 관측될수록 결과의 신뢰도가 높아짐

■ GNSS의 수준측량

① GNSS측량에서 얻은 Z값은 타원체고(h)임
② 표고(H)=h− N
여기서 N : 지오이드고
③ GNSS 수준측량은 지오이드 모델의 정확도에 크게 좌우된다.

기법	내용	정밀도
단독측위	GPS수신기 1대로 위치 측정	10m 내외
DGPS	측량용과 항법용 수신기를 결합하여 이동체의 후처리 및 실시간 정밀 위치 측정	1m ~5m
후처리 상대측위	2대 이상의 측량용 GPS 수신기를 이용하여 고정밀 상대위치 측정	수 mm

3 상대측위의 종류

(1) 정적측위(=Static측량) : 가장 정도가 높은 GNSS 측위법

- Carrier Phase DGPS 방식
- 두 대 이상의 수신기 사용, 동일시간대 관측
- 항측기준점, 국가기준점 측량 등에 사용
- 0.5mm+1ppm 정밀도
- 기선 길이가 길수록 장시간 관측이 필요(20km 기선 측량에 약 4시간 관측)

(2) Kinematic 측량

Kinematic(동적관측) 측량은 기지점에 설치한 기지국에서 연속적으로 위성자료를 수신하면서 동시에 이동중인 이동국을 하나 혹은 그 이상의 수신기를 항상 전원을 켠 상태로 관측 예정점을 순회하면서 데이터를 수신하는 방법

(3) RTK(Real Time Kinematic) 측량

① 실시간 Carrier Phase DGPS 방식
② 라디오 연결을 통하여 실시간으로 정밀한 상대거리 계산
③ 현황측량, 공사측량, 실시간 지도제작 등에 사용됨
④ 수평오차 3cm, 수직오차 5cm 수준
⑤ 기준국과의 거리가 멀어질수록 정밀도가 저하되는 단점

(4) Network-RTK 측량

- 실제 기준국의 네트워크를 이용하여 '가상기준점(virtual reference station)' 형성(VRS방식) 또는 실제 기준국의 이용(MAC방식)을 통한 기존 RTK 위치결정법에 있어서의 기선거리 증가에 따른 기준국 데이터의 계통오차(systematic error) 제거 및 감소, 결과의 신뢰도 증가와 초기화 시간의 단축을 가져옴

(5) VRS(Virtual Reference Station) 측량

① 가상기준점 방식의 실시간 정밀 측량 방법
② 현재 이동국의 위치를 VRS 서버로 전송 → VRS 서버에서 인근 이동국에 VRS(가상기준점) 생성 → 이동국은 마치 인근의 기준국을 이용하는 것처럼 VRS의 데이터를 전송받아 RTK 측량을 수행
③ 네트워크 내에서 기준국과 이동국간의 기선거리와 상관없이 높은 정확도의 실시간 위치측량을 가능하게 하는 방법
④ 단점 : 서버 접속자의 제한을 둠

(6) FKP(Flachen-Korrektur Parameter) 측량

① 사용자 수에 제한이 없이 정밀한 보정정보를 원하는 분야에서 무제한으로 사용할 수 있는 방법
② 현재 이동국의 위치를 FKP 서버로 전송 → 동시에 이동국은 서버로부터 FKP를 전송받아 오차를 보정하여 RTK 측량을 수행

기법	내용	정밀도
실시간 이동 측위	2대 이상의 측량용 수신기를 이용하여 실시간 고정밀 위치 측정	3cm ~5cm

■ GNSS측량의 정밀도

① 단독측위<상대측위
② 동적측위<정적측위
③ 실시간처리<후처리

순으로 정밀도가 높다.

■ DGPS(Differential GPS)

① 오차분을 차감하는(차분) GPS로 두 수신기가 가지는 공통의 오차를 상쇄하는 기술
② 구성 : 오차를 계측하는 기준국과 기준국의 오차정보를 받는 이동국으로 구성
③ 오차를 보정하는 위성항법 보정시스템
가) SBAS : 위성기반 보정시스템
나) GBAS : 지상기반 보정시스템으로 우리나라 NDGPS, 호주 GRAS 등

■ Precise Point Positioning (정밀단독측위)

① 글로벌 네트워크에서 계산된 정확한 시계와 궤도를 결합하여 단일 또는 이중주파수 수신기로 정확한 위치를 결정하는 방법
② 하나 이상의 기준점을 사용하여 보정치를 구하는 DGPS와는 다른 방법임

- 현장에서 현황측량으로는 주로 VRS 측량과 FKP 측량이 사용된다.

핵심문제

해설

1 다음의 GPS 현장관측방법 중에서 일반적으로 정확도가 가장 높은 관측방법은?

㉮ 정적 관측법　　㉯ 동적 관측법
㉰ 실시간 동적 관측법　　㉱ 의사 동적 관측법

2 GNSS 측량에 대한 설명으로 틀린 것은? [17 ㉠]

㉮ 다양한 항법위성을 이용한 3차원 측위방법으로 GPS, GLONASS, Galileo 등이 있다.
㉯ VRS 측위는 수신기 1대를 이용한 절대 측위방법이다.
㉰ 지구질량 중심을 원점으로 하는 3차원 직교좌표체계를 사용한다.
㉱ 정지측량, 신속정지측량, 이동측량 등으로 측위방법을 구분할 수 있다.

3 GPS 위성측량에 대한 설명으로 옳은 것은? [15 ㉠]

㉮ GPS를 이용하여 취득한 높이는 지반고이다.
㉯ GPS에서 사용하고 있는 기준타원체는 GRS80 타원체이다.
㉰ 대기 내 수증기는 GPS 위성신호를 지연시킨다.
㉱ VRS 측량에서는 망조정이 필요하다.

4 다음 중 라디오 모뎀이 필요한 GNSS 측량법은?

㉮ Static 측량　　㉯ 후처리 DGPS 방법
㉰ RTK 측량　　㉱ 단독 측위

5 단독측위, DGPS, RTK-GPS 등에 관한 설명으로 옳지 않은 것은?

㉮ 단독측위 시 많은 수의 위성을 동시에 관측할 때 위성의 궤도정보에 대한 오차는 측위결과에 영향이 없다.
㉯ DGPS는 신점과 기지점에서 동시에 관측을 실시하여 양 점에서 관측한 정보를 모두 해석함으로써 신점의 위치를 결정한다.
㉰ RTK-GPS는 위성신호 중 반송파 신호를 해석하기 때문에 코드신호를 해석하여 사용하는 DGPS보다 정확도가 높다.
㉱ RTK-GPS는 공공측량 시 3, 4급 기준점측량에 적용할 수 있다.

해설 **1**

GPS 측량방법 중 가장 정밀도가 높은 방법은 정지측량으로 여러 대의 수신기가 서로 통신하면서 몇 10분에서 몇 시간동안 위성신호를 수신하여 후처리를 하면 수 mm 정도의 높은 정밀도를 얻을 수 있다.

해설 **2**

VRS(Virtual Reference Station, 가상기준점 방식)
네트워크 RTK(Network Real Time Kinematic)의 한 방법으로, GPS 상시관측소들로 이루어진 기준국망을 이용해 가상기준점을 생성하고 서로 통신하며 RTK 측량을 실행한다.

해설 **3**

① GPS를 이용하여 취득한 높이는 타원체고이다.
② GPS에서 사용하고 있는 기준타원체는 WGS84 타원체이다.
④ VRS 측량에서는 가상기준점과 이동국이 서로 연결되는 블루투스 통신이 필요하다.

해설 **4**

RTK 측량
① 실시간 반송파 DGPS 방식
② 라디오 모뎀 연결을 통한 비교적 정밀한 상대거리 계산
③ 기준국과 거리가 멀어질수록 정밀도가 저하되는 단점

해설 **5**

① 구조적인 요인에 의한 거리오차에서는 위성 시계오차, 위성 궤도오차, 전리층과 대류권에 의한 전파 지연, 전파적 잡음, 다중경로오차가 있다.
② 단독측위시 위성의 궤도오차는 측위결과에 영향을 준다.

정답 1. ㉮ 2. ㉯ 3. ㉰ 4. ㉰ 5. ㉮

6 해안지역의 장대교량 공사 중 교각의 정밀위치 시공에 가장 유리한 측량방법은? [12 ㉾]

㉮ 레이저 측량

㉯ GPS측량

㉰ 토털스테이션을 이용한 지상측량

㉱ 레벨측량

7 GNSS 상대측위 방법에 대한 설명으로 옳은 것은? [18 ㉠]

㉮ 수신기 1대만을 사용하여 측위를 실시한다.

㉯ 위성과 수신기 간의 거리는 전파의 파장 개수를 이용하여 계산할 수 있다.

㉰ 위상차의 계산은 단순차, 2중차, 3중차와 같은 차분기법으로는 해결하기 어렵다.

㉱ 전파의 위상차를 관측하는 방식이 절대측위 방법보다 정확도가 낮다.

8 좌표를 알고 있는 기지점에 고정용 수신기를 설치하여 보정자료를 생성하고 동시에 미지점에 또 다른 수신기를 설치하여 고정점에서 생성된 보정자료를 이용해 미지점의 관측자료를 보정함으로써 높은 정확도를 확보하는 GPS 측위 방법은?

㉮ KINEMATIC ㉯ STATIC

㉰ SPOT ㉱ DGPS

9 GNNS 측량으로 측점의 표고를 구하였더니 89.123m이었다. 이 지점의 지오이드 높이가 40.150m라면 실제표고(정표고)는?

㉮ 129.273m ㉯ 48.973m

㉰ 69.048m ㉱ 89.123m

10 GPS 측량에 의한 위치결정 시 최소 4대 이상의 위성에서 동시 관측해야 하는 이유로 옳은 것은?

㉮ 수신기 위치와 궤도오차를 구하기 위하여

㉯ 수신기 위치와 다중경로오차를 구하기 위하여

㉰ 수신기 위치와 시계오차를 구하기 위하여

㉱ 수신기 위치와 전리층오차를 구하기 위하여

해 설

해설 **6**

GPS는 인공위성을 이용하여 정확하게 위치를 알고 있는 위성에서 발사한 전파를 수신하여 관측점까지의 소요시간을 관측하여 정확하게 지상의 대상물의 위치를 결정하는 시스템으로 정밀위치 시공에 GPS측량이 유리하다.

해설 **7**

① GNSS 상대측위는 수신기 2대 이상을 사용하여 측위를 실시한다.

③ 위상차의 계산은 단순차, 2중차, 3중차와 같은 차분기법으로 해결할 수 있다.

④ 전파의 위상차를 관측하는 방식이 절대측위 방법보다 정확도가 높다.

해설 **8**

DGPS(Differential Global Position System) 기지점에 기준국용 GPS 수신기를 설치하고 위성을 관측하여 각 위성의 의사거리 보정값을 구한 뒤 이를 이용하여 이동국용 GPS 수신기의 위치결정오차를 개선하는 위치결정방법이다.

해설 **9**

GNSS 측량에서 얻은 높이는 타원체고임.

∴ 정표고 H

$= h$(타원체고) $- N$(지오이드고)

$= 89.123 - 40.150 = 48.973\,\text{m}$

해설 **10**

3개의 위성에서 발사한 전파를 수신하여 거리를 측정하면 3차원 위치(x, y, z)를 얻을 수 있고 여기에 시간오차를 고려한 1개 위성을 더하면 시간오차를 보정한 3차원 좌표를 구할 수 있다.

정답 6. ㉯ 7. ㉯ 8. ㉱ 9. ㉯ 10. ㉰

4 GNSS의 측량의 오차와 활용

학습방향

① DOP의 종류
② 구조적 요인에 의한 오차
③ AS와 SA

1 GNSS의 측위오차

크게 ① 기하학적 오차와 ② 구조적인 오차로 구분

2 DOP(Dilution of Precision) 정밀도 저하율

(1) DOP란?

① 기하학적인 위성의 배치에 따른 오차
② 수신기 주위로 위성이 적당히 고르게 배치되어 있을수록 오차가 작아진다.
③ 위성배치의 고른 정도를 DOP라 한다.

(2) DOP의 종류

VDOP(Vertical DOP)	높이의 정밀도
HDOP(Horizontal DOP)	2차원 위치결정의 정밀도
PDOP(Position DOP)	3차원 위치결정의 정밀도
TDOP(Time DOP)	시간의 정밀도
HTDOP(Horizontal, Time DOP)	2차원 관측과 시간의 정밀도
GDOP(Geometrical DOP)	기하학적 정밀도

3 구조적 요인에 의한 GPS 오차

(1) 위성에서 발생하는 오차

위성궤도 오차	- 현재 위성의 위치와 실제 위치가 일치하지 않아서 발생 - 정확한 궤도 정보와 이력을 사용하여 오차 보정	1~5m
위성시계 오차	- 위성시계는 매우 정밀하지만 시간 밀림(clock drift)이 발생하여 위치 결정에 최대 2m 정도의 오차 발생 - 위성제어국의 시계오차 보정 정보를 이용	0~1.5m

학습POINT

■ DOP의 정도

Quality	DOP
Very Good	1~3
Good	4~5
Fair	6
Suspect	> 6

① DOP값이 작을수록 정확하며 5까지는 지장이 없다.
② 소거방법은 없으며 위성배치가 좋아질 때까지 기다려야 한다.

■ SA와 AS 오차

① SA(Selective Availability) '선택적 사용성'이라 하며 비군사용 GPS 사용자들에게 정밀도를 의도적으로 저하시키는 조치
② AS(Anti Spoofing) 군사목적의 P코드를 암호화시켜 미군 이외 사용자가 위성자료를 사용할 수 없게 만드는 기법

(2) 대기권 전파 지연 오차

전리층 오차	- 대전된 전리층으로 전송되는 L밴드 신호가 굴절되어 발생하는 오차(태양활동 극대기에 전리층 오차 최대) - 2주파수 수신기를 이용하여 소거 가능	0~30m (보통 약 2m)
대류권 오차	- 대류권의 수증기에 의하여 신호가 굴절되어 발생하는 오차 - 고정밀 측위시 대류권 지연 모델을 이용하여 소거	

(3) 수신기에서 발생하는 오차

다중경로 오차 (Multipath)	- 수신기 주변에 있는 건물 등의 지형지물로 인한 신호가 굴절 또는 반사되어 발생하는 오차 - Ground-plane 안테나를 사용하거나 위성 고도각(mask angle)을 조정하여 소거	0~1m
신호단절 (cycle slip)	- 수신기에서 신호를 받다가 순간적으로 신호가 끊어져 발생하는 오차	1~10m
수신기 잡음	- 수신기 내부의 잡음(noise)이 발생하여 생기는 오차 - GPS 측량수신기 정밀 검사 실시	
안테나 구심오차	- GPS 측량시 구심 불안정 조정에 의하여 발생하는 오차 - 구심기를 확실하게 조작하여 구심 오차를 최소화	
안테나 위상중심 변화	- GPS 상시관측소와 같이 24시간 내내 수신받는 안테나가 기상에 의한 열변형으로 신호수신 위치 변동으로 발생	

4 GNSS의 활용

(1) 우리나라의 GNSS 서비스

① GNSS를 이용한 다양한 서비스에 적합한 정보를 제공하기 위하여 여러 기관에서 GNSS 서비스를 추진하고 있음
② 국토지리정보원 : 측량용
③ 국립해양측위정보원(해수부) : 항법용
④ 한국천문연구원 : 천문연구용
⑤ 국립전파연구원 우주전파센터 : 전리층 감시용
⑥ 국가기상위성센터 : GPS 기상용
⑦ 한국지질자원연구원 : 지진예측용
⑧ 서울특별시 : 네트워크 RTK용
⑨ 한국국토정보공사 공간정보연구원 : 지적측량용

(2) GNSS 이용

① 정밀계측 측지분야 : 정밀기준점 계측, GIS D/B 구축 및 설계
② 항공분야 : 항공기 운항 및 감시, 정밀착륙
③ 지상운용 : 화물트럭과 철도차량의 관제, 구급 및 순찰차량 관제
④ 해상운송 : 선박 항해, 수로 안내 등
⑤ 우주분야 : 위성 궤도 추적, 위성 자세 결정
⑥ 군사분야 : 유도무기, 정밀폭격, 정찰 등
⑦ 과학 : 기상 연구, 해류 연구, 대류층 연구 등
⑧ 탐사 : 지질탐사, 유전탐사, 유적/유물 탐사
⑨ 자원관리 : 농업자원 관리, 어업자원 관리, 토지 관리
⑩ 레져용 : 등산, 요트 항해, 하이킹 등
⑪ 시각측정 : 기준시각동기, 통신시스템시각동기

■ GNSS 데이터 통합 센터 서비스

① 상시관측소 안내
- GNSS 데이터를 제공하는 8개 기관 상시관측소의 지도기반 위치정보와 설치년도, 수신기 종류 등의 정보를 열람 가능

② 데이터서비스
- 실시간 데이터(RTCM) : GNSS 실시간 데이터(RTCM)를 NTRIP Client를 이용하여 수신 가능
- 후처리 데이터(RINEX) : 일단위 및 시간단위 GNSS 후처리 데이터(RINEX)를 수신 기능
- 데이터 품질 정보 : UNAVCO사의 TEQC를 이용하여 분석한 품질정보를 열람 가능
- 시계열 위치 변화 정보 : 국토지리정보원의 N-OPS 시스템을 이용하여 분석한 GNSS 상시관측소의 시계열 위치 변화 정보 제공

핵심문제

1 현재 GPS의 의사거리 결정에 영향을 주는 오차와 거리가 먼 것은? [13 ㉨]

㉮ 위성의 궤도 오차
㉯ 위성의 시계 오차
㉰ 위성의 기하학적 위치에 따른 오차
㉱ AS 오차

2 GPS 위성의 기하학적 배치상태에 따른 정밀도 저하율을 뜻하는 것은? [16,24 ㉪]

㉮ 다중경로(Multipath) ㉯ DOP
㉰ A/S ㉱ 사이클 슬립(Cycle Slip)

3 GNSS 관측오차 중 주변의 구조물에 위성 신호가 반사되어 수신되는 오차를 무엇이라고 하는가? [19 ㉪]

㉮ 다중경로오차 ㉯ 사이클슬립오차
㉰ 수신기시계오차 ㉱ 대류권오차

4 위성측량의 DOP(Dilution of Precision)에 관한 설명 중 옳지 않은 것은? [19 ㉨]

㉮ 기하학적 DOP(GDOP), 3차원위치 DOP(PDOP), 수직위치 DOP(VDOP), 평면위치 DOP(HDOP), 시간 DOP(TDOP) 등이 있다.
㉯ DOP는 측량할 때 수신 가능한 위성의 궤도정보를 항법메시지에서 받아 계산할 수 있다.
㉰ 위성측량에서 DOP가 작으면 클 때보다 위성의 배치상태가 좋은 것이다.
㉱ 3차원위치 DOP(PDOP)는 평면위치 DOP(HDOP)와 수직위치 DOP(VDOP)의 합으로 나타난다.

5 GPS에서 발생하는 오차가 아닌 것은?

㉮ 위성시계 오차 ㉯ 위성궤도 오차
㉰ 대기권 굴절 오차 ㉱ 시차(視差)

해설

해설 1

1. 의사거리 : 위성과 수신기 사이의 오차를 포함한 대략적인 거리
2. AS오차 : 군사목적의 P코드를 적의 교란으로부터 방지하기 위한 암호화 기법. 따라서 암호를 풀 수 있는 사용자만 정밀한 위치정보를 얻을 수 있다.

해설 2

정밀도 저하율(DOP ; Dilution of Precision) : 위성의 기하학적 배치상태에 따른 측위의 정밀도 저하율

해설 3

다중경로오차

① GPS 위성으로부터 직접 수신된 전파 이외에 부가적으로 주위의 지형, 지물에 의해 반사된 전파로 인해 발생하는 오차로서 측위에 영향을 미친다.
② 다중경로는 금속제 건물, 구조물과 같은 커다란 반사적 표면이 있을 때 일어난다.
③ 도심지의 빌딩숲 같은 곳에서는 전파가 건물에 반사되어 다중경로오차가 발생한다.

해설 4

① DOP는 위성의 배치상태에 따른 정밀도 저하율이라 한다.
② PDOP는 4개의 위성이 이루는 사면체의 체적이 최대(위성각 120°)일 때 가장 정확하다.

해설 5

① GPS의 오차에는 기하학적 오차, 구조적인 오차, 인위적인 오차가 있다.
② 기하학적 위성배치에 따른 오차 : DOP
③ 구조적인 오차 : 위성 관련 오차, 대기권 전파지연 오차, 수신기에서 발생하는 오차
④ 인위적인 오차 : AS와 SA
⑤ 시차는 사진측량에서 사용된다.

정답 1. ㉱ 2. ㉯ 3. ㉮ 4. ㉱ 5. ㉱

6 GPS 측량의 Cycle Slip에 대한 설명으로 옳지 않은 것은?

㉮ GPS 반송파 위상추적회로에서 반송파 위상차 값의 순간적인 차단으로 인한 오차이다.

㉯ GPS 안테나 주위의 지형·지물에 의한 신호단절 현상이다.

㉰ 높은 위성 고도각과 낮은 신호 잡음이 원인이 된다.

㉱ Static 측량에서 비교적 적게 나타난다.

7 다음의 GPS 오차원인 중 L_1 신호와 L_2 신호의 굴절 비율의 상이함을 이용하여 L_1/L_2의 선형 조합을 통해 보정이 가능한 것은? [25 ㉮]

㉮ 전리층 지연오차　　㉯ 위성시계오차

㉰ GPS 안테나의 구심오차　　㉱ 다중전파경로(멀티패스)

8 기준국과 이동국간의 거리가 짧을 경우 상대측위를 수행하면 절대 측위에 비해 정확도가 현격히 향상되게 되는데 그렇지 않은 것은?

㉮ 위성궤도오차가 제거된다.

㉯ 다중경로오차(Multipath)를 제거할 수 있다.

㉰ 전리층에 의한 신호의 전파지연이 보정된다.

㉱ 위성시계오차가 제거된다.

9 GPS 측량의 정확도에 영향을 미치는 요소와 거리가 먼 것은?

㉮ 기지점의 정확도

㉯ 관측 시의 온도 측정 정확도

㉰ 안테나의 높이 측정 정확도

㉱ 위성 정밀력의 정확도

10 다음 중 GNSS 측량의 이용분야와 거리가 먼 것은?

㉮ 측지측량 분야　　㉯ 항공 분야

㉰ 실내건축 분야　　㉱ 해상운송 분야

해 설

해설 **6**

싸이클 슬립의 발생

① GPS 안테나 주위의 지형지물에 의한 신호의 차단으로 발생

② 비행기의 커브 회전 시 동체에 의한 위성시야의 차단으로 발생

③ 관측된 신호의 잡음이 높은 경우에 발생

④ 낮은 위성고도각으로 발생

해설 **7**

GPS 측량에서는 L_1, L_2파의 선형 조합을 통해 전리층 지연오차 등을 제거할 수 있다.

해설 **8**

GPS 상대측위로 제거되는 오차

① 전리층 통과시 전파지연오차

② 위성궤도오차

③ 위성시계오차

해설 **9**

GPS 측량은 기후의 영향을 거의 받지 않는다. 따라서, 거리측량에서 실시하는 테이프의 온도보정 같은 오차를 고려할 필요가 없다.

해설 **10**

GNSS 측량은 정밀기준점 계측에서 현황측량까지 다양하게 이용되며 항공기의 운항 및 착륙, 선박항해, 차량 운송 등 폭넓게 이용되지만 위성신호의 수신이 어려운 실내건축 분야에는 한계가 있다.

정답 6. ㉰ 7. ㉮ 8. ㉯ 9. ㉯ 10. ㉰

5 국가기준점의 개요와 현황

학습방향

① 이 단락은 시험에는 거의 출제되지 않는다.
② 삼각점과 수준점의 정확도는 학습 요함

학습POINT

1 대한민국 측량의 기준

(1) 경위도 원점(수평위치 기준점)

① 수원(국토지리정보원)에 있으며 경도, 위도, 원방위각으로 표시
② 세계측지계를 기반으로 경위도원점을 설정하여 우주측지기준점, 위성기준점, 통합기준점, 삼각점을 설치

(2) 수준원점(수직위치 기준점)

① 인천 앞바다의 평균해수면을 기준(0.0m)으로 인하공전에 설치함
② 수준원점의 높이(표고)는 26.6871m임

2 국가기준점 체계

(1) 최신 측지기술을 통해 국가의 위치(수평, 수직) 기준을 확립하고, 전국에 측량 인프라를 구축 관리하여 위치기준 제공
(2) 각종 토목공사에서 사용되며 최근에는 지각변동, 실시간 위치기준 서비스에 활용

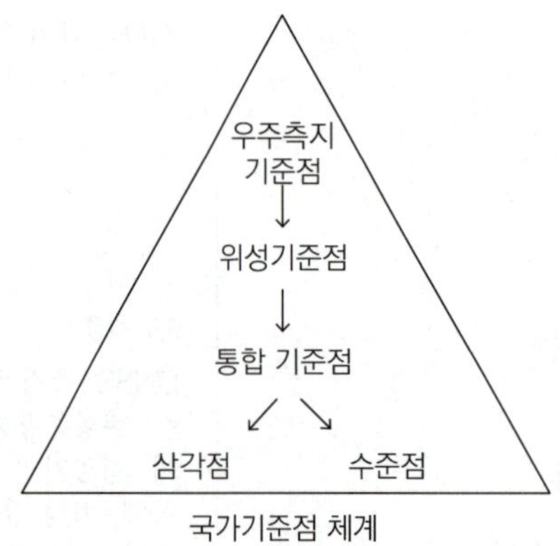

국가기준점 체계

3 우주측지기준점(측지 VLBI)

(1) 수십억 광년 떨어진 준성(Quasar)에서 방사되는 전파가 전파망원경에 도달하는 시간차이를 해석하여 위치 좌표 산출

(2) 세종시에 우주측지관측센터를 건설하였으며

① 국가기준점의 정확도 제고

② 국가간 장거리측량 및 대륙간 지각변동을 정밀관측하여 지진 등 자연재해예방에 기여

4 위성기준점(GNSS 상시관측소)

(1) GNSS 위성신호를 24시간 수신하여 위치정보를 결정할 수 있도록 지원

(2) 정부 8개 부처에서 운영·관리중인 상시관측소를 통합하여 국가 GNSS 데이터 원스톱 서비스 제공

5 통합기준점

(1) 설치수량 : 5,500점(전국 3~5km 간격의 주요 지점)

(2) 측량성과 : 경·위도, 평면직각좌표(X, Y), 높이(표고, 타원체고), 중력, 방위각 등

(3) 정확도 : 평면 30mm 이내, 표고 2.5mm$\sqrt{S}$ 이내, S : 편도 관측거리 km

(4) 개별적(삼각점, 수준점, 중력점 등)으로 설치·관리되어온 국가기준점 기능을 통합하기 위해 구축한 새로운 기준점

6 삼각점

(1) 설치수량 : 16,412점

(2) 측량성과 : 경·위도, 평면직각좌표(X, Y) 등

(3) 정확도 : 10km 이상 1.0ppm × 기선장(km) 이내
10km 미만 2.0ppm × 기선장(km) 이내

7 수준점

(1) 설치수량 : 7,300점

(2) 측량성과 : 높이 등

(3) 정확도 : 1등 수준점 2.5mm$\sqrt{S}$ 이내
2등 수준점 5.0mm$\sqrt{S}$ 이내

8 중력점

(1) 설치수량 : 절대중력점 20점

(2) 정확도 : 절대 중력점 0.002mgal 이내
상대 중력점 0.05mgal 이내

■ 중력측량

① 중력값의 분포나 시간에 따른 변화율을 구하기 위해 실시→중력가속도 크기 측정

② 중력의 변화

가) 지구상의 위치나 높이

나) 지하의 광물이나 내부구조 차이

다) 지진이나 화산활동에 의해 변화

③ 중력의 단위 : gal

④ 중력의 이용

가) 중력도 작성

나) 지구의 형상(지오이드) 연구

다) 지진의 예지, 화산분화 예지 등

라) 지하 내부구조 예측 및 자원탐사 등

⑤ 측량 방법

가) 절대측량 : 어느 장소의 중력값을 단독으로 관측하여 측정

나) 상대측량 : 복수의 지점에 대한 중력값의 차이를 측정하는 방법

⑥ 중력 이상

가) 중력이상=실측 중력값-표준중력식에 의한 중력값

나) 중력이상의 보정에는 고도보정, 부게보정, 지형보정 등

다) 지하에 밀도가 큰 물질(+), 지하에 밀도가 작은 물질(-)의 중력이상 값을 가진다.

출제예상문제

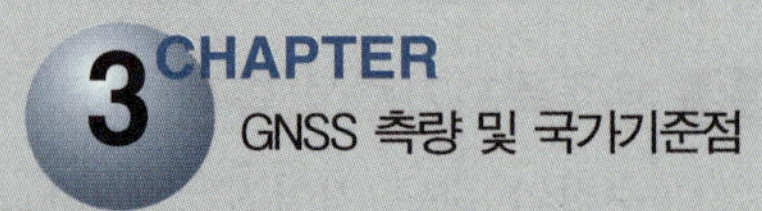

1. NNSS와 GPS에 대한 설명 중 잘못된 것은?

㉮ NNSS는 거리측정의 정확도가 $10^{-6} \sim 10^{-7}$ 에 이른다.
㉯ NNSS는 극궤도 운동을 하는 위성을 이용하여 지상위치 결정을 한다.
㉰ GPS는 원궤도 운동을 하는 위성을 이용하여 지상위치 결정을 한다.
㉱ GPS는 범지구적 위치 결정 시스템이다.

해설

NNSS의 정확도는 수m이다.

2. GPS 구성 부문 중 위성의 신호 상태를 점검하고, 궤도 위치에 대한 정보를 모니터링하는 임무를 수행하는 부분은? [16㉠]

㉮ 우주부문 ㉯ 제어부문
㉰ 사용자부문 ㉱ 개발부문

해설

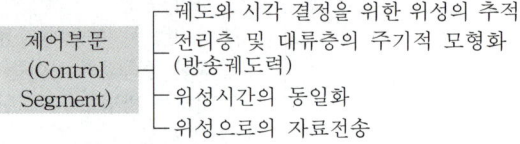

제어부문 (Control Segment)
- 궤도와 시각 결정을 위한 위성의 추적
- 전리층 및 대류층의 주기적 모형화(방송궤도력)
- 위성시간의 동일화
- 위성으로의 자료전송

3. 범세계적 위치결정체계(GPS)에 대한 설명 중 옳지 않은 것은?

㉮ 기상에 관계없이 위치결정이 가능하다.
㉯ NNSS의 발전형으로 관측소요시간 및 정확도를 향상시킨 체계이다.
㉰ 우주 부분, 제어 부분, 사용자 부분으로 구성되어 있다.
㉱ 사용되는 좌표계는 WGS72이다.

해설

GPS는 WGS 84 좌표계를 사용한다.

4. GNSS 측량에 대한 설명으로 옳지 않은 것은?

㉮ 3차원 공간 계측이 가능하다.
㉯ 기상의 영향을 거의 받지 않으며 야간에도 측량이 가능하다.
㉰ 지구 부피 중심 타원체를 기준으로 경위도 좌표를 수집하기 때문에 좌표정밀도가 높다.
㉱ 기선 결정의 경우 두 측점 간의 시통에 관계가 없다.

해설

GNSS측량은 지구질량 중심 좌표체계를 사용하므로 좌표의 정밀도가 높다.

5. GNSS 관측성과로 얻을 수 없는 것은?

㉮ 지오이드 모델 ㉯ 경도와 위도
㉰ 지구중심좌표 ㉱ 타원체고

해설

GNSS 측량은 공간상의 3차원 좌표를 얻기 위한 측량이며 이때 얻은 높이는 타원체고라 한다. 높이(정표고)=타원체고-지오이드고. 지오이드고는 지오이드 모델을 이용하여 구한다. 즉, GNSS 높이 측량은 지오이드모델을 이용한 높이변환이 반드시 필요하다. 여기서, 지오이드 모델은 중력측정에 의해 얻어진다.

6. 다음 중 삼각점의 신설을 위한 가장 적합한 GPS 측량방법은?

㉮ 정지측량방식(Static)
㉯ DGPS(Differential GPS)
㉰ Stop & Go 방식
㉱ RTK(Real Time Kinematic)

해설

- 정지측량방식(Static) : 국가기준점 측량에 많이 이용
- RTK(Real Time Kinematic) : 현황측량, 일필지 확정측량 등에 많이 이용

해답 1. ㉮ 2. ㉯ 3. ㉱ 4. ㉰ 5. ㉮ 6. ㉮

7. GPS의 거리 관측 방법은 무엇인가?

㉮ 전파의 도달시간 이용 ㉯ 전파의 샤임플러그 효과
㉰ 공면 조건의 원리 ㉱ 라이다 측위 원리

해설

GPS의 거리 관측방법은
① 코드방식 : 거리 = 도달시간(시간차) × 전파속도
② 반송파 측정방식 : 거리 = 파장갯수 × 파장길이

8. GNSS 측량에 대한 설명으로 옳지 않은 것은? [16 ㉮]

㉮ 3차원 공간 계측이 가능하다.
㉯ 기상의 영향을 거의 받지 않으며 야간에도 측량이 가능하다.
㉰ Bessel 타원체를 기준으로 경위도 좌표를 수집하기 때문에 좌표정밀도가 높다.
㉱ 기선 결정의 경우 두 측점 간의 시통에 관계가 없다.

해설

① 우리나라 GNSS 측량의 기준타원체는 GRS80 타원체이며 GPS 측량의 기준타원체는 WGS84이다.
② GNSS 측량은 위성의 신호를 수신하여 3차원 좌표를 측정하므로 기상변화나 시통에 관계없이 정밀한 측정이 가능하다.

9. 다음 중 지상기준점 측량방법으로 틀린 것은? [15 ㉮]

㉮ 항공사진삼각측량에 의한 방법
㉯ 토털스테이션에 의한 방법
㉰ 지상레이더에 의한 방법
㉱ GPS에 의한 방법

해설

① 지상기준점 측량
• 항공삼각측량 • GPS • T/S
② 지상레이더는 지상에 설치되어 항공방위, 항공교통 통제, 이동 물체의 추적 등에 사용된다.

10. GNSS 관측성과로 틀린 것은? [18 ㉮]

㉮ 지오이드 모델 ㉯ 경도와 위도
㉰ 지구중심좌표 ㉱ 타원체고

해설

① 지오이드 모델은 중력측량을 통해 얻어진다.
② GNSS 측량에서 얻어지는 높이는 타원체고이다.
③ 정확하게 규정된 지오이드 모델이 있어야 GNSS 측량의 표고측정 정밀도가 높아진다.

11. GPS 측량에서 의사거리 결정에 영향을 주는 오차의 원인으로 거리가 먼 것은?

㉮ 대기굴절에 의한 오차
㉯ 위성의 시계오차
㉰ 수신 위치의 기온 변화에 의한 오차
㉱ 위성의 기하학적 위치에 따른 오차

해설

위성 측량은 기온변화나 주·야간, 두 점 사이의 시통 유무에 관계없이 측량이 가능하다.

12. GPS 위성측량에 대한 설명으로 옳은 것은? [20 ㉮]

㉮ GPS를 이용하여 취득한 높이는 지반고이다.
㉯ GPS에서 사용하고 있는 기준타원체는 GRS80 타원체이다.
㉰ 대기 내 수증기는 GPS 위성신호를 지연시킨다.
㉱ GPS 측량은 별도의 후처리 없이 관측값을 직접 사용할 수 있다.

해설

① GPS를 이용하여 취득한 높이는 타원체고이다.
② GPS에서 사용하고 있는 기준타원체는 WGS84 타원체이다.
③ GPS 측량은 후처리를 하여 정밀도를 높인다.
④ 대류권의 수증기에 의해 신호가 굴절되면 대류권 오차가 발생한다.

해답 7. ㉮ 8. ㉰ 9. ㉰ 10. ㉮ 11. ㉰ 12. ㉰

13. 위성측량의 DOP(Dilution of Precision)에 관한 설명으로 옳지 않은 것은? [20 ㉠]

㉮ DOP는 위성의 기하학적 분포에 따른 오차이다.

㉯ 일반적으로 위성들 간의 공간이 더 크면 위치정밀도가 낮아진다.

㉰ DOP를 이용하여 실제 측량 전에 위성측량의 정확도를 예측할 수 있다.

㉱ DOP 값이 클수록 정확도가 좋지 않은 상태이다.

해설

① DOP는 위성의 기하학적 분포에 따른 정밀도 저하율(오차)이다.
② 3차원 위치의 정확도는 PDOP에 따라 달라지는데 PDOP는 4개의 관측위성들이 이루는 사면체의 체적이 최대일 때 가장 정확도가 좋으며 이때는 관측자의 머리 위에 다른 3개의 위성이 각각 120°를 이룰 때이다.
③ DOP는 값이 작을수록 정확한데, 1이 가장 정확하고 5까지는 실용상 지장이 없다.

14. 위성측량에서 GPS의 의사거리(Pseudo range)에 대한 설명으로 옳은 것은?

㉮ 시간 오차 등 각종 오차를 포함하고 있는 거리이다.

㉯ 모든 오차가 제거된 최종 확정된 거리이다.

㉰ 수신기와 가상의 기준국 간에 실제 거리이다.

㉱ 측정된 위성과 수신기 간의 거리에서 시간오차가 보정된 거리이다.

해설

의사거리란 Pseudo(가짜, 허위)의 거리로 위성에서 출발한 전파가 수신기에 수신된 시간차×전파속도로 알 수 있다. 여기서는 전파의 시간오차, 대기의 영향오차 등이 포함되어 있으므로 의사거리라 한다.

15. GPS에서 사용되는 L_1과 L_2 신호의 주파수는

㉮ 150MHz와 400MHz

㉯ 420.9MHz와 585.53MHz

㉰ 1575.42MHz와 1227.60MHz

㉱ 1832.12MHz와 3236.94MHz

해설

① 반송파의 주파수와 파장
L_1=주파수-1575.42MHz, 파장-19cm
L_2=주파수-1227.60MHz, 파장-24cm
② 코드
L_1 : C/A코드와 P코드 변조 가능
L_2 : P코드 변조 가능

16. GNSS 측량의 정확도에 영향을 미치는 요소와 거리가 먼 것은?

㉮ 기지점의 정확도

㉯ 관측 시의 온도 측정 정확도

㉰ 안테나의 높이 측정 정확도

㉱ 지오이드 모델의 정확도

해설

GNSS 측량은 ① 주, 야에 관계없이
② 기후(온도, 구름, 비 등)에 관계없이 정밀한 측량이 가능하다.
③ 지오이드 모델의 정확도는 GNSS 측량의 표고측정의 정확도에 영향을 준다.
표고=타원체고(GNSS 측량의 높이)-지오이드고

17. DOP에 대한 설명으로 잘못된 것은?

㉮ 수치가 작을수록 정확하다.

㉯ 위성의 배치상태에 따라 변화한다.

㉰ 수신기에서 4개의 위성이 정사면체를 이룰 때가 최적이 되며 이때의 PDOP가 최소이다.

㉱ 지표에서 가장 좋은 배치상태일 때의 DOP 값은 '0'이다.

해설

DOP지표에서 가장 좋은 배치상태일 때의 DOP값은 '1'이다.

해답 13. ㉯ 14. ㉮ 15. ㉰ 16. ㉯ 17. ㉱

18. 위성의 배치상태에 따른 GNSS의 오차 중 단독(독립)측위와 관련이 없는 것은?

㉮ GDOP ㉯ RDOP
㉰ PDOP ㉱ TDOP

해설
① 위성의 배치상태에 따른 오차를 DOP라 한다.
② RDOP는 상대 DOP(정밀도 저하율)이다.

19. 간섭측위에 의한 위상차 측정방법(차분법) 중 단일차분에 의하여 제거 가능한 오차는?

㉮ 위성궤도 오차
㉯ 전리층 지연 오차
㉰ 대류권 지연 오차
㉱ 싸이클 슬립

해설
단일차분에 의하여 제거 가능한 오차
① SA에 의한 오차
② 위성 시계 오차
③ 위성 궤도 오차
④ 대기효과(기선이 짧을 때)

20. GPS 측량 시 의사거리에 영향을 주는 오차와 거리가 먼 것은?

㉮ 위성시계의 오차 ㉯ 위성궤도의 오차
㉰ 전리층의 굴절 오차 ㉱ 지오이드의 변화 오차

해설
① 의사거리란 수신기의 시계오차 등 오차를 포함한 거리이다.
② 지오이드의 변화는 거리보다는 높이 측정의 오차와 관련이 크다.

21. 우리나라 GNSS 측량의 기준타원체는?

㉮ 베셀 ㉯ 헤이포드
㉰ WGS84 ㉱ GRS80

해설
우리나라 GNSS 측량의 기준타원체는 GRS80이며 GPS 측량의 기준타원체는 WGS84이다.

22. 우리나라 해안선의 기준면은?

㉮ 약최저저조면
㉯ 약최고고조면
㉰ 평균해수면
㉱ 중등조위면

해설
① 해안선의 기준 : 약 최고고조면
② 해도의 기준 : 약최저저조면
③ 지도의 기준 : 인천 평균해수면

23. 우리나라 국가기준점 체계는?

㉮ 우주측지기준점-위성기준점-통합기준점-삼각점
㉯ 우주측지기준점-통합기준점-위성기준점-삼각점
㉰ 위성기준점-우주측지기준점-삼각점-통합기준점
㉱ 위성기준점-우주측지기준점-통합기준점-삼각점

해설
우리나라는 삼각점, 수준점, 중력점 등으로 국가기준점을 관리하고 있었으나 측량이 고도화되고 GNSS 측량이 널리 활용되면서 우주측지기준점-위성기준점-통합기준점-삼각점과 수준점 등의 체계로 바뀌었다.

24. 2등 수준점의 정확도는? 여기서 S는 편도거리(km)이다.

㉮ 1.0mm$\sqrt{S}$ 이내 ㉯ 2.0mm$\sqrt{S}$ 이내
㉰ 2.5mm$\sqrt{S}$ 이내 ㉱ 5.0mm$\sqrt{S}$ 이내

해설 공공수준점 측량
① 왕복 관측값의 교차
1등 2.5mm$\sqrt{S}$, 2등 5.0mm$\sqrt{S}$
② 환폐합차
1등 2.0mm$\sqrt{S}$, 2등 5.0mm$\sqrt{S}$

해답 18. ㉯ 19. ㉮ 20. ㉱ 21. ㉱ 22. ㉯ 23. ㉮ 24. ㉱

25. 중력측량에 대한 설명 중 잘못된 것은?

㉮ 중력보정은 고도보정, 지형보정, 부게보정을 주로 실시한다.

㉯ 중력의 방향은 정수면에 직각인 연직방향이다.

㉰ 적도에 가까울수록 중력은 감소한다.

㉱ 중력이상=표준중력식에 의한 값-실제 관측된 중력값이다.

해설

중력이상=실제 관측된 중력값-표준중력식에 의한 값

26. GPS 측량에 대한 다음 설명 중 잘못된 것은?

㉮ 절대 관측방법은 GPS측량 중 오차가 가장 적은 방법이다.

㉯ 정지측량은 후처리 측량법이다.

㉰ 이동측량은 이동차량의 위치결정에 사용된다.

㉱ RTK측량은 실시간 이동측량을 말한다.

해설

절대관측방법은 단독측위로 정밀도가 떨어지며 정지측량이 GPS 측량방법 중 가장 정밀도가 높아 기준점 측량에 이용된다.

27. 좌표를 알고 있는 기지점에 고정용 수신기를 설치하여 보정자료를 생성하고 동시에 미지점에 또 다른 수신기를 설치하여 고정점에서 생성된 보정자료를 이용해 미지점의 관측자료를 보정함으로써 높은 정확도를 확보하는 GPS측위 방법은?

㉮ KINEMATIC ㉯ STATIC

㉰ SPOT ㉱ DGPS

해설 DGPS(Differential GPS)

① 이미 알고 있는 기지점 좌표를 이용하여 오차를 줄이는 측량법

② 좌표를 알고 있는 기지점에 기준국용 GPS 수신기를 설치하여 각 위성의 보정값을 구해 오차를 줄이는 방식

28. GPS의 측위방법 중 Static 측량에 대한 설명으로 잘못된 것은?

㉮ 가장 정밀도가 높은 GPS측위법이다.

㉯ 측량 시간이 많이 걸린다.

㉰ VLBI의 보완이 가능하다.

㉱ 공사측량에 널리 이용된다.

해설

정지 측량은 정확한 방법이나 시간이 많이 걸려 공사측량보다는 기준점 측량에 주로 이용된다.

29. GPS 측량시 고려해야 할 사항으로 잘못된 것은?

㉮ 관측되는 위성은 최소 4개 이상이어야 한다.

㉯ 임계고도각은 15° 이상이 되어야 한다.

㉰ 측점간의 시통이 잘되는 곳에 기준점을 설치한다.

㉱ 고압선이나 고층건물이 있는 부분은 피한다.

해설

GPS 측량은 지상에서 20,000km정도 떨어진 위성의 전파를 수신하여 측량하므로 관측점간의 시통이 불필요하다.

30. GPS측량으로 측점의 표고를 구하였더니 89.123m였다. 이 지점의 지오이드 높이가 40.150m라면 실제 표고(정표고)는 얼마인가? [25 ㉯]

㉮ 129.273m ㉯ 48.973m

㉰ 69.048m ㉱ 89.123m

해설

실제표고 = 타원체의 표고 - 지오이드고

= 89.123-40.150

= 48.973m

여기서, GPS 측량으로 구한 높이는 타원체의 높이이다. 이를 실제표고로 변환시킬 때 지오이드고를 빼준다.

해답 25. ㉱ 26. ㉮ 27. ㉱ 28. ㉱ 29. ㉰ 30. ㉯

31. GPS 위성의 기하학적 배치상태에 따른 정밀도의 저하율을 나타내는 용어는? [16 산]

㉮ Hi-Pass　　㉯ RTK
㉰ S/A　　㉱ DOP

해설

DOP는 관측지점의 위성의 기하학적 배치상태에 따라 측위의 정확도가 달라지는 것으로 5이하의 값을 가지면 관측결과를 사용할 수 있다.

32. 다음 중 DGPS 측량법과 관련성이 가장 높은 측량방법은?

㉮ 절대 측위　　㉯ 정지 측위
㉰ 후처리 측위　　㉱ RTK측량

해설

① DGPS는 GPS 상대측위를 말하며 RTK 방법과 동일한 방법으로 관측한다.
② 오차를 계측하는 기준국과 기준국의 오차정보를 받는 이동국으로 구성되어 오차를 차분한다.

33. GPS 반송파 위상 추적회로에서 반송파 위상차의 값을 순간적으로 놓침으로써 발생하는 오차는?

㉮ SA　　㉯ AS
㉰ 싸이클 슬립　　㉱ DOP

해설

Cycle Slip은 반송파 위상차의 값을 순간적으로 놓쳐서 발생하는 오차이다.

34. GNSS 상대측위 방법에 대한 설명으로 옳은 것은? [18 기]

㉮ 수신기 1대만을 사용하여 측위를 실시한다.
㉯ 위성과 수신기 간의 거리는 전파의 파장 개수를 이용하여 계산할 수 있다.
㉰ 위상차의 계산은 단순차, 2중차, 3중차와 같은 차분기법으로는 해결하기 어렵다.
㉱ 전파의 위상차를 관측하는 방식이나 절대측위 방법보다 정확도가 낮다.

해설

① 상대측위란 두 대 이상의 수신기를 사용하여 동시에 측량을 한 후 데이터를 처리하여 측량정도를 높이는 GNSS 측량법
② 거리계산은 GPS 수신기로 수신된 반송파 위상의 개수를 기록한 자료로 계산한다.
③ 위상차의 계산은 단일차분, 이중차분, 삼중차분 기법으로 한다.
④ 절대측위보다 정밀도가 높다.

35. GPS 오차와 관계가 적은 것은?

㉮ 전파 지연오차
㉯ 전파의 다중경로 오차
㉰ Cycle Slip
㉱ 관측점의 시통오차

해설

GPS는 기후, 관측점 간의 시통에 관계없이 측량이 가능하다.

해답　31. ㉱　32. ㉱　33. ㉰　34. ㉯　35. ㉱

MEMO

제 4 장 수준측량

출제경향분석

수준측량은 기준면으로부터의 높이를 측정하는 작업으로 결과를 계산할 때는 기준면 (H=0)을 기준으로 올라가면 ⊕, 내려가면 ⊖하면 간단히 계산된다.
1. 교호수준측량 2. 오차의 정밀도 등이 주로 출제된다.

단원별 경향분석

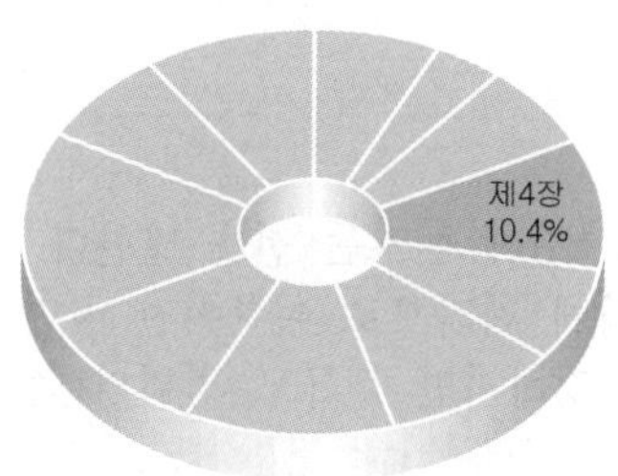

토목기사

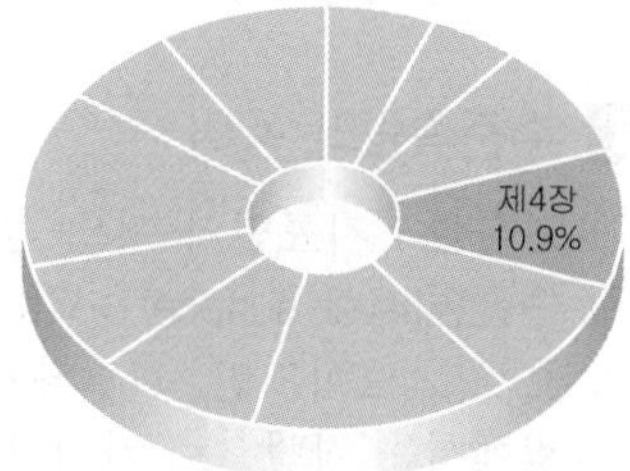

토목산업기사

항목별 경향분석

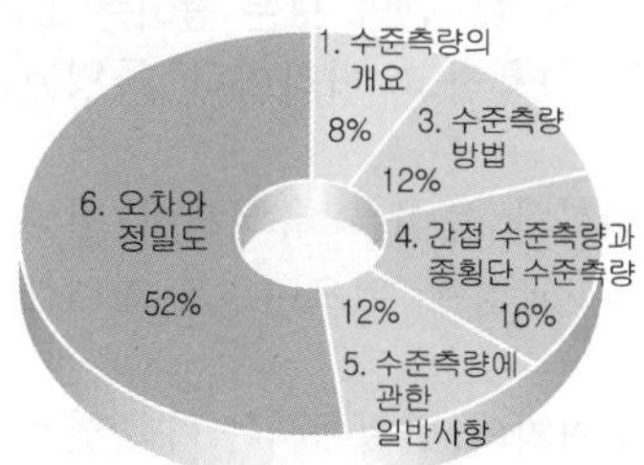

토목기사

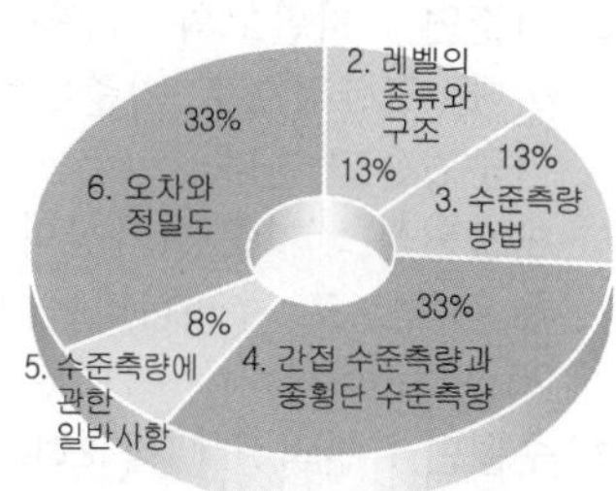

토목산업기사

1 수준측량의 개요

학습방향

수준측량이란 지구상의 여러 점들 사이의 고저차를 구하는 측량으로 토목현장에서 가장 많이 사용되는 측량방법이다.

① 수준측량의 정의
② 수준측량에 사용되는 곡면(수준면, 수평면, 기준면)과 직면(지평면)
③ 전시와 후시, 기계고와 지반고의 차이

1 수준측량의 정의

수준측량(Leveling)이란 지구상에 있는 점들의 고저차를 관측하는 것이다.

2 수준측량의 이용

① 기존 지형에 가장 알맞은 도로, 철도 및 운하의 설계
② 계획된 고저에 의한 건설 공사의 배치
③ 토공량의 산정과 공사 지역의 배수 특성의 조사
④ 토지의 현황을 표현하는 지도의 제작

3 수준측량의 용어

① 연직선 : 지표면의 어느 점으로부터 지구 중심에 이르는 선을 말한다.
② 수준면(level surface) : 각 점들이 중력방향에 직각으로 이루어진 곡면으로 지오이드면, 회전타원체면 등으로 가정하지만 소규모 범위의 측량에서는 평면으로 가정해도 무방하다.
③ 수준선(level line) : 지구의 중심을 포함한 평면과 수준면이 교차하는 곡선으로 보통 시준거리의 범위에서는 수평선과 일치한다.
④ 수준점(bench mark, B.M) : 기준 수준면에서부터 높이를 정확히 구하여 놓은 점으로 수준측량의 기준이 되는 점이며 우리나라에서는 국도 및 주요 도로를 따라 2~4km 마다 수준표석을 설치하여 놓았다.
⑤ 기준면 : 지반고의 기준이 되는 면을 말하며 이 면의 **모든 높이는** '0' 이다. 일반적으로 기준면은 평균해수면을 사용하고 나라마다 독립된 기준면을 가진다.
⑥ 수준원점 : 기준면(가상의 면)으로부터 정확한 높이를 측정하여 정해 놓은 점으로 우리나라는 인천 인하대학교 교정에 있으며 그 높이는 26.6871m이다.
⑦ 수평면 : 연직선에 직교하는 **곡면**으로 시준거리의 범위에서는 수준면과 일치한다.
⑧ 지평면 : 어떤 한 점에서 수평면에 접하는 평면

학습 POINT

■ 지구의 표면

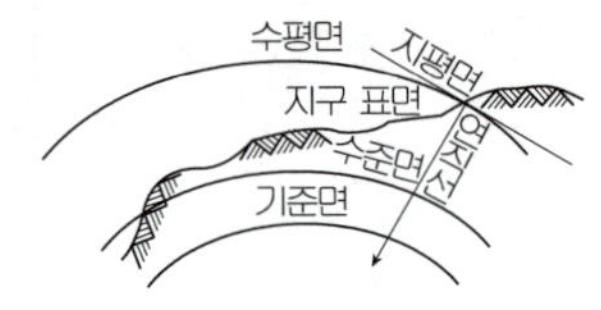

■ 곡선과 직선

1. 곡선 : 수준선, 기준선, 수평선, 특별기준선 등은 모두 직선에 가까운 곡선이다.
2. 직선 : 지평선만이 직선이다.
3. 수평선은 수준선이나 기준선보다 더 편평한 직선에 가까운 곡선이다.

따라서 시준거리 내에서는 직선으로 보기도 한다.

07 ㉮
• 수준측량의 용어

4 수준측량시의 용어

① 측점(station, S) : 표척을 세워서 시준하는 점으로 수준측량에서는 다른 측량방법과 달리 기계를 임의점에 세우고 측점에 세우지 않는다.

② 후시(back sight, B.S.) : 기지점(높이를 알고 있는 점)에 세운 표척의 눈금을 읽는 것

③ 전시(fore sight, F.S.) : 표고를 구하려는 점에 세운 표척의 눈금을 읽는 것

④ 기계고(instrument height, I.H.) : 기계를 수평으로 설치했을 때 기준면으로부터 망원경의 시준선까지의 높이

$I.H. = G.H. + B.S.$

⑤ 지반고(ground height, G.H.) : 기준면에서 그 측점까지의 연직거리

$G.H. = I.H. - F.S.$

⑥ 이기점(turning point, T.P.) : 전후의 측량을 연결하기 위하여 전시와 후시를 함께 취하는 점으로 다른 점에 영향을 주므로 정확하게 관측해야 한다.

⑦ 중간점(intermediate point, I.P.) : 전시만 관측하는 점으로 다른 측점에 영향을 주지 않는 점이다.

⑧ 고저차 : 두 점간의 표고의 차

■ 수준측량의 용어

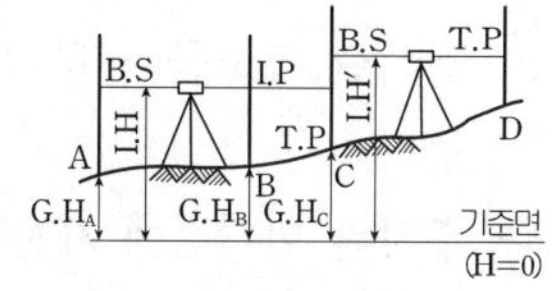

5 수준측량의 분류

(1) 측량 목적에 따른 분류

① 고저차 수준측량 : 필요한 2점 사이의 고저차를 구하기 위한 수준측량

② 선 수준측량 : 일정한 노선에 따라 지표면의 고저차를 구하는 수준측량

③ 면 수준측량 : 일정한 면적내의 땅의 고저차를 구하는 수준측량으로 토공량의 계산등에 쓰인다.

(2) 기본측량의 분류

① 1등 수준측량 : 공공측량이나 그 밖의 측량에 기준이 되며 1등 수준점간의 거리는 평균 4km이다.

② 2등 수준측량 : 공공측량이나 그 밖의 측량에 기준이 되며 2등 수준점간의 거리는 평균 2km이다.

핵심문제

1 수준측량에서 사용되는 용어에 대한 설명으로 틀린 것은? [16㊅]

㉮ 전시란 표고를 구하려는 점에 세운 표척의 눈금을 읽는 것을 말한다.

㉯ 후시란 미지점에 세운 표척의 눈금을 읽는 것을 말한다.

㉰ 이기점이란 전시와 후시의 연결점이다.

㉱ 중간점이란 전시만을 취하는 점이다.

2 다음은 수준 측량의 용어이다. 이 중 틀린 것은?

㉮ 수평선은 수평면에 평행한 곡선을 말한다.

㉯ 지평면은 지평선의 한 점에서 접하는 평면이다.

㉰ 수평면은 정지된 해수면상에 중력 방향으로 수직인 곡면이다.

㉱ 지평선은 수평면의 한 점에서 접하는 접선이다.

3 수준측량에 관한 설명으로 옳은 것은? [16 ㉠]

㉮ 수준측량에서는 빛의 굴절에 의하여 물체가 실제로 위치하고 있는 곳보다 더욱 낮게 보인다.

㉯ 삼각수준측량은 토털스테이션을 사용하여 연직각과 거리를 동시에 관측하므로 레벨측량보다 정확도가 높다.

㉰ 수평한 시준선을 얻기 위해서는 시준선과 기포관 축은 서로 나란하여야 한다.

㉱ 수준측량의 시준 오차를 줄이기 위하여 기준점과의 구심 작업에 신중을 기울여야 한다.

4 지구상의 한 점에서 중력방향에 90°를 이루고 있는 평면을 무엇이라 하는가? [00 ㉠]

㉮ 수평면　　㉯ 지평면

㉰ 수준면　　㉱ 정수면

5 오직 전시($F.S$)만하는 점을 무엇이라 하는가?

㉮ $I.P$　　㉯ $T.P$

㉰ $I.H$　　㉱ $G.H$

해설

해설 **1**

후시란 기지점에 세운 표척의 읽음값이다.

해설 **2**

지평면은 수평면상의 한 점에 접하는 평면

해설 **3**

① 수준측량에서는 빛의 굴절에 의하여 물체가 실제로 위치하고 있는 곳보다 더 높게 보인다.
② 삼각수준측량보다 레벨에 의한 직접 수준측량의 정밀도가 더 높다.
③ 각 측량의 시준오차를 줄이기 위해서는 기준점과의 구심작업에 신중을 기해야 한다.

해설 **4**

수평면과 수준면은 곡면이다.

해설 **5**

1. 전시($F.S$)를 하는 점에는 이기점($T.P$)과 중간점($I.P$)이 있다.
2. 이기점은 전시와 후시를 하는 점이다.
3. 중간점은 전시만 하는 점이다.

정답 1. ㉯ 2. ㉯ 3. ㉰ 4. ㉯ 5. ㉮

6 **수준 측량을 할 때 전시라 함은?**

㉮ 진행방향에 대한 전방 표척의 읽음값.
㉯ 기지점에 세운 함척의 읽음값
㉰ 동일측량에서 2개의 읽음 중 처음 읽은 것
㉱ 미지점에 세운 함척의 읽음값

7 **수준측량에 대한 다음사항 중 옳지 않은 것은?** [00 ㉮]

㉮ 중간점은 전시만을 관측하는 점으로 그 점의 오차는 다른 측량지역에 큰 영향을 준다.
㉯ 후시는 기지점에 세운 표척의 읽음 값이다.
㉰ 수평면은 각 점들의 중력방향에 직각을 이루고있는 면이다.
㉱ 수준점은 기준면에서 표고를 정확하게 측정하여 표시한 점이다.

8 **수평면의 설명 중 옳은 것은?** [00 ㉮]

㉮ 그 면상의 각 점에 있어서 중력의 방향에 수직인 곡면
㉯ 어떤점에 있어서 지구의 중심방향에 직각인 평면
㉰ 어떤 점에 있어서 중력의 방향에 직각인 곡면
㉱ 어떤 점을 통해 지구를 대표하는 회전 타원면

9 **수준측량과 관련된 용어에 대한 설명으로 틀린 것은?** [16 ㉮]

㉮ 수준면(level surface)은 각 점들이 중력방향에 직각으로 이루어진 곡면이다.
㉯ 지구곡률을 고려하지 않는 범위에서는 수준면(level surface)을 평면으로 간주한다.
㉰ 지구의 중심을 포함한 평면과 수준면이 교차하는 선이 수준선(level line)이다.
㉱ 어느 지점의 표고(elevation)라 함은 그 지역 기준타원체로부터의 수직거리를 말한다.

10 **다음 용어 설명 중 옳지 않은 것은?**

㉮ 기준면 : 지반의 높이를 비교할 때 기준이 되는 면으로 우리나라에서는 평균 해수면을 사용하고 있다.
㉯ 표고 : 수준면에서 수직 방향으로 측정한 어느 점까지의 거리
㉰ 수준점 : 각종 측량의 높이의 기준으로 사용되며 수준 원점을 출발하여 국도 및 중요한 도로에 매설되어 있다.
㉱ 후시 : 표고를 알고자하는 점에 표척을 세워서 취한 표척의 읽음 값

해 설

해설 **6**

후시($B \cdot S$) : 기지점에 세운 표척의 읽음값
전시($F \cdot S$) : 미지점에 세운 표척의 읽음값

해설 **7**

중간점은 전시만 하므로 다른 측량지역에 영향을 미치지 않는다.

해설 **8**

수평면은 중력의 방향에 직각인 점들을 연결한 곡면이다.

해설 **9**

표고란 그 지역의 평균해수면을 연결한 지오이드로부터의 수직거리를 말한다.

해설 **10**

후시 : 표고를 알고 있는 점에 세운 표척의 읽음값

정답 6. ㉱ 7. ㉮ 8. ㉮ 9. ㉱ 10. ㉱

2 레벨의 종류와 구조

학습방향

수준측량을 하는데 가장 중요한 레벨의 구조를 이해하는 것이 수준측량의 정밀도를 높일 수 있으며 특히 기포관의 곡률반경과 감도의 측정은 자주 출제되는 중요한 부분이다.

① 망원경의 배율 $(m)=\frac{F}{f}$ ② 기포관의 구비조건

③ 기포관의 감도란 기포관 1눈금이 끼인 중심각

1 레벨의 종류

① 덤피레벨 (Dumpy Level) : 망원경이 고정되어 있어 구조가 견고하며 정밀도가 좋다.

② 미동레벨(Tilting Level) : 기포상 합치식 레벨이라고도 하며 정밀 측량용 레벨이다.

③ 자동레벨(Compensator Level) : 보정기(Compensator)가 부착되어 사용하기 쉽고 신속하게 측정할 수 있어 가장 많이 사용된다.

④ 전자레벨(Electronic Level) : 바코드 수준척을 사용하여 레벨에 내장된 컴퓨터로 표척의 눈금을 읽는다.

학습 POINT

■ 미동레벨과 기포상의 합치

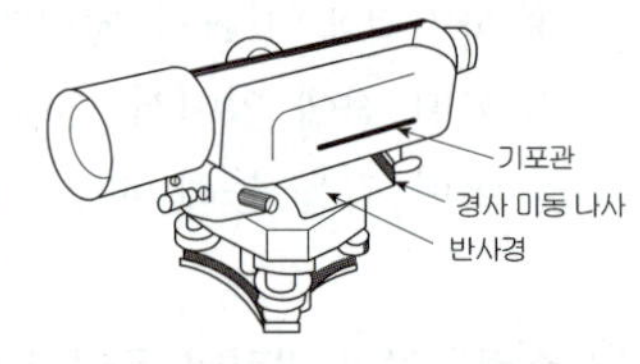

A
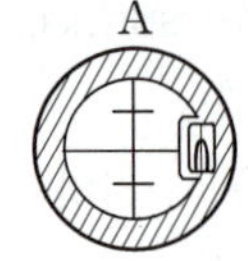
b
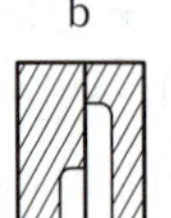
c

2 약수준 측량기구

① 핸드 레벨(Hand Level) : 측량의 답사나 예측에 사용되며 손으로 들고서 표척의 눈금을 읽어 대략의 높이차를 측정한다.

② 클리노미터 핸드레벨(Clinometer Hand Level) : 경사각도를 측정하고 또 경사각을 측설하는 레벨이다.

3 레벨의 구조

(1) 망원경

① 배율(m) : 망원경의 배율은 대물 렌즈와 접안 렌즈의 초점거리의 비로 나타낸다.

$$m=\frac{\text{대물렌즈의 초점거리}}{\text{접안렌즈의 초점거리}}=\frac{F}{f}$$

② 합성렌즈(Compound Lens) : 망원경의 대물렌즈는 빛의 굴절률이 달라 생기는 구면수차와 색수차를 제거하기 위해 합성렌즈를 사용한다.

4 기포관

(1) 기포관의 구조

기포관(level tube)은 유리관 안의 윗면에 어떤 반지름의 원호를 만들어, 그 속에 점성이 적은 알코올(alcohol)이나 에테르(ether)등의 액체를 넣어서 기포를 남기고 양단을 막은 것

(2) 기포관의 구비조건

① 곡률 반지름이 클 것
② 액체의 점성 및 표면장력이 작을 것
③ 관의 곡률이 일정하고, 관의 내면이 매끈할 것
④ 기포의 길이는 될 수 있는 한 길어야 할 것

(3) 기포관의 감도

수평으로부터의 기울기를 어느 정도로 표시할 수 있는 성능을 말하며, 기포가 1눈금만큼 이동하는데 기포관축을 기울여야 하는 각도를 초(″)로 나타낸 값을 말한다. 즉,

① 기포가 1눈금 이동하는데 기포관축을 기울여야 하는 각도
② 기포가 1눈금 이동하는데 끼인 기포관의 중심각을 기포관의 감도라 한다.

(4) 감도의 측정

아래 그림에서

- L : 기포가 n눈금 움직였을 때 스타프의 읽음값의 차이
- d : 기포관 1눈금의 길이로 2mm
- R : 기포관의 곡률 반경
- D : 레벨과 스타프의 거리라 하면

$nd : R = L : D$

$$\therefore R = \frac{nd}{L} D$$

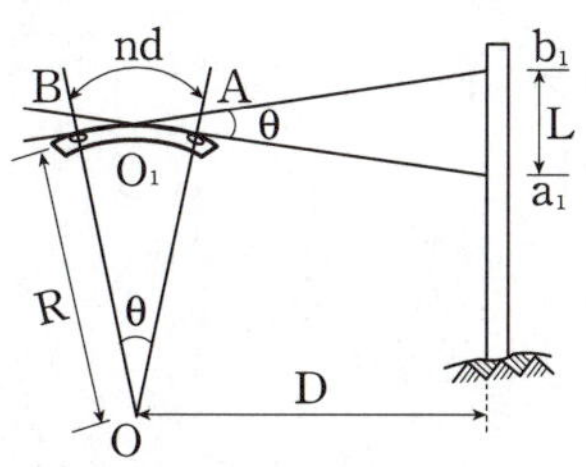

그림. 기포관의 각도

또한, 호도법을 이용하여 감도(P)를 구하면

$nd = R \cdot \theta$ (θ는 라디안)

$$\therefore P = \rho'' \frac{L}{nD} = 206265'' \times \frac{L}{nD}$$

여기서, $P(\text{감도}) = \frac{\theta}{n}$

■ 기포관의 감도와 곡률반경

1. 기포관의 곡률반경(R)

$$R = \frac{nd}{L} D$$

2. 기포관의 감도(P)

$$P = \frac{L}{nD} \rho''$$

$$= 206265'' \times \frac{L}{nD}$$

3. 기포관의 감도가 좋으면(기포관의 기포 1눈금이 끼인 중심각이 작으면) 정밀도는 높아지나 세우는데 시간이 많이 걸린다.
4. 따라서 기포관의 감도는 적당한 것이 좋다. 필요 이상으로 감도가 높으면 불합리하다.
5. 기포관의 감도와 곡률반경은 매우 자주 출제된다.
6. 기포관의 움직임은 관이 굵고 기포가 길수록 예민하다.

▶09㉮, 07㉯

- 감도의 측정

핵심문제

1 레벨의 망원경 시준선을 옳게 설명한 것은?

㉮ 대물 렌즈의 광심과 대안 렌즈의 광심을 연결
㉯ 대물 렌즈의 광심과 십자선의 교점을 연결
㉰ 대물 렌즈의 광심과 수평축과 연직축의 교점을 연결
㉱ 대물 렌즈의 초점과 대안 렌즈의 초점을 연결

2 망원경의 배율을 옳게 표시한 것은?

㉮ 대물경의 초점 거리와 접안경의 초점 거리의 비
㉯ 접안경의 초점거리와 대물경의 초점거리의 비
㉰ 대물, 접안 양경의 초점 거리의 화
㉱ 대물, 접안 양경의 초점 거리의 차

3 다음 중 기포관의 구비조건으로 잘못된 것은?

㉮ 곡률 반경이 작을 것
㉯ 기포의 길이 및 관의 직경이 클 것
㉰ 액체의 표면 장력 및 점성이 적을 것
㉱ 기포관 내면의 곡률반경이 모든 점에서 균일할 것

4 기포관의 감도를 바르게 나타낸 것은?

㉮ 기포관의 길이가 곡률 중심에 끼는 각
㉯ 기포관의 눈금의 양단이 곡률 중심에 끼는 각
㉰ 기포관의 두 눈금이 곡률 중심에 끼는 각
㉱ 기포관의 1눈금이 곡률 중심에 끼는 각

5 1눈금 2mm인 레벨의 수준기 감도를 재기 위하여 100m 떨어진 곳에 표척을 세워 기포를 중앙에 있도록 시준하여 표척을 읽으니 1.57m였다. 다음 수준기의 기포를 5눈금 이동시켜 시준하여 표척의 읽기 1.62m를 얻었다면 이 수준기의 감도는? [18㉛]

㉮ 5″ ㉯ 10″
㉰ 15″ ㉱ 20″

해설

해설 **1**

1. 광심 : 렌즈의 한점에서 빛이 입사하는 광선과 반사되는 광선이 나란하게 되는 점
2. 광축 : 대물렌즈와 접안렌즈의 광심을 연결한 선
3. 시준선 : 대물렌즈의 광심과 십자선의 교점을 연결한 선

해설 **2**

- 망원경의 배율(m)

$$m=\frac{\text{대물렌즈의 초점거리}}{\text{접안렌즈의 초점거리}}=\frac{F}{f}$$

해설 **3**

기포관의 기포는 움직임이 예민할수록 정밀하다. 따라서 곡률반경이 클수록(편평할수록) 기포의 움직임이 예민해진다. (감도가 좋다)

해설 **4**

- 기포관의 감도(P)

$$P=\rho''\frac{L}{nD}$$

1. 기포가 1눈금 이동하는데 기포관축을 기울여야 하는 각도
2. 기포가 1눈금 이동하는데 끼인 기포관의 중심각

해설 **5**

기포관의 감도와 곡률반경을 구하는 문제는 $nd : R=L : D$의 비례식과 $nd=R\cdot\theta$ 라는 두식을 생각해 풀리는 경우가 대부분이다. 여기서, 감도(P)는 중심각 θ를 n으로 나눈 것임을 꼭 기억해야 한다.

$$nd=R\theta(rad)$$

$$\therefore \frac{\theta}{n}=\frac{d}{R}=\frac{L}{nD}d(rad)$$

$$=\rho''\frac{L}{nD}$$

$$=206265''\times\frac{1.62-1.57}{5\times100}$$

$$=20''$$

정답 1. ㉯ 2. ㉮ 3. ㉮ 4. ㉱ 5. ㉱

6 기포관의 감도에 대한 설명 중 옳지 않은 것은? [97, 05 ㉠]

㉮ 기포관의 1눈금이 곡률중심에 낀 각으로 감도를 표시한다.
㉯ 곡률중심에 낀 각이 작을수록 감도가 높다.
㉰ 필요이상으로 감도가 높은 기포관을 사용하는 것은 불합리하다.
㉱ 기포의 움직임은 관이 굵고, 기포가 길수록 둔감해진다.

7 기포관 한 눈금의 길이가 2mm이고, 기포가 한 눈금 움직이는데 중심각의 변화가 10″였다. 기포관의 곡률반경은?

㉮ 21m　　㉯ 27m
㉰ 35m　　㉱ 41m

8 수준기의 감도가 한눈금 20″의 덤피 레벨로 50m 전방의 표척을 읽은 후 기포의 위치가 1눈금 이동되었다. 이때 생기는 오차는 얼마인가? [97 ㉯]

㉮ 0.02m　　㉯ 0.467m
㉰ 0.005m　　㉱ 0.126m

9 레벨(level)로부터 40m 떨어진 곳에 세운 수준척의 읽음값이 1.125m였다. 다음 기포를 수준척의 방향으로 2눈금 이동하여 수준척을 읽으니 1.150m였다. 이 기포관의 곡률반경은? (단, 기포관 한눈금의 길이 2mm)

㉮ 10.26m　　㉯ 6.4m
㉰ 10.4m　　㉱ 8.4m

10 레벨로부터 60m 떨어진 표척을 시준한 값이 1.258 m 이며 이때 기포가 1 눈금 편위되어 있었다. 이것을 바로 잡고 다시 시준하여 1.267m를 읽었다면 기포의 감도는? [03, 09 ㉠]

㉮ 25″　　㉯ 27″
㉰ 29″　　㉱ 31″

해 설

해설 **6**

기포의 움직임은 기포관의 곡률반지름과 액체의 점성에 가장 큰 영향을 받는다. 또한 기포의 길이가 길수록 예민해진다.

해설 **7**

$nd = R\theta$

$\therefore\ R = \frac{n}{\theta}d(rad)$

$= \frac{1}{10''} \times 0.002 \times 206265''$

$= 41.23\,m$

해설 **8**

그림에서 기포가 한 눈금 움직였을 때 20″움직이므로

$L = D20''(rad)$

$= 50 \times 20'' \times \frac{\pi}{180°} = 0.005m$

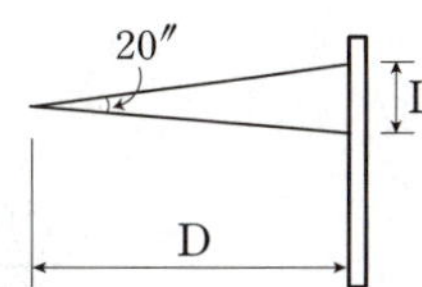

해설 **9**

$nd : R = L : D$

$\therefore\ R = \frac{nd}{L}D$

$= \frac{2 \times 0.002}{(1.150 - 1.125)} \times 40$

$= 6.4\,m$

해설 **10**

$P = \frac{L}{nD}\,rad$

$= \frac{(1.267 - 1.258)}{1 \times 60} \times \frac{180°}{\pi}$

$= 0°0'31''$

정답 6. ㉱ 7. ㉱ 8. ㉰ 9. ㉱ 10. ㉱

3 수준측량 방법

학습방향

수준측량의 원리는 기준선(H=0m)을 기준으로 올라가면 더해주고 내려가면 감해주어 지반고를 구하는 것이다. 이 단원은 이런 원리를 생각하면서 이해하는 것이 중요하다.

① 수준측량시의 시준거리
② 수준측량시의 주의사항
③ 교호수준측량

1 직접 수준측량의 원리

$$\triangle H = (a_1 - b_1) + (a_2 - b_2) + \cdots$$
$$= (a_1 + a_2 + \cdots) - (b_1 + b_2 + \cdots)$$
$$= \Sigma B.S \text{ 의 값 } - \Sigma F.S \text{ 의 값}$$
$$\therefore\ H_B = H_A + \triangle H = H_A + \Sigma B.S - \Sigma F.S$$

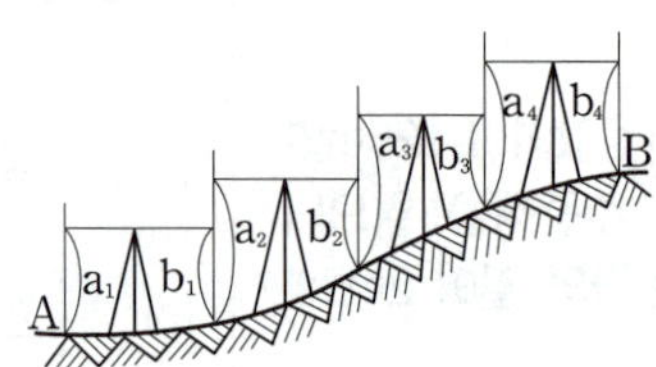

그림. 직접수준측량

2 직접 수준측량의 시준거리

① 아주 높은 정확도의 수준측량 : 40m
② 보통 정확도의 수준측량 : 50~60m
③ 그 외의 수준측량 : 5~120m
시준거리 길면 : 작업 → 신속, 표척눈금 읽기 → 부정확
정확도 → 높아짐
시준거리 짧으면 : 작업 → 느리고, 표척눈금 읽기 → 정확
정확도 → 낮아짐(레벨 세우는 횟수 증가)

3 직접 수준측량시 주의사항

① 왕복측량을 원칙
② 전시와 후시의 거리는 비슷하게 할 것

학습POINT

■ 시준거리와 정확도.

1. 시준거리가 긴 경우
표척의 눈금읽기는 부정확하나 레벨을 세우는 횟수가 감소하므로 작업이 신속해지고 측량시의 오차는 기계 세우는 횟수에 비례하므로 줄어든다.
2. 시준거리가 짧은 경우
위의 경우와 반대가 된다.
3. 즉 시준거리가 짧으면 표척의 눈금읽기 오차는 작아지나 기계를 세우는 횟수가 증가하여 측량시의 오차가 증가한다.
4. 따라서 높은 정밀도를 요하는 측량에서는 적당한 시준거리(40~60m)를 가져야 표척의 눈금읽기 오차와 레벨을 세우는 횟수에 의한 오차를 줄여 정밀한 측량을 할 수 있다.

▶07, 08㉮

•직접 수준측량의 시준거리
•직접 수준측량의 주의사항

③ 후시로 시작해서 전시로 끝남
④ 표척을 전·후로 움직여 최소값을 읽는다.
⑤ 이기점(T.P.)은 1mm, 중간점(I.P.)은 5~10mm 단위로 읽는다.

4 직접 수준측량의 방법

기계고(I.H.)=지반고(G.H.)+후시(B.S.)
지반고(G.H.)=기계고(I.H.)−전시(F.S.)
그림에서

$$I.H. = H_A + b_A$$
$$H_B = I.H. - f_B$$
$$= H_A + b_A - f_B$$

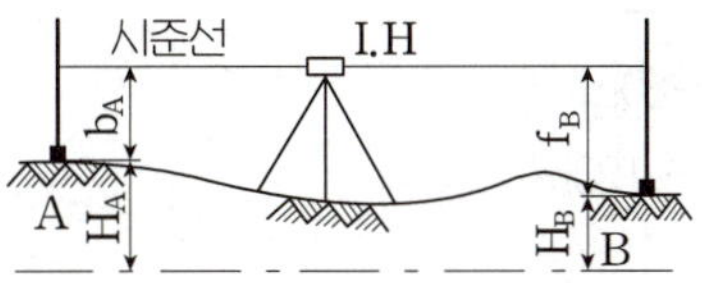

■ 교호수준측량으로 소거되는 오차

1. 레벨의 시준축오차 : 가장 큰 영향을 줌
2. 지구의 곡률에 의한 오차
3. 광선의 굴절에 의한 오차

▶06, 07, 08, 09㉠, 06, 07, 10㉦
- 직접 수준측량의 방법
- 교호수준측량

■ 수준측량의 야장기입법

1. 고차식 : 단지 두 점사이의 고저차만을 구할 때 편리. 중간시가 없음
2. 기고식 : 기계의 높이를 기준 중간시가 많은 대부분의 야장기입법
3. 승강식 : 검산이 확실해 정밀한 수준측량에 사용

5 교호수준측량

수준측량은 전·후시를 등거리로 취해야 여러 오차들을 줄일 수 있는데 측선중에 계곡, 하천등이 있으면 측선의 중앙에 레벨을 세우지 못하므로 정밀도를 높이기 위해 양측점에서 측량하여 2점의 표고차를 2회 산출하여 평균하는 방법이다.

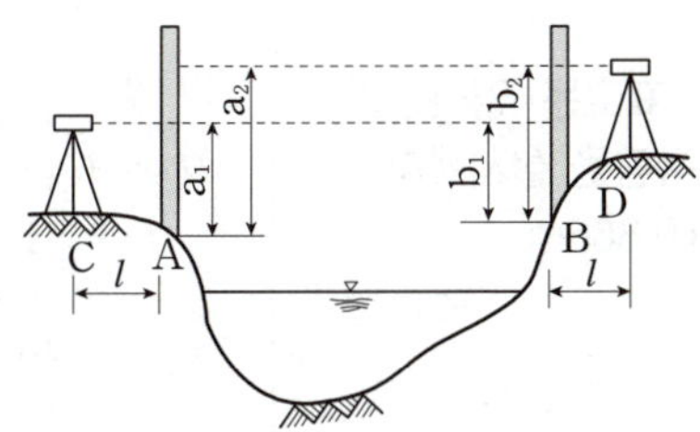

그림. 교호수준측량

$$H_B - H_A = \triangle h = \frac{(a_1 - b_1) + (a_2 - b_2)}{2}$$
$$= \frac{(a_1 + a_2) - (b_1 + b_2)}{2}$$

▶06, 08㉠, 07, 10㉦
- 스타프를 거꾸로 세웠을 경우

6 스타프를 거꾸로 세웠을 경우

터널이나 담장등의 천정 높이를 측정할 경우 스타프를 거꾸로 세워서 읽을 경우는 읽음값에 (−) 부호를 붙여 계산하면 천정의 높이를 알 수 있다.

핵심문제

1 그림에서 No. 2의 지반고는?

㉮ 47.48m
㉯ 46.46m
㉰ 46.68m
㉱ 47.44m

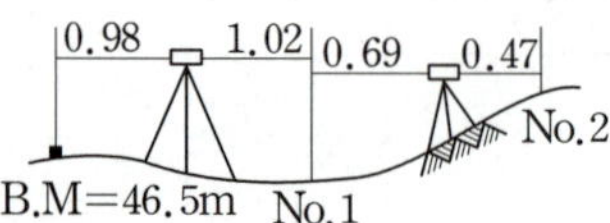

2 1등 수준측량을 할 경우 적당한 시준거리는?

㉮ 40~60m ㉯ 60~80m
㉰ 80~100m ㉱ 100~120m

3 두 점간의 고저차를 레벨에 의하여 직접 관측할 때 정확도를 향상시키는 방법이 아닌 것은? [16㉾]

㉮ 표척을 수직으로 유지한다.
㉯ 전시와 후시의 거리를 가능한 같게 한다.
㉰ 최소 가시거리가 허용되는 한 시준거리를 짧게 한다.
㉱ 기계가 침하되거나 교통에 방해가 되지 않는 견고한 지반을 택한다.

4 다음 그림과 같이 고저측량을 실시한 경우 D점의 표고는 얼마인가? (단, A점의 표고는 300m이고, B와 C구간은 상호고저측량을 실시했다. A→ B = -0.567m, B → C = -0.887m C → B = +0.866m, C → D = +0.357m) [24 ㉮]

㉮ 298.903m
㉯ 298.914m
㉰ 298.921m
㉱ 298.928m

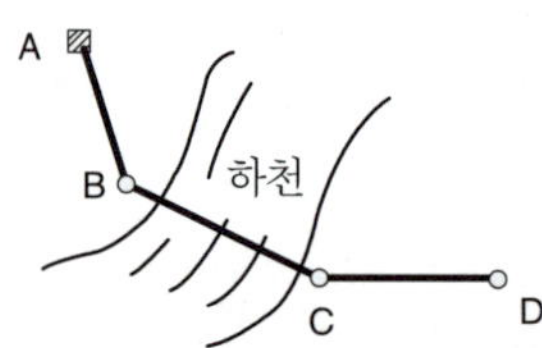

5 교호 수준측량을 실시할 때 이로운 점은 어느 것인가? [96 ㉮]

㉮ 작업속도가 빠르다.
㉯ 측량의 정도가 높다.
㉰ 전시, 후시의 거리차가 심하다.
㉱ 지구곡률 및 광선 굴절에 의한 오차를 제거할 수 있다.

해설

해설 1

$H_1 = 46.5 + 0.98 - 1.02 = 46.46\,m$

$H_2 = H_1 + 0.69 - 0.47$
$= 46.46 + 0.69 - 0.47$
$= 46.68\,m$

해설 2

- 수준측량의 시준거리
① 1등 수준측량 : 40m
② 적당한 시준거리 : 40~60m
③ 최단 시준거리 : 3~5m
④ 보통 측량시의 시준거리 : 5~120m

해설 3

수준측량에서 시준거리는 40~60m 정도이다. 시준거리가 짧으면 읽기 오차는 적어지나 기계를 세우는 횟수가 많아져 오차가 발생한다..

해설 4

$H_D = H_A - 0.567 - \frac{1}{2}(0.887 + 0.866) + 0.357 = 298.914\,m$

해설 5

- 교호수준측량시 제거되는 오차
① 레벨의 시준축 오차(기계오차)
② 지구의 곡률 및 광선굴절에 의한 오차 등으로 이러한 오차를 제거하여 측량의 정도를 높일 수 있다.

정답 1. ㉰ 2. ㉮ 3. ㉰ 4. ㉯ 5. ㉯

6 교호수준 측량을 실시하여 다음의 결과를 얻었다. A점의 표고가 25.020m일 때 B점의 표고는? (단, a_1=2.42m, a_2=0.68m, b_1=3.88m, b_2=2.11m) [16㉴]

㉮ 23.065m
㉯ 23.575m
㉰ 26.465m
㉱ 26.975m

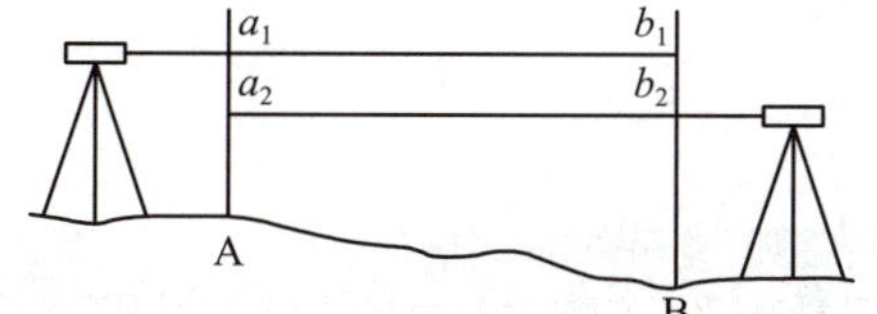

7 기지점의 지반고가 100m, 기지점에 대한 후시는 2.75m 미지점에 대한 전시가 1.40m 일 때 미지점의 지반고는? [01,24㉮]

㉮ 100.68m ㉯ 101.35m
㉰ 102.75m ㉱ 104.15m

8 수준측량에서 담장 PQ가 있어, P점에서 표척을 QP 방향으로 거꾸로 세워 아래 그림과 같은 독정값을 얻었다. A점의 표고 $H_A = 51.25\,\text{m}$ 일 때 B점의 표고는? [92, 15㉴]

㉮ 51.42m
㉯ 52.18m
㉰ 51.08m
㉱ 52.22m

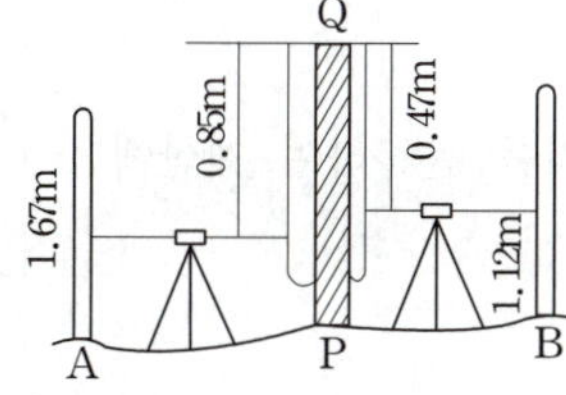

9 다음과 같은 갱내 수준측량에서 C점의 표고는? (단, A점의 지반고는 20.00m임) [00㉴]

㉮ 15.49m
㉯ 20.49m
㉰ 20.51m
㉱ 20.71m

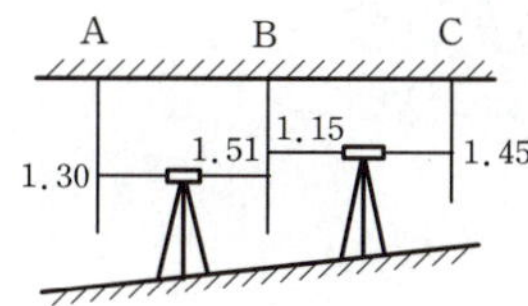

10 다음 그림과 같은 수준 측량에서 A점의 지반고는? (단, C점의 지반고는 12m이다)

㉮ 10.67m
㉯ 9.67m
㉰ 11.82m
㉱ 10.82m

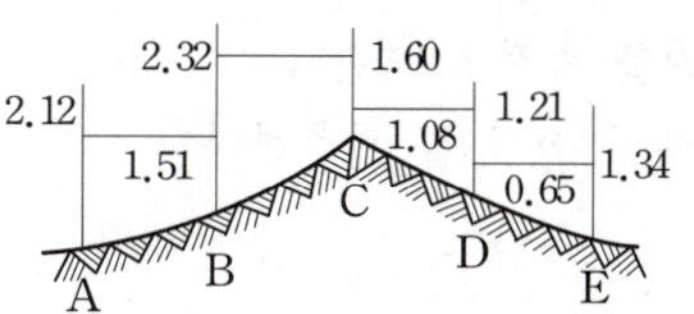

해 설

해설 **6**

교호수준 측량은 높이차의 평균으로 오차를 조정한다.

①

$$\triangle H = \frac{\{(a_1 - b_1) + (a_2 - b_2)\}}{2} = -1.445\,\text{m}$$

② $H_B = H_A + \triangle H = 23.575\,\text{m}$

해설 **7**

$G.H. = I.H. - F.S.$ 에서

$I.H. = 100 + 2.75 = 102.75\,\text{m}$ 이므로

$G.H. = 102.75 - 1.40 = 101.35\,\text{m}$

해설 **8**

표척을 거꾸로 세우면 읽음값에 ⊖부호를 붙인다. (천정 높이 측정)

$\therefore\ H_B = H_A + 1.67 - (-0.85) + (-0.47) - 1.12 = 52.18\,\text{m}$

해설 **9**

$H_A - 1.3 + 1.51 - 1.15 + 1.45 = H_C$

$\therefore\ H_C = 20.51\,\text{m}$

해설 **10**

C점을 기준으로 올라가면 (+), 내려가면 (-)이므로

$\therefore\ H_A = H_C + 1.60 - 2.32 + 1.51 - 2.12 = 10.67\,\text{m}$

정답 6. ㉯ 7. ㉯ 8. ㉯ 9. ㉰ 10. ㉮

4 간접 수준측량과 종횡단 수준측량

학습방향

간접 수준측량은 여러 가지 원리를 이용하여 고저차를 구하는 측량이나 직접수준측량에 비해 정밀도가 낮다.

① 앨리데이드에 의한 수준측량
② 삼각 수준측량은 직접수준측량보다 정밀도가 낮다.
③ 횡단 수준측량

1 간접 수준측량

(1) 앨리데이드에 의한 수준측량

$$H = \frac{nD}{100}$$

여기서, n : 시준판의 눈금의 읽음값. $(n_2 - n_1)$
D : 두 점의 수평거리.

$$H_b = H_a + I + h - S$$

(2) 삼각수준측량 : 트랜싯을 사용하여 고저각과 거리를 관측하여 계산에 의해 고저차를 구하는 방법

① 두 측점간의 거리를 알 경우

$$H_B = H_A + i_A + l\tan\alpha_A - h_B$$

양차(구차+기차)를 고려하면

$$H_B = H_A + i_A + l\tan\alpha_A - h_B + \frac{(1-K)l^2}{2R}$$

여기서 R : 지구반지름(약 6370km)
K : 굴절률

양차의 계산을 하지 않으려면 A, B 양 지점에서 관측하여 평균하면 된다. (양차가 서로 상쇄되어 없어짐)

② 두 측점간의 거리를 모를 경우

그림처럼 $\overline{AQ}$의 거리를 직접 측정할 수 없다면

㉮ A점 주위에 B점을 잡고 $\overline{AB}$의 거리를 측정 (l')한다.
㉯ 그림(b)에서 처럼 A, B점에 기계를 세워 β, γ를 관측한다.

학습POINT

■ 양차(구차+기차)

1. 구차 : 지구 곡률에 의한 오차로 크기는 $\frac{l^2}{2R}$이며 항상(+)이다.
2. 기차 : 빛의 굴절에 의한 오차로 크기는 $-\frac{Kl^2}{2R}$이며 항상(-)이다.
3. 수준측량에서 시준거리 (l)가 길어지면 구차와 기차를 고려해야 하는데 이를 합하여 양차라 한다.

■ 삼각수준측량(1)

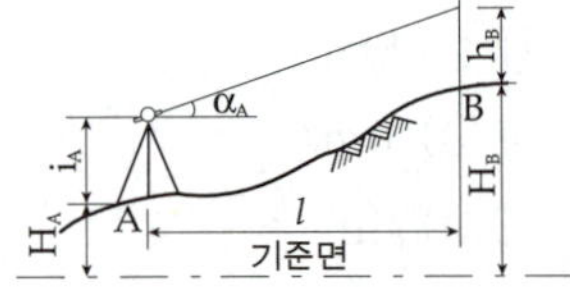

▶04, 07㉮, 07㉯

• 삼각수준측량

㉰ △ABQ에서 sin 법칙을 이용해 l을 구한다.

$$\frac{l'}{\sin\{180-(\beta+\gamma)\}}=\frac{l}{\sin\gamma}$$

$$\therefore l=l'\frac{\sin\gamma}{\sin(\beta+\gamma)}$$

㉱ l을 구하면 ①과 동일함(거리 l을 알 경우).

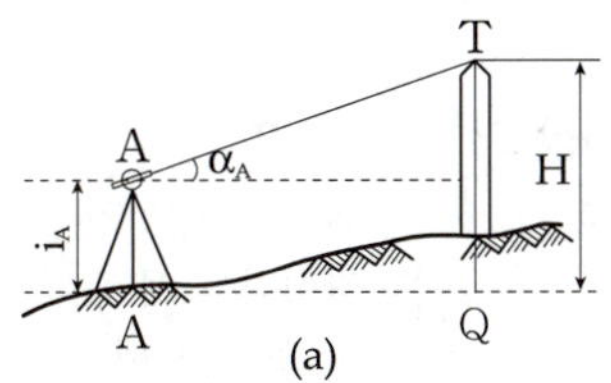

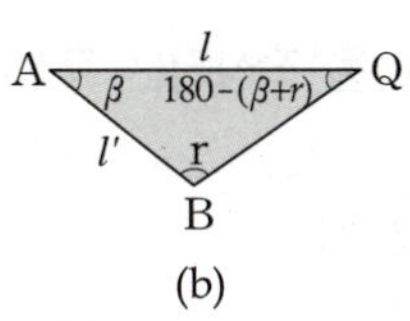

그림. 삼각수준측량(2)

2 종·횡단 수준측량

(1) 종단 수준측량 : 철도, 도로, 하천 등의 노선을 따라 각 측점의 고저차를 측정하는 측량으로 종단면도를 얻기 위함이다.

(2) 횡단 수준측량 : 종단 측량의 각 측점에서 중심선에 직각방향으로 지표면의 고저차를 측정하는 측량이다.

3 유토곡선(= 토적곡선, mass curve)

종단도를 따라 토량을 누계하면서 그린 곡선을 유토곡선 또는 토적곡선이라하며, 흙의 운반계획과 토공사를 위한 적정 장비 선정을 위해 토공현장에서 활용되고 있다.

(1) 종단면도와 유토곡선

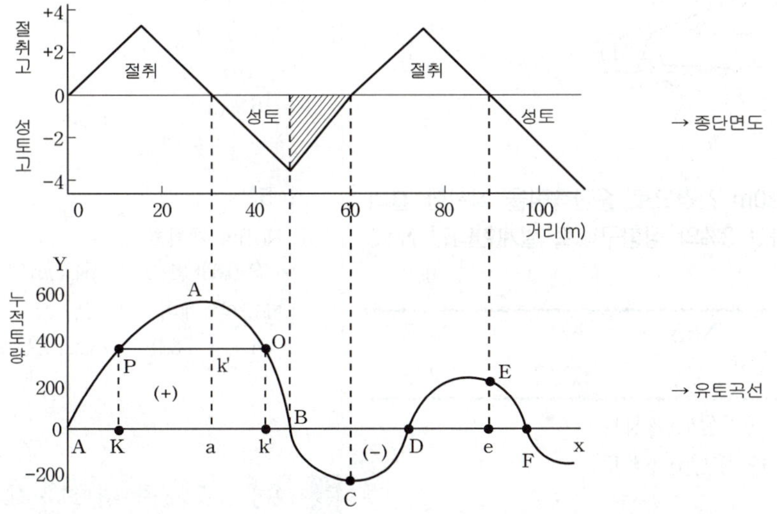

> **06㉮, 04㉯**
> •종단 수준측량
> •횡단 수준측량

■ 폴에 의한 횡단 수준측량

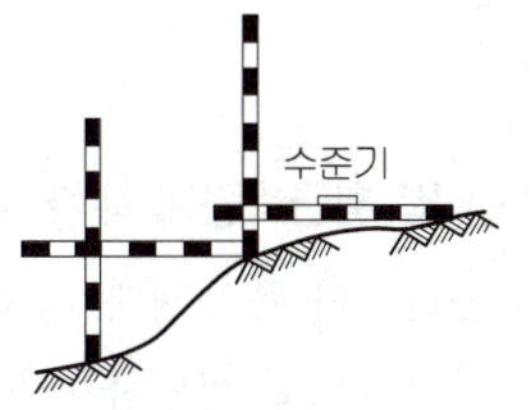

■ 횡단 수준측량의 방법

㉮ 레벨에 의한 방법 : 가장 정밀

㉯ 테이프와 폴에 의한 방법

㉰ 폴에 의한 방법 : 중요하지 않은 곳, 경사가 급한 곳에 사용

■ 유토곡선의 성질

1. 유토곡선의 (+)부분은 흙이 남아서 땅을 깎아야 하고 마이너스(-)부분은 흙이 모자라는 부분이므로 흙을 쌓을 부분이다.
2. 곡선의 최대값은 땅깎기에서 흙쌓기로 옮기는 점이고, 최소값은 흙쌓기에서 땅깎기로 옮기는 점이다.
3. 수평선이 곡선과 교차한 점을 (땅깎기와 흙쌓기가 균형이 되는 점) 토공균형점이라 한다.
4. 누적토량이 0을 기준으로 하는 평행선보다 유토곡선이 위쪽에 있는 경우(상향구배)는 사토량이며, 아래쪽에 있는 경우(하향구배)는 토취량이다.

핵심문제

해설

1 간접수준측량에서 수평거리 7km 일 때 지구곡률의 오차는 얼마인가? (단, 지구의 반경은 6,370km로 함) [01 ㉮]

㉮ 2m ㉯ 3m
㉰ 4m ㉱ 5m

2 종단면도를 이용하여 유토곡선(mass curve)을 작성하는 목적과 가장 거리가 먼 것은? [16,24㉳]

㉮ 토량의 배분 ㉯ 교통로 확보
㉰ 토공장비의 선정 ㉱ 토량의 운반거리 산출

3 종단 및 횡단측량에 대한 설명으로 옳은 것은? [16㉳]

㉮ 종단도의 종축척과 횡축척은 일반적으로 같게 한다.
㉯ 일반적으로 횡단측량은 종단측량보다 높은 정확도가 요구된다.
㉰ 노선의 경사도 형태를 알려면 종단도를 보면 된다.
㉱ 노선의 횡단측량을 종단측량보다 먼저 실시하여 횡단도를 작성한다.

4 다음과 같이 A점에 트랜싯(transit)을 세우고 B점에 있는 나무높이를 구하고자 한다. A점의 지반고(elevation)는 92.80m이고, B점의 지반고(elevation)는 93.12m이다. $\alpha = 25°30'00''$이고, 기계고(I.H) = 1.52m, AB간의 거리가 33m일 때 나무의 높이는 얼마인가? [98 ㉮]

㉮ 17.58m
㉯ 17.26m
㉰ 16.94m
㉱ 15.74m

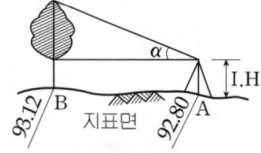

5 다음 표는 도로 중심선을 따라 20m 간격으로 종단측량을 실시한 결과이다. No.1의 계획고를 52m로 하고 3%의 상향구배로 설계한다면 No.5의 성토 또는 절토고는? [05㉳]

측점	No.1	No.2	No.3	No.4	No.5
지반고	54.50	54.75	53.30	53.12	52.18

㉮ 2.82m (성토) ㉯ 2.22m (성토)
㉰ 2.82m (절토) ㉱ 2.22m (절토)

해설 **1**

$$곡률오차(구차) = \frac{D^2}{2R} = \frac{7^2}{2\times6370} = 0.0038\,km$$

해설 **2**

종단면도를 이용하여 유토곡선을 작성하는 목적은
① 토량의 배분
② 토공 장비의 선정
③ 토량의 운반거리 산출 등을 하기 위함임

해설 **3**

① 종단면도의 종축척은 대축척으로 횡축척은 소축척으로 한다.
② 일반적으로 종단측량이 횡단측량보다 높은 정확도가 요구된다.
③ 먼저 종단측량후 횡단도를 작성한다.

해설 **4**

1. 나무 끝까지의 높이(H_T)
$= H_A + I \cdot H + l \cdot \tan\alpha$
$= 92.80 + 1.52 + 33\times\tan 25°30'$
$= 110.06m$
2. 나무의 높이
$= H_T - H_B$
$= 110.06 - 93.12$
$= 16.94m$

해설 **5**

① No.5의 계획고
= 52+0.03×(4×20) = 54.40m
② No.5의 (계획고 - 지반고)
= 54.40 - 52.18 = +2.22m(성토)

정답 1. ㉰ 2. ㉯ 3. ㉰ 4. ㉰ 5. ㉯

6 토공작업을 수반하는 종단면도에 계획선을 넣을 때 고려하여야 할 사항으로 옳지 않은 것은? [15㉶]

㉮ 계획선은 될 수 있는 한 요구에 맞게 한다.

㉯ 절토는 성토로 이용할 수 있도록 운반거리를 고려하여야 한다.

㉰ 경사와 곡선을 병설해야 하고 단조로움을 피하기 위하여 가능한 많이 설치한다.

㉱ 절토량과 성토량은 거의 같게 한다.

7 B점의 지반고를 알기 위하여 다음과 같은 측량결과를 얻었다. B점의 지반고는 얼마인가? (단, A점의 지반고 = 101.45m, 기계고(I.H) = 1.62m, B점의 표척의 높이 = 3.85m, AB = 55m, α = 16° 30′)

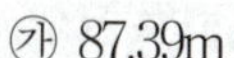
㉮ 87.39m

㉯ 86.78m

㉰ 82.93m

㉱ 81.31m

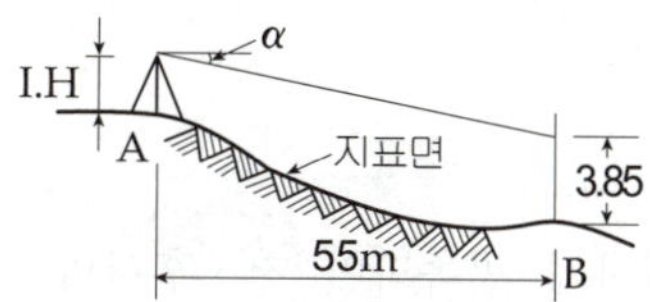

8 전자파 거리측정기(EDM)로 경사거리 165.360m(프리즘상수 및 기상보정된 값)을 얻었다. 이때 두점 A, B의 높이는 447.401m, 445.389m 이다. A점의 EDM 높이는 1.417m, B점의 반사경(reflector) 높이는 1.615m이다. AB의 수평 거리는 몇 m 인가? [03 ㉻]

㉮ 165.320m　　㉯ 165.330m

㉰ 165.340m　　㉱ 165.350m

9 굴뚝의 높이를 구하고자 굴뚝과 연결한 직선상의 2점 A, B에서 굴뚝 정상의 경사각을 측정한 바 A에서는 30°, B에서는 45°이고, A, B간의 거리는 22m였다. 이때 굴뚝의 높이는? (단, A, B와 굴뚝 밑은 같은 높이고 A와 B에 설치한 기계고는 다같이 1m라 한다.) [96 ㉻]

㉮ 21.05m

㉯ 31.05m

㉰ 31.65m

㉱ 32.05m

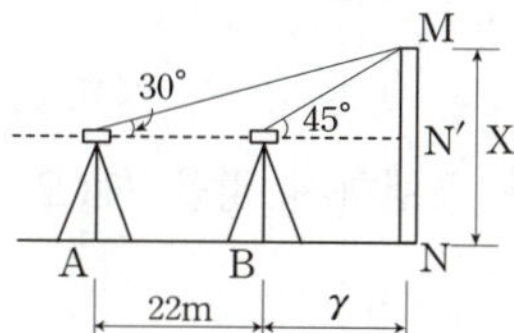

10 그림과 같은 유토곡선(mass curve)에서 하향구간이 의미하는 것은? [16,24 ㉻]

㉮ 성토구간

㉯ 절토구간

㉰ 운반토량

㉱ 운반거리

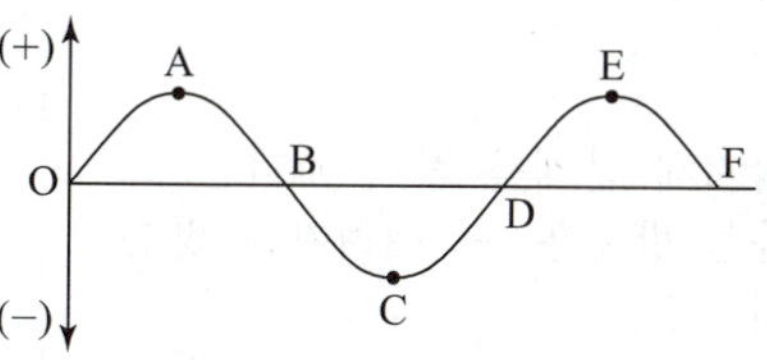

해 설

해설 6

노선의 중심선은 가능한한 직선으로 하고 경사가 완만하며 배수가 잘 되는 곳이어야 한다.

해설 7

$H_B = H_A + I.H - D \cdot \tan\alpha - S$

$= 101.45 + 1.62 - 55 \times \tan 16°30' - 3.85$

$= 82.93$rm m

해설 8

① $\overline{AB}$의 높이차 $= H_A + I - S - H_B$

$= 447.401 + 1.417 - 1.615 - 445.389$

$= 1.814\,\text{m}$

② $\overline{AB}$의 수평거리

$= \sqrt{165.360^2 - 1.814^2} = 165.350\,\text{m}$

해설 9

$$\frac{bc}{\sin 30} = \frac{22\,\text{m}}{\sin(180 - 30 - 135°)}$$

$\therefore bc = 22 \times \frac{\sin 30°}{\sin 15°} = 42.5\,\text{m}$

$MN' = bc \cdot \sin 45° = 30.05\,\text{m}$

$X = MN = MN' + I.H$

$= 30.05 + 1.0 = 31.05\,\text{m}$

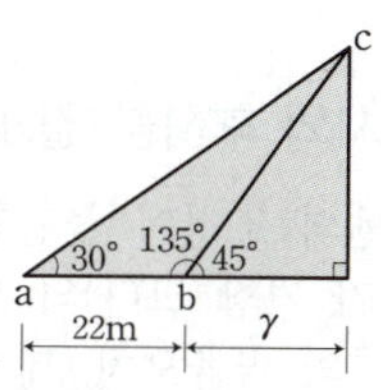

해설 10

유토곡선에서 하향구간은 토량이 (−)되는 구간으로 성토를 해주어야 할 구간이다.

정답 6. ㉰ 7. ㉰ 8. ㉱ 9. ㉯ 10. ㉮

5 수준측량에 관한 일반사항

학습방향

여기서는 수준측량에서 어느 한 곳에 넣기 곤란한 부분들을 정리 하였다. 레벨의 조정에서 가장 중요한 것은 시준선과 기포관축이 평행하다는 것이다.

① 레벨의 조정조건 ② 항정법
③ 전・후시를 같게 하면 소거되는 오차

1 레벨의 조정 조건

① 기포관축과 연직축은 직각 LL ⊥ VV
② 시준선과 기포관축은 평행 CC // LL
이 조건이 가장 중요하며 이 조건이 완벽하게 만족되면 전・후시의 거리가 등거리가 아니어도 시준축 오차가 발생하지 않는다.
여기서, LL : 기포관축 VV : 연직축 CC : 시준선

2 항정법(항타법) : 덤피레벨의 3조정과 동일

① 조정량 $(d) = \dfrac{l+l'}{l}\{(a_1-b_1)-(a_2-b_2)\}$

② 조정= b_2 의 읽음 값− d

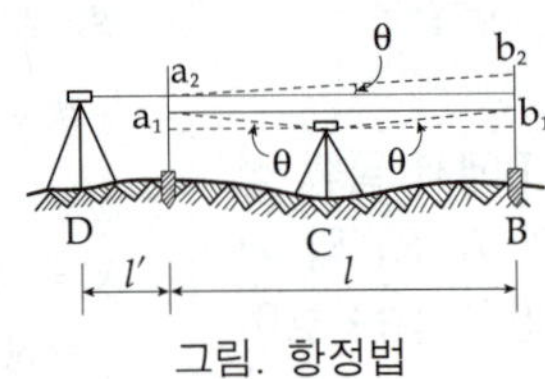

그림. 항정법

3 전시와 후시를 같게 하면 소거되는 오차

① 레벨의 조정이 불완전하여 시준선이 기포관축과 평행하지 않을 때(오차가 가장 크다)의 오차
② 지구의 곡률오차, 빛의 굴절오차
③ 시준거리를 같게 하면 초점나사를 움직일 필요가 없으므로 그때 발생하는 오차

4 수준측량의 계산방법

① 여러 가지 식이 나와 있으나 그 식을 암기해 문제를 풀기 보다는 그림에서 기준선으로부터 출발하여 올라가는 방향은 +, 내려가는 방향(전시…)은 − 부호로 계산하면 간단하다.
② 야장계산은 역으로 그림을 그려서 계산하면 이해도 빠르고 실수도 없다.

학습POINT

■ 교호수준측량과 항정법

1. 교호수준측량은 정확한 높이를 구하기 위해 높이차의 평균값을 구하는 것

$$H=\frac{1}{2}\{(a_1-b_1)+(a_2-b_2)\}$$

2. 항정법은 시준축 오차의 조정량을 구하기 위해 높이차의 차이를 구한다.

$$d=\frac{l+l'}{l}\{(a_1-b_1)-(a_2-b_2)\}$$

▶05, 06㉮, 05, 06㉯
•전시와 후시를 같게하면 소거되는 오차
•수준측량의 계산방법

핵심문제

1 다음 레벨의 조정에서 조정값 d는? (단, d는 c점의 기계점으로부터 B점의 표척을 시준하여 수평으로 읽을 때의 값임)

㉮ 2.252m
㉯ 2.698m
㉰ 2.802m
㉱ 2.789m

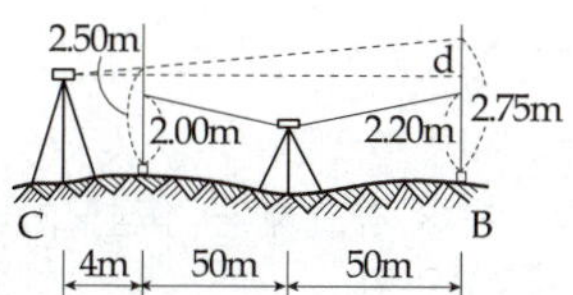

2 수준측량에서 전시와 후시가 등거리가 아니기 때문에 생기는 오차 중 가장 큰 것은? [96, 06 ㉠]

㉮ 지구의 만곡에 의해 생기는 오차
㉯ 기포관축과 시준축이 평행되지 않기 때문에 생기는 오차
㉰ 시준선상에 생기는 기차에 의한 오차
㉱ 시준하기 위해 렌즈를 움직이기 때문에 생기는 오차

3 수준측량 작업에 있어서 전시(前視)와 후시(後視)의 거리를 같게 하여도 소거되지 않는 오차는? [95, 16,24 ㉠ 00, 15 ㉡]

㉮ 시준선(축)오차 제거
㉯ 지표면(地表面) 구차의 영향 제거
㉰ 표척의 눈금오차 제거
㉱ 기차(氣差)의 영향 제거

4 다음은 수준측량에 대한 설명이다. 잘못된 것은?

㉮ 고차식 야장에서 두 점간의 수준차는 기지점의 지반고+Σ(T.P의 후시)−Σ(T.P.의 전시)로 구한다.
㉯ 기고식 야장 기입에서 미지점의 지반고는 기지점 지반고+기지점 B.S.−미지점 F.S.로 구한다.
㉰ 전시, 후시의 거리차에서 시준오차가 생기므로 같은 거리가 되면 소거된다.
㉱ 수준측량은 왕복측량을 원칙으로 한다.

5 레벨 측량에서 레벨을 세우는 횟수를 짝수로 하여 소거할 수 있는 오차는? [16 ㉡]

㉮ 망원경의 시준축과 수준기축이 평행하지 않아 생기는 오차
㉯ 표척의 눈금이 부정확하여 생기는 오차
㉰ 표척의 이음매가 부정확하여 생기는 오차
㉱ 표척의 0(zero) 눈금의 오차

해설

해설 **1**

항정법은 조정량을 구하는 것이므로 높이차의 차를 조정한다.

$$d=\frac{l+l'}{l}\{(a_1-b_1)-(a_2-b_2)\}$$
$$=\frac{100+4}{100}\{(2.00-2.20)-(2.50-2.75)\}$$
$$=0.052\text{ m}$$
$$\therefore b_2=2.75-0.052=2.698\text{ m}$$

해설 **2**

전·후시를 같게하는 주목적은 시준축오차를 제거하기 위함이다.

해설 **3**

표척의 눈금오차는 기계오차이므로 읽음값을 조정해야 한다.

해설 **4**

1. 고차식 야장의 높이차 $(\triangle H)=\Sigma B.S.-\Sigma F.S.$
2. 미지점의 지반고=기지점의 지반고+ $\Sigma(T.P.$ 의 후시) $-\Sigma(T.P.$ 의 전시)이다.

해설 **5**

① 시준축과 기포관(수준기)축이 평행이 아닐 때 : 전·후시의 거리를 같게 한다.
② 표척의 눈금 부정확 : 정오차
③ 표척의 0(zero) 눈금 오차 : 기계의 세움을 짝수회로 하면 소거

정답 1. ㉯ 2. ㉯ 3. ㉰ 4. ㉮ 5. ㉱

6 오차와 정밀도

학습방향

수준측량의 오차와 정밀도는 매우 자주 출제된다. 특히 정오차와 부정오차의 분류, 최확값을 구하는 문제, 양차, 오차의 허용범위 등 모두 알아두어야 할 사항들이다.

① 정오차와 부정오차의 분류
② 직접수준 측량의 오차 $(E) = \pm K\sqrt{L}$
③ 수준측량의 정밀도는 허용오차로 대신한다.

1 오차의 분류

(1) 정오차

① 표척의 0점 오차 : 기계의 세움을 짝수회로 하면 소거.
② 표척의 눈금부정에 의한 오차
③ 광선의 굴절에 의한 오차(기차)
④ 지구의 곡률에 의한 오차(구차)
⑤ 표척의 기울기에 의한 오차 : 표척을 전·후로 움직여 최소값을 읽는다.
⑥ 온도 변화에 의한 표척의 신축
⑦ 시준선(시준축) 오차 : 기포관축과 시준선이 평행하지 않아 발생하며 가장 큰 오차. **전·후시를 등거리**로 취하면 소거됨.
⑧ 레벨 및 표척의 침하에 의한 오차 : 측량 도중 수시로 점검한다.

(2) 우연오차

① 시차에 의한 오차 : 시차로 인해 정확한 표척값을 읽지 못해 발생.
② 레벨의 조정 불완전
③ 기상변화에 의한 오차 : 바람이나 온도가 불규칙하게 변화하여 발생.
④ 기포관의 둔감.
⑤ 기포관 곡률의 부등에 의한 오차
⑥ 진동, 지진에 의한 오차
⑦ 대물렌즈의 출입에 의한 오차

(3) 정오차와 우연오차는 온도변화(정오차)나 기상변화(우연오차)처럼 미묘한 차이에 따라 분류되므로 정확한 의미파악이 중요하다.

2 직접수준측량의 오차

$$E = \pm K\sqrt{L} = C\sqrt{n}$$

여기서, K : 1km 수준측량시의 오차
L : 수준측량의 거리(km)
C : 1회의 관측에 의한 오차

학습POINT

▶07, 09㉠, 07, 08, 10㉡
•오차의 분류

■ 측정횟수(n)와 오차(E)와의 관계

1. 수준측량 : 측정횟수의 제곱근에 비례

$E_1 = \pm C\sqrt{n_1}$

$E_2 = \pm C\sqrt{n_2} = \pm \dfrac{E_1}{\sqrt{n_1}} \cdot \sqrt{n_2}$

2. 각측량 : 측정횟수의 제곱근에 반비례

$E_1 = \pm \dfrac{C}{\sqrt{n_1}}$

$E_2 = \pm \dfrac{C}{\sqrt{n_2}} = \pm \dfrac{\sqrt{n_1}}{\sqrt{n_2}} \cdot E_1$

▶07㉠, 07, 08㉡
•직접수준측량의 오차

3 오차의 허용범위

(1) 왕복측정할 때의 허용오차(L=km, 노선거리)

1등 : $\pm 2.5\sqrt{L}$ mm   2등 : $\pm 5.0\sqrt{L}$mm

(2) 폐합수준측량을 할 때 폐합차

1등 : $\pm 2.0\sqrt{L}$mm   2등 : $\pm 5.0\sqrt{L}$mm

(3) 하천측량(4km에 대하여)

유조부 : 10mm   무조부 : 15mm   급류부 : 20mm

① 유조부 : 조류가 느껴진다해서 감조부라고도 하며 하천이 바다와 만나는 하류부분을 말한다.
② 무조부 : 조류의 영향이 없는 하천의 중류부분을 말한다.

▶04㉮, 04, 05, 08㉯
• 오차의 허용범위
• 수준측량의 정밀도는 허용오차로 대신한다.

4 수준측량의 정밀도는 허용오차로 대신한다.

$E = \pm K\sqrt{L}$, $K = \pm \dfrac{E}{\sqrt{L}}$

수준측량의 정밀도는 K값(1km당 수준측량의 오차)의 크기가 작을수록 정밀하다고 판단한다.

5 오차의 조정

▶07, 08, 09, 10㉮, 08, 09㉯
• 오차의 조정

(1) 폐합, 왕복, 결합수준측량의 경우

측점간의 거리에 정비례하여 생긴 것으로 하여 각 수준점에 배분한다.

오차조정량 $(E_i) = \dfrac{L_i}{[L]} \times E$

여기서, E : 관측오차

L_i: 출발 점에서 i 측점까지의 거리

$[L]$: 전측선의 거리

(2) 각 기지점으로부터 미지점을 측량한 경우

경중률은 노선의 길이에 반비례하는 것으로 하여 P점의 표고를 구한다.

A~P 경로로 측량한 경우 : 거리 l_1, 높이차 H_1, 경중률 $P_1 = \dfrac{1}{l_1}$

B~P 경로로 측량한 경우 : 거리 l_2, 높이차 H_2, 경중률 $P_2 = \dfrac{1}{l_2}$

C~P 경로로 측량한 경우 : 거리 l_3, 높이차 H_3, 경중률 $P_3 = \dfrac{1}{l_3}$

여기서 P점의 표고(H_P)를 구하면

$$H_P = \frac{P_1 \cdot H_1 + P_2 \cdot H_2 + P_3 \cdot H_3}{P_1 + P_2 + P_3}$$

$$= \frac{[PH]}{[P]}$$

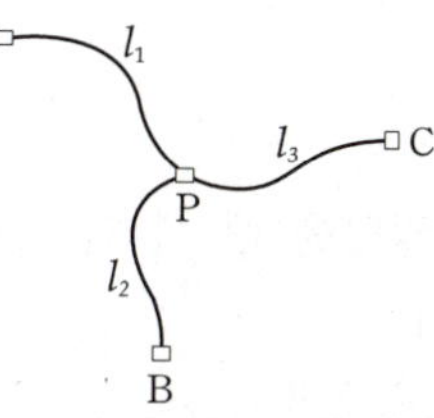

■ 경중률과 최확값의 관계

1. 거리측량

$L_P = \dfrac{[P \cdot L]}{[P]}$

2. 수준측량

$H_P = \dfrac{[P \cdot H]}{[P]}$

3. 각측량

$\alpha_P = \dfrac{[P \cdot \alpha]}{[P]}$

4. 이와같이 경중률과 최확값과의 관계는 일정하며 문제를 해결하는 핵심은 경중률(P)을 구하는 것이다.

핵 심 문 제

1 직접고저측량을 하여 2km 왕복에 오차가 5mm 발생했다면 같은 정확도로 8km를 왕복측량 했을 때 오차는? [05 ㉶]

㉮ 5mm ㉯ 10mm
㉰ 15mm ㉱ 20mm

2 A, B 두점간의 고저차를 구하기 위하여 그림과 같이 (1), (2), (3) 코스로 수준측량한 결과는 다음과 같다. 두 점간의 고저차는? [02, 00 ㉮]

코스	측정결과	거리
(1)	23.234m	4km
(2)	23.245m	2km
(3)	23.240m	2km

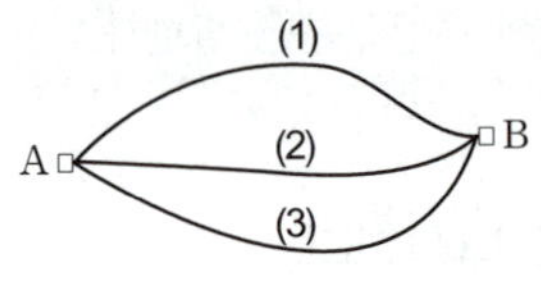

㉮ 22.243m ㉯ 22.248m
㉰ 23.223m ㉱ 23.241m

3 우리나라의 수준측량에 있어서 1등 수준점의 왕복허용 오차는 얼마인가? (단, L은 편도거리(km)이다) [03 ㉮]

㉮ $1.5\text{mm}\sqrt{L}$ ㉯ $2.5\text{mm}\sqrt{L}$
㉰ $5.0\text{mm}\sqrt{L}$ ㉱ $7.5\text{mm}\sqrt{L}$

4 수준측량에서 수준 노선의 거리와 무게(경중률)의 관계로 옳은 것은? [15 ㉮]

㉮ 노선거리에 비례한다.
㉯ 노선거리에 반비례한다.
㉰ 노선거리의 제곱근에 비례한다.
㉱ 노선거리의 제곱근에 반비례한다.

5 수준측량에서 전시와 후시의 시준거리를 같게 하면 소거가 가능한 오차가 아닌 것은? [15,24 ㉮]

㉮ 관측자의 시차에 의한 오차
㉯ 정준이 불안정하여 생기는 오차
㉰ 기포관 축과 시준축이 평행 되지 않았을 때 생기는 오차
㉱ 지구의 곡률에 의하여 생기는 오차

해 설

해설 **1**

직접수준측량의 오차는 거리의 제곱근에 비례하므로

$\sqrt{2} : 5 = \sqrt{8} : X$

$\therefore X = \dfrac{\sqrt{8}}{\sqrt{2}} \cdot 5 = \dfrac{2\sqrt{2}}{\sqrt{2}} \cdot 5$

$= 10\text{mm}$

해설 **2**

경중률(P)은 거리에 반비례하므로

경중률=1/4 : 1/2 : 1/2 = 1 : 2 : 2

최확값 $(H_P) = \dfrac{\Sigma PH}{\Sigma P}$

$= \dfrac{1 \times 23.234 + 2 \times 23.245 + 2 \times 23.240}{1+2+2}$

$= 23.2408\,\text{m}$

해설 **3**

1등 수준측량의 허용오차

$= \pm 2.5\sqrt{L}\text{mm}$

2등 수준측량의 허용오차

$= \pm 5.0\sqrt{L}\text{mm}$

해설 **4**

① 직접수준측량에서 경중율은 노선거리에 반비례
② 직접수준측량에서 오차는 노선거리의 제곱근에 비례
③ 간접수준측량에서 오차는 노선거리에 비례
④ 간접수준측량에서 경중율은 노선거리의 제곱에 반비례

해설 **5**

관측자의 시차에 의한 오차는 개인오차로 개인이 조정해야 한다.

정답 1. ㉯ 2. ㉱ 3. ㉯ 4. ㉯ 5. ㉮

6 수준측량에서 있어서 표척 눈금 간격이 일률적으로 긴 경우 오차 분배는 어떻게 하는 것이 가장 좋은가? [01 ㉠]

㉮ 수준거리의 기계설치 횟수에 비례하여 배분한다.
㉯ 수준거리에 비례하여 배분한다.
㉰ 수준점간의 비고(比高)에 비례하여 배분한다.
㉱ 오차는 자연적으로 소거되어 분배가 필요없다.

7 직접수준측량에 있어서 2km 왕복하는데 허용오차를 3mm로 한다면 4km 왕복의 허용오차는?

㉮ 4.00mm ㉯ 4.24mm
㉰ 4.50mm ㉱ 6.00mm

8 그림과 같은 수준망의 관측결과 다음과 같은 폐합오차를 얻었다. 정확도가 가장 높은 구간은? [96, 15 ㉠]

구간	총거리(km)	폐합오차(mm)
Ⅰ	20	20
Ⅱ	16	18
Ⅲ	12	15
Ⅳ	8	13

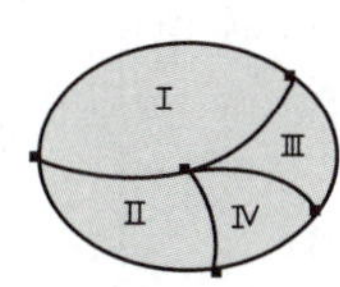

㉮ Ⅰ구간 ㉯ Ⅱ구간
㉰ Ⅲ구간 ㉱ Ⅳ구간

9 그림에서 ①, ②는 수준 노선의 일부로서 다음과 같은 성과를 얻었다. B, C간의 비고를 구하고 B, C간의 비고의 평균 제곱오차를 0.1mm까지 구하면 얼마인가? [98 ㉠]

노선번호	비고(m)	거리(km)	비고의 평균 제곱오차(mm)
①	+12.573	6.2	$2\sqrt{6.2}$
②	+13.794	5.0	$2\sqrt{5.0}$

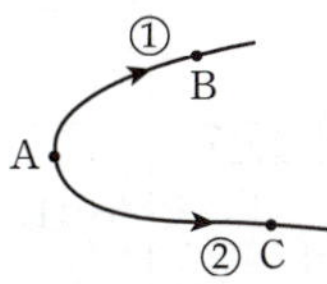

㉮ 1.221m, ±6.7mm ㉯ 1.421m, ±5.6mm
㉰ 1.321m, ±7.7mm ㉱ 1.221m, ±7.7mm

10 정밀 수준측량에서는 타원보정을 한다. 타원보정에 관한 다음 설명 중 적당한 것은? [98 ㉠]

㉮ 타원보정량은 경도와 관계있다.
㉯ 타원보정량은 위도와 관계있다.
㉰ 타원보정량은 직각좌표와 관계있다.
㉱ 타원보정량은 경도, 위도 공히 관계있다.

해 설

해설 **6**

기계를 세워 읽을 때마다 고저차에 비례하여 오차가 누적므로 비고에 비례하여 배분한다.

해설 **7**

$E_1 = \pm K\sqrt{L_1}$

$K = \pm\frac{E_1}{\sqrt{L_1}} = \frac{3}{\sqrt{4}} = \pm 1.5\,\text{mm}$

$\therefore E = \pm 1.5\sqrt{8} = \pm 4.24\,\text{mm}$

해설 **8**

각 구간마다 1km당 오차를 비교하면

$E = K\sqrt{L}$에서

$K = \frac{E}{\sqrt{L}}$

$= \frac{20}{\sqrt{20}} : \frac{18}{\sqrt{16}} : \frac{15}{\sqrt{12}} : \frac{13}{\sqrt{8}}$

$= 4.47 : 4.5 : 4.33 : 4.60$

∴ Ⅲ구간의 정확도가 가장 높다.

해설 **9**

1. B, C간의 비고 =13.794−12.573 =1.221m
2. B, C간의 비고의 평균제곱오차는 오차 전파의 법칙에 따라

$E = \pm\sqrt{E_1^2 + E_2^2 + \cdots}$

$= \pm\sqrt{(2\sqrt{6.2})^2 + (2\sqrt{50})^2}$

$= 6.69\,\text{mm}$

해설 **10**

지구는 적도가 부풀려진 회전 타원체이다. 따라서 경도간의 간격은 일정하나 위도의 간격은 적도(장반경)에서 극방향(단반경)으로 갈수록 작아진다. 즉, 위치오차가 발생한다.

정답 6. ㉰ 7. ㉯ 8. ㉰ 9. ㉮ 10. ㉯

출제예상문제

1. 수준측량에서 사용되는 용어의 설명 중 잘못된 것은?

㉮ 전시란 표고를 구하려는 점에 세운 표척의 눈금을 읽는 것을 말한다.
㉯ 후시란 미지점에 세운 표척의 눈금을 읽는 것을 말한다.
㉰ 이기점이란 전시와 후시의 연결점이다.
㉱ 중간점이란 전시만을 취하는 점이다.

해설

후시란 높이를 알고 있는 점에 세운 표척의 읽음값이다.

2. 삼각점의 표고 설명 중 옳은 것은?

㉮ 평균해수면으로부터의 높이로 표시한다.
㉯ 최고해수면으로부터의 높이로 표시한다.
㉰ 최저해수면으로부터의 높이로 표시한다.
㉱ 수애선으로부터의 높이로 표시한다.

해설

기준수준면은 일반적으로 수년 동안 관측하여 얻은 평균해수면을 사용한다.

3. 수준측량시 정밀한 측정에 사용하는 야장기입법은?

㉮ 승강식
㉯ 고차식
㉰ 이란식
㉱ 기고식

해설

승강식은 완전한 검산이 가능하여 정밀한 측정에 사용된다.

4. 수준측량에 있어서 전시와 후시의 시준거리가 같지 않을 때 발생되는 오차에 가장 큰 영향을 주는 경우는?

㉮ 기포관축이 레벨의 회전축에 직교되지 않을 때
㉯ 시준선상에 생기는 기차에 의한 오차
㉰ 기포관축과 시준축이 평행되지 않았을 때 생기는 오차
㉱ 지구의 만곡에 의하여 생기는 오차

해설

수준측량에서 전후시 거리를 같게 하면 기포관축과 시준축이 평행하지 않을 때 생기는 오차를 소거할 수 있다.

5. 거의 100m 지점의 표척을 기포가 중앙에 있을 때와 기포가 5눈금 이동되었을 때의 양쪽을 읽어 그 차가 0.048m였다. 이 기포관의 감도는?

㉮ 10″
㉯ 20″
㉰ 30″
㉱ 40″

해설 기포관의 감도를 구하는 방법

① 기포관과 표척과의 비례관계에서 R을 구함

$$R : nd = D : L \quad \therefore \ R = \frac{nd}{L} D$$

② ①에서 구한 R과 기포관 눈금의 관계에서 감도를 구함

$$nd = R\theta$$

$$\therefore \ \text{감도(P)} = \frac{\theta}{n} = \frac{d}{R} = \frac{L}{nD}(rad)$$

$$P'' = 206265'' \frac{L}{nD} = 206265'' \times \frac{0.048}{5 \times 100}$$

$$= 19.8''$$

해답 1. ㉯ 2. ㉮ 3. ㉮ 4. ㉰ 5. ㉯

6. 기포관의 감도 $\alpha = 35''$의 레벨로 거리 $l = 70\,\text{m}$의 지점을 시준할 때 기포관에 1눈금 오차가 있었다면 이에 따른 수준오차 h는 얼마가 생기는가? [96㉦]

㉮ 약 3mm ㉯ 약 6mm
㉰ 약 9mm ㉱ 약 12mm

해설

그림에서 기포관 1눈금 이동시 35″의 각도오차가 발생하므로

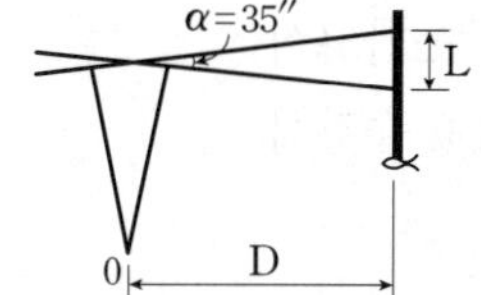

$L = D35''(rad)$

$= 70 \times 35'' \times \dfrac{\pi}{180°}$

$= 0.012\,\text{m}$

7. 지면이 견고한 지점에 레벨을 세우고 레벨 중심에서 수평으로 50m 떨어진 점의 표척을 시준하니 기포가 중앙에 있을 때 1.654m, 기포 이동량 8mm 움직였을 때, 1.693m이었다. 기포관의 곡률반지름은?

㉮ 10.26m ㉯ 80.26m
㉰ 102.56m ㉱ 120.20m

해설

$R : nd = D : L$ 에서

$\therefore R = \dfrac{nd}{L} D$

$= \dfrac{0.008}{(1.693 - 1.654)} \times 50 = 10.26\,\text{m}$

8. 길이 2m에 대하여 눈금 읽기차가 2cm, 기포의 이동거리 잣눈금이 0.2cm일 때 기포관의 곡률반경은 얼마인가?

㉮ 20m ㉯ 2m
㉰ 0.2m ㉱ 0.02m

해설

$R = \dfrac{nd}{L} D$

$= \dfrac{0.002}{0.02} \times 2 = 0.2\,\text{m}$

9. 레벨의 중심에서 100m 떨어진 지점에 수준척을 세우고 레벨의 기포를 정확하게 오게 한 다음 수준척을 읽으니, 1.680m이고 기포의 눈금을 5개 움직이게 했을 때의 수준척의 눈금은 1.790m였다. 기포의 한 눈금의 길이가 2mm이면 이 기포관의 곡률반경은?

㉮ 9.10m ㉯ 10.5m
㉰ 11.10m ㉱ 12.50m

해설

$R = \dfrac{nd}{L} D$

$= \dfrac{5 \times 0.002}{(1.790 - 1.680)} \times 100 = 9.10\,\text{m}$

10. 레벨의 2mm 눈금의 기포관을 3눈금 기울인 경우 D=60m의 거리에 있는 함척의 읽음차가 18mm 이었다. 이 기포관의 감도는?

㉮ 2.06265″ ㉯ 2062.65″
㉰ 20.6265″ ㉱ 206.265″

해설

$\theta(\text{감도}) = \dfrac{\alpha}{n} = \dfrac{d}{R}$ 에서 $R = \dfrac{nd}{L} D$ 를 대입

$= \dfrac{dL}{ndD} = \dfrac{L}{nD}\, rad$

$= \dfrac{0.018}{3 \times 60} \times \dfrac{180°}{\pi} = 20.63''$

11. 기계에서 100m 떨어진 곳에 표척을 세워 기포관의 기포를 중앙으로 하여 표척의 읽음값 1.588m를 얻은 다음 기포를 2눈금 이동시켜 표척의 읽음값 1.601m를 얻었다. 이 기포관의 감도는?

㉮ 약 11.4″ ㉯ 약 13.4″
㉰ 약 15.4″ ㉱ 약 17.4″

해설 감도

$\theta'' = 206265'' \dfrac{L}{nD}$

$= 206265'' \times \dfrac{1.601 - 1.588}{2 \times 100} = 13.41''$

해답 6. ㉱ 7. ㉮ 8. ㉰ 9. ㉮ 10. ㉰ 11. ㉯

12. 기포관의 감도가 40″ 인 레벨로서 시준거리가 50m 떨어져 있는 표척을 읽었다. 이 때 기포관의 1/5눈금의 오차가 생겼다. 이때 수준오차는 다음 중 어느 것인가?

㉮ 1.94mm　　㉯ 1.52mm
㉰ 1.49mm　　㉱ 1.38mm

해설

$\theta' = \rho'' \dfrac{L}{nD}$ 에서

L(수준오차) $= \dfrac{\theta''}{\rho''} \times nD$

$= \dfrac{40''}{206265''} \times \dfrac{1}{5} \times 50,000 = 1.94\,\text{mm}$

13. 경사면 AB, BC에 따라 거리를 측정하여 AB = 25.84m, BC = 26.08m를 얻었다. 또 1측점에서 레벨을 거치하여 A, B, C상에 표척을 세워 A의 높이 2.81m, B의 높이 1.58m, C의 높이 1.06m를 얻었을 때 AC의 수평거리를 구한 값은?

㉮ 50.890m
㉯ 51.890m
㉰ 50.188m
㉱ 51.188m

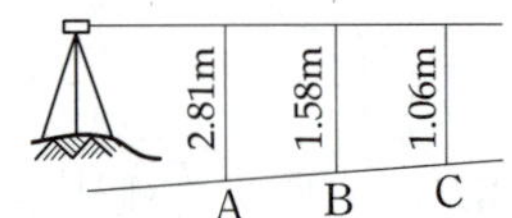

해설

$\overline{AC}$의 높이차=2.81−1.06

$\overline{AC}$의 경사거리=51.920

$\overline{AC}$의 수평거리= $\sqrt{51.920^2 - 1.75^2}$

=51.890m

14. 측점이 갱도(坑道)의 천장에 설치되어 있는 갱내 수준측량에서 아래 그림과 같은 관측결과를 얻었다. A점의 지반고가 15.32m일 때 C점의 지반고는? [02㉮]

㉮ 16.49m
㉯ 16.35m
㉰ 14.49m
㉱ 14.32m

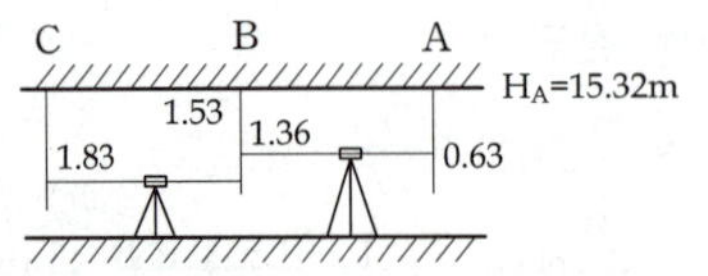

해설

스타프를 거꾸로 세우면 읽음값에 ⊖

$H_C = H_A + (-0.63) - (-1.36) + (-1.53) - (-1.83)$

$= 16.35\,\text{m}$

15. 수준측량에서 도로의 종단 측량과 같이 중간시가 많은 경우에 현장에서 주로 사용하는 야장 기입법은 어느 것인가?

㉮ 기고식　　㉯ 고차식
㉰ 승강식　　㉱ 이란식

해설

1. 기고식 : 중간시 많을 때 계산이 간편함
2. 고차식 : 두점 사이의 높이차 계산
3. 승강식 : 정확한 측정에 사용

16. 평탄한 지역에서 10km 떨어진 지점을 관측하려면 양지점의 적당한 측표의 높이는?

㉮ 약 20m　　㉯ 약 8m
㉰ 약 10m　　㉱ 약 4m

해설

$(R + \triangle h) = \sqrt{6370^2 + 10^2}$

$= 6370.00785(\text{km})$

$\triangle h = 6370.00785 - 6370 = 0.00785\,\text{km}$

$= 7.85\,\text{m}$

또는 $\dfrac{l^2}{2R} = \dfrac{10^2}{2 \times 6370} = 0.00785\,\text{km}$

17. 다음은 종횡단측량에 관한 설명이다. 틀린 것은?

㉮ 종단도를 보면 노선의 형태를 알 수 있으나 횡단도는 알 수 없다.
㉯ 종단측량은 횡단측량보다 높은 정확도가 요구된다.
㉰ 종단도의 횡축척과 종축척은 서로 다르게 잡는 것이 일반적이다.
㉱ 횡단측량은 노선의 중심말뚝만 설치되면 종단측량에 앞서 실시할 수 있다.

해답 12. ㉮ 13. ㉯ 14. ㉯ 15. ㉮ 16. ㉯ 17. ㉱

해설

종단측량에 의해 중심말뚝의 높이를 알아야만 횡단측량의 결과를 계산할 수 있다.

18. 다음과 같은 수준측량에서 B점의 지반고(Elevation)는 얼마인가? (단, α=12° 13′ 00″, A점의 지반고=46.40m, HI=1.54m(기계고), Rod Reading=1.30m, D=46.8m(수평거리)) [04, 01 ㉮]

㉮ 55.23m
㉯ 56.23m
㉰ 56.77m
㉱ 58.07m

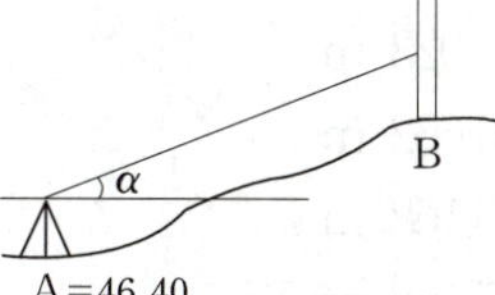

해설

$$H_B = H_A + I.H + D\tan\alpha - S$$
$$= 46.40 + 1.54 + 46.8 \times \tan 12°13' - 1.30$$
$$= 56.77\,\text{m}$$

19. 거리 500m에 대한 양차의 값은? (단, 굴절계수 K=0.14, 지구반경=6,370km)

㉮ 16.87mm　　㉯ 17.62mm
㉰ 18.19mm　　㉱ 21.31mm

해설

$$\text{양차} = \frac{(1-K)}{2R}\,l^2 = \frac{(1-0.14)}{2\times 6,370}\times 0.5^2$$
$$= 1.687\times 10^{-5}\,\text{km} = 16.87\,\text{mm}$$

20. 기포관의 감도 20″ 의 레벨로 거리 100m 지점의 표척을 시준할 때 기포관에서 1/2 눈금의 오차가 있었다고 한다. 수준오차는?

㉮ 2.8mm　　㉯ 3.8mm
㉰ 4.8mm　　㉱ 5.8mm

해설

$$L = \frac{\theta''}{\rho''}\,nD$$
$$= \frac{20''}{206265''}\times\frac{1}{2}\times 100,000 = 4.8\,\text{mm}$$

21. 수준기의 감도가 한눈금 20″의 덤피레벨로 100m 전방의 표척을 읽은 후 기포의 위치가 1눈금 이동되었다. 이 때 생기는 오차는 얼마인가?

㉮ 0.002m　　㉯ 0.005m
㉰ 0.01m　　㉱ 0.126m

해설

$$L = \frac{\theta''}{\rho''}\cdot n\cdot D$$
$$= \frac{20''}{206265''}\times 1\times 100 = 0.01\,\text{m}$$

22. 하천의 우안 C점에서 레벨로 양안에 세운 수준척 A, B의 눈금을 읽으니 우안의 것이 $a_1=2.835$m, 좌안의 것이 $b_1=3.264$m였고 좌안의 D점에서 A점과 B점의 수준척을 읽은 값이 $a_2=3.375$m, $b_2=3.812$m였다. 이때 양안의 두 점 A와 B의 높이 차이는? (단, 양안에서 시준점과 표척까지의 거리 CA=DB=l)

㉮ 0.429m　　㉯ 0.437m
㉰ 0.435m　　㉱ 0.433m

해설

교호수준측량에서

$$h = \frac{1}{2}\{(a_1-b_1)+(a_2-b_2)\}$$
$$= \frac{1}{2}\{(2.835-3.264)+(3.375-3.812)\}$$
$$= 0.433\,\text{m}$$

23. 레벨의 구조상의 조건 중 가장 중요한 것은 어느 것인가?

㉮ 연직축과 기포관축이 직교되어 있을 것
㉯ 기포관축과 망원경의 시준선이 평행되어 있을 것
㉰ 표척을 시준할 때 기포의 위치를 볼 수 있게 끔 되어 있을 것
㉱ 망원경의 배율과 수준기의 감도가 평행되어 있을 것

해답 18. ㉰　19. ㉮　20. ㉰　21. ㉰　22. ㉱　23. ㉯

해설

레벨의 가장 중요한 구조상의 조건은 기포가 중앙에 있을 때 시준선은 어느 곳에서나 일정(같은 높이)해야 하므로 "시준축//기포관축"이어야 한다.

24. 수준측량에서 정오차인 것은?

㉮ 기상 변화에 의한 오차
㉯ 기포관의 곡률의 부등
㉰ 광선의 굴절에 의한 오차
㉱ 기포관의 둔감

해설 광선의 굴절에 의한 오차(기차)

기차 $= \dfrac{-KD^2}{2R}$

∴ 기차는 위식과 같이 조정할 수 있으므로 정오차이다.

25. 다음 그림에서 담장 PQ가 있어 P점에서 표척을 반대로 세워 다음과 같이 읽었을 때, A점의 표고가 36.785m 라면 B점의 표고는?

㉮ 36.71m
㉯ 37.81m
㉰ 39.31m
㉱ 40.51m

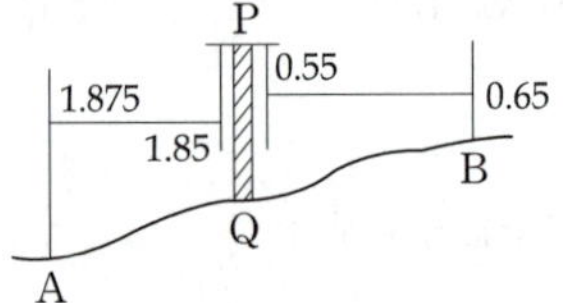

해설

표척을 거꾸로 세운 곳은 읽음 값에 (−)부호를 붙인다.

$H_B = H_A + 1.875 - (-1.85) + (-0.55) - 0.65$
$= 39.31\,\text{m}$

26. 교호수준측량의 결과가 다음과 같다. A점의 표고가 55.423m일 때 B점의 표고는? (단, a_1=2.665m, a_2=0.530m, b_1=3.965m, b_2=1.116m)

㉮ 52.930m
㉯ 54.480m
㉰ 56.366m
㉱ 57.916m

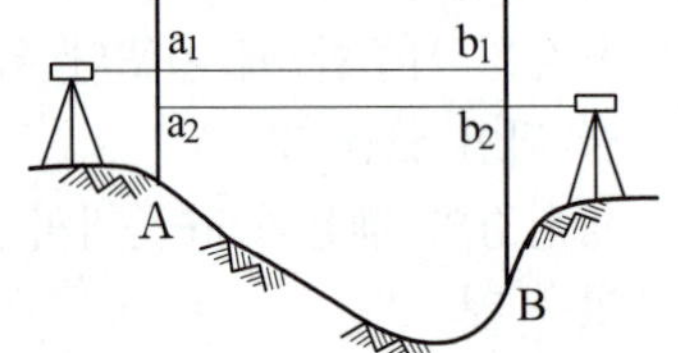

해설

높이차(h) $= \dfrac{(2.665-3.965)+(0.530-1.116)}{2}$

$=-0.943$

∴ H_B=55.423-0.943=54.480m

27. 교호수준측량 결과 a_1 = 1.995m, b_1 = 2.765m, a_2 = 1.113m, b_2 = 1.333m이었다. A점의 표고가 76.663m이면 B점의 표고는? 〔00㉶〕

㉮ 70.923 m
㉯ 70.662 m
㉰ 76.168 m
㉱ 77.158 m

해설

$h = \dfrac{1}{2}\{(a_1 - b_1) + (a_2 - b_2)\} = -0.495$

$H_B = H_A + h = 76.168\,\text{m}$

28. 키가 1.6m인 사람이 표고 500m의 산위에서 볼 수 있는 수평거리는?

㉮ 56.9km ㉯ 79.9km
㉰ 99.9km ㉱ 116.9km

해설

구차 $= \dfrac{l^2}{2R}$ 에서 구차=(1.6+500)=501.6m이므로

$l = \sqrt{0.5016 \times 2 \times 6370} = 79.9\,\text{km}$

29. 간접 수준 측량에서 수평거리 5km일 때 지구 곡률의 오차는?

㉮ 0.09m ㉯ 2.96m
㉰ 1.96m ㉱ 3.96m

해설

지구의 곡률오차(구차)는 실제보다 작게 나타나므로 항상(+)해 준다.

구차 $h = \dfrac{D^2}{2R} = \dfrac{5^2}{2 \times 6,370}$

$= 0.00196\,\text{km} = 1.96\text{m}$

해답 24. ㉰ 25. ㉰ 26. ㉯ 27. ㉰ 28. ㉯ 29. ㉰

30. 수준측량 관측작업에 있어서 그림과 같이 A점으로부터 D점에 이르는 도중 B, C간에 폭 약 120m 정도의 하천이 있으므로 P 및 Q점에 level을 세우고 교호수준측량을 실시했을 때 읽음차는 각각 다음과 같다. D점의 표고를 구하라. (단, A점의 표고는 2.545m이다.)

A → B = −0.512m
B → C = −0.229m
C → B = +0.267m
C → D = +0.636m

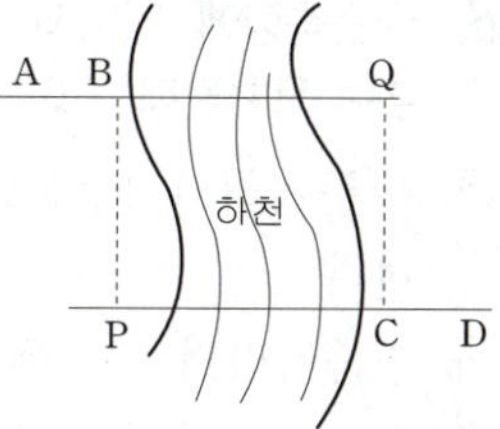

㉮ +2.421 ㉯ +2.241
㉰ +3.219 ㉱ +2.685

해설

$$\text{BC간의 표고의 평균} = \frac{-0.229-0.267}{2} = -0.248\,\text{m} \quad \cdots ①$$

$$\therefore \text{D점의 표고} = H_A + (A \to B) + ① + (C \to D) = 2.545 - 0.512 + (-0.248) + 0.636 = 2.421\text{m}$$

31. 그림과 같이 B.M.1로부터 3개의 경로로 직접 수준측량을 하여 A점의 표고를 구할 때 각 경로의 측정무게를 옳게 구한 것은? 제1선 $H_1 = 50.26\,\text{m}$, 제2선 $H_2 = 50.31\text{m}$, 제3선 $H_3 = 50.28\,\text{m}$

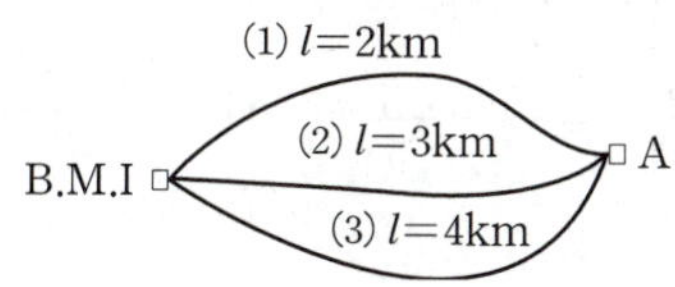

㉮ $P_1 = 2,\ P_2 = 3,\ P_3 = 4$
㉯ $P_1 = 1/2,\ P_2 = 1/3,\ P_3 = 1/4$
㉰ $P_1 = 4,\ P_2 = 9,\ P_3 = 16$
㉱ $P_1 = 1./4,\ P_2 = 1/9,\ P_3 = 1/16$

해설

무게(경중률)는 거리에 반비례 하므로
$P_1 : P_2 : P_3 = 1/2 : 1/3 : 1/4$

32. A, B, C 점으로부터 수준측량을 하여 P점의 표고를 결정한 경우 P점의 표고는? (단, A→P 표고 = 367.786m, B→P 표고 = 367.732m, C→P 표고 = 367.758m) [00, 25㉮]

㉮ 367.738m
㉯ 367.743m
㉰ 367.756m
㉱ 367.763m

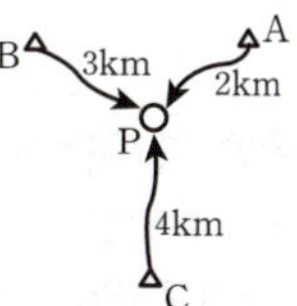

해설

경중율은 노선거리에 반비례(직접수준측량)

$$P_A : P_B : P_C = \frac{1}{2} : \frac{1}{3} : \frac{1}{4} = 6 : 4 : 3$$

$$\therefore H_P = \frac{[P \cdot H]}{[P]} = 367.7 + \frac{0.086 \times 6 + 0.032 \times 4 + 0.058 \times 3}{6 + 4 + 3} = 367.763\text{ m}$$

33. 수준측량에서 왕복차의 제한이 4km에 10mm라면, 3km 왕복했을 때는 얼마인가?

㉮ 7.5mm ㉯ 8.66mm
㉰ 11.33mm ㉱ 8.00mm

해설

$E = C\sqrt{n}$ 에서 $10 = C\sqrt{4}$

$\therefore C = \frac{10}{\sqrt{4}} = 5\,\text{mm}$

$\therefore E_3 = 5\sqrt{3} = 8.66\,\text{mm}$

34. 다음은 수준측량의 작업방법에 관한 설명이다. 틀린 것은?

㉮ 출발점에 세운 표척은 필히 도착점에 세운다.
㉯ 시준거리를 같게 하면 능률과 정확도가 향상된다.
㉰ 레벨과 전시표척, 후시표척의 거리는 등거리로 한다.
㉱ 직접수준측량은 간접수준측량보다 정확도가 높다.

해답 30. ㉮ 31. ㉯ 32. ㉱ 33. ㉯ 34. ㉯

해설

시준거리를 같게 하면 시준오차가 제거되어 정확도가 향상된다. 그러나 경사지에서는 기계를 자주 세우게 되어 능률이 떨어진다.

35. A, B 두점에서 교호수준측량을 실시하여 다음의 결과를 얻었다. A점의 표고가 67.104m일 때 B점의 표고는? (a_1 = 3.756m, a_2 = 1.572m, b_1 = 4.995m, b_2 = 3.209m) [00㉠]

㉮ 65.666m ㉯ 68.578m
㉰ 64.666m ㉱ 64.668m

해설

$$h=\frac{1}{2}\{(a_1+a_2)-(b_1+b_2)\}=-1.438\text{ m}$$

$$H_B=H_A+h=65.666\text{ m}$$

36. 100m 떨어진 A, B 두 점에 표척을 세우고 중간점에서 레벨로 읽은 A점의 시준고 a_1 = 1.525m, B점의 시준고 b_1 = 1.315m를 얻은 다음 BA의 연장선상에서 A점으로부 3m 뒤로 떨어진 점에 기계를 세워 읽은 값이 a_2 = 1.630m, b_2 = 1.620m이었다면 항정법(抗整法)에 의한 레벨의 조정량(調整量)은?

㉮ +0.200m ㉯ +0.206m
㉰ −0.200m ㉱ −0.206m

해설

$$d=\frac{D+e}{D}\{(a_1-b_1)-(a_2-b_2)\}$$

$$=\frac{100+3}{100}\{(1.525-1.315)-(1.630-1.620)\}$$

$$=0.206\text{ m}$$

b_2의 읽음값이 0.206m 높게 보이므로 조정량은 −0.206m가 됨

37. 다음 오차의 원인 중 정오차(누차)에 속하는 것은?

㉮ 함척 눈금의 불완전
㉯ 레벨 조정의 불완전
㉰ 기포의 둔감
㉱ 대물경의 출입에 의한 오차

해설 정오차

1. 표척의 눈금부정 2. 구차와 기차
3. 표척의 영눈금오차 4. 표척의 기울기 오차
5. 표척의 신축 오차 6. 표척의 침하

38. 수준측량에 있어서 표척눈금 간격이 일률적으로 긴 경우 오차분배는 어떻게 하는 것이 가장 좋은가?

㉮ 수준거리의 기계설치 횟수에 비례하여 분배한다.
㉯ 수준거리의 길이에 비례하여 배분한다.
㉰ 수준점간의 비고(比高)에 비례하여 배분한다.
㉱ 기계를 기수회로 설치하면 오차는 소거되어 분배가 필요 없다.

39. A, B 2개의 수준점에서 C점의 정확한 높이를 구하기 위하여 직접수준측량을 하여 다음의 결과를 얻었다.

A점에서 온 높이 → 33.5m(거리 2km)
B점에서 온 높이 → 33.7m(거리 5km)
C점의 정확한 높이는?

㉮ 33.426m ㉯ 33.518m
㉰ 33.557m ㉱ 33.642m

해설

1. 경중율은 노선거리에 반비례

$$P_1 : P_2=\frac{1}{2}:\frac{1}{5}=5:2$$

2. $$H_C=\frac{[PH]}{[P]}=\frac{5\times33.5+2\times33.7}{5+2}=33.557\text{ m}$$

40. 그림과 같은 수준망에서는 성과가 가장 나쁘기 때문에 수준측량을 다시 해야 할 노선은 ? (단, 수준점의 거리는 Ⅰ = 4km, Ⅱ = 3km, Ⅲ = 2.4km, ① + 3.600m, ② + 1.385m, ③ − 5.023m, ④ + 1.105m, ⑤ + 2.523m, ⑥ − 3.912m) [24㉠]

㉮ ②
㉯ ③
㉰ ①
㉱ ④

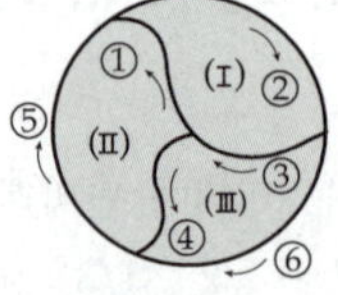

해답 35. ㉮ 36. ㉱ 37. ㉮ 38. ㉰ 39. ㉰ 40. ㉰

해설

(Ⅰ) 노선=①+②+③
=3.6+1.385−5.023=−0.037m

(Ⅱ) 노선=④+⑤−①
=1.105+2.523−3.6=+0.028m

(Ⅲ) 노선=③+④−⑥
=−5.023+1.105−(−3.912)=−0.006m

1km당 오차를 계산하면

$$\frac{0.037}{\sqrt{4}} : \frac{0.028}{\sqrt{3}} : \frac{0.006}{\sqrt{2.4}} = 0.0185 : 0.016 : 0.004$$

∴ 폐합결과를 볼 때 (Ⅰ) 노선과 (Ⅱ)노선의 성과가 나쁘게 나타나므로 (Ⅰ), (Ⅱ)노선에 공통으로 포함된 ①을 재측

41. 높이 5m인 표척에서 40cm 기울어진 상태의 4m 읽음값에 대한 정확한 높이값은?

㉮ 3.951m　　㉯ 3.963m
㉰ 3.987m　　㉱ 4.013m

해설

5 : 0.4 = 4 : x

$$x = \frac{0.4 \times 4}{5} = 0.32$$

$$x^2 + y^2 = 4^2$$

$$\therefore\ y = \sqrt{4^2 - 0.32^2} = 3.987\,\text{m}$$

42. 경사된 표척의 3m 위치가 바른 위치(수직)보다 20cm 뒤로 떨어져 있다. 레벨로 이 표척을 시준하여 2m를 읽은 경우 관측 결과에 미치는 오차는?

㉮ 1mm　　㉯ 2mm
㉰ 3mm　　㉱ 4mm

해설

3 : 0.2 = 2 : x

$$x = \frac{0.4}{2} = 0.13\,\text{m}$$

$$x^2 + y^2 = 2^2$$

$$y = \sqrt{2^2 - (0.13)^2} = 1.996\text{m}$$

∴ 수준측량의 오차=1.996−2=0.004m

43. 수준 측량에서 전·후의 2개의 표척이 항상 일정량으로 경사되게 세워졌을 경우 비고에 생기는 오차에 관하여 맞는 것은?

㉮ 비고에 비례한다.
㉯ 비고에 반비례한다.
㉰ 비고에 영향을 받지 않는다.
㉱ 전시·후시의 거리를 같게 하면 오차는 생기지 않는다.

해설

표척이 경사져 있으면 시준값은 항상 크게 나타난다. 또한 시준고가 높을수록 시준고에 비례하여 높이의 오차가 발생한다.

$h = h' \cdot \sin\theta$ ∵ h'(경사진 표척의 읽음값)이 클수록 h(수직으로 세운 표척의 읽음값)도 커진다.

44. 1,2등 수준 측량에서 4km 왕복 측량의 허용 오차는 몇 mm인가?

㉮ 1등 수준측량 : 4mm,　2등 수준측량 : 10mm
㉯ 1등 수준측량 : 5mm,　2등 수준측량 : 10mm
㉰ 1등 수준측량 : 4mm,　2등 수준측량 : 20mm
㉱ 1등 수준측량 : 5mm,　2등 수준측량 : 20mm

해설 왕복측량시의 허용오차

1등 : $E = 2.5\sqrt{L} = 2.5\sqrt{4} = 5\text{ mm}$
2등 : $E = 5.0\sqrt{L} = 5.0\sqrt{4} = 10\text{ mm}$

45. 다음 표는 횡단측량의 야장이다. b점의 지반고는? (단, 기계고는 같고 측점 No.5의 지반고는 15m 임)

측점	좌			중점	우	
	a	b	c		d	e
No.5	2.70	2.10	2.65	1.30	2.45	3.05
	19.60	12.50	5.00	0	4.50	18.0

㉮ 11.15m　　㉯ 14.20m
㉰ 13.80m　　㉱ 15.60m

해답 41. ㉰　42. ㉱　43. ㉮　44. ㉯　45. ㉯

해설

횡단측량의 야장은 고저차/거리로 표시한다.

∴b점의 지반고= $H_5 + B.S. - F.S.$

$= 15 + 1.30 - 2.10 = 14.20\text{m}$

46. 수준점 A, B, C에서 수준측량을 하여 P점의 표고를 얻었다. 관측거리를 경중률로 사용한 P점 표고의 최확값은?

노선	P점 표고값	노선거리
A→P	57.583m	2km
B→P	57.700m	3km
C→P	57.680m	4km

㉮ 57.641m ㉯ 57.649m

㉰ 57.654m ㉱ 57.706m

해설

① 직접수준측량의 경중률은 거리에 반비례

$P_A : P_B : P_C = \frac{1}{2} : \frac{1}{3} : \frac{1}{4} = 6:4:3$

② $H_P = \frac{[P \cdot H]}{[P]}$

$= 57 + \frac{6\times0.583 + 4\times0.700 + 3\times0.680}{6+4+3}$

$= 57.641\text{ m}$

47. 수준측량에서 왕복차의 제한이 8km에 대하여 12mm일 때 4km의 왕복에서는 얼마인가?

㉮ 5.24mm

㉯ 6.36mm

㉰ 7.98mm

㉱ 8.48mm

해설

직접 수준측량의 오차는 노선거리의 제곱근에 비례한다.

$\sqrt{8} : 12 = \sqrt{4} : x$

$\therefore x = \sqrt{\frac{4}{8}} \times 12 = 8.48\text{ mm}$

48. 2등 수준측량으로 2km 왕복측량을 하여 12mm의 오차가 생겼다. 이 오차를 어떻게 처리하는 것이 좋은가?

㉮ 결과의 평균에 의해 고저차를 결정한다.

㉯ 재측한다.

㉰ 측정별로 오차가 과대한 장소에만 조정한다.

㉱ 측정오차를 고려할 필요가 없다.

해설 수준측량의 허용오차

1등 수준측량 : $2.5\sqrt{L}\text{mm}$

2등 수준측량 : $5.0\sqrt{L}\text{mm}$

∴ 2km 왕복시의 허용오차(E)

$E = 5.0\sqrt{4} = 10.0\text{ mm}$

∴ 허용오차를 벗어나므로 재측한다.

49. 두점간의 고저차를 관측하기 위해 2개조로 측량팀을 구성하여 실시하였다. A조의 측량성과는 50.446m ±0.009m, B조는 50.633m ±0.006m 이었다면 두 점간의 고저차에 대한 최확값은? [00산]

㉮ 50.463m ㉯ 50.514m

㉰ 50.575m ㉱ 50.601m

해설

경중율은 중등(확률) 오차의 제곱에 반비례

$P_1 : P_2 = \frac{1}{9^2} : \frac{1}{6^2} = 36 : 81$

$\therefore P_H = \frac{[PH]}{[P]}$

$= 50 + \frac{0.446\times36 + 0.633\times81}{36+81}$

$= 50.575\text{ m}$

해답 46. ㉮ 47. ㉱ 48. ㉯ 49. ㉰

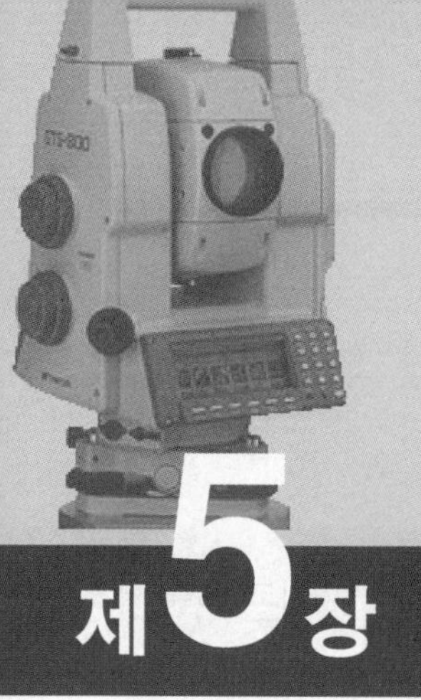

제 5 장 각 측량

출제경향분석

각 측량(트랜싯 측량)은 측각방법 및 특징, 오차의 종류와 처리 등이 중요하며 1. 오차의 원인과 처리방법 2. 측각오차와 거리오차의 관계 3. 최확값의 결정 등에서 주로 출제된다.

단원별 경향분석

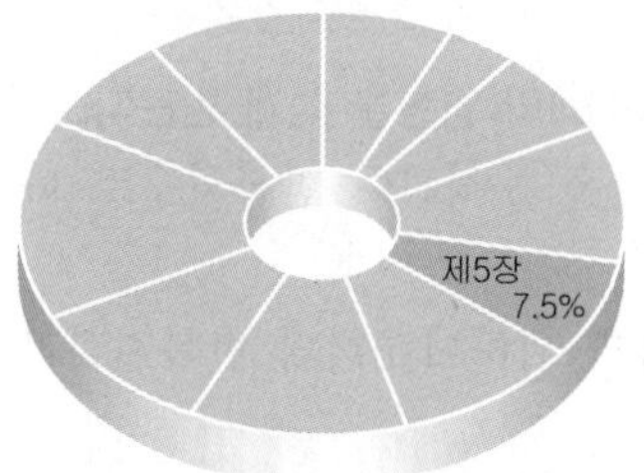

토목기사

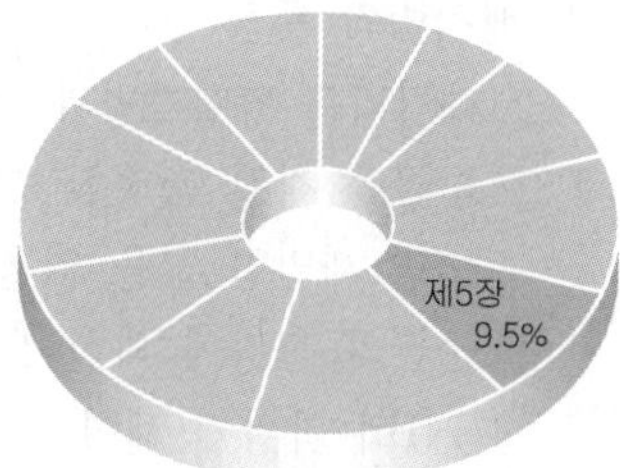

토목산업기사

항목별 경향분석

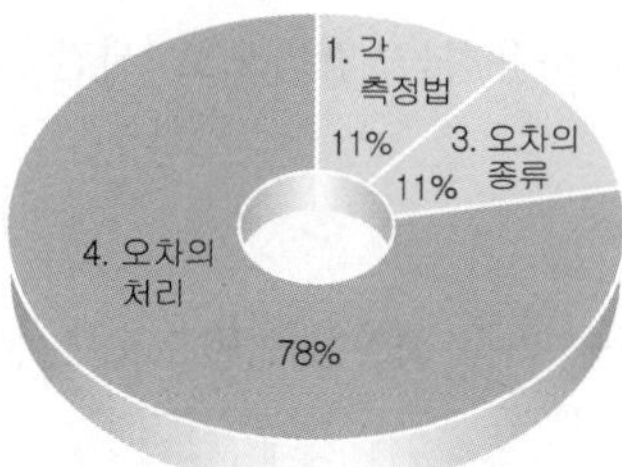

토목기사

토목산업기사

1 각 측정법

학습방향

각을 관측하는 방법에는 단측법, 배각법, 방향각법, 각 관측법 등이 있고 이러한 관측방법을 가지고 교각, 편각, 방위각 등을 관측하는 것을 통틀어 각 측정법이라 한다.

① 배각법의 특징　② 방위각의 개념　③ 대회관측

1 한 점 주위의 각을 잴 경우

(1) 단측법

1개의 각을 1회 측정하는 방법으로 단각법이라고도 한다.

단측각 = 나중 읽음값 − 처음 읽음값

(2) 배각법

1개의 각을 2회이상 반복 관측하여 어느 각을 측정하는 방법으로 반복법이라고도 한다.

$\angle AOB = \dfrac{\alpha_n - \alpha_o}{n}$　여기서, α_n : 종독, α_o : 초독

※ 배각법의 특징

① 배각법은 방향각법과 비교하여 **읽기오차(β)의 영향을 적게 받는다.**

② 눈금을 직접 측정할 수 없는 미량의 값을 누적하여 반복횟수로 나누면 세밀한 값을 읽을 수 있다.

③ 눈금의 불량에 의한 오차를 최소로 하기 위하여 n회의 반복결과가 360°에 가깝게 해야 한다.

④ 내축과 외축을 이용하므로 내축과 외축의 연직선에 대한 불일치에 의하여 오차가 생기는 경우가 있다.

⑤ 배각법은 방향수가 적은 경우에는 편리하나 삼각측량과 같이 많은 방향이 있는 경우는 적합하지 않다.

(3) 방향각법

1점 주위에 있는 각을 연속해서 측정할 때 사용하는 방법으로 시간은 절약되나 정밀도가 낮다.

(4) 각 관측법

다음 그림과 같이 측정하며 수평각 관측법 중 **가장 정확한 방법**으로 1, 2 등 삼각측량에 주로 사용한다.

- 총 관측수= $\dfrac{N(N-1)}{2}$
- 조건식의 수= $\dfrac{(N-1)(N-2)}{2}$

학습POINT

▶05, 09㉠, 07㉡
- 배각법
- 배각법의 특징
- 각 관측법

■ 측량방법에 따른 측각법

1) 1, 2등 삼각측량 : 각관측법
2) 3, 4등 삼각측량 : 각관측법, 방향각법
3) 트래버스측량 : 단측법, 배각법

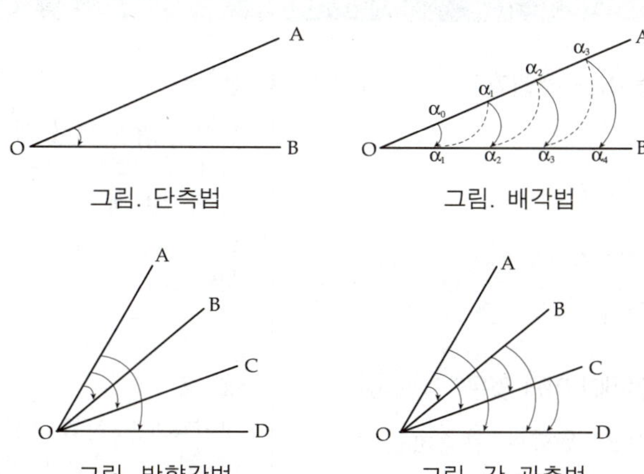

그림. 단측법　　그림. 배각법

그림. 방향각법　　그림. 각 관측법

2 측선과 측선사이의 각을 잴 경우

(1) 교각법

어떤 측선이 그 앞의 측선과 이루는 각을 관측하는 방법으로 요구하는 정확도에 따라 단측법, 배각법으로 관측할 수 있다.

(2) 편각법

어떤 측선이 그 앞 측선의 연장선과 이루는 각을 측정하는 방법으로 선로의 중심선 측량에 적당하다.

(3) 방위각법

각 측선이 진북(자오선)방향과 이루는 각을 시계방향으로 관측하는 방법으로 직접 방위각이 관측되어 편리하다.

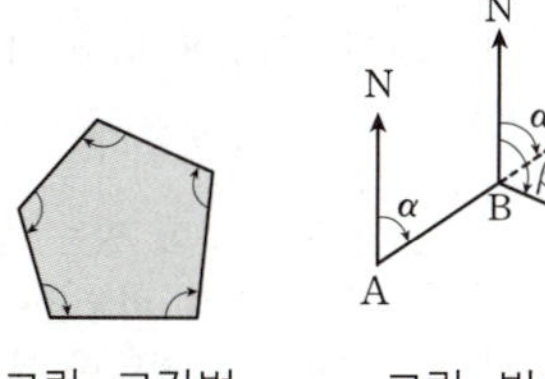

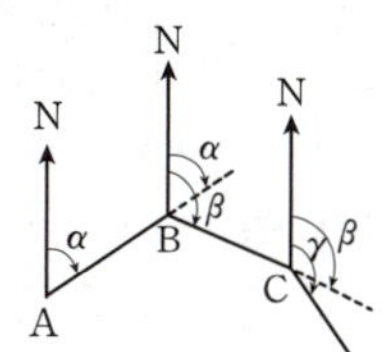

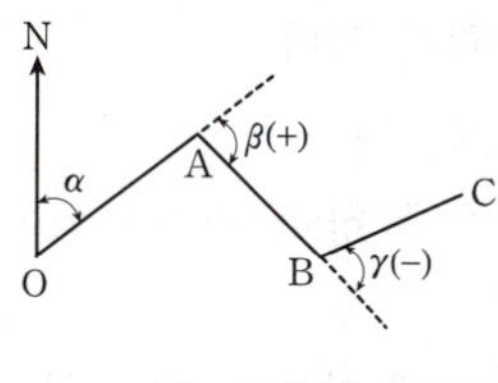

그림. 교각법　　그림. 방위각법　　그림. 편각법

3 대회관측

(1) 기계의 정위와 반위로 한각을 두 번 관측하며 이것을 1대회 관측이라 하고 측정정도에 따라 n대회까지 관측한다. 보통 1, 3, 5대회 관측을 많이 사용한다.

(2) n대회 관측시 초독의 위치는 $\frac{180°}{n}$ 씩 이동한다.

[예제] 3대회 관측시 초독의 위치

$$\frac{180°}{3} = 60°$$

∴ 0°, 60°, 120°를 초독으로 놓고 대회관측을 실시한다.

■ 방향각과 방위각

1. 방향각 : 기준선으로부터 어느 측선까지 시계방향으로 잰 수평각을 말하며 측량에서는 좌표축의 X^N 방향 즉, 도북방향을 기준으로 어느 측선까지 시계방향으로 잰 수평각을 가리킨다.
2. 방위각 : 자오선을 기준으로 어느 측선까지 시계방향으로 잰 수평각을 말한다.

뱡향각(T)=진북방위각(α)+자오선수차(±γ)

▶04, 06㉦
- 방위각법

■ 방위각법의 특징

1. 각 측선이 일정한 기준선과 이루는 각을 우회로 관측하는 방법이다.
2. 지역이 험준하고 복잡한 지역에서는 적합하지 않다.
3. 직접 방위각이 관측되어 편리하다.
4. 오차가 이후의 측량에 계속 누적되는 단점이 있다.
5. 각관측값의 계산과 제도가 편리하고 신속히 관측할 수 있어서 노선측량, 지형측량에 주로 이용된다.

핵 심 문 제

1 그림과 같이 각을 관측하는 방법은 다음 중 어느 것인가? [95 ㉮]

㉮ 방향관측법
㉯ 반복관측법
㉰ 배각관측법
㉱ 각관측법

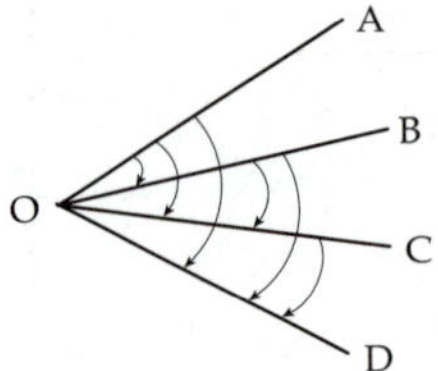

2 다각측량의 각관측 방법 중 방위각법에 대한 설명이 아닌 것은? [04, 06 ㉮]

㉮ 각 측선이 일정한 기준선과 이루는 각을 우회로 관측하는 방법이다.
㉯ 지역이 험준하고 복잡한 지역에서는 적합하지 않다.
㉰ 각각이 독립적으로 관측되므로 오차 발생시 오차의 영향이 독립적이므로 이후의 측량에 영향이 없다.
㉱ 각관측값의 계산과 제도가 편리하고 신속히 관측할 수 있다.

3 A, B 두 방향에 대한 협각을 3대회 관측하려면 수평분도반(水平分度盤)의 위치는? [91 ㉮]

㉮ 30°90°120°　㉯ 0°60°120°
㉰ 120°180°270°　㉱ 90°120°270°

4 다음의 배각법에 의한 각 관측 방법에 대한 설명 중 잘못된 것은? [96 ㉮]

㉮ 방향각법에 비해 읽기오차의 영향이 적다.
㉯ 많은 방향이 있는 경우는 적합하지 않다.
㉰ 눈금의 불량에 의한 오차를 최소로 하기 위하여 n회의 반복 결과가 360°에 가깝게 해야 한다.
㉱ 내축과 외축의 연직선에 대한 불일치에 의한 오차는 자동 소거된다.

5 트래버스 측량에 관한 일반적인 사항에 대한 설명으로 옳지 않은 것은? [01, 16 ㉮]

㉮ 트래버스 종류 중 결합트래버스는 가장 높은 정확도를 얻을 수 있다.
㉯ 각관측 방법 중 방위각법은 한번 오차가 발생하면 그 영향은 끝까지 미친다.
③ 폐합오차 조정방법 중 컴퍼스법칙은 각관측의 정밀도가 거리관측의 정밀도보다 높을 때 실시한다.
④ 폐합트래버스에서 편각의 총합은 반드시 360°가 되어야 한다.

해 설

해설 **1**

한점 주위의 여러 개의 각을 정밀하게 측정하는 방법을 각 관측법이라 하는데 이는 조건식의 수가 많아 정밀한 보정이 가능하기 때문이다.

해설 **2**

방위각법은 직접 방위각이 관측되어 편리한 장점이 있으나 오차가 이후의 측량에 계속된다는 단점이 있다.

해설 **3**

n대회 관측시 분도원의 위치는 $\frac{180°}{n}$ 이므로 $\frac{180°}{3}$ =60°씩 초독의 위치를 이동하면서 관측한다. 즉, 0°, 60°, 120°

해설 **4**

1. 방향각법에 비해 읽기오차가 $\frac{1}{n}$ 로 줄어든다.
2. 많은 방향이 있는 경우는 시간이 많이 걸려 비능률적이므로 각관측법으로 정밀한 관측을 한다.
3. 내축과 외축의 연직선에 대한 불일치에 의한 오차는 제거하기 곤란하다.

해설 **5**

컴퍼스 법칙은 각과 거리측정의 정도가 비슷할 때 사용하며, 각 측정의 정도가 높은 경우에는 트랜싯 법칙을 사용한다.

정답 1. ㉱ 2. ㉰ 3. ㉯ 4. ㉱ 5. ㉰

6 트래버스측량에서 관측값의 계산은 편리하나 한번 오차가 생기면 그 영향이 끝까지 미치는 각관측 방법은? [15 ㉦]

㉮ 교각법 ㉯ 편각법
㉰ 협각법 ㉱ 방위각법

7 트래버스의 수평각 관측방법 중 교각법의 장점이 아닌 것은?

㉮ 측점마다 독립관측이 되어 작업순서가 없어서 좋다.
㉯ 반복법에 의한 측각이 가능하다.
㉰ 측각에 오차가 있어도 다른각에 영향을 주지 않는다.
㉱ 계산이 편리하고 신속히 관측할 수 있어 노선측량이나 지형측량에 널리 사용된다.

8 31° 46′ 09″인 각을 1′까지 읽을 수 있는 트랜싯(transit)을 사용하여 6회의 배각법으로 관측하였을 때 각 관측값은? (단, 기계오차 및 관측오차는 없는 것으로 한다.) [00, 95 ㉦]

㉮ 31°46′08″
㉯ 31°46′09″
㉰ 31°46′10″
㉱ 31°46′11″

9 한 측점에서 7개의 방향선이 구성 되었을 때 각 관측법에 의한 관측각의 총 수는? [01 ㉦]

㉮ 21개 ㉯ 11개
㉰ 8개 ㉱ 6개

10 어느 각을 관측한 결과가 다음과 같을 때, 최확값은? (단, 괄호 안의 숫자는 경중률) [16 ㉦]

73°40′12″(2), 73°40′10″(1)
73°40′15″(3), 73°40′18″(1)
73°40′09″(1), 73°40′16″(2)
73°40′14″(4), 73°40′13″(3)

㉮ 73°40′10.2″ ㉯ 73°40′11.6″
㉰ 73°40′13.7″ ㉱ 73°40′15.1″

해 설

해설 **6**

트래버스의 수평각 관측시 교각법, 편각법, 협각법 등은 각각 독립적인 관측이나 방위각법은 전측선의 방위각이 계속 후속 측선의 방위각에 영향을 미친다.

해설 **7**

① 교각법은 어떤 측선이 그 앞의 측선과 이루는 각을 관측하는 방법이다.
② 교각법의 장점은 각 측점마다 독립관측이 되고 따라서 반복측정에 의해 정밀도를 높일 수 있으며 한 각을 잘못 측정해도 다른 각에 영향을주지 않는다.
③ 교각법의 단점은 방위각법에 비해 계산이 불편하고 작업속도도 느린편이다.
④ 교각법은 결합, 폐합 트래버스에 적당하다.

해설 **8**

1. 31°46′09″×6=190°36′54″
2. 1′독 트랜싯을 사용하면 190°37′으로 관측된다.

$\therefore$ 관측값 $= \dfrac{190°37'}{6} = 31°46'10''$

해설 **9**

관측각의 총수 $= \dfrac{N(N-1)}{2} = \dfrac{7(7-1)}{2} = 21$개

해설 **10**

$P_\theta = \dfrac{[P\times\theta]}{[P]}$ 에서

경중률(P)은 측정횟수에 비례하므로 $= 73°40' + \dfrac{12''\times2+10''\times1+\cdots+13''\times3}{2+1+\cdots+3}$

$= 73°40'13.71''$

정답 6. ㉱ 7. ㉱ 8. ㉰ 9. ㉮ 10. ㉰

2 오차의 종류

학습방향

각 측량에서 50% 이상 출제되는 부분으로 이 단원은 확실히 정리를 해야 한다. 특히 배각법의 오차는 읽기오차가 1/n만큼 줄어든다는 내용과 기계오차의 원인과 처리방법은 확실히 공부해야 한다.
① 배각법의 오차
② 기계오차의 원인과 처리방법
③ 구심오차

1 배각법(반복법)의 오차

(1) 시준 오차 $(n_1) = \pm\sqrt{\dfrac{2\alpha^2}{n}}$

(2) 읽기 오차 $(n_2) = \pm\dfrac{\sqrt{2\beta^2}}{n}$

(3) 배각법의 오차 $(M) = \pm\sqrt{\dfrac{2}{n}\left(\alpha^2 + \dfrac{\beta^2}{n}\right)}$

여기서, α : 1회 시준시의 오차
β : 1회 읽을 때의 오차

배각법의 오차에서 가장 큰 특징은 읽기오차가 시준오차의 1/n만큼 줄어드는데 이것은 시준은 계속 반복하지만 버니어는 처음과 마지막 회만 읽기 때문이다.

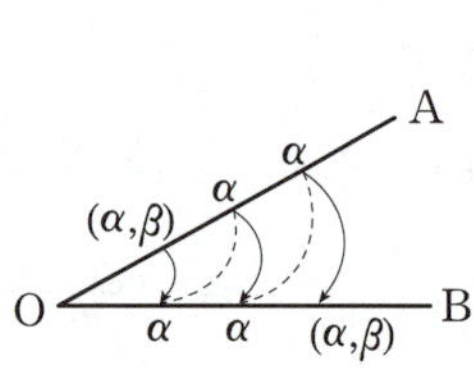

그림. 배각법의 오차

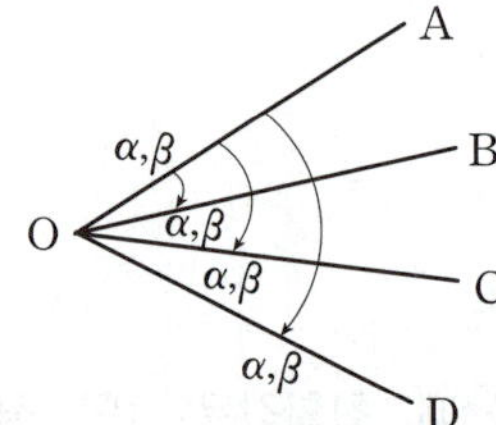

그림. 방향각법의 오차

2 방향각법의 오차

(1) 1방향에 생기는 오차 $(m_1) = \pm\sqrt{\alpha^2 + \beta^2}$

(2) 두방향에 생기는 오차 $(m_2) = \pm\sqrt{2(\alpha^2 + \beta^2)}$

(3) n회 관측한 평균값에 의한 오차 $M = \pm\sqrt{\dfrac{2}{n}(\alpha^2 + \beta^2)}$

학습POINT

09㉮
• 배각법의 오차

3 오차의 원인과 처리방법

오차의 종류	오차의 원인	처리방법
연직축 오차	평반 기포관축이 연직축과 직교하지 않을 때 또는 연직축이 연직선과 일치하지 않을 경우	조정이 불가능
시준축 오차	시준축과 수평축이 직교하지 않을 때	망원경 정·반의 읽음값 평균
수평축 오차	수평축이 연직축과 직교하지 않을 때	망원경 정·반의 읽음값 평균
외심오차 (시준선의 편심오차)	망원경의 중심과 회전축이 일치하지 않을 때	망원경 정·반의 읽음값 평균
내심오차 (회전축의 편심오차)	수평회전축과 수평분도원의 중심이 일치하지 않을 때	A, B 버니어의 읽음값을 평균
분도원의 눈금오차	분도원 눈금의 부정확	분도원의 위치를 변화시켜 가면서 대회관측

■ 1. 조정의 불완전에 의한 오차
① 시준축 오차
② 수평축 오차
③ 연직축 오차

2. 기계의 구조상 결점에 의한 오차
① 내심 오차
② 외심 오차
③ 분도원의 눈금오차

3. 망원경 정·반의 읽음값을 평균하면 없어지는 오차
① 시준축 오차
② 수평축 오차
③ 외심오차(시준선의 편심오차)

▶04 ㉮, 08 ㉯
• 오차의 원인과 처리방법
• 부정오차

4 부정오차

(1) 망원경의 시차에 의한 오차
① 원인 : 대물렌즈에 맺힌 상이 십자선 면의 상과 불일치
② 처리방법 : 대물경과 접안경을 정확히 조정

(2) 빛의 굴절에 의한 오차
① 원인 : 공기밀도의 불균일 또는 시준선이 지나치게 지형이나 지물에 접근하여 있는 경우
② 처리방법 : 수평각은 아침·저녁에, 수직각은 정오에 관측한다.

5 구심오차(편심오차)

기계를 측점위에 정확히 세우지 않음으로 생기는 오차로 시준거리가 짧을수록 커진다. 그림과 같이 측점 O에서 e 만큼 편심된 점 O′에 기계를 설치한 경우, 측각 오차 Δe는

$$\Delta e = \omega - \omega' = \varepsilon_1 + \varepsilon_2$$

$$\fallingdotseq e\left(\frac{\sin\beta_1}{S_1} + \frac{\sin\beta_2}{S_2}\right)$$

여기서 $S_1 = S_2 = S$
(기계에서 양시준점 사이의 거리)
라 하면,

$$\Delta e \fallingdotseq \frac{2e}{S}\, rad$$

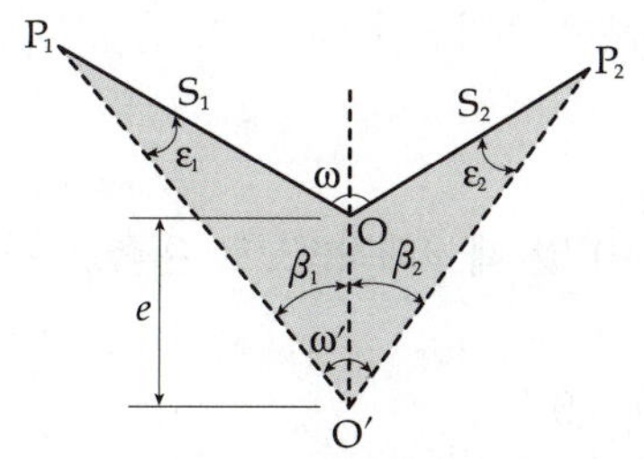

그림. 편심오차

핵심문제

해설

1 수평각 관측에 관한 오차의 설명 중 옳지 않은 것은? (단, α : 시준오차, β : 읽기오차, n : 관측횟수) [98 ㉠]

㉮ 단각법에 의한 각 관측오차 : $m_2 = \pm\sqrt{2(\alpha^2+\beta^2)}$

㉯ 배각법에 의한 각 관측오차 : $m_0 = \pm\sqrt{\frac{2}{n}\left(\alpha^2+\frac{\beta^2}{n}\right)}$

㉰ n배각의 관측에 있어서 한 각에 포함되는 시준오차 : $m_1 = \sqrt{\frac{2\alpha^2}{n}}$

㉱ 방향각법에 의하여 n회 관측한 평균값에 의한 오차 :

$M_0 = \pm\sqrt{\frac{n}{2}(\alpha+\beta)}$

해설 **1**

방향각법에서 n회 관측한 평균값에 의한 오차(M)

$= \pm\sqrt{\frac{2}{n}(\alpha^2+\beta^2)}$

오차의 설명에서 $\sqrt{2}$가 들어가는 것은 두 방향을 나타낸다. 이것은 평판측량시 교회법의 오차

$(e) = \sqrt{2} \times \frac{0.2}{\sin\theta}$ 에서도 이용된다.

2 트랜싯에서 기계의 수평회전축과 수평분도원의 중심이 일치되지 않으므로 생기는 오차는? [97 ㉠]

㉮ 연직축 오차 ㉯ 회전축의 편심오차

㉰ 시준축의 편심오차 ㉱ 수평축 오차

해설 **2**

내심 오차(회전축의 편심오차)는 기계의 수평회전축(연직축)과 수평분도원의 중심이 일치하지 않아 발생하며 A, B 버니어의 읽음값을 평균하여 소거한다.

3 버니어의 0의 위치를 180°/n씩 옮겨가면서 대회관측을 하여 소거되는 오차는? [97 ㉤]

㉮ 회전축의 편심오차 ㉯ 분도원의 눈금오차

㉰ 시준선의 편심오차 ㉱ 수평축의 오차

해설 **3**

분도원의 눈금에 이상이 있으면 똑같은 각이라도 분도원 초독의 위치에 따라 측정값이 달라지므로 180°/n씩 옮겨가면서 대회관측을 하는 것이 분도원 전체를 사용할 수 있고 따라서 오차를 소거할 수 있다.

4 수평각을 관측하는 경우, 조정 불완전으로 인한 오차를 최소로 하기 위한 방법으로 가장 좋은 것은? [16 ㉤]

㉮ 관측방법을 바꾸어 가면서 관측한다.

㉯ 여러 번 반복 관측하여 평균값을 구한다.

㉰ 정·반위관측을 실시하여 평균한다.

㉱ 관측값을 수학적인 방법을 이용하여 조정한다.

해설 **4**

수평각 관측시 시준축 오차, 수평축 오차, 외심오차 같은 조정 불완전에 의한 오차를 처리하는 방법은 망원경 정·반의 읽음값을 평균한다.

5 시준오차 ±10″, 눈금 읽음오차 ±10″일 때 4배각법으로 관측한 관측오차는?

㉮ 11.2″ ㉯ 7.9″

㉰ 5.0″ ㉱ 3.5″

해설 **5**

• 배각법 오차(M)

$M = \pm\sqrt{\frac{2}{n}(\alpha^2+\frac{\beta^2}{n})}$

$= \pm\sqrt{\frac{2}{4}(10^2+\frac{10^2}{4})} = 7.9''$

정답 1. ㉱ 2. ㉯ 3. ㉯ 4. ㉰ 5. ㉯

6 트랜싯으로 수평각을 관측하는 경우 분도원의 눈금 불완전으로 인한 오차를 최소로 하기 위한 방법으로 가장 좋은 것은? [98㉴]

㉮ 관측방법을 바꾸어 가면서 관측한다.

㉯ 여러번 반복 관측하여 평균값을 구한다.

㉰ 초독의 위치를 $\frac{180°}{n}$ 씩 옮겨가면서 대회관측을 실시 평균한다.

㉱ 관측값은 수학적인 방법을 이용하여 정밀하게 조정한다.

7 수평각 및 수직각 관측에 적당한 시간은?

㉮ 수평각 : 아침, 저녁, 수직각 : 정오

㉯ 수직각 : 아침, 저녁, 수평각 : 정오

㉰ 수직각 : 아침, 저녁, 수평각 : 아침, 저녁

㉱ 수직각 : 정오, 수평각 : 정오

8 각 관측에서 시준오차가 ±10″이고 읽기오차가 ±5″인 경우 단각법에 의해 한각을 관측하는데 발생하는 각 관측오차는 얼마인가? [01, 09 ㉹]

㉮ ±8″ ㉯ ±14″

㉰ ±16″ ㉱ ±23″

9 각 관측에서 망원경을 정, 반으로 관측, 평균하여도 없앨 수 없는 오차는?

㉮ 시준축 오차 ㉯ 수평축 오차

㉰ 외심 오차 ㉱ 연직축 오차

10 그림과 같이 2회 관측한 ∠AOB의 크기는 21°36′28″, 3회 관측한 ∠BOC는 63°18′45″, 6회 관측한 ∠AOC는 84°54′37″일 때 ∠AOC의 최확치는? [00, 16 ㉹]

㉮ 84°54′31″

㉯ 84°54′49″

㉰ 84°54′39″

㉱ 84°54′43″

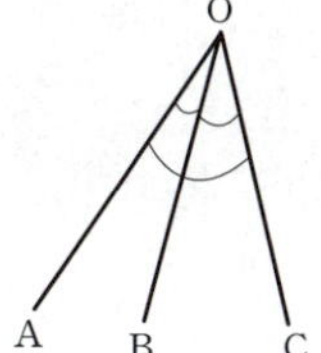

해설

해설 **6**

분도원의 눈금간격이 불균일한 경우 초독의 위치를 옮겨가면서 분도원 전체를 사용하여 대회관측 ⇒평균한다.

해설 **7**

수평각은 아침, 저녁에 연직각은 빛의 굴절오차가 적은 정오에 관측한다.

해설 **8**

$$m_x = \pm\sqrt{2(\alpha^2+\beta^2)}$$
$$= \pm\sqrt{2(10^2+5^2)} = \pm 15.8''$$

해설 **9**

망원경을 정, 반으로 관측하여 평균하면 소거되는 오차

1. 시준축 오차
2. 수평축 오차
3. 외심 오차

연직축의 오차는 소거할 수 없다.

해설 **10**

1. 측각 오차
84°54′37″−21°36′28″−63°18′45″ =−36″
2. 보정량은 경중률에 반비례하므로
$\frac{1}{2} : \frac{1}{3} : \frac{1}{6} = 3:2:1$
3. ∠AOC의 보정량
$= \frac{1\times(+36)}{[3+2+1]} = 6''$
4. ∠AOC의 최확치=84°54′43″

정답 6. ㉰ 7. ㉮ 8. ㉰ 9. ㉱ 10. ㉱

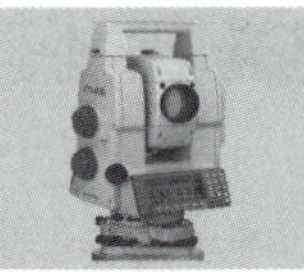

3 오차의 처리

학습방향

각 측정시 발생되는 오차는 허용오차 범위 내에서 조정할 필요가 있다. 각 측정의 정도와 거리측정의 정도는 비슷해야 하며 확률오차와 총합에 대한 허용오차를 이해하자.

① 거리측정의 정도와 각 측정의 정도.
② 경중률과 허용오차
③ 야장기입시의 용어

1 측각오차와 측거오차의 관계

각과 거리의 관측정도가 비슷하다면

$$\frac{\text{측각오차}}{\rho''} = \frac{\text{거리오차}}{\text{측선거리}(l)}$$

$$\frac{\varepsilon''}{\rho''} = \frac{\Delta l}{l}$$

2 수평각의 측설

옆의 그림에서

α : 측설하고자 하는 각
α': 측설한 각
ε : 측설시의 오차(″)
e : 측설시의 보정량(m)

이라 하고 각과 거리의 정도가 같다면

$b : e = \rho'' : \varepsilon''$

$$\therefore\ e = b \times \frac{\varepsilon''}{\rho''} = b \times \frac{\varepsilon''}{206265''}$$

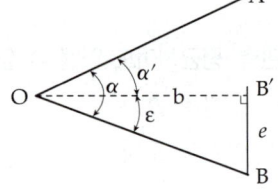

그림. 수평각의 측설

즉, 수평각 측설시 ε''의 각오차가 발생했다면 B′점에서 직각으로 e(m) 만큼 지거법으로 보정하여 B점을 구한다.

3 같은 각을 여러번 측정했을 때의 확률 오차

(1) 측정값이 같은 조건에서 얻어졌을 때에는, 거리측량의 확률오차와 같은 방법으로 구하면 된다.
(2) 측정값이 서로 다른 조건하에서 얻어졌을 경우는 서로의 측정값이 가지는 경중률을 고려하여 최확값과 확률오차를 구한다.

학습POINT

▶07, 08㉠, 08, 09, 10㉡
•측각오차와 측거오차의 관계
•같은 각을 여러번 측정했을 때의 확률 오차

■ 측량의 공식은 비례관계로 외 우면 편리함

1. 구과량 : $\frac{\varepsilon''}{\rho''} = \frac{F}{R^2}$
(각도의 비=면적의 비)
2. 각과 거리 : $\frac{\varepsilon''}{\rho''} = \frac{\triangle l}{l}$
(각도의 정도=거리의 정도)
3. 기복변위 : $\frac{\triangle r}{r} = \frac{h}{H}$
(사진거리의 비=높이의 비)
4. 시차 : $\frac{\triangle P}{b_o} = \frac{h}{H}$
(수평 거리의 비=높이의 비)

예제 같은 각을 측정 횟수가 다르게 측정하여 다음의 값을 얻었다.
최확값과 확률 오차를 구하여라.
47°37′38″(1회 측정값), 47°37′21″(4회 측정값)
47°37′30″(9회 측정값)

[풀이] 최확값은 경중률을 생각하여(측정 횟수에 비례하므로) 구한다.

$$\frac{38''\times1+21''\times4+30''\times9}{1+4+9}=28''$$

따라서, 최확값은 47°37′28″이다.

확률오차는, $\pm0.6745\sqrt{\frac{P_1V_1^2+P_2V_2^2+P_3V_3^2}{[P](n-1)}}$

$$=\pm0.6745\sqrt{\frac{1\times10^2+4\times7^2+9\times2^2}{14(3-1)}}=\pm18''$$

4 2개 이상의 각을 측정했을 때의 보정

▶09㉮, 09, 10㉯
- 2개 이상의 각을 측정했을 때의 보정
- 총합에 대한 허용 오차

(1) 경중률이 같을 경우 : 같은 양을 보정
(2) 경중률이 다를 경우 : 서로의 경중률에 반비례하여 보정
관측횟수를 다르게 하면 경중률은 관측횟수(N)에 비례하므로,

$P_1 : P_2 : P_3 = N_1 : N_2 : N_3$

$$조정량(d)=오차(E)\times\frac{조정할\ 각의\ 1/P}{[1/P]}$$

5 총합에 대한 허용 오차

삼각형, 다각형 또는 수 개의 각이 있을 때, 각 오차의 총합은 다음과 같다.

$E_S=\pm E_a\sqrt{n}$

여기서, E_S : n개 각의 총합에 대한 각 오차
E_a : 한 각에 대한 오차
n : 각의 수

6 야장기입시의 용어

(1) 배각 : 어떤 대회 관측에서 같은 방향에 대한 정위와 반위의 관측값의 합
(2) 교차 : 같은 각을 같은 정도로 2회 관측했을 때 관측값의 오차
(3) 배각차 : 각 대회에서 배각을 구했을 때 같은 방향에 대한 가장 큰 배각과 가장 작은 배각과의 차로서 관측의 정도를 판정하는 기준이 된다.
(4) 관측차 : 교차의 차로써 배각차와 같이 관측의 정도를 판정하는 기준이 된다.

■ 1. 교차=R−L
2. 배각=R+L
3. 배각차
$=(R_1+L_1)-(R_2+L_2)$
4. 관측차
$=(R_1-L_1)-(R_2-L_2)$
여기서,
R : 망원경을 정위에 놓고 측정한 값
L : 망원경을 반위에 놓고 측정한 값

핵심문제

1 거리 2km 떨어진 목표가 관측방향에 대하여 직각으로 5cm 이동되었다면 관측각은 몇 초 변화하는가? [94 ㉮]

㉮ 5″ ㉯ 7″
㉰ 9″ ㉱ 10″

2 A, B, C 세 사람이 같은 트랜싯으로 하나의 각을 단측법으로 측각해서 다음표와 같은 결과를 얻었다. 이 각의 최확치는? [00, 95 ㉮]

관측자	관측 횟수	관측 결과
A	4	156°13′22″
B	6	156°13′30″
C	2	156°13′39″

㉮ 156°13′10″ ㉯ 156°13′18″
㉰ 156°13′28.8″ ㉱ 156°13′36.9″

3 다각측량에서 한각을 관측하는데 발생되는 오차가 ±5″라고 하면, 4개의 각이 있을 때 각오차의 총합은 얼마인가?

㉮ ±5″ ㉯ ±10″
㉰ ±20″ ㉱ ±30″

4 거리측량의 정확도가 $\frac{1}{10000}$ 일 때 같은 정확도를 가지는 각 관측오차는? [15 ㉮]

㉮ 18.6″ ㉯ 19.6″
㉰ 20.6″ ㉱ 21.6″

5 두 개의 각 ∠AOB = 15° 32′ 18.9″ ±5″, ∠BOC = 67° 17′ 45″ ±15″로 표시될 때 두 각의 합 ∠AOC는 다음 중 어느 것이 가장 적절한 표현인가? [95, 15 ㉮]

㉮ 82°50′3.9″ ± 5.5″
㉯ 82°50′3.9″ ± 10.1″
㉰ 82°50′3.9″ ± 15.4″
㉱ 82°50′3.9″ ± 15.8″

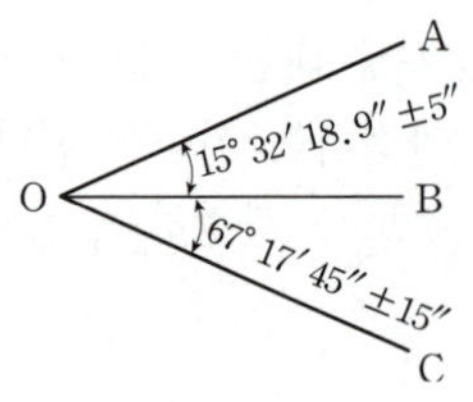

해설

해설 **1**

$\frac{e}{l} = \frac{\varepsilon''}{\rho''}$

$\therefore \varepsilon'' = \rho'' \times \frac{e}{l}$

$= 206265'' \times \frac{0.05}{2000} = 5''$

해설 **2**

경중률은 관측횟수에 비례하며 최확값

$= \frac{[P\theta]}{[P]}$

$= 156°13' + \frac{4 \times 22'' + 6 \times 30'' + 2 \times 39''}{(4+6+2)}$

$= 156°13'28.8''$

해설 **3**

오차 전파의 법칙에서

$E = \pm\sqrt{E_1^2 + E_2^2 + \cdots}$

$= \pm\sqrt{4 \times (5'')^2}$

$= \pm 10''$

해설 **4**

각과 거리의 정도가 같다면

$\frac{\Delta l}{l} = \frac{\varepsilon''}{\rho''}$

$\therefore \varepsilon'' = \frac{1}{10,000} \times 206,265''$

$= 20.6''$

해설 **5**

우연오차는 오차 전파의 법칙에서

$E = \pm\sqrt{E_1^2 + E_2^2}$

$= \pm\sqrt{5^2 + 15^2} = \pm 15.81''$

정답 1. ㉮ 2. ㉰ 3. ㉯ 4. ㉰ 5. ㉱

6 그림에서 O에 기계를 세우고 α를 측정하여 B점을 설치하려 한다. OB의 길이는 102.2m이며, 25″ 의 각오차가 있을 때 B점의 편위는? [00 ㉮]

㉮ 2.0mm
㉯ 5.1mm
㉰ 11.3mm
㉱ 12.4mm

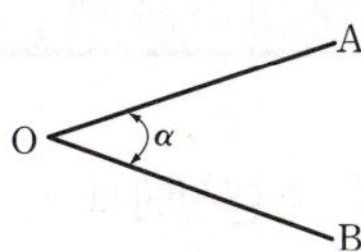

7 다각측량에서 토털스테이션의 구심오차에 관한 설명으로 옳은 것은? [16 ㉮]

① 도상의 측점과 지상의 측점이 동일연직선상에 있지 않음으로써 발생한다.
② 시준선이 수평분도원의 중심을 통과하지 않음으로써 발생한다.
③ 편심량의 크기에 반비례한다.
④ 정반관측으로 소거된다.

8 각 관측오차가 1′일 때 2km 떨어진 지점에서의 편심오차는 얼마인가? [01 ㉳]

㉮ 0.29m
㉯ 0.58m
㉰ 0.74m
㉱ 0.85m

9 그림과 같이 O점에서 같은 정확도로 각 x_1, x_2, x_3를 관측하여 $x_3-(x_1+x_2)=+45''$의 결과를 얻었다면 보정값으로 옳은 것은? [18 ㉳]

㉮ $x_1=+15''$, $x_2=+15''$, $x_3=+15''$
㉯ $x_1=-15''$, $x_2=-15''$, $x_3=+15''$
㉰ $x_1=+15''$, $x_2=+15''$, $x_3=-15''$
㉱ $x_1=-10''$, $x_2=-10''$, $x_3=-10''$

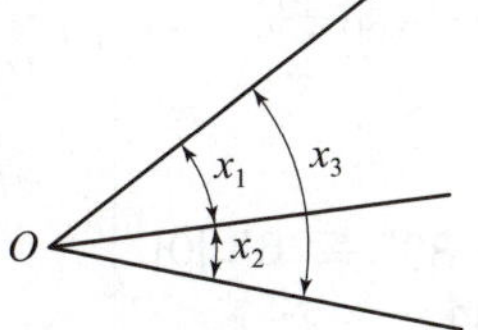

10 다각측량에서 1각의 오차가 10″인 9개의 각이 있을 경우에는 그 각오차의 총합은?

㉮ 10″ ㉯ 20″
㉰ 40″ ㉱ 30″

해설

해설 **6**

$\dfrac{\triangle l}{l}=\dfrac{\varepsilon''}{\rho''}$ 에서

$\triangle l=\dfrac{\varepsilon''}{\rho''}\times l$

$=\dfrac{25''}{206,265''}\times 102.2$

$=0.0124\text{ m}=12.4\text{mm}$

해설 **7**

평판이나 토털스테이션의 구심오차는 지상의 측점과 기계의 중심(도상의 측점)이 일치하지 않아 발생한다.

해설 **8**

$\dfrac{\triangle l}{l}=\dfrac{\varepsilon''}{\rho''}$

$\triangle l=\dfrac{\varepsilon''}{\rho''}\times l$

$=\dfrac{1\times 60''}{206265''}\times 2000=0.582\text{ m}$

해설 **9**

조정량 $=\dfrac{45''}{3}=15''$

여기서 ⊕인 x_3는 $-15''$, 작은 x_1, x_2는 $+15''$씩 보정한다.

해설 **10**

1점 주위에 여러 개의 각이 있을 경우 그 각오차의 총합은 각의 수(n)의 제곱근에 비례하므로

$E_\alpha=\pm\varepsilon_\alpha\sqrt{n}=10''\sqrt{9}=30''$

정답 6. ㉱ 7. ㉮ 8. ㉯ 9. ㉰ 10. ㉱

출제예상문제

5 CHAPTER 각 측량

1. 트랜싯에 의한 측각법에 있어서 반복법의 특징 중 옳지 않은 것은?

㉮ 눈금을 직접 측정할 수 없는 미량의 값을 누적하여 반복횟수로 나누면 세밀한 값을 읽을 수 있다.

㉯ 어느 측점에서 측정하는 각이 많을 때 작업이 신속하고 편리하다.

㉰ 반복하여 360°에 가깝게 하면 눈금의 부정에 의한 오차가 제거된다.

㉱ 반복법은 방향각법과 비교하여 읽기 오차의 영향을 적게 받는다.

해설

반복법은 측정하는 각이 많을수록 반복 측정하는 횟수가 증가하므로 작업시간이 길어진다.

2. 측각 분도원 잣눈판의 1 눈금이 20′ 일 때 버니어로 40″까지 읽을 수 있게 하려면 버니어의 잣눈을 몇 등분하면 되겠는가?

㉮ 30등분 ㉯ 40등분

㉰ 45등분 ㉱ 60등분

해설

$C=\frac{1}{n}S$ 에서 $\therefore n=\frac{S}{C}=\frac{20\times60''}{40''}=30$ 등분

3. 트랜싯 분도원 61눈금을 60등분한 30″ 독 버니어를 가진 분도원의 1눈금은 몇 분인가?

㉮ 15′ ㉯ 20′

㉰ 30′ ㉱ 40′

해설

$C=\frac{1}{n}S$ 에서 $S=nC=60\times30''=30'$

4. 트랜싯에서 A 및 B 유표의 읽음의 평균을 취하는 주된 목적은?

㉮ 연직축 오차 소거

㉯ 분도반 편심오차 소거

㉰ 수평축 오차의 소거

㉱ 시준축 오차의 소거

해설

분도원의 눈금은 원판 가장자리에 일정한 간격으로 표시되어 있다. 따라서 그 중심이 편심되면 A, B버니어의 읽음값이 한쪽은 실제보다 크게 되고 다른 한쪽은 작게 되므로 평균을 취한다.

5. 트랜싯의 수직축(V), 수평축(H), 시준축(S), 수준기축(L)의 4축의 관계식 중 맞지 않는 것은 어느 것인가?

㉮ $L \perp V$ ㉯ $V \perp H$

㉰ $H \perp S$ ㉱ $L \perp S$

해설

$L \perp V$, $V \perp H$, $H \perp S$ 조건이 만족해야 한다.

6. 연직축이 기울어진 트랜싯으로 수평각을 관측할 때, 오차의 소거법은?

㉮ 반복 관측으로 제거한다.

㉯ 망원경을 정,반으로 한 읽음값의 평균

㉰ 연직축과 연직선의 기울기를 측정하여 관측값에 가한다.

㉱ 어떤 관측법으로도 제거되지 않는다.

해설

연직축 오차는 소거되지 않는다.

해답 1. ㉯ 2. ㉮ 3. ㉰ 4. ㉯ 5. ㉱ 6. ㉱

7. 한 점 주위의 많은 각을 측정할 때 가장 편리한 수평각 관측방법은?

㉮ 방향각법
㉯ 단측법
㉰ 배각법
㉱ 각관측법

8. 트랜싯을 A점에 세워서 50m 전방의 B점을 시준할 때 A, B에 대하여 직각 방향에 1cm의 틀림이 있었는데 이것에 의해 생긴 방향의 오차는? (단, ρ″=206265″이다.)

㉮ 10.3″　　㉯ 20.6″
㉰ 41.3″　　㉱ 82.6″

해설

$$\frac{e}{l}=\frac{\varepsilon''}{\rho''}$$

$$\varepsilon''=\rho''\times\frac{e}{l}$$

$$=206265''\times\frac{0.01}{50}=41.3''$$

9. 트랜싯으로 각을 측정할 때 기계의 중심은 측점과 일치하여야 한다. 이때 0.8mm의 오차를 면하기 어렵다고 한다면 각을 20″의 정도로 측정하기 위한 변의 길이는 얼마인가?

㉮ 82.501m
㉯ 51.566m
㉰ 8.250m
㉱ 5.157m

해설

$$\frac{\Delta l}{l}=\frac{\varepsilon''}{\rho''}$$

$$\therefore l=\frac{\rho''}{\varepsilon''}\times\Delta l$$

$$=\frac{206265''}{20''}\times0.8=8.250\text{m}$$

10. 각 관측오차에 관한 설명 중 옳지 않은 것은? (단, α : 시준오차, β : 읽기 오차, n : 관측횟수)

㉮ 배각법에 있어서 1각에 생기는 관측오차는 $\pm\sqrt{\frac{2}{n}\left(\alpha^2+\frac{\beta^2}{n}\right)}$이다.
㉯ 방향이 5″틀렸을 때 4km 앞에서의 위치오차는 0.097m이다.
㉰ 방향각법에서의 1방향에 생기는 오차는 $\pm\sqrt{2(\alpha^2+\beta^2)}$이다.
㉱ 방향각법에서 n회 관측한 평균값에 있어서 오차는 $\pm\sqrt{\frac{2}{n}(\alpha^2+\beta^2)}$

해설

방향각법에서 1방향에 생기는 오차는 $\pm\sqrt{\alpha^2+\beta^2}$이고, 방향각법에서 2방향에 생기는 오차는 $\pm\sqrt{2(\alpha^2+\beta^2)}$이다.

11. 6회 반복으로 측정할 때 최초 독치 354° 33′ 28″, 1회 독치 39° 34′ 37″, 6회 독치 264°40′ 28″일 때 각도는 어느 것이 맞는가?

㉮ 39°34′37″　　㉯ 45°01′09″
㉰ 45°01′10″　　㉱ 39°34′40″

해설

1. 1회 측정값=360−354°33′28″+39°34′37″
=45°01′09″
2. 6회 측정값=360−354°33′28″+264°40′28″
=270°07′00″
3. 최확값= $\frac{270°07'00''}{6}$ =45°01′10″

12. 다음 트랜싯의 조정 중 수평각 측정에 필요한 것은?

㉮ 연직 분도원의 조정
㉯ 망원경에 달린 기포관의 조정
㉰ 평반 기포관의 조정
㉱ 십자횡선의 조정

해답 7. ㉮　8. ㉰　9. ㉰　10. ㉰　11. ㉰　12. ㉰

13. **트랜싯의 회전축의 편심에 의한 오차를 소거하는 방법중 옳은 것은?**

㉮ 망원경 정·반 두 위치에서 측정한 각을 평균 소거
㉯ 표고가 같은 점을 시준하면 수평각에 미치는 영향은 없다.
㉰ 180°대각하고 있는 두 버어니어를 읽어 평균하여 소거
㉱ 배각법이난 대회 관측법으로 측정한 값을 평균하여 소거

해설 회전축의 편심오차 (내심오차)

1. 원인 : 연직축과 수평분도원의 중심이 일치하지 않아 발생한다.
2. 처리 : A, B 버니어의 평균값을 읽는다.

14. **트랜싯의 수평축과 연직축이 직교되어 있지 않은 기계를 사용하여 수평각을 관측할 때 직교되어 있지 않아 생기는 오차를 소거하기 위한 관측방법은?**

㉮ 수평 분도원의 눈금을 바꾸어 측정한다.
㉯ AB 두 유표(vernier)의 독정값을 평균한다.
㉰ 망원경을 정(正)·반(反)하여 측정하고, 그 평균값을 취한다.
㉱ 관측 방법으로는 소거되지 않는다.

해설

수평축의 오차는 망원경의 정·반위의 읽음값을 평균해서 소거한다.

15. **트랜싯으로 수평각을 관측하는 경우 조정 불완전으로 인한 오차를 최소로 하기 위한 방법으로 가장 좋은 것은?**

㉮ 관측방법을 바꾸어 가면서 관측한다.
㉯ 여러번 반복 관측하여 평균값을 구한다.
㉰ 대회관측을 실시 평균한다.
㉱ 관측값은 수학적인 방법을 이용하여 정밀하게 조정한다.

해설

트랜싯의 기계오차는 대부분이 망원경을 정·반으로 대회관측하여 평균하면 없어진다.

16. **다음 중 수평각 관측에서 트랜싯의 조정 불안전에서 오는 오차를 적게하는 방법은?**

㉮ 별다른 방법이 없다.
㉯ 관측을 2회하여 그의 평균을 취한다.
㉰ 방향관측법으로 관측한다.
㉱ 망원경 정·반의 위치에서 관측하여 그 평균을 취한다.

해설

트랜싯 측량에서 조정이 불완전해서 생기는 오차는 연직축 오차, 시준선의 오차, 수평축의 오차가 있으며 연직축 오차를 제외한 나머지 오차는 망원경의 정·반위의 읽음값을 평균하면 소거된다.

17. **트랜싯의 기계오차를 없애기 위한 방법을 설명한 것이다. 이 중 적당하지 않은 것은?**

㉮ 시준축의 오차는 망원경을 정위치와 반전위치에서의 두 관측값을 평균하면 된다.
㉯ 수평분도원의 눈금오차는 버니어의 지표를 분도원의 0°에 맞추어서 관측하면 된다.
㉰ 수평분도원의 중심과 연직축의 편심오차는 180°상대위치의 두 버니어의 값을 평균하면 된다.
㉱ 수평축 오차는 망원경을 정위치와 반전위치에서의 두 관측값을 평균하면 된다.

해설

분도원의 눈금오차를 소거하기 위해서는 읽은 분도원의 위치를 $\frac{180°}{n}$ 씩 옮겨가면서 대회관측을 하여 분도원 전체를 이용한다.

해답 13. ㉰ 14. ㉰ 15. ㉰ 16. ㉱ 17. ㉯

18. 트랜싯에서 기계의 수평회전축과 수평분도원의 중심이 일치되지 않음으로 생기는 오차는?

㉮ 연직축 오차　　㉯ 회전축의 편심오차
㉰ 시준축의 편심오차　　㉱ 수평축 오차

해설

1. 연직축 오차 : 평반 기포관축과 연직축이 직교하지 않을 때
2. 회전축의 편심오차 : 연직축과 수평분도원의 중심이 불일치
3. 시준축의 오차 : 시준축과 수평축이 직교하지 않을 때
4. 수평축 오차 : 연직축과 수평축이 직교하지 않을 때
5. 외심 오차 : 망원경중심과 회전축의 불일치

19. 트랜싯으로 수평각을 측정할 때 시준축의 오차를 없애려면 다음 어떤 방법이 좋은가?

㉮ 망원경의 정, 반 양위치에서 측정하고, 그 평균을 취한다.
㉯ 시계방향과 반시계방향으로 측정하고, 그 평균을 취한다.
㉰ 2배각법에 의해 측정한다.
㉱ 한쪽 버니어만 읽는다.

해설

망원경 정, 반 읽음값을 평균하므로 소거되는 오차
① 시준축 오차
② 수평축 오차
③ 외심 오차

20. 트랜싯으로 각도를 관측할 때 2개의 버니어로 관측하는 가장 중요한 이유는?

㉮ 분도원 눈금의 오독방지
㉯ 분도원 눈금오차를 방지
㉰ 분도원의 편심오차를 방지
㉱ 최확값을 구하기 위해

해설 회전축의 편심오차
수평분도원의 중심과 수평회전축이 일치하지 않아 발생하며 A, B버니어의 읽음값을 평균한다.

21. 4등 삼각측량에 사용하는 기계의 각오차에 생기는 위치오차를 약 10cm로 하기 위하여는 각 오차는 대체로 어느 정도 허용되는가? (단, 평균 변의 길이는 2.5km이다.)

㉮ 1″　　㉯ 5″
㉰ 8″　　㉱ 14″

해설

$$\varepsilon'' = \rho'' \times \frac{e}{l} = 206265'' \times \frac{0.1}{2500} = 8.25''$$

22. OA선을 기준으로 O점에서 67° 15′ 각도로 100m 거리에 있는 B점을 측설하였다. 이것을 배각법으로 검사하니 67° 14′ 이였다면 B점에서의 위치 오차는?

㉮ 29.10mm
㉯ 14.50mm
㉰ 19.40mm
㉱ 21.80mm

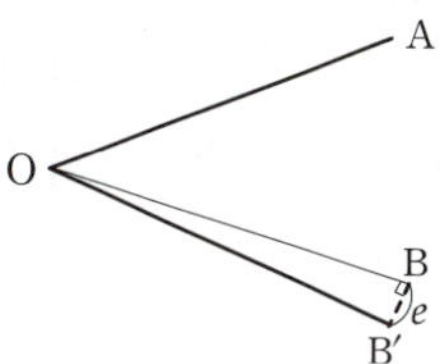

해설

$$\frac{e}{l} = \frac{\varepsilon''}{\rho''}$$

$$e = l \times \frac{\varepsilon''}{\rho''} = 100 \times \frac{1 \times 60''}{206265''} \fallingdotseq 0.0291\,\text{m}$$

23. 다음에서 수평각 α, β 및 γ를 같은 조건으로 측정하였을 때 ∠AOC의 최확치는? (단, $\alpha =$ 30° 21′ 20″, $\beta =$ 35° 15′ 28″, $\gamma =$ 65° 37′ 00″이다)

㉮ 65°36′56″
㉯ 65°37′04″
㉰ 65°36′52″
㉱ 65°37′08″

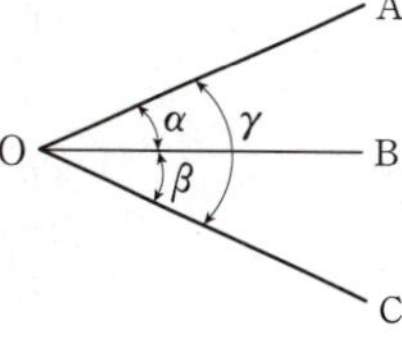

해설

$$\varepsilon'' = \gamma - (\alpha + \beta) = 12''$$

$$\therefore \text{조정량} = \frac{12''}{3} = 4''$$

큰 값에는 ⊖해주고 작은 값에는 ⊕해준다.

$\therefore$ ∠AOC= $\gamma - 4''$ =65°36′56″

해답 18. ㉯ 19. ㉮ 20. ㉰ 21. ㉰ 22. ㉮ 23. ㉮

24. 60° 경사된 사거리가 50m의 사갱에서 수평각을 측정한 경우 시준선에서 직각으로 5mm의 시준오차가 생겼다. 수평각에 미치는 오차는?

㉮ 21″ ㉯ 30″
㉰ 35″ ㉱ 41″

해설

$\frac{e}{l} = \frac{\varepsilon''}{\rho''}$ 에서

$\varepsilon'' = \rho'' \times \frac{e}{l}$

$= 206265'' \times \frac{0.005}{50} ≒ 21''$

25. 거리가 2km로서 각 오차가 1′이라면 이 때 생기는 위치오차는?

㉮ 0.6m ㉯ 1.6m
㉰ 2.6m ㉱ 3.6m

해설

$\frac{e}{l} = \frac{\varepsilon''}{\rho''}$ 에서

$e = l \times \frac{\varepsilon''}{\rho''}$

$= 2000 \times \frac{1 \times 60''}{206265''} = 0.6\,\text{m}$

26. OA를 기준으로 각도 45°를 설정하려고 한다. ∠AOB를 설정하여 배각법으로 측정하여 보니 45° 1′30″였다. 측정의 정도는? (단, OB의 거리는 1000m)

㉮ $\frac{1}{2192}$ ㉯ $\frac{1}{2292}$
㉰ $\frac{1}{2392}$ ㉱ $\frac{1}{2492}$

해설

각측정의 정도 $= \frac{\varepsilon''}{\rho''}$

$= \frac{(45°01'30'' - 45°)}{206265''}$

$= \frac{1}{2292}$

27. 수평각 관측에 관한 오차의 설명 중 옳지 않은 것은? (단, α : 시준오차, β : 읽기오차, n : 관측횟수)

㉮ 단각법에 의한 각 관측오차

$m_s = \pm\sqrt{2(\alpha^2 + \beta^2)}$

㉯ 배각법에 의한 각 관측오차

$m_r = \pm\sqrt{\frac{2}{n}\left(\alpha^2 + \frac{\beta^2}{n}\right)}$

㉰ n 배각의 관측에 있어서 한 각에 포함되는 시준오차 $m_i = \pm\sqrt{\frac{2\alpha^2}{n}}$

㉱ 방향각법에 의하여 n회 관측한 평균값에 관한 오차 $m = \pm\sqrt{\frac{2}{n}(\alpha + \beta)}$

해설

방향각법에서 n회 관측한 평균값에 대한 오차

: $\pm\sqrt{\frac{2}{n}(\alpha^2 + \beta^2)}$

28. 서로 다른 세 사람이 같은 조건 아래에서 한각을 한사람은 1회 측정에서 45° 20′ 37″로, 다른 사람은 4회 측정하여 그 평균인 45° 20′ 32″, 끝 사람은 8회 측정하여 평균으로 45° 20′ 33″를 얻었을 때 이 각의 최확치는? [00㉮]

㉮ 45°20′38″ ㉯ 45°20′37″
㉰ 45°20′33″ ㉱ 45°20′32″

해설

최확값 $= \frac{[P\theta]}{[P]}$

$= 45°20' + \frac{37'' + 4 \times 32'' + 8 \times 33''}{(1+4+8)}$

$= 45°20'33''$

29. 다각 측량에서 측선 AB의 거리가 2,068m이고 A점에서 20″의 각관측오차가 생겼다고 할때 B점에서의 거리오차는 얼마인가?

㉮ 0.1m ㉯ 0.2m
㉰ 0.3m ㉱ 0.4m

해답 24. ㉮ 25. ㉮ 26. ㉯ 27. ㉱ 28. ㉰ 29. ㉯

해설

$$\frac{e}{l}=\frac{\varepsilon''}{\rho''}$$

$$e=l\times\frac{\varepsilon''}{\rho''}=2,068\times\frac{20''}{206265''}=0.2\,\text{m}$$

30. 다각측량에서 측선길이가 200m일 때 트랜싯의 구심에 5mm의 편심을 허용한다면 관측각에 생기는 오차는?

㉮ 3.2″　　㉯ 5.2″
㉰ 7.2″　　㉱ 9.2″

해설

$$\therefore\ \frac{e}{l}=\frac{\varepsilon''}{\rho''}$$

$$\frac{0.005}{200}=\frac{\varepsilon''}{206265''}$$

$$\therefore\ \varepsilon=206265''\frac{0.005}{200}=5.2''$$

31. 트랜싯으로 각을 측정할 때 기계의 중심은 측점과 일치하여야 한다. 이 때 0.5mm의 오차를 면하기 어렵다고 한다면 각을 2″의 정도로 측정하기 위한 최소변의 길이는 얼마인가?

㉮ 82.501m　　㉯ 51.566m
㉰ 8.250m　　㉱ 5.157m

해설

$$\frac{e}{l}=\frac{\varepsilon}{\rho}$$

$$l=e\times\frac{\rho}{\varepsilon}=0.5\times\frac{206265''}{2''}=51.566\,\text{m}$$

32. 거리가 100m이고, 각도를 20″까지 읽을 때 트랜싯의 구심오차의 한계는 얼마까지 허용되는가?

㉮ 2.4mm　　㉯ 4.8mm
㉰ 7.2mm　　㉱ 9.6mm

해설

$$\frac{e}{l}=\frac{\varepsilon}{\rho}$$

$$\therefore\ e=l\times\frac{\varepsilon}{\rho}=100\times\frac{20''}{206265''}=0.00969\,\text{m}$$

33. 다각 측량에서 관측각을 ±4″, 거리를 1/10,000의 정도로 관측하였다. 두 관측값에 경중률(輕重率)을 붙인다면 각의 경중률과 거리의 무게의 비는?

㉮ 1 : 0.2　　㉯ 1 : 0.4
㉰ 1 : 0.02　　㉱ 1 : 0.04

해설

$$\text{측각 정도}=\frac{4''}{206265''}\fallingdotseq\frac{1}{50,000}$$

∴ 경중률은 정밀도의 제곱에 비례

$$P_1 : P_2 : =(50,000)^2\ :\ (10,000)^2$$

$$25 : 1 = 1 : 0.04$$

34. 1각의 오차가 10″인 16개의 각이 있을 때 그 각들의 오차의 총합은 어느 것인가?

㉮ 40″　　㉯ 30″
㉰ 20″　　㉱ 10″

해설

$$E=\pm\varepsilon\sqrt{n}$$

$$=\pm10''\sqrt{16}=\pm40''$$

35. 그림과 같이 0점에서 같은 정확도로 각을 관측하여 오차를 계산한 결과 $x_3-(x_1+x_2)=-36''$의 식을 얻었을 때 관측값 x_1, x_2, x_3에 대한 보정값 V_1, V_2, V_3는?

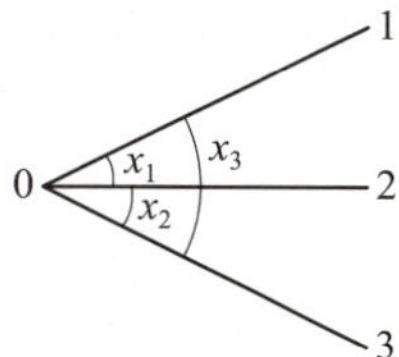

① $V_1=-9'', V_2=-9'', V_3=+18''$

② $V_1=-12'', V_2=-12'', V_3=+12''$

③ $V_1=+9'', V_2=+9'', V_3=-18''$

④ $V_1=+12'', V_2=+12'', V_3=-12''$

해설

각 관측에서 관측값이 허용오차 이내이고 경중률이 같은 경우 각 각에 동일하게 보정한다.

$$\therefore\ \text{보정량}=\frac{-36''}{3}=-12''$$

여기서 $-36''$ 이므로 작게 나온 x_3는 $+12''$하고 크게 나온 x_1, x_2는 $-12''$한다.

해답 30. ㉯　31. ㉯　32. ㉱　33. ㉱　34. ㉮　35. ㉯

MEMO

제 6 장 기준점 측량

출제경향분석

이 단원은 대표적인 기준점 측량방법으로 출제비중도 상당히 높은 편이다.
출제경향은 1. 트래버스의 계산 및 조정 2. 삼각측량의 개요 등이 주로 출제되고 있으며 측량순서는 ① 삼각측량 ② 트래버스측량 ③ 세부측량 순이다.

단원별 경향분석

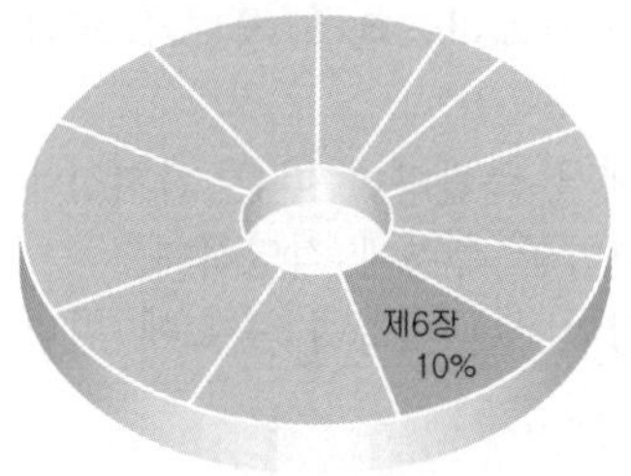

토목기사

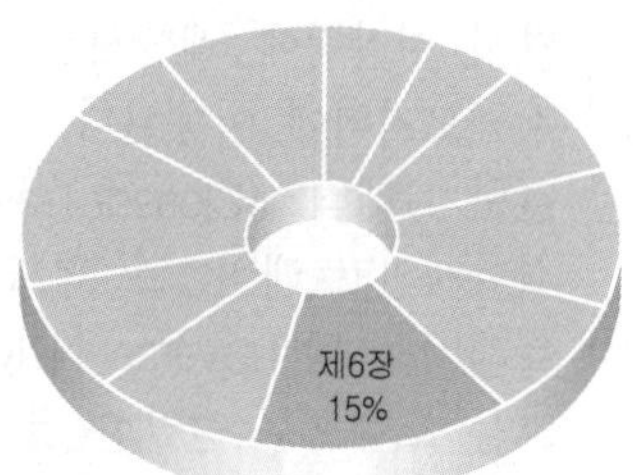

토목산업기사

항목별 경향분석

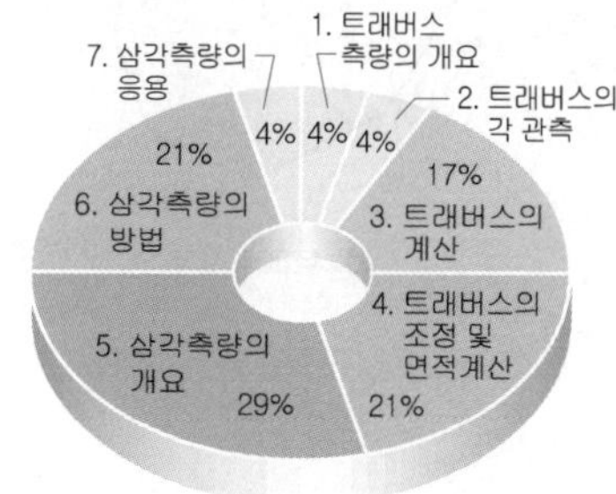

토목기사

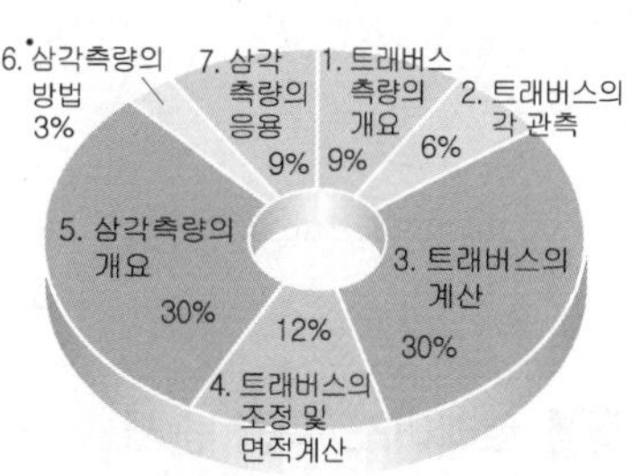

토목산업기사

1 트래버스 측량의 개요

학습방향

트래버스 측량이란 거리와 방향을 측정하여 기준점의 위치를 결정하는 방법으로 삼각측량 다음으로 정밀한 측량방법이다.

① 트래버스의 종류　　② 트래버스의 측량 순서

1 정의

기준점을 연결하는 측선의 길이와 그 방향을 관측하여 측점을 연결하는 측량을 다각측량(Travers Surveying)이라 한다.

• 다각측량의 이용

① 삼각측량으로 결정된 삼각점을 기준으로 세부측량의 기준점을 연결

② 노선측량, 삼림지대, 시가지 등의 기준점 설치

2 트래버스의 종류

① 개방 트래버스(Open Traverse) : 정도가 낮아 노선측량의 답사등에 이용

② 폐합 트래버스(Closed Loop Traverse) : 한 점에서 시작하여 측량한후 다시 시작점에 폐합시킨 트래버스로 결합 트래버스보다 정도가 낮아 소규모지역에 이용된다.

③ 결합 트래버스(Closed Traverse) : 기지점에서 출발하여 다른 기지점에 결합시킨 트래버스로 정도가 높아 넓은 지역의 측량에 적당하다.

④ 트래버스 망(Traverse Network) : 2개 이상의 트래버스를 필요에 따라 그물 모양으로 연결한 것이다.

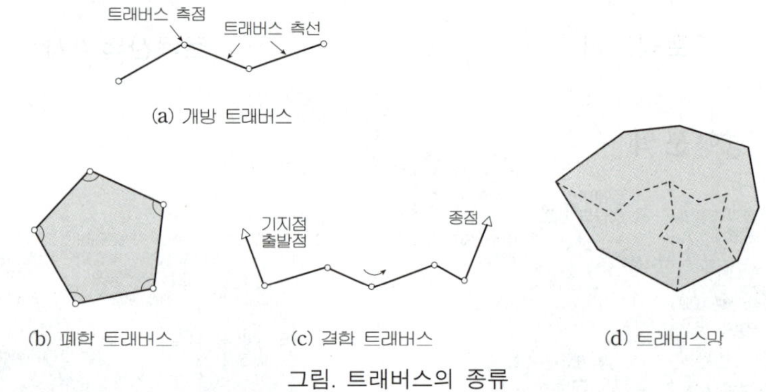

그림. 트래버스의 종류

3 트래버스 측량 순서

계획 → 답사 → 선점 → 조표 → 거리관측 → 계산 및 측점의 전개

학습POINT

■ 기준점 측량의 정밀도

사변형 삼각망 : 정도가 가장 높다.
유심 삼각망
단열 삼각망　(낮다 ↓ ↑ 높다)
결합 트래버스
폐합 트래버스 : 정도가 가장 낮다.

▶06, 09㉠, 06㉡

•선점시 주의 사항

■ 선점시 주의 사항

1. 결합 트래버스의 출발점과 결합점간의 거리는 될 수 있는 한 단거리로 한다.
2. 측점간의 거리는 가능한 한 등거리로 하고 현저히 짧은 노선은 피한다.
3. 측점수는 될 수 있는 한 적게 한다.
4. 측점은 기계를 세우기가 편하고, 관측이 용이하며, 표지가 안전하게 보존되며, 침하가 없는 곳이 좋다.
5. 노선은 가능한 폐합 또는 결합이 되게 한다.
6. 거리측량과 각측량의 정확도가 균형을 이루게 한다.
7. 선점할 때 측점간 거리는 삼각점보다 짧은 거리로 시준이 잘 되는 곳에 선점한다.

핵심문제

1 다각측량에 의하여 기준점의 위치를 결정하는데 가장 좋은 방법은 다음 중 어느 것인가?

㉮ 한 삼각점에서 다른 삼각점에 결합하는 트래버스
㉯ 임의의 점에서 삼각점에 결합하는 트래버스
㉰ 정도가 높은 삼각점에서 출발하는 트래버스
㉱ 삼각점에서 동일 삼각점에 결합하는 트래버스

2 정확도가 가장 높으나 조정이 복잡하고 시간과 비용이 많이 요구되는 삼각망은? [16㉶]

㉮ 단열 삼각망　　㉯ 개방형 삼각망
㉰ 유심 삼각망　　㉱ 사변형 삼각망

3 다각측량의 필요성에 대한 사항 중 적당하지 않은 것은? [94㉶]

㉮ 면적을 정확히 파악하고자 할때 경계측량 등에 이용된다.
㉯ 지형의 기복이 심해 시준이 어려운 지역의 측량에 적합하다.
㉰ 좁은 지역에 세부측량의 기준이 되는 점을 추가 설치할 경우에 편리하다.
㉱ 정확도가 우수하여 국가 기본삼각점 설치시에 널리 이용되고 있다.

4 다각측량은 삼각측량에 비해 유리한 장점을 가지고 있다. 다음 중 다각측량의 장점에 대한 설명으로 틀린 것은? [03㉮]

㉮ 2방향만 시준하므로 선점이 용이하고 후속작업이 편리하다.
㉯ 오측하였을 때 재측하기 쉽다.
㉰ 세부측량의 기준점으로 적합하다.
㉱ 측점수가 많을 때 오차 누적이 심해진다.

5 다각측량에 관한 설명 중 옳지 않은 것은?

㉮ 다각측량은 주로 각과 거리를 측정하여 점의 위치를 정한다.
㉯ 다각측량으로 구한 위치는 근거리이므로 삼각측량에서 구한 위치보다 정밀도가 높다.
㉰ 선로와 같이 좁고 긴 곳의 측량에 편리하다.
㉱ 복잡한 시가지나 지형의 기복이 심하여 시준이 어려운 지역의 측량에 적합하다.

해설

해설 **1**

다각측량 중 가장 정도가 높은 것은 결합 트래버스로 한 삼각점에서 다른 삼각점에 결합시키는 트래버스이다.

해설 **2**

① 사변형 삼각망 : 정확도가 가장 높아 기선 삼각망에 주로 사용되며 조정이 복잡하다.
② 단열 삼각망 : 정확도가 낮으며 좁고 긴 지역(도로, 하천 등)에 적합하다.

해설 **3**

• 다각측량의 특성
① 복잡한 시가지나 지형의 기복이 심하여 시준이 어려운 지역의 측량에 적합하다.
② 도로, 수로, 철도와 같이 폭이 좁고 긴 지역의 측량에 편리하다.
③ 거리와 각을 관측하여 도식해법에 의하여 모든 점의 위치결정에 편리하다.
④ 좁은 지역의 세부측량의 기준이 되는 점을 추가 설치할 경우에 편리하다.
⑤ 면적을 정확히 파악하기 위한 경계측량에 편리하다.

해설 **4**

측점수가 많을 때 오차 누적이 심해진다면 장점이 아니라 단점이다.

해설 **5**

• 정밀도의 비교
삼각측량 〉 다각측량 〉 세부측량

정답 1. ㉮ 2. ㉱ 3. ㉱ 4. ㉱ 5. ㉯

2 트래버스의 각 관측

학습방향

트래버스의 각 관측이란 트래버스의 기준점 사이의 수평각을 관측하는 것으로 측각오차가 허용범위 이내에 있어야 된다.

① 폐합트래버스의 측각오차
② 결합트래버스의 측각오차
③ 측각오차의 허용범위

1 각 관측값의 오차

(1) 폐합 트래버스

① 내각 측정시의 측각 오차 ($\triangle\alpha$)

n개의 측점을 가진 다각형은 (n-2)개의 삼각형이 생기므로

$\triangle\alpha = 180°(n-2) - [\alpha]$

② 외각 측정시의 측각 오차 ($\triangle\alpha$)

외각의 합은 측점수×360°에서 내각을 뺀 값이므로

외각의 합은 $= 360° \times n - 180°(n-2)$

$= 180°(n+2)$

$\triangle\alpha = 180°(n+2) - [\alpha]$

③ 편각 측정시의 측각 오차 ($\triangle\alpha$)

편각은 외각에서 180°을 뺀 값이므로

편각의 합 $= 180°(n+2) - 180° \times n$

$= 360°$

$\therefore \triangle\alpha = 360° - [\alpha]$

여기서, $[\alpha] = \alpha_1 + \alpha_2 + \alpha_3 + \cdots + \alpha_n$

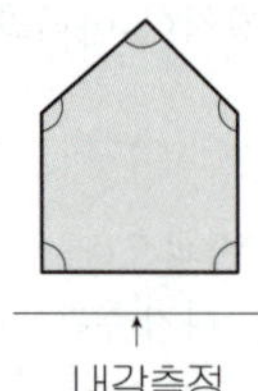
내각측정

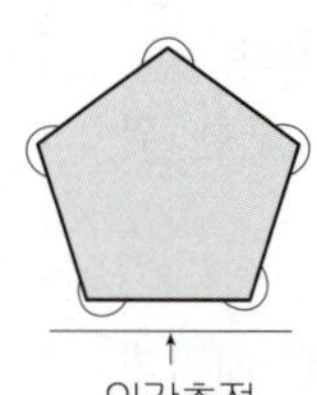
외각측정

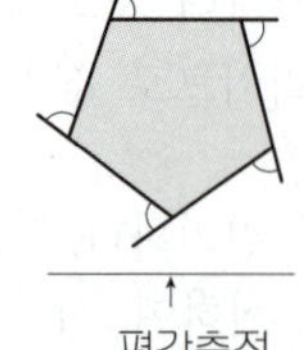
편각측정

그림. 폐합트래버스의 측각방법

학습POINT

■ 수평각의 관측은 측량목적에 맞게 교각이나 편각, 방위각등을 ① 단측법 ② 배각법(반복법) ③ 방향각법 ④ 각관측법 등의 방법을 사용하여 관측한다.

■ 폐합 트래버스의 측각오차

① 내각 측정시

$\triangle\alpha = 180°(n-2) - [\alpha]$

② 외각 측정시

$\triangle\alpha = 180°(n+2) - [\alpha]$

③ 편각 측정시

$\triangle\alpha = 360° - [\alpha]$

09㊕

• 외각 측정시의 측각 오차

(2) 결합 트래버스

결합 트래버스의 형태는 북쪽(N)과 삼각점의 위치관계에 따라 다음 (a), (b), (c), (d)의 네 가지로 구분된다.

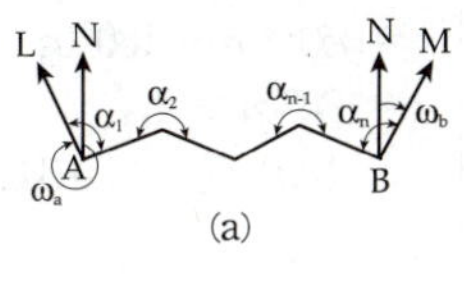
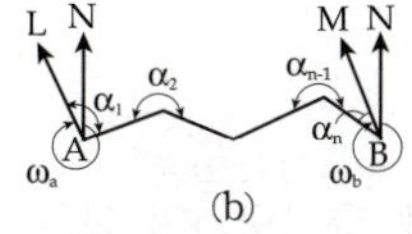
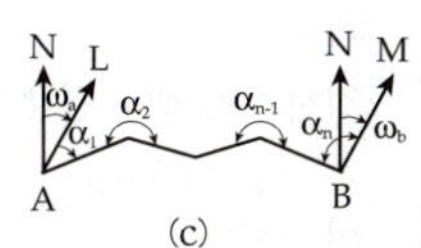
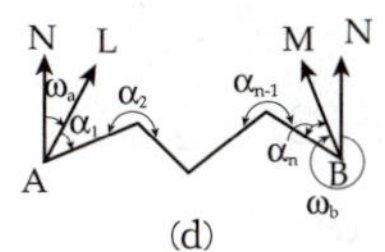

그림. 결합 트래버스의 형태

여기서 L, M= 기지점(삼각점)

w_a, w_b=A, B점의 방위각

N= 자북 또는 진북

① (a)의 경우 : $\triangle\alpha = w_a + [\alpha] - 180(n+1) - w_b$

② (b), (c)의 경우 : $\triangle\alpha = w_a + [\alpha] - 180(n-1) - w_b$

③ (d)의 경우 : $\triangle\alpha = w_a + [\alpha] - 180(n-3) - w_b$

※ 이 공식은 양팔을 들어서 (북쪽기준)

(a) 양팔을 벌린 경우 : 각이 크다. $180°(n+1)$

(b), (c) 한 팔은 밖으로, 다른 팔은 안으로 벌린 경우(자동차의 와이퍼 움직임과 동일) : 각의 크기는 중간 $180°(n-1)$

(d) 양팔을 오므린 경우 : 각이 가장 작다. $180°(n-3)$

이렇게 생각하면 이해가 빠르다.

■ 결합트래버스의 측각오차 ($\triangle\alpha$)는

$\triangle\alpha = w_a + [\alpha] - 180°(n \pm x) - w_b$

로 표시된다.

여기서, w_a: $\overline{AL}$의 방위각

w_b: $\overline{BM}$의 방위각

물론 이 식을 암기하는 것이 최선이나, 기억이 안 날 경우는 시각점에서 끝점까지 차례로 방위각을 구해 계산한 w_b' 와 w_b의 차이가 측각오차가 된다.

∴ $\triangle\alpha$= 계산한 w_b' − w_b(주어진 값)

2 측각오차의 허용범위와 조정

(1) 측각오차의 허용범위 : 허용범위 이내면 등배분하고, 범위를 벗어나면 재측한다.

① 산림지 및 복잡한 경사지 : $1.5\sqrt{n}$(분)

② 평지 : $0.5\sqrt{n}$ ~ $1.0\sqrt{n}$ (분) (= $30''\sqrt{n} \sim 60''\sqrt{n}$)

③ 시가지 및 중요지 : $20\sqrt{n}$ ~ $30\sqrt{n}$ (초)

(2) 측각오차의 조정

트래버스 측량의 결과 발생한 측각오차의 조정은 다음과 같다.

① 각관측의 정도가 같은 경우는 동일하게 조정한다.

② 각관측의 경중률이 다를 경우는 그 오차를 경중률에 반비례하게 조정한다.

■ 측각오차의 조정량 ($\triangle\alpha_i$)

$\triangle\alpha_i = -\frac{\triangle\alpha}{n}$

▶05, 06㉮, 10㉳

• 측각오차의 허용범위의 조정

핵 심 문 제

1 관측점 17점인 폐합트래버스의 외각의 합은 몇 도인가? [87㉾]

㉮ 3240° ㉯ 3420°

㉰ 3600° ㉱ 3780°

2 폐합 트래버스 측량에서 편각을 측정했을 때 측각오차의 식은? (단, n : 변수, α : 측정교각의 합) [94㉾]

㉮ $180°(n+2)-\alpha$ ㉯ $180°(n-2)-\alpha$

㉰ $90°(n+4)-\alpha$ ㉱ $360°-\alpha$

3 시가지에서 25변형 트래버스 측량을 실시하여 측각오차가 2′ 50″ 발생하였다. 어떻게 처리해야 하는가? [01, 25㉿]

㉮ 각의 크기에 따라 배분한다.

㉯ 오차가 허용오차 이상이므로 재측해야 한다.

㉰ 변의 길이에 비례하여 배분한다.

㉱ 변의 길이에 역비례하여 배분한다.

4 다음 트래버어스에서 AB측선의 방위각이 19° 48′ 26″, CD 측선의 방위각이 310° 36′ 43″, 교각의 총합이 650° 48′ 5″일 때 각 관측오차는? [00㉿]

㉮ +10″

㉯ −12″

㉰ +18″

㉱ −23″

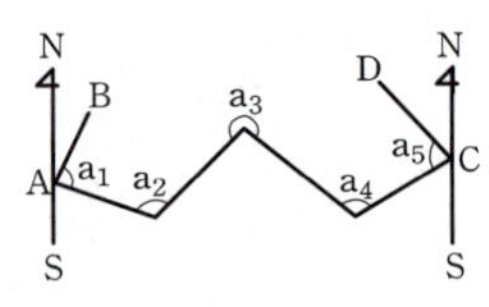

5 평탄한 지역에서 9개 측선으로 구성된 다각측량을 하여 2′의 측각오차가 발생되었다. 이 오차의 처리는 어떻게 하는 것이 좋은가? [02㉿]

㉮ 오차가 크므로 재측한다.

㉯ 각 측선에 비례배분한다.

㉰ 각 측선에 역비례배분한다.

㉱ 각 각에 등분배한다.

해 설

해설 **1**

외각의 합
=측점수×360° − 내각의 합
$=360°\times n-180°(n-2)$
$=180°(n+2)$
$\therefore\ 180°(17+2)=3420°$

해설 **2**

정사각형에서 편각의 합은 360°이다.
$\therefore\ \Delta\alpha=360-\alpha$
여기서,
편각 : 전 측선의 연장선과 다음 측선이 이루는 각

해설 **3**

• 시가지에서 허용오차

$E_\varepsilon=20''\sqrt{n}\sim30''\sqrt{n}$
$=100''\sim150''$
$=1'40''\sim2'30''$

∴ 오차가 허용오차를 초과했으므로 재측

해설 **4**

$W=W_a+[\alpha]-180(n-3)-W_b$
$=19°48'26''+650°48'05''$
$-180(5-3)-310°36'43''$
$=-12''$

해설 **5**

평탄지의 측각오차의 허용범위
$60''\sqrt{n}=60''\sqrt{9}=180''=3'$
∴ 측각오차가 허용범위 내에 있으므로 등배분한다.

정답 1. ㉯ 2. ㉱ 3. ㉯ 4. ㉯ 5. ㉱

6 그림과 같이 삼각점 A, B를 연결하는 결합트래버스 측량을 하여 다음 결과를 얻었다. 측각오차를 구하면? (단, $T_A=33°\,54'\,17''$, $T_B=34°\,36'\,42''$, $[\beta]=900°\,42'\,35''$ 이다.)

㉮ $-10''$
㉯ $+10''$
㉰ $-15''$
㉱ $+15''$

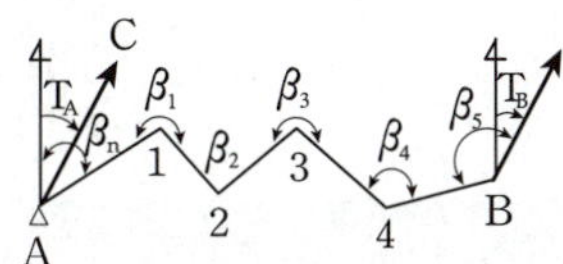

7 총 측점수 18개인 폐합 트래버스의 외각을 측정할 경우 그 총화는? [94㉳]

㉮ 2,700°
㉯ 2,880°
㉰ 3,420°
㉱ 3,600°

8 그림과 같은 결합 트래버스에서 측점 2의 조정량은 얼마인가? [97㉴]

측 점	측 각	평균 방위각
A	68° 26′ 54″	$\alpha_A=325°14'\,16''$
1	239° 58′ 42″	
2	149° 49′ 18″	
3	269° 30′ 15″	
B	118° 30′ 15″	$\alpha_B=91°35'\,46''$
계	846° 21′ 45″	

㉮ $-2''$
㉯ $-3''$
㉰ $-5''$
㉱ $-15''$

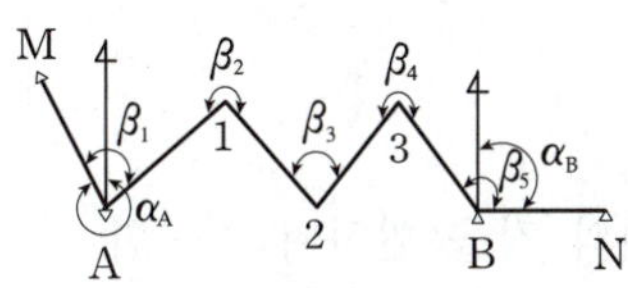

9 그림과 같은 결합 트래버스의 관측 오차를 구하는 공식은?
(단, $[a]=a_1+a_2+\cdots\cdots+a_{n-1}+a_n$) [15㉳]

㉮ $(W_a-W_b)+[a]-180°\,(n+1)$
㉯ $(W_a-W_b)+[a]-180°\,(n-1)$
㉰ $(W_a-W_b)+[a]-180°\,(n-2)$
㉱ $(W_a-W_b)+[a]-180°\,(n-3)$

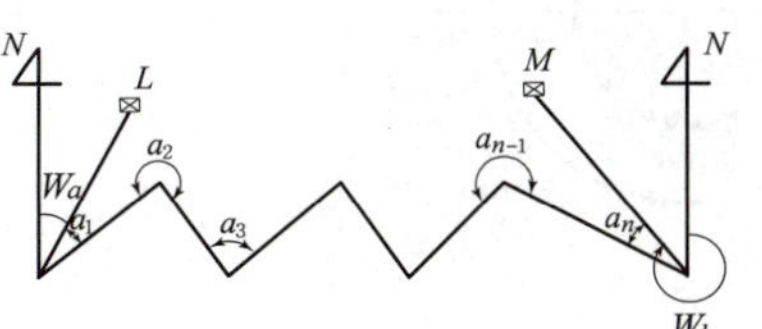

해 설

해설 **6**

한 팔은 오므리고 나머지 한 팔을 벌렸으므로 보통임.

$\therefore \triangle\alpha = T_A - T_B + [\beta] - 180(n-1)$
$= 33°54'\,17'' - 34°36'\,42'' + 900°42'\,35'' - 180(6-1)$
$= +10''$

해설 **7**

외각 측정시
$[\alpha]=180°(n+2)$
$=180°(18+2)=3600°$

해설 **8**

두 팔을 벌렸으므로 가장 큰 각
$\triangle\alpha = \alpha_A - \alpha_B + [\alpha] - 180°(n+1)$
$=325°14'16'' - 91°35'46'' + 846°21'45'' - 180°(5+1)$
$=15''$

$\therefore$ 조정량 $= \dfrac{-\triangle\alpha}{n} = \dfrac{-15''}{5} = -3''$

해설 **9**

삼각점이 북쪽을 기준으로 모두 안쪽에 있으므로 가장 작다.($n-3$)

$\therefore E=(W_a-W_b)+[a]-180°(n-3)$

정답 6. ㉯ 7. ㉱ 8. ㉯ 9. ㉱

3 트래버스의 계산

학습방향

트래버스의 계산순서는 각관측 오차의 조정 → 방위각, 방위의 계산 → 경위거 계산 → 경·위거의 조정 → 합경위거 → 배횡거 → 배면적의 계산순으로 진행된다.

① 방위각과 방위의 계산 ② 경·위거의 계산
③ 좌표를 사용한 계산

1 방위각 계산

(1) 방위각 : 자북 또는 진북(자오선)을 기준으로 시계방향으로 그 측선에 이르는 각을 말한다.

(2) 교각 측정시
 ① 시계방향으로 계산 : 전측선의 방위각 +180° − 그 측점의 교각
 ② 반시계방향으로 계산 : 전측선의 방위각 −180° + 그 측점의 교각

(3) 편각 측정시
 ① 시계방향 : 전측선의 방위각 +편각
 ② 반시계방향 : 전측선의 방위각 −편각

(4) 이렇게 계산한 방위각이 ⊖값이면 ⊕360°, 360°가 넘으면 ⊖360°를 한다.

(5) 역 방위각 : 방위각 +180°
 ex) $\overline{AB}$ 측선의 방위각 = $\overline{BA}$측선의 방위각 +180°

2 방위 계산

방위란 NS축을 중심으로 좌(W), 우(E)로 90°까지의 각을 말하며 경·위거의 계산시 편리하게 사용된다.

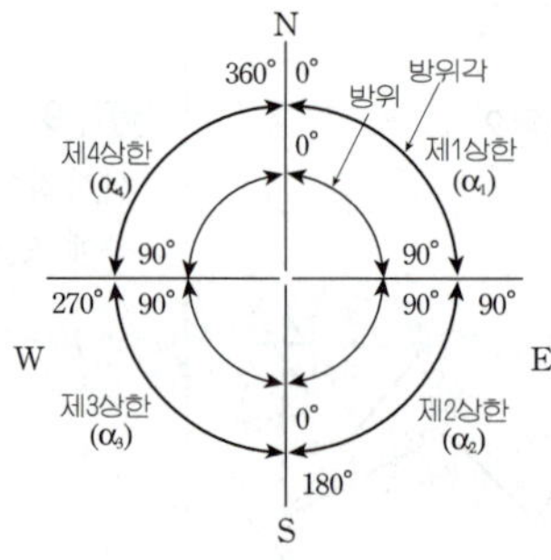

그림. 방위각과 상한

학습POINT

■ 방위각 계산은 다각형에서 북쪽을 기준으로 그 측선에 이르는 각을 계산하면 된다. 그 방법은 전측선의 방위각에서 180°를 더하거나 빼주고 그 측점의 교각이나 편각을 더하거나 빼주어서 그 측선에 이르도록 하면 된다.(다각형에서 그림 참고)

▶09, 10㉮, 07, 08, 10㉰
• 방위각 계산

■ 방향각
기준선(도북)을 기준으로 하는 그 측선에 이르는 우회각

■ 편각과 방위각

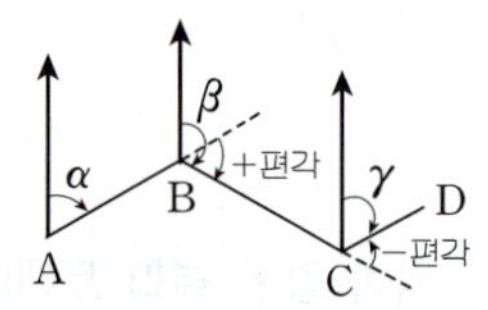

α, β, γ : 각 측선의 방위각

방위각과 방위

상 한	방위각(α)	방 위
제1상한	0° ~ 90°	N α_1E
제2상한	90° ~ 180°	S(180− α_2)E
제3상한	180° ~ 270°	S(α_3-180°)W
제4상한	270° ~ 360°	N(360°- α_4) W

3 위거 및 경거의 계산

▶05, 06㉠, 06, 07, 08㉡
- 위거 및 경거의 계산
- 합위거와 합경거

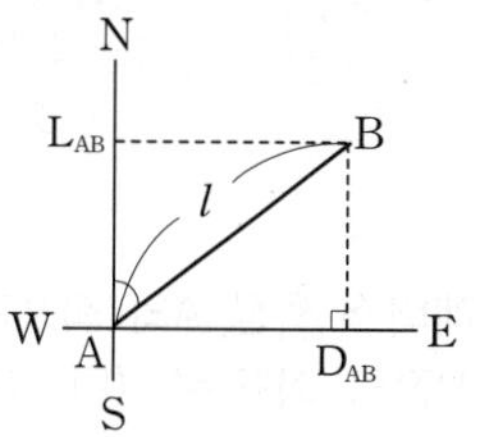

(1) 위거(Latitude)

어떤 측선이 NS축에 투영된 길이를 말하는데 수평축(EW선)을 기준으로 위쪽(N)은 ⊕, 아래쪽(S)은 ⊖값을 갖는다.

위거(L)=측선의 길이(l)×cos α 여기서, α : 방위각

(2) 경거(Departure)

어떤 측선이 EW축에 투영된 길이를 말하며 진북(NS)를 기준으로 좌측(W)은 ⊖, 우측(E)은 ⊕값을 갖는다.

경거(D) = 측선의 길이(l)×sin α

(3) 좌표를 사용한 계산

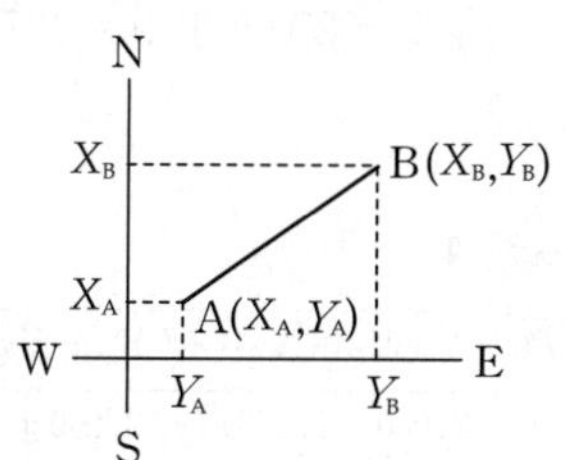

① $\overline{AB}$의 거리 $=\sqrt{(X_B-X_A)^2+(Y_B-Y_A)^2}$

② $\overline{AB}$의 방위각 $\theta=\tan^{-1}\left(\frac{Y_B-Y_A}{X_B-X_A}\right)$

③ $\overline{BA}$의 방위각 = $\overline{AB}$의 역 방위각

= $\theta+180^\circ$

■ 트래버스의 계산 과정

1. 측각오차의 조정
2. 방위각 계산
3. 방위 계산
4. 경 · 위거 계산
5. 경 · 위거 조정
6. 합위거와 합경거
7. 배횡거 계산
8. 배면적→면적 계산
9. 폐합비 계산

■ 방위와 역방위

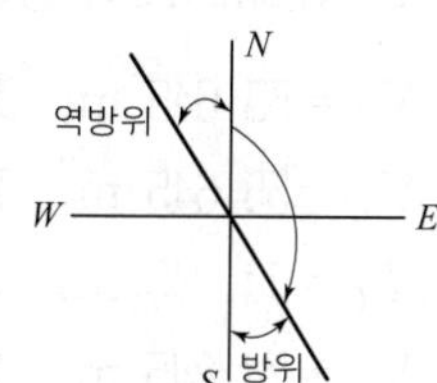

4 합위거와 합경거

① 합위거 : 원점에서 그 점까지 각 측선의 위거의 합

② 합경거 : 원점에서 그 점까지 각 측선의 경거의 합

③ 합위거와 합경거는 그 측점의 좌표가 되므로 도면을 그릴때 사용된다.

핵심문제

1 방위각 260°의 역방위는 얼마인가? [15산]

㉮ N80°E ㉯ N80°W
㉰ S80°E ㉱ S80°W

2 측선의 길이가 100m이고 경거의 부호가 (-), 위거의 값이 -50m일 때 이 측선의 방위각은? [00기]

㉮ 185° ㉯ 240°
㉰ 60° ㉱ 210°

3 트래버스 측점 A의 좌표가 (200, 200)이고, AB 측선의 길이가 50m일 때 B점의 좌표는? (단, AB의 방위각은 195°이고, 좌표의 단위는 m이다.) [15기]

㉮ (248.3, 187.1) ㉯ (248.3, 212.9)
㉰ (151.7, 187.1) ㉱ (151.7, 212.9)

4 P점의 좌표 X_P = +1,000m, Y_P = −2,000m이고, Q점의 좌표 X_Q = +2,000m, Y_Q = +2,000m일 때 PQ의 거리는?

㉮ 3,605.50m ㉯ 4,123.10m
㉰ 5,000.00m ㉱ 6,560.20m

5 삼각측량에서 B점의 좌표 $X_B = 50.000\,\text{m}$, $Y_B = 200.000\,\text{m}$, BC의 길이 25.478m, BC의 방위각 77°11′56″일 때 C점의 좌표는? [15산]

㉮ $X_C = 55.645$ m, $Y_C = 175.155$ m
㉯ $X_C = 55.645$ m, $Y_C = 224.845$ m
㉰ $X_C = 74.845$ m, $Y_C = 194.355$ m
㉱ $X_C = 74.845$ m, $Y_C = 205.645$ m

해설

해설 **1**

방위각과 역방위각의 차이는 180°이다.

∴ 역방위 = 260° − 180° = 80°
1상한이므로 N80°E

해설 **2**

$50 = l \cdot \cos\theta$

$\therefore\ \theta = \cos^{-1}\dfrac{50}{l} = 60°$

∴ 위거와 경거가 (-)이므로 3상한이다.
방위각 = 60 + 180 = 240°

해설 **3**

① $\overline{AB}$의 위거 = 50 × cos195° = −48.3

② $\overline{AB}$의 경거 = 50 × sin195° = −12.9

③ X_B = 200 − 48.3 = 151.7

④ Y_B = 200 − 12.9 = 187.1

해설 **4**

$\overline{PQ} = \sqrt{(X_Q - X_P)^2 + (Y_Q - Y_P)^2}$
$= \sqrt{(2,000 - 1,000)^2 + (2,000 + 2,000)^2}$
$= 4,123.11\,\text{m}$

해설 **5**

$X_C = X_B + l \times \cos\theta$
$= 50 + 25.478 \times \cos 77°11'56''$
$= 55.645\,\text{m}$

$Y_C = Y_B + l \cdot \sin\theta$
$= 200 + 25.478 \times \sin 77°11'56''$
$= 224.845\,\text{m}$

정답 1. ㉮ 2. ㉯ 3. ㉰ 4. ㉯ 5. ㉯

6 다음과 같은 삼각망에서 CD의 방위는? [01 ㉠]

㉮ S 12° 11′50″ E
㉯ N 12° 11′50″ W
㉰ S 23° 51′20″ E
㉱ S 23° 07′30″ E

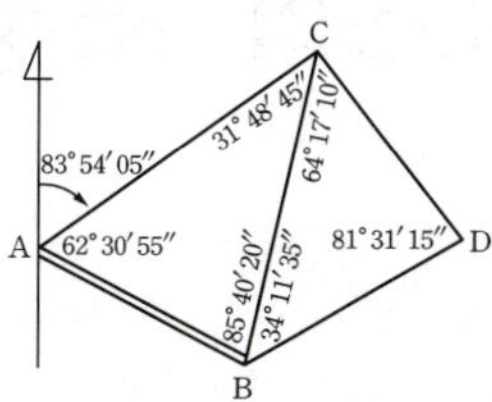

7 그림의 다각측량 성과를 이용한 C점의 좌표는? (단, $\overline{AB}=\overline{BC}=$ 100m이고, 좌표 단위는 m이다.) [18 ㉠]

① X=48.27m, Y=256.28m
② X=53.08m, Y=275.08m
③ X=62.31m, Y=281.31m
④ X=69.49m, Y=287.49m

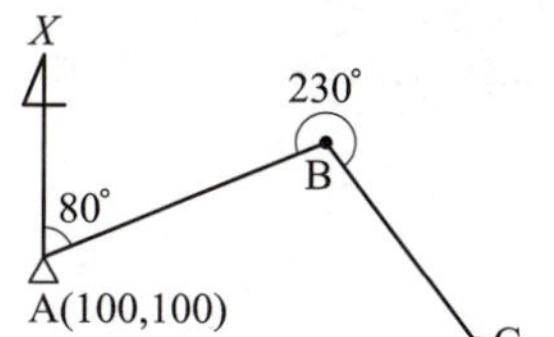

8 방위각과 측선 거리가 그림과 같을 때 AD간의 거리는? [95 ㉠]

㉮ 35.80m
㉯ 36.00m
㉰ 36.20m
㉱ 36.40m

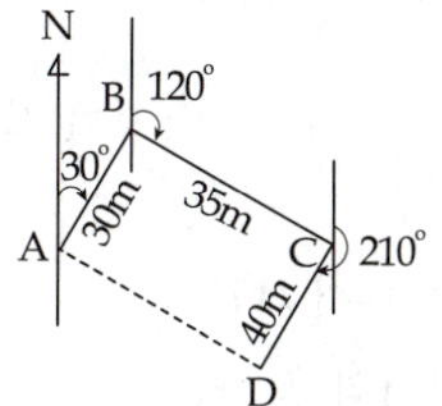

9 A와 B의 좌표가 다음과 같을 때 측선 AB의 방위각은? [16 ㉠]

A점의 좌표=(179,847.1m, 76,614.3m)
B점의 좌표=(179,964.5m, 76,625.1m)

㉮ 5° 23′15″ ㉯ 185° 15′23″
㉰ 185° 23′15″ ㉱ 5° 15′22″

10 점 0(0,0)에서 측선 OA와 OB에 대해 관측한 결과 OA의 방위각이 120°, 측선 길이가 50m이고 OB의 방위각이 60°, 측선 길이가 100m였다면 측선 AB의 길이는? [05 ㉠]

㉮ 43.3m ㉯ 50.0m
㉰ 86.6m ㉱ 136.6m

해 설

해설 6

① $\overline{CD}$의 방위각(α)
=83°54′05″+180°−31°48′45″−64°17′10″
=167°48′10″

② $\overline{CD}$의 방위 =S180°−αE
=S12°11′50″E

해설 7

AB의 위거
$=\ell\times\cos\theta=100\times\cos 80°=17.36$
AB의 경거
$=\ell\times\sin\theta=100\times\sin 80°=98.48$
BC의 방위각
$=80°-180°+230°=130°$
BC의 위거
$=100\times\cos 130°=-64.28$
BC의 경거
$=100\times\sin 130°=76.60$
$\therefore X_C=100+17.36-64.28=53.08\,\text{m}$
$Y_C=100+98.48+76.60=275.08\,\text{m}$

해설 8

측선	위거($l\cdot\cos\alpha$)	경거($l\cdot\sin\alpha$)
A-B	25.98	15.00
B-C	-17.50	30.31
C-D	-34.64	-20.00
D-A	X	Y
계	0	0

∴ X=+26.16 Y=−25.31

$\overline{AD}=\sqrt{X^2+Y^2}=36.40\text{m}$

해설 9

$$\tan\theta=\frac{Y_B-Y_A}{X_B-X_A}$$

$$\therefore\ \theta=\tan^{-1}\left(\frac{Y_B-Y_A}{X_B-X_A}\right)$$

$$=\tan^{-1}\left(\frac{25.1-14.3}{964.5-847.1}\right)=5°15'22''$$

여기서 $\left(\frac{+}{+}\right)$이므로 1상한이다.

∴ 방위각 $=\theta$

해설 10

$\triangle OAB$에서
cos 제2법칙을 사용

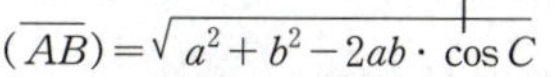

$c(\overline{AB})=\sqrt{a^2+b^2-2ab\cdot\cos C}$

$\therefore\ c=\sqrt{50^2+100^2-2\cdot50\cdot100\cdot\cos 60°}$
$=86.6\,\text{m}$

정답 6. ㉮ 7. ㉯ 8. ㉱ 9. ㉱ 10. ㉰

4 트래버스의 조정 및 면적계산

학습방향

경·위거의 오차를 조정하는 방법에는 각과 거리측정의 정도에 따라 컴퍼스 법칙과 트랜싯 법칙이 있으며 면적계산은 배횡거를 사용한다. 트래버스 측량의 정밀도는 폐합비로 나타낸다.

① 폐합오차의 계산
② 폐합오차의 조정법은 컴퍼스 법칙과 트랜싯 법칙이 있다.
③ 배면적=배횡거×조정위거 이다.

1 위거와 경거의 오차

① 폐합 트래버스 : 오차는 각 위거(경거)의 총합을 말한다.

$$E_L = \Sigma Li = [L]$$
$$E_D = \Sigma Di = [D]$$
$$E = \sqrt{(E_L)^2 + (E_D)^2}$$

② 결합 트래버스 : 오차는 기지점의 좌표값의 차이와 각 위거(경거)의 총합과의 차이를 말한다.

$$E_L = (X_B - X_A) - [L] \qquad E_D = (Y_B - Y_A) - [D]$$

여기서, E_L : 위거의 오차 E_D : 경거의 오차
$[L]$: 위거의 총합 $[D]$: 경거의 총합
$A(X_A,\ Y_A),\ B(X_{B,}\ Y_B)$: 기지점(삼각점)의 좌표값

학습POINT

2 위거 및 경거의 조정

▶05, 08, 25㉾
• 컴퍼스 법칙

(1) 컴퍼스 법칙

측각의 정도와 측거의 정도가 비슷할 때 사용한다.

$$e_L = \frac{E_L}{\Sigma l} l \qquad e_D = \frac{E_D}{\Sigma l} l$$

여기서, e_L : 어느 측선의 위거 보정량
e_D : 어느 측선의 경거 보정량
l : 어느 측선의 길이

■ 트랜싯 법칙은 {각측정의 정도 > 거리 측정의 정도}일 때 사용하는 방법으로 정도가 낮은 거리를 기준으로 오차 조정을 실시하면 전체적으로 정도가 낮아지므로 정도가 높은 각이 들어간 위, 경거를 기준으로 오차조정을 행하는 방법이다.

(2) 트랜싯 법칙

각 측정의 정도가 거리측정의 정도보다 높을 때 사용한다.

$$e_L = \frac{E_L}{\Sigma|L|}|L| \qquad e_D = \frac{E_D}{\Sigma|D|}|D|$$

3 면적계산

(1) 횡거 : 어떤 측선의 중점으로부터 기준선(NS축)에 내린 수선의 길이
(2) 배횡거 = 횡거×2
(3) 배횡거의 계산
 ① 조정경거를 사용할 때
  제 1측선의 배횡거 : 제1측선의 경거
  임의 측선의 배횡거 : 하나 앞측선의 배횡거+하나
  앞측선의 경거+그 측선의 경거
  즉, 트래버스 계산 표에서 ↓⇆ 방향으로 세 번 더해서 구한다.
 ② 합경거를 사용할 때
  제1측선의 배횡거 : 제1측선의 합경거
  임의 측선의 배횡거 : 전측선의 합경거+그 측선의 합경거
(4) 면적의 계산
 ① 배면적(2A)=배횡거×조정위거
 ② $$\text{면적(A)} = \frac{\text{배횡거} \times \text{조정위거}}{2}$$

※ 계산된 배면적을 다 더한 후 절대값을 취해 면적을 계산한다.

■ 횡거와 배횡거

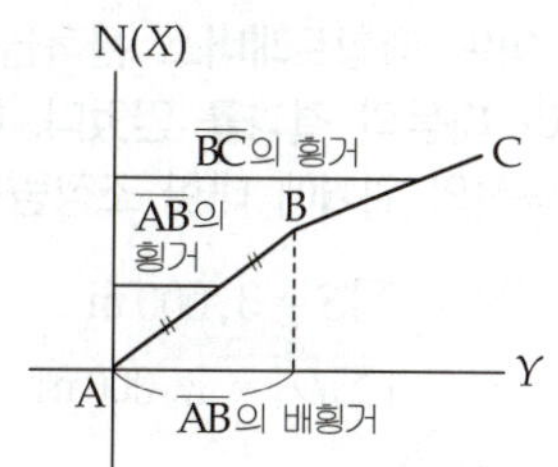

▶07, 08, 09㉠, 09, 10㉤
• 면적계산
• 배횡거의 계산

4 트래버스의 제도

트래버스의 각 점은 합위거, 합경거를 좌표로 하여 도상에 전개하는데 이 방법의 장점은 다음과 같다.
① 1개점의 오차가 다른점에 영향을 미치지 않고
② 도면배치가 쉽다. (도면의 크기를 미리 알 수 있으므로)

5 폐합비와 폐합오차

(1) 폐합오차 $(E) = \sqrt{(\text{위거오차})^2 + (\text{경거오차})^2} = \sqrt{(E_L)^2 + (E_D)^2}$
(2) 폐합비(R)
 ① 트래버스 측량의 정밀도는 폐합비로 나타낸다.
 ② 폐합비는 폐합오차를 측선길이의 합으로 나눈 것을 말하며 분자가 1인 분수의 형태로 나타낸다.

$$R = \frac{E}{\sum l} = \frac{\sqrt{E_L^2 + E_D^2}}{\sum l} = \frac{1}{m}$$

여기서, $\sum l$: 측선길이의 합

(3) 폐합비의 허용범위
 ① 시가지 : 1/5,000~1/10,000
 ② 논, 밭, 대지등의 평지 : 1/1,000~1/2,000
 ③ 산림, 임야, 호소지 : 1/500~1/1,000
 ④ 산악지 : 1/300~1/1,000
※ 폐합비나 정밀도, 오차 등의 허용 범위는 부동산의 가격과 관계가 깊다. 이를 고려해서 허용범위를 이해하면 쉽게 이해된다.

▶07, 08, 09㉠, 08, 09, 10㉤
• 폐합비와 폐합오차

■ 폐합오차

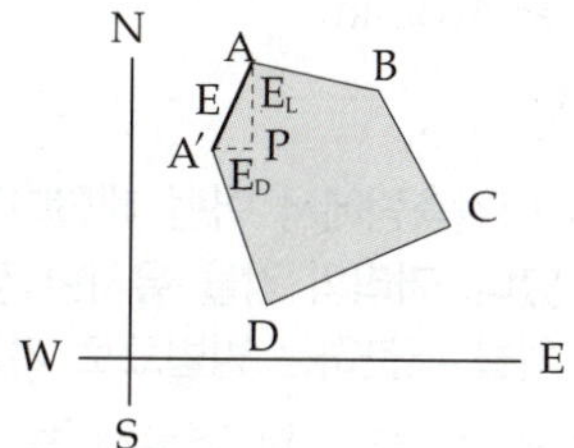

핵심문제

1 어떤 폐합트래버스 관측을 각과 거리관측의 정밀도를 동일하게 설치하여 다음의 결과를 얻었다. 이 때 방위각이 60°, 측선의 길이가 200m인 측선의 위거에 대한 조정량은? [95㉳]

(결과) $\Sigma S = 3,000\,\text{m}$ $\Sigma L = 15\,\text{mm}$

$|\Sigma D| = 2,000\,\text{m}$ $\Sigma D = 30\,\text{mm}$

㉮ 0.75mm ㉯ -0.75mm

㉰ -1mm ㉱ 1mm

2 다각측량을 하여 다음과 같은 성과표를 얻었을 때 다각형의 면적을 구한 값은? (단, 좌표 원점은 (0, 0)이다.) [01 97㉠]

(단위 : m)

측점	합위거	합경거
A	0	0
B	23.29	38.82
C	-31.05	15.53

㉮ 693.2m² ㉯ 783.5m²

㉰ 1386.3m² ㉱ 1567.1m²

3 트래버스 ABCD에서 각 측선에 대한 위거와 경거 값이 아래 표와 같을 때, 측선 BC의 배횡거는? [15㉠]

측 선	위 거(m)	경 거(m)
AB	+75.39	+81.57
BC	-33.57	+18.78
CD	-61.43	-45.60
DA	+44.61	-52.65

㉮ 81.57m ㉯ 155.10m

㉰ 163.14m ㉱ 181.92m

4 다각측량에서 어떤 폐합다각망을 측량하여 위거 및 경거의 오차를 구하였다. 거리와 각을 유사한 정밀도로 관측하였다면 위거 및 경거의 폐합오차를 배분하는 방법으로 가장 적당한 것은? [15㉠]

㉮ 각 위거 및 경거에 등분배한다.

㉯ 위거 및 경거의 크기에 비례하여 배분한다.

㉰ 측선의 길이에 비례하여 분배한다.

㉱ 위거 및 경거의 절대값의 총합에 대한 위거 및 경거의 크기에 비례하여 배분한다.

해설

해설 **1**

각과 거리의 정도가 동일하므로 컴퍼스 법칙 사용.

$$e_L = \frac{-S}{\Sigma S} \cdot \Sigma L$$

$$= -\frac{200}{3,000} \times 15 = -1\,\text{mm}$$

해설 **2**

합위거와 합경거는 각 측점의 좌표이므로 좌표법으로 계산한다.

0 23.29 -31.05 0

0 38.82 15.53 0

2A=23.29(15.53-0)

+(-31.05)(0-38.82)

=1,567.05m²

$$\therefore A = \frac{2A}{2} = 783.5\,\text{m}^2$$

해설 **3**

① 제1측선(AB)의 배횡거=제1측선의 경거

② 임의 측선의 배횡거=하나 앞측선의 배횡거 + 하나 앞측선의 경거 + 그 측선의 경거

③ ∴ $\overline{BC}$의 배횡거

= 81.57 + 81.57 + 18.78

= 181.92m

해설 **4**

• 트래버스의 조정법

① 트랜싯 법칙 : 각 측정의 정도가 거리보다 높은 경우, 오차는 위, 경거의 크기에 비례하여 분배

② 컴퍼스 법칙 : 각과 거리측정의 정도가 비슷한 경우, 오차는 측선의 길이에 비례하여 분배

정답 1. ㉰ 2. ㉯ 3. ㉱ 4. ㉰

5 위거, 경거가 다음 표와 같을 때 배횡거에 의하여 면적을 구한 값은?

측선	위거(m)		경거(m)	
	N(+)	S(−)	E(+)	W(−)
AB	59.0			52.0
BC		92.0		29.0
CD		54.0	101.0	
DA	87.0			20.0

㉮ 14,202m² ㉯ 10,303m²
㉰ 7,101m² ㉱ 3,050m²

6 A점에서 관측을 시작하여 A점으로 폐합시킨 폐합 트래버스 측량에서 다음과 같은 측량결과를 얻었다. 이때 측선 AB의 배횡거는? [15 ㉠]

측점	위거(m)	경거(m)
AB	15.5	25.6
BC	-35.8	32.2
CA	20.3	-57.8

㉮ 0m ㉯ 25.6m
㉰ 57.8m ㉱ 83.4m

7 트래버스측량을 한 전체 연장이 2.5km이고 위거오차가 +0.48m, 경거오차가 -0.36m이었다면 폐합비는? [15 ㉦]

㉮ 1/1167 ㉯ 1/2167
㉰ 1/3167 ㉱ 1/4167

8 트래버스 측량에 관한 일반적인 사항에 대한 설명으로 옳지 않은 것은? [16,24 ㉠]

㉮ 트래버스 종류 중 결합트래버스는 가장 높은 정확도를 얻을 수 있다.
㉯ 각관측 방법 중 방위각법은 한번 오차가 발생하면 그 영향은 끝까지 미친다.
㉰ 폐합오차 조정방법 중 컴퍼스법칙은 각관측의 정밀도가 거리관측의 정밀도보다 높을 때 실시한다.
㉱ 폐합트래버스에서 편각의 총합은 반드시 360°가 되어야 한다.

해 설

해설 **5**

측선	배횡거	배면적
AB	−52.0	−3,068
BC	−133.0	12,236
CD	−61.0	3,294
DA	20.0	1,740
계		14,202

2A=14,202

$\therefore A=\frac{1}{2}(14,202)=7,101\,\text{m}^2$

해설 **6**

첫 측선의 배횡거 = 첫 측선의 경거
임의점의 배횡거 = 하나 앞측선의 배횡거 + 하나 앞측선의 경거 + 그 측선의 경거
∴ AB 측선의 배횡거 = AB 측선의 경거

해설 **7**

① $E=\sqrt{E_L^2+E_D^2}$
$=\sqrt{(0.48)^2+(0.36)^2}$
$=0.6$

② $R=\frac{E}{\Sigma l}=\frac{0.6}{2,500}$
$=\frac{1}{4,167}$

해설 **8**

컴퍼스 법칙은 각과 거리측정의 정도가 비슷할 때 사용하며, 각 측정의 정도가 높은 경우에는 트랜싯 법칙을 사용한다.

정답 5. ㉰ 6. ㉯ 7. ㉱ 8. ㉰

5 삼각측량의 개요

학습방향

삼각측량은 기준점의 위치를 결정하는 가장 정밀한 측량방법의 하나로서 매우 중요하며 이 단원에서는 삼각망의 종류, 기선 측정, 편심관측 등 삼각 측량의 전반적인 내용을 설명하였다.

① 삼각망의 종류와 특징 ② 기선의 확대 ③ 편심 관측

1 삼각측량의 정의

각종 측량의 골격이 되는 **기준점인 삼각점의 위치를 삼각법으로 결정**하기 위한 측량을 말하며 높은 정밀도를 요한다.

2 삼각점 선점시 주의사항

① 삼각형은 정삼각형에 가까울수록 좋다.
② 가능한 측점수를 적게하고 측점간 거리는 같을수록 좋다.
③ 미지점은 최소 3개, 최대 5개의 기지점에서 정, 반 양방향으로 시통이 되도록 한다.
④ 다른 삼각점과 시준이 잘되어야 한다.

3 삼각측량의 원리 : sine법칙에 의한다.

① sine법칙 : 삼각형에서 마주보는 변과 각의 비는 일정하다는 법칙으로 삼각형의 각과 변의 길이를 구하는데 편리하다.

$$\frac{a}{\sin A} = \frac{b}{\sin B} = \frac{c}{\sin C}$$

$$a = \frac{\sin A}{\sin B} \times b = \frac{\sin A}{\sin C} \times c$$

양변에 log를 취하면 $\log a = \log \sin A + \log b - \log \sin B$

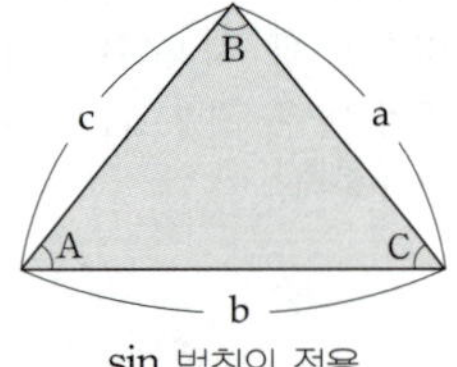

sin 법칙의 적용

옆의 삼각형에서 가장 큰 각인 ∠B와 마주보는 변 b의 길이가 가장 길다. 측각오차가 변장에 미치는 영향을 최소화하기 위해서는 내각이 60°가 되는 게 이상적이다.

② 삼각측량의 방법 : 측량할 지역을 적당한 크기의 삼각망으로 설정하고 각 삼각점으로부터 삼각형의 내각을 측정하고 기선을 측정하여 삼각측량의 원리에 의해 각 삼각점의 변장을 계산하고 **그 위치를 결정한다.**

학습POINT

■ 측량 순서

1. 삼각측량 → 트래버스측량 → 세부측량
2. 삼각측량의 순서
   도상계획 → 답사 및 선점 → 조표 → 각관측 → 삼각점 전개 → 계산 및 성과표 작성

▶05, 07, 08㉮, 09, 10㉯
- 삼각측량의 정의
- 삼각측량의 원리
- 삼각망의 종류

■ 삼각점 위치 구하기 순서

편심조정계산 → 삼각형계산(변, 방향각) → 좌표조정계산 → 표고계산 → 경위도계산

■ 삼각망의 비교

	단열	유심	사변형
정도	낮다	중간	높다
피복면적	중간	넓다	좁다
사용	하천, 터널등 좁고 긴 지역	공단, 택지조성	기선 삼각망

4 삼각망의 종류

삼각망 중에서 임의의 한 변의 길이는 계산의 순서에 관계없이 동일해야 하며, 각 삼각형 내각의 합은 180°가 되도록 한다.

① 단열 삼각망 : 하천, 도로, 터널측량 등 좁고 긴 지역에 적합하며 경제적이나 정도가 낮다.

② 사변형 삼각망 : 가장 정도가 높으나 피복면적이 작아 비경제적이므로 중요한 기선 삼각망에 사용한다.

③ 유심 삼각망 : 측점수에 비해 피복면적이 가장 넓고 정밀도도 좋다.

■ 삼각망의 종류

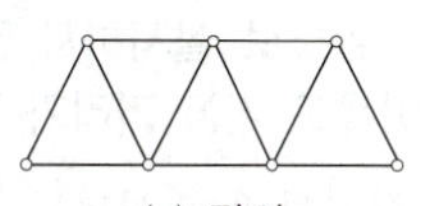

(a) 단열

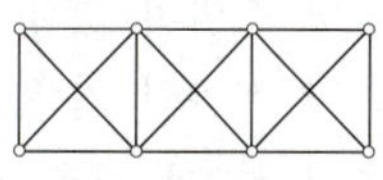

(b) 사변형

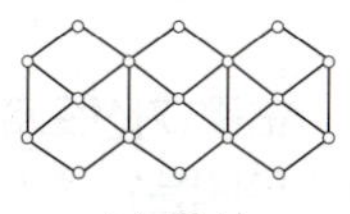

(c) 유심

5 기선측정

(1) 기선삼각망

기선 삼각망은 사변형 삼각망을 이용한다.

① 기선 설치위치는 평탄한 곳으로 경사는 1/25 이하일 것.

② 검기선은 기선 길이의 20배 정도의 간격으로 설치한다.

(2) 기선확대

기선 측정은 매우 힘들고 어려운 작업이므로 확대하여 사용하는데 너무 확대하면 정밀도에 영향을 미치므로 다음과 같이 제한한다.

1회에 3배 이내, 2회에 8배 이내, 3회에 10배 이내

즉, 최대 3회, 10배 이내까지 확대하여 사용한다.

■ 삼각점의 평균 변길이

1. 1등 삼각점 : 30km
2. 2등 삼각점 : 10km
3. 3등 삼각점 : 5km
4. 4등 삼각점 : 2.5km

6 수평각 관측

삼각측량의 수평각 관측은 주로 **각 관측법**을 사용하고 소규모 지역의 측량일 경우 배각법이나 방향각법도 가능하다.

7 편심관측

▶07, 09, 10㉠, 06, 08㉡
• 편심관측

삼각측량에서 수평각 관측은 삼각점에 기계를 세워 다른 삼각점을 시준해서 실시하나 부득이 하게 삼각점에 기계를 세우지 못하거나, 삼각점을 시준하지 못하고 편심시켜 관측해서 정확한 값을 계산해내는 방법

A점에 기계를 세우지 못하고

B점에 기계를 세운 경우 → θ_1, θ_2를 구해서 β를 계산한다.

① $\theta_1 = \sin^{-1}\dfrac{e}{S_1}\sin\alpha$

$\theta_2 = \sin^{-1}\dfrac{e}{S_2}\sin(\alpha+\gamma)$

② $\beta + \theta_1 = \gamma + \theta_2$

$\therefore\ \beta = \gamma + \theta_2 - \theta_1$

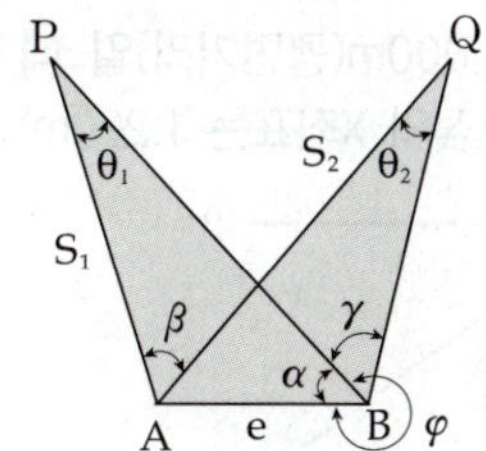

그림. 편심관측

핵 심 문 제

1 건설공사 및 도시계획 등의 일반측량에서는 변장 2.5km 이상의 삼각측량을 별도로 실시하지 않고 국가기본삼각점의 성과를 이용하는 것이 좋은 이유로 가장 거리가 먼 것은? [16㉾]

㉮ 정확도의 확보
㉯ 측량 경비의 절감
㉰ 측량 성과의 기준 통일
㉱ 측량시간의 예측 가능

2 측선 AB를 기선으로 삼각측량을 실시한 결과가 다음과 같을 때 측선 AC의 방위각은? [16㉾]

- A의 좌표(200.000m, 224.210m)
  B의 좌표(100.000m, 100.000m)
- ∠A=37°51′41″, ∠B=41°41′38″, ∠C=100°26′41″

㉮ 0° 58′33″
㉯ 76° 41′55″
㉰ 180° 58′33″
㉱ 193° 18′05″

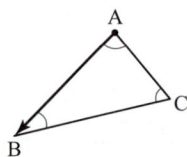

3 다음 삼각측량의 결과로부터 BC 의 변장을 구하면? (단, ∠A = 54°29′13″, ∠B = 44°11′22″, ∠C = 81°19′34″, AB = 500m) [04 ㉠]

㉮ 352.544m
㉯ 382.549m
㉰ 411.697m
㉱ 442.700m

4 삼각측량에서 시간과 경비가 많이 소요되나 가장 정밀한 측량성과를 얻을 수 있는 삼각망은? [02 16 24 ㉠, 25 ㉾]

㉮ 유심망　　㉯ 단삼각형
㉰ 단열삼각망　　㉱ 사변형망

5 다음 그림에 있어서 θ=30°11′00″, S=1,000m(평면거리)일 때 C점의 X좌표는? (단, AB의 방위각은 89°49′00″, A점의 X좌표는 1,200m) [05 ㉠]

㉮ 333.97m
㉯ 500.00m
㉰ 700.00m
㉱ 866.03m

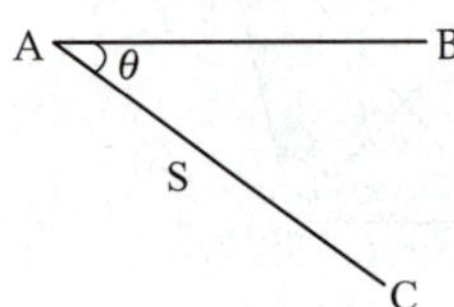

해 설

해설 1

일반측량시 국가 기본 삼각점의 성과를 사용하면
① 정확도의 확보 ② 측량 경비의 절감 ③ 측량 성과의 기준 통일 등의 효과가 있다.

해설 2

① $\overline{BA}$의 방위각

$= \tan^{-1}\left(\frac{Y_A - Y_B}{X_A - X_B}\right)$

$= 51°09'46''$

② $\overline{AC}$의 방위각

$= 51°09'46° + 180° - \angle A$

$= 193°18'05''$

해설 3

$$\frac{BC}{\sin A} = \frac{AB}{\sin C}$$

$$\therefore BC = \frac{\sin 54°29'13''}{\sin 81°19'34''} \times 500$$

$= 411.700\text{ m}$

해설 4

• 삼각망의 정도
사변형망 〉 유심 삼각망 〉 단열 삼각망 〉 단삼각망

해설 5

$X_c = X_A + S \cdot \cos\alpha$

여기서, 방위각

$\alpha = 89°49'00'' + e$

$= 120°00'00''$

$\therefore X_c = 1,200 + 1,000 \times \cos 120°$

$= 700\text{ m}$

정답 1. ㉱ 2. ㉱ 3. ㉰ 4. ㉱ 5. ㉰

6 삼각 측량에서 삼각망에 대한 도형의 강도(strength of figure)의 설명 중 잘못된 것은? [96 ㉠]

㉮ 삼각망의 동일한 정확도를 얻기 위해 계산한다.
㉯ 삼각 측량의 예비 작업에서 도형의 강도를 결정한다.
㉰ 도형의 강도는 관측 정확도가 좋으면 값이 커진다.
㉱ 삼각망의 기하학적 정확도를 나타내 준다.

7 그림과 같이 ∠CAB를 관측할 때 B점 방향에 시통이 되지 않으므로 A점과 C점을 연결하는 직선상의 A'점에 편심시켜서 관측을 행하여 α = 60° 00′ 00″, e = 1.0m, S' = 1,000.0m였다. ∠CAB는 얼마인가? [96 ㉠, 15 ㉢]

㉮ 58°57′01″
㉯ 59°57′01″
㉰ 60°57′01″
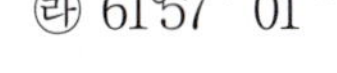
㉱ 61°57′01″

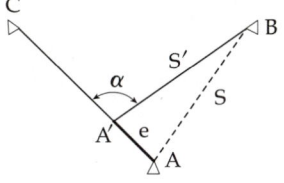

8 삼각측량을 위한 삼각망 중에서 유심다각망에 대한 설명으로 틀린 것은? [16 24 ㉠]

㉮ 농지측량에 많이 사용된다.
㉯ 방대한 지역의 측량에 적합하다.
㉰ 삼각망 중에서 정확도가 가장 높다.
㉱ 동일측점 수에 비하여 포함면적이 가장 넓다.

9 삼각측량 성과표에 기록된 내용이 아닌 것은? [96 16 ㉠]

㉮ 삼각점의 등급 및 명칭
㉯ 천문경위도
㉰ 평면직각좌표 및 표고
㉱ 진북방향각

10 삼각측량을 위한 삼각점의 위치선정에 있어서 피해야 할 장소로서 중요도가 가장 적은 것은? [15 ㉢]

㉮ 편심관측을 하여야 하는 곳
㉯ 나무를 벌목하여야 하는 곳
㉰ 습지와 같은 연약지반인 곳
㉱ 측표의 높이를 높게 설치하여야 되는 곳

해 설

해설 6

도형의 강도는 조건식과 관측식의 수와 삼각형의 기하학적 성질에만 관계되고 관측 정확도와는 무관하다.

해설 7

$$\frac{e}{\sin x} = \frac{S}{\sin 120}$$

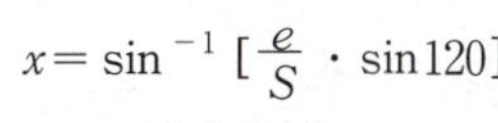

$$x = \sin^{-1}\left[\frac{e}{S}\cdot\sin 120\right]$$

$S \fallingdotseq S'$로 놓으면

$x = 0°02′58.6″$

$\therefore \alpha = 180° - 120° - x$
$= 59°57′01.4″$

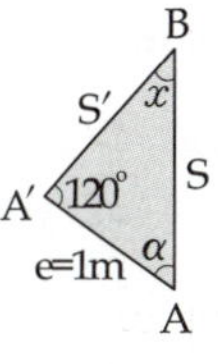

해설 8

삼각망 중에서 정확도가 가장 높은 삼각망은 사변형 삼각망이다.

해설 9

삼각 및 수준측량의 성과표 내용.
1. 삼각점의 등급, 부호 및 명칭
2. 측점 및 시준점
3. 방위각
4. 진북방향각
5. 평면직각좌표
6. 측지경도, 위도
7. 삼각점의 표고

해설 10

삼각측량에서는 여러가지 이유로 편심관측을 할 경우가 있는데 관측후 편심조정을 하면된다. ②, ③, ④에 비해 편심관측이 훨씬 간편하다.

정답 6. ㉰ 7. ㉯ 8. ㉰ 9. ㉯ 10. ㉮

6 삼각측량의 방법

학습방향

이 단원은 조건식의 수가 비교적 자주 출제된다. 삼각망의 조정법은 세 가지 삼각망을 비교하면서 공부하면 이해가 빠르다.

① 측점 조건식의 수　② 각 조건식의 수　③ 조건식의 총수

1 조건식의 수

(1) 측점조건식의 수

측점조건식의 수 $= w-(l-1)$

여기서, w : 한 측점에서 관측한 각의 총수

(2) 각 조건식의 수

각 조건식의 수 $= L-(P-1)$

여기서, L : 양 끝에서 각이 관측된 변의 수　P : 삼각점의 수

(3) 변 조건식의 수

변조건식의 수 $= L-\{2(P-2)+1\}+B-1 = B+L-2P+2$

여기서, B : 기선의 수

각 조건과 변조건을 도형조건이라 한다.

(4) **조건식의 총수** $= B+A-2P+3$

여기서, A : 관측각의 총수

2 단열 삼각망의 조정

(1) 각조건의 조정

① 제1조정 : 삼각형의 내각의 합이 180°가 되도록 조정한다.

오차가 W_i 라면 각각에 $\ominus \dfrac{W_i}{3}$ 씩 조정한다.

② 제2조정 : 방위각에 대한 조건을 만족하도록 조정한다.

오차가 W_o 라면

조정량 $+C_i$ 각 → $\ominus \dfrac{W_o}{n} \to A_i,\ B_i = \oplus \dfrac{W_o}{2n}$

$-C_i$ 각 → $\oplus \dfrac{W_o}{n} \to A_i,\ B_i = \ominus \dfrac{W_o}{2n}$

여기서, n : 삼각형의 수

학습POINT

■ 측점조건

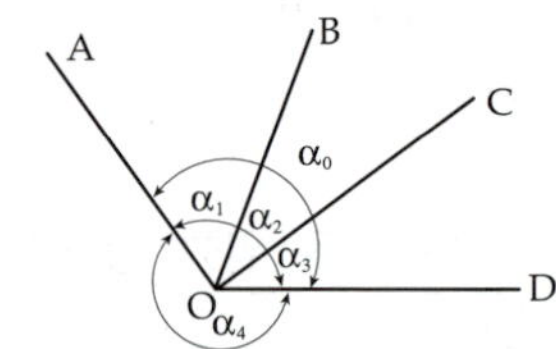

■ 도형조건

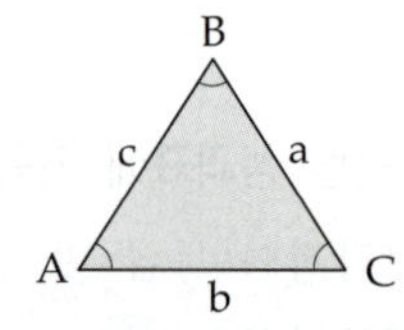

▶07, 08, 09㉮, 06, 07㉯
• 조건식의 수
• 단열 삼각망의 조정

■ 측각오차의 보정

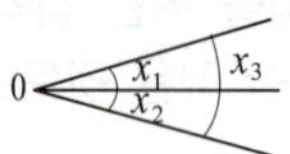

$x_3 = x_1 + x_2 + \alpha$

조정량

$x_3 = -\dfrac{\alpha}{3}\ x_1,\ x_2 = +\dfrac{\alpha}{3}$

(2) 변 조건의 조정

변 조건의 조정은 S_o부터 sine법칙에 따라 변장을 구할 때, 계산에 의한 S_1과의 차이를 log로 나타낸 것이다.

$$\log S_o + \Sigma(\log \sin A_i) - \Sigma(\log \sin B_i) - \log S_1 = W_1$$

조정량 $= \dfrac{W_1}{[a]+[b]}$ $A_i = \ominus$ $B_i = \oplus$

여기서, $[a]$: A_i 각의 표차의 합

$[b]$: B_i 각의 표차의 합

■ 표차

1. 삼각망의 계산에서 표차는 90°가 가장 작고 0°나 180°에 가까울수록 크다.
2. 표차란 그 각도에서 1″ 차이가 나는 logsin의 값이다.
3. 표차=21.055÷tan(각도)로 구한다.

3 유심 삼각망의 조정

▶06, 09㉠, 08㉣
• 유심 삼각망의 조정

(1) 각 조건의 조정

① 제1조정 : 단열삼각망과 동일

② 제2조정 : 중심각 C_i 의 합은 360°

조정량 $C_i \rightarrow \ominus \dfrac{W_o}{n}$

$A_i,\ B_i \rightarrow \oplus \dfrac{W_o}{2n}$

(2) 변조건의 조정 : $\Sigma(\log \sin A_i) - \Sigma(\log \sin B_i) = W_1$

조정량 : 단열 삼각망과 동일

■ 삼각망의 조정

	1조정	2조정
단열 삼각망	삼각형 내각의 합은 180°	결합트래버스의 방위각 조정
유심 삼각망	삼각형 내각의 합은 180°	유심삼각망의 중심각은 360°
사변형 삼각망	사변형의 8개 각의 합은 360°	맞꼭지각이 같도록 조정

	변조정
단열 삼각망	$\log S_o + \Sigma \log \sin A_i - \Sigma \log \sin B_i - S_1 = W_1$
유심 삼각망	$\Sigma \log \sin A_i - \Sigma \log \sin B_i = W_1$
사변형 삼각망	$\Sigma \log \sin A_i - \Sigma \log \sin B_i = W_1$

4 사변형 삼각망의 조정

(1) 각 조건의 조정

① 제1조정 : 사변형 내각의 합이 360°가 되도록 조정

$\Sigma A_i + \Sigma B_i - 360 = W_i$

조정량 $= \ominus \dfrac{W_i}{8}$

② 제2조정 : 맞꼭지각은 같도록 조정

$(A_1 + B_1) - (A_3 + B_3) = W_o$

조정량 : $A_1,\ B_1 \rightarrow \ominus \dfrac{W_o}{4}$, $A_3,\ B_3 \rightarrow \oplus \dfrac{W_o}{4}$

$(A_2 + B_2) - (A_4 + B_4) = W_o'$

조정량 : $A_2,\ B_2 \rightarrow \ominus \dfrac{W_o'}{4}$, $A_4,\ B_4 \rightarrow \oplus \dfrac{W_o'}{4}$

(2) 변조건의 조정 : $\Sigma(\log \sin A_i) - \Sigma(\log \sin B_i) = W_1$

조정량 : 단열 삼각망과 동일

핵심문제

1 그림과 같이 AB를 기선으로 삼각측량을 실시하였을 때 각 조건식의 수는? [97㉾]

㉮ 1개
㉯ 3개
㉰ 5개
㉱ 6개

A C E
B P O

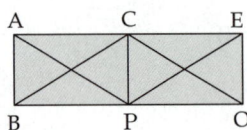

2 그림과 같은 사변형에서 조건식의 수에 대한 기술 중 옳은 것은?

㉮ 측점방정식의 수 : 0
㉯ 다각방정식의 수 : 2
㉰ 변방정식의 수 : 3
㉱ 조건식의 총수 : 8

3 삼각측량의 각 삼각점에 있어 모든 각의 관측시 만족되어야 하는 조건식이 아닌 것은? [03㉠]

㉮ 하나의 측점을 둘러싸고 있는 각의 합은 360°가 되도록 한다.
㉯ 삼각망 중에서 임의 한변의 길이는 계산의 순서에 관계없이 동일하도록 한다.
㉰ 삼각망 중 각각 삼각형 내각의 합은 180°가 되도록 한다.
㉱ 모든 삼각점의 포함면적은 각각 일정해야 한다.

4 그림과 같은 삼각망에서 조건식의 총수는? [95㉾]

㉮ 5
㉯ 6
㉰ 7
㉱ 8

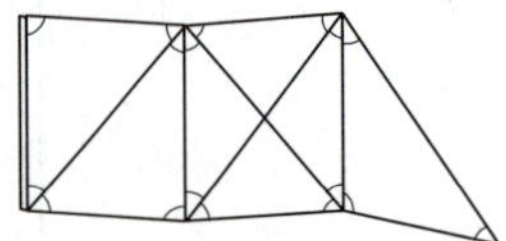

5 삼각측량에서 그림과 같은 삼각망일 경우 점조건과 도형조건의 합계 조건식은 몇 개인가? (단, //표는 기선이다.) [92㉾]

㉮ 17개
㉯ 18개
㉰ 19개
㉱ 21개

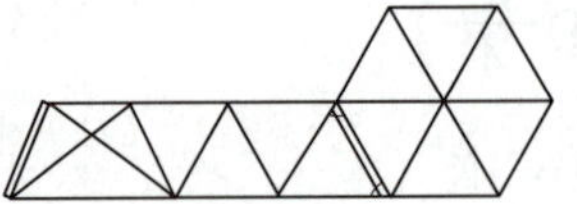

해설

해설 1

각조건식의 수=L−(P−1)
=11−(6−1)=6
여기서, L : 변의 수
P : 삼각점의 수

해설 2

1. 측점조건식의 수
$=w-(l-1)$
$=2-(3-1)=0$
2. 각 조건식의 수
$=L-(P-1)$
$=6-(4-1)=3$
3. 변조건식의 수
$=B+L-2P+2$
$=1+6-2\times4+2=1$
4. 조건식의 총수$=0+3+1=4$
또는
$=B+A-2P+3$
$=1+8-2\times4+3=4$

해설 3

삼각점은 기준점의 위치를 결정하기 위한 측량이다.

해설 4

조건식의 총 수=B+A−2P+3
=1+17−2×7+3
=7

해설 5

도형조건=각조건+변조건
∴조건식의 총수
=측점조건+도형조건
=B+A-2P+3
=2+38-2 · 13+3
=17개

정답 1. ㉱ 2. ㉮ 3. ㉱ 4. ㉰ 5. ㉮

6 단삼각형의 조정에서 각점의 내각이 같은 정밀도로 관측되었다고 한다면 폐합오차는? [01 95 ㉮]

㉮ 각의 크기에 관계없이 등배분한다.
㉯ 각의 크기에 비례하여 배분한다.
㉰ 각의 크기에 반비례하여 배분한다.
㉱ 대변의 크기에 비례하여 배분한다.

해설

해설 6

• 각조건식의 조정

측각 오차가 W 라면

조정량 $= -\frac{W}{3}$ 씩 등배분한다.

7 삼각망 조정의 조건에 대한 설명으로 옳지 않은 것은? [16 ㉳]

㉮ 1점 주위에 있는 각의 합은 180°이다.
㉯ 검기선의 측정한 방위각과 계산된 방위각이 동일하다.
㉰ 임의 한 변의 길이는 계산경로가 달라도 일치한다.
㉱ 검기선은 측정한 길이와 계산된 길이가 동일하다.

해설 7

1점 주위에 있는 각의 합은 360°이다.

8 삼각측량의 망계산에서 0.1″까지 계산할 때 18° 44′ 46.8″의 1″의 표차는? [01 ㉮]

㉮ 38
㉯ 52
㉰ 58
㉱ 62

해설 8

표차계산식 $= 21.05 \div \tan\alpha$

$= 21.05 \div \tan 18°44'46.8''$

$= 62$

9 8개각을 측정한 4변형 삼각망에서 각방정식에 의한 보정을 근사해법으로 한 짝수 보정각의 대수합(Σlog sin)이 39.2826114, 홀수 보정각의 대수합이 39.2828311일 때 표차의 합[a] + [b] = 197.2였다면 변방정식에 의한 각 보정치의 절대값은?

㉮ 11.2″ ㉯ 18.4″
㉰ 22.5″ ㉱ 28.4″

해설 9

$$\frac{\Sigma(\log\sin A_i) - \Sigma(\log\sin B_i)}{[a]+[b]}$$

$$= \frac{(39.2828331 - 39.2826114)\times 10^7}{197.2}$$

$= 11.24''$

10 그림과 같은 유심다각망의 조정에 필요한 조건방정식의 총 수는? [00 ㉮]

㉮ 5개
㉯ 6개
㉰ 7개
㉱ 8개

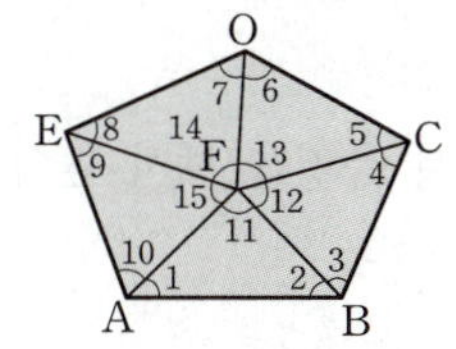

해설 10

조건식의 총수 $= B + a - 2P + 3$

$= 1 + 15 - 2\times 6 + 3$

$= 7$

정답 6. ㉮ 7. ㉮ 8. ㉱ 9. ㉮ 10. ㉰

7 삼각측량의 응용

학습방향

삼각 수준측량은 넓은 지역에서 수준측량을 실시할 경우 일어나는 구차와 기차에 대한 내용을 다루며 삼변 측량은 삼각형의 각 대신 세 변을 측정하여 기준점을 결정하는 측량이다.

① 지구 곡률오차(구차) ② 빛의 굴절오차(기차)
③ 양차=구차+기차 ④ 삼변측량의 정의 및 특징
⑤ 코사인 제 2법칙

1 삼각 수준측량

(1) 곡률오차(구차)

지표면이 곡면이므로 발생

넓은 지역에서 수평선에 대한 높이와 지평면에 대한 높이는 차이가 나는데 이 차를 곡률 오차(구차)라 한다.

$$구차 = \oplus\ \frac{D^2}{2R}$$

구차는 실제 높이보다 측정높이가 적게 나타나므로 ⊕해준다.

(2) 기차(굴절오차)

광선이 대기중을 통과할 때는 밀도가 다른 공기중을 통과하면서 곡선을 그린다.

그림에서 B′에서 부터 점 A에 오는 광선은 점선처럼 휘어지므로 우리가 시준하는 점은 B″가 된다. 즉 기차는 실제 높이보다 더 크게 나타나므로 ⊖해준다.

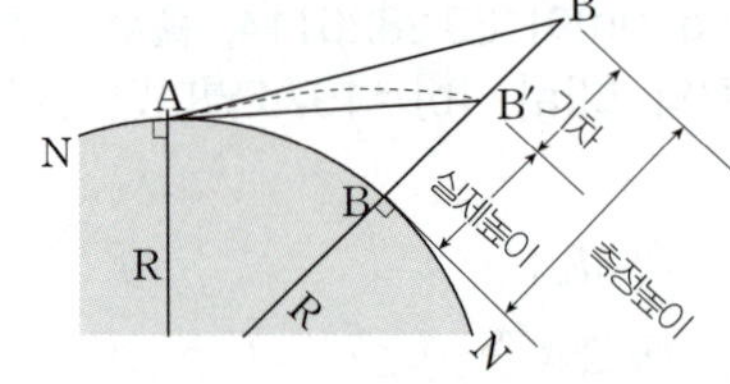

$$기차 = \ominus\ \frac{KD^2}{2R}$$

여기서, K: 굴절율

(3) 양차

양차란 기차와 구차를 합한 값으로 A, B양 지점에서 측정을 해서 높이의 평균을 구하면 없어진다.

$$양차 = \frac{(1-K)}{2R}D^2$$

학습POINT

▶06, 08, 10㉮
• 삼각 수준측량

■ 1. 구차 : $+\frac{D^2}{2R}$
- 지구의 곡률 때문에 발생
- 항상 작게 나타남 → ⊕해준다

2. 기차 : $-\frac{KD^2}{2R}$
- 빛의 굴절 때문에 발생
- 항상 크게 나타남 → ⊖해준다.

3. 양차 : $\frac{(1-K)}{2R}D^2$
- 구차+기차의 값
- 양지점 측정 → 평균값으로 소거

(4) 삼각수준측량

레벨을 사용하지 않고 트랜싯이나 데오돌라이트를 이용하여 2점간의 연직각과 거리를 관측하여 고저차를 구하는 측량으로 양차를 고려해 준다.

$$H_P = H_A + H + \text{양차} = H_A + I + D\tan\theta + \text{양차}$$
$$= H_A + I + D\tan\theta + \frac{D^2}{2R}(1-K)$$

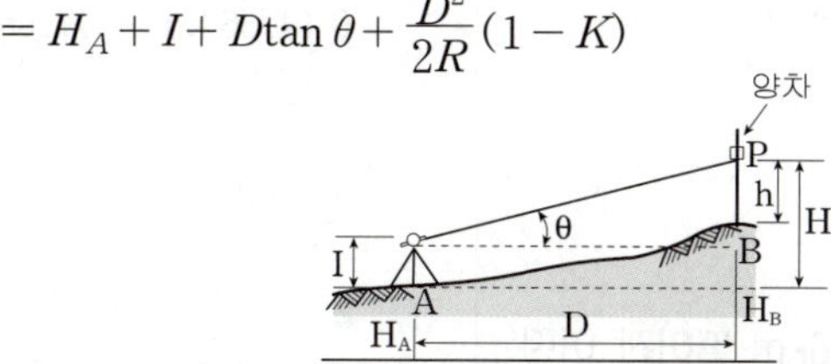

그림. 삼각수준측량

2 삼변측량

04, 07, 08 ㉠
• 삼변측량

(1) 정의 : 전자파거리 측정기를 이용한 정밀한 장거리 측정으로 변장을 측정해서 삼각점의 위치를 결정하는 측량방법

(2) 삼변측량의 원리 : 삼변측량은 코사인 제2법칙, 반각공식을 이용하여 변으로부터 각을 구하고 구한 각과 변에 의하여 수평위치가 결정되는데 관측값에 비하여 조건식이 적은 것이 단점이다.

(3) 삼변측량의 특징

① 삼변을 측정해서 삼각점의 위치를 결정한다.

② 기선장을 실측하므로 기선의 확대가 불필요하다.

③ 조건식의 수가 적은 것이 단점이다.

④ 좌표계산이 편리하다.

⑤ 조정방법에는 조건방정식에 의한 조정과 관측방정식에 의한 조정이 있다.

■ 삼변측량의 좌표결정

삼변측량의 좌표계산은 기지점이 1개일 경우는 좌표계산상 방위각을 별도로 관측해야 함에 비하여 기지점이 2개일 경우는 두 좌표로부터 방향각이 계산되기 때문에 좌표 계산에는 편리하다.

(4) 수평각의 계산

① 코사인 제2법칙 : $\cos A = \dfrac{b^2+c^2-a^2}{2bc}$

$$\cos B = \frac{c^2+a^2-b^2}{2ca}$$
$$\cos C = \frac{a^2+b^2-c^2}{2ab}$$

② 반각공식 : $\sin\dfrac{A}{2} = \sqrt{\dfrac{(s-b)(s-c)}{bc}}$

$$\cos\frac{A}{2} = \sqrt{\frac{s(s-a)}{bc}}$$
$$\tan\frac{A}{2} = \sqrt{\frac{(s-b)(s-c)}{s(s-a)}}$$

③ 면적조건 : $\sin A = \dfrac{2}{bc}\sqrt{s(s-a)(s-b)(s-c)}$

■ b c a : a가 맨 뒤에 온다

⇑

$\cos A = \dfrac{b^2+c^2-a^2}{2bc}$

⇓

a가 없다

핵심문제

1 평탄한 지역에서 A측점에 기계를 세우고 15km 떨어져 있는 B측점을 관측하려고 할 때에 B측점에 표척의 최소 높이는? (단, 지구의 곡률반지름=6,370km, 빛의 굴절은 무시) [15 ㉠]

㉮ 7.85m　　㉯ 10.85m

㉰ 15.66m　　㉱ 17.66m

2 평야지대에서 어느 한 측점에서 중간 장애물이 없는 26km 떨어진 어떤 측점을 시준할 때 어떤 측점에 세울 표척의 최소 높이는? (단, 기차상수는 0.14이고 지구곡률반지름은 6,370km이다.) [15 ㉠]

㉮ 16m　　㉯ 26m

㉰ 36m　　㉱ 46m

3 그림과 같이 삼각점 A에서 삼각점 B의 표고를 구하기 위하여 직시의 고저각 α_A, 반시의 고저각 α_B를 관측하였을 때 B점의 표고는? (단, 삼각점 A의 표고는 400.000m, AB간의 수평거리는 1100.00m, $\alpha_A = -2°04'$, $\alpha_B = +2°24'$, $i_A = 1.65$m, $i_B = 1.55$m, $h_A = 4.50$m, $h_B = 3.95$m임) [97 ㉠]

㉮ 356.85m

㉯ 357.43m

㉰ 358.01m

㉱ 358.59m

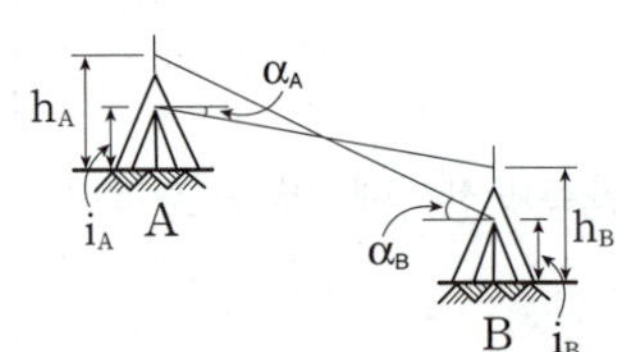

4 트랜싯을 사용하여 어떤 각을 정·반위로 측정하고 각의 평균 자승오차를 ±2″ 얻었다. 이때 이 트랜싯으로 삼각측량을 하였을 때 삼각형의 폐합오차 제한은 다음 중 어느 것인가? [97 ㉡]

㉮ ±6″　　㉯ ±7″

㉰ ±12″　　㉱ ±4″

해설

해설 **1**

기차는 무시하고 구차를 계산하면

$$h = \frac{D^2}{2R} = \frac{15^2}{2 \times 6,370}$$
$$= 0.01766\text{ km} = 17.66\text{ m}$$

해설 **2**

양차를 구하면

$$h = \frac{(1-K) \cdot D^2}{2R}$$
$$= \frac{(1-0.14) \times 26}{2 \times 6,370} \times 26,000$$
$$= 45.63\text{ m}$$

∴ 표척은 최소 45.63m 이상이어야 한다.

해설 **3**

$$H_{B1} = H_A + i_A - l \cdot \tan\alpha_A - h_B$$
$$= 400 + 1.65 - 1100 \times \tan 2°04' - 3.95$$
$$= 358.01\text{m}$$

$$H_{B2} + i_B + l \cdot \tan\alpha_B - h_A = 400$$
$$H_{B2} = 400 - 1.55 - 1100 \times \tan 2°24' + 4.50$$
$$= 356.85\text{m}$$

$$\therefore H_B = \frac{1}{2}(H_{B1} + H_{B2})$$
$$= 357.43\text{m}$$

해설 **4**

오차전파의 법칙에서

$$E = \pm\sqrt{E_1^2 + E_2^2 + \cdots}$$
$$= \pm\sqrt{3 \cdot 2^2} = \pm 3.46''$$

∴정반 측정이므로

$\pm 3.46 \times 2 ≒ \pm 7''$

정답 1. ㉱ 2. ㉱ 3. ㉯ 4. ㉯

5 그림에서 $\alpha_1 = 62°8'$, $\alpha_2 = 56°27'$, $v_1 = 20°46'$, $B = 95.00$m로서 점 P_1으로부터 P까지의 높이 H는? [94 16 ㉮]

㉮ 30.014m
㉯ 31.940m
㉰ 33.904m
㉱ 34.190m

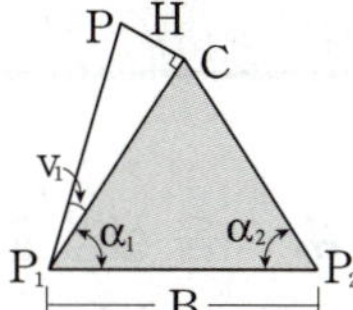

6 삼각 수준측량에서 오차 : 거리의 비가 1/30,000 일 때 지구의 곡률을 고려하지 않아도 좋은 시준거리는? (단, R = 6370km, K = 0.14이다)

㉮ 660m ㉯ 700m
㉰ 392m ㉱ 494m

7 삼변측량에서 cos∠A를 구하는 식으로 맞는 것은? [02 00㉯]

㉮ $\dfrac{a^2+c^2-b^2}{2ac}$

㉯ $\dfrac{b^2+c^2-a^2}{2bc}$

㉰ $\dfrac{a^2+c^2-c^2}{2bc}$

㉱ $\dfrac{a^2-c^2+b^2}{2ac}$

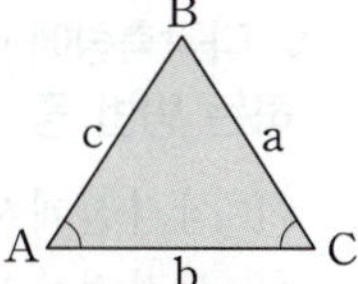

8 삼각측량과 삼변측량에 관한 설명 중 잘못된 것은? [97 ㉮]

㉮ 삼변측량은 변장을 관측하여 삼각점의 위치를 구하는 측량이다.
㉯ 삼각측량의 삼각망 중 가장 정확도가 높은 망은 사변형 삼각망이다.
㉰ 삼각점의 선점에서 기계나 측표가 동요하는 습지나 하상은 피한다.
㉱ 삼각점의 등급을 정하는 주된 목적은 표석 설치를 편리하게 하기 위함이다.

9 삼변측량에 관한 설명 중 틀린 것은? [16 ㉮]

㉮ 관측요소는 변의 길이 뿐이다.
㉯ 관측값에 비하여 조건식이 적은 단점이 있다.
㉰ 삼각형의 내각을 구하기 위해 cosine 제2법칙을 이용한다.
㉱ 반각공식을 이용하여 각으로부터 변을 구하여 수직위치를 구한다.

해 설

해설 5

1. $\dfrac{\overline{P_1C}}{\sin\alpha_2} = \dfrac{B}{\sin(180-\alpha_1-\alpha_2)}$

$\overline{P_1C} = \dfrac{\sin\alpha_2}{\sin(\alpha_1+\alpha_2)} \cdot B$

2. $H = \overline{P_1C} \times \tan v_1$
$= 90.16 \times \tan 20°46'$
$= 34.190\,\text{m}$

해설 6

$1 : 30,000 = \dfrac{(1-k)}{2R} D^2 : D$

$D = \dfrac{(1-K)}{2R} D^2 \times 30,000$

$\therefore D = \dfrac{2R}{(1-K)\times 30,000}$

$= \dfrac{2\times 6370}{(1-0.14)\times 30,000}$

$= 0.494\,\text{km}$

해설 7

코사인 제2법칙을 사용

$\cos A = \dfrac{b^2+c^2-a^2}{2bc}$

해설 8

삼각점의 등급을 정하는 주된 목적은 각관측정밀도를 결정하기 위함이다.

해설 9

삼변측량에서는 코사인 제2법칙, 반각공식을 이용하여 변 → 각을 구하고, 이 각과 변으로 수평위치를 결정한다.

정답 5. ㉱ 6. ㉱ 7. ㉯ 8. ㉱ 9. ㉱

출제예상문제

1. 트래버스측량(다각측량)에 관한 설명으로 옳지 않은 것은? [18 ㉮]

㉮ 트래버스 중 가장 정밀도가 높은 것은 결합 트래버스로서 오차점검이 가능하다.
㉯ 폐합 오차 조정에서 각과 거리측량의 정확도가 비슷한 경우 트랜싯 법칙으로 조정하는 것이 좋다.
㉰ 오차의 배분은 각 관측의 정확도가 같을 경우 각의 대소에 관계없이 등분하여 배분한다.
㉱ 폐합 트래버스에서 편각을 관측하면 편각의 총합은 언제나 360°가 되어야 한다.

해설

폐합오차의 조정에서 각과 거리의 정도가 비슷하면 컴퍼스법칙, 각 측정의 정도가 높으면 트랜싯법칙을 사용한다.

2. 트래버스 측량에서 정도가 가장 좋은 방법은 어느 것인가?

㉮ 결합 트래버스 ㉯ 폐합 트래버스
㉰ 정도가 같다 ㉱ 개방 트래버스

해설 트래버스의 정밀도
결합 > 폐합 > 개방

3. 다각 측량에서 관측각을 ±4″, 거리를 1/20,000의 정도로 관측하였다. 두 관측값에 경중률(輕重率)을 붙인다면 각의 경중률과 거리의 무게의 비는?

㉮ 1 : 0.2 ㉯ 1 : 0.4
㉰ 1 : 0.02 ㉱ 1 : 0.04

해설

① 각의 정도 $= \frac{4''}{\rho''} = \frac{4''}{206265''} \fallingdotseq \frac{1}{50,000}$
② 경중률은 정밀도의 제곱에 비례하므로
$(50,000)^2 : (20,000)^2 = 25 : 4 = 1 : 0.2$

4. 다음 설명 중 옳지 않은 것은?

㉮ 진북은 자침이 나타내는 북방을 말한다.
㉯ 진북 방향과 기준선이 이루는 각을 방위각이라 한다.
㉰ 제1측선의 배횡거는 그 측선의 경거와 같다.
㉱ 방위 S57°50′00″ W는 제3상한에 있다.

해설

진북 : 좌표로 정한 북쪽
자북 : 자침이 가르키는 북쪽
자침편차 : 진북과 자북의 사이각으로 우리나라는 서편 5~7° 정도

5. 다각측량에서 기준점의 위치를 높은 정도로 결정하는 방법 중 가장 이상적인 것은?

㉮ 삼각점에서 다른 삼각점에 연결시킨다.
㉯ 삼각점에서 같은 삼각점으로 되돌아온다.
㉰ 한점에서 시작하여 같은 점으로 되돌아온다.
㉱ 정도가 매우 높은 삼각점에서 임의의 점으로 연결한다.

해설

가장 정도가 높은 트래버스는 결합트래버스(기지점에서 다른 기지점으로 결합)이다.

6. 트래버스에 대한 다음 설명 중 옳지 않은 것은?

㉮ 다각형 중 정도가 가장 높은 것은 결합 다각형으로 이것은 어느 기지점에서 출발하여 다른 기지점으로 끝나는 것이다.
㉯ 개방다각형은 오차점검이 가능하며, 폐 다각형보다 정도가 높다.
㉰ 폐다각형은 어떤 측점으로부터 시작하여 최후에 다시 그 측점으로 되돌아오는 것이다.
㉱ 길이와 방향이 정하여진 선분이 연속된 것을 트래버스라 한다.

해답 1. ㉯ 2. ㉮ 3. ㉮ 4. ㉮ 5. ㉮ 6. ㉯

7. 다음 그림과 같은 결합 트래버스의 A점 및 B점에서 각각 AL 및 BM의 방위각이 기지일 때 측각 오차를 표시하는 식은 어느 것인가? (단, 교각의 총화 = $[\alpha]$, 측점수 = n)

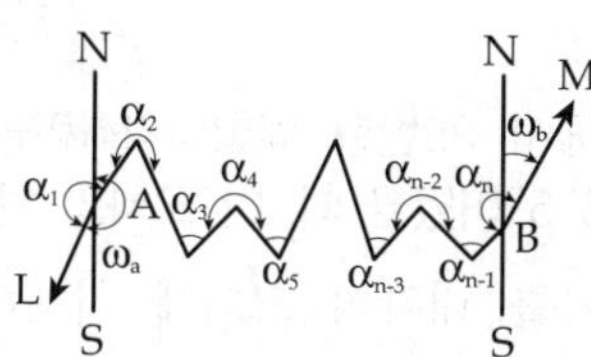

㉮ $\triangle a = W_a + [\alpha] - 180°(n-3) - W_b$

㉯ $\triangle a = W_a + [\alpha] - 180°(n+2) - W_b$

㉰ $\triangle a = W_a + [\alpha] - 180°(n+1) - W_b$

㉱ $\triangle a = W_a + [\alpha] - 180°(n-1) - W_b$

해설

결합트래버스에서 측각오차를 구할 때는 양팔을 생각하면 쉽게 기억된다. 이 그림은 양어깨(N)를 기준으로 모두 밖으로 나갔으므로 180(n+1)
(∵ 각이 가장 큰 경우)이 된다.
따라서 측각오차($\triangle\alpha$)는
$\triangle\alpha = W_a + [\alpha] - 180°(n+1) - W_b$

8. 그림과 같은 트래버스에서 AL의 방위각이 29° 40′ 15″ BM의 방위각이 320° 27′ 12″ 내각의 총화가 1190° 47′ 32″일 때 측각오차는?

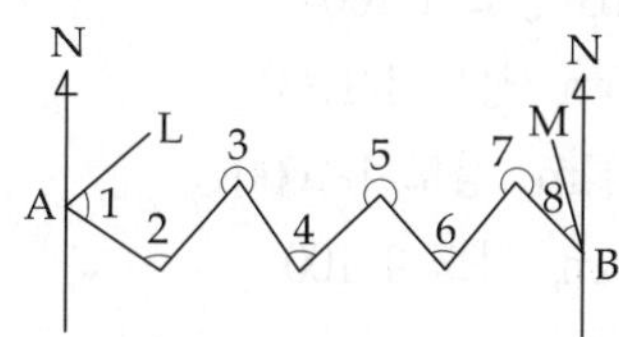

㉮ 45″ ㉯ 35″
㉰ 25″ ㉱ 15″

해설

안쪽으로 오므렸으므로 가장 작은 값 180(n−3)이 된다.
$\triangle\alpha = (W_a - W_b) + [\alpha] - 180(n-3) = 35''$
여기서, n값은 8이다.

9. 그림과 같은 결합 측량 결과에서 측각오차는?
(단, A_1 = 293° − 12′ − 35″, a_1 = 130° − 14′ − 0.6″, a_2 = 261° − 01′ − 33″, a_3 = 138° − 03′ − 54″, a_4 = 114° − 20′ − 23″, A_n = 36° −52′ − 11″)

㉮ 5″
㉯ 10″
㉰ 15″
㉱ 20″

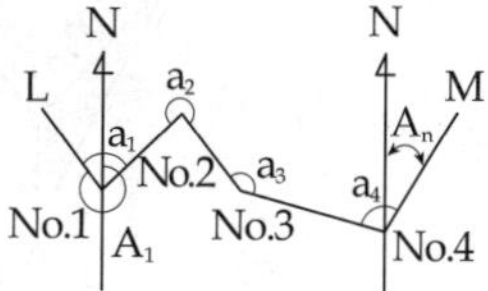

해설

[a]=130°14′06″+261°01′33″+138°03′54″+114°20′23″
= 643°39′56″
$\triangle a = (A_1 - A_n) + [a] - 180°(n+1)$
여기서, n=4
=(293°12′35″−36°52′11″)
+643°39′56″−180°(4+1)
=20″
양팔을 벌렸으므로 큰 값 180(n+1)이 된다.

10. 보통 평지에서 트래버어스의 측각오차의 허용범위는 얼마인가? (단, n은 변위수)

㉮ $1.5\sqrt{n}$ 분
㉯ $1.0\sqrt{n} - 0.5\sqrt{n}$ 분
㉰ $3.0\sqrt{n} - 2.0\sqrt{n}$ 분
㉱ $2.0\sqrt{n} - 1.0\sqrt{n}$ 초

11. 다음의 다각 측량에서 $\overline{EF}$ 측선의 방위각은?

㉮ 65°19′
㉯ 81°55′
㉰ 245°19′
㉱ 261°55′

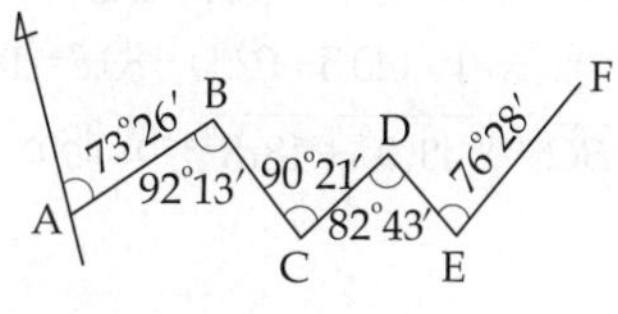

해설

$\overline{EF}$의 방위각=73°26′−180°−92°13′−180°+90°21′
+180°−82°43′−180°+76°28′
=65°19′

해답 7. ㉰ 8. ㉯ 9. ㉱ 10. ㉯ 11. ㉮

12. 트래버스 측량에 있어서 다음 그림과 같은 편심 관측을 했을 때 최대 오차 보정량은?
(단, $S_1 = S_2 = 100m$, e=2cm)

㉮ 32″
㉯ 41″
㉰ 1′22″
㉱ 1′32″

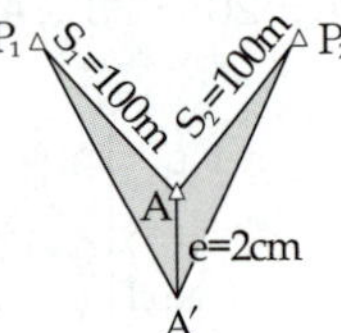

해설

$\frac{e}{l} = \frac{\varepsilon''}{2\rho}$

$\therefore \varepsilon'' = 2\rho \times \frac{e}{l}$

$= 2 \times 206265'' \times \frac{0.02}{100} = 82.5''$

13. 다음 트래버스(Traverse) 측량 결과에서 결측된 BC의 거리를 구한 값은? (단, 오차가 없는 것으로 한다.)

측선	위거(m)		경거(m)	
	+	−	+	−
AB	65.4		83.8	
BC				
CD		50.3		40.5
DA	33.9			62.1

㉮ 26.68m　　㉯ 35.58m
㉰ 43.38m　　㉱ 52.48m

해설

$\overline{BC}$의 위거 $= 50.3 - (65.4 + 33.9) = -49.0$
$\overline{BC}$의 경거 $= (40.5 + 62.1) - 83.8 = 18.8$
$\therefore \overline{BC} = \sqrt{49.0^2 + 18.8^2} = 52.48m$

14. 결합 트래버스 측량에서 1점의 측각오차를 ±20″로 하면 16측점이 있을 때의 폐합오차는 다음 중 어느 것인가?

㉮ ±1′01″　　㉯ ±1′10″
㉰ ±1′20″　　㉱ ±1′30″

해설

폐합오차는 측점수의 제곱근에 비례한다.
$\therefore E = \pm 20''\sqrt{16} = \pm 80''$
$= \pm 1'20''$

15. 시가지에서 25변형 폐합다각측량을 한 결과 측각오차가 6′5″이었을 때, 이 오차의 처리는?

㉮ 이 오차를 내각의 크기에 비례하여 배분 조정한다.
㉯ 이 오차를 변장의 크기에 비례하여 배분 조정한다.
㉰ 이 오차를 각 내각에 균등배분 조정한다.
㉱ 오차가 너무 크므로 재측을 하여야 한다.

해설 시가지의 허용측각오차 (E)

$E = 20\sqrt{n} \sim 30\sqrt{n}''$
$= 20\sqrt{25} \sim 30\sqrt{25}''$
$= 100 \sim 150'' = 1'40'' \sim 2'30''$
∴ 재측한다.

16. 한점 A점에서 다각측량을 실시하여 A점에 돌아왔더니 위거의 오차 30cm 경거의 오차 40cm였다. 다각측량의 전길이가 500m일 때 이 다각형의 폐차 및 정도(精度)를 구하여라.

㉮ 폐차 5m, 정도 1/100
㉯ 폐차 0.5m, 정도 1/1000
㉰ 폐차 0.05m, 정도 1/1000
㉱ 폐차 0.5m, 정도 1/100

해설

1. 폐합오차 $(E) = \sqrt{E_L^2 + E_D^2}$
$= \sqrt{0.3^2 + 0.4^2} = 0.5\,m$
2. 폐합비 (R) : 정밀도
$R = \frac{E}{\Sigma l}$
$= \frac{0.5}{500} = \frac{1}{1000}$

해답 12. ㉰ 13. ㉱ 14. ㉰ 15. ㉱ 16. ㉯

17. 다각 측량에 관한 설명 중에서 맞지 않는 것은?

㉮ 트래버스 중 가장 정밀도가 높은 것은 결합 트래버스로서 오차 점검이 가능하다.

㉯ 폐합오차 조정에서 각과 거리 측량의 정확도가 비슷한 경우 트랜싯 법칙으로 조정하는 것이 좋다.

㉰ 측점에 편심이 있는 경우 편심방향이 측선에 직각일 때 가장 큰 각 오차가 발생한다.

㉱ 폐합 다각 측량에서 편각을 관측하면 편각의 총합은 언제나 360°가 되어야 한다.

해설

트랜싯 법칙 : 각 측정의 정도 〉 거리 측량의 정도
컴퍼스 법칙 : 각과 거리측정의 정도가 비슷

18. 어떤 다각형의 전 측선장이 900m일 때 폐합비를 1/6000로 하기 위하여는 축척 1/500의 도면에서 폐합 오차는 어느 정도까지 허용할 수 있는가?

㉮ 1mm ㉯ 0.7mm
㉰ 0.5mm ㉱ 0.3mm

해설

1. 폐합오차 $(E)=\dfrac{1}{6,000}\times 900=0.15\,\text{m}$

2. 1/500 도면의 폐합오차 $=\dfrac{0.15}{500}=0.0003\,\text{m}$

19. 트래버스 측량에서 거리의 총합이 1,250m, 위거오차 -0.12m, 경거오차 +0.23m일 때 폐비는?

㉮ $\dfrac{1}{4,810}$ ㉯ $\dfrac{1}{4,370}$
㉰ $\dfrac{1}{3,970}$ ㉱ $\dfrac{1}{4,970}$

해설

$$R=\frac{\sqrt{E_L^2+E_D^2}}{\Sigma l}=\frac{\sqrt{0.12^2+0.23^2}}{1,250}=\frac{1}{4,810}$$

20. 한점 0(0, 0)에서 측선 OA와 OB의 방위각을 관측한 결과 각각 120°, 60°였다. 측선의 길이가 OA는 50m, OB는 100m일 때 측선 AB의 길이를 구하면?

㉮ 43.3m ㉯ 50.0m
㉰ 86.6m ㉱ 136.6m

해설

$X_A=50\times\cos 60°=25.00$
$Y_A=50\times\sin 60°=43.30$
$X_B=100\times\cos 120°=-50.00$
$Y_B=100\times\sin 120°=86.60$
$\overline{AB}=\sqrt{(X_B-X_A)^2+(Y_B-Y_A)^2}=86.6\,\text{m}$

21. $\overline{AB}$ 측선의 방위각이 59°30′이고, 그림과 같이 편각관측시 $\overline{CD}$ 측선의 방위각은? [24㉠]

㉮ 125°00′
㉯ 131°00′
㉰ 141°00′
㉱ 150°00′

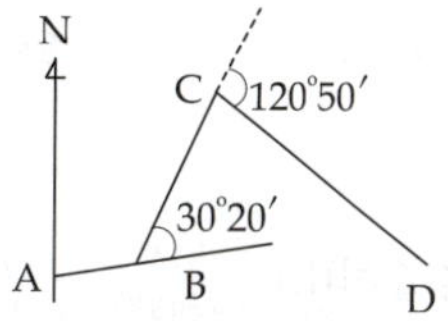

N
C
120°50′
30°20′
A
B
D

해설

$\overline{BC}$의 방위각= $\overline{AB}$의 방위각 −30°20′ =29°10′
$\overline{CD}$의 방위각= $\overline{BC}$의 방위각 +120°50′ =150°00′

22. 다음 그림에서 A점의 좌표(X_A=212.32m, Y_A=133.33m), B점의 좌표(X_B=313.38m, Y_B=12.27m)이고, AP의 방위각, NAP=80°이다. 이때 ∠PAB= θ는 어느 것인가?

㉮ 125°
㉯ 230°
㉰ 280°
㉱ 310°

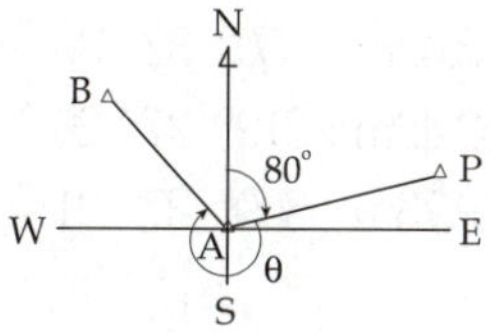

N
B
80°
P
W
A
E
θ
S

해설

$$\tan\alpha=\frac{(Y_B-Y_A)}{(X_B-X_A)}=\frac{(12.27-133.33)}{(313.38-212.32)}=-1.1979$$

$\therefore \alpha=\tan^{-1}(-1.1979)=-50°09'$

$\therefore \theta=360°-\alpha-80°=230°$

해답 17. ㉯ 18. ㉱ 19. ㉮ 20. ㉰ 21. ㉱ 22. ㉯

23. A 및 B점의 좌표가 X_A=45.8m, Y_A=130.6m, X_B=121.5m, Y_B=201.8m이다. 그런데 A에서 B까지 결합다각측량을 하여 계산해 본 결과 합위거가 +76.0m, 합경거가 +70.9m이었다면 이 측량의 폐합차는?

㉮ 0.30m　　㉯ 0.42m
㉰ 0.36m　　㉱ 0.48m

해설

$E_L = 76.0 - (X_B - X_A) = 0.3\,\text{m}$

$E_D = 70.9 - (Y_B - Y_A) = -0.3\,\text{m}$

$E = \sqrt{E_L^2 + E_D^2} = 0.424\,\text{m}$

24. 어떤 다각형의 전측선의 길이가 900m일 때 폐합비를 1/5,000로 하기 위해서는 축척 1/500의 도면에서 폐합오차는 얼마까지 허용되는가?

㉮ 0.26mm　　㉯ 0.36mm
㉰ 0.46mm　　㉱ 0.50mm

해설

① 폐합오차(E) : $\dfrac{1}{5000} = \dfrac{E}{900}$　∴ $E = \dfrac{9}{50}$ m

② 1/500 도면에서의 폐합오차(E′)

$E' = \dfrac{1}{500} \times \dfrac{9}{50} = \dfrac{9}{25000}\,\text{m} = 0.36\,\text{mm}$

25. A와 B점의 좌표가 x_1=-11328.58m, X_2=-11616.10m, Y_1=-4891.49m, Y_2=-5240.8m라면 BA의 수평거리 S와 방위각 T로 옳은 것은?

	S	T
㉮	549.73m	129° 27′ 21″
㉯	452.42m	50° 32′ 30″
㉰	452.42m	219° 27′ 26″
㉱	549.73m	309° 27′ 21″

해설

거리 $= \sqrt{(X_2 - X_1)^2 + (Y_2 - Y_1)^2}$

$= \sqrt{(-11616.10 + 11328.58)^2 + (-5240.8 + 4891.49)^2}$

$= 452.42\,\text{m}$

$\tan\theta = \dfrac{Y}{X} = \dfrac{(Y_2 - Y_1)}{(X_2 - X_1)} = \dfrac{349.31}{287.52} = 1.2149$

$\theta = \tan^{-1}1.2149 = 50°\,32'\,30''$

26. A점과 P점의 합경거차와 합위거차가 각각 -3.19와 7.38일 때 AP의 방위각은?

㉮ 23° 22′ 35″　　㉯ 203° 22′ 35″
㉰ 156° 22′ 25″　　㉱ 336° 37′ 25″

해설

∴ $\theta = \tan^{-1}\dfrac{7.38}{3.19} = 66°37'25''$

∴ AP의 방위각=270°+66°37′25″=336°37′25″

27. 다음 그림에서 CD의 방위를 구한 값 중 옳은 것은?

㉮ S80°16′W
㉯ N80°16′E
㉰ N9°44′W
㉱ S9°44′E

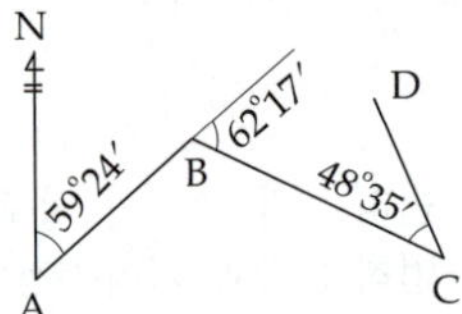

해설

BC의 방위각 : 59°24′ + 62°17′ = 121°41′00″
CD의 방위각 : 121°41′ + 180° +48°35′=350°16′
∴ 방위 : 360° − 350°16′ = N9°44′W

28. 그림과 같은 폐다각형에서 내각을 측정한 결과 다음과 같다. CD측선의 방위는? (단, α_1=87°26′20″, α_2=70°44′00″, α_3=112°47′40″, α_4=89°02′00″, AB측선의 방위각 138°15′00″이다.)

㉮ S38°13′20″E
㉯ N38°13′20″W
㉰ N45°16′40″W
㉱ S45°16′40″E

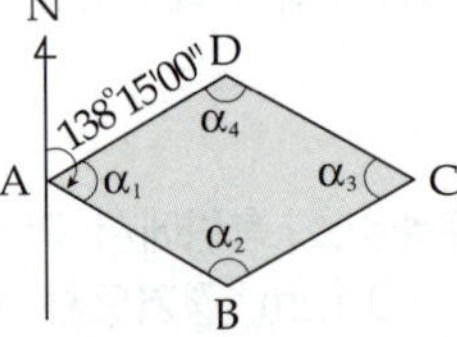

해설

BC측선의 방위각= 138°15′00″ − 180° +α_2
= 138°15′00″ −180° + 70°44′00″
= 28°59′00″

CD측선의 방위각= BC측선의 방위각+180° +α
= 28°59′00″ +180° +112°47′40″
= 321°46′40″

4상한이므로 360−α
∴ CD측선의 방위= N(360−321°46′40″)W
= N38°13′20″W

해답 23. ㉯ 24. ㉯ 25. ㉯ 26. ㉱ 27. ㉰ 28. ㉯

29. 한 측선의 자오선(종축)과 이루는 각이 60° 00′ 이고, 계산된 측선의 위거가 -60m이고 경거가 -103.92 m일 때 이 측선의 방위와 길이를 구한 값은?

방위 길이

㉮ S60°00′ E, 130m
㉯ S60°00′ W, 130m
㉰ N60°00′ E, 120m
㉱ S60°00′ W, 120m

해설

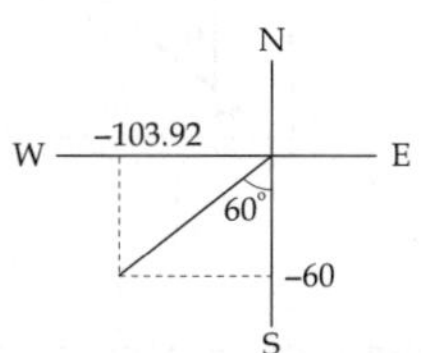

1. 방위=S60° W
2. 길이 $=\sqrt{(-60)^2+(-103.92)^2}=120\text{ m}$

30. 다음 표의 결과치를 이용하여 면적을 구하면? [00산]

측선	위거	경거	배횡거
1-2	-56.23	+46.25	46.25
2-3	+86.49	-29.47	63.03
3-4	+49.24	-26.29	-12.73
4-5	+114.25	+86.32	27.30
5-1	-193.75	-56.81	56.81
계	0	0	

㉮ 2324.5m^2
㉯ 2519.2m^2
㉰ 2831.9m^2
㉱ 2932.4m^2

해설

배면적=배횡거×위거

$$\text{면적}=\frac{|\Sigma\text{배면적}|}{2}$$

$$=\frac{|-5663.91|}{2}=2832\text{ m}^2$$

31. 다음 폐합트래버스의 경, 위거 계산에서 CD측선의 횡거를 구하여 전체의 면적을 구한 값은?

측 선	위 거	경 거	배횡거	배 면 적 (+) (−)
AB	+65.39	+83.57	+83.57	
BC	−34.57	+18.68	+185.82	
CD	−65.43	−40.60		
DA	+34.61	−62.65		

㉮ 12473.08m^2 ㉯ 9680.25m^2
㉰ 6236.54m^2 ㉱ 4792.02m^2

해설

임의 측선의 배횡거는 역 ㄷ자(↓⇆)로 계산한다.

1. $\overline{CD}$ 측선의 배횡거=185.82+18.68+(−40.60)
=163.90
DA 측선의 배횡거=163.90−40.60−62.65
=60.65
2. 배면적 계산
AB 측선 : 65.39×83.57=5464.64
BC 측선 : −34.57×185.82=−6423.80
CD 측선 : −65.43×163.90=−10723.98
DA 측선 : 34.61×60.65=2099.10
2A=−9584.04
$\therefore$ A= $\frac{1}{2}$ ×9584.04=4792.02m^2

32. 다음 표에서 면적을 구한 값은 어느 것인가?

(단위 : m)

측점	위거		경거	
	N(+)	S(−)	E(+)	W(−)
AB	20		40	
BC		50		20
CA	30			20

㉮ 800m^2 ㉯ $1,500\text{m}^2$
㉰ $3,000\text{m}^2$ ㉱ $6,000\text{m}^2$

해설

측선	위거	배횡거	배면적
AB	20	40	800
BC	-50	60	-3,000
CA	30	20	600
계			-1,600

2A=1,600 $\therefore$A=800m^2

해답 29. ㉱ 30. ㉰ 31. ㉱ 32. ㉮

33. 그림과 같이 4점을 측정하였다. 이 때 배면적을 구한 값 중 옳은 것은 어느 것인가?

㉮ $87m^2$
㉯ $100m^2$
㉰ $174m^2$
㉱ $192m^2$

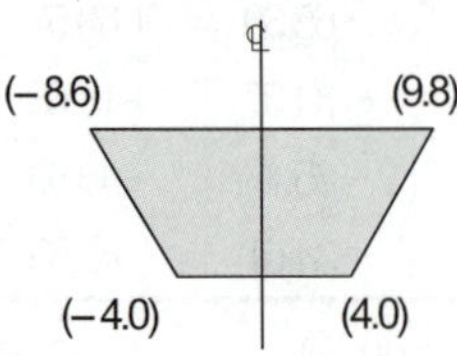

해설

$$\Sigma A = \Sigma(x_{i+1} - x_{i-1}) \cdot Y_i$$
$$= 6(9-(-4)) + 8(4-(-8))$$
$$= 174\ m^2$$

34. 어느 지점 P_1의 직각 좌표가 (x_1=-2,000m, y_1 =1,000m)이고 다른 지점 P_2까지의 거리가 1,500 n, P_1P_2의 방위각이 60° 이였다면 이 때 P_2의 직각 좌표는?

	x_2	y_2
㉮	(−1,250m,	2,299m)
㉯	(−147.87m,	2,007.77m)
㉯	(−2,299m,	1,250m)
㉱	(−2,007.77m,	147.87m)

해설

L_{12}=1,500×cos 60°=750m

D_{12}=1,500×sin 60°=1299.04m

∴ $x_2 = x_1 + L_{12}$ = -1,250m

$y_2 = y_1 + D_{12}$ =2299.04m

35. P점의 좌표가 X_P=-1,000m, Y_P=2,000m이고, PQ의 거리가 1,500m, PQ의 방위각이 120°일 때 Q점의 좌표는 얼마인가?

㉮ $X_Q = -1,750\,m$, $Y_Q = +3,299\,m$
㉯ $X_Q = +1,750\,m$, $Y_Q = +3,299\,m$
㉰ $X_Q = +1,750\,m$, $Y_Q = -3,299\,m$
㉱ $X_Q = -1,750\,m$, $Y_Q = -3,299\,m$

해설 윗 문제해설 참고

36. P_1, P_2 두 측점의 좌표가 다음과 같다. P_1의 좌표(x_1=3,120.26m, y_1=4,216.32m)이고, P_2의 좌표(x_2=1,829.54m, y_2=3,833.82m)이다. 이때, $\overline{P_2P_1}$ 방향각은 어느 것인가?

㉮ 16° 30′ 25″ ㉯ 163° 29′ 39″
㉰ 196° 30′ 25″ ㉱ 343° 29′ 39″

해설

$$\tan\theta = \frac{\triangle Y}{\triangle X} = \frac{(Y_1 - Y_2)}{(X_1 - X_2)}$$
$$= 16°30′25″$$

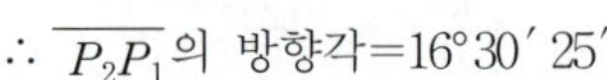
∴ $\overline{P_2P_1}$의 방향각=16°30′25″

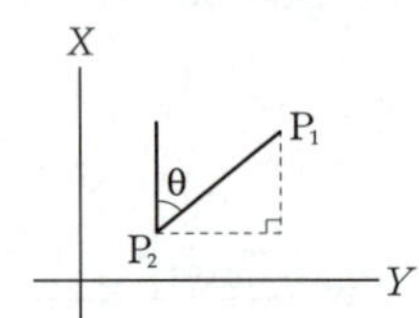

37. 다각측량에서 오차의 전파특성을 그림으로 표시한 것 중 옳은 것은 어느 것인가? [97]

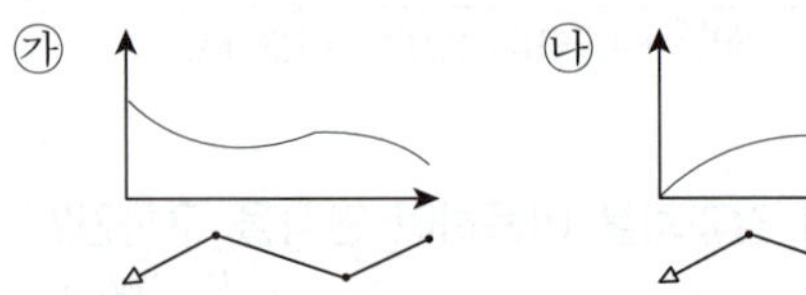

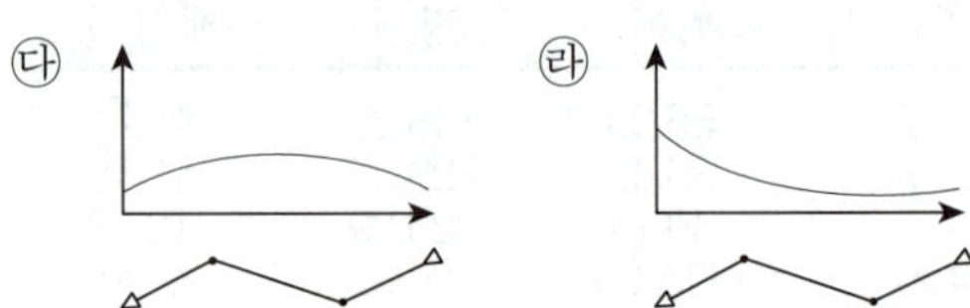

해설

오차 전파는 양 끝의 기지점의 중앙을 기준으로 좌우 대칭이다.

38. 삼각망 중에서 조건식이 가장 많이 생기는 망은?

㉮ 단열삼각망 ㉯ 사변형망
㉰ 유심다각망 ㉱ 폐합삼각망

해설

사변형 삼각망은 역학에서 보면 부정정 구조이다. 따라서 관측되는 각의 수가 많아 조건식이 많아지고 정밀한 조정이 된다.

해답 33. ㉰ 34. ㉮ 35. ㉮ 36. ㉮ 37. ㉰ 38. ㉯

39. 평면 삼각형 A, B, C에서 ∠B, ∠C 및 a를 알고 b를 구하는 식은 어느 것인가?

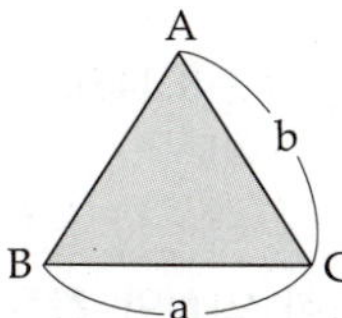

㉮ logb=loga+logsin∠C−logsin∠B

㉯ logb=loga−logsin∠C−logsin∠B

㉰ logb=loga+logsin∠B−logsin∠A

㉱ logb=loga−logsin∠B−logsin∠A

해설

정현법칙에서 마주보는 각과 변의 길이의 비는 일정하므로

$$\frac{a}{\sin A}=\frac{b}{\sin B}$$

$$\therefore\ b=a\frac{\sin B}{\sin A}$$

양변에 log를 취하면

logb=loga+logsinB−logsinA

∵ 여기서, ∠B, ∠C를 알면 ∠A도 알 수 있다.
(∠A=180−∠B−∠C)

40. 삼각수준측량의 관측값에서 대기의 굴절오차(기차)와지구의 곡률오차(구차)의 조정방법 중 옳은 것은? [06㉠]

㉮ 기차와 구차를 함께 높게 조정한다.

㉯ 기차와 구차를 함께 낮게 조정한다.

㉰ 기차는 높게, 구차는 낮게 조정한다.

㉱ 기차는 낮게, 구차는 높게 조정한다.

해설

양차의 조정$=\dfrac{(1-K)l^2}{2R}$

여기서, 구차$=\dfrac{l^2}{2R}$

기차$=-K\dfrac{l^2}{2R}$

41. 삼각측량 선점 설명 중 비교적 중요하지 않은 것은? [01 ㉤]

㉮ 기선상의 점들은 서로 잘 보여야 한다.

㉯ 기선은 부근의 삼각점과 연결이 편리한 곳이어야 한다.

㉰ 삼각점들은 되도록 정삼각형이 되도록 한다.

㉱ 직접 수준측량이 용이한 점이어야 한다.

해설

삼각점의 높이 측정은 삼각수준측량에 의해 구한다.

42. 삼각측량 성과표에 기록된 내용이 아닌 것은? [97]

㉮ 삼각점의 등급 및 명칭

㉯ 천문경위도

㉰ 평면직각좌표 및 표고

㉱ 진북방향각

43. 다음 4변형에서 조건 방정식수(K_1), 각 방정식수(K_2), 변 방정식수(K_3)에 관한 사항 중 옳은 것은?

㉮ $K_1=8,\ K_2=8,\ K_3=4$

㉯ $K_1=8,\ K_2=8,\ K_3=6$

㉰ $K_1=4,\ K_2=3,\ K_3=1$

㉱ $K_1=4,\ K_2=3,\ K_3=6$

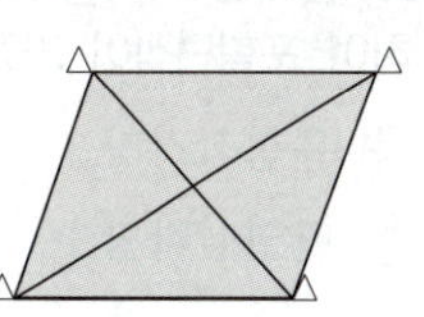

해설

K_1=B+A−2P+3=1+8−2×4+3=4

K_2=L−(P−1)=6−(4−1)=3

K_3=B+L−2P+2=1+6−2·4+2=1

44. 그림과 같이 CP를 기선으로 삼각측량을 실시하였을 때 조건식의 총 수는? [97]

㉮ 1개

㉯ 3개

㉰ 5개

㉱ 8개

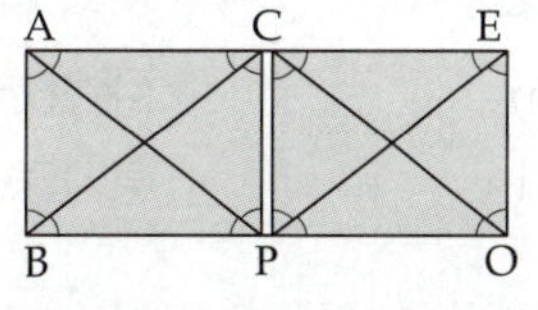

해답 39. ㉰ 40. ㉱ 41. ㉱ 42. ㉯ 43. ㉰ 44. ㉱

해설 조건식의 총 수

=B+a-2P+3=1+16-2・6+3=8

45. 다음 그림과 같이 A점에서 장애물 때문에 ∠PAQ를 측정할 수 없어 A′에 트랜싯을 세워 편심관측을 하여 ∠PA′Q=44° 15′ 26″를 측정했다면 ∠PAQ는 얼마인가? (단, S_1=1.5km, e=0.45m, φ=320° 10′, θ_2=20″)

㉮ 44° 17′ 31″

㉯ 44° 15′ 01″

㉰ 44° 15′ 06″

㉱ 44° 14′ 50″

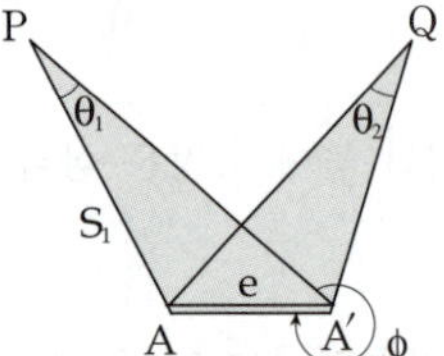

해설

$\angle PAQ + \theta_1 = \angle PA'Q + \theta_2$(맞꼭지점)

$$\frac{e}{\sin\theta_1} = \frac{S_1}{\sin(360-\phi)}$$

$$\theta_1 = \sin^{-1}\frac{e}{S_1}\cdot\sin(360-\phi) = 39.64'' ≒ 40''$$

$$\therefore \angle PAQ = \angle PA'Q + \theta_2 - \theta_1 = 44°15'06''$$

46. 방대한 지역의 측량에 적합하며 동일 측점수에 비하여 포함면적이 가장 넓은 삼각망은 어느 것인가?

㉮ 유심삼각망 ㉯ 사변형망

㉰ 단열삼각망 ㉱ 복합삼각망

47. 가장 정밀한 삼각측량을 할 수 있는 형태는?

㉮ 단삼각형 열 ㉯ 단삼각형

㉰ 사변쇄 ㉱ 유심삼각망

48. 삼각점의 평균거리가 5km의 삼각측량을 하고자 한다. 관측한 수평각의 평균값을 6″까지 구할 때 관측점 및 시준점의 편심을 고려 안해도 좋은 한도는 얼마인가?

㉮ 7cm ㉯ 15cm

㉰ 70cm ㉱ 150cm

해설

$$\frac{e}{l} = \frac{\varepsilon''}{\rho''} \quad e = l\times\frac{\varepsilon''}{\rho''}$$

$$= 5,000\times\frac{6''}{206,265''} = 0.145\,\text{m}$$

49. 거리 500m에 대한 양차의 값은? (단, 굴절계수 K=0.14, 지구반경=6,370km)

㉮ 16.87mm ㉯ 19.62mm

㉰ 18.49mm ㉱ 21.34mm

해설

$$\text{양차} = \frac{l^2(1-K)}{2R}$$

$$= \frac{500^2(1-0.14)}{2\times6370000} = 0.016875\text{m}$$

$$= 16.875\text{mm}$$

50. 평탄한 지역에서 7.5km 떨어진 지점을 관측하려면 측표의 높이는 얼마로 하여야 하는가? (단, 지구의 곡률 반경은 6370km)

㉮ 약 1m ㉯ 약 2m

㉰ 약 3m ㉱ 약 4m

해설

$$\text{양차}\ (h) = \frac{(1-K)}{2R}D^2$$

$$= \frac{(1-0.14)\times7500^2}{2\times6,370\times1000} = 3.80\,\text{m}$$

51. 삼각측량에서 두 점간의 길이에 관한 설명 중 가장 적당한 것은?

㉮ 두 점간의 실제적인 최단거리

㉯ 두 점을 기준면상에 투영한 최단거리

㉰ 두 점간의 곡률을 고려한 최단거리

㉱ 두 점의 기차와 구차를 고려한 최단거리

해설

수평거리라 함은 기준면상에 투영한 최단거리를 말한다.

해답 45. ㉰ 46. ㉮ 47. ㉰ 48. ㉯ 49. ㉮ 50. ㉱ 51. ㉯

52. 단열삼각망의 조정에서 각점의 내각이 같은 정밀도로 관측되었다고 한다면 폐합오차는?

㉮ 변의 크기에 관계없이 등배분한다.
㉯ 각의 크기에 비례하여 배분한다.
㉰ 각의 크기에 반비례하여 배분한다.
㉱ 변의 크기에 비례하여 배분한다.

해설

단열삼각망의 어느 삼각형 내각의 합이 180° 00′ 03″였다면 그 조정량은 각각에 $-\frac{3''}{3''}=-1''$씩이다.

53. 삼각측량에서 내각을 60°에 가깝도록 정하는 것을 원칙으로 하는 이유로 가장 타당한 것은? [01㉤]

㉮ 시각적으로 보기 좋게 배열하기 위하여
㉯ 각 점이 잘 보이도록 하기 위하여
㉰ 측각의 오차가 변장에 미치는 영향을 최소화하기 위하여
㉱ 작업의 일관성을 위하여

54. 삼각점을 설치하기 위한 장소를 선정하는데 고려하여야 할 사항 중 가장 중요성이 적은 것은?

㉮ 기계나 측표의 동요가 우려되는 연약지반의 곳
㉯ 많은 나무를 벌목하여야 하는 곳
㉰ 높은 측표를 설치하여야 하는 곳
㉱ 편심 관측을 하여야 관측이 가능한 곳

해설

㉮, ㉯, ㉰등의 어려움이 있을 때 편심관측을 행한다.

55. 삼각측량과 다각측량에 대한 설명 중 부적당한 것은?

㉮ 삼각측량은 주로 각을 실측하고 측점간 거리는 계산에 의해 구한다.
㉯ 다각측량은 각과 거리를 실측하여 점의 위치를 구한다.
㉰ 시준이 곤란하여 관측에 어려움이 있을 때에는 삼각측량을 주로 사용한다.
㉱ 삼각측량은 다각측량 방법보다 관측작업량이 많으나 기하학적인 정확도는 우수하다.

56. 다음 그림과 같은 편심 조정계산에서 T값은? (단, ϕ=300°, S_1=3km, S_2=2km, e=0.5m, t=45° 30′, $S_1 ≒ S_1'$, $S_2 ≒ S_2'$로 간주) [10㉮]

㉮ 45° 29′ 40″
㉯ 45° 30′ 05″
㉰ 45° 30′ 20″
㉱ 45° 31′ 05″

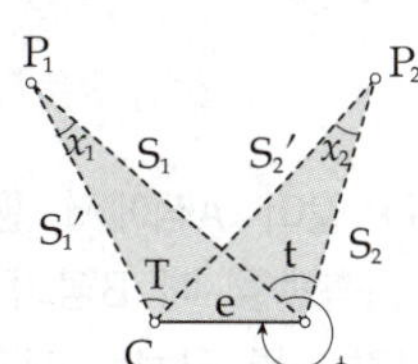

해설

$$\frac{e}{\sin x_1}=\frac{S_1'}{\sin(360-\phi)} \rightarrow x_1=0°0'30''$$

$$\frac{e}{\sin x_2}=\frac{S_2'}{\sin(360-\phi+t)} \rightarrow x_2=0°0'50''$$

$x_1+T=t+x_2$

$\therefore T=t+x_2-x_1=45°30'+50''-30''=45°30'20''$

57. 평균변장거리 300m로 된 트래버스 망에서 기계의 편심오차로 인해 측각오차에 40″의 오차가 생겼다면 편심거리는 얼마인가?

㉮ 0.021m ㉯ 0.024m
㉰ 0.026m ㉱ 0.029m

해설

$\triangle\alpha=\alpha-\alpha'=x_1+x_2=40''$

$P_1B=P_2B$ 라 두면

$x_1=x_2=\frac{e}{P_1B}\rho''=20''$

$e=\frac{300\times20''}{206265}=0.029\,\text{m}$

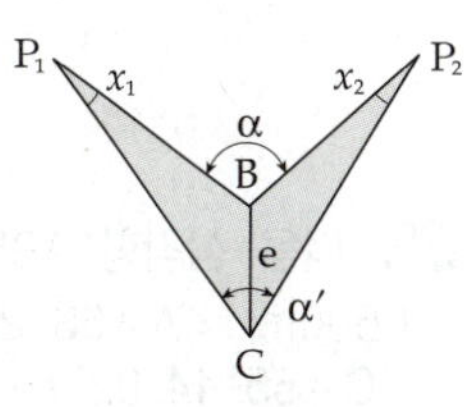

해답 52. ㉮ 53. ㉰ 54. ㉱ 55. ㉰ 56. ㉰ 57. ㉱

58. 바닷가에서 키가 170cm인 사람이 바라볼 수 있는 수평선까지의 거리는 몇 km인가? (단, 지구반경 R : 6,730km, 빛 굴절계수 K = 0.14)

㉮ 2.4km ㉯ 3.6km
㉰ 5.0km ㉱ 4.5km

해설

양차 $= \frac{(1-K)}{2R} l^2 = 1.7\text{m}$ 에서

$l = \sqrt{\frac{0.0017 \times 2 \times 6370}{(1-0.14)}} \fallingdotseq 5.0\text{km}$

59. 그림과 같이 A점에서 편심점 B'점을 시준하여 $T_B{}'$ 를 관측했을 때 B점의 방향각 T_B 를 구하기 위한 보정량 x를 구하는 식은?

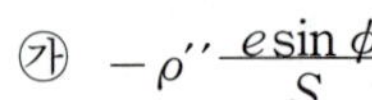

㉮ $-\rho'' \frac{e \sin\phi}{S}$

㉯ $-\rho'' \frac{e \cos\phi}{S}$

㉰ $\rho'' \frac{S \sin\phi}{e}$

㉱ $\rho'' \frac{S \cos\phi}{e}$

B e B'
T$_B$' S φ
T$_B$ x
A

해설

$T_B = T_B{}' - x$ $\triangle ABB'$ 에서 sin 법칙을 적용

$\frac{e}{\sin x} = \frac{S}{\sin\phi}$

$\sin x = \frac{e}{S} \sin\phi$

$x = \rho'' \frac{e}{S} \cdot \sin\phi$

∴ 보정량 $= -x = -\rho'' \frac{e}{S} \cdot \sin\phi$

60. 다음 삼각형 AB의 변장은 얼마인가? (단, AC = 1,500m, ∠A = 68° 23′ 22″, ∠B = 55° 52′ 36″, ∠C = 55° 44′ 02″)

㉮ 1239.64m
㉯ 1497.46m
㉰ 1502.54m
㉱ 1620.55m

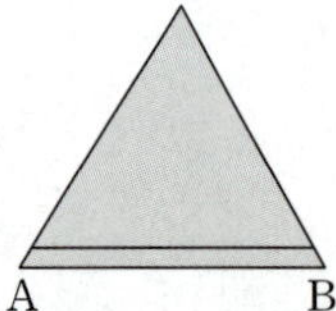

해설

sin법칙에서 $\frac{\overline{AB}}{\sin\angle C} = \frac{\overline{AC}}{\sin\angle B} = \frac{\overline{BC}}{\sin\angle A}$

$\therefore \overline{AB} = \frac{\sin\angle C}{\sin\angle B}\overline{AC}$

$= \frac{\sin 55°44'02''}{\sin 55°52'36''} \times 1,500$

$= 1497.46(\text{m})$

61. 기선 D = 20m, 수평각 α = 80°, β = 70° 연직각 V = 40° 를 측정하였다. 높이 H는? (단, A, B, C점은 동일 평면이다.) [04, 09, 15 ㉮]

㉮ 31.54m
㉯ 32.42m

㉰ 32.63m
㉱ 33.56m

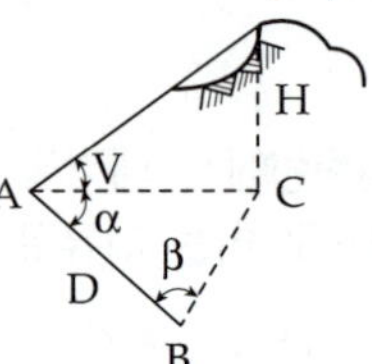

해설

$\frac{D}{\sin\{(180-(\alpha+\beta)\}} = \frac{\overline{AC}}{\sin\beta}$

$\Rightarrow \overline{AC} = \frac{\sin 70}{\sin(180-80-70)} \times 20$

$= 37.588\text{m}$

$\therefore H = \overline{AC} \cdot \tan V$

$= 37.588 \times \tan 40°$

$= 31.540\text{m}$

62. 그림은 3변 측량의 결과이다. 여기서 A점의 내각을 구하면 다음 중 어느 것인가? [90]

㉮ 51° 19′ 14″
㉯ 55° 06′ 20″
㉰ 73° 34′ 26″
㉱ 74° 32′ 42″

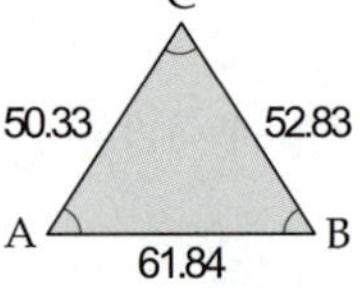

해설

$\cos A = \frac{b^2 + c^2 - a^2}{2bc}$

$\therefore \angle A = \cos^{-1}\left(\frac{61.84^2 + 50.33^2 - 52.83^2}{2 \times 61.84 \times 50.33}\right)$

$= 55° 02' 50''$

해답 58. ㉰ 59. ㉮ 60. ㉯ 61. ㉮ 62. ㉯

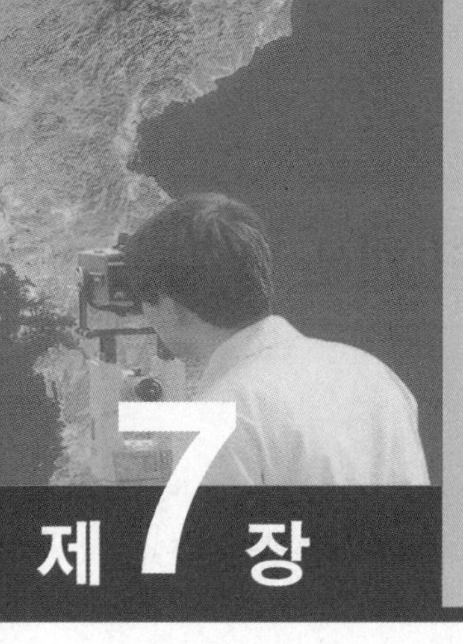

제 7 장 GSIS 및 지형측량

출제경향분석

지형공간정보체계는 새로 신설된 단원으로 개념정도를 묻는 문제가 주로 출제되고 있다. 지형측량에서는
1. 등고선의 종류와 성질 2. 비례식을 이용한 등고선 측정 등이 출제되어 쉽게 득점할 수 있는 단원이다.

단원별 경향분석

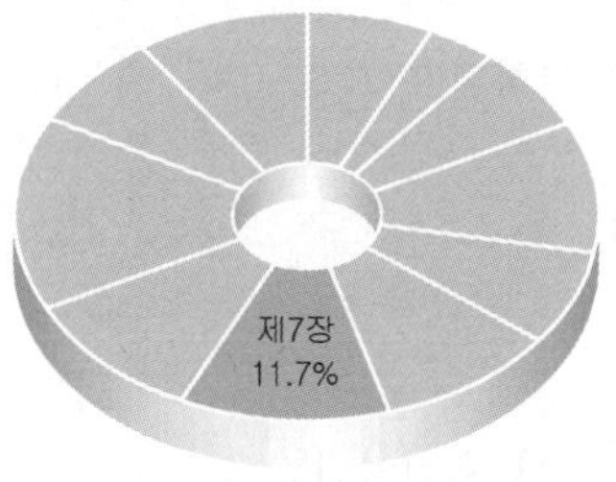

토목기사

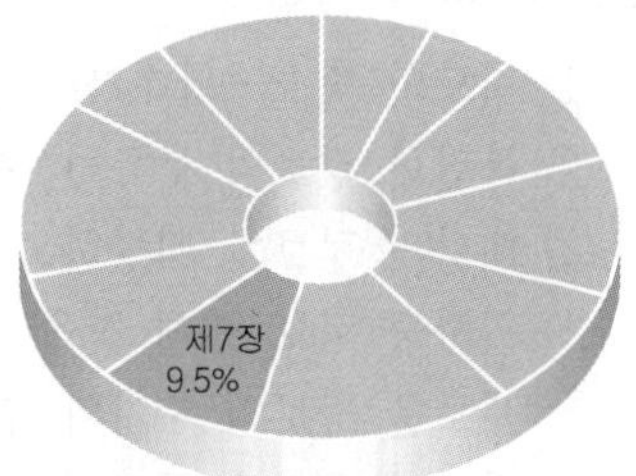

토목산업기사

항목별 경향분석

토목기사

토목산업기사

1 지형공간정보체계(G.S.I.S)의 개요 및 분류

학습방향

이 단원은 신설된 단원으로 아직까지 깊이 있는 문제는 출제되지 않고 있다. 따라서 개념 정도를 알고 가자.

① GSIS의 개요
② GIS, UIS, LIS의 개요

1 지형공간 정보체계(GSIS - Geospatial Information System)

국토계획, 지역계획, 자원개발계획, 공사계획 등의 각종 계획을 성공적으로 수행하기 위해서는 토지, 자원, 환경 또는 이와 관련된 각종 정보 등을 컴퓨터에 의해 종합적, 연계적으로 처리하는 방식이 GSIS이다.

지형정보와 공간정보를 시, 공간적으로 분석하여 신속, 정확하고 융통성, 완결성 있게 처리하여 모든 사항의 의사결정, 편의 제공 등을 극대화시켜준다.

2 GSIS의 특징

① 지도의 축소·확대가 자유롭고 계측이 용이하다.
② 복잡한 정보의 분류나 분석에 유용하다.
③ 대량의 정보를 저장하고 관리할 수 있다.
④ 원하는 정보 쉽게 찾을 수 있다.
⑤ 새로운 정보의 추가와 수정이 용이하다.
⑥ 자료의 중첩을 통하여 종합적 정보의 획득이 용이하다.
⑦ 표현방식이 다른 여러 가지 지도나 도형으로 표현이 가능하다.

3 GSIS의 활용 및 응용분야

① 토지 관련분야 - 공공기관의 토지관련 정책 수립에 정보를 제공하며 민원인에게 토지정보 제공
② 시설물 관리분야 - 시설물 관리에 소요되는 비용과 인력을 절감하고 재난을 사전에 방지하는 것이 목적
③ 교통분야 - 교통정보 제공(교통개선, 도로 유지보수 등)
④ 도시계획 및 관리분야 - 도시 현황 및 도시계획 수립, 도시정비, 도시기반 시설물 관리
⑤ 환경분야 - 각종 환경 영향평가와 환경변화 예측 등에 활용

학습POINT

■ 지형공간정보체계(址形空間情報體系)

GSIS 또는 GIS로 약기, 지리정보체계(GIS), 도시정보체계(UIS), 토지정보체계(LIS), 교통정보체계(TIS), 환경정보체계(ELS) 등의 지형정보와 공간정보를 시, 공간적으로 분석하여 신속 정확하고 융통성, 완결성 있게 처리함으로써 모든 사항에 관한 의사 결정, 편의 제공 등을 극대화 시키는 종합정보체계

■ GSIS의 정보

1. 위치정보 : 점, 선, 면적 또는 공간적 양(크기)들의 개개의 위치를 판별하는 것
2. 특성정보
   ① 도형정보 : 지도형상의 수치적 설명으로 점, 선, 면적, 영상소, 격자셀, 기호의 6가지 도형요소를 사용
   ② 영상정보 : 인공위성의 수치영상이나 항공사진의 수치화된 정보
   ③ 속성정보 : 지도상의 특성이나 질, 지형, 지물 등의 관계를 나타낸다.

⑥ 농업분야 - 토양특성에 적합한 작목추천, 수확량 예측 등 과학적 영농지원
⑦ 재해 재난분야 - 지진예측, 재난 발생시 긴급 출동 및 피해 최소화 방안 수립에 활용
⑧ 기타분야 - 건설, 금융, 보험, 부동산 등 많은 민간산업에 활용

4 GSIS의 분류

지리정보시스템 : GIS (Geographic Information System)	⇒	지리정보를 효율적으로 활용하기 위한 시스템, 다양한 지리 정보를 수집, 저장, 처리, 분석, 출력하는 정보 체계
도시정보시스템 : UIS (Urban Information System)	⇒	도시현황파악, 도시계획, 도시정비, 도시기반시설관리, 도시행정, 도시방재 등의 분야에 활용
토지정보시스템 : LIS (Land Information System)	⇒	다목적 국토정보, 토지이용계획수립, 지형분석 및 경관정보 추출, 토지부동산관리, 지적정보 구축에 활용
교통정보시스템 : TIS (Transportation Information System)	⇒	육상, 해상, 항공교통관리, 교통계획 및 교통영향평가에 활용
수치지도 제작 및 지도정보 시스템 : DM/MIS(Digital Mapping/Map Information System)	⇒	중소축척 지도제작, 각종 주제도 제작 활용
도면자동화 및 시설물 관리시스템 : AM/FM(Automated Mapping/Facitty Management)	⇒	도면작성 자동화, 상하수도 시설관리, 통신 시설관리 등에 활용
측량정보시스템 : SIS (Surveying Information System)	⇒	측지정보, 사진측량정보, 원격탐사정보를 체계화 하는데 활용
도형 및 영상정보시스템 : GIIS (Graphic/Image Information System)	⇒	수치영상처리/전산도형해석, 전산지원 설계, 모의관측 분야에 활용
환경정보시스템 : EIS (Environmental Information System)	⇒	대기, 수질, 폐기물 관련정보 관리에 활용
자원정보시스템 : RIS (Resource Information System)	⇒	농수산 자원, 산림자원, 수자원, 에너지자원을 관리하는데 활용
조경/경관 정보시스템 : LIS/VIS (Landspace/Viewscape Information System)	⇒	조경설계, 경관분석, 경관계획에 활용
재해정보시스템 : DIS (Disaster Information System)	⇒	각종 자연재해 방지, 대기오염경보, 민방공 등의 분야에 활용
해양정보시스템 : MIS (Marine Information System)	⇒	해저영상수집, 해저지형정보, 해저지질정보, 해양 에너지조사에 활용
기상정보시스템 : MIS (Meteorological Information System)	⇒	기상변동추적 및 일기예보, 기상정보의 실시간 처리, 태풍경로추척 및 피해예측 등에 활용
국방정보시스템 : NDIS (National Defence Information System)	⇒	가시도 분석, 국방정보자료기반, 작전정보구축에 활용
국가지리정보시스템 : NGIS (National Geographic Information System)	⇒	국가 공간정보기반을 확충하여 디지털 국토를 실현

■ 주로 사용되는 GSIS

GIS : 지리정보체계
UIS : 도시정보체계
LIS : 토지정보체계

이 세가지가 주로 출제되며 다른 정보체계는 그냥 한번 읽고 이해하는 정도로 충분하다.

핵심문제

해설

1 지리 및 도시정보체계(GIS, UIS)에 대한 설명 중 잘못된 것은?

㉮ 도면의 자동화 및 중첩분석이 가능
㉯ 지도정보의 관측 및 검색기능
㉰ 통계자료와 면적자료 연관분석 및 시각적 표현 가능
㉱ 공선 조건에 의한 3차원 위치 결정 가능

해설 1

• 공선조건

사진측량에서 공간상의 임의의 점과 그에 대응하는 사진상의 점 및 사진기의 촬영중심이 동일직선에 있어야 하는 조건

2 국토계획, 지역계획, 자원개발계획, 공사계획 등의 계획을 성공적으로 수행하기 위해 그에 필요한 각종 정보를 컴퓨터에 의해 종합적, 연계적으로 처리하는 방법은?

㉮ 원격탐측(R.S)
㉯ 지형공간 정보체계(G.S.I.S)
㉰ 수치 지형 모델(D.T.M)
㉱ 행정 정보망

해설 2

• G.S.I.S의 분류

1. 도시정보체계(U.I.S)
2. 지리정보체계(G.I.S)
3. 토지정보체계(L.I.S)

3 지형공간정보체계(GIS)의 유형 중 하나로 토지에 대한 정보를 디지털화하고 효율적으로 관리하기 위해 구축하는 시스템을 무엇이라 하는가?

㉮ AMS(Automated Mapping System)
㉯ LIS(Land Information System)
㉰ UIS(Urban Information System)
㉱ FMS(Facility Management System)

해설 3

토지에 대한 정보를 디지털화하고 효율적으로 관리하기 위해 구축하는 시스템을 LIS라 한다.

4 점, 선, 면 또는 입체적 특성을 갖는 자료를 공간적 위치 기준에 맞추어 다양한 목적과 형태로서 분석, 처리할 수 있는 최신 정보체제는?

㉮ DTM(Digial Terrain Model)
㉯ GIS(Geographic Informaion System)
㉰ GPS(Global Positioning System)
㉱ WGS(World Geodetic System)

5 GSIS의 특징과 가장 거리가 먼 것은?

㉮ 복잡한 정보의 분류나 분석에 유용하다.
㉯ 대량의 정보를 저장하고 관리할 수 있다.
㉰ 원하는 정보를 쉽게 찾을 수 있다.
㉱ 높은 정밀도를 얻기 쉽다.

해설 5

GSIS는 각종 정보(위치정보, 특성정보…)를 컴퓨터에 의해 종합적, 연계적으로 처리하는 방식으로 높은 정밀도로 처리하기 위해서는 데이터의 양이 크게 증가하는 단점이 있다.

정답 1. ㉱ 2. ㉯ 3. ㉯ 4. ㉯ 5. ㉱

6 다음 중 그 의미가 다른 것은?

㉮ GIS　　㉯ GSIS
㉰ GPS　　㉱ 지리정보체계

7 GIS 기반의 지능형 교통정보시스템(ITS)에 관한 설명으로 가장 거리가 먼 것은? [15 ㉮]

㉮ 고도의 정보처리기술을 이용하여 교통운용에 적용한 것으로 운전자, 차량, 신호체계 등 매순간의 교통상황에 따른 대응책을 제시하는 것
㉯ 도심 및 교통수요의 통제와 조정을 통하여 교통량을 노선별로 적절히 분산시키고 지체 시간을 줄여 도로의 효율성을 증대시키는 것
㉰ 버스, 지하철, 자전거 등 대중교통을 효율적으로 운행관리하며 운행상태를 파악하여 대중교통의 운영과 운영사의 수익을 목적으로 하는 체계
㉱ 운전자의 운전행위를 도와주는 것으로 주행 중 차량간격, 차선위반여부 등의 안전운행에 관한 체계

8 국가지리정보체계(NGIS)에서 구축한 수치지도 중 전국을 포괄하는 기본적인 수치지도의 축척은?

㉮ 1/1,000　　㉯ 1/5,000
㉰ 1/25,000　　㉱ 1/50,000

9 다목적 국토정보, 토지부동산관리, 지적정보 등의 구축에 활용되는 정보체계는?

㉮ GIS　　㉯ UIS
㉰ AM/FM　　㉱ LIS

10 복잡해지는 도시의 다양한 정보를 수집, 처리, 분석하여 도시계획, 도시방재 등에 요긴하게 사용되는 정보체계는?

㉮ UIS　　㉯ TIS
㉰ DM/MIS　　㉱ SIS

해 설

해설 **6**

지형공간정보체계(GSIS)는 GIS라고도 불리우며, 지리정보체계(GIS)는 GSIS에 속한다고 본다.

해설 **7**

지능형 교통체계(Intelligent Transport Systems)는 교통수단 및 교통시설에 전자제어 및 통신 등 첨단기술을 접목하여 교통정보 및 서비스를 제공하고 활용하여 교통체계를 효율적으로 운영하고 안정성을 향상시키는 것을 말한다.

해설 **8**

NGIS에서 구축한 전국을 포괄하는 기본적인 수치지도는 1/5,000 수치지도이다.

해설 **9**

토지정보체계(Land Information System)은 토지에 대한 모든 정보를 수집, 처리, 분석하여 다목적 국토정보, 토지이용계획 수립, 지적정보 등에 활용된다.

해설 **10**

도시정보체계(Urban Information System)은 도시에 대한 모든 정보를 수집, 처리, 분석하여 도시현황 파악, 도시계획, 도시정비, 시설관리, 방재 등에 활용된다.

정답 6. ㉰ 7. ㉰ 8. ㉯ 9. ㉱ 10. ㉮

2 G.S.I.S의 자료 해석

학습방향

지금까지 GSIS의 자료해석은 거의 출제되지 않았지만 그 중요성이 커지므로 많이 출제될 수 있는 단원이다.
1. 데이터 베이스의 내용
2. GSIS의 자료처리

1 GSIS의 구성요소

GSIS는 자료의 입력과 저장에 필요한 하드웨어, 소프트웨어, 데이터베이스, 인적자원으로 구성된다.

(1) 하드웨어(Hardware)

GSIS를 운용하는데 필요한 컴퓨터와 각종 입, 출력장치 및 자료 관리 장치를 말하며 데스크탑 PC, 워크스테이션, 스캐너, 프린터, 디지타이저, 플로터 등 각종 주변 장치를 말한다.

① **입력장치** : 디지타이저, 스캐너, 키보드 등
② **저장장치** : 워크스테이션, 자기디스크, 자기테이프, 개인용 컴퓨터 등
③ **출력장치** : 프린터, 모니터, 플로터 등

(2) 소프트웨어(software)

자료를 입력, 출력, 관리하기 위해서 반드시 필요하며, 자료입력을 위한 입력소프트웨어, 저장 및 관리하는 관리소프트웨어 그리고 분석결과를 출력할 수 있는 출력소프트웨어로 구성

① **입력 소프트 웨어** : 디지타이저, 스캐너, 단말기, 마그네틱 테이프 등
② **출력 소프트 웨어** : 프린터, 플로터, 자기테이프 등

(3) 데이터 베이스(Database)

GSIS의 주된 작업은 자료의 입력에 관련된 일이다. 보다 정확하고 핵심적인 요소의 자료가 다양하게 입력되어야 더욱 효율성 있는 운용체계를 구축 할 수 있다.

(4) 인적자원(Man Power)

GSIS의 모든 요소들을 운영하는 것으로서 데이터를 구축하고 관리하는 전문가뿐만 아니라 일상, 실제 업무에 GSIS를 활용하는 사용자들 모두를 포함한다.

학습POINT

■ 디지타이저와 스캐너

스캐너	디지타이저
자동방식	수동방식
래스터자료	백터자료
고가	저렴
신속	시간 오래 걸림

■ 수치지형모델(Digital Terrian Model)

1. 지표면상에서 규칙 및 불규칙적으로 관측된 3차원 좌표값을 보간법 등의 자료처리과정을 통하여 불규칙한 지형을 기하학적으로 재현하고 수치적으로 해석하는 기법
2. 수치지형 모델의 이용
   ① 수치 지형도 제작
   ② 경관분석 및 예측
   ③ 최적노선 선정
   ④ 절, 성토량의 추정
   ⑤ 쓰레기량의 예측

■ GSIS의 주요 구성요소

1. 3요소 : Hardware
   Software
   Database
2. 5요소 : 3요소 + 조직, 인력

2 GSIS의 자료처리

GSIS의 자료처리는 크게 자료입력, 자료처리, 자료출력으로 나눌 수 있다.

(1) 자료의 입력

① 자료 입력

㉮ 자료 입력 방식은 수동방식과 자동방식이 있다.

㉯ 기본의 투영법 및 축척 등에 맞도록 재편집

② 부호화

㉮ 점, 선, 면, 다각형 등에 포함되어 있는 변량을 부호화

㉯ 부호화는 선추적 방식(벡터), 격자방식(래스터)이 있다.

(2) 자료 처리

① 자료정비(DBMS 데이터베이스)

㉮ GSIS의 효율적 작업의 성공여부에 매우 중요하다.

㉯ 모든 자료의 등록, 저장, 재생, 유지 등 관련의 프로그램 구성

② 조작처리

㉮ 표면분석 : 하나의 자료층상 변량들 간 관계분석

㉯ 중첩분석 : 2개 이상의 자료층상 변량들 간 관계분석

(3) 자료출력

① 도면 또는 도표로 검색 및 출력

② 사진 또는 필름기록으로 출력

3 GSIS의 자료구성

(1) 위치자료 ┌ 절대위치 : 경도, 위도, 좌표, 표고 등 실제공간의 위치 자료
└ 상대위치 : 설계도 같이 임의의 기준으로부터 결정되는 model 공간의 위치

(2) 특성자료

① 도형자료 : 위치자료를 이용하여 대상을 가시화한 것으로 지형지물의 위치와 모양을 나타냄

② 영상자료 : 센서(스캐너, 레이저, 항공사진기 등)에 의해 얻은 정보

③ 속성자료 : 도형이나 영상 속의 내용

■ GSIS의 자료처리체계

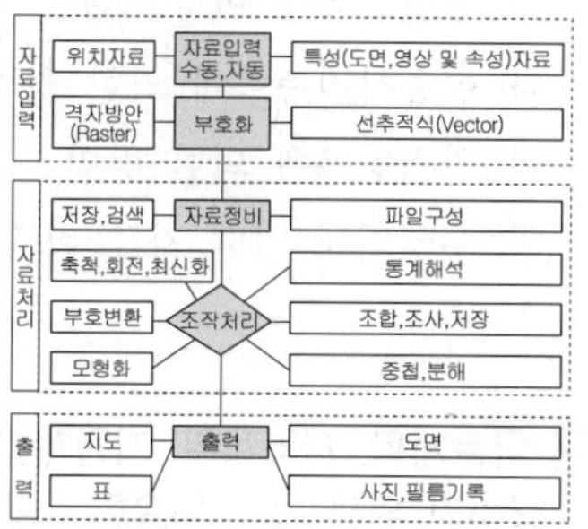

■ 중첩

1. 2개의 지도를 겹쳐서 통합적인 정보를 갖는 지도를 생성
2. 2개 이상의 GIS 커버리지를 결합, 중첩하여 새로운 자료생성

■ 벡터자료의 장·단점

(장점)

① Raster보다 압축되어 간결

② 지형학적 자료를 필요한 망조직 분석에 효과적

③ 지도와 거의 비슷한 도형제작에 적합

(단점)

① Raster보다 훨씬 복잡한 자료구조

② 중첩기능을 수행하기 어려움

③ 공간적 편의를 나타내는 데 비효과적

■ 데이터 베이스의 장·단점

1. 장점

① 중앙제어가능

② 효율적인 자료호환

③ 데이터의 독립성

④ 반복성의 제거

⑤ 자료공유

⑥ 새로운 프로그램 개발이 용이

2. 단점

① 초기 구축비용, 유지비용이 고가

② 초기 구축시 전문가 필요

③ 시스템의 복잡성

④ 자료의 공유로 인해 분실이나 잘못된 자료의 사용성의 보완조치 필요

⑤ 통제의 집중화에 따른 위험존재

핵심문제

1 지형공간정보체계의 자료 취득방법과 관계가 먼 것은?

㉮ 일반측량에 의한 방법
㉯ 항공사진측량에 의한 방법
㉰ 원격탐측에 의한 방법
㉱ 투영법에 의한 자료 취득방법

2 국토계획, 지역계획, 지원개발계획, 공사계획 등의 계획을 성공적으로 수행하기 위해 그에 필요한 각종 정보를 컴퓨터에 의해 종합적, 연계적으로 처리하는 방법은?

㉮ 수치지형모형(DTM) ㉯ 원격탐측(RS)
㉰ 지형공간정보체계(GSIS) ㉱ 행정정보망

3 다음 중 지형 공간 정보 체계의 자료 처리 체계가 순서대로 배열된 것은?

㉮ 부호화 – 자료입력 – 자료정비 – 조작처리 – 출력
㉯ 자료입력 – 부호화 – 자료정비 – 조작처리 – 출력
㉰ 자료입력 – 자료정비 – 부호화 – 조작처리 – 출력
㉱ 자료입력 – 조작처리 – 자료정비 – 부호화 – 출력

4 다음 지형공간정보체계의 활용에 대한 설명 중 틀린 것은?

㉮ 토지정보체계는 교통과 관련된 문제를 위한 정보체계이다.
㉯ 환경정보체계는 대기오염정보, 수질오염정보, 폐기물처리정보와 관련된 정보체계이다.
㉰ 지리정보체계는 공간좌표 또는 지리좌표에 관련된 도형 및 속성자료를 효율적으로 수집, 저장, 갱신, 분석하기 위한 정보체계이다.
㉱ 도시정보체계는 도시계획 및 도시화 현상에서 발생하는 인구, 자원 및 교통의 관리, 건물면적, 지명, 환경변화 등에 관한 정보를 다루는 체계이다.

5 GSIS의 주요 구성요소와 가장 관계가 먼 것은?

㉮ H/W ㉯ S/W
㉰ D/B ㉱ AS

해설

해설 **1**
지형공간정보체계 자료 취득방법 : 지상측량, 종이지도, 항공사진, 위성영상 등

해설 **2**
지형공간정보체계(GSIS) : 각종 계획의 입안과 성공적인 수행을 위하여 컴퓨터를 기반으로 다양한 공간자료를 입력, 처리, 출력하여 합리적인 의사결정을 위한 종합적, 연계적 처리방식

해설 **3**
GSIS의 자료처리체계
자료입력(자동·수동)–부호화–자료정비–조작처리(표면분석, 중첩분석)–출력

해설 **4**
토지정보체계 : 지형분석, 토지의 이용, 개발, 행정, 다목적 지적 등 토지자원 관련 문제 해결을 위한 정보분석체계

해설 **5**
• AS(Anti Spooting)
군사목적의 P코드를 적의 교란으로부터 방지하기 위한 암호화 기법

정답 1. ㉱ 2. ㉰ 3. ㉯ 4. ㉮ 5. ㉱

6 지도를 디지타이저로 수치화할 때의 특성으로 잘못된 것은?

㉮ 수동방식으로 입력한다.

㉯ 도형을 래스터 자료구조로 표현한다.

㉰ 가격이 저렴하다.

㉱ 스캐너에 비해 시간이 오래 걸린다.

7 지리정보시스템(GIS) 데이터의 형식 중에서 벡터 형식의 객체자료 유형이 아닌 것은? [16㉠]

㉮ 격자(Cell)　　㉯ 점(Point)

㉰ 선(Line)　　㉱ 면(Polygon)

8 지형공간정보체계(GSIS)의 자료기반구축에 대한 설명 중 틀린 것은?

㉮ GPS에 의해 측량된 지형정보자료를 이용하여 구축할 수 있다.

㉯ SPOT 위성영상에 의해 얻어진 지형정보자료를 이용하여 구축할 수 있다.

㉰ 자료기반 구축을 위해 래스터 방식과 벡터 방식을 이용할 수 있으며 수치지도는 래스터 방식에 적합하다.

㉱ 자료기반 구축을 위해 각종 도면이나 대장, 보고서 등이 이용된다.

9 벡터구조에 비해 격자구조(Grid 또는 Raster)가 갖는 장점이 아닌 것은?

㉮ 중첩에 대한 조작이 용이하다.

㉯ 자료구조가 간단하다.

㉰ 자료조작과정이 용이하며, 영상의 질을 향상시킬 수 있다.

㉱ 지형의 세세한 표현에 효과적이다.

10 지리정보시스템(GIS)에 대한 설명 중 맞지 않는 것은?

㉮ 지리정보의 전산화 도구

㉯ 고품질의 공간정보 획득 도구

㉰ 합리적인 의사결정을 위한 도구

㉱ CAD 및 그래픽 전용도구

11 지리정보시스템(GIS)에 대한 설명 중 맞지 않는 것은? [15㉠]

㉮ 도로 및 단지 설계　　㉯ 골프장 설계

㉰ 지하수 탐사　　㉱ 연안 수심 DB구축

해 설

해설 **6**
디지타이저는 벡터자료구조로 도형을 표현한다.

해설 **7**
벡터 형식의 객체 자료 유형 : 점, 선, 면 객체의 형상을 현실에 가장 가깝게 표현하는 방식이 벡터구조이다.

해설 **8**
수치 지도는 벡터 방식에 적합하다. 래스터(격자)방식은 자료구조가 단순해 정확한 위치를 표시하는데 많은 어려움이 있다.

해설 **9**
raster 구조는 지형관계를 나타내기 어려우며 미관상 선이 매끄럽지 못하다.

해설 **10**
지리정보시스템(GIS)는 토지, 자원, 환경 등의 각종 정보를 컴퓨터에 의해 종합적, 연계적으로 처리하는 방식이다.

해설 **11**
항공 Lidar는 일정한 직각 간격으로 레이저펄스를 사용하여 지표면의 높이를 측정하여 수치표고모델(DEM)을 생성한다. 장점은 수목의 높이를 측정하여 정확한 지표면의 높이 측정이 가능하고, 수면과 수면 밑의 지형에 반사되는 레이저펄스를 계산해 수심의 깊이(대략 70m정도까지)도 측정이 가능하다. 지하수 탐사는 지하구조이므로 측정이 어렵다.

정답 6. ㉯ 7. ㉮ 8. ㉰ 9. ㉱ 10. ㉱ 11. ㉰

3 지형측량의 개요

학습방향

지형측량은 지형도를 만들기 위한 측량으로 측점을 결정하고 답사와 선점을 한 후 골조측량, 세부측량의 순으로 실시한다.

① 지형측량의 정의　　② 지형의 표시법

1 지형측량의 정의

지물(하천, 호수, 건축물 등)과 지모(산, 언덕, 평지등)를 측정하여 지표의 기복상태를 표시하는 지형도를 만들기 위한 측량

2 측량순서

측량계획 – 골조측량 – 세부측량 – 측량원도

(1) 축척결정

① 축척 : 지표상의 실거리가 지형도상에 나타나게 되는 축소비율

② 실제의 지형과 지형도는 기하학적인 닮은꼴

③ 지형측량에 사용되는 축척 – 대축척 : 1/1,000 이상
중축척 : 1/1,000~1/10,000
소축척 : 1/10,000 이하

④ 토목공사용 지형도는 대부분이 대축척 및 중축척도이다.

(2) 답사 및 선점

① 지형도나 항공사진을 참고로 도상계획을 작성

② 현지를 답사하여 측량방법, 기계·기구등을 결정

③ 후속측량에 이용하기 편리하게 선점한다.

④ 선점이 끝난후 선점도 작성

(3) 골조측량

① **수평 골조 측량** : 기준점 상호간의 수평위치를 결정하는 것.

② **고저 골조 측량** : 측량지역내의 고저를 측량하기 위하여 기준이 되는 점들의 높이를 결정하는 측량

(4) 세부측량

① 골조측량에서 구한 각 측점의 위치 및 높이를 기준으로 측량할 지역 내의 지형, 지물을 측정 → 지형도 원도에 기입하는 것

② 지물측량 : 지물 중 중요한 선과 점을 먼저 정하고 그 부근의 다른 지물의 위치나 방향을 결정한다.

③ 지형의 측량 : 지표면의 기복상태를 일정한 도식에 따라 도상에 표현

학습POINT

■ 지형측량

1. 지물 : 지표상의 자연 및 인위적인 것으로 하천, 호수, 도로, 철도, 건축물등
2. 지모 : 산정, 구릉, 계곡, 평야등
3. 지형측량이란 지물과 지모를 측정하여 일정한 축척과 도식으로 지형도를 작성하기 위한 측량을 말한다.
4. 지형도는 토목, 광산, 농림, 공사 등에 이용되는 기초자료이다.
5. 우리나라 지형도에서 해안선의 기준은 만조시의 해안으로 한다.
6. 지형측량에 필요한 측점은 도근점과 삼각점이 있다.

▶05㉠, 06㉠

• 측량순서

■ 지형도를 작성하기 위한 방법

1. 항공사진 측량에 의한 방법
2. 인공위성 영상을 이용한 방법
3. 평판측량에 의한 방법
4. 수치지형모델에 의한 방법

■ 지형도의 이용

1. 저수량 및 토공량 산정
2. 유역면적의 결정
3. 등경사선 관측
4. 도상계획의 작성

3 지성선

지표의 불규칙한 곡면을 몇 개의 평면의 집합으로 생각할 때 이들 평면의 서로 만나는 선으로 지표면의 형상을 나타내는 골조가 된다.
지성선의 종류는 다음과 같다.

① **능선(凸선)** : 지표면의 높은 점들을 연결한 선으로 분수선이라고도 한다.

② **계곡선(凹선)** : 지표면의 낮은 점들을 연결한 선으로 합수선이라고도 한다.

③ **경사변환선** : 동일 방향의 경사면에서 경사의 크기가 다른 두 면의 교선을 말한다.

④ **최대경사선(유하선)** : 지표의 임의의 한 점에서 그 경사가 최대로 되는 방향을 표시한 선으로 등고선에 직각으로 교차하며 물이 흐르는 선이란 의미에서 유하선이라고도 한다.

▶07, 08, 10㉠, 08, 09㉯
- 지성선
- 지형의 표시법

■ 등고선법

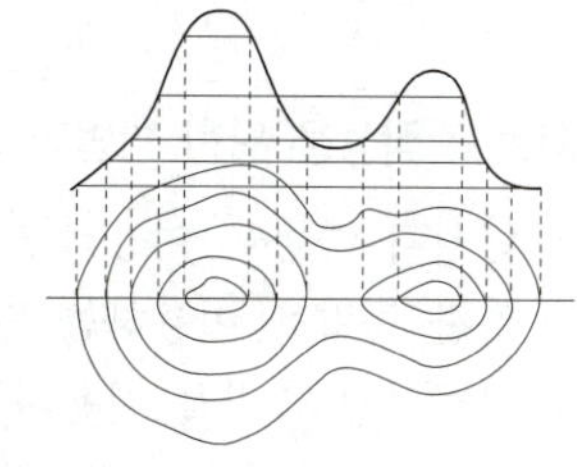

4 지형의 표시법

(1) 자연적 도법

자연적 도법에는 음영법과 우모법이 있으며 입체감이 잘 나타나나 그리기 어렵다.

① 음영법(shading) : 어느 일정한 방향에서 평행한 광선이 비칠 때 생기는 그림자로 지표면의 높고 낮은 상태를 표시

② 우모법(hachuring) : 소의 털처럼 가는 선으로 지형을 표시하는데 경사가 급하면 굵고 짧은 선으로 경사가 완만하면 가늘고 긴선으로 지형을 나타낸다.

■ 음영법

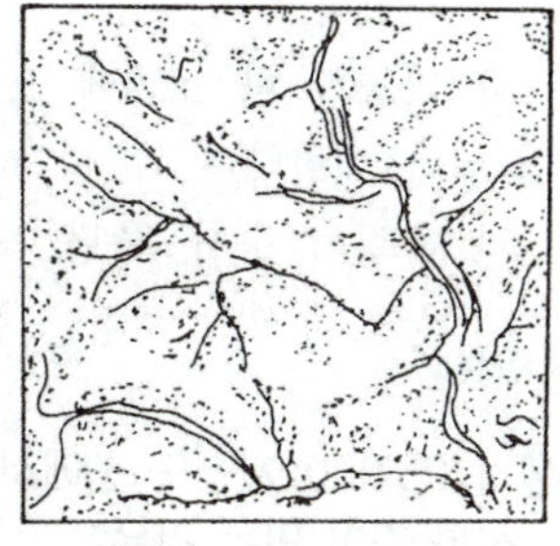

(2) 부호적 도법

부호적 도법에는 점고법, 채색법, 등고선법 등이 있으며 상대적인 고저차는 알기 쉬우나 입체감은 떨어진다.

① 점고법(spot height system) : 하천, 항만, 해양등에서의 심천측량을 점에 숫자를 기입하여 높이를 표시하는 방법

② 채색법(layer system) : 채색의 농도를 변화시켜 지표면의 고저를 나타내는 방법

③ 등고선법(contour system) : 등고선(일정한 간격의 수평면과 지표면이 교차하는 선을 기준면 위에 투영시켜 생긴 선)으로 지표면의 기복을 나타내는 방법으로 높이를 숫자로 알 수 있고 임의 방향의 경사도를 쉽게 산출할 수 있다.

■ 우모법

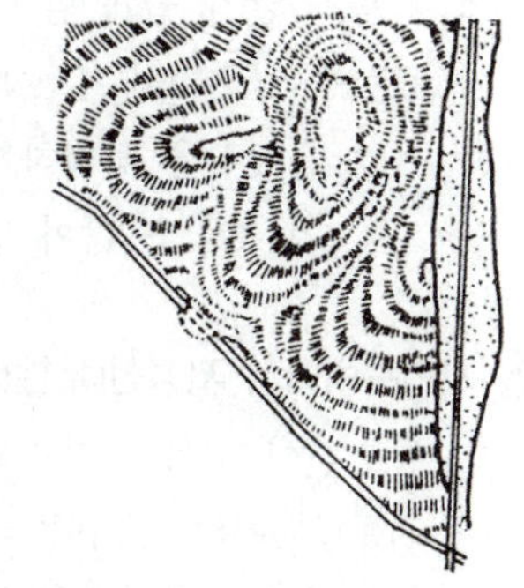

(3) 토목공사용으로 가장 널리 사용되는 지형의 표시법은 등고선법이며 채색법과 함께 사용하면 더욱더 편리하다.

핵심문제

1 지형을 표시하는 방법 중에서 짧은 선으로 지표의 기복을 나타내는 방법은? [16 ㉮]

㉮ 점고법　㉯ 영선법

㉰ 단채법　㉱ 등고선법

2 지형도 작성을 위한 방법과 거리가 먼 것은? [96, 05, 15 ㉮]

㉮ 탄성파 측량을 이용하는 방법
㉯ 평판 측량을 이용하는 방법
㉰ 항공사진 측량을 이용하는 방법
㉱ 수치지형모델에 의한 방법

3 다음은 지형 측량을 위한 외업의 준비와 계획에 관한 설명이다. 틀린 것은? [98 ㉯]

㉮ 항상 최고의 정확도를 유지할 수 있는 방법을 택한다.
㉯ 날씨 등의 외적 조건의 변화를 고려하여 여유 있는 작업 일지를 취한다.
㉰ 가능한 한 조기에 오차를 발견할 수 있는 작업방법과 계산방법을 택한다.
㉱ 측량의 순서, 측량 지역의 배분 및 연결방법 등에 대해 작업원 상호의 사전 조정을 한다.

4 1/25,000 지형도 상에서 면적을 측정하니 $84cm^2$였다. 실면적으로 환산한 값이 맞는 것은? [97 ㉯]

㉮ $6.25km^2$　㉯ $5.25km^2$

㉰ $4.25km^2$　㉱ $3.25km^2$

5 지형도를 작성할 때 지형 표현을 위한 원칙과 거리가 먼 것은? [15 ㉯]

㉮ 기복을 알기 쉽게 할 것
㉯ 표현을 간결하게 할 것
㉰ 정량적 계획을 엄밀하게 할 것
㉱ 기호 및 도식을 많이 넣어 세밀하게 할 것

6 지형측량에서 지성선(地性線)을 설명한 것 중 옳은 것은? [01, 97 ㉮]

㉮ 등고선이 수목에 가리워져 불명확할 때 이어주는 선을 말한다.
㉯ 지모(地貌)의 골격이 되는 선을 말한다.
㉰ 등고선에 직각방향으로 내려 그은 선을 말한다.
㉱ 곡선(谷線)이 합류되는 점들을 서로 연결한 선을 말한다.

해설

해설 1

영선법(우모법) : 급경사는 굵고 짧은 선, 완경사는 가늘고 긴 선으로 표시하는 지형의 표시법

해설 2

탄성파 측정
지구 내부를 알기 위한 물리학적 측지학

해설 3

지형측량은 세부측량이다.
따라서, 그다지 높은 정밀도를 요하지 않는다.

해설 4

$A=84\times(25,000)^2$
$=5.25\times10^{10}cm^2$
$=5.25\times10^{10}\times(\frac{1}{10^5})^2$
$=5.25km^2$

해설 5

지형도는 기호 및 도식을 사용하여 지형의 기복을 알기 쉽게 만든 지도이다.

해설 6

지성선 : 지표면을 여러개의 평면이 이루어졌다고 가정하면 그 평면이 만나는 선을 말하며 지형을 표시하는 중요한 요소이다.

정답 1. ㉯ 2. ㉮ 3. ㉮ 4. ㉯ 5. ㉱ 6. ㉯

7 축척이 1 : 25000인 지형도 1매를 1 : 5000 축척으로 재편집할 때 제작되는 지형도의 매수는? [15㉳]

㉮ 25매 ㉯ 20매
㉰ 15매 ㉱ 10매

8 다음은 지형의 표시방법을 설명한 것이다. 틀린 것은?

㉮ 자연적 도법과 부호적 도법으로 분류된다.
㉯ 자연적 도법에는 영선법과 음영법이 있다.
㉰ 부호적 도법에는 점고법, 채색법 및 등고선법이 있다.
㉱ 입체감이 가장 좋은 지형의 표시법은 등고선법이다.

9 하천이나 항만 등에서 심천측량을 한 결과의 지형을 표시하는 방법으로 적당한 것은? [00, 05, 24, 25㉠]

㉮ 점고법 ㉯ 지모법
㉰ 등고선법 ㉱ 음영법

10 다음 중 지형측량 순서로 맞는 것은? [05㉠]

㉮ 측량계획작성-골조측량-측량원도작성-세부측량
㉯ 측량계획작성-세부측량-측량원도작성-골조측량
㉰ 측량계획작성-측량원도작성-골조측량-세부측량
㉱ 측량계획작성-골조측량-세부측량-측량원도작성

11 지형도의 이용법에 해당되지 않는 것은? [16㉠]

㉮ 저수량 및 토공량 산정 ㉯ 유역면적의 도상 측정
㉰ 간접적인 지적도 작성 ㉱ 등경사선 관측

12 다음은 지성선에 관한 설명이다. 옳지 못한 것은? [98, 07, 15, 24㉠]

㉮ 지성선은 지표면이 다수의 평면으로 구성되었다고 할 때 평면간 접합부의 접선이다.
㉯ 凸선을 능선 또는 분수선이라 한다.
㉰ 경사변환선이란 동일 방향의 경사면에서 경사의 크기가 다른 두 면의 접합선이다.
㉱ 凹선은 지표의 경사가 최대로 되는 방향을 표시한 선으로 유하선이라고 한다.

해 설

해설 **7**

(축척비)^2 = (거리비)^2 = 면적비

$\therefore \left(\frac{25,000}{5,000}\right)^2 = 25$매

해설 **8**

지형의 표시법중 입체감이 가장 좋은 방법은 음영법이다.

해설 **9**

심천 측량을 하여 점의 깊이를 나타낼 때 점고법을 사용한다.

해설 **10**

지형측량의 순서
측량계획 －기준점(골조) 측량 － 세부측량 － 측량원도 작성

해설 **11**

지적도는 토지의 소유권과 관계되는 중요한 도면으로 공사에 사용되는 지형도로 지적도를 제작하면 법적인 문제가 발생한다.

해설 **12**

凹선은 지표면의 낮은 점들을 연결한 선으로 합수선, 계곡선이라고 한다.

정답 7. ㉮ 8. ㉱ 9. ㉮ 10. ㉱ 11. ㉰ 12. ㉱

4 등고선의 종류와 성질

학습방향

등고선이란 높이가 같은 점들을 연결한 선으로 간격에 따라 계곡선, 주곡선, 간곡선, 조곡선 등으로 분류된다. 등고선의 종류와 성질은 토목기사시험에 자주 출제되는 중요한 단원이다.

① 등고선의 종류와 간격　　② 등고선의 성질

1 등고선의 종류와 간격

등고선의 종류	기 호	$\frac{1}{10,000}$	$\frac{1}{25,000}$	$\frac{1}{50,000}$
주 곡 선	가는실선	5	10	20
간 곡 선	가는긴파선	2.5	5	10
조 곡 선	가는파선	1.25	2.5	5
계 곡 선	굵은실선	25	50	100

(1) 등고선의 간격이란 등고선 사이의 연직거리. 즉, 높이차를 말한다.

(2) 등고선의 간격

① 측량의 목적, 지형, 축척에 맞게 결정한다.

② 대축척에서 등고선 간격은 대략 **축척분모의 1/2,000정도**이다.

③ 완경사지나 지형의 변화가 심한 곳 → 간격을 좁게
급경사지나 지형의 변화가 적은 곳 → 간격을 넓게 결정한다.

④ 구조물 설계, 토공량 산출 등을 할 때는 간격을 좁게 잡아야 정확한 값을 얻는다. 일반적으로 등고선의 간격이 좁으면 지형은 정밀하게 표시되나 지형이 복잡해진다.

학습POINT

■ 등고선의 용도

1. 계곡선 : 표고의 읽음을 쉽게 하기 위함
2. 주곡선 : 지형을 나타내는데 기본이 되는 선
3. 간곡선 : 완경사지 이외에 지모의 상태를 상세하게 설명하기 위함
4. 조곡선 : 간곡선 만으로 지형의 상태를 상세하게 나타낼 수 없을 때 사용

▶05, 08, 10㉠, 09, 10㉤
- 등고선의 종류와 간격
- 등고선의 성질

2 등고선의 성질

① 같은 등고선 위의 모든 점은 높이가 같다. (그림 a)

② 한 등고선은 반드시 도면 안이나 밖에서 폐합되며, 도중에서 없어지지 않는다. (그림 b)

③ 등고선이 도면 안에서 폐합되면 산정이나 오목지가 된다.
오목지의 경우 대개는 물이 있으나, 없는 경우 낮은 방향으로 화살표시를 한다.(그림 c)

④ 높이가 다른 두 등고선은 동굴이나 절벽의 지형이 아닌 곳에서는 교차하지 않는다. 동굴이나 절벽에서는 2점에서 교차한다. (그림 d)

⑤ 경사가 일정한 곳에서는 평면상 등고선의 거리가 같고, 같은 경사의 평면일 때에는 평행한 선이 된다.(그림 e)

⑥ 등고선의 경사가 급한 곳에서는 간격이 좁고, 완만한 경사에서는 넓어진다. (그림 f)

⑦ 최대 경사의 방향은 등고선과 직각으로 교차한다. (그림 g)

⑧ 등고선이 골짜기를 통과할 때에는 한쪽을 따라 거슬러 올라가서 곡선을 직각 방향으로 횡단한 다음 곡선 다른 쪽을 따라 내려간다. (그림 h)

⑨ 등고선이 능선을 통과할 때에는 능선 한쪽을 따라 내려가서 능선을 직각 방향으로 횡단한 다음, 능선 다른 쪽을 따라 거슬러 올라간다. (그림 h)

⑩ 한 쌍의 등고선이 산정부가 서로 마주 서 있고, 다른 한 쌍의 등고선이 바깥쪽으로 바라보고 내려갈 때, 그곳은 고개를 나타낸다.(그림 i)

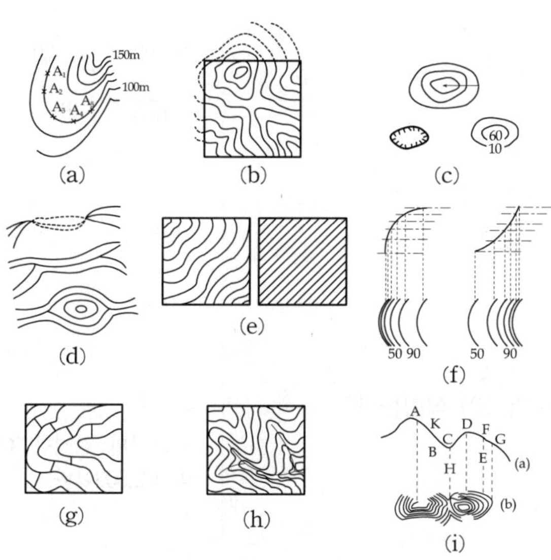

그림. 등고선의 성질

3 우리나라 지형도의 기준

① 축척 : 1/50,000 (위도, 경도차 각각 15′), 1/25,000, 1/10,000, 1/5,000등

② 준거타원체 : Bessel의 타원체

③ 수평기준 : 대한민국 경위도 원점

④ 수직기준 : 인천항의 평균해수면

⑤ 투영법 : 횡축 메르카토르 도법

⑥ 이용 좌표체계 : 평면직각좌표

⑦ 좌표체계의 기준점 : 서부원점 (위도 38°, 경도 125°)
중부원점 (위도 38°, 경도 127°)
동부원점 (위도 38°, 경도 129°)
동해원점 (위도 38°, 경도 131°)

⑧ 지형표현 : 수평면 정사투영

⑨ 표고표현 : 등고선법 이용

■ 지도의 종류

1. 일반도(국가기본도) : 자연, 인문, 사회 사항을 정확하고 상세하게 표현한 지도로 국토이용도, 토지이용도, 지세도, 지방도, 대한민국 전도 등이 있다.

2. 주제도 : 어느 특정한 주제를 강조하여 표현한 지도로 토지이용도, 지질도, 토양도, 산림도, 도시계획도 등이 있다.

3. 특수도 : 특수한 목적으로 사용하기 위하여 제작된 지도로 지적도, 해도, 항공도, 사진지도 등이 있다.

핵심문제

1 1/50,000 국토기본도에서 500m의 산정과 300m의 산정사이에는 주곡선이 몇 본 들어가는가? [92 ㉠, 16 ㉡]

㉮ 8본 ㉯ 9본
㉰ 10본 ㉱ 11본

2 축척 1:5000 수치지형도의 주곡선 간격으로 옳은 것은? [15 ㉠]

㉮ 5m ㉯ 10m
㉰ 15m ㉱ 20m

3 등고선에 관한 설명으로 틀린 것은? [15 ㉡]

㉮ 간곡선은 계곡선보다 가는 실선으로 나타낸다.
㉯ 주곡선 간격이 10m이면 간곡선 간격은 5m이다.
㉰ 계곡선은 주곡선보다 굵은 실선으로 나타낸다.
㉱ 계곡선 간격은 주곡선 간격의 5배이다.

4 등고선의 간격은 대체로 축척 분모수의 몇 분의 1이 적합한가? [96 ㉠]

㉮ 1/1,000 ㉯ 1/2,000
㉰ 1/3,000 ㉱ 1/5,000

5 다음 지형측량 설명 중 옳지 않은 것은? [83 ㉡]

㉮ "등고선 간격이 Lm이다"라는 말은 수직방향에서 Lm된다는 것이다.
㉯ 등고선 간격은 일반적으로 축척분모수의 1/4000~1/4500이다.
㉰ 주곡선 간격은 1/50,000 지형도의 경우 20m이다.
㉱ 등고선은 분수선(능선)과 직각으로 만난다.

6 1:25,000지도에서 등고선의 간격은? [00 ㉠]

㉮ 주곡선 5m, 간곡선 2.5m, 조곡선 1.25m
㉯ 주곡선 10m, 간곡선 5m, 조곡선 2.5m
㉰ 주곡선 20m, 간곡선 10m, 조곡선 5m
㉱ 주곡선 50m, 간곡선 25m, 조곡선 10m

해설

해설 1

1/50,000 지도에서 주곡선 간격은 20m이다.

주곡선 갯수 $= \frac{500-300}{20} - 1 = 9$

해설 2

• 주곡선의 간격

$\frac{1}{50,000} = 20\text{ m}$, $\frac{1}{25,000} = 10\text{ m}$

$\frac{1}{10,000}$, $\frac{1}{5,000} = 5\text{ m}$,

$\frac{1}{1,000} = 1\text{ m}$

해설 3

간곡선은 가는 긴파선으로 나타낸다.

해설 4

등고선의 간격은 대략 축척분모수의 1/2,000이다.

해설 5

문제 4 해설 참고

해설 6

소축척에서 주곡선의 간격

$= \frac{M}{2500}$

$= \frac{25,000}{2500} = 10\text{ m}$

정답 1. ㉯ 2. ㉮ 3. ㉮ 4. ㉯ 5. ㉯ 6. ㉯

7 등고선의 성질에 대한 설명으로 옳지 않은 것은? [16 ㉮]

㉮ 동일 등고선상의 모든 점은 기준면으로부터 같은 높이에 있다.

㉯ 지표면의 경사가 같을 때는 등고선의 간격은 같고 평행하다.

㉰ 등고선은 도면 내 또는 밖에서 반드시 폐합한다.

㉱ 높이가 다른 두 등고선은 절대로 교차하지 않는다.

8 지형도에 표시되는 하안 및 해안 수위선은 어느 것을 평면위치의 기준으로 하는가? [95 ㉮]

㉮ 최저수위선 ㉯ 평균저수위선

㉰ 평수위선 ㉱ 최대수위선

9 국토지리정보원에서 발행하는 1:50000지형도 1매에 포함되는 지역의 범위는? [16 ㉯]

㉮ 위도10′, 경도10′ ㉯ 위도10′, 경도15′

㉰ 위도15′, 경도10′ ㉱ 위도15′, 경도15′

10 다음의 지형측량에서 등고선의 성질을 설명한 것이다. 다음 중 틀린 것은? [03 ㉮]

㉮ 등고선은 절대 교차하지 않는다.

㉯ 등고선은 지표의 최대 경사선 방향과 직교한다.

㉰ 등고선간의 최단거리의 방향은 그 지표면의 최대경사의 방향을 가리킨다.

㉱ 동일 등고선 상에 있는 모든 점은 같은 높이이다.

11 등고선에 관한 설명으로 옳지 않은 것은? [15 24 ㉮]

㉮ 높이가 다른 등고선은 절대 교차하지 않는다.

㉯ 등고선간의 최단거리 방향은 최급경사 방향을 나타낸다.

㉰ 지도의 도면 내에서 폐합되는 경우 등고선의 내부에는 산꼭대기 또는 분지가 있다.

㉱ 동일한 경사의 지표에서 등고선 간의 수평거리는 같다.

12 그림과 같은 지형도에서 저수지(빗금친 부분)의 집수면적을 나타내는 경계선으로 가장 적합한 것은? [16 ㉯]

㉮ ①과 ③사이

㉯ ①과 ②사이

㉰ ②와 ③사이

㉱ ④와 ⑤사이

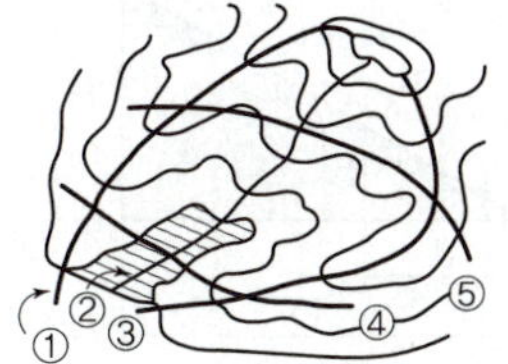

해 설

해설 **7**

높이가 다른 두 등고선은 동굴이나 절벽을 제외하고는 절대로 교차하지 않는다.

해설 **8**

1. 지형도의 해안선 : 토지의 이용을 목적으로 하므로 최고 고조면을 기준.
2. 하천이나 하구의 수심 : 이수를 목적으로 하므로 최저 저조면을 기준
3. 하안 및 해안 수위선 : 평수위선을 기준

해설 **9**

1 : 50,000 지형도 1매에 포함되는 지역은 경·위도 15′인 사각형지역이다.

해설 **10**

등고선은 절벽이나 동굴을 제외하고는 절대 교차하지 않는다.

해설 **11**

높이가 다른 등고선은 동굴이나 절벽을 제외하고는 합치거나 교차되지 않는다.

해설 **12**

집수면적(유역면적)은 그 지역의 분수선내의 면적이 된다. 지형도에서 분수선은 ①과 ③이다. 즉 ①과 ③사이의 면적이 집수면적이다.

정답 7. ㉱ 8. ㉰ 9. ㉱ 10. ㉮ 11. ㉮ 12. ㉮

5 등고선의 측정 및 오차

학습방향

등고선을 측정하는 방법에는 지형을 정밀하게 측정하기 위한 직접측정법과 신속하고 경제적으로 측정하기 위한 간접측정법이 있다. 등고선이 들어간 지형도는 토목설계의 기초자료가 된다.

① 간접측정법의 종류 및 특징
② 등고선을 그리는 방법
③ 등고선의 오차

1 등고선의 측정

(1) **직접측정법** : 경사가 완만하고 기복이 복잡한 지형을 등고선 간격 0.5m 또는 1.0m 정도로 정밀하게 나타낼 때 적당한 방법이다.

(2) **간접측정법** : 지형위의 중요한 점이나 선들을 측정하고 이들을 기준으로 비례 계산으로 다른 여러 점들의 위치를 구하는 측량으로 경사가 급하고 기복이 고른 지형에 적당한 방법이다.

① **좌표 점고법** : 측량 지역을 종횡 직선으로 많은 사각형으로 나눈 다음, 각 꼭지점의 표고를 이용하여 그 사이에 등고선을 그리는 방법이다.

② **종단점법** : 지성선과 같이 중요한 선의 방향에 여러 개의 측선을 내고 그 방향을 측정한다. 다음에는 이에 따라 여러 점의 표고와 거리를 구하여 이것을 도면 위에 표시하고, 그 높이를 이용하여 등고선을 측정하는 방법이다.

③ **횡단점법** : 1측선에 따라 종단 측량을 하고, 그 선위의 적당한 곳에서 이것과 직각의 방향선 위에 오른쪽과 왼쪽의 양쪽으로 여러점을 잡고 그의 표고와 거리를 측정하여 이것을 도면 위에 표시하고, 그 높이를 이용하여 등고선을 넣는 방법이다.

④ **기준점법** : 측량 지역내의 기준이 될 점과 지성선 위의 중요점 위치와 표고를 측정하여 등고선을 넣는 방법이다.

2 등고선을 그리는 방법

① 계산에 의한 방법 : 비례식을 이용한다.

$$D : H_B - H_A = d : H_C - H_A$$

$$\therefore \; d = \frac{H_C - H_A}{H_B - H_A} D = \frac{h}{H} D$$

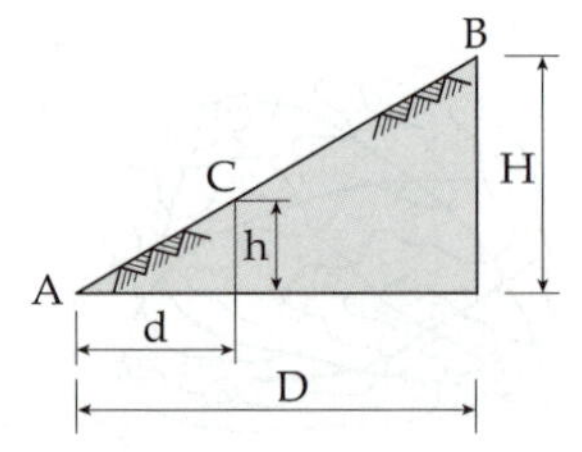

학습POINT

06, 07, 09㉠, 08, 10㉡
• 등고선을 그리는 방법

■ 등고선의 간접측정법의 이용

1. 좌표 점고법 : 택지, 건물부지 등 평지의 정밀한 등고선 측정에 이용된다.
2. 종단점법 : 정밀을 요하지 않는 소축척의 산지등의 등고선 측정에 이용된다.
3. 횡단점법 : 도로, 철도, 수로 등의 노선측량의 등고선 측정에 이용된다.
4. 기준점법 : 지역이 넓은 소축척 지형도의 등고선 측정에 이용된다.

② 목측에 의한 방법

③ 투사척을 사용하는 방법

3 지형도의 이용

(1) 종·횡단면도의 작성

(2) 노선의 도상선정

① 등물매선(등구배선) : 수평면에 대하여 일정한 기울기를 가지는 지표면의 선

② 철도나 도로등의 노선선정시 등물매선을 사용하면 성토나 절토량이 줄어들어 경제적이다.

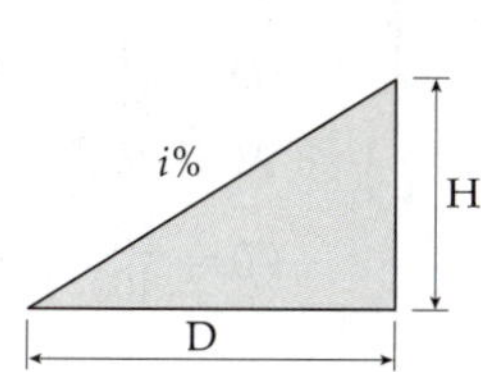

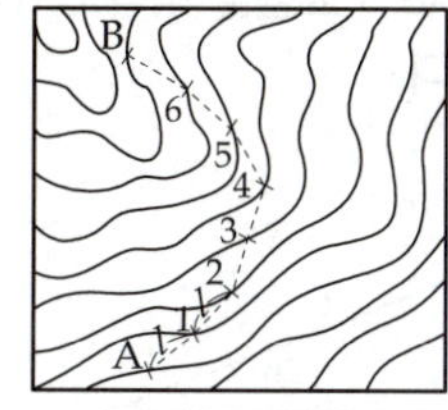

그림. 노선의 도상 선정

③ 그림에서

$$\frac{H}{D} = \frac{i}{100} \qquad \therefore D = \frac{100H}{i}$$

여기서, H : 등고선 간격 D : 수평거리

i : 필요한 등물매 S : 축척분모

기울기가 i이고 고저차가 H인 2점사이의 도상거리(l)을 구하면

$$l = D\frac{1}{S} = \frac{100H}{iS}$$

(3) 저수량의 결정, 토공량 계산

4 등고선의 오차

① 최대 수직위치오차 (△H)

$\triangle H = dh + dl\tan\theta$

② 최대 수평위치오차 (△D)

$\triangle D = dh\cot\alpha + dl$

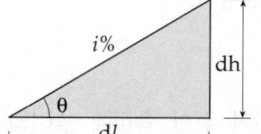

③ 등고선의 최소간격(d) $= 0.25M(mm)$

④ 적당한 등고선 간격(H) : 표고오차의 최대값은 등고선 간격의 1/2을 초과하지 않도록 규정한다.

$H \geq 2(dh + dl\tan\theta)$

▶08, 09(기), 07, 08, 09, 10(산)
- 지형도의 이용
- 등고선의 오차

■ $\frac{1}{25,000}$ 지형 측량에서 등고선의 위치오차를 0.5mm, 높이의 측정오차가 ±1.0m였다면 토지경사 30°에서 등고선 간격은 최소한 몇 m 이상이어야 하는가?

$H \geq 2(dh + dl \times \tan\theta)$

$dl = 0.0005 \times 25,000 = 12.5m$

$H \geq 2(1.0 + 12.5 \times \tan30°) = 18.4m$

핵심문제

1 다음 1/50,000 도면상에서 AB간의 도상수평거리 10cm일 때 AB간의 실수평 거리와 AB선의 경사를 구한 값은? [96, 92, 80㉯]

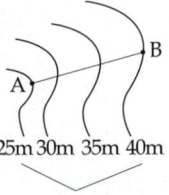

실수평 거리	경사
㉮ 50m	1/3.3
㉯ 500m	1/33.3
㉰ 5000m	1/333
㉱ 50000m	1/3333

A B
25m 30m 35m 40m
등고선

2 등경사인 지성선 상에 있는 A, B표고가 각각 43 m, 63 m이고 AB의 수평거리는 80 m이다. 45 m, 50 m 등고선과 지성선 AB의 교점을 각각 C, D라고 할 때 AC의 도상길이는? (단, 도상축척은 1:1000이다.) [16㉮]

㉮ 2 cm
㉯ 4 cm
㉰ 8 cm
㉱ 12 cm

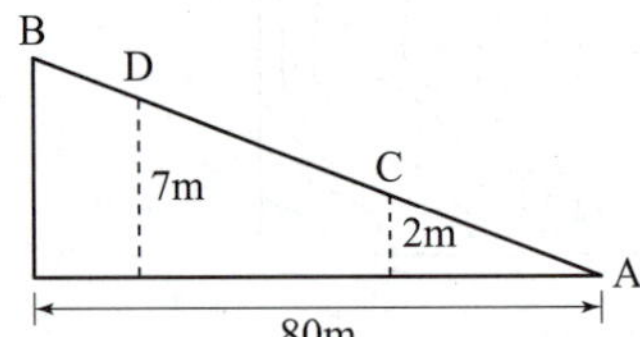

3 표고 31.5m의 A점에 평판을 세우고 그 기계 높이를 측정하니 1.1m였다. 2m 간격의 등고선을 측정하려면 타켈판의 높이를 얼마로 하면 좋은가? [91, 88㉯]

㉮ 2.6m 또는 0.6m　㉯ 1.6m 또는 0.6m
㉰ 3.6m 또는 1.4m　㉱ 2.6m 또는 3.6m

4 1/5,000 지형도에서 AB간의 도상거리가 1.2cm일 때 AB 사이의 경사는? (단, A점의 표고는 40m, B점의 표고는 25m이다.) [97㉮]

㉮ 15%　㉯ 19%
㉰ 21%　㉱ 25%

5 1/5000의 지형측량에서 등고선을 그리기 위한 측점에 높이의 오차가 2.0m였다. 그 지점의 경사각이 1°일 때 그 지점을 지나는 등고선의 오차는 얼마인가? [00, 96, 15㉮]

㉮ 3.5cm　㉯ 2.3cm
㉰ 2.1cm　㉱ 1.2cm

해설

해설 1

1. 실수평거리
   $0.1\text{m} \times 50{,}000 = 5{,}000\text{m}$
2. AB선의 경사
   $\dfrac{40-25}{5,000} = \dfrac{1}{333.3}$

해설 2

㉮ $80:(63-43) = D:(45-43)$
$D = \dfrac{80}{20} \times 2 = 8\,\text{m}$

㉯ AC의 도상길이
$(l) = \dfrac{8}{100} = 0.08\,\text{m}$

해설 3

1. 평판의 높이=31.5+1.1=32.6m
2. 32m 등고선의 타켈판 높이
   32.6−32=0.6m
3. 30m 등고선의 타켈판 높이
   32.6−30=2.6m

해설 4

1. $\overline{AB}$의 실거리$=5{,}000 \times 0.012 = 60\text{m}$
2. $\overline{AB}$의 경사$= \dfrac{H}{D} = \dfrac{40-25}{60} = 25\%$

해설 5

1. $\tan\theta = \dfrac{H}{D}$에서 $H=2.0\text{m}$이면
   $D = \dfrac{2.0}{\tan 1^\circ} = 114.58\,\text{m}$
2. 1/5,000에서 등고선의 오차
   $= \dfrac{114.58}{5,000} = 0.023\,\text{m}$

정답 1. ㉰ 2. ㉰ 3. ㉮ 4. ㉱ 5. ㉯

6 지형도에서 A점의 표고가 100m, B점의 표고가 140m이고 두점간의 수평거리가 200m일 때 A점에서 B점 방향으로 120m의 등고선을 삽입하려면 수평거리는? [99 ㉠]

㉮ 20m　　㉯ 60m
㉰ 80m　　㉱ 100m

7 축척 1:25000의 수치지형도에서 경사가 10%인 등경사 지형의 주곡선 간 도상거리는? [15, 25 ㉠]

㉮ 2mm　　㉯ 4mm
㉰ 6mm　　㉱ 8mm

8 지형도의 이용법에서 틀린 것은? [96, 90, 84 ㉦]

㉮ 저수량 및 토공량 산정　　㉯ 면적의 도상 측정
㉰ 간접적으로 지적도의 작성　　㉱ 등경사선을 구한다.

9 다음 등고선 측정방법중 소축척으로 산지등의 측량에 이용되는 방법은?

㉮ 종단점법　　㉯ 횡단점법
㉰ 방안법　　㉱ 기준점법

10 1/50000 지형도의 주곡선 간격은 20m이다. 이 지형도에서 4% 구배의 노선을 선정하고자 할 때 등고선 사이의 도상 수평거리는 얼마인가? [99 ㉠]

㉮ 5mm　　㉯ 10mm
㉰ 15mm　　㉱ 20mm

11 축척 1:5000의 지형도 제작에서 등고선 위치오차가 ±0.3mm, 높이 관측오차가 ±0.2mm로 하면 등고선 간격은 최소한 얼마 이상으로 하여야 하는가? [16 ㉠]

㉮ 1.5m　　㉯ 2.0m
㉰ 2.5m　　㉱ 3.0m

12 1/50,000 지형측량에서 등고선의 위치오차를 평면 0.5mm, 높이 ±2m, 토지의 경사 45°에서 최소 등고선 간격은? [88 ㉠]

㉮ 27m　　㉯ 30m
㉰ 37m　　㉱ 54m

해 설

해설 6

$D : H_B - H_A = d : H_C - H_A$

$\therefore d = \dfrac{H_C - H_A}{H_B - H_A} \cdot D$

$= \dfrac{120-100}{140-100} \times 200 = 100\text{m}$

해설 7

㉮ $\dfrac{1}{25,000}$ 지형도의 주곡선 간격 : 10m

㉯ 경사도 10%일 때 주곡선간의 실제거리(L)

$\dfrac{10}{100} = \dfrac{10\,\text{m}}{L} \quad \therefore L = 100\,\text{m}$

㉰ $\dfrac{1}{25,000}$ 의 주곡선간의 도상거리(l)

$l = \dfrac{L}{m} = \dfrac{100 \times 1,000}{25,000} = 4\text{ mm}$

해설 8

지적도는 재산의 문제를 다루므로 특히 정확하게 작성되어야 되는데 지형도 자체가 정밀도가 낮으므로 이를 기초로 지적도의 작성은 무의미한다.

해설 9

1. 종단점법 : 정밀을 요하지 않는 소축척의 산지 등의 등고선 측정에 이용된다.
2. 기준점법 : 지역이 넓고 소축척의 등고선 측정에 이용된다.

해설 10

$\dfrac{4}{100} = \dfrac{20}{D}$

$\therefore \text{D} = \dfrac{20}{4} \times 100 = 500\text{m}$

$\therefore l = \dfrac{500}{50,000} = \dfrac{1}{100}\text{ m} = 10\text{mm}$

해설 11

등고선의 최소간격

$(d) = 0.25\text{ Mmm}$

$= 0.25 \times 5,000 = 1,250\text{ mm}$

해설 12

- 최소 등고선의 간격(H)

$H \geq 2(dh + dl \cdot \tan\theta)$

$dl = 0.5 \times 50,000 = 25,000\text{mm}$

$= 25\text{m}$

$H \geq 2(2 + 25 \times \tan 45°) = 54\text{m}$

정답 6. ㉱ 7. ㉯ 8. ㉰ 9. ㉮ 10. ㉯ 11. ㉮ 12. ㉱

6 수치지도 및 원격탐측

학습방향

수치지도는 자료의 중첩, 검색, 축척변경의 용이 등으로 대표적인 지형정보로 활용된다.
① DEM과 DTM ② 원격탐측의 정의 및 분류 ③ 전자 파장대의 특성 등을 공부한다.

1 수치지도(Digital Map)

지표면·지하·수중 및 공간의 위치와 지형·지물 및 지명 등의 각종 지형 공간정보를 전산시스템을 이용하여 일정한 축척에 의하여 디지털형태로 나타낸 것

2 수치지형모델(DTM : Digital Terrain Model)

지리정보시스템(GIS) 구축을 위해 사용되는 3차원 좌표로 나타낸 자료의 통칭. 수치지형모형은 일반적으로 수치표고모형과 구분 없이 동일한 의미로 사용되기도 한다. 수치지형모형은 일정한 간격의 표고점으로 구성된 벡터 데이터이며, 능선과 불연속선(breakline) 등 자연 지형에 관한 정보를 가지고 있어 수치표고모형보다 좀 더 정교하게 묘사함.

3 수치표고모델(DEM : Digital Elevation Model)

지표면의 높이를 표현하기 위하여 일정한 간격으로 배열된 그리드 형태의 래스터 데이터 모형이다. 그리고 여기에는 지표면의 도로, 건물, 교량, 송전탑 등의 인공 구조물과 나무와 식생과 같은 자연물이 표현되지 않은 상태로 홍수의 피해를 예방하고 대비하기 위한 수문분석과 배수유역분석, 산사태 방지를 위한 지표면의 안정성 또는 적합성 분석, 토양과 지질분석을 위한 활용 분야에 이용된다.

4 원격 탐측(remote sensing)의 정의

① 원거리에서 대상물과 현상에 관한 정보(전자 스펙트럴에 의하여 수집)를 수집하여 해석함으로써 자원 및 환경문제를 해결하는 학문
② 비행기, 인공위성 등의 플랫포옴에 탑재된 탐측기를 사용하여 **지표의 대상물에서 반사 또는 방사된 전자 스펙트럴을 측정**하고 이들의 자료를 이용하여 대상물이나 현상에 관한 **정보를 얻는 기법**

학습POINT

▶05, 09㉠, 07㉯
• 원격 탐측의 정의

5 원격탐측의 특징

① 짧은 시간 내에 넓은 지역을 동시에 측정할 수 있으며 반복측정이 가능하다.
② 센서에 의한 지구표면의 정보획득이 용이하며, 측정자료가 수치기록되어 판독이 자동적이고 정량화가 가능하다.
③ 관측이 좁은 시야각으로 행해지므로 얻어진 영상은 정사투영상에 가깝다.
④ 탐사된 자료가 즉시 이용될 수 있으며 재해 및 환경의 문제해결에 편리하다.
⑤ 회전주기가 일정하므로 원하는 지점 및 시기에 관측하기가 어렵다.

■ 원격탐측의 영상처리 순서

데이터입력 - 전처리 - 변환처리 - 분류처리 - 출력

6 원격탐측의 분류

(1) 이용분야 : 농업, 임업, 지하자원 탐사, 해양(수온, 해류분포, 어족조사, 수질오염조사), 환경, 기상, 군사 등
(2) 자료 취득방법 : 능동적 센서, 수동적 센서
(3) 탐측기 : ① 정지위성(고도 38,500km)
② 궤도위성(저고도 150~200km, 중고도 350~1500km)
③ 고고도 항공기(고도 20~40km)
④ 저고도 항공기(고도 5~10km)
⑤ 헬리콥터(고도 0.2~2km)
⑥ 지상관측기

▶04, 07㉠, 07, 09㉡
• 원격탐측의 분류

■ 수동적 센서

전자스캐너, 다중파장대 사진기, 비디오 사진기

■ 능동적 센서

Radar, Laser

7 전자 파장대의 특성

표. 전자파의 파장별 특성

밴 드	파 장	비 고
감마선 (gamma ray)	< 0.03nm	방사성 물질의 감마 방사는 저고도 항공기에 의해 탐측된다. (태양으로부터의 입사광은 공기에 흡수)
X선	0.03~3nm	입사광은 공기에 의해 흡수되어 원격탐측에 이용되지 않음
자외선 (UV)	3nm~0.4μm	입사되는 0.3μm보다 작은 파장의 자외선은 공기 상층부 오존에 흡수됨
사진 자외선	0.3~0.4μm	필름의 광전 변환기에 탐지되나, 공기산란이 심함
가시 광선	0.4~0.7μm	필름과 광전 변환기에 탐지됨
적외선(IR)	0.7~1,000μm	물질의 상호작용으로 파장이 변화한다.
반사 적외선	0.7~3μm	이것은 주로 태양광 반사이다. 물질의 열적 특성은 포함되지 않는다.
열적외선 (thermal IR)	3~5μm 8~14μm	이 파장대의 영상은 광학적인 탐측기를 이용하여 얻어진다.
극초단파	0.01~1,000cm	구름이나 안개를 투과하며, 영상은 수동이나 능동적 형태로 얻어진다.
레이더	0.1~100cm	극초단파 원격 탐측기의 능동적 형태

■ 위성의 종류

1. IKONOS : 고해상도의 상업용 위성으로 지형도 제작, 도시계획, 군사, 농업등에 이용
2. NOAA : 해상력이 높은 기상 관측 위성
3. SPOT과 LANDSAT : 지구자원 탐사위성
4. NOAA, GOES, DMSP 위성은 기상 위성
5. SEASAT, MOS는 해상관측 위성

핵심문제

1 DEM에 대한 설명으로 옳지 않은 것은?

㉮ Digital Elevation Model(수치표고모델)의 약어이다.
㉯ 균일한 간격의 격자점(X, Y)에 대해 높이값 Z를 가지고 있는 데이터이다.
㉰ DEM을 이용하여 등고선을 제작하기도 한다.
㉱ DEM에는 건물의 3차원 모델이 포함된다.

2 D.T.M(수치 지형 모델)의 설명 중 맞지 않은 것은 어느 것인가?

㉮ 사진에 의해 만들어진 입체 모델을 프로필로스코프가 부착된 사진 측정 도화기를 이용하는 방법과 지형도가 이미 있는 경우 지형도상에서 필요한 임의의 점의 좌표를 재는 방법이 있다.
㉯ 지형자료를 능률적인 방법으로 얻은 것이며, 가능한 한 적은 수의 점에서 소요의 정도로 지형을 근사화시킬 것
㉰ 계산기내에서 모델의 조립 및 구하려는 점의 삽입에 요하는 시간이 적을 것
㉱ 수치 지형 모델에서는 단면의 집합에 의한 표현법, 곡면에 의한 표현법 및 등고선에서 점을 뽑는 방법은 그다지 중요한 것이 아니다.

3 지표면상에서 규칙 및 불규칙적으로 관측된 3차원 좌표값을 보간법 등의 자료처리과정을 통하여 불규칙한 지형을 수치적으로 해석하는 기법은?

㉮ DTM　　㉯ EDM
㉰ VIS　　㉱ MIS

4 다음 중 능동적 센서에 해당하는 것은?

㉮ MSS(Multi Spectral Scanner)
㉯ TM(Thematic Mapper)
㉰ TV camera
㉱ SLAR(Side Looking Airborne Radar)

해설

해설 1

DTM은 표고정보 및 지형특성정보를 포함하고 DEM은 높이의 정보만을 가지며 표고를 (x, y, z)에 의해 표시한다.

해설 2

1. 수치지형모델의 자료취득방법
   ① 단면의 집합에 의한 표현법
   ② 곡면에 의한 표현법
   ③ 등고선에서 점을 뽑는 방법
2. 수치지형모델의 자료취득 방법은 정확도, 시간, 비용에 많은 영향을 미친다.

해설 3

- DTM(Digital Terrian Model)

지표면 상에서 관측된 3차원 좌표값을 자료처리과정을 통해서 수치적으로 해석하는 기법

해설 4

- 센서의 종류

1. 수동적 센서 : 전자스캐너, 다중파장대 사진기, 비디오 사진기
2. 능동적 센서 : Radar, Laser
   - 이렇게 Radar나 Laser가 붙으면 능동적 센서이다.

정답 1. ㉱ 2. ㉱ 3. ㉮ 4. ㉱

5 지형도, 항공사진을 이용하여 대상지의 3차원 좌표를 취득, 경관 해석, 노선선정, 택지조성, 환경 설계 등에 이용되는 방법은? [83 ㉠]

㉮ 수치지형모형
㉯ 지형공간정보체계
㉰ 원격탐측
㉱ 도시정보체계

6 다음에서 원격측정(Remote sensing)을 정의한 것 중 옳은 것은? [96, 05, 24 ㉠]

㉮ 지상에서 대상물체에 전파를 발생시켜 그 반사파를 이용하여 측정하는 것
㉯ 센서를 이용하여 지표의 대상물에서 반사 또는 방사된 전자스팩트럴을 측정하고 이들의 자료를 이용하여 대상물이나 현상에 관한 정보를 얻는 기법
㉰ 우주에 산재해 있는 물체의 고유스팩트럴을 이용하여 각각의 구성분을 지상의 레이다망으로 수집하여 처리하는 방법
㉱ 우주선에서 찍은 중복된 사진을 이용하여 지상에서 항공사진의 처리와 같은 방법으로 판독하는 작업

7 다중 파장대 주사기(multi-spectral scanner : MSS)의 파장 영역에 들지 않는 것은? [95 ㉠]

㉮ 0.3~0.4μmm (적외) ㉯ 0.4~0.5μmm (청)
㉰ 0.5~0.6μmm (녹) ㉱ 0.6~0.7μmm (근적외)

8 다음은 지구 탐사 위성으로부터 얻어진 영상의 활용분야를 열거한 것이다. 맞지 않는 것은?

㉮ 수온의 분포 상태 ㉯ 수자원 조사
㉰ 환경 오염 조사 ㉱ 두점간의 정밀한 거리측정

9 지형도, 항공사진 등을 이용하여 대상지의 3차원 좌표를 취득하고 경관해석, 노선선정, 택지조성, 환경설계 등에 이용되는 방법은?

㉮ 지형공간 정보체계 ㉯ 원격탐측
㉰ 수치지형모델 ㉱ 도시 정보체계

해 설

해설 **5**

수치지형모형(Digital Terrian Model) : 지리정보시스템 구축을 위해 사용되는 3차원 좌표로 나타낸 자료의 통칭. 보통 지형도나 항공영상을 사용하여 제작한다.

해설 **6**

• 원격탐측(Remote sensing)

비행기, 인공위성 등의 플랫포옴(platform)에 탑재된 탐측기를 사용하여 지표의 대상물에서 반사 또는 방사된 전자스팩트럴을 측정하고 이들 자료를 이용하여 대상물이나 현상에 관한 정보를 얻는 기법

해설 **7**

다중파장대 사진기는 파장대가 4-Band System으로 구성되었다.
0.4~0.5μm(청)
0.5~0.6μm(녹)
0.6~0.7μm(근적외)
0.7~0.9μm(적외)

해설 **8**

위성을 이용한 두 점간의 정밀한 거리측정은 GNSS 측량방법으로 실시한다.

해설 **9**

본문, 수치지형모델 참조

정답 5. ㉮ 6. ㉯ 7. ㉮ 8. ㉱ 9. ㉰

출제예상문제

1. 다음 중 그 의미가 다른 것은?

㉮ GIS(Geographic Information System)
㉯ GSIS(Geo-spatial Information System)
㉰ GPS(Global Positioning System)
㉱ 지리정보체계

해설
GIS : 지리정보체계
GSIS : 지형공간정보체계
GPS : 범지구 위치결정체계

2. 지형의 표시법에서 자연적 도법에 해당하는 것은?

㉮ 점고법 ㉯ 등고선법
㉰ 영선법 ㉱ 채색법

해설
지형의 자연적 도법 : 음영법, 우모법(영선법)
지형의 부호적 도법 : 점고법, 채색법, 등고선법

3. 지형공간정보체계의 부호화하는 데 있어서 간단한 자료구조를 가지고 있고 중첩에 대한 조작이 용이하며 매우 효과적인 자료는?

㉮ 내부데이터 ㉯ 외부데이터
㉰ 벡터데이터 ㉱ 격자형 데이터

해설
래스터(격자형) 자료 : 실제 지형 위에 그리드라 불리는 격자망을 덮어서 사물을 표현하며 중첩이 용이하며 매우 효과적임

4. 지형공간정보체계(GSIS)에 대한 특징으로 옳은 것은?

㉮ 위치정보와 속성정보를 분리하여 저장, 관리하므로 시스템 운영이 비효율적이다.
㉯ 점, 선, 면으로 표시되는 공간적 정보를 다양한 목적과 형태로 분석, 처리할 수 있는 시스템이다.
㉰ 위성영상자료나 센서스조사 자료로는 사용할 수 없다.
㉱ 중복분석이나 통계분석이 어려워 의사결정수단으로 이용될 수 없다.

해설 GSIS의 특징
① 대량의 정보를 저장하고 관리할 수 있다.
② 표현방식이 다른 여러 가지 지도나 도형으로 표현이 가능하다.
③ 복잡한 정보의 분류나 분석에 유용하다.
④ 위성영상자료를 영상정보로, 센서스조사자료는 속성정보로 사용된다.

5. 지형공간정보체계와 관련된 중요기법이 아닌 것은?

㉮ 도면자동화 ㉯ 시설물관리
㉰ CAD ㉱ AS

해설 GSIS와 관련된 중요기법
① 도면자동화 : AM
② 시설물관리 : FM
③ 전산지원제도 : CAD

6. 축척 1:25000 지형도에서 거리가 6.73cm인 두 점 사이의 거리를 다른 축척의 지형도에서 측정한 결과 11.21cm이었다면 이 지형도의 축척은 약 얼마인가? [18 ㉮]

㉮ 1:20000 ㉯ 1:18000
㉰ 1:15000 ㉱ 1:13000

해설
① 두 점의 실제거리 $= m \cdot l = 1682.50$ m
② $S' = \dfrac{\text{도상거리}}{\text{실제거리}} = \dfrac{0.1121}{1682.50} = \dfrac{1}{15,009}$

해답 1. ㉰ 2. ㉰ 3. ㉱ 4. ㉯ 5. ㉱ 6. ㉰

7. 레벨을 이용하여 표고가 53.85m인 A점에 세운 표척을 시준하여 1.34m를 얻었다. 표고 50m의 등고선을 측정하려면 시준하여야 할 표척의 높이는? [18 ㉠]

㉮ 3.51m ㉯ 4.11m
㉰ 5.19m ㉱ 6.25m

해설

53.85 + 1.34 = 50 + 시준고
∴ 시준고 = 5.19 m
이렇게 세운 레벨로 시준고 5.19 m가 되는 점들을 연결하면 50 m의 등고선이 된다.

8. GSIS의 특징을 설명한 것 중 틀린 것은?

㉮ 숙련된 기술자가 없는 상황에서도 지도의 제작이 가능하다.
㉯ 특정한 사용자의 요구에 부응하는 특수지도를 쉽게 제작할 수 있다.
㉰ 자료의 통계적 분석이 원활하며 통계지도의 제작에 유리하다.
㉱ 자료가 수치적으로 구성되어 축척 변경이 어렵다.

해설

GIS는 자료가 수치적으로 구성되어 축척변경이 용이하다.

9. 두 개 이상의 주제도로부터 새로운 정보를 추출하기 위해 사용되는 분석 기법은?

㉮ 중첩 분석
㉯ 표면 분석
㉰ 인접성 분석
㉱ 조직망(Network) 분석

해설 중첩 분석
① 2개의 지도를 겹쳐서 통합적인 정보를 갖는 지도를 생성 분석
② 2개 이상의 커버리지를 결합, 중첩하여 새로운 자료를 생성 분석

10. 지형공간정보체계의 자료구조 중 벡터형 자료구조의 장점이 아닌 것은?

㉮ 복잡한 현실세계의 묘사가 가능하다.
㉯ 그래픽의 정확도가 높다.
㉰ 그래픽과 관련된 속성정보의 추출 및 일반화, 갱신 등이 용이하다.
㉱ 자료구조가 단순하다.

해설 벡터구조의 단점
① Raster보다 훨씬 복잡한 자료구조
② 중첩기능을 수행하기 어려움
③ 공간적 편의를 나타내는 데 비효과적
∴ 그래픽의 정확도가 높고 복잡한 현실묘사가 가능하려면 자료구조가 복잡하다.

11. 다음 중 격자구조가 벡터구조에 비해 갖는 단점이 아닌 것은?

㉮ 위성정보 제공이 가능하다.
㉯ 자료구조가 복잡하다.
㉰ 시각적인 효과가 떨어진다.
㉱ 좌표변환에 시간이 많이 소요된다.

해설

격자구조는 자료구조가 단순하여 시각적인 효과가 떨어진다.

12. 지형공간정보체계의 자료에 대한 설명으로 옳지 않은 것은?

㉮ 자료는 위치자료(도형자료)와 특성자료(속성자료)로 대별된다.
㉯ 위치자료의 기반은 도면이나 지도와 같은 도형에서 위치의 값이 수록하는 정보의 파일이다.
㉰ 특성자료의 기반은 일반적인 통계자료 또는 영상자료의 파일이 아니다.
㉱ 위치자료 기반과 특성자료 기반은 서로 연관성을 가지고 있어야 한다.

해답 7. ㉰ 8. ㉱ 9. ㉮ 10. ㉱ 11. ㉯ 12. ㉰

해설 GSIS의 자료구성
① 위치자료
② 특성자료 : 도형자료, 영상자료, 속성자료로 구성된다.

13. 다음 중 1차원 대상물의 양식이 아닌 것은?

㉮ 영상소(Pixel) ㉯ 선분
㉰ 연결선(Link) ㉱ 사슬(Chain)

해설
① 1차원 대상물 : 연결선, 선분, 사슬
② 2차원 대상물 : 영상소(Pixel)

14. 다음은 래스터자료에 대한 특징을 설명한 것이다. 틀린 것은?

㉮ 자료구조가 간단하다.
㉯ 다양한 공간분석을 할 수 있다.
㉰ 원격탐사 자료와 연결시키기가 쉽다.
㉱ 그래픽 자료의 양이 적다.

해설
래스터자료는 자료구조가 간단하여 압축된 자료구조를 제공하지 못해 그래픽자료의 양이 크다.

15. 벡터에 대한 장·단점 중 틀리게 설명된 것은?

㉮ 그래픽의 정확도가 높다.
㉯ 위치와 속성의 검색, 갱신, 일반화가 가능하다.
㉰ 자료구조가 단순하다.
㉱ 현상적 자료구조를 잘 표현할 수 있고 축약되어 있다.

해설
벡터자료는 그래픽의 정확도가 높고 현상적 자료구조를 잘 표현할 수 있으나 자료구조가 복잡하다.

16. 지형공간정보체계(GSIS)의 자료기반구축에 대한 설명 중 틀린 것은?

㉮ GPS에 의해 측량된 지형정보자료를 이용하여 구축할 수 있다.
㉯ SPOT 위성영상에 의해 얻어진 지형정보자료를 이용하여 구축할 수 있다.
㉰ 자료기반구축을 위해 래스터방식과 벡터방식을 이용할 수 있으며 수치지도는 래스터방식에 적합하다.
㉱ 자료기반구축을 위해 각종 도면이나 대장, 보고서 등이 이용된다.

해설
① GSIS의 자료구축에는 위치정보, 영상정보, 속성정보가 사용된다.
② 수치지도는 그래픽 자료량이 적은 벡터방식이 적합하다.

17. GSIS의 자료처리체계에 대한 설명 중 잘못된 것은?

㉮ 자료의 입력은 기준 지도와 야외조사자료, 인공위성을 통해 얻은 정보를 수치형태로 입력하거나 변환하는 것을 말한다.
㉯ 자료의 출력은 자료를 보여주고 분석결과를 사용자에게 알려주는 것을 말한다.
㉰ 자료 변환은 지형·지물과 관련된 사항을 현지에서 직접 조사하는 것을 말한다.
㉱ 자료의 저장과 데이터베이스 관리에서는 지표상의 위치, 연결성, 지리적 속성에 대한 정보를 구성화하고 조직화하는 방법이 중요한 과제이다.

해설
자료 변환은 인쇄된 기록들을 GSIS 프로그램을 사용하여 적합한 형식으로 변환하는 방법이다.

해답 13. ㉮ 14. ㉱ 15. ㉰ 16. ㉰ 17. ㉰

18. 다음 중 지형공간정보체계의 자료 종류 중 위치자료가 아닌 것은?

㉮ 절대 및 상대위치자료
㉯ 모형공간자료
㉰ 실제공간자료
㉱ 도형자료

해설 위치자료

① 상대위치자료 : 모형공간에서의 위치정보, 상대적 위치 또는 위상관계 기준
② 절대위치자료 : 실제 공간상의 위치정보(지상, 지하, 해양, 공중, 우주 등)

19. 하천이나 항만 등에서 심천측량을 한 결과의 지형을 표시하는 방법 중 옳은 것은?

㉮ 점고법 ㉯ 지모법
㉰ 등고선법 ㉱ 음영법

해설

점고법은 그 점의 깊이를 숫자로 나타내는 지형의 표시법이다.

20. 축척 1/500 지형도를 기초로 하여 축척 1/2,500의 지형도를 편찬하려 한다. 1/2,500 지형도의 1도면에 1/500 지형도가 몇 매 필요한가?

㉮ 5매 ㉯ 10매
㉰ 15매 ㉱ 25매

해설

$$\therefore \text{ 면적비} = \left(\frac{1}{500}\right)^2 : \left(\frac{1}{2500}\right)^2 = 25 : 1$$

21. 지형도의 해안선은 무엇으로 나타내는가? [01㉮]

㉮ 최고 고조면 ㉯ 평균해면
㉰ 최저 저조면 ㉱ 평균 고조면

22. 지형도에 대한 설명 중 옳지 않은 것은?

㉮ $1/10^4$ 이하의 소축척도는 대부분이 편찬도이다.
㉯ 지형표시 방법 중 등고선법은 다른 방법보다 지형파악을 빠르고 쉽게 할 수가 있다.
㉰ 지형도의 등고선법은, 주곡선 간격을 소축척에서는 (축척의 분모)/2500로 되어 있다.
㉱ 우리나라의 $1/5\times10^4$ 지형도의 도곽범위는 옛 것은 10′~15′이었으나 지금은 15′~15′의 범위이다.

해설

편찬도는 1/50,000지도를 응용하여 만든 지도이며 실측에 의한 지형도에는 1/5000, 1/25,000, 1/50,000의 국토기본도가 있다.

23. 지형측량에서 지성선에 대하여 설명한 것 중 옳은 것은?

㉮ 등고선이 수목에 가리워져 불명확할 때 이어주는 선을 말한다.
㉯ 지표면의 높은 점들을 연결한 선을 능선이라 한다.
㉰ 등고선에 직각방향으로 내려 그은 선을 말한다.
㉱ 지표면의 낮은 점들을 연결한 선을 분수선이라 한다.

해설

① 지성선이란 지표가 여러 평면으로 이루어졌다고 가정할 때 이들 평면이 서로 만나는 선으로 지모의 골격이 된다.
② 지표면의 높은 점들을 연결한 선을 능선 또는 분수선이라 한다.

24. 등고선의 간격은 일반적으로 축척의 분모수에 얼마를 곱한 것을 표준으로 하는가? [99㉮]

㉮ 1/1000 ㉯ 1/2000
㉰ 1/3000 ㉱ 1/5000

해설 등고선의 간격과 축척분모

① 일반적 : (축척분모)/2,000
② 소축척 : (축척분모)/2,500

해답 18. ㉱ 19. ㉮ 20. ㉱ 21. ㉮ 22. ㉮ 23. ㉯ 24. ㉯

25. 등고선간격을 결정하는데 고려 할 사항으로 가장 관계없는 것은? [00㉷]

㉮ 측량의 목적과 지역의 넓이
㉯ 도면의 축척
㉰ 외업, 내업에 걸리는 시간, 비용
㉱ 측량장비의 종류

26. 지형도에서 30m와 40m의 등고선 사이에 P점을 통과하는 직선을 긋고자 하여 A에서 P점까지의 수평거리를 재니 15m이었다면 P점의 표고는 얼마인가? (단, AB 등고선간의 거리는 20m이다.)

㉮ 32.5m
㉯ 35.0m
㉰ 37.5m
㉱ 48.5m

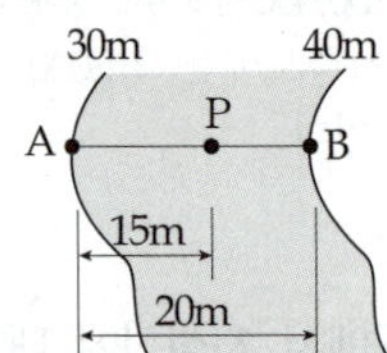

해설

20 : 10 = 15 : h

$\therefore h = \frac{10}{20} \times 15 = 7.5\,m$

∴ P점의 표고=30+h=30+7.5=37.5m

27. 용적측량에서 등고선법은 어떻게 된 경우에 적합한가?

㉮ 도로 및 철도공사에서 토공량을 산정할 때
㉯ 저수지의 용량을 추정할 때
㉰ 부지의 조성과 같이 넓은 면적의 토공량을 산정할 때
㉱ 수로공사 및 저수지공사의 토공량을 산정할 때

해설

㉮ : 단면법이 사용된다.
㉰ : 점고법이 사용된다.
㉱ : 단면의 모양에 따라 달라지나 주로 단면법이 사용된다.

28. 1/50,000지도에서 계곡선의 간격은?

㉮ 5m ㉯ 25m
㉰ 100m ㉱ 50m

해설

1. 주곡선의 간격= $\frac{50,000}{2,500} = 20\,m$
2. 계곡선의 간격=주곡선의 간격×5
=20×5=100m

29. 지형도상에 있어서의 등고선에 대한 다음 설명 중 틀린 것은?

㉮ 등고선은 지물(건물, 도로 등)과 만나는 경우 끊겼다 이어진다.
㉯ 경계선이나 지하도와 같은 부호 때문에도 끊어지는 경우가 있다.
㉰ 등고선은 어느 경우라도 항상 폐합된다.
㉱ 지표면의 최대 경사의 방향은 등고선에 수직한 방향이다.

해설

등고선은 도면안이나 밖에서 항상 폐합된다.

30. 다음 열거한 등고선의 성질 중 틀린 것은?

㉮ 등고선은 도면 내, 외에서 반드시 폐합한다.
㉯ 최대 경사방향은 등고선과 직각방향으로 교차한다.
㉰ 등고선은 급경사지에서는 간격이 넓어지며, 완경사지에서는 간격이 좁아진다.
㉱ 등고선이 도면내에서 폐합하는 경우 산정이나 분지를 나타낸다.

해설

등고선은 급경사지에서는 간격이 좁아지며, 완경사지에서는 넓어진다.

해답 25. ㉱ 26. ㉰ 27. ㉯ 28. ㉰ 29. ㉯ 30. ㉰

31. 등고선에 대한 설명 중 옳지 않은 것은? [97㉮]

㉮ 등경사면에서는 등간격의 평면이 된다.
㉯ 지성선과 등고선은 반드시 직교해야 한다.
㉰ 등고선이 계곡을 지날 때에는 능선을 지날 때보다 그 곡률반경은 반드시 크다.
㉱ 등고선은 절벽이나 동굴 등 특수한 지형 외에는 합치거나 또는 교차하지 않는다.

해설
등고선이 계곡을 지날 때는 계곡을 거슬러 올라가서 직각으로 횡단한 후 거슬러 내려온다. 일반적으로 계곡이란 산에서 가장 경사가 심한 곳이므로 곡률반경은 능선을 지날 때보다 작은 것이 보통이다.

32. 다음 등고선에 관한 사항 중 옳지 않은 것은?

㉮ 등고선은 동굴이나 낭떠러지 이외에는 서로 겹치지 않는다.
㉯ 등고선의 간격은 같은 사면에서는 등거리이고 평탄한 지표에서는 등거리의 평행선이 된다.
㉰ 등고선이 도면내에서 폐합되는 부분은 동굴 또는 계곡이다. 양자의 구별이 분명치 않을 때에는 화살표나 이외의 기호로 표시한다.
㉱ 등고선이 지성선을 통과할 때 분수선의 경우가 계곡선의 경우보다 일반적으로 곡률반경이 크다.

해설
등고선이 도면 내에서 폐합되는 곳은 산정이나 오목지가 된다. 오목지(천지, 백록담…)의 경우 대개는 물이 있으나, 없는 경우에는 낮은 방향으로 화살표시를 한다.

33. 지표의 한점에 있어서 그 경사가 최대로 되는 방향을 표시하는 선을 말하며 등고선에 직각으로 교차하는 것을 무엇이라 하는가?

㉮ 경사 변환선　　㉯ 유하선
㉰ 합수선　　㉱ 분수선

34. 1/50,000 지형도에서 500m 산정과 200m 산정 간에 주곡선의 수는 몇 선인가

㉮ 15　　㉯ 14
㉰ 11　　㉱ 9

해설

주곡선의 수 $= \frac{500-200}{20} - 1 = 14$

35. 등고선의 측정방법에서 1/10,000 이하의 소축척의 지형측량에 많이 사용하는 법은? [84]

㉮ 목측에 의한 방법
㉯ 방안법
㉰ 종단점법
㉱ 횡단점법

해설 목측에 의한 등고선 측정

소축척 $\left(\frac{1}{10,000}\text{ 이하}\right)$의 지형측량에 사용되며 정밀도는 낮다.

36. 1/1,000 축척의 지형도를 작성하기 위한 지형측량에서 도면상의 선의 굵기를 0.2mm 이상으로 할 때 거리 측정의 최소단위는?

㉮ 1cm　　㉯ 5cm
㉰ 10cm　　㉱ 20cm

해설
1/1,000도면에서 선의 굵기 0.2mm는 0.2×1,000=200mm로 나타난다. 따라서 거리 측정은 20cm 단위로 읽어주면 된다.

37. 비교적 경사가 일정한 두 점 AB 사이에 표고 130m의 등고선이 지나는 위치는 수평거리가 점 B에서 얼마만큼 떨어진 곳인가? (단, AB간의 수평거리는 200m, A점의 표고 : 143m, B점의 표고 : 121m)

㉮ 81.8m　　㉯ 118.2m
㉰ 76.4m　　㉱ 123.6m

해답 31. ㉰　32. ㉰　33. ㉯　34. ㉯　35. ㉮　36. ㉱　37. ㉮

해설

그림에서

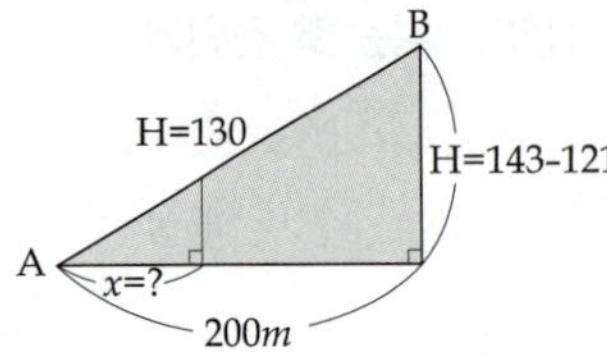

$200 : (143-121) = x : (130-121)$

$\therefore \; x = \frac{9}{22} \times 200 = 81.8\,\text{m}$

38. AB점의 표고를 각각 115.3m, 136.5m로 하여 AB간을 등경사로 보고 5m마다 등고선을 넣는다고 할 때 120m의 등고선은 B점에서 몇 m인 곳을 지나는가? (단, AB간의 수평거리는 110m이다)

㉮ 24.39m ㉯ 85.6m
㉰ 25.94m ㉱ 84.06m

해설

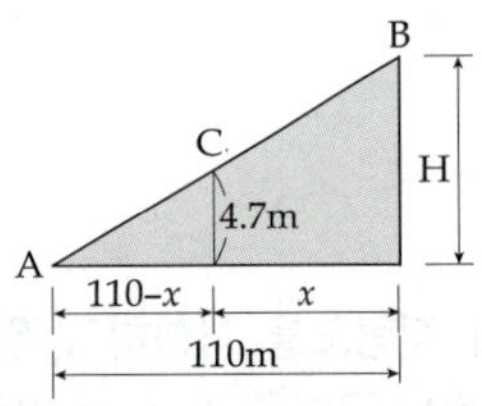

$110 : H_B - H_A = (110 - x) : H_C - H_A$

$110 - x = \frac{H_C - H_A}{H_B - H_A} \times 110$

$= \frac{120.0 - 115.3}{136.5 - 115.3} \times 110 = 24.4\,\text{m}$

$\therefore x = 110 - 24.4 = 85.6\,\text{m}$

39. 그림과 같이 표고가 각각 112m, 142m인 A, B 두점이 있다. 두 점 사이에 130m의 등고선을 삽입코자 한다. 이 등고선의 위치는 A점으로부터 $\overline{AB}$ 선상 몇 m에 위치하는가? (단, $\overline{AB}$ = 200m이다.)

㉮ 120m
㉯ 125m
㉰ 130m
㉱ 135m

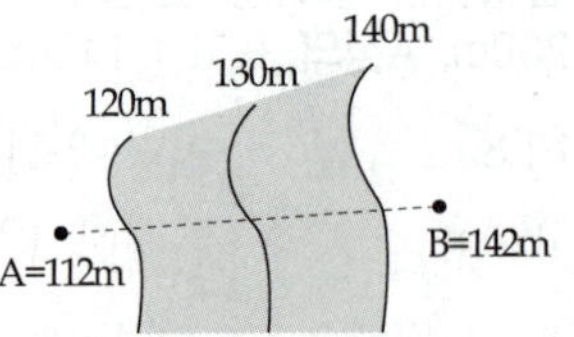

해설

$200 : (142-112) = x : (130-112)$

$\therefore \; x = \frac{130-112}{142-112} \times 200 = 120\,\text{m}$

40. 그림에서 표고가 605m, 625m이고 AB간의 거리가 50m일 때 620m 등고선의 수평거리는?

㉮ 27.5m
㉯ 37.5m
㉰ 47.5m
㉱ 57.5m

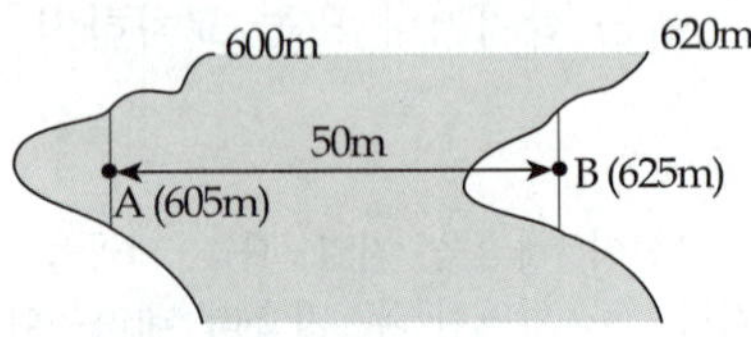

해설

$50 : (625-605) = x : (620-605)$

$\therefore \; x = \frac{620-605}{625-605} \times 50 = 37.5\,\text{m}$

41. 1/25,000 지형도상에서 두 점간의 거리가 6.73 cm인 두 점 사이의 거리를 다른 축척의 지형도에서 측정한 결과 11.21cm이었다. 이 지형도의 축척은?

㉮ 1/20,000 ㉯ 1/18,000
㉰ 1/15,000 ㉱ 1/13,000

해설

두점의 실거리=25,000×0.0673=1682.5m

$S = \frac{0.1121}{1682.5} \fallingdotseq \frac{1}{15,000}$

42. 다음 등고선에서 AB간의 수평거리가 60m일 때 AB선의 구배는?

㉮ 10%
㉯ 15%
㉰ 20%
㉱ 25%

해설

경사 $(i) = \frac{h}{D} \times 100(\%)$

$= \frac{40-25}{60} \times 100 = 25\%$

해답 38. ㉯ 39. ㉮ 40. ㉯ 41. ㉰ 42. ㉱

43. 등경사 AB에서 B점의 표고가 225m, A점의 표고가 125m, AB의 수평거리가 260m이다. 축척 1/10000의 지형도 위에 10m마다 등고선을 기입하려할 때 200m의 등고선이 AB직선 위에서 B점으로부터 도상에 나타나는 길이는?

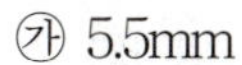

㉮ 5.5mm
㉯ 6.5mm
㉰ 7.5mm
㉱ 8.5mm

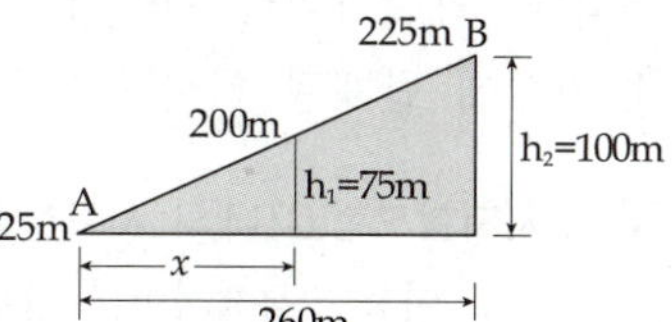

해설

1. 실거리를 x라 하면

$260 : (225-125) = x : (200-125)$

$\therefore\ x = \frac{75}{100} \times 260 = 195\,\text{m}$

2. B점으로 부터의 도상거리를 X라 하면

$X = (260-x)\frac{1}{S}$

$= (260-195) \times \frac{1}{10,000} = 0.0065\,\text{m}$

44. 1/50,000 지형도에서 8% 구배의 노선을 선정하고자 할 때 등고선 사이의 도상거리는 얼마인가?

㉮ 3mm ㉯ 5mm
㉰ 8mm ㉱ 10mm

해설

1. 1/50,000의 등고선 간격=20m

2. $\frac{8}{100} = \frac{20}{D}$

$\therefore D = \frac{20}{8} \times 100 = 250\,\text{m}$

3. 도상거리 (l)

$l = \frac{250}{50,000} = 0.005\,\text{m}$

45. 1/25,000 지형 측량에서 등고선의 위치오차를 0.5mm, 높이 ±2m, 토지의 경사 45°에서 최소 등고선의 간격은?

㉮ 25m ㉯ 29m
㉰ 45m ㉱ 50m

해설

$H \geq 2\,(dh + dl\tan\theta)$에서

$dl = 0.5 \times 25,000 = 12.5\text{m}$

$\therefore\ H \geq 2\,(2 + 12.5 \times \tan 45°) = 29\text{m}$

46. 다음 설명 중 벡터식 자료구조가 아닌 것은?

㉮ 점사상(Point) ㉯ 선사상(Line)
㉰ 면사상(Polygon) ㉱ 격자구조(Grid)

해설

① 벡터식 자료구조에는 점사상, 선사상, 면사상이 있다.
② 래스터 자료구조는 격자구조이다.

47. 수치지도제작에 관한 설명 중 잘못된 것은?

㉮ 수치지도의 좌표취득방법으로는 작성된 지형도나 항공사진을 이용한다.
㉯ 입력체계로는 해석도화기, 스캐너, 디지타이저를 이용한다.
㉰ 편집체계에서 도형의 가공, 편집, 수정을 마치면 수치화된 지도정보를 도화기 등을 통하여 출력한다.
㉱ 입력식 부호화에서 사진은 Vector방식, 지도는 Raster방식으로 처리된다.

해설

수치지도에서 사진은 Raster방식, 지도는 Vertor방식으로 처리된다.

48. 지형공간정보체계(GSIS) 자료구조의 유형에는 벡터구조와 격자구조로 나누어진다. 다음 중 격자구조의 장점이 아닌 것은?

㉮ 원격탐사 자료와의 연계처리가 용이하다.
㉯ 보다 압축된 자료구조를 제공하며 따라서 데이터 용량의 축소가 가능하다.
㉰ 여러 레이어의 중첩이나 분석이 용이하다.
㉱ 자료구조가 단순하다.

해답 43. ㉯ 44. ㉯ 45. ㉯ 46. ㉱ 47. ㉱ 48. ㉯

해설

Vector 자료는 보다 압축된 자료구조를 제공하며 따라서 데이터 용량의 축소가 가능하다.

49. 지형공간정보체계의 자료 유지관리에 해당하지 않는 것은?

㉮ 자료개발 ㉯ 자료저장
㉰ 자료유지 ㉱ 자료등록

해설

① 자료 유지관리 : 자료의 저장, 등록, 유지 등
② 자료 개발은 기존 자료의 유지관리가 아니라 자료의 신설에 해당한다.

50. 각각의 자료집단이 주어진 기본도를 기초로 좌표계의 통일이 되면 둘 또는 그 이상의 자료 관측에 대하여 분석할 수 있는 기법은?

㉮ 중첩 ㉯ 저장
㉰ 통계해석 ㉱ 조사

해설 중첩

① 2개의 지도를 겹쳐서 통합적인 정보를 갖는 지도를 생성
② 2개 이상의 GIS 커버리지를 결합, 중첩하여 새로운 자료 생성

51. 다음 사항 중 잘못 설명된 것은?

㉮ 탐측기(Sensor)는 수동적인 것과 능동적인 것이 있다.
㉯ 지구자원측량에 관한 위성으로는 Landsat, Spot 등이 있다.
㉰ GPS는 인공위성에 의한 3차원 위치 결정체계로서 정지된 대상에만 가능하다.
㉱ 지형공간정보체계(GSIS)는 GIS, LIS, UIS 등으로 나눌 수 있다.

해설

GPS는 3차원 점의 위치를 시간에 따른 변화를 알 수 있는 4차원 동적 측량도 가능하다.

52. 수치지형모형의 자료추출방법 중 경제적이면서 비교적 정확도가 좋은 방법은?

㉮ 지형도 이용방법
㉯ 직접측량하여 취득하는 방법
㉰ 기존 항공사진을 이용하는 방법
㉱ 위성에 탑재된 센서를 이용하는 방법

해설 수치지형모형(DTM)의 자료추출방법

① 지형도 이용 : 경제적이나 정확도가 낮다.
② 직접측량법 : 정밀도 높으나 비경제적
③ 기존 항공사진 이용 : 경제적이며 비교적 정확도 높음
④ 위성의 센서 이용 : 정확하나 장비나 운영비가 너무 많이 든다.

53. 수치표고모형(DEM)으로부터 얻을 수 있는 자료들로만 짝지어진 것은?

㉮ 사면방향도, 경사도에 대한 분석도
㉯ 수계도, 토지피복도
㉰ 가시권에 대한 분석도, 도로망도
㉱ 표고분석도, 역세권 분석도

해설 수치표고모형(DEM)의 활용

① 경사도
② 사면방향도
③ 경사 및 단면분석
④ 절토량, 성토량 산정 등

54. 다음 중 수동적 센서 방식이 아닌 것은?

㉮ 전자적 주사방식 ㉯ 사진방식
㉰ Vidicon방식 ㉱ Laser방식

해설 센서

1. 화상 센서
(1) 수동적 센서
① 선주사 방식 ┌ 광기계적 주사방식
　　　　　　　└ 전자적 주사방식
② 카메라 방식 ┌ 사진 방식
　　　　　　　└ T.V 방식(Vidicon 방식)

해답 49. ㉮ 50. ㉮ 51. ㉰ 52. ㉰ 53. ㉮ 54. ㉱

(2) 능동적 센서
① Radar 방식
② Laser 방식
2. 비화상 센서

55. 원격측정에 대한 설명 중 옳지 않은 것은?

㉮ 원격측정은 회전주기가 일정하므로 원하는 지점 및 시기에 관측하기가 용이하다.
㉯ 탐사된 자료가 즉시 이용될 수 있으며, 재해 및 환경문제 해결에 편리하다.
㉰ 관측이 좁은 시야각으로 실시되므로 얻어진 영상은 정사투영상에 가깝다.
㉱ 짧은 시간내에 넓은 지역을 동시에 측정할 수 있으며 반복측정이 가능하다.

해설
원격측정은 회전주기가 일정하므로 원하는 지점 및 시기에 관측하기가 어렵다.

56. 다음 중 원격 탐측(Remote Sensing)과 관계없는 것은 어느 것인가?

㉮ VLBI ㉯ ERTS
㉰ MSS ㉱ LANDSAT

해설
1. VLBI : 초장기선 전파간섭계
2. ERTS : LANDSAT의 기본형
3. MSS : 다중 파장대 주사기
4. LANDSAT : 지구자원 탐사위성

57. 원격탐측에 대한 설명중 틀린 것은? [95]

㉮ 능동적 센서는 radar방식과 laser 방식이 있다.
㉯ 수동적 센서는 선주사방식, 카메라방식 및 비화상 방식이 있다.
㉰ 인공위성에 의한 영상에 관한 수집장치로는 MSS, RBV등이 있다.
㉱ ERTS의 촬영고도는 900~950km이고 사진 한 장에 포함되는 면적은 34,255km²이다

해설 센서
1. 화상 센서
(1) 수동적 센서
① 선주사 방식 ┌ 광기계적 주사방식
 └ 전자적 주사방식
② 카메라 방식 ┌ 사진 방식
 └ T.V 방식(Vidicon 방식)
(2) 능동적 센서
① Radar 방식
② Laser 방식
2. 비화상 센서

58. 원격 측정의 설명 중 옳지 않은 것은?

㉮ 인공위성에 의한 영상에 관한 수집장치로는 M.S.S, R.B.V. 등이 있다.
㉯ E.R.T.S의 촬영 고도는 900~950km이고, 사진 한 장에 포함되는 면적은 34,225km²이다
㉰ 인공 위성에서 이루어지는 특수한 기법이다.
㉱ 원격 측정은 원거리에 있는 대상물과 현상에 관한 정보를 해석함으로써 토지 환경 및 자원 문제를 해결하는 학문이다.

해설
원격탐측은 원거리에서 비행기나 인공위성에 탑재된 탐측기를 이용하여 지표의 대상물에서 반사 또는 방사된 전자 스펙트럼을 측정하고 이 자료들을 이용하여 대상물이나 현상에 관한 정보를 얻는 기법

해답 55. ㉮ 56. ㉮ 57. ㉯ 58. ㉰

MEMO

제 8 장 면적 및 체적측량

출제경향분석

면적 및 체적측량은 내용이 쉬우면서도 자주 출제되어 쉽게 득점할 수 있는 단원으로 ① 면적비=(축척비)^2 ② 면적=평균높이×밑변 ③ 체적=평균면적×높이 등의 개념을 이해하면 모든 문제가 쉽게 해결된다.

단원별 경향분석

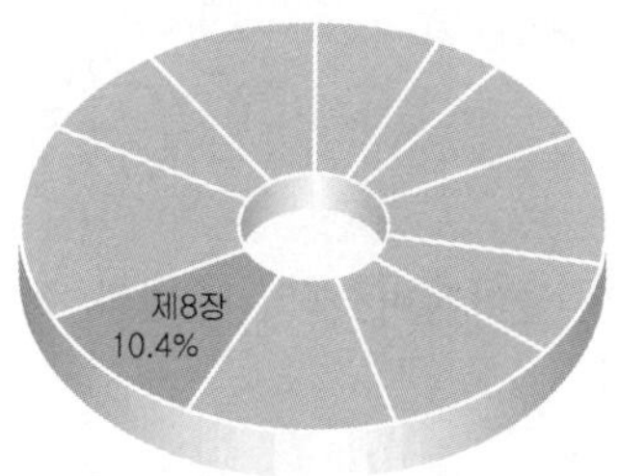

토목기사

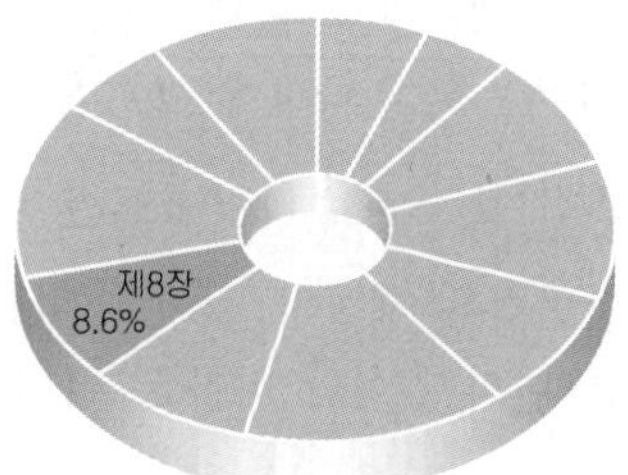

토목산업기사

항목별 경향분석

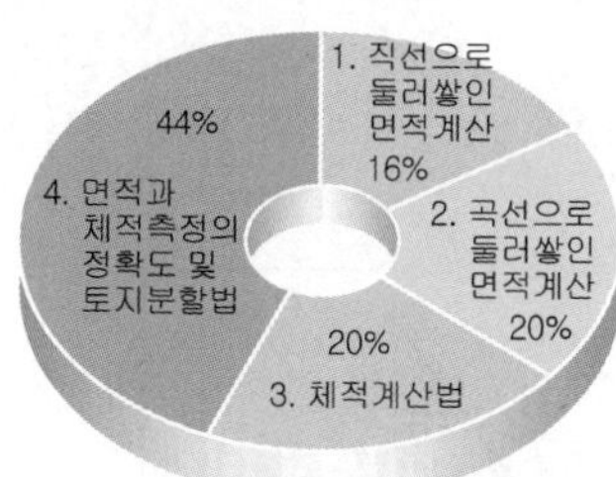

토목기사

토목산업기사

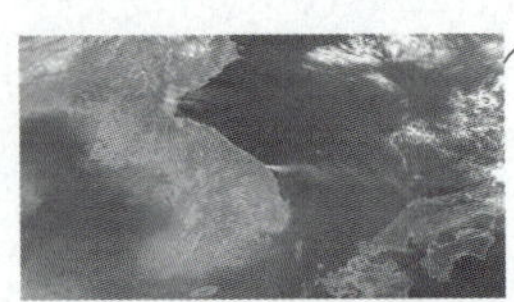

1 직선으로 둘러싸인 면적계산

학습방향

직선으로 둘러싸인 면적계산은 가장 간단한 면적 계산법이다. 이방법은 직선으로 둘러싸인 도형을 삼각형과 사각형으로 나누어 각 도형의 면적을 구해 합하는 방법으로 면적측정의 기초가 된다.

① 이변법과 삼변법　② 좌표법　③ 축척과 면적의 관계

1 삼사법

다각형을 여러개의 삼각형으로 나눈 후 각 삼각형의 밑변(b)과 높이(h)를 측정하여 면적을 구하는 방법

$$A=\frac{1}{2}bh$$

2 삼변법(헤론의 공식)

다각형을 여러개의 삼각형으로 나눈 후 각 삼각형의 세변을 측정하여 면적을 계산하는 방법이다.

$$A=\sqrt{S(S-a)(S-b)(S-c)}$$

여기서, $S=\frac{1}{2}(a+b+c)$

삼변법은 세변의 길이가 비슷할수록 정확도가 높아지며 제일 긴변과 짧은 변의 길이의 비가 2 : 1이내가 되어야 한다.

3 두변과 그 사이에 낀 각을 측정했을 때

$$A=\frac{1}{2}ab\sin\alpha$$

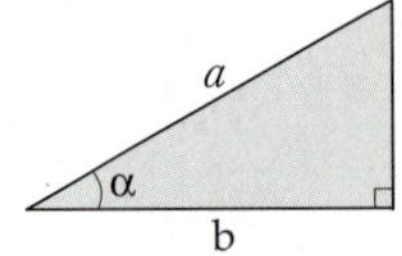

4 사다리꼴

$a//b$인 사각형을 사다리꼴이라 하며 면적 (A)은 $A=\frac{1}{2}(a+b)h$

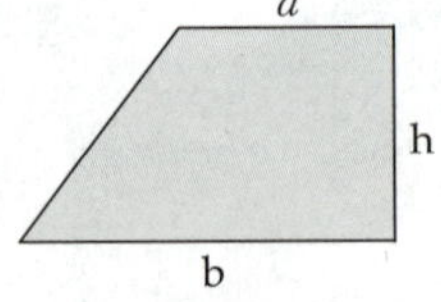

학습POINT

▶05, 09㉠, 08, 09, 10, 25㉢

- 삼사법
- 삼변법
- 두변과 그 사이에 낀 각을 측정했을 때
- 사다리꼴

■ 삼각형의 면적

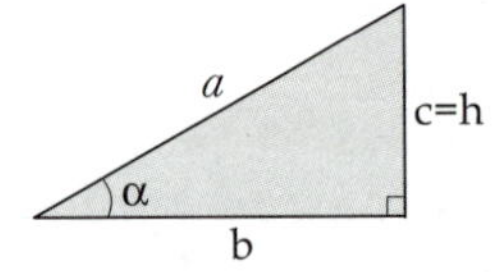

1. 삼사법

$A=\frac{1}{2}b\cdot h$

2. 이변법

$A=\frac{1}{2}b\cdot a\cdot\sin\alpha=\frac{1}{2}b\cdot h$

3. 삼변법

$A=\sqrt{S(S-a)(S-b)(S-c)}$

5 좌표에 의한 방법

각 측점의 직각좌표 값(x, y)을 알 때 사용하는 방법으로 정확한 면적계산이 가능하다.

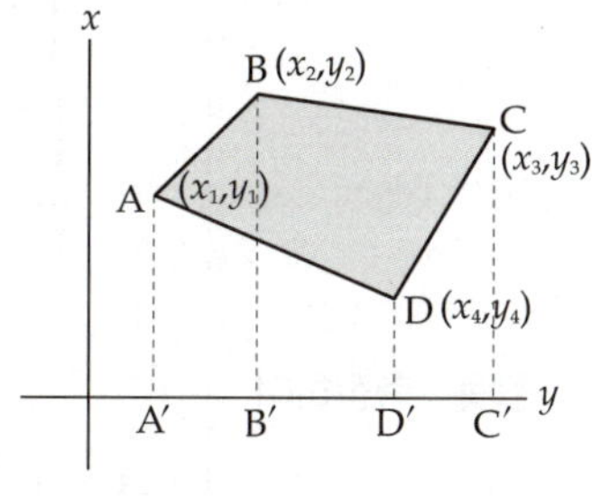

그림. 좌표법

그림에서 각점의 좌표가 x_i, y_i라 하면

$$A=\frac{1}{2}\{(x_1+x_2)(y_2-y_1)+(x_2+x_3)(y_3-y_2)-(x_1+x_4)(y_4-y_1)-(x_4+x_3)(y_3-y_4)\}$$

이것은 아래 면적 간이 계산법을 사용하면 간단하다.

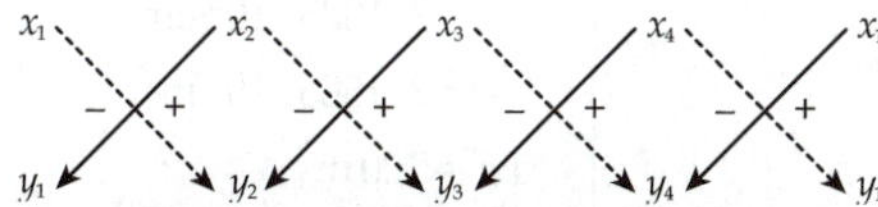

$$A=\frac{1}{2}\Sigma x_i(y_{i+1}-y_{i-1})=\frac{1}{2}\Sigma\, y_i(x_{i+1}-x_{i-1})$$

6 축척과 면적의 관계

$m_1^2 : A_1 = m_2^2 : A_2$

$$\therefore A_2=\left(\frac{m_2}{m_1}\right)^2 A_1$$

여기서, A_1 : 축척 $\frac{1}{m_1}$ 인 도면의 면적

A_2 : 축척 $\frac{1}{m_2}$ 인 도면의 면적

7 면적의 단위

1평 = 6자×6자 ≒ 3.3058m^2

1m^2 = $\frac{1}{3.3058}$ 평 = 0.3025평

1are = 10m×10m = 100m^2 = 30.25평

1ha = 100are = 10,000m^2

▶05, 06, 08, 09㉠, 06㉡
- 좌표에 의한 방법
- 축척과 면적의 관계

■ 좌표에 의한 면적계산

1. 합위거, 합경거법이라고도 한다.
2. 간이 계산법이 편리하다. 이때 그림에서 '0'이 많이 있는 좌표를 위에 놓으면 O×(A–B)=0이 되어 계산이 간단해진다.

예) A(3, 4), B(5, 0), C(7, 0)의 세 점으로 이루어진 도형의 면적은?

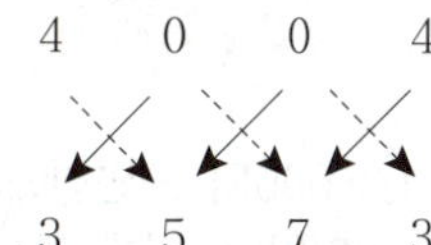

① $A=\frac{1}{2}\Sigma y_i(x_{i+1}-x_{i-1})$
$=\frac{1}{2}\{4(5-7)+0(7-3)+0(3-5)\}$
$=-4\,\text{m}^2=4\text{m}^2$

② $A=\frac{1}{2}\Sigma x_i(y_{i+1}-y_{i-1})$
$=\frac{1}{2}\{3(0-0)+5(0-4)+7(4-0)\}$
$=4\,\text{m}^2$

③ ①과 ②모두 같은 값이나 ①번이 더 간단하다.

핵심문제

1 그림과 같은 횡단도의 넓이는? [83㉶]

㉮ $50.2m^2$
㉯ $50.4m^2$
㉰ $51.2m^2$
㉱ $52.5m^2$

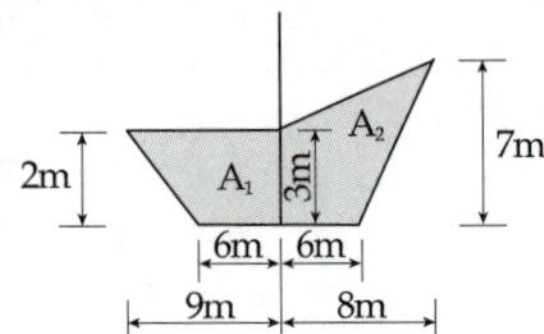

2 축척 1/1,500 도면상의 면적을 축척 1/1,000으로 잘못 측정하여 $24,000m^2$를 얻었을 때 실제 면적은? [03㉿]

㉮ $36,000m^2$ ㉯ $10,667m^2$
㉰ $54,000m^2$ ㉱ $37,500m^2$

3 축척 1/5,000의 도면상에서 어떤 토지정리 지구의 면적을 구하였더니 $86.50cm^2$이었다. 실제 면적은 몇 ha인가? [98㉿]

㉮ 648.75ha
㉯ 810.94ha
㉰ 1,081.25ha
㉱ 21.625ha

4 $1km^2$의 면적이 도면상에서 $4cm^2$일 때의 축척은? [04㉶]

㉮ 1/2500 ㉯ 1/5000
㉰ 1/25000 ㉱ 1/50000

5 직각좌표 상에서 각 점의 (x, y)좌표가 A(-4, 0), B(-8, 6), C(9, 8), D(4, 0)인 4점으로 둘러싸인 다각형의 면적은? (단, 좌표의 단위는 m 이다.) [16㉶]

㉮ $87m^2$ ㉯ $100m^2$
㉰ $174m^2$ ㉱ $192m^2$

해설

해설 **1**

$$A = A_1 + A_2$$
$$= \left\{\frac{3+2}{2}\times 9 - \frac{1}{2}\times 3\times 2\right\} + \left\{\frac{3+7}{2}\times 8 - \frac{1}{2}\times 7\times 2\right\}$$
$$= 52.5\,m^2$$

해설 **2**

$$A_o = \left(\frac{S}{L}\right)^2 \times A$$
$$= \left(\frac{1,500}{1,000}\right)^2 \times 24,000$$
$$= 54,000\,m^2$$

해설 **3**

$$A = 86.50\times(5,000)^2$$
$$= 2.1625\times 10^9\,cm^2$$
$$= 2.1625\times 10^5\,m^2$$
$$1a = 100\,m^2$$
$$1ha = 100a = 10,000\,m^2$$
$$\therefore\ A = 21.625ha$$

해설 **4**

면적비 = (축척비)²

$$\frac{1}{m} = \sqrt{\frac{4}{1\times(10^5)^2}} = \frac{1}{50,000}$$

해설 **5**

$A = \left|\frac{1}{2}\Sigma x_i(y_{i+1} - y_{i-1})\right|$에서

$$\begin{matrix} -4 & & -8 & & 9 & & 4 & & -4 \\ 0 & \times & 6 & \times & 8 & \times & 0 & \times & 0 \end{matrix}$$

$$A = \left|\frac{1}{2}\{-4(6-0) - 8(8-0) + 9(0-6) + 4(0-8)\}\right|$$
$$= 87\ m^2$$

정답 1. ㉱ 2. ㉰ 3. ㉱ 4. ㉱ 5. ㉮

6 축척 1/500 도상에서 세변의 길이가 각각 20.5cm, 32.4cm, 28.5cm일 때 실제면적은? [98 기]

㉮ 288.53m²
㉯ 7,213.25m²
㉰ 40.70m²
㉱ 6,924.15m²

7 좌표 A(125,240), B(140,265), C(120,300), D(85,250)로 폐합되는 지형의 면적은 얼마인가? (단, 단위는 m임) [01 기]

㉮ 844.0m²
㉯ 1687.5m²
㉰ 3375.0m²
㉱ 7112.5m²

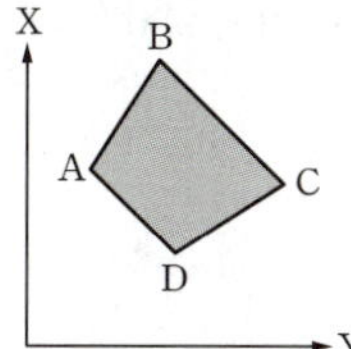

8 직선으로 둘러싸인 면적의 계산에 적합치 않은 방법은?

㉮ 삼사법
㉯ 삼변법
㉰ 좌표에 의한 방법
㉱ 구적기 방법

9 축척 1/3,000 도면의 면적을 축척 1/1,200로 측정했을 때 3,000,000m² 가 나왔다면 실제면적은 몇 ha인가? [01 산]

㉮ 2,000ha
㉯ 1,575ha
㉰ 1,875ha
㉱ 2,225ha

10 어떤 횡단면적의 도상면적이 40.5cm²였다. 가로 축척이 1/20, 세로 축척이 1/600이였다면 실제면적은 얼마인가?

㉮ 48.6m²
㉯ 33.75m²
㉰ 4.86m²
㉱ 3.375m²

해 설

해설 6

$S=\frac{1}{2}(a+b+c)$

$=\frac{1}{2}(20.5+32.4+28.5)$

$=40.7\,\text{cm}$

$A=\sqrt{S(S-a)(S-b)(S-c)}$

$=288.53\,\text{cm}^2$

$A_0=A\cdot m^2=288.53\times500^2$

$=72,132,500\,\text{cm}^2$

해설 7

• 좌표법

$A=\frac{1}{2}\Sigma x_i(y_{i+1}-y_{i-1})$

$=\frac{1}{2}\{125(265-250)+140(300-240)$

$+120(250-265)+85(240-300)\}$

$=1687.5\,\text{m}^2$

해설 8

구적기 방법은 곡선으로 둘러싸인 면적의 측정에 쓰인다.

해설 9

$\left(\frac{m_2}{m_1}\right)^2=\frac{A_2}{A_1}$

$\therefore A_2=\left(\frac{3000}{1200}\right)^2\times3,000,000$

$=1.875\times10^7\,\text{m}^2$

$=1875\,\text{ha}\,(\because 1\text{ha}=10^4\,\text{m}^2)$

해설 10

$A_0=(m_1\times m_2)\cdot A$

$=(20\times60)\times40.5$

$=48,600\,\text{cm}^2$

$=4.86\,\text{m}^2$

정답 6. ㉯ 7. ㉯ 8. ㉱ 9. ㉰ 10. ㉰

2 곡선으로 둘러싸인 면적계산

학습방향

곡선으로 둘러싸인 면적은 방안법, 지거법, 플라니미터를 사용한 면적계산 등으로 구할 수 있다. 지거법은 평균높이×밑변으로 면적을 구하는데 평균높이를 구하는 방법에 따라 사다리꼴 공식, 심프슨의 1, 2법칙으로 구분된다.

① 지거법은 평균높이(지거)를 구하는 방법이 중요하다.

② 구적기법에서 n_o는 극침을 도형 안에 놓았을 때 (큰 면적) 사용한다.

1 지거법

(1) 사다리꼴 공식

$$A = d\left(\frac{y_1 + y_n}{2} + y_2 + y_3 + \cdots + y_{n-1}\right)$$

여기서, d : 지거의 간격

y_1, $y_2 \cdots$ y_n : 지거의 높이

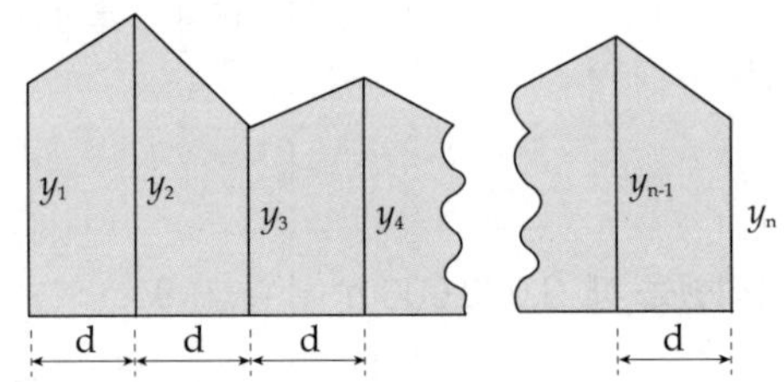

그림. 곡선으로 둘러싸인 면적 계산

(2) 심프슨(Simpson)의 제1법칙

그림에서 사다리꼴 2개씩을 한 조로 하고 이 부분의 경계선을 2차포물선으로 가정하고 면적을 계산한다.

$$A = \frac{d}{3}(y_1 + 4y_2 + y_3) + \frac{d}{3}(y_3 + 4y_4 + y_5) + \cdots + \frac{d}{3}(y_{n-2} + 4y_{n-1} + y_n)$$

$$= \frac{d}{3}\{y_1 + y_n + 4(y_2 + y_4 + y_6 + \cdots\cdots + y_{n-1})$$

$$+ 2(y_3 + y_5 \cdots\cdots + y_{n-2})\}$$

여기서, n : 지거의 수

(3) 심프슨의 제2법칙

사다리꼴 3개씩을 한조로 하고 이부분의 경계선을 3차 포물선으로 가정

학습POINT

■ 지거법의 평균높이와 면적

1. 사다리꼴 공식

$$A = \frac{(y_1 + y_2)}{2} \times d$$

2. 심프슨의 제 1법칙

$$\bar{y} = \frac{(y_1 + 4y_2 + y_3)}{6}$$

$$A = \frac{(y_1 + 4y_2 + y_3)}{6} \times 2d$$

$$= \frac{d}{3}(y_1 + 4y_2 + y_3)$$

3. 심프슨의 제 2법칙

$$\bar{y} = \frac{(y_1 + 3y_2 + 3y_3 + y_4)}{8}$$

$$A = \frac{(y_1 + 3y_2 + 3y_3 + y_4)}{8} \times 3d$$

$$= \frac{3d}{8}(y_1 + 3y_2 + 3y_3 + y_4)$$

$$A=\frac{3}{8}d(y_1+3y_2+3y_3+y_4)+\frac{3}{8}d(y_4+3y_5+3y_6+y_7)$$
$$+\frac{3}{8}d(y_7+3y_8+3y_9+y_{10})+\cdots\cdots$$ 따라서,
$$A=\frac{3}{8}d\{y_1+y_n+3(y_2+y_3+y_5+y_6+y_8+y_9+\cdots\cdots)$$
$$+2(y_4+y_7+y_{10}+y_{13}+\cdots\cdots)\}$$

2 플라니미터(Planimeter)(구적기)를 사용한 면적계산

(1) 극침을 도형밖에 놓았을 때 (작은 면적)

$$A=a\cdot n$$

여기서, a : 단위면적(m^2)
n : (n_2-n_1)으로 측륜의 회전 눈금수

활주간의 위치를 축척 $\frac{1}{L}$의 표시선에 맞추고, 축척 $\frac{1}{S}$의 도형의 면적을 측정할 때

$$A=\left(\frac{S}{L}\right)^2 an$$

(2) 극침을 도형안에 놓았을 때 (큰 면적)

$$A=a(n+n_o)$$

여기서, n_o : 영원(zero circle)의 가수

(3) 축척과 단위면적과의 관계

$$a=\frac{m^2}{1,000}d\pi l$$

여기서, a : 축척 $\frac{1}{m}$인 경우의 단위면적
d : 측륜의 직경
l : 측간(활주간)의 길이

(4) 측정 정밀도

① 작은면적은 1%이내, 큰 면적은 0.1~0.2% 정도
② 최소 눈금 읽기는 그 도형위에서 $1mm^2$이내일 것.

단, 도형 면적 Fmm^2측정시 목표정밀도가 $\frac{1}{n}$이면 최소눈금 읽기는 $\frac{F}{n}$ 이내일 것.

단위면적(a)은 단위면적, a, ~m□ 등으로 다양하게 표시되므로 혼동하지 말 것.

3 디지털 플라니미터에 의한 면적측정

디지털 플라니미터는 면적, 좌표, 선길이, 호의 길이, 반지름 등을 측정할 수 있으며 정밀도는 0.1% 정도이다.

▶07, 08, 09, 10㉠, 07, 09, 10㉦
• 플라니미터를 사용한 면적계산

■ 플라니미터를 사용한 면적계산시 주의 사항

1. 극침을 도형 밖에 놓고 면적을 측정했다. 면적은?
⇒ 이때 가수 n_o를 주더라도 n_o는 사용하지 않는다.
2. $A=\left(\frac{S}{L}\right)^2 a\cdot n$ 에서
$\frac{1}{L}$은 플라니미터의 축척
$\frac{1}{S}$은 면적을 구하는 도형의 축척이다.

▶07, 08㉠, 07, 08, 09, 10㉦
• 축척과 면적

■ 축척과 면적

1. 축척(1/m)인 도면의 도상면적이 a일 때 실제면적(A)은
$A=a\cdot m^2$
2. 이때 도상길이 x, y인 경우
$X=x\cdot m,\ Y=y\cdot m$
$\therefore A=X\cdot Y=x\cdot y\cdot m^2$
$=a\cdot m^2$
3. 이때 1% 줄어든 도상면적이 a일 때 실제면적(A)
$A=a\left(1+\frac{1}{100}\right)^2\cdot m^2$

핵심문제

1 면적계산에 있어서 도면이 곡선에 둘러싸여 있는 부분의 면적은 다음 어느 방법으로 구하는 것이 가장 적당한가? [00, 07, 10 ㉮]

㉮ 좌표법에 의한 방법
㉯ 배횡거법에 의한 방법
㉰ 삼사법에 의한 방법
㉱ 구적기에 의한 방법

2 도형의 면적을 구한 경우 그림에서 곡선 AB를 2차 곡선으로 가정할 때 그 면적 ABEF를 구하는 공식은? [04, 02, 98 ㉮]

㉮ $A = S/2(y_o + 2y_1 + y_2)$
㉯ $A = S/2(y_o + 3y_1 + y_2)$
㉰ $A = S/3(y_o + 4y_1 + y_2)$
㉱ $A = S/2(y_o + 4y_1 + y_2)$

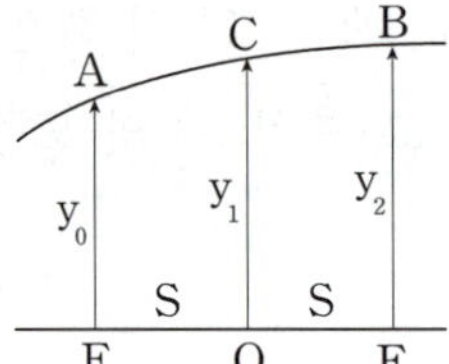

3 다음 그림의 면적을 심프슨(Simpson) 제1법칙을 이용하여 구하면 얼마인가? [03 ㉮]

㉮ $28.93m^2$
㉯ $29.00m^2$
㉰ $29.10m^2$
㉱ $29.17m^2$

(단위 : m)

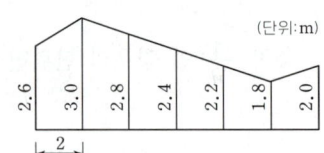

4 축척 1/1000일 때 단위면적이 $10m^2$인 측간의 위치에서 1/100의 면적을 측정하고자 한다. 단위면적은 얼마인가? [91 ㉳]

㉮ $0.1m^2$ ㉯ $0.2m^2$
㉰ $0.3m^2$ ㉱ $0.4m^2$

5 축척 1 : 1,000의 도면에서 면적을 측정한 결과 $5cm^2$이었다. 이 도면이 전체적으로 1% 신장되어 있었다면 실제면적은? [15 ㉳]

㉮ $510m^2$ ㉯ $505m^2$
㉰ $495m^2$ ㉱ $490m^2$

해설

해설 **1**

① 직선으로 둘러싸인 면적계산 : ㉮, ㉯, ㉰ …
② 곡선으로 둘러싸인 면적계산 : 사다리꼴 공식, 심프슨의 법칙, 구적기에 의한 방법

해설 **2**

심프슨의 제1법칙은 곡선 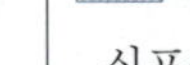 $\overline{AB}$ 를 2차곡선으로 가정한다.

$$A = \frac{2S}{6}(y_o + 4y_1 + y_2)$$
$$= \frac{S}{3}(y_o + 4y_1 + y_2)$$

해설 **3**

$$A = \frac{d}{3}\{h_1 + h_n + 4(h_2 + h_4 + h_6) + 2(h_3 + h_5)\}$$
$$= \frac{2}{3}\{2.6 + 2.0 + 4(3.0 + 2.4 + 1.8) + 2(2.8 + 2.2)\}$$
$$= 28.93\,m^2$$

해설 **4**

$$a' = a\left(\frac{S}{L}\right)^2$$
$$= 10\left(\frac{100}{1000}\right)^2 = 0.1\,m^2$$

해설 **5**

$$A_o = A \cdot m^2 \left(1 \pm \frac{n}{100}\right)^2$$
(∵ 여기서, 면적=거리²)
$$= 5 \times 1,000^2 \left(1 - \frac{1}{100}\right)^2$$
(늘어 있으므로 실제는 줄어든다)
$$= 4,900,500\,cm^2 = 490m^2$$

정답 1. ㉱ 2. ㉰ 3. ㉮ 4. ㉮ 5. ㉱

6 축척 1 : 800의 도면상에서 플라니미터(Planimeter)로 면적을 구한다. 축척눈금 5m 1 : 500의 선에 표지선을 일치시켜 극침을 도면밖에 놓아 정회전시켰다. 이때 얻은 독치가 다음과 같을 때 실면적을 얼마인가? (단, 제1독치 : 3028, 제2독치 : 4853, 상면의 가수 : 121513) [82 ㉮]

㉮ $14,600m^2$　　㉯ $23,360m^2$
㉰ $114,704m^2$　　㉱ $183,526.4m^2$

7 측륜 직경이 19mm인 구적기로 축척 1/400인 면적을 단위면적 $0.4m^2$로 정하려면 측간의 위치는 얼마인가? [92 ㉮]

㉮ 41.904mm
㉯ 42.904mm
㉰ 43.904mm
㉱ 44.904mm

8 구적기의 정밀도에서 큰 면적의 정밀도는? [97 ㉯]

㉮ 0.1～0.5%
㉯ 0.1～0.2%
㉰ 1～5%
㉱ 1～2%

9 축척 1/1,000의 단위면적이 $5m^2$일 때 이것을 이용하여 1/3,000의 축척에 의한 면적을 구할 경우의 단위면적은? [05 ㉮]

㉮ $45m^2$
㉯ $40m^2$
㉰ $35m^2$
㉱ $0.6m^2$

10 다음은 플라니미터의 주의 사항이다. 옳지 않은 것은? [96 ㉮]

㉮ 측정하는 도형이 너무 큰 경우는 여러 개로 나누어 측정한다.
㉯ 측도침을 도면의 경계선 위로 이동시킬 때에는 등속도를 유지시킨다.
㉰ 측정을 여러 번 하면 많은 시간이 소요되므로 한 번에 끝내는 것이 바람직하다.
㉱ 면적을 측정하는 도면은 측도침이 등속도로 쉽게 이동할 수 있도록 구부러지거나 주름이 없도록 한다.

해설

해설 **6**

구적기로 면적을 구하는 문제는 매우 자주 출제되는데 주의할 점은
1. 축척비의 계산
2. 극침이 도면안에 있나, 밖에 있나.(n_o 값의 처리문제)

$$A=\left(\frac{S}{L}\right)^2\cdot a\cdot n$$
$$=\left(\frac{800}{500}\right)^2\cdot 5\cdot(4853-3028)$$
$$=23360\,m^2$$

해설 **7**

$$a=\frac{M^2}{1000}\,d\,\pi\,l \text{ 에서}$$
$$\therefore l=\frac{a\times1000}{M^2 d\,\pi}$$
$$=\frac{0.4\times1000}{400^2\times0.019\times3.14}$$
$$=0.041904\,m=41.904mm$$

해설 **8**

• 구적기의 측정정도
① 작은 면적 1%이내
② 큰 면적 0.1～0.2% 정도
③ 최소눈금 읽기는 도형에서 $1mm^2$이내일 것

해설 **9**

$$A=\left(\frac{S}{L}\right)^2\cdot A_o$$
$$=\left(\frac{3,000}{1,000}\right)^2\cdot 5=45\,m^2$$

해설 **10**

플라니미터의 오차는 2~3%정도이다. 따라서 오차를 줄이려면 여러 번 반복 측정하여 최확값을 구해야 한다.

정답 6. ㉯ 7. ㉮ 8. ㉯ 9. ㉮ 10. ㉰

3 체적계산법

학습방향

체적은 단면적에 높이나 길이를 곱하여 계산할 수 있으며 체적계산의 결과 토공량, 저수량 등을 구할 수 있다.

① 단면적은 평균단면적을 구하는 방법에 따라 달라진다.
② 점고법은 평균높이를 구하는 방법에 따라 달라진다.
③ 등고선법은 단면법의 한 종류로 본다.

1 단면법

철도, 수로, 도로 등 선상의 물체를 축조하고자 할 경우 중심 말뚝과 중심 말뚝 사이의 횡단면사이의 절토량 또는 성토량을 계산할 경우에 이용되는 방법

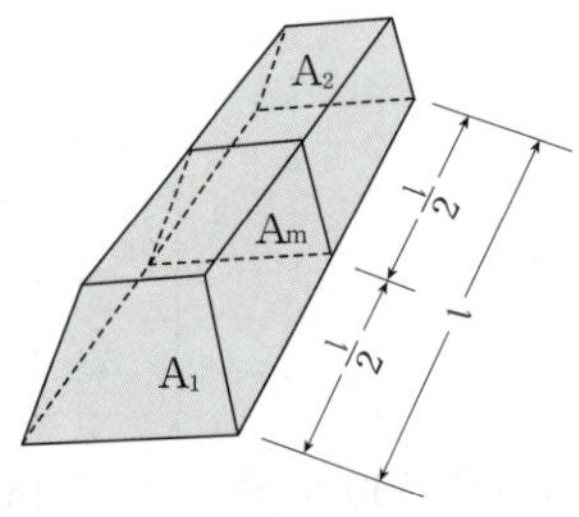

그림. 단면법

(1) 양단면 평균법 : $V=\left(\dfrac{A_1+A_2}{2}\right)l$

여기서, V : 체적

A_1, A_2 : 양단면적

l : 양단면 사이의 거리

(2) 중앙 단면법 : $V=A_m l$

여기서, A_m : 중앙 단면적

(3) 각주공식(prismoidal formula) : 심프슨의 제1법칙을 적용한 공식

$$V=\frac{l}{6}(A_1+4A_m+A_2)$$

(4) 단면법의 체적산정 결과는 (1) > (3) > (2)의 크기를 나타낸다.
즉, 각주공식이 가장 정확하다.

학습POINT

▶05㉮, 06, 09㉯
• 양단면 평균법
• 각주공식

■ 평균 단면적의 계산

1. 양단면 평균법
$\overline{A}=\frac{1}{2}(A_1+A_2)$
2. 중앙 단면법
$\overline{A}=A_m$
3. 각주공식
$\overline{A}=\frac{1}{6}(A_1+4A_m+A_2)$
4. 위와 같이 평균단면적을 구한 후 거리 l을 곱해 체적을 계산한다.

2 점고법

이 방법은 건물부지의 정지, 택지조성공사, 토취장 및 토사장의 용량관측과 같이 넓은 면적의 토공용적을 산정하기에 적합한 방법이다.

(1) 직사각형 공식

$$V = \frac{a}{4}(\Sigma h_1 + 2\Sigma h_2 + 3\Sigma h_3 + 4\Sigma h_4)$$

여기서, a : 1개의 직사각형 면적

Σh_1 : 1개의 직사각형에만 관계되는 점의 지반고의 합

Σh_2 : 2개의 직사각형에만 관계되는 점의 지반고의 합

Σh_3 : 3개의 직사각형에만 관계되는 점의 지반고의 합

Σh_4 : 4개의 직사각형에만 관계되는 점의 지반고의 합

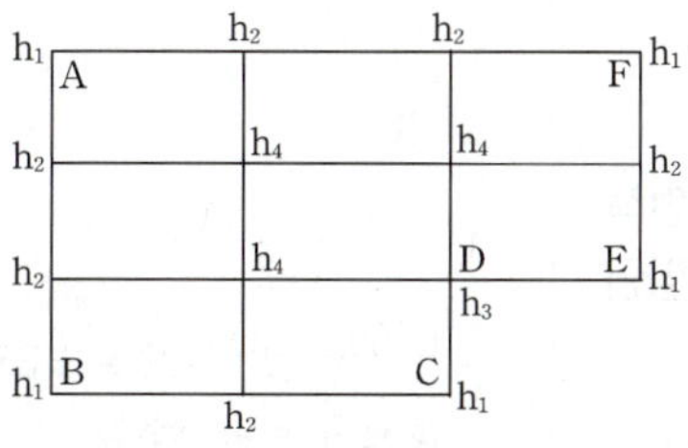

그림. 직사각형 구분

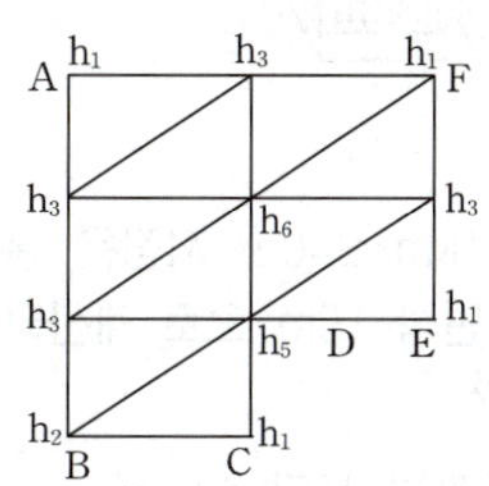

그림. 삼각형의 구분

(2) 삼각형 공식

$$V = \frac{a}{3}\{\Sigma h_1 + 2\Sigma h_2 + 3\Sigma h_3 + \cdots + 6\Sigma h_6\}$$

여기서, a : 1개의 삼각형 면적

Σh_1 : 1개의 삼각형에만 관계되는 점의 지반고의 합

Σh_2 : 2개의 삼각형에만 관계되는 점의 지반고의 합

Σh_3 : 3개의 삼각형에만 관계되는 점의 지반고의 합

Σh_4 : 4개의 삼각형에만 관계되는 점의 지반고의 합

3 등고선법

옆의 그림에서 $A_1, A_2 \cdots A_n$의 면적은 구적기로 구하고 평균단면적을 구해 등고선의 높이(h)를 거리(l)로 하는 각주공식으로 구하고 남는 부분은 원뿔공식, 양단면 평균법으로 구한다.
이 방법은 토공량, 저수량 산정등에 사용된다.

■ 점고법은 비교적 평지에 가까운 넓은 지역의 토공량을 계산하기에 좋은 방법이다. 대개는 직사각형 공식을 사용하고 더 높은 정밀도를 요할 때는 삼각형 공식을 사용한다.

▶09㉠, 04, 07, 08㉯
• 점고법
• 직사각형 공식

■ 등고선법

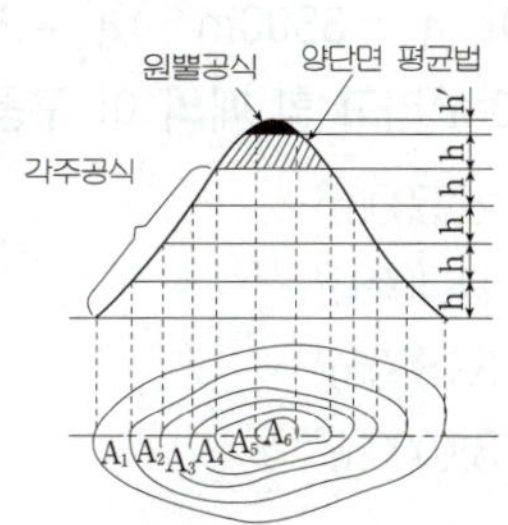

핵심문제

1 토량계산 공식중 양단면의 면적차가 심할 때 산출된 토량의 대소 관계가 옳은 것은? (단, 중앙단면법 : A, 양단면평균법 : B, 각주공식 : C로 한다.) 〔99 ㉿〕

㉮ A = C < B　　㉯ A < C = B
㉰ A < C < B　　㉱ A > C > B

2 운동장이나 비행장과 같은 시설을 건설하기 위한 넓은 지형의 정지공사에서 토량을 계산하자면 다음 방법 중 어느 것이 적당 한가? 〔03, 87 ㉿〕

㉮ 점고계산법
㉯ 양단면평균법
㉰ 비메중앙법
㉱ 의오공식에 의한 법

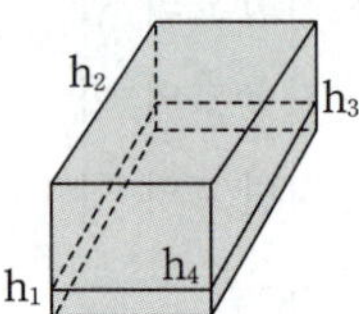

3 노선 중심선에 따른 횡단측량 결과, 1km+340m 지점은 흙쌓기 면적 50m²이고 1km+360m 지점은 흙깍기 면적 15m²으로 계산되었다. 양단면평균법을 사용한 두 지점간의 토량은? 〔15 ㉾〕

㉮ 흙깍기 토량 $49.4m^3$　　㉯ 흙깍기 토량 $494m^3$
㉰ 흙쌓기 토량 $350m^3$　　㉱ 흙쌓기 토량 $494m^3$

4 그림과 같은 지역의 토공량은? 〔96 ㉾〕

㉮ $600m^3$
㉯ $1,200m^3$
㉰ $1,300m^3$
㉱ $2,600m^3$

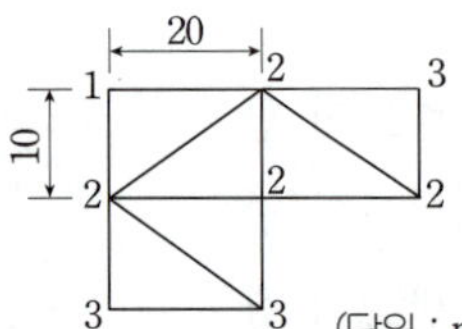

5 그림과 같은 구릉이 있다. 표고 5m의 등고선에 둘러싸인 부분의 단면적이 A_1 = 3800m², A_2 = 2900m², A_3 = 1800m², A_4 = 900m², A_5 = 200m²라고 할 때의 이 구릉의 토량은? 〔01 84 ㉿〕

㉮ $22,500m^3$
㉯ $11,400m^3$
㉰ $33,800m^3$
㉱ $38,000m^3$

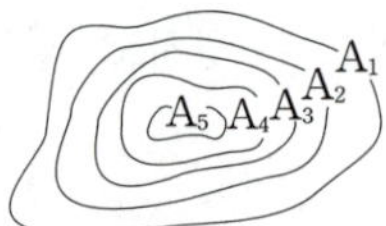

해설

해설 1

• 체적의 크기 비교

1. 양단면 평균법이 가장 크게 나타난다.

$$\text{각뿔의 체적} = \frac{1}{3}Ah$$

$$\text{양단면 평균법} = \frac{(A+0)}{2}h = \frac{1}{2}Ah$$

2. 중앙 단면법이 가장 작게 나타난다.
3. 각주 공식이 가장 정확하다.

해설 2

좌표점고법

해설 3

$$V = \frac{(A_1 + A_2)}{2} \times l$$

$$= \frac{(50-15)}{2} \times 20 = +350$$

∴ 흙쌓기 토량 $350m^3$

해설 4

$$V = \frac{A}{3}\{\Sigma h_1 + 2\Sigma h_2 + 3\Sigma h_3 + \cdots + 6\Sigma h_6\}$$

$\Sigma h_1 = 1+3+3 = 7$

$\Sigma h_2 = 2+3 = 5$

$\Sigma h_3 = 2$

$\Sigma h_4 = 2+2 = 4$

$$\therefore V = \frac{100}{3}\{7 + 2\times5 + 3\times2 + 4\times4\} = 1,300\,m^3$$

해설 5

$$V = \frac{h}{3}\{A_1 + A_n + 4(A_2 + A_4) + 2(A_3)\}$$

$$= \frac{5}{3}\{3800 + 200 + 4(2900 + 900) + (2\times1800)\}$$

$$= 38,000\,m^3$$

정답 1. ㉰ 2. ㉮ 3. ㉰ 4. ㉰ 5. ㉱

6 대단위 신도시를 건설하기 위한 넓은 지형의 정지공사에서 토량을 계산하고자 할 때 가장 적당한 방법은? [16㉮]

㉮ 점고법

㉯ 비례 중앙법

㉰ 양단면 평균법

㉱ 각주공식에 의한 방법

7 그림과 같은 지형의 체적을 구하는 공식은? [82㉳]

㉮ $V=\frac{l}{3}(A_1+\sqrt{A_1A_2}+A_2)$

㉯ $V=\frac{l}{8}(A_1+3A_2+3A_m+A_2)$

㉰ $V=\frac{A_m}{3}(A_1+A_m+A_2)$

㉱ $V=\frac{l}{6}(A_1+4A_m+A_2)$

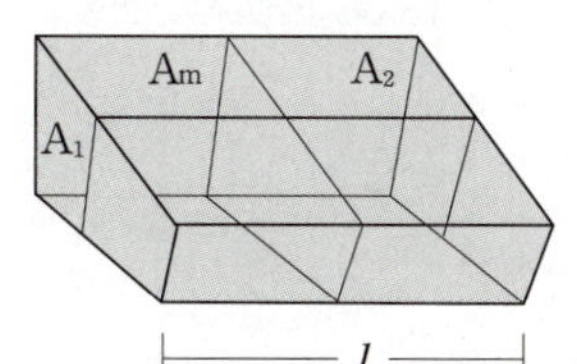

8 체적계산에 있어서 양 단면의 면적이 $A_1=80\text{m}^2$, $A_2=40\text{m}^2$, 중간 단면적 $A_m=70\text{m}^2$이다. A_1, A_2 단면 사이의 거리가 30m이면 체적은? (단, 각주공식 사용) [15㉳]

㉮ $2{,}000\text{m}^3$ ㉯ $2{,}060\text{m}^3$

㉰ $2{,}460\text{m}^3$ ㉱ $2{,}640\text{m}^3$

9 용적측량에서 등고선법은 어떻게 된 경우에 적합한가? [90㉮]

㉮ 도로 및 철도공사의 토공량을 산정할 때

㉯ 저수지의 용량을 추정할 때

㉰ 부지의 지근과 같이 넓은 면적의 토공량을 산정할 때

㉱ 수로공사 및 저수지공사의 토공량을 산정할 때

10 다음 그림에서 각 점의 수치는 표고이다. 표고 36m로 정지할 때 절토량은 다음 어느 것인가? [92, 86㉮]

㉮ $1{,}230\text{m}^3$

㉯ $1{,}240\text{m}^3$

㉰ $1{,}250\text{m}^3$

㉱ $1{,}270\text{m}^3$

36.5m 37.2m 37.6m 38.3m

37.4m 38.6m 39.3m 40.2m

38.5m 39.4m 40.2m

정방형은 10m×10m

해 설

해설 6

㉮ 넓은 지역의 토량 계산 : 점고법

㉯ 좁고 긴 도로의 토량 계산 : 중앙단면법, 양단면 평균법, 각주공식

해설 7

각주공식(prismoidal formula)은 심프슨의 제1법칙을 적용한 체적산출 공식으로 중앙단면의 면적에 4배의 가중치를 두어 계산한다.

해설 8

$V=\frac{L}{6}(A_1+4A_m+A_2)$

$=\frac{30}{6}(80+4\times70+40)=2{,}000\,\text{m}^3$

해설 9

등고선법 : 산의 토공량이나 저수량 등 원뿔 모양의 체적계산에 사용한다.

해설 10

$V=\frac{A}{4}\{\Sigma h_1+2\Sigma h_2+3\Sigma h_3+4\Sigma h_4\}$

여기서, 36m의 표고로 정지할 때의 토량이므로 각 측점의 높이에서 36m를 뺀다.

$\Sigma h_1=0.5+2.3+4.2+4.2+2.5=13.7$

$2\Sigma h_2=2(1.2+1.6+1.4+3.4)=15.2$

$3\Sigma h_3=3\times3.3=9.9$

$4\Sigma h_4=4\times2.6=10.4$

$\therefore V=\frac{10^2}{4}(13.7+15.2+9.9+10.4)=1230\text{m}^3$

정답 6. ㉮ 7. ㉱ 8. ㉮ 9. ㉯ 10. ㉮

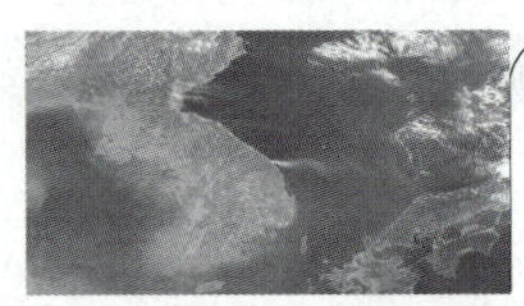

4 면적과 체적측정의 정확도 및 토지분할법

학습방향

면적이나 체적측정의 정도에 따라 거리관측의 정도가 결정된다. 면적의 분할은 삼각형의 면적비를 이용하여 해결한다. 이 단원은 간단하면서도 내용을 모르면 문제를 해결하기 힘들므로 자주 출제되고 있다.

① 면적과 체적측정의 정확도와 거리측정의 정도와의 관계
② 토지의 분할법

1 면적 측정의 정확도

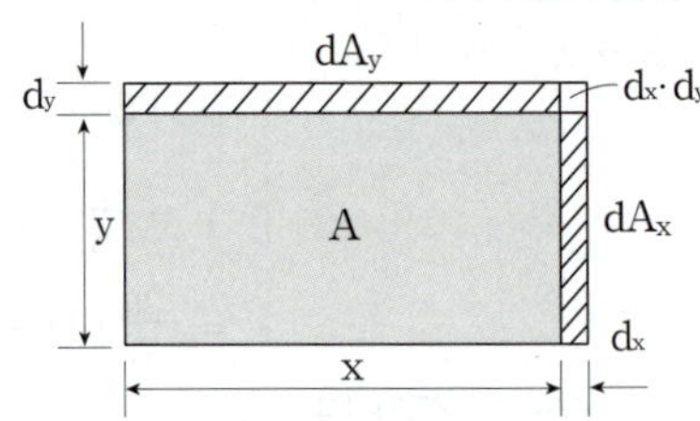

그림. 면적측정시의 오차

① 면적 $(A) = xy$ 양변을 미분하면

② dA (면적의 오차) $= yd_x + xd_y$

③ 양변을 A로 나누면

$$\frac{dA}{A}\text{(면적의 정도)} = \frac{yd_x}{xy} + \frac{xd_y}{xy} = \frac{d_x}{x} + \frac{d_y}{y}$$

∴ 면적의 정도=거리정도의 합

거리관측이 동일정도로 관측되었으므로

$$\frac{d_x}{x} = \frac{d_y}{y} = K\text{(거리측정의 정밀도)}$$

$$\therefore \frac{dA}{A} = 2K$$

$$\therefore dA\text{(면적의 오차)} = 2KA$$

2 체적측정의 정확도

$$\frac{dV}{V} = 3\frac{dl}{l} \quad \frac{dl}{l} = \frac{1}{3}\frac{dV}{V}$$

학습POINT

▶07, 09, 10㉠, 09, 10㉡
• 면적 측정의 정확도
• 체적측정의 정확도

■ 면적과 거리의 정도

$$A = x \cdot y$$
$$dA = y\,dx + x\,dy$$
$$\frac{dA}{A} = \frac{y\,dx}{xy} + \frac{x\,dy}{xy} = \frac{dx}{x} + \frac{dy}{y}$$

■ 면적의 표준편차(평균제곱오차)

$$\varDelta A = \pm\sqrt{(x \cdot m_y)^2 + (y \cdot m_x)^2}$$

여기서, m_x : x의 평균제곱오차
m_y : y의 평균제곱오차

■ $\frac{A_o}{A} = \frac{1}{m} \times \frac{1}{n}$
(세로축척×가로축척)

■ $\frac{\varDelta l}{l} \times 2 = \frac{\varDelta A}{A}$

■ $\frac{\varDelta l}{l} \times 3 = \frac{\varDelta V}{V}$

■ 체적의 평균제곱오차

$$\varDelta V = \pm\sqrt{(x \cdot y \cdot dz)^2 + (y \cdot z \cdot dx)^2 + (z \cdot x \cdot dy)^2}$$

3 면적의 분할

(1) 삼각형의 분할

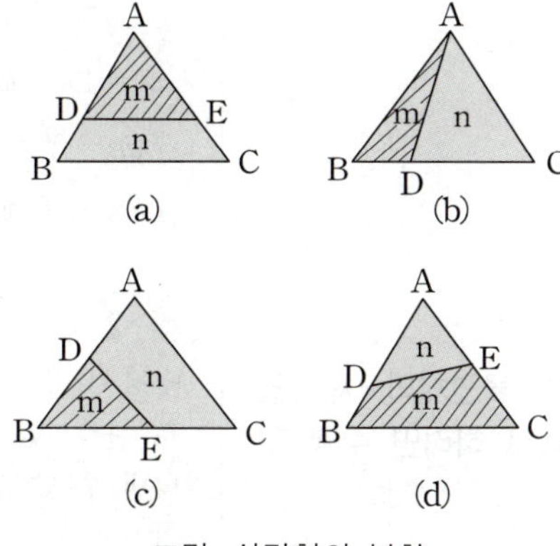

그림. 삼각형의 분할

① 한 변에 평행한 직선에 의한 분할 : 그림(a)의 경우

$$AD = AB\sqrt{\frac{m}{m+n}},\quad AE = AC\sqrt{\frac{m}{m+n}}$$

② 한 꼭지점을 지나는 직선에 의한 분할 : 그림 (b)의 경우

$$BD = \frac{m}{m+n}BC$$

③ 한 변상 고정점을 지나는 직선에 의한 분할

㉮ $m < \triangle BCD$ 의 면적 일 때 : 그림(C)의 경우

$$BE = \frac{m}{m+n}\ \frac{AB}{BD}\ BC$$

㉯ $m > \triangle BCD$ 의 경우 : 그림(d)의 경우

$$AE = \frac{n}{m+n}\ \frac{AB}{AD}\ AC$$

(2) 사다리꼴의 분할

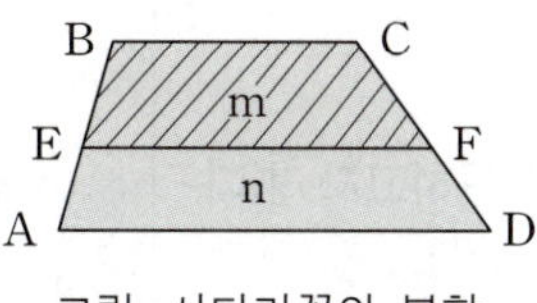

그림. 사다리꼴의 분할

위 그림에서 밑변에 평행한 직선으로 분할할 때

$$EF = \sqrt{\frac{mAD^2 + nBC^2}{m+n}}$$

▶06㉠, 04, 10, 25㉤

• 삼각형의 분할

■ 삼각형의 분할

1. 삼각형의 분할은 면적비에 따라 분할한다.
2. 면적을 구할 때는 면적비에 따르므로 $\frac{1}{2}$ 이나 $\sin\theta$ 등 공통으로 들어가는 항목은 삭제한다.
3. 면적비를 구할 때
   ① 면적=거리의 제곱 (평행선의 분할)
   ② 면적=밑변 (꼭지점으로 분할)
   ③ 면적=두변의 곱 (한 변상의 고정점을 지나는 직선으로 분할)으로 구한다.

핵심문제

1 100m²의 정방형의 토지의 면적을 0.1m²까지 정확하게 구하자면 이에 필요한 1변의 길이는? [00, 09, 24 ㉠]

㉮ 한변의 길이를 1cm까지 정확하게 읽어야 한다.
㉯ 한변의 길이를 1mm까지 정확하게 읽어야 한다.
㉰ 한변의 길이를 5cm까지 정확하게 읽어야 한다.
㉱ 한변의 길이를 5mm까지 정확하게 읽어야 한다.

2 수평 및 수직거리를 동일한 정확도로 관측하여 육면체의 체적을 2,000m³로 측정했을 때, 체적계산오차를 0.5m³ 이내로 하려면 수평 및 수직거리 관측의 허용정확도는 얼마로 해야 하는가? [00, 16 ㉠]

㉮ $\frac{1}{12,000}$

㉯ $\frac{1}{10,000}$

㉰ $\frac{1}{8,000}$

㉱ $\frac{1}{5,000}$

3 장방형의 토지의 종횡을 포권척으로 측정하여 각각 37.8m와 28.9m를 얻었다. 그 경우 포권척의 공차가 30m에 대하여 4.5cm라고 할 때 발생하는 면적의 최대오차는 어느 것인가? [92, 16 ㉦]

㉮ 3.40m²
㉯ 3.28m²
㉰ 3.38m²
㉱ 10.01m²

4 100m²인 정사각형 토지의 면적을 0.1m²까지 정확하게 구하고자 한다면 이에 필요한 거리관측의 정확도는?

㉮ 1/2000
㉯ 1/1000
㉰ 1/500
㉱ 1/300

해설

해설 **1**

$A=a^2$ 에서,
$a=\sqrt{A}=\sqrt{100}=10\,\mathrm{m}$ 가 된다.
$dA=2a\cdot da$
$\therefore da=\frac{dA}{2a}=\frac{0.1}{2\times10}=0.005\,\mathrm{m}$
그러므로 5mm의 단위로 읽는다.

해설 **2**

수평 및 수직거리가 동일한 정확도로 관측되었으므로 $V=a^3$ 으로 나타낼 수 있다.
여기서
$a=\sqrt[3]{V}=\sqrt[3]{2000}=12.6\,\mathrm{m}$
$dV=3a^2da$
$\therefore\ da=\frac{dV}{3a^2}=\frac{0.5}{3\times12.6^2}$
$=0.00105\,\mathrm{m}$
∴ 거리관측의 정도
$=\frac{da}{a}=\frac{0.00105}{12.6}\fallingdotseq\frac{1}{12,000}$

해설 **3**

$A=ab$
$dA=bd_a+ad_b$
여기서,
$d_a=37.8\times\frac{0.045}{30}=0.0567\,\mathrm{m}$
$d_b=28.9\times\frac{0.045}{30}=0.0434\,\mathrm{m}$
$\therefore\ dA=28.9\times0.0567+37.8\times0.0434$
$=3.28\,\mathrm{m}^2$

해설 **4**

$A=a^2$에서 양변을 미분
$dA=2a\,da$
$da=\frac{dA}{2a}$
$\therefore\ \frac{da}{a}=\frac{dA}{2a^2}=\frac{1}{2}\cdot\frac{dA}{A}$
$=\frac{1}{2}\times\frac{0.1}{100}=\frac{1}{2,000}$

정답 1. ㉱ 2. ㉮ 3. ㉯ 4. ㉮

5 장방형의 두변을 측정하여 x_1 = 25m, x_2 = 50m를 얻었다. 줄자의 1m 당 평균 자승오차가 ±3mm일 때 면적의 평균 자승오차는? [99 ㉠]

㉮ ±1.11m² ㉯ ±0.21m²
㉰ ±0.84m² ㉱ ±0.92m²

6 그림과 같은 토지를 한변 BC에 평행한 XY로 분할하여 m : n =1 : 3의 면적비가 되었다. AB=50m라면 AX는 얼마인가? [99, 06 ㉠]

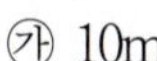

㉮ 10m
㉯ 15m
㉰ 20m
㉱ 25m

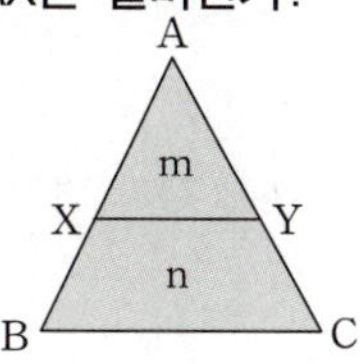

7 50m의 스틸(steel)자로 4각형의 변장을 측정한 결과 가로, 세로 모두 30.00m였다. 나중에 이 스틸자의 눈금을 기선척에 비교한 결과 50m에 대해 1cm 늘어난 것을 발견했다. 이 때의 면적오차는? [03 ㉠]

㉮ 0.15m² ㉯ 0.50m²
㉰ 0.20m² ㉱ 0.36m²

8 4변형 ABCD의 C를 통하여 면적을 2등분할 때 PD 길이는? (단, ABCD의 면적은 1800m², CE의 길이는 60m임) [01 ㉡]

㉮ 24m
㉯ 26m
㉰ 28m
㉱ 30m

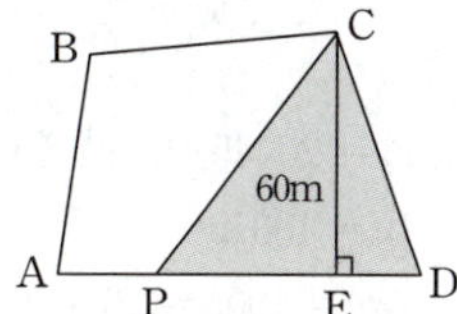

9 30m에 대하여 3mm 늘어나 있는 줄자로써 정사각형의 지역을 측정한 결과 80,000m²이었다면 실제의 면적은? [16 ㉠]

㉮ 80,016m²
㉯ 80,008m²
㉰ 79,984m²
㉱ 79,992m²

해 설

해설 **5**

$$dA = \sqrt{(x_1 m_{x_2})^2 + (x_2 m_{x_1})^2}$$

$$m_{x_1} = \pm 3\sqrt{25} = \pm 0.015\,\text{m}$$

$$m_{x_2} = \pm 3\sqrt{50} = \pm 0.021\,\text{m}$$

$$\therefore dA = \pm\sqrt{(25\times 0.021)^2 + (50\times 0.015)^2} = \pm 0.92\,\text{m}^2$$

해설 **6**

$$\overline{AX}^2 : \overline{AB}^2 = m : (m+n)$$

$$\therefore \overline{AX} = \overline{AB}\sqrt{\frac{m}{m+n}} = 50\sqrt{\frac{1}{1+3}} = 25\text{ m}$$

해설 **7**

$$A_o = A\left(1 \pm \frac{\Delta l}{l}\right)^2 = 30^2 \times \left(1 + \frac{0.01}{50}\right)^2 = 900.36\,\text{m}^2$$

$$\therefore\ dA = A_o - A = 900.36 - 900 = 0.36\,\text{m}^2$$

해설 **8**

△CDP 의 면적

$$= \frac{1800}{2} = 900\text{ m}^2 = \frac{1}{2}\text{PD}\cdot\text{CE}$$

$$\therefore\ \text{PD} = \frac{2\times 900}{\text{CE}} = \frac{2\times 900}{60} = 30\text{m}$$

해설 **9**

면적비=거리비²이므로

$$\frac{A_o}{A} = \left\{\frac{(30+0.003)}{30}\right\}^2$$

$$\therefore A_o = 80,000\times\left\{\left(\frac{1+0.0001}{1}\right)\right\}^2 = 80,016\text{ m}^2$$

정답 5. ㉱ 6. ㉱ 7. ㉱ 8. ㉱ 9. ㉮

출제예상문제

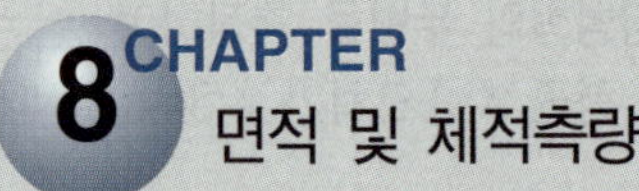

1. 축척이 1/600인 도면상에서 그림과 같은 값을 얻었을 때, 삼각형의 면적은?

㉮ 33.54m^2
㉯ 67.08m^2
㉰ 101.24m^2
㉱ 201.24m^2

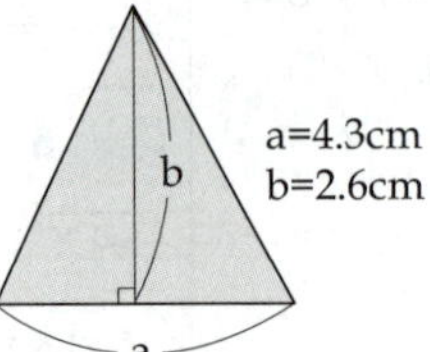

해설

$$A = \frac{1}{2}ab(M)^2$$
$$= \frac{1}{2}\times 0.043\times 0.026\times(600)^2$$
$$= 201.24\text{m}^2$$

2. 축척 1/1000 지형도에서 3변 길이가 10cm, 20cm, 25cm인 삼각형 토지의 실제 면적은?

㉮ 9016m^2 ㉯ 9237m^2
㉰ 9499m^2 ㉱ 9587m^2

해설

$$S = \frac{1}{2}(10+20+25) = 27.5\text{cm}$$
$$A_1 = \sqrt{27.5(27.5-10)(27.5-20)(27.5-25)}$$
$$= 94.99\text{cm}^2$$
$$A_2 = m^2 A_1$$
$$= 1000^2\times 94.99 = 9,499\text{m}^2$$

3. 다음 그림에서 빗금친 부분의 넓이를 구하면 얼마인가? (단, R = 50m ∠AOB=20° 11′, ∠OCB=90°) [00㉮]

㉮ 26.2m^2
㉯ 26.3m^2
㉰ 35.5m^2
㉱ 36.9m^2

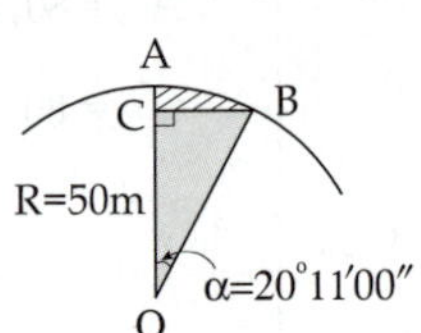

해설

1. $\widehat{AOB}$ 의 면적 $= \pi r^2 \frac{\alpha^\circ}{360^\circ}$
$= 3.14\times 50^2\times \frac{20°11'00''}{360}$
$= 440.33\text{m}^2$
2. △BCO의 면적 $= \frac{1}{2}50\cos\alpha\, 50\sin\alpha$
$= \frac{1}{2}50^2\frac{1}{2}\sin 2\alpha$
$= 404.80\text{m}^2$
3. 빗금친 부분의 면적 $= 1-2 = 35.53\text{m}^2$

4. 축척 1/3000 도면상에서 어떤 토지 개량 지구의 면적을 구하였더니 20.45cm^2였다. 이 때 실면적으로 환산하면 몇 ha인가?

㉮ 1.84ha
㉯ 1.94ha
㉰ 2.84ha
㉱ 2.94ha

해설

$A = 20.45\times 10^{-4}\times(3,000)^2 = 18,405\text{m}^2$
$1a = 100\text{m}^2$
$1ha = 100a = 10,000\text{m}^2$ 이므로
$A = 1.84ha$

5. 다음 그림과 같이 도로의 횡단면도에서 토공량을 구하기 위한 절토단면적은? (단, 그림의 숫자는 0을 원점으로 하는 좌표치(x, y)를 m단위로 나타낸 것이다.) [16㉮]

㉮ 94.99m^2
㉯ 98.00m^2
㉰ 102.00m^2
㉱ 106.09m^2

(-13,8) (12,6)
(3,4)
(-7,0) 0 (7,0)

해답 1. ㉱ 2. ㉰ 3. ㉰ 4. ㉮ 5. ㉰

해설

x : -7 -13 3 12 7 -7

y : 0 8 4 6 0 0

↘ 방향 ⊕ ↙ 방향 ⊖

$A=\frac{1}{2}\sum x_i(y_{i+1}-y_{i-1})$

$=\frac{1}{2}\{-7(8-0)-13(4-0)+3(6-8)+12(0-4)+7(0-6)\}$

$=\frac{1}{2}|-204|=102\,\text{m}^2$

6. 다음 도로노선의 종단면에서 측점 2의 절토단면적을 구한 값은? (단, 도로폭은 10m, 절토구배는 1 : 1이고, 성토구배는 1 : 1.5이다)

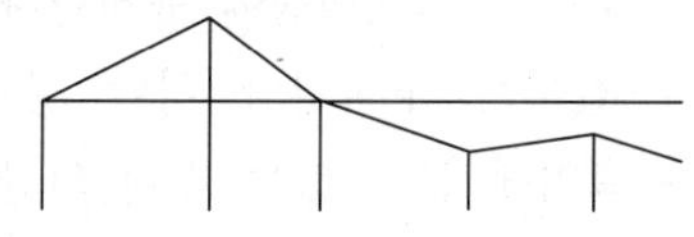

측 점	1	2	3	4	5
거 리	0	20	10	9	20
지반고	18	20	16	14	12
계획고	18	17	16	15	13

㉮ 32.5m^2 ㉯ 34.0m^2
㉰ 36.5m^2 ㉱ 39.0m^2

해설

1. $N_O 2$ 의 절토고$=20-17=3\text{m}$
2. 절토면적 $(A)=\frac{1}{2}(a+b)\cdot h$

$=\frac{1}{2}(10+16)\cdot 3=39\,\text{m}^2$

7. 다음과 같은 삼각형 ABC의 넓이는 얼마인가?

㉮ 153.04m^2
㉯ 235.09m^2
㉰ 1495.57m^2
㉱ 2227.50m^2

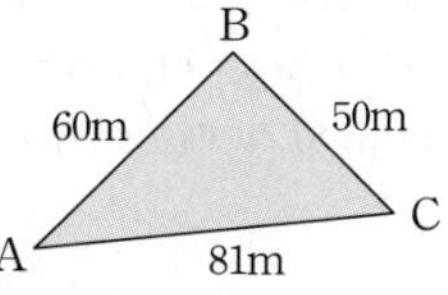

해설

$A=\sqrt{S(S-a)(S-b)(S-c)}$에서

$S=\frac{a+b+c}{2}$

$=\frac{60+50+81}{2}=95.5\,\text{m}$

$A=\sqrt{95.5(95.5-60)(95.5-50)(95.5-81)}$

$=1495.57\,\text{m}^2$

8. 그림과 같은 지역의 면적은 얼마인가?

㉮ 100m^2
㉯ 150m^2
㉰ 200m^2
㉱ 250m^2

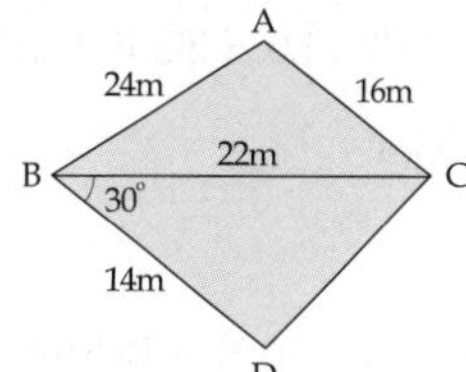

해설

① △ABC의 면적(A_1)

$S=\frac{1}{2}(24+16+22)=31\,\text{m}$

$A_1=\sqrt{31(31-24)(31-16)(31-22)}$

$=171.2\,\text{m}^2$

② △BCD의 면적(A_2)

$A_2=\frac{1}{2}ab\sin\alpha$

$=\frac{1}{2}\times 22\times 14\times \sin 30°=77\,\text{m}^2$

③ $A=A_1+A_2=248.2\,\text{m}^2$

9. 지거를 5m 등간격으로 하고 각 지거가 $y_1=3.8\text{m}$, $y_2=9.4\text{m}$, $y_3=11.6\text{m}$, $y_4=13.8\text{m}$, $y_5=7.4\text{m}$이었다. 심프슨 제1법칙의 공식으로 면적을 구한 값은? [00㉮]

㉮ 173.33m^2 ㉯ 256.67m^2
㉰ 156.53m^2 ㉱ 212.00m^2

해설

$A=\frac{d}{3}\{y_1+y_5+4(y_2+y_4)+2y_3\}$

$=\frac{5}{3}\{3.8+7.4+4(9.4+13.8)+2\times 11.6\}$

$=212\,\text{m}^2$

해답 6. ㉱ 7. ㉰ 8. ㉱ 9. ㉱

10. Simpson 제2법칙을 이용하여 다음 그림의 면적을 구한 값은?

㉮ $11.20m^2$
㉯ $11.32m^2$
㉰ $11.71m^2$
㉱ $12.07m^2$

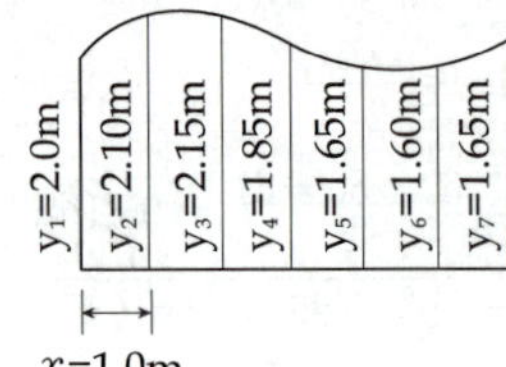

해설 Simpson 제2법칙

$$A=\frac{3}{8}d\{y_1+y_n+3(y_2+y_3+y_5+y_6)+2(y_4)\}$$
$$=\frac{3}{8}\times1\times\{2+1.65+3(2.10+2.15+1.65+1.6)+2\times1.85\}$$
$$=11.193m^2$$

11. 축척 1/1,000의 단위면적이 $5m^2$일 때 이것을 이용하여 1/2,000의 축척에 의한 면적을 구할 경우의 단위 면적을 구한 값은?

㉮ $60m^2$ ㉯ $40m^2$
㉰ $20m^2$ ㉱ $5m^2$

해설

$A=an$ 에서 축척이 다를 경우

$$a'=\left(\frac{S}{L}\right)^2a$$
$$=\left(\frac{2000}{1000}\right)^2\times5=20\,m^2$$

12. $2500m^2$의 면적을 $0.1m^2$까지 정확하게 구하려면 거리관측의 최소단위를 얼마까지 읽어야 하는가?

㉮ 0.1mm ㉯ 0.5mm
㉰ 1mm ㉱ 5mm

해설

1. $A=a^2$ 에서
$a=\sqrt{A}=\sqrt{2500}=50\,m$
2. $\frac{dA}{A}=2\frac{da}{a}$ 에서
$$da=\frac{adA}{2A}$$
$$=\frac{50\times0.1}{2\times2500}=0.001\,m$$

13. 플라니미터로 면적을 측정할 경우 측륜의 회전속도는 어떻게 하는 것이 좋은가? [96]

㉮ 빠르게 한다.
㉯ 직선은 느리게, 곡선은 빠르게 한다.
㉰ 균일하게 한다.
㉱ 직선은 빠르게, 곡선은 느리게 한다.

14. 구적기(planimenter)로 면적측정시 주의할 사항 중 옳지 않은 것은?

㉮ 구적기의 오차는 2~3% 감안하여야 한다.
㉯ 눈금을 읽을 때 숫자판의 눈금이 0을 통과하는 경우에는 읽음값에 1,000을 더 한다.
㉰ 측기의 정확도를 점검한 후 측도침의 시점을 정하고 도면의 경계선상에 표시한다.
㉱ 측기의 길이는 구적기의 격납 상자에 붙어 있거나 측기에 붙어 있는 값에 의한다.

해설

숫자판의 눈금이 1바퀴 이상 회전한 경우(눈금이 0을 통과하는 경우)에는 읽음값에 10,000을 더한다.

15. 축척 1/1,200의 도면에서 구적기로 면적을 측정한 결과 $17,850m^2$의 면적을 얻었다. 이때 제1독치는 8,364를 얻었다면 단위면적은 얼마인가? (단, 제2독치는 4,188이다.) [97]

㉮ $30.6m^2$ ㉯ $4.60m^2$
㉰ $3.06m^2$ ㉱ $5.06m^2$

해설

$A=an$ 에서

$$a=\frac{A}{n}$$
$$=\frac{17,850}{(14,188-8,364)}=3.06\,m^2$$

(∵ 여기서 $n_2=14,188$로 10,000을 더해준 것은 한바퀴를 더 돌았기 때문이다.)

해답 10. ㉮ 11. ㉰ 12. ㉰ 13. ㉰ 14. ㉯ 15. ㉰

16. 축척 1/1,200 도면의 면적을 구적기로 구하려 하는데 구적기에 계수표가 기재되어 있지 않다. 따라서 1변의 길이를 10m로 하는 정사각형을 그리고 이 정사각형의 면적을 이 구적기로 측정하여 323의 수를 얻었다. 그리고, 이 1/1,200 도면의 면적을 구적기로 구하여 2,100의 수를 얻었다. 이 도면의 면적은?

㉮ $450m^2$　　㉯ $650m^2$
㉰ $850m^2$　　㉱ $1,050m^2$

해설

$A' = an'$

$a = \frac{A'}{n'} = \frac{10^2}{323} = 0.3096$

$A = an$

$= 0.3096 \times 2,100 = 650\,m^2$

17. 구적기의 정밀도에서 작은 면적의 정밀도는?

㉮ 0.1~0.5%　　㉯ 0.1~0.2%
㉰ 1~5%　　㉱ 1%이내

해설

큰면적 0.1~0.2%, 작은 면적 1% 이내

18. 도면상에서 횡축척 1/200, 종축척 1/300으로 횡단면도를 작성하였다. 이때 단면적을 구하기 위해 1/1,000의 구적기를 사용하여 읽은 값이 4200였다. 이때 단면적은 얼마인가? (단, 단위면적은 $10m^2$이다.)

㉮ $2520m^2$　　㉯ $5000m^2$
㉰ $7000m^2$　　㉱ $3750m^2$

해설

$A = (\frac{m}{L})(\frac{n}{L})an$

$= \frac{200}{1000} \times \frac{300}{1000} \times 10 \times 4200 = 2520\,m^2$

이 문제에서 실제는 이렇게 종,횡축척이 다른 도면에 구적기를 사용해서는 안된다.

19. 축척 1/25000의 도면상에서 어느 구역의 면적이 $56.0cm^2$일 때, 실제 면적은 몇 ha인가?

㉮ 350ha　　㉯ 450ha
㉰ 200ha　　㉱ 400ha

해설

1. 실면적 $A = m^2 A_o$

$= (25000)^2 \times 56 \times \left(\frac{1}{100}\right)^2 = 3,500,000\,m^2$

2. 1ha는 $10,000m^2$이므로 $A = 350\,ha$

20. 그림에서 댐(Dam) 저수면의 높이를 110m로 할 경우 그 저수량은 얼마인가?

단, 80m 등고선내의 면적 $1,000m^2$
90m 등고선내의 면적 $10,000m^2$
100m 등고선내의 면적 $17,000m^2$
110m 등고선내의 면적 $25,000m^2$

㉮ $266,666m^3$
㉯ $270,000m^3$
㉰ $300,000m^3$
㉱ $403,333m^3$

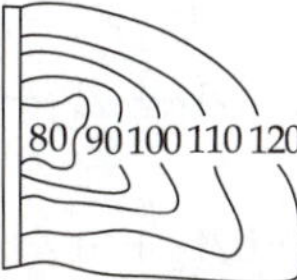

해설

$Q = \frac{h}{3}(A_o + 4A_1 + A_2) + \frac{h}{2}(A_2 + A_3)$

$= \frac{10}{3}(1,000 + 4 \times 10,000 + 17,000)$

$+ \frac{10}{2}(17,000 + 25,000) = 403,333\,m^2$

21. 아래 그림에서 댐의 저수면 높이를 120m로 할 때 저수량은 약 얼마인가? (단, 80m 등고선내의 면적 $900m^2$)

90m 등고선내의 면적 $1,200m^2$
100m 등고선내의 면적 $2,500m^2$
110m 등고선내의 면적 $4,300m^2$
120m 등고선내의 면적 $6,200m^2$

㉮ $53,000m^3$
㉯ $62,000m^3$
㉯ $93,000m^3$
㉱ $113,700m^3$

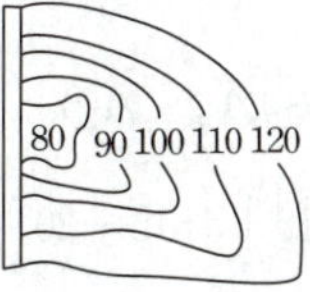

해답　16. ㉯　17. ㉱　18. ㉮　19. ㉮　20. ㉱　21. ㉱

해설

$$Q=\frac{2h}{6}\{A_0+A_4+2A_2+4(A_1+A_3)\}$$

$$=\frac{2\times10}{6}\{900+6200+2\times2500+4\times(1200+4300)\}$$

$$=113667\text{m}^3$$

22. 그림과 같이 측정된 성토고를 이용하여 전토량을 구하는데 적합한 공식은?

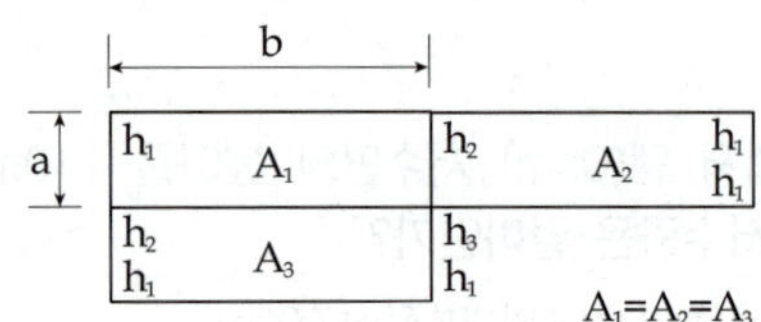

㉮ $\frac{ab}{4}(\Sigma h_1+2\Sigma h_2+3\Sigma h_3+4\Sigma h_4)$

㉯ $\frac{ab}{3}(\Sigma h_1+2\Sigma h_2+3\Sigma h_3+4\Sigma h_4)$

㉰ $\frac{l}{6}(A_1+4A_2+A_3+A_4)$

㉱ $\frac{l}{2}(A_1+6A_2+A_3+A_4)$

해설 점고법의 직사각형 공식

$$V=\frac{A}{4}(\Sigma h_1+2\Sigma h_2+3\Sigma h_3+4\Sigma h_4)$$

$$=\frac{ab}{4}(\Sigma h_1+2\Sigma h_2+3\Sigma h_3+4\Sigma h_4)$$

22. 다음 그림과 같은 흙의 토량은? (단, 계산은 각주(prismoidal) 공식을 사용할 것.)

㉮ 306m^2

㉯ 102m^2

㉰ 270m^2

㉱ 324m^2

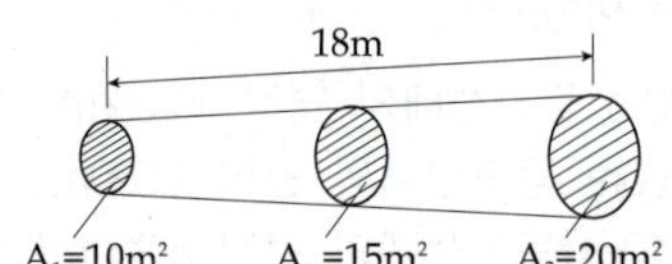

해설

$$V=\frac{l}{6}(A_1+4A_m+A_2)$$

$$=\frac{18}{6}(10+4\times15+20)=270\,\text{m}^3$$

24. 양단면 면적이 $A_1=65\text{m}^2$, $A_2=30\text{m}^2$, 그리고 중간 단면적 $A_m=40\text{m}^2$일 때 체적은? (단, 각주공식에 의하는 것으로 한다.)

㉮ 830m^3

㉯ 850m^3

㉰ 870m^3

㉱ 890m^3

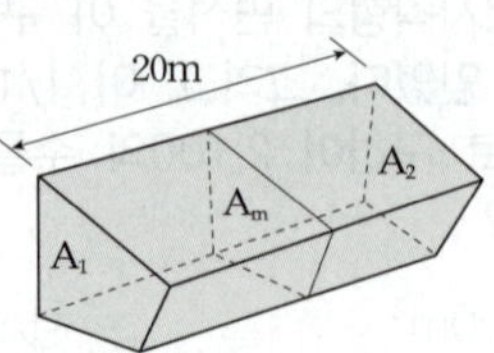

해설

$$V=\frac{l}{6}(A_1+4A_m+A_2)$$

$$=\frac{20}{6}(65+4\times40+30)=850\,\text{m}^3$$

25. 도로공사의 시공에서 A점의 성토면적이 25m^2, B점의 성토면적이 10.42m^2이고, 그 A, B간의 거리는 20m일 때 성토해야 할 토량은?

㉮ 500.4m^3 ㉯ 380.2m^3

㉰ 354.2m^3 ㉱ 308.4m^3

해설

$$V=\frac{l}{2}(A_1+A_2)\ (\text{양단면 평균법})$$

$$=\frac{20}{2}(25+10.42)=354.2\,\text{m}^3$$

26. 각 꼭지점의 표고가 그림과 같을 때 부피를 구하면 다음 중 어느 것인가? [97]

㉮ $1,500\text{m}^3$

㉯ $1,600\text{m}^3$

㉰ $1,700\text{m}^3$

㉱ $1,800\text{m}^3$

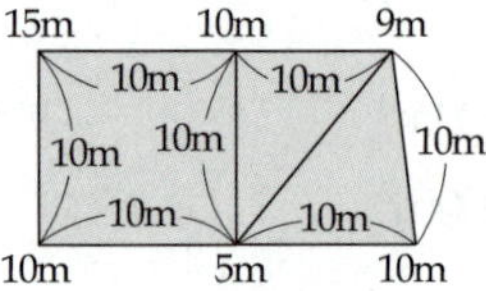

해설

$$V=\frac{10^2}{4}(15+10+5+10)+\frac{5\times10}{3}\{10+10+2(9+5)\}$$

$$=1,800\,\text{m}^3$$

해답 22. ㉮ 23. ㉰ 24. ㉯ 25. ㉰ 26. ㉱

27. 직사각형의 두변길이를 1/2,000 정확도로 관측하여 면적을 산출할 경우 산출된 면적의 정확도는?

㉮ $\frac{1}{500}$　　㉯ $\frac{1}{1,000}$

㉰ $\frac{1}{2,000}$　　㉱ $\frac{1}{3,000}$

해설

$$\frac{dA}{A}=2K=2\frac{1}{2000}=\frac{1}{1000}$$

28. 축척 1/3,000의 도면을 구적기로 면적을 관측한 결과 2,450m²이었다. 그런데 도면의 가로와 세로가 각각 1%의 줄어 있었다면 올바른 원면적은? [05㉮]

㉮ 2,485m²

㉯ 2,499m²

㉰ 62,415m²

㉱ 62,375m²

해설

$$A=\left(1+\frac{n}{100}\right)^2\cdot A_o(\because \text{ 면적}=\text{길이}^2)$$

$$=\left(1+\frac{1}{100}\right)^2\times 2450=2499.2\,\text{m}^2$$

29. 거리측량의 정도(精度)가 1/n인 경우 여기에 따라 구해진 면적의 정도는?

㉮ $1/n^2$　　㉯ $2/n$

㉰ $\sqrt{n}/n$　　㉱ $1/4n$

해설

$$\frac{dA}{A}=\frac{d_x}{x}+\frac{d_y}{y}$$

여기서 거리가 동일하게 관측되었다면

$\frac{d_x}{x}=\frac{d_y}{y}=\frac{1}{n}$ 이므로

$$\therefore\ \frac{dA}{A}=\frac{1}{n}+\frac{1}{n}=\frac{2}{n}$$

30. 그림과 같은 △ABC의 토지를 BC에 평행인 DE로서 ADE : BCED = 2 : 3의 비로 분할코자할 때 AD는 몇 m로 하면 좋은가? (단, AB = 50m이다.)

㉮ 21.62m

㉯ 22.62m

㉰ 31.62m

㉱ 32.62m

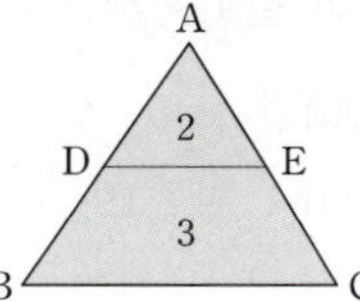

해설

면적은 거리의 제곱에 비례하므로

$\triangle ADE : \triangle ABC = AD^2 : AB^2 = 2 : (2+3)$

$\therefore\ AD=\sqrt{\frac{2}{5}\times 50^2}=31.62\text{m}$

31. 그림과 같은 삼각형의 꼭지점 A로부터 밑변을 향해서 직선으로 m : n=2 : 8의 비율로 면적을 분할하려면 BP의 거리는 얼마인가? (단, BC=200m로 한다.)

㉮ 40m

㉯ 50m

㉰ 100m

㉱ 75m

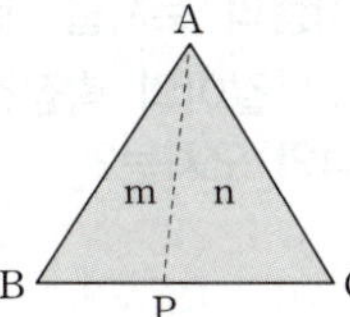

해설

높이가 같으므로 면적비=거리비 이다.

BP : BC = m : m+n

$$\therefore\ BP=\frac{m}{m+n}BC=\frac{2}{2+8}\times 200=40\,\text{m}$$

32. 그림과 같은 토지의 한변 BC에 나란히 m : n= 1 : 3의 비율로 분할할 때 AB=40m이면 AX는 얼마인가? [90㉰]

㉮ 20.0m

㉯ 21.0m

㉰ 22.0m

㉱ 23.0m

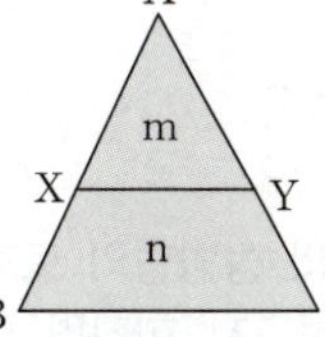

해설

$$AX=AB\sqrt{\frac{m}{m+n}}=40\sqrt{\frac{1}{1+3}}=20\,\text{m}$$

해답 27. ㉯ 28. ㉯ 29. ㉯ 30. ㉰ 31. ㉮ 32. ㉮

33. 농지분할에 있어서 그림과 같은 삼각형 ABC의 변 BC상의 점 D와 AC상의 점 E를 연결하여 직선 DE로 삼각형 ABC의 면적을 2등분 하려고 할 때 적당한 CE의 길이는?

㉮ 14.99m
㉯ 18.49m
㉰ 24.5m
㉱ 32.5m

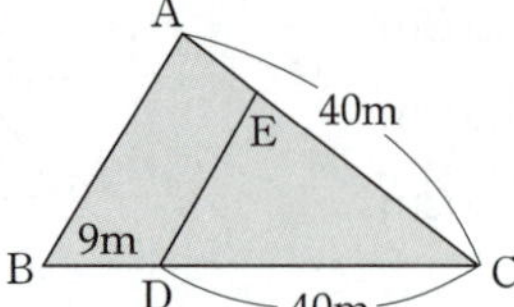

해설

1. △ABC의 면적 $= \frac{1}{2} \times 49 \times 40 \times \sin \angle C$ ……①
2. △CDE의 면적 $= \frac{1}{2} \times 40 \times CE \times \sin \angle C$ ……②
3. △ABC의 면적은 2 · △CDE 이므로
①=2×②에서 CE를 구한다.

∴ $CE = \frac{1}{2} \times 49 = 24.5\,\text{m}$

34. 직사각형의 토지를 재어서 60.50m와 48.50m을 얻었다. 이 길이의 측정값에 ±1cm의 오차가 있었다면 면적의 오차는?

㉮ $\pm 0.7\text{m}^2$ ㉯ $\pm 0.8\text{m}^2$
㉰ $\pm 0.9\text{m}^2$ ㉱ $\pm 1.0\text{m}^2$

해설

면적오차 $\triangle A = \sqrt{(x \cdot m_y)^2 + (y \cdot m_x)^2}$
$= \sqrt{(60.5 \times 0.01)^2 + (48.5 \times 0.01)^2}$
$= 0.78\,\text{m}^2 = 0.8\,\text{m}^2$

35. 구형의 2변을 측정하여 다음 결과를 얻었다. 이 구형면적의 가장 적당한 표현방법은? (단, 가로 : a, 세로 : b, a = 10.00±0.05m, b = 10.00±0.05m)

㉮ 100m^2 ㉯ 102.01m^2
㉰ 99.0025m^2 ㉱ 100.50m^2

36. 100m^2의 정방형의 토지의 면적을 0.1m^2까지 정확하게 구하고자 한다면 이에 필요한 거리관측정도는? [03㉮]

㉮ 1/2,000 ㉯ 1/1,000
㉰ 1/500 ㉱ 1/300

해설

$\frac{dA}{A} = 2\frac{dL}{L}$

$\therefore \frac{dL}{L} = \frac{1}{2} \times \frac{dA}{A} = \frac{1}{2} \times \frac{0.1}{100} = \frac{1}{2,000}$

37. 측선 AB밖의 정점 C에서 수선을 내려 그 발 F점을 구하는 측량 과정에서 DF를 구하는 식은? [93㉮]

㉮ $DF = \frac{DC \cdot DE}{DG}$

㉯ 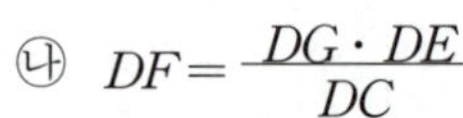 $DF = \frac{DG \cdot DE}{DC}$

㉰ 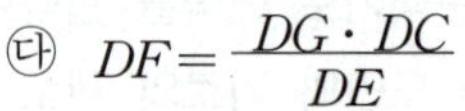 $DF = \frac{DG \cdot DC}{DE}$

㉱ $DF = \frac{DG^2 + DC^2 + DE^2}{DG \cdot DC \cdot DE}$

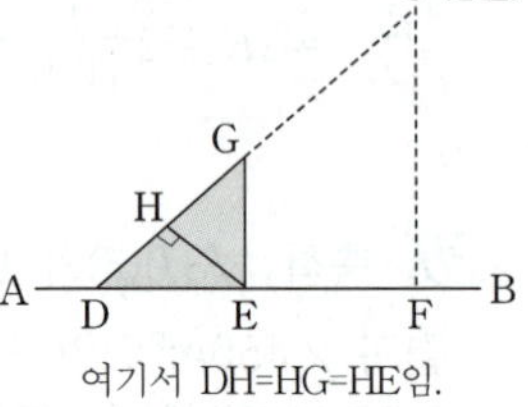

여기서 DH=HG=HE임.
D=임의의 점

해설

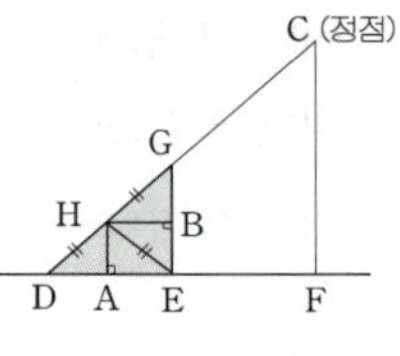

그림에서 △DEH는 이등변 삼각형
△EGH는 이등변 삼각형
이므로 H점에서 내린 A, B점에 의해 네 삼각형은 합동인 직각삼각형이 된다.

∴ DE : DG = DF : DC

$\therefore DF = \frac{DC \cdot DE}{DG}$

38. 기초터파기 공사를 하기 위해 가로, 세로, 깊이를 줄자로 관측하여 다음과 같은 결과를 얻었다. 토공량과 여기에 포함된 오차는?

가로 40±0.05m, 세로 20±0.03m, 깊이 15±0.02m

㉮ $6,000 \pm 28.4\text{m}^3$ ㉯ $6,000 \pm 48.9\text{m}^3$
㉰ $12,000 \pm 28.4\text{m}^3$ ㉱ $12,000 \pm 48.9\text{m}^3$

해설

㉮ $\Delta V = \pm\sqrt{(xydz)^2 + (yzdx)^2 + (zxdy)^2}$
$= \pm\sqrt{(40 \times 20 \times 0.02)^2 + (20 \times 15 \times 0.05)^2 + (15 \times 40 \times 0.03)^2}$
$= \pm 28.37\,\text{m}^3$

㉯ $\therefore V = 40 \times 20 \times 15 \pm 28.37$
$= 12,000 \pm 28.4\,\text{m}^3$

해답 33. ㉰ 34. ㉯ 35. ㉮ 36. ㉮ 37. ㉮ 38. ㉰

제 9 장 노선측량

출제경향분석

노선측량은 가장 자주 출제(약 15%)되는 단원으로
1. 단곡선의 기초와 곡선 2. 곡선 설치법 3. 완화곡선의 개요 및 켄트와 확폭
4. 클로소이드 곡선 등을 확실하게 학습해야 한다.

단원별 경향분석

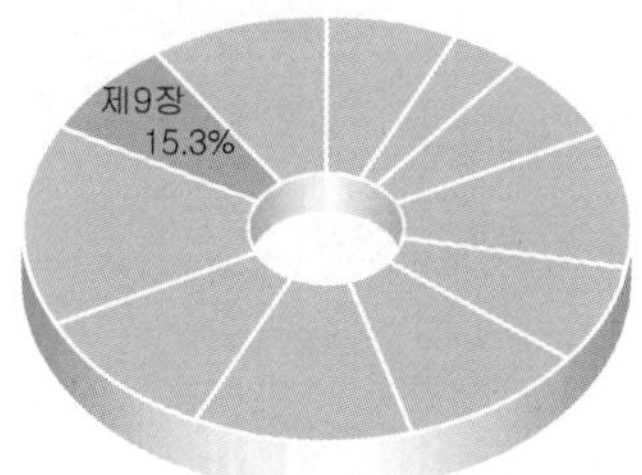

토목기사

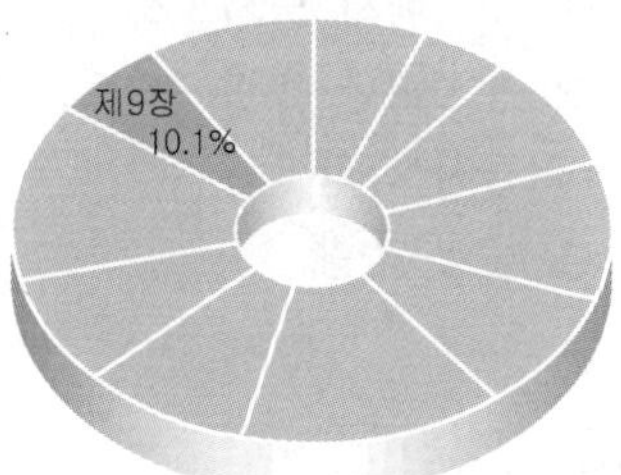

토목산업기사

항목별 경향분석

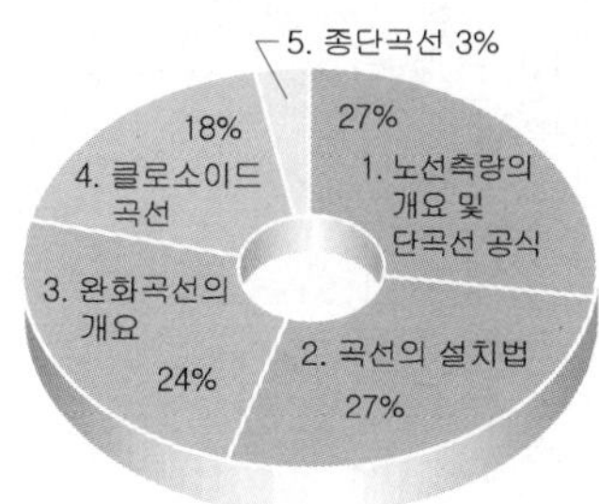

토목기사

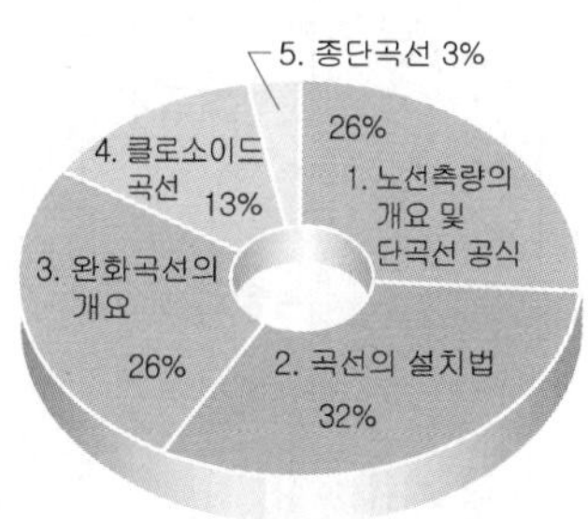

토목산업기사

1 노선측량의 개요 및 단곡선 공식

학습방향

노선측량은 도로, 철도, 수로등 비교적 폭이 좁고 긴 지역의 측량을 말하며 출제는 주로 중심선을 설치할 때의 여러 요소들에 대해서 이루어 지는데 출제빈도도 매우 높은 편이다.

① 곡선의 종류　　② 단곡선의 기본공식

1 노선측량의 정의

노선측량이란 도로, 철도, 관로, 갱도, 수로등 노선상에 여러 구조물을 계획, 설계 및 시공을 목적으로 하여 시행하는 측량이다.

2 노선 선정

(1) 예비설계 단계 : 1/2,500~1/5,000의 지형도에 노선선정

(2) 세부설계 단계 : 1/1,000의 지형도에 노선선정

(3) 노선측량순서

① 도상에서 노선선정 및 설계를 위한 지형측량

② 종·횡단 측량 → 토공량 산출

③ 공사 측량

④ 준공 측량

3 곡선 설치

(1) 중심말뚝의 간격 20m

(2) 곡선의 종류

- 수평곡선
  - 원곡선 : 단곡선, 복심곡선, 반향곡선, 배향곡선
  - 완화곡선
    - 3차 포물선(철도)
    - 클로소이드(고속도로)
    - 렘니스케이트(지하철)
    - 반파장 sin 체감곡선(고속철도)
- 수직곡선
  - 종단곡선
    - 원곡선(철도)
    - 2차포물선(도로)
  - 횡단곡선

학습POINT

▶05, 06, 09㉮, 08, 10㉯
- 노선 선정
- 곡선 설치

■ 노선측량의 순서

노선선정 - 계획조사 - 실시설계 - 세부측량 - 용지측량 - 공사측량 (실시설계측량 : 중심선 설치, 지형도 작성, 다각측량)

■ 곡선의 형상

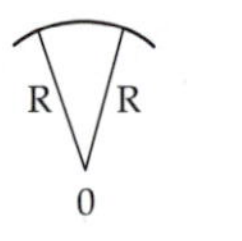

(a) 단곡선

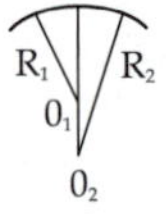

(b) 복심곡선

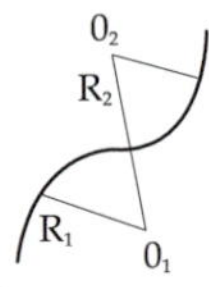

(c) 반향곡선

(d) 완화곡선

■ 직선체감을 전제로 한 곡률반경 곡선을 완화곡선이라 하며, 종단구배가 변하는 곳에 충격을 완화시키고 시거를 확보해 주는 것은 종단곡선이다.

4 단곡선의 기본공식

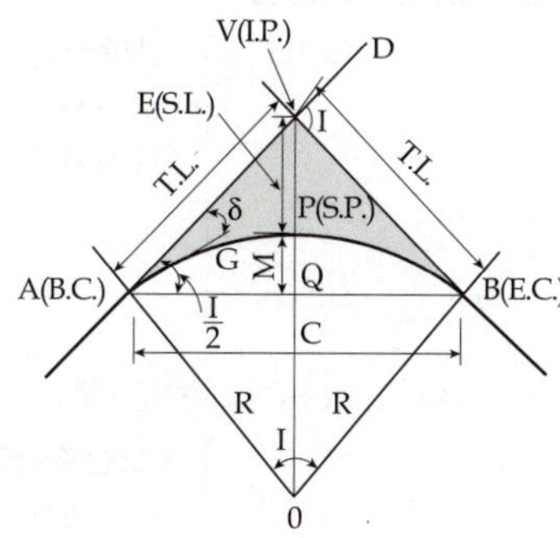

그림. 단곡선의 기호

1. 단곡선의 명칭

① A=곡선 시점=B.C.(begining of curve)

② B=곡선 종점 =E.C.(end of curve)

③ V=교점=I.P.(intersection point)

④ ∠BVD=교각=I.A. 또는 I.(angle of intersection)

⑤ ∠AOB=중심각=I(central angle

⑥ $\overline{OA}=\overline{OB}$=곡률 반지름 =R(cruvature radius)

⑦ 이 그림에서 $\angle AOV=\angle BOV=\dfrac{I°}{2}$

$\angle VAQ=\angle VBQ=\dfrac{I°}{2}$ 가 되므로 다음 공식들이 유도된다.

2. 단곡선의 기본공식

① $\overline{VA}=\overline{VB}$=접선 길이=T.L.(tangent length)= $R\tan\dfrac{I}{2}$

② $\widehat{APB}$ = 곡선 길이 =C.L.(curve length)= $R\,I\,rad$

$=\dfrac{\pi R I°}{180}$ =0.0174533 $RI°$ (다만, I는 radian, I°는 도 단위)

③ E=외할=S.L. (external secant)= $R\left(\sec\dfrac{I}{2}-1\right)$

④ $\overline{PQ}$=중앙 종거=M(middle ordinate)= $R\left(1-\cos\dfrac{I}{2}\right)$

⑤ $\overline{AB}$=현 길이 =C(chord length) = $2R\sin\dfrac{I}{2}$

⑥ ∠VAG=편각=δ(deflection angle)

$=\dfrac{l}{2R}$(radian)=1718.87× $\dfrac{l}{R}$ 분

⑦ P=곡선 중점=S.P.(point of secant)

∠VAB=∠VBA=총 편각= $\dfrac{I}{2}$(total deflection angle)

05, 07, 09(기), 06, 10(산)
- 단곡선의 기본공식

■ 단곡선 공식의 이해

단곡선 공식의 이해

1. (T.L., R, I/2)
$\tan\dfrac{I}{2}=\dfrac{T.L}{R}$
$\therefore T.L=R\cdot\tan\dfrac{I}{2}$

2. (C.L., I, R)
$2\pi R : C.L = 360° : I°$
$\therefore C.L=R\cdot I°\dfrac{\pi}{180°}$

3. (E, M, R, I/2)
$\cos\dfrac{I}{2}=\dfrac{R}{R+E}$
$\therefore E=R(\sec\dfrac{I}{2}-1)$
$\cos\dfrac{I}{2}=\dfrac{R-M}{R}$
$\therefore M=R(1-\cos\dfrac{I}{2})$

4. (C/2, R, I/2)
$\sin\dfrac{I}{2}=\dfrac{C/2}{R}$
$C=2R\cdot\sin\dfrac{I}{2}$

핵심문제

1 노선측량에서 평면곡선으로 공통 접선의 반대방향에 반지름(R)의 중심을 갖는 곡선 형태는? [15 ㉭]

㉮ 복심곡선 ㉯ 포물선곡선
㉰ 반향곡선 ㉱ 횡단곡선

2 노선측량의 순서 중 맞는 것은 어느 것인가? [87 ㉶, 16 ㉭]

㉮ 답사 → 예측 → 공사측량 → 도상계획
㉯ 예측 → 답사 → 공사측량 → 도상계획
㉰ 도상계획 → 답사 → 예측 → 공사측량
㉱ 답사 → 도상계획 → 예측 → 공사측량

3 원곡선에서 적당한 현장 C와 그 중앙종거 M을 측정하여 반지름 R을 구할 때 적당한 식은? [00 ㉶, 15 ㉭]

㉮ $\dfrac{C^2}{8M}$ ㉯ $\dfrac{C^2}{4M}$
㉰ $\dfrac{C^2}{24M}$ ㉱ $\dfrac{C^2}{12M}$

4 노선에 곡선반지름 R=600m인 곡선을 설치할 때, 현의 길이 L=20m에 대한 편각은? [16 ㉶]

㉮ 54′18″ ㉯ 55′18″
㉰ 56′18″ ㉱ 57′18″

5 곡선반지름 R, 교각 I 일 때 다음 공식 중 틀린 것은? (단, 접선길이 : T.L, 외선길이 : S.L, 중앙종거 : M, 곡선길이 : C.L) [00, 05 ㉶, 16, 25 ㉭]

㉮ $T.L = R\tan\frac{I}{2}$
㉯ $C.L = 0.0174533RI$
㉰ $S.L = R(\sec\frac{I}{2} - 1)$
㉱ $M = R(1 - \sin\frac{I}{2})$

해설

해설 **1**

반향곡선 : 공통접선의 반대방향으로 반지름의 중심을 갖는 곡선으로 S커브라고도 한다.

해설 **2**

• 노선측량의 순서
도상계획 → 답사 → 예측 → 공사측량 → 준공측량

해설 **3**

$M = R\left(1 - \cos\frac{I}{2}\right) \fallingdotseq \frac{C^2}{8R}$

$\therefore R = \frac{C^2}{8M}$

해설 **4**

$\delta = \frac{L}{2R}\,\text{rad}$
$= \frac{20}{2\times600} \times \frac{180°}{\pi} = 57'18''$

해설 **5**

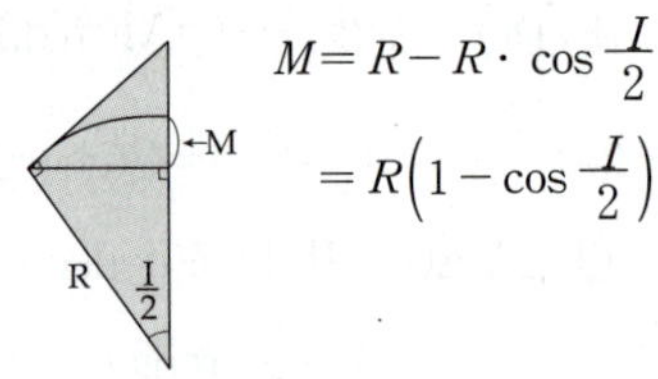

$M = R - R\cdot\cos\frac{I}{2}$
$= R\left(1 - \cos\frac{I}{2}\right)$

정답 1. ㉰ 2. ㉰ 3. ㉮ 4. ㉱ 5. ㉱

6 원곡선의 주요점에 대한 좌표가 다음과 같을 때 이 원곡선의 교각(I)는? (단, 교점(I. P)의 좌표 : X=1150.0m, Y=2300.0m, 곡선시점(B.C)의 좌표 : X=1000.0m, Y=2100.0m, 곡선종점(E.C)의 좌표 : X=1000.0m, Y=2500.0m)

[15 ㉠]

㉮ 90° 00′ 00″　　㉯ 73° 44′ 24″
㉰ 53° 07′ 48″　　㉱ 36″ 52′ 12″

7 그림과 같이 A_0B_0의 노선을 e=10m만큼 연장하여 내측으로 노선을 설치하고자 한다. 새로운 반경은? (단, R_o=200m, I=60°)　[01,24 ㉠]

㉮ 217.64m
㉯ 238.26m
㉰ 250.50m
㉱ 264.64m

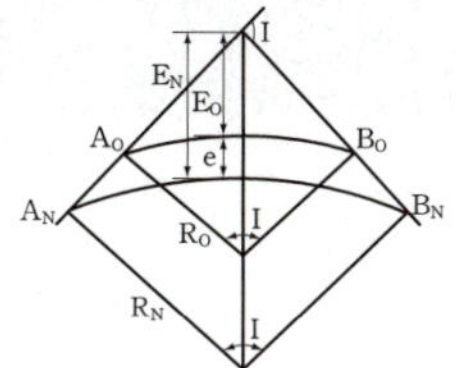

8 곡선설치에서 교각 I=60°, 반지름 R=150m일 때 접선장(T.L)은?

[03 ㉠]

㉮ 100.0 m　　㉯ 86.6 m
㉰ 76.8 m　　㉱ 38.6 m

9 노선측량의 원곡선에서 교각 I=45°, 반경 R=200m일 때 곡선길이는 얼마인가?　[00 ㉡]

㉮ 174.32m　　㉯ 157.08m
㉰ 91.15m　　㉱ 87.94m

10 도로의 단곡선 설치에서 교각 I=60°, 곡선반경 R=150m이며, 곡선시점 B, C는 No.8+17m(20m×8+17m)일 때 종단현에 대한 편각은?

[02 ㉠]

㉮ 0° 02′ 45″　　㉯ 2° 41′ 21″
㉰ 2° 57′ 54″　　㉱ 3° 15′ 23″

11 도로의 종단곡선으로 주로 사용되는 곡선은?　[15 ㉠]

㉮ 2차 포물선　　㉯ 3차 포물선
㉰ 클로소이드　　㉱ 렘니스케이트

해 설

해설 6

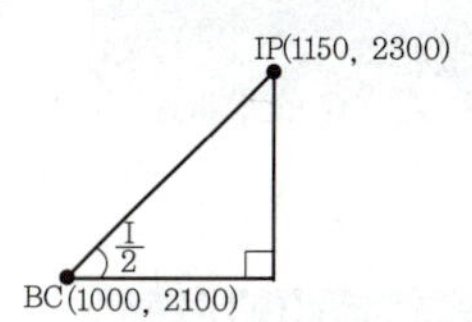

위 그림에서 $\angle BC = \frac{I}{2}$(총편각)이다.

$\frac{I}{2} = \tan^{-1}\left(\frac{X}{Y}\right) = \tan^{-1}\left(\frac{150}{200}\right)$

$\therefore I = 2 \times \tan^{-1}\left(\frac{150}{200}\right) = 73°44'24''$

여기서, 교각 I는 총편각 $\left(\frac{I}{2}\right)$의 2배임

해설 7

$E_o = R_o(\sec\frac{I}{2} - 1)$

$= 200(\sec\frac{60°}{2} - 1) = 30.94\text{m}$

$E_N = E_o + 10 = 40.94$ m

$= R_N(\sec 30° - 1)$

$\therefore R_N = \frac{40.94}{\sec 30° - 1} = 264.64$ m

해설 8

$T.L = R\tan\frac{I}{2}$

$= 150 \times \tan\frac{60°}{2} = 86.6$ m

해설 9

$C.L = R \cdot I\,rad$

$= 200 \times 45° \times \frac{\pi}{180°} = 157.08\text{m}$

해설 10

곡선장

$C.L = 0.01745RI°$

$= 0.01745 \times 150 \times 60°$

$= 157.08$ m

E.C의 추가거리 $= B.C + C.L$

$= (20 \times 8 + 17) + 157.08$

$= 334.08\text{ m} = \text{No.}16 + 14.08\text{ m}$

∴ 종단현의 길이 $(l_n) = 14.08$ m

종단현에 대한 편각

$(\delta_n) = 1718.87'\frac{l_n}{R} = 2°41'21''$

해설 11

도로의 종단곡선 : 2차 포물선
철도의 종단곡선 : 원곡선

정답 6. ㉯ 7. ㉱ 8. ㉯ 9. ㉯ 10. ㉯ 11. ㉮

2 곡선설치법

학습방향

곡선설치는 지형과 정밀도, 공사비 등을 고려하여 타당성 있는 방법으로 설치하는데 편각설치법이 비교적 정밀도가 높아 가장 많이 쓰인다.

① 편각설치법은 정밀한 측정법이다.
② 중앙종거법은 노선 확장 시에 주로 사용된다.
③ 지거법은 벌채량을 줄일 수 있다.

1 편각 설치법

(1) 편각 : 단곡선에서 접선과 현이 이루는 각
(2) 편각법은 정밀도가 가장 높아 많이 이용된다.
(3) 계산순서

① T.L. 및 C.L.을 구한다.
② B.C=I.P. − T.L.
③ E.C=B.C+C.L
④ 시단현의 길이=B.C. 다음 측점까지의 거리−B.C.의 거리
⑤ 종단현의 길이=E.C의 거리−E.C. 전 측점의 거리
⑥ 편각 $(\delta) = \dfrac{l}{2R} \times \dfrac{180°}{\pi}$

여기서, l : 현의 길이로 시단현(l_1), 종단현() l_2), 그 사이 20m간격

⑦ 총편각($(\Sigma\delta) = \dfrac{I°}{2}$

2 중앙 종거법

곡선길이가 작고 편각법등으로 이미 설치된 중심말뚝 사이에 다시 세밀하게 설치하는 방법

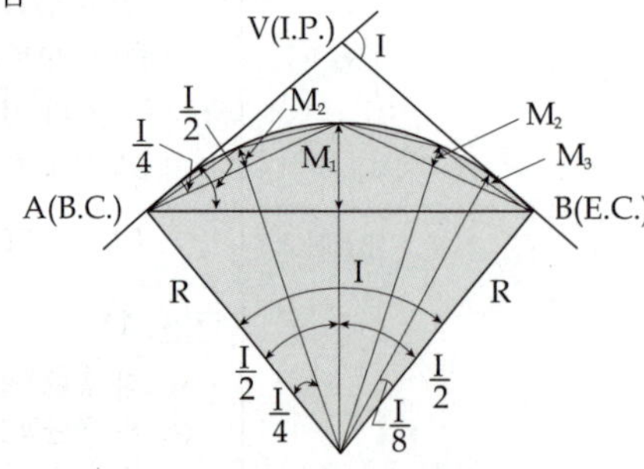

그림. 중앙 종거법

학습POINT

08, 09, 10㉠, 08, 09㉡
• 편각 설치법
• 중앙 종거법

■ 편각법의 곡선설치

1. $l_1, l_2, \delta_1, \delta_2, \delta$를 구한다.
2. 총편각 $(\Sigma\delta)$

$$\Sigma\delta = \delta_1 + n\delta + \delta_2 = \frac{I}{2}$$

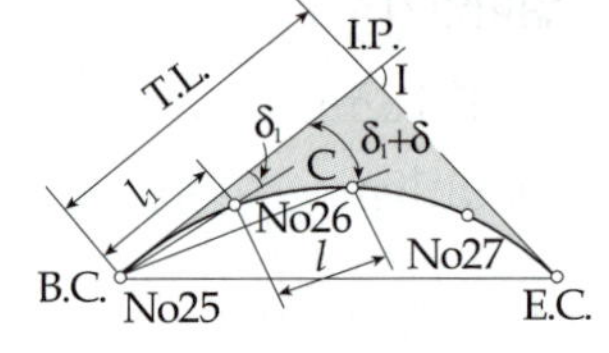

편각법

$$M_1 = R\left(1 - \cos\frac{I}{2}\right) \fallingdotseq \frac{C_1^2}{8R}$$

$$M_2 = R\left(1 - \cos\frac{I}{2^2}\right) \fallingdotseq \frac{C_2^2}{8R} \fallingdotseq \frac{M_1}{4}$$

이와 같이 대략 1/4씩 줄어들어 **1/4법**이라고도 한다.

3 지거법

편각법으로 설치하기 곤란한 곳에 사용하며 삼림등에서 벌채량을 줄일 수 있다.

$\delta = 1718.87\frac{l}{R}$ 분

$l = 2R\sin\delta$

$x = l\sin\delta = 2R\sin^2\delta = R(1-\cos 2\delta)$

$y = l\cos\delta = 2R\sin\delta\cos\delta = R\sin 2\delta$

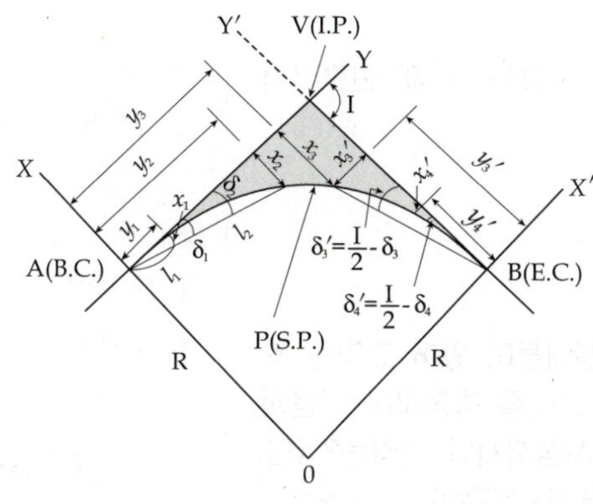

그림. 지거법

> **▶08㉮**
> • 지거법

■ 접선편거 (t)와 현편거(d)

1. 접선편거 $(t) = \frac{l^2}{2R}$
2. 현편거 $(d) = \frac{l^2}{R}$
3. 현편거(d)는 접선편거(t)의 2배이다.
4. 이 방법은 tape와 pole 만으로 설치하며 정도가 낮다.

4 종횡거법

트랜싯 없이도 줄자를 사용하여 간단하게 설치할 수 있는 방법

현장 : $c = 2R\sin\delta$

횡거 : $x = c\cos\left(\frac{I}{2} - \delta\right)$

종거 : $y = c\sin\left(\frac{I}{2} - \delta\right)$

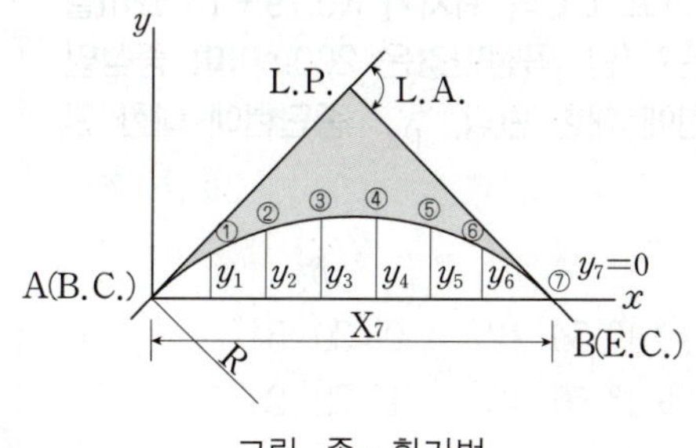

그림. 종 · 횡거법

핵심문제

1 노선측량에서 단곡선을 설치할 때 정확도는 좋지 않으나 간단하고 신속하게 설치할수 있는 1/4 법은 다음 중 어느 방법을 이용한 것인가? [05, 10 ㉠]

㉮ 편각설치법 ㉯ 절선편거와 현편거에 의한 방법
㉰ 중앙종거법 ㉱ 절선에 대한 지거에 의한 방법

2 노선측량에서 단곡선의 설치방법에 대한 설명으로 옳지 않은 것은? [15 ㉠]

㉮ 중앙종거를 이용한 설치방법은 터널 속이나 삼림지대에서 벌목량이 많을 때 사용하면 편리하다.
㉯ 편각설치법은 비교적 높은 정확도로 인해 고속도로나 철도에 사용할 수 있다.
㉰ 접선편거와 현편거에 의하여 설치하는 방법은 줄자만을 사용하여 원곡선을 설치할 수 있다.
㉱ 장현에 대한 종거와 횡거에 의하는 방법은 곡률반지름이 짧은 곡선일 때 편리하다.

3 접선편거와 현편거를 이용하여 도로곡선을 설치하고자 할 때 현편거가 26cm이었다면 접선편거는? [06 ㉾]

㉮ 10cm ㉯ 13cm
㉰ 18cm ㉱ 26cm

4 AC와 BD선 사이에 곡선을 설치할 때 교점에 장애물이 있어 교각을 측정하지 못하기 때문에 ∠ACD, ∠CDB 및 CD의 거리를 측정하여 다음과 같은 결과를 얻었다. 이때 C점으로부터 곡선의 시점까지의 거리는? (단, ∠ACD = 150°, ∠CDB = 90°, CD = 100m, 곡선반경 R = 500m) [97, 05 ㉠]

㉮ 530.27m
㉯ 657.04m
㉰ 750.56m
㉱ 796.09m

P I D C 100m A 150° B

5 B.C의 위치가 No. 12 + 16.404m이고, E.C의 위치가 No.19 + 13.52m일 때 시단현과 종단현에 대한 편각은? (단, 곡선반경은 200m이며 중심말뚝의 간격은 20m이다. δ_1 : 시단현에 대한 편각, δ_2 : 종단현에 대한 편각이다.) [01, 97 ㉠]

	δ_1	δ_2		δ_1	δ_2
㉮	1° 22′ 28″	1° 56′ 12″	㉯	1° 56′ 12″	0° 30′ 54″
㉰	0° 30′ 54″	1° 56′ 12″	㉱	1° 56′ 12″	1° 22′ 28″

해설

해설 **1**

중앙종거법

: $M_2 = \frac{1}{4}M_1,\ M_3 = \frac{1}{4}M_2$

이와 같이 $\frac{1}{4}$씩 줄어들어 $\frac{1}{4}$법이라고 한다.

해설 **2**

곡선 설치법

㉮ 중앙종거법 : 시가지 등의 이미 설치된 곡선을 확장할 경우 주로 사용
㉯ 지거법 : 편각법이 곤란한 곳에서 사용하며 산림 등에서 벌채량을 줄임

해설 **3**

접선편거는 현편거의 1/2이다

해설 **4**

1. I=180° − ∠CPD=120°
2. $\overline{CP}$ 의 거리

$\frac{\overline{CP}}{\sin 90} = \frac{100}{\sin 60°}$

$\therefore\ \overline{CP} = 115.47\,\text{m}$

3. $T.L. = 500\tan\frac{120°}{2} = 866.30\text{m}$
4. C점～곡선시점의 거리
=866.03−115.47=750.56m

해설 **5**

1. 시단현 (l_1)=20−16.404
=3.596m

$\delta_1 = \frac{180°}{\pi} \times \frac{l_1}{2R}$

$= \frac{180°}{\pi} \times \frac{3.596}{2\times200}$ =0° 30′ 54″

2. 종단현 (l_2)=13.52m

$\delta_2 = \frac{180°}{\pi} \times \frac{13.52}{2\times200}$ =1° 56′ 12″

정답 1. ㉰ 2. ㉮ 3. ㉯ 4. ㉰ 5. ㉰

6 그림과 같은 복곡선(Compound Curve)에서 관계식으로 틀린 것은? [16 ㉠]

㉮ $\Delta_1 = \Delta - \Delta_2$

㉯ $t_2 = R_2 \tan\frac{\Delta_2}{2}$

㉰ $VG = (\sin\Delta_2)\left(\frac{GH}{\sin\Delta}\right)$

㉱ $VB = (\sin\Delta_2)\left(\frac{GH}{\sin\Delta}\right) + t_2$

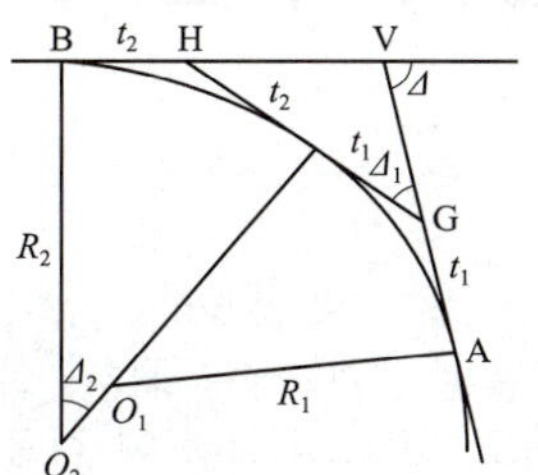

7 I=60°, R=200m일 때 중앙종거법에 의해 원곡선을 측설할 때 8등분점은? [01 91 83 ㉦]

㉮ 26.8m　　㉯ 6.82m
㉰ 1.71m　　㉱ 3.27m

8 단곡선 설치에 있어서 교각 I=60°, 반경 R=200m, B.C=No.8+15m (20mx8+15m)일 때 종단현에 대한 편각은 얼마인가? [03 16 ㉠]

㉮ 38′ 10″　　㉯ 42′ 58″
㉰ 1° 16′ 20″　　㉱ 2° 51′ 53″

9 교점(I.P)은 기점에서 500m의 위치에 있고 교각 I=36°, 현장 ℓ=20m 일 때 외선길이(외할) S.L= 5.00m이라면 시단현의 길이는 얼마인가? [03 ㉠]

㉮ 10.43m　　㉯ 11.57m
㉰ 12.36m　　㉱ 13.25m

10 R=200m, I=56°20′의 원곡선을 설치하고자 한다. 편각 δ가 7°25′일 때 x, y를 구하여라.

㉮ $x=$ 2.52m, $y=$31.63m
㉯ $x=$31.63m, $y=$ 2.52m
㉰ $x=$ 6.67m, $y=$51.20m
㉱ $x=$51.20m, $y=$ 6.67m

해 설

해설 6

$VB = VH + t_2$ 에서

$VH = (\sin\Delta_1)\times\left(\frac{GH}{\sin\triangle}\right)$

$\therefore\ VB = (\sin\Delta_1)\times\left(\frac{GH}{\sin\triangle}\right) + t_2$

해설 7

M_3 (8등분점) $= R\left(1-\cos\frac{I}{2^3}\right)$

$\therefore\ M_3 = 200\left(1-\cos\frac{60°}{8}\right)$

$= 1.711\,\mathrm{m}$

해설 8

① $C.L = RI°\ \mathrm{rad}$

$= 200\times60°\times\frac{\pi}{180°} = 209.44\,\mathrm{m}$

② $\sim E.C = \sim B.C + C.L$

$= (20\times8+15)+209.44$

$= 384.44\,\mathrm{m}$

③ $l_2 = 384.44 - 380 = 4.44\,\mathrm{m}$

④ $\delta_2 = \frac{l_2}{2R}\ \mathrm{rad}$

$= \frac{4.44}{2\times200}\times\frac{180°}{\pi} = 0°38'10''$

해설 9

① $E = R\left(\sec\frac{I}{2}-1\right)$ 에서

$R = \frac{5}{\sec\frac{36°}{2}-1} = 97.16\,\mathrm{m}$

② $T.L = R\cdot\tan\frac{I}{2}$

$= 97.16\times\tan\frac{36°}{2} = 31.57\,\mathrm{m}$

③ $\sim B.C = \sim I.P - T.L$

$= 500 - 31.57$

$= 468.43\,\mathrm{m}$

④ 시단현의 길이

$= 480 - 468.43 = 11.57\,\mathrm{m}$

해설 10

지거법에서

1. $x = R(1-\cos2\delta)$
$= 200(1-\cos14°50')$
$= 6.67\mathrm{m}$

2. $y = R\cdot\sin2\delta$
$= 200\times\sin(2\times7°25')$
$= 51.20\mathrm{m}$

정답 6. ㉱ 7. ㉰ 8. ㉮ 9. ㉯ 10. ㉰

3 완화곡선의 개요

학습방향

쾌적한 안전운행을 위해 현대의 도로들은 완화곡선을 사용한다. 완화곡선은 차량의 바퀴가 그리는 궤적에 맞도록 설계된 곡선으로 고속도로, 철도, 입체교차로 등에 적용된다.

① 완화곡선의 성질 ② 캔트와 확폭 ③ 완화곡선의 길이

학습POINT

▶08, 09, 10㉮, 09, 10㉯
- 완화곡선
- 완화곡선의 성질
- 캔트와 편물매

1 완화곡선

직선과 원곡선 사이에 반지름이 무한대로부터 점점 작아져서 원곡선에 일치하도록 설치하는 특수곡선

2 완화곡선의 성질

(1) 곡선반경은 완화곡선의 시점에서 무한대, 종점에서 원곡선 R로 된다.
(2) 완화곡선의 접선은 시점에서 직선에, 종점에서 원호에 접한다.
(3) 완화곡선에 연한 곡률반경의 감소율은 캔트의 증가율과 동률(부호는 반대)로 된다.
(4) 완화곡선의 종점에서의 캔트는 원곡선의 캔트와 같다.
(5) 완화곡선의 곡률 $(\frac{1}{R})$은 곡선길이에 비례한다.

3 캔트와 편물매

(1) 철도에서는 캔트(cant), 도로에서는 편물매라 한다.
(2) 차량이 곡선을 따라 주행할 때 원심력을 줄이기 위해 곡선의 바깥쪽을 높여 차량의 주행을 안전하도록 하는 것

$$C=\frac{SV^2}{gR}=\frac{S(V/3.6)^2}{gR}=\frac{SV^2}{127R}$$

여기서, S : 레일간 거리
V : 차량속도(km/hr)
R : 곡선 반경(m)
g : 중력가속도(9.8m/sec^2)

(3) 캔트 C의 최대값은 150mm이다.

■ 곡선부의 확폭량

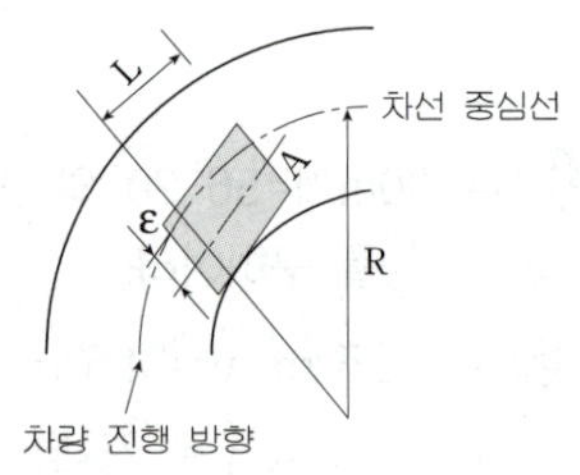

R : 차선 중심선의 반지름
ε : 확폭량
L : 차량의 앞면에서 뒤차축까지 거리

4 확폭(slack widening)과 슬랙(slack)

(1) 철도에서는 슬랙, 도로에서는 확폭이라 한다.

(2) 곡선부의 안쪽부분을 넓게하여 차량의 뒷바퀴가 노면밖으로 탈선되지 않게 하는 것.

(3) 확폭량 $(\varepsilon)=\dfrac{L^2}{2R}$

슬랙 $(l)=\dfrac{3600}{R}-15\leqq 30\,\mathrm{mm}$

▶07, 08, 09㉠, 09, 10㉡
- 확폭과 슬랙
- 3차 포물선

5 완화곡선의 길이

(1) 곡선길이 L(m)를 캔트 C(mm)의 N배에 비례인 경우

$$L=\frac{N}{1,000}C=\frac{N}{1,000}\frac{SV^2}{gR}$$

여기서, L : 완화곡선 길이,

N : 차량 속도에 따라 300~800을 택함

(2) 일정시간율로 경사시킨 경우

$$t=\frac{L}{V}=\frac{C}{r}=\frac{SV^2}{rgR}\quad \therefore\ L=\frac{SV^3}{rgR}$$

여기서, t : 완화곡선을 주행하는데 필요한 시간

r : 캔트의 시간적 변화율

(3) 원심가속도의 허용변화율(P)을 알 경우

$$L=\frac{V^3}{PR}$$

여기서, P는 0.5~0.75m/sec로 한다.

■ 꼭 알아야할 공식

1. C (캔트) $=\dfrac{SV^2}{gR}$
2. ε(확폭량) $=\dfrac{L^2}{2R}$
3. L(완화곡선의 길이) $=\dfrac{N}{1000}C$
4. f(이정량) $=\dfrac{1}{4}d=\dfrac{L^2}{24R}$
5. $R=\dfrac{V^2}{127(i+f)}$

여기서, i : 편경사

f : 노면마찰계수

6 3차 포물선(철도에 사용)

① 일반식 : $Y=a^2X^3=\dfrac{X^3}{6RL}$, $a^2=\dfrac{1}{6RL}$

② $d=\dfrac{\mathrm{L}^2}{6\mathrm{R}}$

③ f(이정량) $=\dfrac{1}{4}d=\dfrac{L^2}{24R}$

$\therefore\ \overline{CE}=\dfrac{1}{2}f$

④ $\overline{VE}=\overline{OE}\tan\dfrac{I}{2}=(R+f)\tan\dfrac{I}{2}$

⑤ $\overline{AV}$(접선장) $=\dfrac{L}{2}+(R+f)\tan\dfrac{I}{2}$

핵심문제

1 곡선설치시의 B. T. C 및 E. T. C 란 무엇인가?

㉮ 완화곡선의 종점위치
㉯ 완화곡선의 시점위치
㉰ 단곡선의 시점 및 종점의 위치
㉱ 완화곡선의 시점 및 종점의 위치

2 완화곡선설치에 관한 설명으로 옳지 않은 것은? [16㉤]

㉮ 완화곡선의 반지름은 무한대로부터 시작하여 점차 감소되고 종점에서 원곡선의 반지름과 같게 된다.
㉯ 완화곡선의 접선은 시점에서 직선에 접하고 종점에서 원호에 접한다.
㉰ 완화곡선의 시점에서 캔트는 0이고 소요의 원곡선에 도달하면 어느 높이에 달한다.
㉱ 완화곡선의 곡률은 곡선 전체에서 동일한 값으로 유지된다.

3 다음 중 완화곡선의 종류가 아닌 것은? [05, 09㉠]

㉮ 렘니스케이트 곡선 ㉯ 배향 곡선
㉰ 클로소이드 곡선 ㉱ 반파장 체감곡선

4 일반적으로 고속도로에 사용되는 완화곡선은? [87, 15, 25㉤]

㉮ 3차 포물선 ㉯ 렘니스케이드
㉰ 나선 곡선 ㉱ 클로소이드 곡선

5 다음 중 곡률이 급변하는 곡선부에서의 탈선 및 심한 흔들림 등의 불안정한 주행을 막기 위해 고려하여야 하는 사항과 가장 거리가 먼 것은? [04㉠]

㉮ 완화곡선 ㉯ 편경사
㉰ 확폭 ㉱ 종단곡선

6 노선에 있어서 곡선의 반경만이 2배로 증가하면 캔트의 크기는? [04, 01, 00, 97, 08, 10㉠]

㉮ $\frac{1}{\sqrt{2}}$로 줄어든다. ㉯ $\frac{1}{2}$로 줄어든다.
㉰ $\frac{1}{2^2}$로 줄어든다. ㉱ 같다.

해설

해설 **1**

B.T.C : 완화곡선의 시점
E.T.C : 완화곡선의 종점

해설 **2**

완화곡선의 곡률 $\left(\frac{1}{R}\right)$은 곡선길이에 비례한다.

해설 **3**

배향곡선 : 머리핀 곡선이라고도 하며 반향곡선 2개를 대칭으로 붙여 놓은 원곡선의 일종이다.

해설 **4**

• 완화곡선의 사용
1. 3차 포물선 : 철도
2. 클로소이드곡선 : 고속도로
3. 레미니스케이트 : 도로의 인터체인지

해설 **5**

종단곡선 : 노선의 종단구배가 변하는 곳에 충격을 완화하고 시거를 확보해줄 목적으로 설치하는 곡선

해설 **6**

$C=\frac{SV^2}{gR}$에서
곡선반경(R)을 2배로 하면 캔트(C)는 $\frac{1}{2}$배로 된다.

정답 1. ㉱ 2. ㉱ 3. ㉯ 4. ㉱ 5. ㉱ 6. ㉯

7 철도에서 주로 사용하는 완화곡선의 길이를 구하는 식중 맞는 것은? (단, V : 속도, R : 곡률반경, S : 레일간거리, g : 중력가속도, N : 완화곡선길이와 캔트와의 비) [96 94 ㉮]

㉮ $\frac{N}{1000}\frac{V^2S}{gR}$ ㉯ V^2S/gR

㉰ $\frac{N}{1000}\frac{V^2S}{gR^2}$ ㉱ $\frac{N}{1000}\frac{VS^2}{gR}$

8 곡선부를 통과하는 차량에 원심력이 발생하여 접선방향으로 탈선하는 것을 방지하기 위해 바깥쪽의 노면을 안쪽보다 높이는 정도를 무엇이라 하는가? [00, 06 ㉮]

㉮ 클로소이드 ㉯ 슬랙

㉰ 캔트 ㉱ 편각

9 곡선반경이 400m인 원곡선상을 70km/hr로 주행하려고 할 때 cant는? (단, 궤간 b = 1.065m임) [02 ㉮]

㉮ 73mm ㉯ 83mm

㉰ 93mm ㉱ 103mm

10 완화곡선장과 cant와의 비가 600이며, 교점의 추가거리 4216.28m, 교각 45°, 원점의 반경 500m, 고도 105mm일 때 완화곡선장(l)과 이정(f)를 구한 값은? [84 ㉯]

㉮ l : 63m, f : 0.33m ㉯ l : 61m, f : 0.44m

㉰ l : 59m, f : 0.55m ㉱ l : 57m, f : 0.66m

11 확폭량의 계산에 있어서 차선중심선의 반경(R)을 두배로 할 경우 확폭량은 몇 배가 되겠는가? [00 09 16 ㉮]

㉮ 1/2배 ㉯ 2배

㉰ 4배 ㉱ 8배

12 곡선반경 R=500m, 차량의 앞면에서 뒤 차축까지의 거리가 10m일 때 확폭량은?

㉮ 5cm ㉯ 10cm

㉰ 50cm ㉱ 60cm

해 설

해설 **7**

• 완화곡선의 길이(L)

$$L = \frac{N}{1000}C = \frac{N}{1000}\frac{SV^2}{gR}$$

해설 **8**

• 캔트(C)

1. 철도에서는 캔트, 도로에서는 편물매라 하며 곡선부의 바깥쪽을 높이는 것을 말한다.
2. $C = \frac{SV^2}{gR}$ 에서 캔트는 속도의 제곱에 비례하고 곡률반경에 반비례한다.

해설 **9**

$$C = \frac{bV^2}{gR} = \frac{1.065\,\text{m} \times (70 \times 10^3\,\text{m}/3600\,\text{s})^2}{9.8\,\text{m/s}^2 \times 400\,\text{m}} = 0.103\,\text{m} = 103\text{mm}$$

해설 **10**

1. 완화곡선장(l)

$$= \frac{NC}{1000} = \frac{600 \times 105}{1000} = 63\text{m}$$

2. 이정(f)

$$= \frac{l^2}{24R} = \frac{63^2}{24 \times 500} = 0.33\text{m}$$

해설 **11**

$$확폭(\varepsilon) = \frac{L^2}{2R}$$

해설 **12**

$$\varepsilon = \frac{L^2}{2R} = \frac{10^2}{2 \times 500} = 0.10\,\text{m}$$

정답 7. ㉮ 8. ㉰ 9. ㉱ 10. ㉮ 11. ㉮ 12. ㉯

4 클로소이드 곡선

학습방향

클로소이드 곡선은 고속도로에 주로 사용되는 완화곡선으로서 달팽이 곡선이라고도 하며 모든 클로소이드는 닮음꼴이며 매개변수 A를 변화시켜서 무수히 많은 클로소이드를 만들 수 있다.

① 클로소이드 곡선의 기본식
② 단위 클로소이드의 기본식과 성질
③ 클로소이드의 성질

1 클로소이드 곡선(clothoid curve)

곡률이 곡선길이에 비례하여 증가하는 일종의 나선형 곡선으로 달팽이 곡선이라고도 하며 고속도로에 주로 사용된다.

2 단위 클로소이드

(1) 클로소이드 곡선의 기본식

$$RL = A^2$$

여기서, A : 매개변수(클로소이드의 파라미터)
L : 완화곡선의 길이

(2) 단위 클로소이드

클로소이드의 매개변수 $A=1$ 인 클로소이드

$RL = A^2 = 1$

$\frac{R}{A}\frac{L}{A} = 1$

단위 클로소이드의 요소는 소문자를 사용하면

$rl = 1$ (단위 클로소이드 곡선식)

여기서, $r = \frac{R}{A}$, $l = \frac{L}{A}$ 이므로

$R = Ar$, $L = Al$ 이 된다.

따라서 매개변수가 A인 클로소이드의 요소 중

① 길이의 단위를 가진 것(R, L, X, Y, T_L 등)은 단위 클로소이드 요소를 A배 하여 사용하고

② 길이의 단위가 없는 요소 (τ, σ, $\frac{\triangle r}{r}$)는 그대로 사용한다.

학습POINT

04, 07, 09㉠, 09, 08㉡
• 클로소이드 곡선
• 단위 클로소이드

■ 클로소이드의 형식

기본형

난형

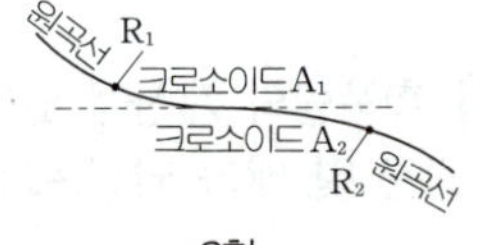

S형

凸형

복합형

3 클로소이드 공식

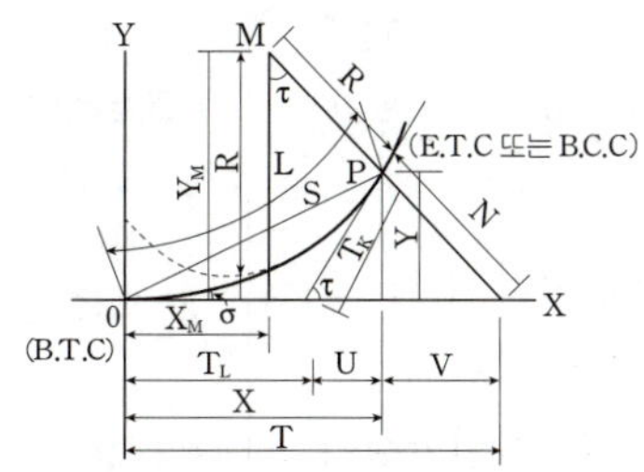

그림. 클로소이드 곡선의 명칭과 기호

① 곡선 반지름 $R=\dfrac{A^2}{L}=\dfrac{A}{l}=\dfrac{L}{2\tau}=\dfrac{A}{\sqrt{2\tau}}$

② 곡선의 길이 $L=\dfrac{A^2}{R}=\dfrac{A}{r}=2\tau R=A\sqrt{2\tau}$

③ 접선각 $\tau=\dfrac{L}{2R}=\dfrac{L^2}{2A^2}=\dfrac{A^2}{2R^2}$

④ 매개변수 $A=\sqrt{RL}=lR=Lr=\dfrac{L}{\sqrt{2R}}=\sqrt{2}\tau R$

⑤ 이정량 $\triangle R=Y+R\cos\tau-R=Y+R(\cos\tau-1)$

4 클로소이드의 성질

① 클로소이드는 나선의 일종이다.
② 모든 클로소이드는 닮음꼴이다. 따라서 매개변수 A를 바꾸면 크기가 다른 클로소이드를 무수히 만들 수 있다.
③ 클로소이드의 요소는 길이의 단위를 가진 것과 단위가 없는 것이 있다.
④ 어떤 점에 관한 2가지의 클로소이드 요소가 정해지면 클로소이드를 해석할 수 있고, 단위의 요소가 하나 주어지면 단위 클로소이드 표를 유도할 수 있다.
⑤ 접선각 τ는 45° 이하가 좋으며 작을수록 정확하다.
⑥ 곡선길이가 일정할 때 곡률 반경이 크면 접선각은 작아진다.

5 클로소이드의 설치법

(1) 직각좌표에 의한 방법

① 주접선에서 직각좌표에 의한 설치법
② 현에서 직각좌표에 의한 설치법
③ 접선으로부터 직각 좌표에 의한 설치법

(2) 극좌표에 의한 방법

① 극각 동경법에 의한 설치법 ② 극각 현장법에 의한 설치법
③ 현각 현장법에 의한 설치법

(3) 기타 방법

① 2/8법에 의한 설치법 ② 현다각으로 부터의 설치법

▶06, 07, 08, 09, 10㉠, 04, 06㉯
• 클로소이드 공식
• 클로소이드의 성질

■ 클로소이드의 성질
클로소이드의 성질은
① $A^2=RL$과
② $\tau=\dfrac{L}{2R}$의 기본식으로부터 유도된다.

핵심문제

1 다음은 노선측량에 관한 사항이다. 잘못된 것은? [86 기]

㉮ 노선측량의 작업을 크게 나누면 지형측량, 중심선측량, 종단측량, 횡단측량, 공사측량으로 분류한다.

㉯ 곡률이 곡선길이에 반비례하는 곡선을 clothoid 곡선이라 한다.

㉰ 클로소이드의 기본형은 직선, 클로소이드, 원곡선의 순이다.

㉱ 완화곡선의 반경은 시점에서 무한대 종점에서 원곡선 곡선반경이 된다.

2 설계속도 80km/hr의 고속도로에서 기본형의 크로소이드 완화곡선 종점의 반경 R = 360m, 완화곡선길이 L = 40m인 경우 크로소이드 매개 변수 A는? [00 기]

㉮ 100m ㉯ 120m
㉰ 140m ㉱ 150m

3 R=80m, L=20m인 클로소이드의 종점 좌표를 단위클로소이드 표에서 찾아보니 x=0.499219, y=0.020810이었다면 실제 X, Y좌표는? [15 산]

㉮ X=19.969m, Y=0.832m

㉯ X=9.984m, Y=0.416m

㉰ X=39.936m, Y=1.665m

㉱ X=798.750m, Y=33.296m

4 A = 60.00의 클로소이드 곡선상의 시점 BC에서 곡선 길이 30m의 반지름은? [01 기, 04, 09 산]

㉮ 60m ㉯ 120m
㉰ 90m ㉱ 150m

5 다음의 사항은 클로소이드 곡선의 설명이다. 부적당한 것은 다음 중 어느 것인가? [01 기]

㉮ 주로 도로에서 많이 사용된다.

㉯ 일종의 수평곡선이다.

㉰ 원점부터 곡선상 임의의 점에 이르는 현장이 그 점에서의 곡률반경에 반비례하는 곡선이다.

㉱ 때로는 철도, 수로 등에도 사용한다.

해설

해설 **1**

- 클로소이드 곡선

1. 곡률이 곡선길이에 비례하는 곡선이다.
2. 모든 클로소이드는 닮음꼴이다.

해설 **2**

이 문제에서 주의할 것은 설계속도 80km/hr가 문제를 해결하는데 아무 곳에도 쓰이지 않으므로 혼란을 주는 문제이다. 이런 문제가 가끔 나오므로 수험생들은 문제에 나온 요소들이 모두 문제를 해결하는데 사용된다는 착각을 버려야 한다.

$A^2 = R \cdot L$
(클로소이드의 기본식)에서

$A = \sqrt{R \cdot L}$
$= \sqrt{360 \times 40} = 120\,\text{m}$

해설 **3**

㉮ $A^2 = R \cdot L$ 에서
$A = \sqrt{80 \times 20} = 40$

㉯ $X = x \times A = 19.969\,\text{m}$
$Y = y \times A = 0.832\,\text{m}$

해설 **4**

$A^2 = RL$ 에서

$R = \dfrac{A^2}{L} = \dfrac{60^2}{30} = 120\,\text{m}$

해설 **5**

1. 클로소이드곡선은 곡률이 곡선길이에 비례하여 증가하는 일종의 나선형 곡선이다.
2. 클로소이드 곡선은 수평곡선에 속하며 고속도로에서 주로 사용하고 철로에는 3차 포물선이 사용된다.

정답 1. ㉯ 2. ㉯ 3. ㉰ 4. ㉯ 5. ㉱

6 클로소이드곡선 설치의 표시방법이 아닌 것은? [90㉮]

㉮ 주접선에서 직각좌표에 의한 방법
㉯ 구각 현장법에 의한 방법
㉰ 현에서 직각좌표에 의한 방법
㉱ 현다각으로부터 하는 방법

7 다음은 클로소이드 곡선에 대한 설명이다. 틀린 것은? [99, 15㉠]

㉮ 곡률이 곡선의 길이에 비례하는 곡선이다.
㉯ 단위 클로소이드란 매개변수 A가 1인 클로소이드이다.
㉰ 클로소이드는 닮음 꼴인 것과 닮음 꼴이 아닌 것 두 가지가 있다.
㉱ 클로소이드에서 매개변수 A가 정해지면 클로소이드의 크기가 정해진다.

8 클로소이드 매개변수(Parameter) A가 커질 경우에 대한 설명으로 옳은 것은? [16㉮]

㉮ 자동차의 고속 주행에 유리하다.
㉯ 접선각(τ)이 비례하여 커진다.
㉰ 곡선반지름이 작아진다.
㉱ 곡선이 급커브가 된다.

9 클로소이드 곡선에 대한 설명으로 옳은 것은? [18 04㉮, 16㉠]

㉮ 곡선의 반지름 R, 곡선길이 L, 매개변수 A의 사이에는 $RL=A^2$의 관계가 성립한다.
㉯ 곡선의 반지름에 비례하여 곡선길이가 증가하는 곡선이다.
㉰ 곡선길이가 일정할 때 곡선의 반지름이 크면 접선각도 커진다.
㉱ 곡선 반지름과 곡선길이가 같은 점을 동경이라 한다.

10 클로소이드 곡선의 직각좌표에 의한 설치법이 아닌 것은?

㉮ 주접선에 의한 방법
㉯ 현에 의한 방법
㉰ 접선에 의한 방법
㉱ 현다각에 의한 방법

해 설

해설 **6**

- 클로소이드의 극좌표에 의한 중간점 설치
  ① 극각 동경법
  ② 극각 현장법
  ③ 현각 현장법

해설 **7**

모든 클로소이드는 닮은꼴이다. 따라서 매개변수 A를 바꾸면 크기가 다른 클로소이드를 무수히 만들 수 있다.

해설 **8**

$A^2=R\cdot L$ 에서
A가 커지면 R과 L이 커지므로 자동차의 고속주행에 유리하다.

해설 **9**

클로소이드의 성질
① 곡률 ($\frac{1}{R}$)이 곡선길이에 비례하여 증가한다.
② 곡선길이가 일정할 때 곡선반지름이 크면 접선각은 작아진다.

해설 **10**

- 클로소이드 곡선의 중간점 설치법
  ① 직각 좌표에 의한 방법
  ② 극 좌표에 의한 방법
  ③ 기타의 방법
    ㉮ $\frac{2}{8}$ 법에 의한 설치법
    ㉯ 현다각으로부터의 설치법

정답 6. ㉯ 7. ㉰ 8. ㉮ 9. ㉮ 10. ㉱

5 종단곡선

학습방향

종단곡선은 충격을 완화하고 충분한 시야를 확보하여 안전운행을 할 수 있도록 설치하는 곡선으로 종단곡선의 길이와 계획고 계산에 관한 문제들이 주로 출제되고 있다.

① 종단곡선의 길이 ② 종거 계산 ③ 계획고 계산

1 종단곡선(종곡선)

(1) 노선의 종단구배가 변하는 곳에 충격을 완화하고 충분한 시거를 확보해 줄 목적으로 적당한 곡선을 설치하여 차량이 원활하게 주행할 수 있도록 한 것

(2) 철도는 주로 원곡선이 이용되고 도로는 2차 포물선이 이용된다. 지형에 따라 오목형과 볼록형이 있다.

학습POINT

04㉮, 07㉯

- 종단곡선
- 원곡선에 의한 종단곡선 설치

2 원곡선에 의한 종단곡선 설치(철도)

(1) 종단곡선의 길이(L)계산

① 접선길이 (l) : $l=\frac{R}{2}\left(\frac{m}{1000}-\frac{n}{1000}\right)$

여기서, l : 접선길이

$\frac{m}{1000}$, $\frac{n}{1000}$: 두 직선의 구배로 천분율(‰)로 나타냄

② 철도의 종단구배는 천분율로 나타내며 상향구배를(+), 하향구배를(−)로 한다.

③ 종단곡선의 길이(L) : 접선길이(l)의 2배로 해도 큰 차이가 없다.

$$\therefore\ L=2l=R\left(\frac{m}{1000}-\frac{n}{1000}\right)$$

(2) 종거계산

$$y=\frac{x^2}{2R}$$

여기서, x : 횡거

y : 횡거 x에 대한 종거

(3) 종단곡선의 최소 곡률반경(노선의 경사변화가 $\frac{10}{1000}$ 이상일 때)

① 수평곡선 반지름이 800m 이하의 경우 : 4000m

② 기타의 경우 : 3000m

■ 종단곡선(원곡선)

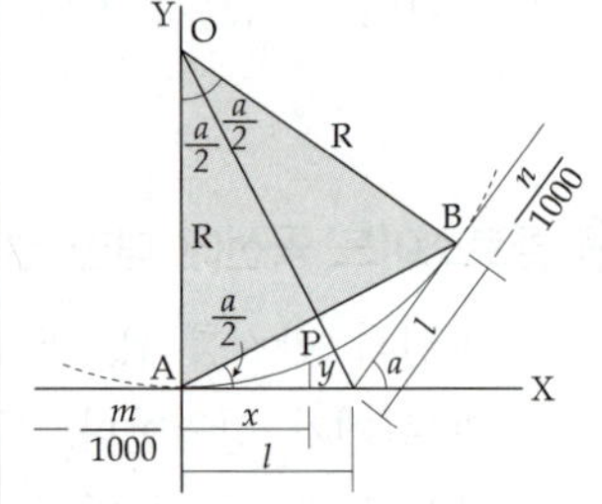

■ 원곡선 설치시 발생가능한 오차의 원인

1. 각과 거리관측의 오차
2. 토털스테이션이나 데오돌라이트의 조정불량
3. 토털스테이션이나 데오돌라이트의 수평맞추기, 중심맞추기의 불량
4. 원곡선은 비교적 교점의 거리가 가깝고 시준이 잘 되는 곳에 설치하므로 교점까지의 시통불량에 의한 오차는 고려하지 않는다.

3 2차 포물선에 의한 종단곡선 설치(도로)

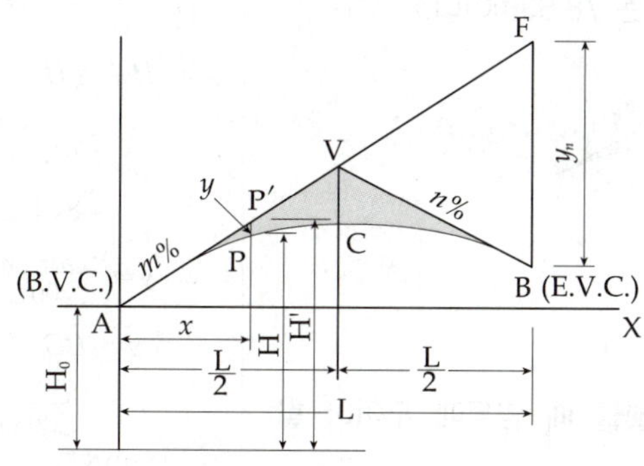

그림. 종단 곡선(2차포물선)

(1) 종단곡선의 길이

① 설계속도를 기준으로 할 경우

$$L' = \frac{V^2|m-n|}{360}$$

여기서, V : 설계 속도(km/h)

m, n : 종단구배(%)

② 곡률반지름을 기준으로 할 경우(일반적으로 많이 쓰임)

$$L = \frac{R}{100}(m-n)$$

③ 종단곡선의 변화비율(K) : 두 종단구배의 대수차가 1% 변화하는데 확보해야 하는 수평 거리

(2) 종거계산

$$y = \frac{|m-n|}{200L}x^2$$

여기서, x : 횡거

y : 횡거

(3) 계획고 계산

$$H' = H_0 + \frac{m}{100}x$$

$H = H' - y$

여기서, H' : 제1경사선 $\overline{AF}$ 위의 점 P'의 표고

H_0 : 종단곡선 시점 A의 표고

H : 점 A에서 x만큼 떨어져 있는 종단곡선 위의 점 P의 계획고

▶06 ㉮
- 2차 포물선에 의한 종단곡선 설치

■ 종단곡선의 비교

	원곡선(철도)	2차포물선(도로)
L	$R\left(\frac{m}{1000} - \frac{n}{1000}\right)$	$R\left(\frac{m}{100} - \frac{n}{100}\right)$
y	$\frac{x^2}{2R}$	$\frac{\|m-n\|}{200L} \cdot x^2$
종단구배	m, n은 ‰	m, n은 %

핵심문제

1 다음 그림과 같은 종단 곡선을 설치하려 한다면 B점의 계획고는 얼마인가? (단, 종단곡선은 포물선이고 A점의 계획고는 78.63m이다.) [91 ㉠]

㉮ 81.13m
㉯ 80.51m
㉰ 81.51m
㉱ 85.13m

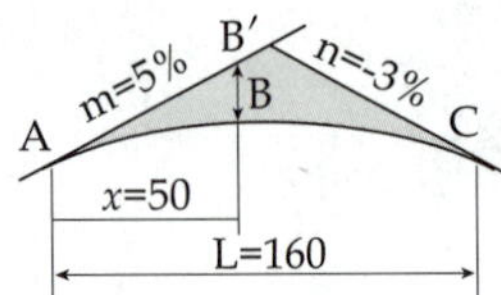

2 토공작업을 수반하는 종단면도에 계획선을 넣을 때 염두에 두어야 할 것 중 옳지 않은 것은? [18 ㉤ 87 ㉠]

㉮ 절토량과 성토량은 거의 같게 한다.
㉯ 절토는 성토로 이용할 수 있도록 운반거리를 고려해야 한다.
㉰ 계획경사는 될 수 있는 대로 요구에 맞게 한다.
㉱ 경사와 곡선을 병설하고 제한 내에 있도록 하여야 한다.

3 우리나라 도로(道路)에서 1/25의 구배(勾配)에 대한 표시 방법은? [86 ㉤]

㉮ 4%　　㉯ 5%
㉰ 0.4%　　㉱ 0.5%

4 노선측량에서 종단도를 그릴 때에 있어서 계획선을 넣을 때 고려치 않아도 되는 것은? [87 ㉤]

㉮ 유용토를 고려하여 운반거리를 생각한다.
㉯ 성토, 절토가 균형이 되도록 한다.
㉰ 계획 구배는 가급적 제한 구배 이내로 한다.
㉱ 가급적 직선으로 한다.

5 곡선설치에서 상향기울기 4.5/1000와 하향기울기 35/1000가 반경 2000m의 단곡선 중에서 교차할 때 교점에서 곡선시점까지의 거리는? [01 ㉠]

㉮ 39.5m　　㉯ 30.5m
㉰ 79.0m　　㉱ 61.0m

해설

해설 1

B' 점의 높이를 $H_B{}'$ 라 하면

① $H_B{}' = H_A + \frac{m}{100}x$

$= 78.63 + \frac{5}{100} \times 50$

$= 81.13\text{m}$

② $y = \frac{|m-n|}{200L}x^2$

($y = \overline{BB'}$ 의 길이로 종거)

$= \frac{|5-(-3)|}{200 \times 160} \times 50^2$

$= 0.625\text{m}$

③ $H_B = H_B{}' - y$

$= 81.13 - 0.625$

$= 80.505\text{m}$

해설 2

토공작업계획선상에 경사와 곡선을 병설할 수 없다.

해설 3

• 우리나라의 구배표시

1. 도로는 백분율(%)
2. 철도는 천분율(‰)

$\therefore \frac{1}{25} = \frac{x}{100}$ (%)

$x = 4\%$

해설 4

종단면도에서 계획선을 넣을 때 직선으로 할수록, 토공의 불균형이 발생하여 토공량이 크게 되므로 공사비가 증가하고 자연도 훼손하는 등 비경제적이 된다.

해설 5

$L = R\left(\frac{m}{1000} - \frac{n}{1000}\right)$

$= 2000\left\{\frac{4.5}{1000} - \left(-\frac{35}{1000}\right)\right\}$

$= 79\text{m}$

$\therefore l = L/2 = 39.5\text{m}$

정답 1. ㉯ 2. ㉱ 3. ㉮ 4. ㉱ 5. ㉮

6 상향 구배 20/1000, 하향 구배 50/1000인 두 직선이 반경 2000m의 단곡선 중에서 교차할 때 절선장은 얼마인가? [96 ㉮]

㉮ 40m
㉯ 50m
㉰ 60m
㉱ 70m

7 상향구배 45/1000와 상향구배 35/1000가 반지름 2000m의 곡선중에서 만날 경우에 곡선시점에서 40m 떨어져 있는 점의 종거 y의 값은 어느 것인가? [86 ㉯]

㉮ 1.0m ㉯ 0.6m
㉰ 0.4m ㉱ 0.1m

8 노선측량에서 원곡선에 의한 종단곡선을 상향기울기 5%, 하향기울기 2%인 구간에 설치하고자 할 때, 원곡선의 반지름은? (단, 곡선시점에서 곡선 종점까지의 거리=30m) [18 ㉯]

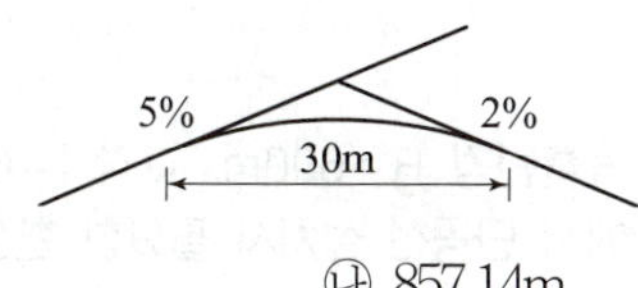

㉮ 900.24m ㉯ 857.14m
㉰ 775.20m ㉱ 428.57m

9 다음과 같은 종곡선(vertical curve)에서 A점으로부터 10m 되는 지점의 표고는 얼마인가? (단, 시점 A의 표고는 101.40m이다.) [93, 91 ㉮]

㉮ 101.40m
㉯ 101.475m
㉰ 101.50m
㉱ 101.60m

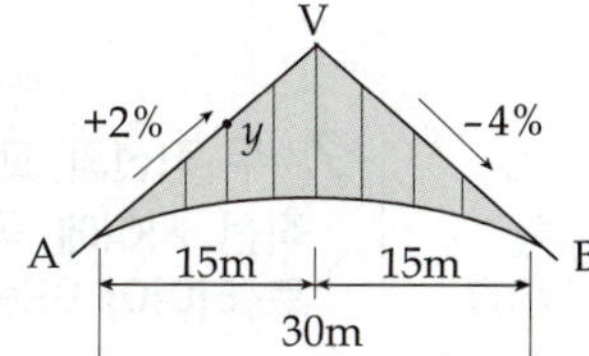

해 설

해설 **6**

• 접선의 길이(l)

$$l=\frac{R}{2}\left(\frac{m}{1000}-\frac{n}{1000}\right)$$
$$=\frac{2000}{2}\left\{\frac{20}{1000}-\left(-\frac{50}{1000}\right)\right\}$$
$$=70\,\text{m}$$

해설 **7**

• 종거

$$(y)=\frac{x^2}{2R}=\frac{40^2}{20\times2000}=0.4\,\text{m}$$

해설 **8**

2차 포물선에 의한 종단곡선길이(L)

$L=\frac{R}{100}(m-n)$에서

$$R=\frac{100}{(m-n)}\cdot L$$
$$=\frac{100}{\{5-(-2)\}}\times30=428.57\,\text{m}$$

해설 **9**

1. A점에서 10m 떨어진 점의 계획고 (H_1)
$$=H_A+\frac{2}{100}\cdot x$$
$$=101.40+\frac{2}{100}\times10$$
$$=101,60\text{ m}$$
2. 종거 (y)
$$=\frac{|m-n|}{200L}x^2$$
$$=\frac{|2-(-4)|}{200\times30}\times10^2$$
$$=0.10\text{ m}$$
3. A점에서 10m 떨어진 종곡선의 높이 (H_2)
$$=H_1-y$$
$$=101.60-0.10$$
$$=101.50\text{ m}$$

정답 6. ㉱ 7. ㉰ 8. ㉱ 9. ㉰

출제예상문제

1. 노선측량의 일반적 작업 순서로서 맞는 것은? (단, A : 지형측량, B : 중심측량, C : 공사측량, D : 답사) [05㉮]

㉮ B→A→D→C

㉯ D→B→A→C

㉰ C→B→D→A

㉱ A→C→D→B

해설 실시설계측량

1. 지형도 작성 2. 중심선 선정
3. 다각측량 4. 중심선 설치
5. 고저측량 6. 종, 횡단측량

2. 노선 선정 조건 중 맞지 않는 것은?

㉮ 건설비 유지비가 적게 드는 노선이어야 한다.

㉯ 토공량이 적도록 하고 절토와 성토가 균형을 이루도록 한다.

㉰ 어떠한 기준 시설물이 있을 경우는 우회해서 곡선으로 한다.

㉱ 토공의 균형을 위해서는 급경사의 노선이 될 수 있다.

해설

토공의 균형을 위해 급경사 노선으로 하면 안전성과 편리성에 문제가 된다.

3. 노선측량의 공사시공 측량에 포함되지 않는 것은? [96㉮]

㉮ 중요점의 검측 ㉯ 인조점 설치

㉰ 용지경계측량 ㉱ 종단측량

해설 공사측량

① 중요점의 검측 ② 인조점의 설치
③ 토공 규준틀 설치 ④ 종, 횡단측량

4. 다음의 노선측량 작업에서 중심선 설치는 다음 어느 경우인가? [97㉮]

㉮ 계획조사측량 ㉯ 공사측량

㉰ 용지측량 ㉱ 실시설계측량

5. 원곡선에서 교각 = 60°, 곡선반경 = 100m일 때 곡선장은 얼마인가?

㉮ 104.7m ㉯ 401.7m

㉰ 107.4m ㉱ 701.4m

해설

$$C.L = R\,I^\circ\,rad$$

$$= 100\times60^\circ\times\frac{\pi}{180^\circ} = 104.72\text{ m}$$

6. 곡률반경 R = 600m, 교각 I = 60° 00′ 일 때 노선측량에서 단곡선 설치시 필요한 현장(弦長)의 길이 C는?

㉮ 682.56m ㉯ 600.00m

㉰ 346.41m ㉱ 80.385m

해설

$$C = 2R\sin\frac{I}{2}$$

$$= 2\times600\times\sin\frac{60^\circ}{2} = 600.00\text{ m}$$

7. 두 직선의 교각이 60°이다. E = 20m 이상인 이 두 직선 사이에 곡선을 설치할 경우, R을 얼마 이상으로 하여야 하는가? [01㉮]

㉮ 120m

㉯ 125m

㉰ 130m

㉱ 135m

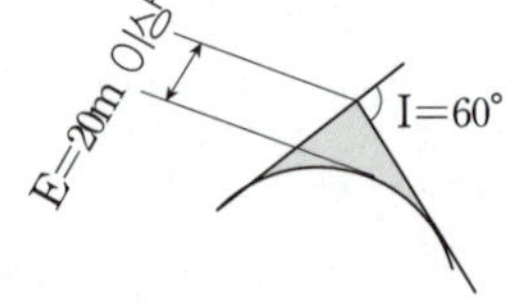

해답 1. ㉯ 2. ㉱ 3. ㉰ 4. ㉱ 5. ㉮ 6. ㉯ 7. ㉰

해설

$E = R(\sec\frac{I}{2} - 1)$ 에서

$R = \frac{E}{\sec\frac{I}{2} - 1} = \frac{20}{\sec\frac{60°}{2} - 1} = 129.3\,\text{m}$

∴ R은 129.3m 이상이어야 E값이 20m 이상이 된다.

8. 교각 I = 90°, 곡선반경 R = 100m인 단곡선의 교점 IP의 추가거리가 1139.25m일 때 곡선의 시점 BC의 추가거리는?

㉮ 1039.25m　　㉯ 1023.18m
㉰ 1245.32m　　㉱ 989.25m

해설

1. $T.L. = R\tan\frac{I}{2}$

$= 100 \times \tan\frac{90°}{2} = 100\,\text{m}$

2. B.C의 추가거리 = I.P의 추가거리 − T.L
=1139.25−100=1039.25m

9. 다음 곡선의 길이를 계산하는 식으로 옳지 않은 것은?

㉮ RI(rad)　　㉯ $0.01745\,RI°$
㉰ $RI°\frac{\pi}{180}$　　㉱ $0.000291\,RI°$

해설

$C.L = RI°(rad)$

$= RI°\frac{\pi}{180°} = 0.01745RI°$

$= 0.000291RI'$

10. 교점 IP는 기점에서 187.94m의 위치에 있고, 곡선반경 R = 250m, 교각 I = 43° 57′ 20″, 현의 길이 20m의 단곡선에서 접선장은 얼마인가?

㉮ 100.489m　　㉯ 100.894m
㉰ 100.498m　　㉱ 100.849m

해설

$TL = R\tan\frac{I°}{2}$

$= 250 \times \tan\frac{43°57'20''}{2} = 100.894\,\text{m}$

11. 도로의 단곡선을 설치할 때 곡선의 시점(B.C) 위치를 구하기 위해서 필요한 요소가 아닌 것은?

㉮ 반경(R)
㉯ 교점(I.P)까지의 추가거리
㉰ 접선장(T.L)
㉱ 곡선장(C.L)

해설

1. B.C의 추가거리=I.P의 추가거리−접선길이(T.L)
2. 곡선장은 E.C의 위치를 구할 때 사용

12. 교각이 60°이고 교점 I.P까지의 추가거리가 356.21m일 때 곡선시점 B.C의 추가거리가 183m이면 이 단곡선의 곡선반경은 얼마인가?

[95 92㉠]

㉮ 500m　　㉯ 300m
㉰ 200m　　㉱ 100m

해설

1. $T.L$=356.21−183.0=173.21m

2. $T.L = R\tan\frac{I}{2}$ 에서

$\therefore R = T.L\cot\frac{I}{2} = 173.21 \times \cot\frac{60°}{2} = 300\,\text{m}$

13. 노선측량에서 단곡선을 설치할 때 교각 I=50° 반경 R = 120m인 경우 맞는 것만 묶어 놓은 것은?

[90㉠]

① 접선길이=55.96m
② 중앙종거=18.27m
③ 곡선길이=101.80m
④ 현장(현길이)=101.43m

㉮ ②, ③　　㉯ ②, ④
㉰ ①, ③　　㉱ ①, ④

해답 8. ㉮　9. ㉱　10. ㉯　11. ㉱　12. ㉯　13. ㉱

해설

1. $T.L = R\tan\frac{I}{2} = 55.96\text{ m}$

2. $M = R(1-\cos\frac{I}{2}) = 11.24\text{m}$

3. $C.L = RI°\frac{\pi}{180°} = 104.72\text{ m}$

4. $C = 2R\sin\frac{I°}{2} = 101.43\text{ m}$

14. 교각 I=90°, 곡선반경 R=150m인 단곡선의 교점 I.P의 추가거리는 1,139.250m일 때 곡선의 종점(E.C)까지의 추가거리는? [95, 93, 87 ㉮]

㉮ 875.375m ㉯ 989.250m
㉰ 1224.825m ㉱ 1374.825m

해설

1. $T.L = R\tan\frac{I}{2} = 150\text{ m}$

2. $C.L = RI°\frac{\pi}{180°} = 235.620\text{ m}$

3. E.C 의 추가거리=1139.250−150+235.620
=1224.870m

15. 원곡선에서 곡선장이 150.36m, 곡선반경이 200m일 때 교각은 얼마인가?

㉮ 68° ㉯ 43°
㉰ 30° ㉱ 52°

해설

$C.L = RI°\frac{\pi}{180°}$ 에서

$I° = \frac{C.L}{\pi R}\times 180° = 43°04'$

16. 교점의 추가거리가 546.42m이고 교각이 38° 16′ 40″인 절점에 곡선반경 300m의 단곡선에서 시단현의 편각 δ_1으로 가장 가까운 값은? (단, 중심말뚝 간격은 20m이다.) [25㉾]

㉮ 0° 15′ 38″ ㉯ 1° 54′ 35″
㉰ 1° 35′ 54″ ㉱ 1° 41′ 22″

해설

1. $T.L. = R\tan\frac{I}{2} = 300\times\tan\frac{38°16'40''}{2}$
$= 104.112\text{m}$

2. $B.C. = 546.42 - T.L = 442.31\text{m}$

3. l_1(시단현의 길이) $= 460 - 442.31 = 17.69\text{m}$

$\therefore\ \delta_1 = \frac{180°}{\pi}\times\frac{l_1}{2R} = \frac{180°}{\pi}\times\frac{17.69}{2\times300}$
$= 1°41'22''$

17. 곡선 시점까지의 추가거리가 550m이고 중심말뚝 간격 l=20m, 교각 I=60°, 곡선반경 R=200m일 때 종단현의 편각은? (단, $CL = 0.01745RI$로 하며, 계산은 소수 둘째자리에서 반올림 하시오.)

㉮ 2° 46′ 44″ ㉯ 2° 51′ 53″
㉰ 2° 55′ 55″ ㉱ 2° 59′ 55″

해설

1. C.L=0.01745×200×60°= 209.40m
2. 노선시점~E.C의 추가거리=550+C.L=759.40m
3. 종단현의 길이(l_2)=759.40−740=19.40m
4. 종단현의 편각(δ_2)$= \frac{l_2}{2R}\,rad$
$= \frac{19.40}{2\times200}\times\frac{180°}{\pi} = 2°46'44''$

18. 교각 I는 60°, 곡선반경 R은 200m, 노선의 시작점에서 IP점까지의 추가거리가 210.60m일 때 시단현의 편각은? (단, 중심말뚝 간격은 20m임)

㉮ 41′ 51″ ㉯ 51′ 51″
㉰ 31′ 51″ ㉱ 21′ 51″

해설

1. $T.L = R\tan\frac{I}{2} = 200\times\tan\frac{60°}{2} = 115.47\text{ m}$
2. $B.C$의 추가거리= $I.P$의 거리 − $T.L$
=210.60−115.47=95.13m
3. 시단현의 길이(l_1)=100−95.13=4.87m
4. 시단현의 편각(δ_1)$= \frac{l_1}{2R}\,rad = \frac{4.87}{2\times200}\times\frac{180°}{\pi}$
$= 0°41'51''$

해답 14. ㉰ 15. ㉯ 16. ㉱ 17. ㉮ 18. ㉮

19. 곡선의 반경 R=300m, 곡선의 길이 L=20m인 경우 현과 호의 길이의 차는?

㉮ 0.4cm　　㉯ 2.96cm
㉰ 1.96cm　　㉱ 3.96cm

해설

1. $C.L = RI°\dfrac{\pi}{180°}$

 $\therefore I° = \dfrac{C.L}{R} \times \dfrac{180°}{\pi} = 3°49'11''$

2. $C = 2R\sin\dfrac{I°}{2} = 19.996\text{m}$

3. $C.L - C = 20 - 19.996 = 0.004\text{m}$

20. 단곡선 설치에서 가장 널리 사용되며 편리한 방법은 어느 것인가?

㉮ 접선에 대한 지거법
㉯ 지거설치법
㉰ 장현에서의 종거에 의한 설치법
㉱ 편각설치법

해설

편각설치법은 정밀도가 높으므로 철도나 도로 등 중요한 곡선설치에 많이 사용된다.

21. 다음과 같은 측량 결과에서 EC까지의 거리 계산이 옳은 것은? (단, 노선 시작점에서 I.P 까지의 거리는 1923.74m, R=200m, I=67° 40′ 20″임)

㉮ 2025.89m
㉯ 2034.45m
㉰ 2036.26m
㉱ 2038.7m

해설

1. $T.L = R\tan\dfrac{I°}{2} = 200 \times \tan\dfrac{67°40'20''}{2}$

 $= 134.07\text{m}$

2. $C.L = RI°(rad) = \dfrac{\pi}{180°} \times 200 \times 67°40'20''$

 $= 236.22\text{m}$

3. $E.C$ 까지의 거리

 $= I.P$ 까지의 추가거리 $- T.L + C.L$

 $= 1923.74 - 134.07 + 236.22 = 2025.89\text{m}$

22. 곡선설치 방법 중 접선에 대한 지거법은 특히 삼림 지대의 벌채량을 줄이기 위한 방법인데, 지금 곡선 반경이 100m일 때 접선을 따라 20m되는 지점의 곡선까지의 지거(支距)는 약 얼마인가?

㉮ 1m　　㉯ 2m
㉰ 4m　　㉱ 6m

해설

$$y = \frac{x^2}{2R} = \frac{20^2}{2 \times 100} = 2\text{ m}$$

23. 다음과 같은 복곡선(compound curve)에서 다음과 같은 관계가 맞지 않는 것은?

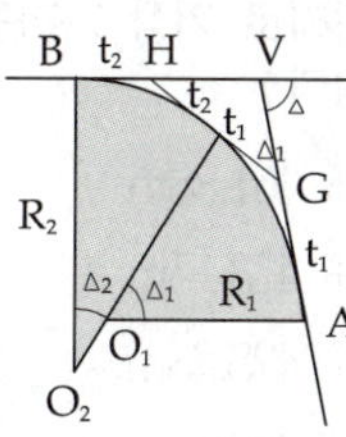

㉮ $\triangle_1 = \triangle - \triangle_2$

㉯ $t_2 = R_2\tan\dfrac{\triangle_2}{2}$

㉰ $VG = (\sin\triangle_2)\left(\dfrac{GH}{\sin\triangle}\right)$

㉱ $VB = (\sin\triangle_2)\left(\dfrac{GH}{\sin\triangle}\right) + t_2$

해설

$\triangle VHG$ 에서 사인법칙을 적용

$$\frac{VH}{\sin\triangle_1} = \frac{G.H}{\sin(180 - \triangle)}$$

$$VH = \frac{\sin\triangle_1}{\sin\triangle}GH$$

$$\therefore VB = VH + t_2$$

$$= \frac{\sin\triangle_1}{\sin\triangle}GH + t_2$$

24. 그림에서 AD, BD간에 단곡선을 설치할 때 $\angle ADB$ 의 2등분선상의 C점을 곡선의 중점으로 선택하였을 때 이 곡선의 접선길이를 구한 값은? (단, DC=10.0m, x=80° 20′ 이다.)

㉮ 34.0m
㉯ 32.4m
㉰ 27.3m
㉱ 15.3m

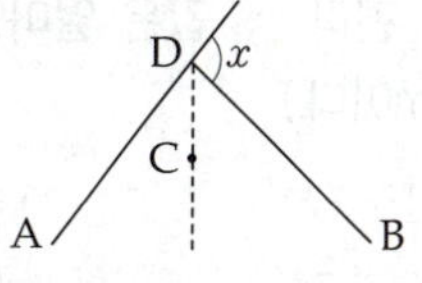

해답　19. ㉮　20. ㉱　21. ㉮　22. ㉯　23. ㉱　24. ㉰

해설

$\overline{CD}$의 길이는 외할(E)가 된다.

$E=R(\sec\frac{I}{2}-1)$ 에서

$$R=\frac{E}{\sec\frac{I}{2}-1}$$

$$=\frac{10.0}{\sec\frac{80°20'}{2}-1}=32.36\,\text{m}$$

$$\therefore T.L=R\tan\frac{I}{2}$$

$$=32.36\times\tan\frac{80°20'}{2}=27.3\,\text{m}$$

25. 거리 400m를 측정하였다. C점부터 A(B.C)까지 거리로 가장 가까운 값은? (단, 곡률반경은 500m로 한다.) [06, 16㉴]

㉮ 461.88m
㉯ 453.15m
㉰ 425.88m
㉱ 404.15m

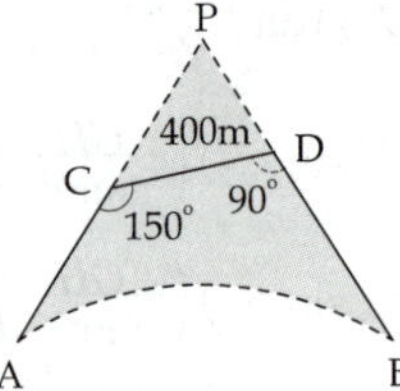

해설

1. 교각 I를 구한다. ∠I=30°+90°=120°
2. T.L을 구한다.

$$T.L=R\tan\frac{I}{2}=500\times\tan\frac{120°}{2}=866.03\text{m}$$

3. △CDP에서 $\overline{CP}$의 거리를 구한다.

$$\frac{\overline{CP}}{\sin 90}=\frac{400}{\sin 60°}$$ 에서

$$\overline{CP}=\frac{\sin 90}{\sin 60}\times 400=461.88\text{m}$$

4. $\overline{CA}=T.L.-\overline{CP}$

$$=866.03-461.88=404.15\,\text{m}$$

26. 교점의 추가거리가 546.42m이고, 교각이 38° 16′ 40″인 절점에 곡선반경 300m의 단곡선에서 시단현의 편각 δ_1 값은 얼마인가? (단, 중심말뚝 간격은 20m이다.)

㉮ 0° 15′ 38″ ㉯ 1° 54′ 35″
㉰ 1° 35′ 54″ ㉱ 1° 41′ 22″

해설

1. $T.L=R\tan\frac{I}{2}=300\times\tan\frac{38°16'40''}{2}$
$=104.112\text{m}$
2. $\sim B.C$ 의 추가거리$=546.42-T.L=442.31\text{m}$
3. 시단현의 길이(l_1)$=460-442.31=17.69\text{m}$
4. 시단현의 편각(δ_1)$=\frac{l_1}{2R}\,rad$
$=\frac{17.69}{2\times300}\times\frac{180°}{\pi}=1°41'21.4''$

27. 편위각법(偏位角法) 설치법의 특징은 다음 중 어느 것인가?

㉮ 수표가 필요 없다.
㉯ 인원, 기계 및 시간을 많이 요하지 않는다.
㉰ 곡선의 일부를 조정하기 쉽다.
㉱ 다른 설치법에 비하여 정밀하다.

해설

편각법은 정밀도가 다른 곡선 설치법보다 높아 도로, 철도등의 중요한 측량에 많이 이용된다.

28. 곡선반경을 설치할 때 캔트와 슬랙을 취함에 있어서 캔트와 관계가 없는 것은? [00㉴]

㉮ 속도
㉯ 반경
㉰ 도로폭
㉱ 교각

해설

캔트 $(C)=\frac{SV^2}{gR}$

여기서, g : 중력가속도
R : 곡선반경
V : 차량의 속도
S : 레일 중심간의 거리로 도로폭과 비슷함

해답 25. ㉱ 26. ㉱ 27. ㉱ 28. ㉱

29. 다음 설명 중 옳지 않은 것은?

㉮ 단위 클로소이드란 매개 변수 A가 1인, 즉, RL=1의 관계에 있는 클로소이드이다.

㉯ 완화곡선의 접선은 시점에서 직선에, 종점에서 원호에 접한다.

㉰ 클로소이드의 형식 중 S형은 복심곡선 사이에 클로소이드를 삽입한 것이다.

㉱ 캔트(Cant)는 원심력 때문에 발생하는 불리한 점을 제거하기 위해 두는 편경사이다.

해설 클로소이드의 조합형식

1. 기본형 : 직선, 클로소이드, 원곡선의 순으로 나란히 하는 기본적인 형
2. S형 : 반향곡선사이에 2개의 클로소이드를 삽입
3. 계란형 : 복심곡선 사이에 클로소이드를 삽입
4. 凸형 : 같은 방향으로 구부러진 2개의 클로소이드를 직선으로 삽입한 것.
5. 복합형 : 같은 방향으로 구부러진 2개이상의 클로소이드를 이은 것.

30. 우리나라의 노선측량에서 철도에 주로 이용되는 완화곡선은?

㉮ 1차 포물선 ㉯ 레미니스케이트

㉰ 3차 포물선 ㉱ 클로소이드

해설

우리나라 철도에서는 3차 포물선을 사용하고, 도로에서는 클로소이드 곡선을 사용하고 있다.
레미니스케이트 곡선은 인터체인지나 입체교차로등에 사용된다.

31. 캔트(cant)의 계산에 있어서 속도 및 반경을 2배로 하면 캔트(cant)는 몇 배로 하여야 하는가? [08㉠]

㉮ 1/2배 ㉯ 2배

㉰ 4배 ㉱ 6배

해설

$C=\dfrac{SV^2}{gR}$ 에서 V와 R을 2배로 하면

$C=\dfrac{2^2}{2}=2$ 배가 된다.

32. 다음 중 slack(확폭)에 관한 확폭량의 식 중 맞는 것은? [05㉠]

㉮ $\dfrac{L}{2R^2}$ ㉯ $\dfrac{L}{2R}$

㉰ $\dfrac{L^3}{2R^2}$ ㉱ $\dfrac{L^2}{2R}$

33. 곡선반경 500m 되는 원곡선상을 80km/h로 주행하려면 칸트는? (단, 궤간(b) = 1.067m임) [90㉡]

㉮ 15mm ㉯ 18mm

㉰ 108mm ㉱ 105mm

해설

$$C=\frac{SV^2}{gR}$$
$$=\frac{1.067\times(80000/3600)^2}{9.8\times500}=0.108\,\text{m}$$

34. 완화곡선장과 cant와의 비가 500이며, 교점의 추가거리가 4200.20m, 교각 45°, 원점의 반지름 400m, 고도 105mm 일 때 완화곡선장(l)과 이정(f)을 구한 값은?

㉮ $l=63$m. $f=0.33$m

㉯ $l=59.5$m, $f=0.55$m

㉰ $l=61$m. $f=0.44$m

㉱ $l=52.5$m. $f=0.29$m

해설

1. 완화곡선장 $(l)=\dfrac{N}{1000}C$
$$=\frac{500}{1000}\times105=52.5\,\text{m}$$
2. 이정 $(f)=\dfrac{l^2}{24R}=\dfrac{52.5^2}{24\times400}=0.287\,\text{m}$

35. 클로소이드 곡선 설치 때 클로소이드 곡선의 파라미터 A를 200, 반경 R를 400m라면, 완화곡선장 L를 계산한 값은? [90㉡]

㉮ 400m ㉯ 300m

㉰ 200m ㉱ 100m

해답 29. ㉰ 30. ㉰ 31. ㉯ 32. ㉱ 33. ㉰ 34. ㉱ 35. ㉱

해설

$A^2 = RL$에서

$$L = \frac{A^2}{R} = \frac{200^2}{400} = 100\text{ m}$$

36. 곡률반경 R = 20m, 곡선장 L = 5m일 때 클로소이드의 매개변수 A의 값은? [83산]

㉮ 5m ㉯ 10m
㉰ 15m ㉱ 20m

해설

$A^2 = RL$에서

$\therefore A = \sqrt{RL} = \sqrt{20 \times 5} = 10\text{m}$

37. 완화곡선 정수(N)가 500이고 칸트가 80mm일 때 완화곡선길이는? (단, 완화곡선길이는 칸트의 정수배에 비례한다.) [00기]

㉮ 20m ㉯ 30m
㉰ 40m ㉱ 50m

해설

$$L = \frac{NC}{1,000} = \frac{500 \times 80}{1,000} = 40\text{ m}$$

38. 완화곡선 중 극각(σ)이 45°일 때 클로소이드곡선, 렘니스케이트곡선, 3차포물선 중 어느 것이 가장 짧은 곡선이 되는가? [01산]

㉮ 클로소이드 곡선 ㉯ 렘니스케이트 곡선
㉰ 3차 포물선 ㉱ 모두 같다.

39. 클로소이드(Clothoid) 곡선 설치에서 극좌표에 의한 중간점 설치 방법 중 옳은 것은? [90, 83산]

㉮ 주접선에 의한 설치
㉯ 현각 현장법에 의한 설치
㉰ 현으로부터의 설치
㉱ 임의의 접선으로부터의 설치

해설 클로소이드곡선 설치법

1. 직각좌표에 의한 중간점 설치
   ① 주접선으로부터 직각좌표에 의한 방법
   ② 현에서 직각 좌표에 의한 방법
   ③ 접선으로부터 직각좌표에 의한 방법
2. 극좌표에 의한 중간점 설치
   ① 극각 동경법
   ② 극각 현장법
   ③ 현각 현장법
3. 기타방법에 의한 중간점 설치
   ① 2/8법에 의한 설치법
   ② 현다각으로 부터의 설치법

40. 클로소이드곡선(Clothoid curve) 설명 중 옳지 않은 것은? [96기]

㉮ 곡률이 곡선의 길이에 비례한다.
㉯ 고속도로에 가장 적합하다.
㉰ 일종의 완화곡선이다.
㉱ 철도의 종단곡선 설치에 가장 효과적이다.

해설

1. 클로소이드곡선은 곡선길이가 길어질수록 곡률반경은 작아진다.
   즉, 곡률 $\frac{1}{R}$이 곡선길이에 비례한다.
2. 철도의 종단곡선은 원곡선을 사용하고 도로의 종단곡선은 2차포물선을 사용한다.

41. 클로소이드곡선 설치의 표시방법이 아닌 것은? [90산]

㉮ 주접선에서 직각좌표에 의한 방법
㉯ 8/2법에 의한 방법
㉰ 현에서 직각좌표에 의한 방법
㉱ 현다각으로부터 하는 방법

해설

문39) 해설 참고

해답 36. ㉯ 37. ㉰ 38. ㉯ 39. ㉯ 40. ㉱ 41. ㉯

42. 다음 설명 중 옳지 않은 것은? [05㉠]

㉮ 모든 클로소이드(clothoid)는 닮음 꼴이며 클로소이드 요소는 길이의 단위를 가진 것과 단위가 없는 것이 있다.

㉯ 완화곡선의 접선은 시점에서 원호에, 종점에서 직선에 접한다.

㉰ 완화곡선의 반경은 그 시점에서 무한대, 종점에서는 원곡선의 반경과 같다.

㉱ 완화곡선에 연한 곡선반경의 감소율은 캔트(cant)의 증가율과 같다.

해설

완화곡선의 접선은 시점에서 직선에, 종점에서 원호에 접한다.

43. 다음은 클로소이드 곡선에 관한 설명이다. 옳은 것은? [96㉦]

㉮ 곡률 반경 R, 곡선길이 L, 매개변수 A의 사이에는 $RL = A^2$의 관계가 성립한다.

㉯ 곡률반경에 비례하여 곡선 길이가 증가하는 곡선이다.

㉰ 곡선 길이가 일정할 때 곡률 반경이 크면 접선각도 커진다.

㉱ 곡률반경과 곡선 길이가 같은 점을 동경이라 한다.

해설 클로소이드의 성질

① 곡률반경의 역수인 곡률 $\frac{1}{R}$이 곡선장에 비례하여 증가하는 곡선이다.

② $\tau = \frac{L}{2R}$에서 L이 일정할 때 곡률반경이 커지면 접선각은 작아진다.

44. 다음은 클로소이드(clothoid)의 특성에 관한 설명이다. 틀린 것은 어느 것인가? (단, I는 접선각, $\triangle R$은 이정량, R은 원곡선 반경, A : Clothoid Parameter, L은 완화곡선장) [93㉠]

㉮ I가 일정한 경우 R를 크게 하기 위해서는 큰 A를 사용한다.

㉯ R가 일정할 때 A를 변화시킴에 따라 L를 변화시킬 수 있다.

㉰ $\triangle R$가 일정할 때 A를 변화시킴에 따라 임의의 R원에 접속시킬 수가 있다.

㉱ L와 A가 결정되어 있을 경우 R를 변화시킴에 따라 임의의 R원에 접속시킬 수가 없다.

해설

$A^2 = RL$에서 두 가지 요소가 결정되면 나머지 한 요소를 구할 수 있다. 따라서 L과 A가 결정되어 있으면 R을 변화시킬 수 없다. (일정값을 갖는다.)

45. 다음 글은 완화곡선에 사용하는 클로소이드에 대한 설명이다. 틀린 것은 어느 것인가? [93㉠]

㉮ 클로소이드는 곡률이 곡선장에 비례하여 한결같이 증대하는 곡선이다.

㉯ 단위 클로소이드의 각 요소는 모두 무차원이다.

㉰ 클로소이드의 종점의 좌표 x, y는 그 점의 접선각 (I)의 함수로 표시된다.

㉱ 곡선장(L)와 파라메타(A)가 일정할 때 이정량($\triangle R$)를 변화시킴으로서 임의 반경의 원주선에 접속시킬 수 있다.

해설

단위 클로소이드 요소는

1. 길이의 단위가 있는 것 (r, l, …)과
2. 길이의 단위가 없는 요소 ($\tau, \delta, \cdots$)가 있다.

46. 우리나라 철도에 있어서 구배 표시 방법은? [90㉦]

㉮ n/100 ㉯ n/1000
㉰ 1/n ㉱ n%

해설

도로에서의 기울기는 백분율(%)을 사용하고 철도에서는 천분율(‰)을 사용한다.

해답 42. ㉯ 43. ㉮ 44. ㉱ 45. ㉯ 46. ㉯

47. 도로의 중심선을 따라 20m 간격의 종단 측량을 해서 표와 같은 결과를 얻었다. 측점 1과 측점 5의 지반고를 연결하는 도로계획선을 설정한다면 이 계획선의 구배는? [84㉠]

㉮ -1%
㉯ -3.5%
㉰ +3.5%
㉱ +1%

측 점	지반고(m)
1	73.63
2	72.82
3	75.67
4	70.65
5	70.83

해설

1. 고저차 $= 70.83 - 73.63 = -2.8\,\text{m}$
2. 구배 $= \frac{-2.8}{80} \times 100 = -3.5\%$

48. 도로의 상향 구배 +6%, 하향구배 -4%의 종단구배 상에서 자동차가 60km/hr로 주행할 때 종곡선의 길이는 얼마나 되는가? [88㉡]

㉮ 80m ㉯ 100m
㉰ 120m ㉱ 160m

해설

도로에서 설계속도를 기준으로 할 경우 L은

$$L = \frac{|m-n|}{360} V^2$$

$$= \frac{|6-(-4)|}{360} \times 60^2 = 100\,\text{m}$$

49. 다음의 보기에서 노선의 종단면도에 기입할 사항 6가지는? (① 곡선, ② 절취고, ③ 절취면적, ④ 구배, ⑤ 계획고, ⑥ 용지폭, ⑦ 성토고, ⑧ 성토면적, ⑨ 지반고, ⑩ 법면장) [84㉡]

㉮ ①②④⑤⑦⑨ ㉯ ①③⑥⑧⑨⑩
㉰ ②③⑥⑦⑧⑩ ㉱ ②④⑥⑦⑧⑨

해설

1. 종단면도에 기입할 사항
   ① 측점위치, ② 측점간의 수평거리, ③ 각측점의 지반고 및 B. M높이, ④ 계획고, ⑤ 절·성토고, ⑥ 계획선의 경사, ⑦ 직선과 곡선의 구별
2. 절·성토 면적은 횡단면도에 기입할 사항임

50. 다음 그림과 같은 종단곡선을 설치하려면 한다면 B 점의 계획고는? (단, 종단곡선은 포물선이고 A 점의 계획고는 78.63m이다.) [81㉠]

㉮ 78.23m
㉯ 80.73m
㉰ 81.63m
㉱ 82.53m

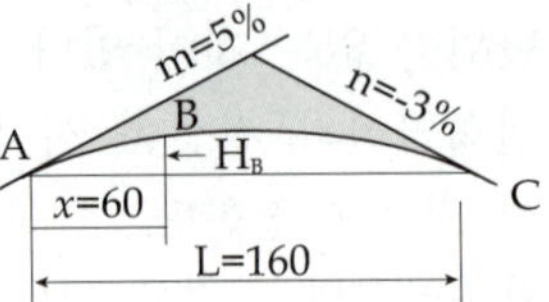

해설

1. $H_B = H_A + \frac{m}{100}x$

$$= 78.63 + \frac{5}{100} \times 60 = 81.63\,\text{m}$$

2. 종거 $(y) = \frac{|m-n|}{200L} x^2$

$$= \frac{|5-(-3)|}{200 \times 160} \times 60^2 = 0.9\,\text{m}$$

3. B점의 계획고 $= H_B - y = 81.63 - 0.9 = 80.73\,\text{m}$

51. 상향구배 $\frac{5.5}{1,000}$, 하향구배 $\frac{35}{1,000}$인 두 노선이 곡선반경 3,000m의 단곡선에서 교차할 때 곡선장은?

㉮ 60.8m ㉯ 121.5m
㉰ 50.8m ㉱ 111.5m

해설

$$L = R\left(\frac{m}{1000} - \frac{n}{1000}\right)$$

$$= 3000\left\{\frac{5.5}{1000} - \left(\frac{35}{1000}\right)\right\} = 121.5\,\text{m}$$

52. 상향구배 4.5/1000와 하향구배 35/1000가 반지름 2000m의 곡선중에서 만날 경우에 곡선시점에서 20m 떨어져 있는 점의 종거 y값은 어느 것인가?

㉮ 1.0m ㉯ 0.6m
㉰ 0.4m ㉱ 0.1m

해설 원곡선에서 종거

$$(y) = \frac{x^2}{2R} = \frac{20^2}{2 \times 2000} = 0.1\,\text{m}$$

해답 47. ㉯ 48. ㉯ 49. ㉮ 50. ㉯ 51. ㉯ 52. ㉱

제 10 장 하천측량

출제경향분석

하천측량은 평이하고 계산문제가 별로 없어 학습하기 편안한 단원으로
1. 평면측량의 범위 2. 수위관측소의 설치 위치 3. 평균유속 측정 등이 주로 출제되고 있다.

단원별 경향분석

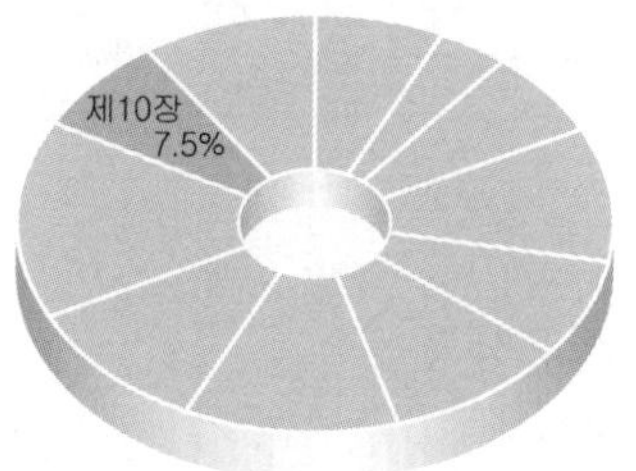

토목기사

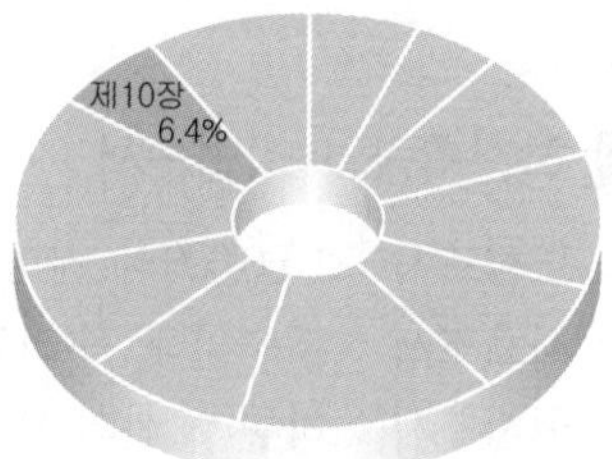

토목산업기사

항목별 경향분석

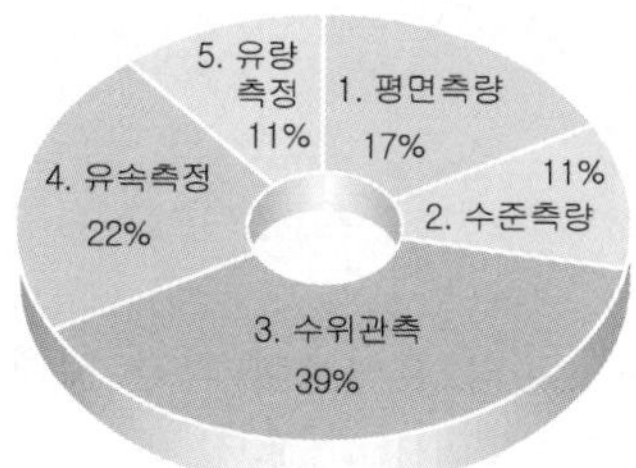

토목기사

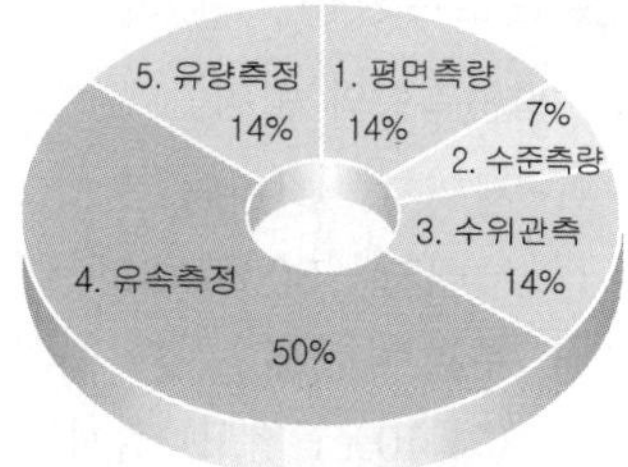

토목산업기사

1 평면측량

학습방향

하천측량은 평이하면서도 토목기사에 자주 출제되는 단원이다. 주로 출제되는 부분은 수위관측소, 평균유속의 측정 및 계산, 심천측량 등으로 외울 공식도 몇 개 없고, 평이하게 이해를 요하는 문제가 출제된다.

① 하천측량의 목적　② 평면측량의 범위　③ 수애선 측량

1 하천측량의 목적

하천의 형상, 수위, 심천, 단면, 구배등을 측정하여 하천의 평면도, 종횡단면도를 작성함과 동시에, 수류의 방향, 유속, 유량, 부유물, 기타 구조물을 조사하여 각종 수공설계, 시공에 필요한 자료를 얻기 위함이다.

학습POINT

06, 09㉮, 04, 07㉰

- 하천측량의 목적
- 하천측량의 종류
- 평면측량

2 하천측량의 종류

① 평면측량　② 수준측량　③ 유량측량
④ 수위관측　⑤ 우량관측　⑥ 하천 공작물 조사 등

3 하천측량의 작업순서

① 도상조사 : 1/50,000의 지형도를 이용
② 자료조사 : 홍수피해, 수리권의 문제, 물의 이용상황 등
③ 현지조사 : 하천 노선의 답사와 선점
④ 평면측량 : 골조측량(삼각, 트래버스 측량)과 세부(평판)측량,
⑤ 수준측량 : 지상 및 하저의 깊이 측정
⑥ 유량측량 : 수위, 유속 관측, 심천측량등으로 유량계산

4 평면측량

(1) 평면측량의 범위

① 제외지 : 전지역
② 제내지 : 300m 내외
③ 무제부 : 홍수시의 물가선(water course line)의 흔적보다 약간 넓게 (약 100m 정도) 실시

■ 제내지와 제외지

1. 하천 단면에서 볼 때 제외지와 제내지가 바뀐 것이 아닌가 혼동할 수 있는데 그것은 하천을 중심으로 생각하기 때문이다.
2. 인간 중심으로 생각하면 제내지란 인간이 삶을 영위하는 곳이므로 혼동되지 않는다.

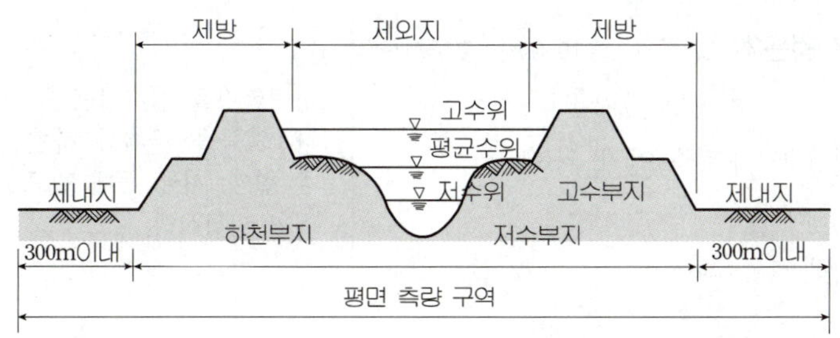

그림. 하천 단면

(2) 골조측량

① 삼각측량

㉮ 삼각망은 단열삼각망을 사용

㉯ 삼각망의 협각은 40~100° 사이일 것

㉰ 측각은 반복법(배각법)으로 측정하며 각오차는 20″ 이내(단, 삼각형의 오차는 10″ 이내)

㉱ 실측 기선장과 계산기선장의 차는 1/60,000 이내일 것

㉲ 삼각점은 2~3km 마다 설치한다.

② 트래버스 측량

㉮ 보통 200m마다 다각망을 만들어 기준점을 늘린다.

㉯ 다각망은 결합 트래버스로 한다.

㉰ 측각오차는 3′ 이내, 거리오차는 1/1,000 이내일 것

▶04, 05, 06㉠, 06, 08㉤
• 삼각측량
• 수애선의 측량

■ 하천 골조측량

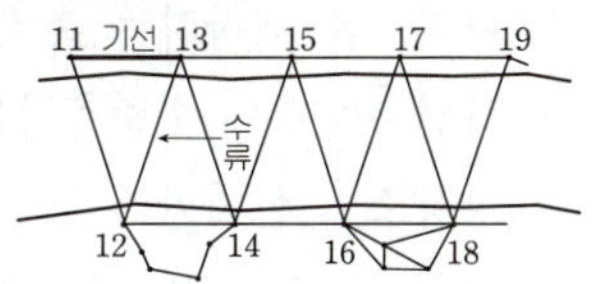

(3) 세부측량

① 세부측량의 대상 : 하천의 형상, 다리, 제방, 행정구역상의 경계, 건축물, 양수표 등 하천 유역에 있는 모든 것

② 방법 : 지거측량, 평판측량, 시거측량의 세부측량과 같은 방법으로 행한다.

③ 제내 침수지역, 범람지역, 유수지의 수위, 면적, 용량의 조사 등에는 등고선 측량이 필요하다.

④ 평면도의 축척은 1/2,500로 하나, 하천의 폭이 50m 이내일 경우에는 1/1,000으로 한다.

⑤ 수애선(물가선)의 측량

㉮ 수면과 하안과의 경계선을 수애선이라 한다.

㉯ 수애선은 평수위일 때의 물가선을 말한다.

㉰ 수애선의 측량에는 동시관측법과 심천측량에 의한 방법이 있다.

㉱ 수애선을 나타내는 말뚝은 50~100m 간격으로 한다.

핵심문제

1 하천측량을 실시하는 주목적으로 옳은 것은? [18, 09 ㉮, 97 ㉯]

㉮ 하천공사의 비용을 알기 위해
㉯ 하천공사의 각종 설계, 시공에 필요한 자료를 얻기 위해
㉰ 하천의 수위, 구배, 단면을 알기 위해
㉱ 하천의 평면도, 단면도를 얻기 위해

2 하천측량에 대한 설명 중 옳지 않은 것은? [16 ㉮]

㉮ 하천측량시 처음에 할 일은 도상조사로서 유로상황, 지역면적, 지형지물, 토지이용 상황 등을 조사하여야 한다.
㉯ 심천측량은 하천의 수심 및 유수부분의 하저사항을 조사하고 횡단면도를 제작하는 측량을 말한다.
㉰ 하천측량에서 수준측량을 할 때의 거리표는 하천의 중심에 직각 방향으로 설치한다.
㉱ 수위관측소의 위치는 지천의 합류점 및 분류점으로서 수위의 변화가 뚜렷한 곳이 적당하다.

3 하천 측량시 무제부에서의 평면 측량 범위는? [96 ㉮]

㉮ 홍수가 영향을 주는 구역보다 약간 넓게
㉯ 계획하고자 하는 지역의 전체
㉰ 홍수가 영향을 주는 구역까지
㉱ 홍수영향 구역보다 약간 좁게

4 다음 중 하천측량에 포함되지 않는 것은 어느 것인가? [87 ㉯]

㉮ 평면측량 ㉯ 고저측량
㉰ 해수위(海水位)관측 ㉱ 유량측량

5 다음중 하천 측량의 순서가 옳은 것은?

㉮ 도상조사 → 자료조사 → 답사 → 관측
㉯ 자료조사 → 답사 → 도상조사 → 관측
㉰ 답사 → 자료조사 → 도상조사 → 관측
㉱ 답사 → 도상조사 → 자료조사 → 관측

해설

해설 **1**

하천측량을 실시하는 주목적은 ㉮, ㉰, ㉱등을 구해서 하천공사의 각종 설계, 시공 등에 필요한 자료를 얻기 위함이다.

해설 **2**

수위관측소의 위치는 수위의 변화가 없고 쉽게 수위를 관측할 수 있어야 한다. 지천의 합류점이나 분류점은 수위의 변화가 있어 피한다.

해설 **3**

- 평면측량의 범위

1. 제외지 : 전지역
2. 제내지 : 300m내외
3. 무제부 : 홍수시의 물가선으로부터 100m 정도까지

해설 **4**

하천측량의 종류에는 평면측량, 수준측량, 우량관측, 수위관측, 유량관측, 하천 공작물 조사 등이 있다.

정답 1. ㉯ 2. ㉱ 3. ㉮ 4. ㉰ 5. ㉮

6 하천의 평면 측량에서 삼각망의 구성중 소삼각의 내각을 얼마로 하면 좋은가? [96 ㉪]

㉮ 30° ~ 100°　　㉯ 30° ~ 140°
㉰ 40° ~ 100°　　㉱ 40° ~ 120°

7 하천의 평면측량에서 각 관측은 배각법에 의하여 몇 회 반복 측정하여 평균각을 협각으로 정하는가? [94 ㉪]

㉮ 1-2회　　㉯ 3-4회
㉰ 5-6회　　㉱ 7-8회

8 하천측량시 평면 측량에서 삼각점은 몇 km마다 설치하는가?

㉮ 1~2km　　㉯ 2~3km
㉰ 3~4km　　㉱ 4~5km

9 하천측량을 행할 때 평면측량의 범위 및 거리에 대한 설명 중 옳지 않은 것은? [01, 97, 96 ㉪]

㉮ 유제부에서의 측량범위는 제내지 300m 이내로 한다.
㉯ 무제부에서의 측량범위는 평상시 물이 차는 곳까지로 한다.
㉰ 선박운행을 위한 하천개수가 목적일 때 하류는 하구까지로 한다.
㉱ 홍수방지공사가 목적인 하천공사에서는 하구에서부터 상류의 홍수피해가 미치는 지점까지로 한다.

10 다음 중 하천측량 실시에 필요한 세부측량이 아닌 것은? [97 ㉪]

㉮ 수심측량　　㉯ 종,횡단측량
㉰ 삼각측량　　㉱ 천체측량

11 하천측량시 수애선은 어떤 수위를 기준으로 하는가? [00 15 ㉪]

㉮ 평수위　　㉯ 평균수위
㉰ 최고수위　　㉱ 최저수위

해 설

해설 **6**

• 하천의 삼각측량

1. 내각은 40~100° 사이
2. 측각은 배각법을 사용하고 각 오차는 20″ 이내
3. 삼각점은 기본 삼각점으로부터 정하는 것이 원칙

해설 **7**

1. 배각법의 반복측정횟수는 7~8회
2. 삼각형의 폐합차는 10″ 이내로 한다.

해설 **8**

• 하천측량시 기준점 설치

1. 평면측량의 삼각점 2~3km
2. 수준측량의 수준점 5km이내

해설 **9**

무제부의 측량범위는 홍수의 흔적이 있는 곳보다 약간 넓게(약 100m 정도) 측량한다.

해설 **10**

삼각 측량은 골조측량이다.

해설 **11**

수애선이란 평수위 일때의 물가선을 말한다.

정답 6. ㉰ 7. ㉱ 8. ㉯ 9. ㉯ 10. ㉰ 11. ㉮

2 수준측량

학습방향

하천의 수준측량은 좌안의 거리표를 따라 종단측량을 한 후 이에 직각방향으로 횡단측량과 하천의 수심 및 하저상황을 조사하여 종,횡단면도를 작성하는 측량이다.

① 수준점은 5km마다 설치한다.
② 거리표는 좌안 200m 간격으로 설치한다.
③ 종단면도의 축척은 종 1/100, 횡 1/1,000 이다

1 수준측량의 분류

① 종단측량
② 횡단측량
③ 심천측량(sounding)
④ 하구 심천측량(sounding of river mouth)

2 수준기표의 설치

① 양안 5km마다 설치한다.
② 구조는 길이 1.2m, 15cm×15cm의 형으로 만들어 매립

3 거리표(distance mark)의 설치

① 거리표는 하천의 중심에 직각 방향으로 양안의 제방법선에 설치한다.
② 거리표는 하구 또는 하천의 합류점에서의 위치를 표시한다.
③ 설치간격은 하천의 중심을 따라 200m를 표준으로 하나 실제로는 좌안을 따라 200m 간격으로 설치하는 것이 많다. 따라서 우안의 거리표는 200m 간격으로 되지 않는다.
④ 거리표의 위치는 보조 삼각측량, 보조다각측량으로 결정한다.

4 종단측량

① 종단측량이란 좌, 우 양안의 거리표의 높이와 지반고를 관측하는 것으로 필요한 곳이나 공작물의 높이를 수준측량에 의해 결정하는 것이다.
② 종단측량의 결과로 종단면도를 작성하는데 그 축척은 종 1/100, 횡 1/1,000~1/10,000로 한다.
③ 종단면도는 하류를 좌측으로 한다.

학습POINT

09㉠
- 수준기표의 설치

■ 거리표 설치

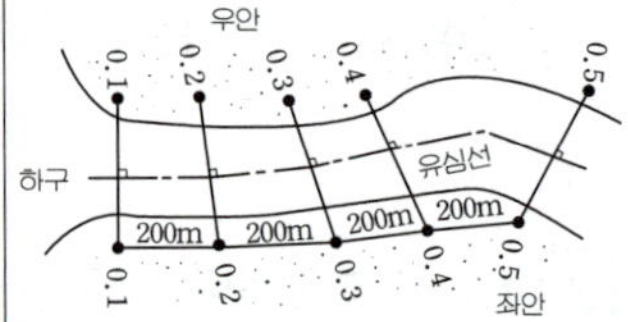

5 횡단측량

> 07, 09㉠, 06, 10㉡
> • 횡단측량
> • 심천측량

① 횡단측량은 200m마다 양안에 설치한 거리표를 기준으로 실시한다.
② 측정구역은 평면측량할 구역을 고려한다.
③ 고저차의 관측은 지면이 평탄할 경우에는 5~10m간격으로 하며 경사 변환점은 필히 실시한다.
④ 횡단측량은 양수표, 댐, 교량, 갑문등 구조물이 있는 곳에서는 특별한 측량을 실시한다.
⑤ 횡단면도는 좌안을 좌측으로, 좌안 거리표를 기점으로 하며 거리표의 부호를 제도한다.

6 심천측량

심천측량이란 하천의 수심 및 유수부분의 하저상황을 조사하고 횡단면도를 제작하는 측량이다.

(1) 심천 측량용 기계, 기구

① 로드(rod) : 측간이라고도 하며 수심 1~2m의 얕은 곳에 효과적
② 레드(red) : 측심간이라고도 하며 와이어나 로우프의 끝부분에 납으로 된 추가 붙어 있어 수심 5m이상인 곳에 사용
③ 음향측심기 : 초음파를 사용하며 수심 30m까지의 깊은 곳에 사용

■ 로드와 레드

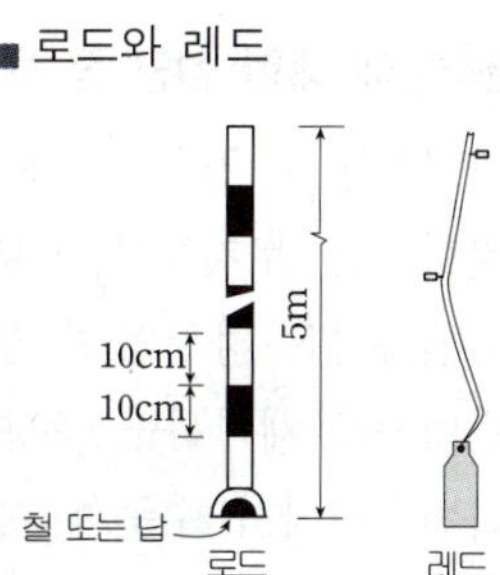

(2) 하천 심천측량

① 하천 폭이 넓고 수심이 얕은 경우 : 양안 거리표를 지나는 직선상에 수면말뚝을 박고 와이어로 길이 5~10m 마다 수심을 관측한다.
② 하천 폭이 넓고 수심이 깊은 경우 : 양안 거리표의 선상에 배를 띄워 배의 위치(거리) 및 그 위치의 수심을 측정한다.

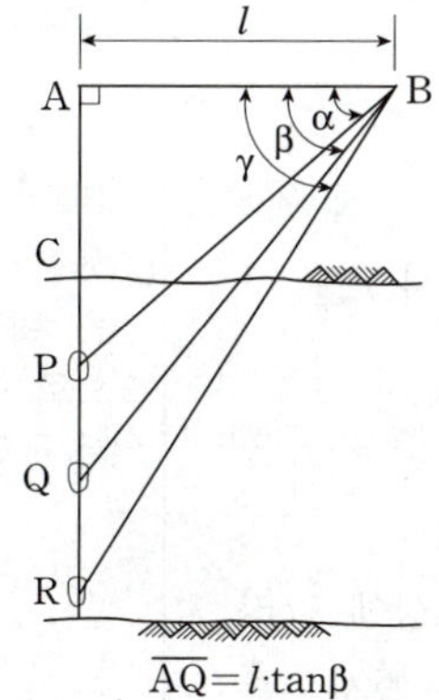

그림. 지상에서 일정 방향 선상의 점을 구하는 법

그림에서 AB의 길이 l은 기선이고 P, Q, R은 측정선의 위치이다.

③ 수심이 30m 정도의 깊은 곳은 음향 측심기나 수압 측심기를 사용하는데 0.5%정도의 오차가 발생한다.

핵심문제

해설

1 하천측량에서 수준점을 적어도 몇 km마다 측설하는가? [98산]

㉮ 0.5km　　㉯ 1km
㉰ 5km　　㉱ 20km

해설 1
하천측량시
1. 수준점 : 5km
2. 삼각점 : 2~3km

2 다음 그림에서 BC선에 연하여 심천측량을 하기 위해 A점을 CB선에 직각으로 AB = 96m를 잡았다. 지금 이 배의 위치에서 육분의(sextant)로 ∠APB를 측정하여 52° 15′ 을 얻었을 때 BP의 거리는? [99, 88산]

㉮ 93.85m
㉯ 83.85m
㉰ 74.33m
㉱ 64.33m

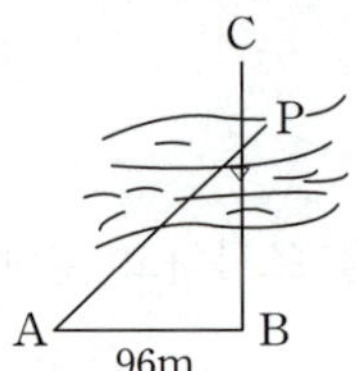

해설 2

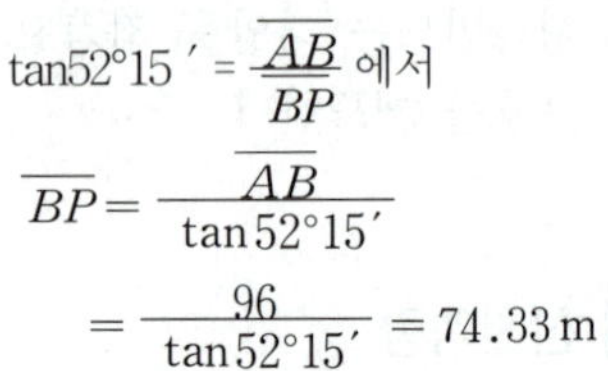

$\tan 52°15' = \dfrac{\overline{AB}}{\overline{BP}}$ 에서

$\overline{BP} = \dfrac{\overline{AB}}{\tan 52°15'}$

$= \dfrac{96}{\tan 52°15'} = 74.33\,\text{m}$

3 하천측량에 대한 설명 중 옳지 않는 것은? [00, 96기]

㉮ 하천측량시 처음에 할 일은 도상조사로서 유로상황, 지역면적, 지형지물, 토지이용 상황 등을 조사하여야 한다.
㉯ 심천측량은 하천의 수심 및 유수부분의 하저상황을 조사하고, 횡단면도를 제작하는 측량을 말한다.
㉰ 하천측량에서 수준측량을 할 때의 거리표는 하천의 중심에 직각의 방향으로 설치한다.
㉱ 수위관측소의 위치는 지천의 합류점 및 분류점으로서 수위의 변화가 일어나기 쉬운 곳이 적당하다.

해설 3
수위관측소는 지천의 합류점 및 분류점등 수위의 변화가 일어나기 쉬운 곳은 피한다.

4 하천측량에서 하저 경사도를 구하는데 가장 적합한 방법은? [83기]

㉮ 심천측량(深淺測量)으로 가장 깊은 곳을 찾아 하저 경사도를 구한다.
㉯ 하천의 중심에 따라 하저를 측정하여 양안에 설치한 수준 기표를 이용하여 하저 경사도를 구한다.
㉰ 하저단면 측량으로부터 최심부(最深部)의 위치를 평면도상에 그리고 거리를 구하여 하천 바닥의 총 단면도를 그려 하저 경사도를 구한다.
㉱ 수면 경사도를 구하여 이것을 이용하여 하저 경사도를 구한다.

해설 4
하천의 하저경사도를 구하는 방법은 여러 가지가 있으나 심천측량으로 수심이 가장 깊은 곳을 찾아서 구하는 것이 가장 적합하다.

정답 1. ㉰ 2. ㉰ 3. ㉱ 4. ㉮

5 수심이 비교적 깊고, 지역이 넓은 하구측량에 적절치 못한 기계·기구는? [97 ㉑]

㉮ 음향 측심기(echo sounding)

㉯ 측간 또는 측심간(sounding pole)

㉰ 육분의(sextant)

㉱ 측량선

6 하천수준 측량에서 그 오차의 한계를 유조부에서는 4km 왕복에 대하여 얼마를 넘지 않아야 하는가? [88 ㉕]

㉮ 5mm

㉯ 10mm

㉰ 15mm

㉱ 20mm

7 다음은 하천 심천측량에 관한 설명이다. 틀린 것은? [02, 01, 96 ㉑]

㉮ 심천측량은 하천의 수심 및 유수부분의 하저상황을 조사하고 횡단면도를 제작하는 측량이다.

㉯ 로드(rod)에 의한 심천측량은 수심 5m까지 사용 가능하다.

㉰ 레드(led)로 관측 불가능한 깊은 곳은 음향측심기를 사용한다.

㉱ 심천측량은 수위가 높은 장마철에 하는 것이 효과적이다.

8 수심이 수십 m 이내이고 소규모의 하구의 수심도를 작성하고자 한다. 이때 사용되는 기계, 기구, 장비의 조합 중 가장 적절한 것은? [98, 94 ㉑]

㉮ 육분의, 음향측심기, 측량선

㉯ 트랜싯트, 광파측거의, 음향측심기, 측량선

㉰ Trisponder, 탄성파측량기, 음향측심기, 측량선

㉱ 유속계, 육분의, 전파측거의, 음향측심기, 측량선

9 하천 측량시 수준 측량에서 거리표의 설치는 하천의 좌안을 기준으로 몇 m간격으로 설치하는가?

㉮ 100m ㉯ 200m

㉰ 500m ㉱ 1,000m

해 설

해설 **5**

1. 하구심천측량
   ① 트랜싯과 측량선을 사용하는 방법
   ② 육분의에 의한 방법
   ③ 음향 측심기를 사용하는 방법
2. 수심이 작은 경우
   ① 로드 : 수심 5m까지 사용가능, 1~2m에 효과적
   ② 레드 : 추의 무게를 가감하여 수심측정

해설 **6**

• 하천수준측량의 허용오차

4km 왕복시

1. 급류부 : 20mm이내
2. 무조부 : 15mm이내
3. 유조부 : 10mm이내

해설 **7**

심천측량은 측정선을 사용하는 것이 일반적이며 측정선을 양안 거리표방향에 직선으로 이동하면서 배의 위치 및 그 위치의 수심을 측정하는 측량으로 홍수시나 장마철에는 배의 위치를 일정한 방향으로 유지하기 힘들다.

해설 **8**

1. 문제에서 음향측심기와 측량선은 공통으로 들어간다.
2. 하천측량시 선상에서의 측각은 육분의를 사용한다.
3. 수심도 작성에서 유속계는 필요 없다.

해설 **9**

거리표는 하구 또는 하천 합류점에서의 위치를 표시하며 하천의 중심을 따라 200m 간격으로 설치하나 실제로는 좌안을 기준으로 200m 간격으로 설치한다.

정답 5. ㉯ 6. ㉯ 7. ㉱ 8. ㉮ 9. ㉯

3 수위관측

학습방향

수위의 관측은 양수표의 눈금을 읽어 측정한다. 따라서 양수표의 설치 장소의 선정이 중요하며 자주 출제된다. 하천의 수위는 이수면에서는 최저수위, 치수면에서는 최고수위를 사용한다.

① 하천의 수위　　② 양수표의 설치장소

1 제도

(1) 평면도 작성

① 평면도는 S=1/2,500로 작도하나 하천의 폭이 50m이하일 때는 S=1/1,000로 한다.

② 평면도는 하천개수나 하천구조물의 계획, 설계, 시공의 기초가 되는 것으로 기준점은 직교좌표로 전개된다.

(2) 종단면도

① 축척은 종 1/100, 횡 1/1,000을 표준으로 하고 경사가 급한 경우 종 축척을 1/200로 한다.

② 양안의 거리표 높이, 하상고, 계획고수위, 수위표 등을 기입하며 하류를 좌측으로 제도한다.

(3) 횡단면도

① 축척은 종(높이)를 1/100, 횡(폭)을 1/1,000로 한다.

② 횡단면도는 육상부분의 횡단측량과 수중부분의 심천측량의 결과를 연결하여 작성된다.

2 하천의 수위

(1) 최고수위(H.W.L)와 최저수위(L.W.L) : 어떤 기간에 있어서 최고, 최저의 수위로 년단위나 월단위의 최고, 최저로 구분한다.

(2) 평균최고수위(N.H.W.L)와 평균최저수위(N.L.W.L)년과 월에 있어서의 최고, 최저의 평균으로 나타낸다. 평균최고수위는 축제나 가교, 배수공사등의 치수목적으로 이용되고 평균최저수위는 주운, 발전, 관개등 이수관계에 이용된다.

(3) 평균 수위(M.W.L) : 어떤 기간의 관측수위를 합계하여 관측횟수로 나누어 평균값을 구한 값

학습POINT

▶06㉠, 04, 09㉡
• 하천의 수위

■ 수위의 비교

1. 사용목적에 따라
① 치수목적 : 평균최고 수위
② 이수목적 : 평균최저 수위

2. 관측방법에 따라
① 평균수위 : 관측수위 합계를 관측횟수로 나누어 구한 평균값
② 평수위 : 높은 수위와 낮은 수위의 관측 횟수가 똑같은 수위

(4) 평균 고수위(M.H.W.L)와 평균저수위(M.L.W.L) : 어떤 기간에 있어 평균수위 이상되는 수위의 평균, 또는 평균수위 이하의 수위의 평균값
(5) 평수위(O.W.L) : 어떤 기간에 있어서의 수위중 이것보다 높은 수위와 낮은 수위의 관측횟수가 똑같은 수위로 평균수위보다 약간 낮다.
(6) 최다수위(M.F.W.L) : 일정기간중 제일 많이 생긴 수위
(7) 지정수위 : 홍수시에 매시 수위를 관측하는 수위
(8) 통보수위 : 지정된 통보를 개시하는 수위
(9) 경계수위 : 수방요원의 출동을 필요로 하는 수위

■ 이수면에서의 수위

1. 갈수위 : 1년에 355일 이상 이보다 적어지지 않는 수위
2. 저수위 : 1년에275일 이상 이보다 적어지지 않는 수위
3. 평수위 : 1년에 185일 이상 이보다 적어지지 않는 수위
4. 고수위 : 1년에 2~3회 이상 이보다 적어지지 않는 수위
5. 홍수위 : 최대수위

3 수위 관측소 설치시 고려사항

▶05㉮, 08, 10, 25㉷
• 수위 관측소 설치시 고려사항

① 그 상하류의 상당한 범위까지 하안과 하상이 안전하고 세굴이나 퇴적이 되지 않아야 한다.
② 상하류의 길이 약 100m 정도는 직선이고 유속의 크기가 크지 않은 곳
③ 수위 관측시 교각이나 기타 구조물에 의하여 수위에 영향을 받지 않아야 한다.
④ 홍수때 관측소가 유실, 이동 및 파손될 염려가 없을 것.
⑤ 평시에는 물론 홍수 때에도 수위표를 쉽게 읽을 수 있는 곳
⑥ 지천의 합류점 및 분류점 같은 수위의 변화가 생기지 않는 곳
⑦ 갈수시에도 양수표의 0의 눈금이 노출되지 않을 것
⑧ 잔류 및 역류가 없는 장소일 것.
⑨ 양수표는 평균해수면에서 부터의 표고를 관측해둔다.

4 수위관측횟수와 정도

① cm단위로 읽고 수면구배 측정시는 1/4cm까지 읽는다.
② 평수시, 저수시에는 1일 2~3회 관측한다.
③ 홍수시는 주야 계속 1시간마다 관측한다.
④ 감조하천 : 자기양수표를 사용하며 자기 양수표가 없을 때에는 15분마다 관측한다. 단, 간만조 때는 다음과 같다.
㉮ 평시 : 6~12시간마다 관측한다.
㉯ 홍수시 : 1~1.5시간마다 관측한다.
㉰ 최고수위 전후 : 5~10분마다 관측한다.

핵심문제

1 수애선을 나타내는 수위로서 어느 기간 동안의 수위중 이것보다 높은 수위와 낮은 수위의 관측수위의 관측수가 같은 수위는? [04 ㉵, 24㉮]

㉮ 평수위　　㉯ 평균수위
㉰ 지정수위　　㉱ 평균최고수위

2 수위관측횟수에 관한 설명 중 틀린 것은?

㉮ 수위는 cm까지 읽고 수면구배를 측정시는 1/4cm까지 읽는다.
㉯ 평시와 저수시에는 1일 2~3회 관측한다.
㉰ 최고수위 전후에는 1시간 마다 관측한다.
㉱ 홍수시에는 주야 1~1.5시간 마다 관측한다.

3 양수표를 설치하는 위치조건 중 옳지 않은 것은? [01 ㉮]

㉮ 상, 하류 약 500m 정도의 직선인 장소
㉯ 잔류, 역류가 적은 장소
㉰ 수위가 교각이나 기타 구조물에 의한 영향을 받지 않는 장소
㉱ 지천의 합류점에서는 불규칙한 수위의 변화가 없는 장소

4 다음은 하천측량에 관한 설명이다. 틀린 것은? [03 ㉮]

㉮ 수심이 깊고, 유속이 빠른 장소에는 음향 측심기와 수압측정기를 사용한다.
㉯ 1점법에 의한 평균유속은 수면으로부터 수심 0.6H 되는 곳의 유속을 말한다.
㉰ 평면 측량의 범위는 유제부에서 제내지의 전부와 제외지의 300m 정도, 무제부에서는 홍수의 영향이 있는 구역을 측량한다.
㉱ 하천 측량은 하천 개수공사나 하천공작물의 계획, 설계, 시공에 필요한 자료를 얻기 위하여 실시한다.

5 하천의 수위에서 제방, 교량, 배수 등 치수목적에 이용되는 수위는?

㉮ 평균최고수위　　㉯ 최고수위
㉰ 최저수위　　㉱ 평균최저수위

해설

해설 **1**

1. 평수위 : 어느 기간동안 이 수위보다 높은 수위와 낮은 수위의 관측횟수가 같은 수위
2. 평균수위 : 어느 기간동안 수위의 값을 누계하여 관측수로 나눈 수위

해설 **2**

수위 관측횟수와 정도

1. cm 단위로 읽고 수면구배 측정시는 1/4cm까지 읽는다.
2. 평수시, 저수시에는 1일 2~3회 관측한다.
3. 홍수시는 주야 계속 1시간 마다 관측한다.

해설 **3**

상·하류 약 100m 정도가 직선일 것

해설 **4**

평면측량의 범위

1. 유제부 : 제외지 전부와 제내지 300m정도
2. 무제부 : 홍수의 흔적보다 약간 넓게(100m정도)

해설 **5**

1. 치수목적 : 평균최고수위
2. 이수목적 : 평균최저수위

정답 1. ㉮ 2. ㉰ 3. ㉮ 4. ㉰ 5. ㉮

6 건설교통부 하천측량 규정에 의해 하천의 수제를 결정하는 방법은 어느 것인가? [98㉳]

㉮ 평균 저수위에 가까울 때의 동시수위에 의하여 결정한다.
㉯ 평균 평수위에 가까울 때의 동시수위에 의하여 결정한다.
㉰ 평균 수위에 가까울 때의 동시수위에 의하여 결정한다.
㉱ 평균 고수위의 가까울 때의 동시수위에 의하여 결정한다.

7 하천에서 저수위라 함은 1년을 통하여 며칠 이상 내려가지 않는 수위를 말한다? [84㉭]

㉮ 100일 ㉯ 125일
㉰ 185일 ㉱ 275일

8 수위 관측소의 위치 선정 시 고려사항으로 옳지 않은 것은? [16, 25 ㉳]

㉮ 평시에는 홍수 때보다 수위표를 쉽게 읽을 수 있는 곳
㉯ 지천의 합류점 및 분류점으로 수위의 변화가 뚜렷한 곳
㉰ 하안과 하상이 안전하고 세굴이나 퇴적이 없는 곳
㉱ 유속의 크기가 크지 않고 흐름이 직선인 곳

9 하천 측량에 대한 다음 설명 중 맞지 않는 것은 어느 것인가? [94, 91 ㉭]

㉮ 양수표는 하천에 연하여 보통 1~3km마다 배치한다.
㉯ 하천의 만곡부의 수면경사를 측정할 때 측정은 반드시 양안에서 하고 그 평균을 가장 중심의 수면으로 본다.
㉰ 건설부 하천측량의 규정에서 표준으로 하는 종단면도의 축척은 횡 1/1,000, 종 1/100이다.
㉱ 하천 횡단면 직선내 평균유속을 구하는데 2점법을 사용하는 경우 수저로부터 수심의 2/10, 8/10점의 유속을 측정 평균한다.

10 하천의 수위관측소 설치에서 장소 선정이 잘못된 것은? [00, 15 ㉭]

㉮ 상하류의 길이가 약 100m 정도는 직선인 곳
㉯ 홍수시 관측소가 유실 및 파손될 염려가 없는 곳
㉰ 수위표가 쉽게 읽을 수 있는 곳
㉱ 합류나 분류에 의해 수위가 민감하게 변화하여 다양한 수위의 관측이 가능한 곳

해 설

해설 **6**

수애선은 평균 평수위에 가까운 동시수위로 결정한다.

해설 **7**

저수위 : 1년 중 275일 이상은 이 수위보다 내려가지 않는 수위
이수면에서의 수위

1. 갈수위 : 1년에 355일 이상 이보다 적어지지 않는 수위
2. 저수위 : 1년에 275일 이상 이보다 적어지지 않는 수위
3. 평수위 : 1년에 185일 이상 이보다 적어지지 않는 수위
4. 고수위 : 1년에 2~3회 이상 이보다 적어지지 않는 수위
5. 홍수위 : 최대수위

해설 **8**

수위관측소 선정시 지천의 합류점 및 분류점으로 수위의 변화가 뚜렷한 곳은 피한다.

해설 **9**

양수표는 일정한 간격으로 설치하는 것이 아니라 수위를 알아야 될 지점에 여러 가지 조건들은 고려하여 설치한다.

해설 **10**

수위관측소는 합류나 분류에 의해 수위의 변화가 없는 곳일 것

정답 6. ㉯ 7. ㉱ 8. ㉯ 9. ㉮ 10. ㉱

4 유속측정

학습방향

유속측정은 하천측량에서 가장 자주 출제되는 단원으로 홍수시의 유속은 부자를 이용하며 평상시의 유속은 유속계를 사용하는데 유속은 횡단면, 종단면에 따라 입체적으로 변화하므로 그 평균값을 구하는 것이 중요하다.

① 부자의 종류 ② 부자의 투하점과 구간 ③ 평균유속 계산

1 유속계의 종류 및 측정범위

종 류		측정범위(m/sec)
price 전기 유속계		0.1~4
광정 전기 유속계		0.03~3
광정 음향식 유속계		0.03~3
전기 유속계	고속용	0.5~8
	저속용	0.1~3
	미속용	0.01~0.5

2 부자를 사용한 유속 측정

(1) 부자의 종류

① 표면부자 : 홍수시의 표면유속 관측에 사용되며 평균유속(V_m)은 표면부자에 의한 표면유속을 V_s로 할 때 큰 하천 0.9 V_s, 얕은 하천 0.8 V_s로 한다. 투하지점은 10m 이상, $\frac{B}{3}$ 이상, 20~30초 정도로 한다.

② 이중부자 : 표면부자에 실이나 가는 쇠줄을 사용하여 수중부자와 연결한 것으로 수면에서 수심의 3/5 되는 곳에 가라 앉혀서 직접 평균유속을 구한다.

③ 봉부자 : 수면에서 하천바닥에 이르는 전수심의 유속에 영향을 받으므로 평균유속을 구하기 쉽다.

$$V_m = V_r\left(1.012 - 0.116\sqrt{\frac{d'}{d}}\right)$$

여기서, V_r : 봉부자의유속

d' : 부자하단에서 하천 바닥까지의 거리

d : 전수심

V_m : 평균 유속

학습POINT

▶08㉠, 09㉡

• 부자를 사용한 유속 측정

■ 부자 투하점과 구간

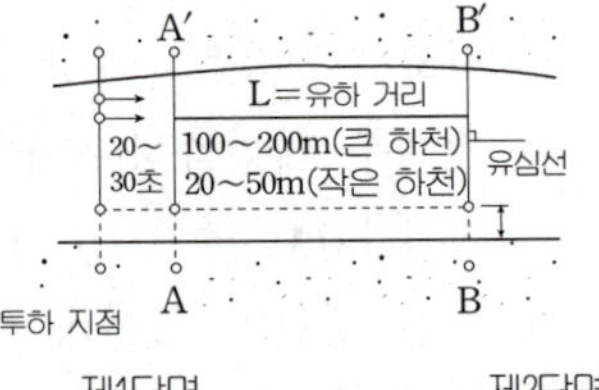

(2) 부자에 의한 유속 관측

① 부자에 의한 유속 관측은 하천의 직류부를 선정하여 실시한다.
② 직류부의 길이는 하천폭의 2~3배, 30~200m로 한다.
③ 부자의 투하점에서 제1관측점까지는 부자가 도달하는데 약 20~30초 정도가 소요되는 위치로 한다.
④ 부자의 투하는 교량, 또는 부자 투하장치를 이용한다.

3 평균유속 측정법

▶08, 10㉠, 06, 07, 09㉡
• 평균유속 측정법

■ 평균유속 계산

하천의 유속은 옆의 그림처럼 수심에 따라 변화하고 횡단면을 따라서도 변화하며 상, 하류의 위치에 따라서도 변화한다. 따라서 어느 단면에서의 평균유속은 그 자체로 오차를 내포하고 있다고 보는데 그래도 비교적 정확한 방법은 3점법이며 3점법이 가장 많이 쓰인다.

① 1점법

$$V_m = V_{0.6}$$

② 2점법

$$V_m = \frac{1}{2}(V_{0.2} + V_{0.8})$$

③ 3점법

$$V_m = \frac{1}{4}(V_{0.2} + 2V_{0.6} + V_{0.8})$$

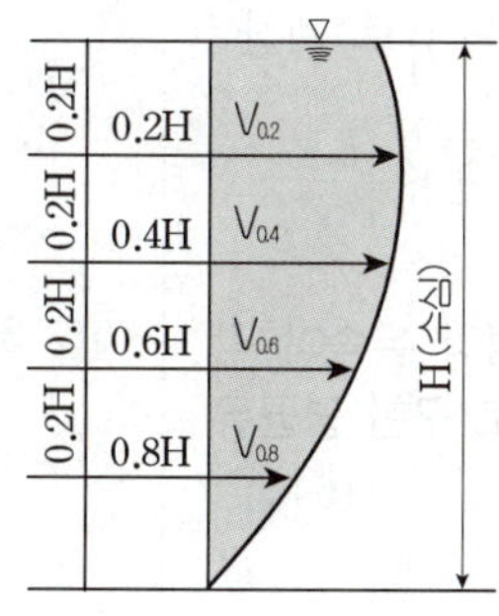

그림. 수심에 따른 유속분포도

④ 4점법

$$V_m = \frac{1}{5}\left\{(V_{0.2} + V_{0.4} + V_{0.6} + V_{0.8}) + \frac{1}{2}\left(V_{0.2} + \frac{V_{0.8}}{2}\right)\right\}$$

4 유속에 관한 일반공식

① $V = C\sqrt{RI}$ (chezy 공식)

② $V = \frac{1}{n} R^{\frac{2}{3}} I^{\frac{1}{2}}$ (manning 공식)

③ kutter 공식 등이 있으며 이런 식들은 I (수면기울기), R(경심), n(조도계수) 등과 관계가 깊다.

핵심문제

1 유속을 수면으로부터 0.2h, 0.5h, 0.6h, 0.8h되는 곳에서 측정한 결과 각각 0.562, 0.480, 0.497, 0.364 m/sec이었다. 이 때 평균유속이 0.480m/sec로 계산되었다면 옳은 계산법은? (단, h는 수심) [01 ㉠, 16㉡]

㉮ 1점법　㉯ 2점법
㉰ 3점법　㉱ 평균유속 계산법

2 하천측량에서 유속측정은 횡단면에 연직한 선 내에서 평균유속을 구하기 위한 방법인데 다음 설명 중 옳지 않은 것은? [97, 15㉡]

㉮ 1점법은 수면에서 $\frac{6}{10}$ 되는 곳의 유속($V_{0.6}$)을 평균유속으로 취하는 방법이다.

㉯ 2점법은 수면에서 $\frac{2}{10}$, $\frac{6}{10}$ 되는 곳의 유속($V_{0.2}$, $V_{0.6}$)를 산술평균하여 평균유속으로 취하는 방법이다.

㉰ 3점법은 수면에서 $\frac{2}{10}$, $\frac{6}{10}$, $\frac{8}{10}$ 되는 곳의 유속 ($V_{0.2}$, $V_{0.6}$ $V_{0.8}$)를 산술평균하여 평균유속으로 취하는 방법이다.

㉱ 4점법은 $\frac{1}{5}\left\{(V_{0.2}+V_{0.4}+V_{0.6}+V_{0.8})+\frac{1}{2}(V_{0.2}+\frac{V_{0.8}}{2})\right\}$로 계산하여 평균유속을 취하는 방법이다.

3 하천의 유속측정에서 수면깊이가 0.2h, 0.6h, 0.8h인 지점의 유속이 각각 0.523m/sec, 0.456m/sec. 0.317m/sec일 때 3점법으로 구한 평균유속은? [00㉡]

㉮ 0.420m/sec　㉯ 0.432m/sec
㉰ 0.438m/sec　㉱ 0.456m/sec

4 유속측정에서 부자를 사용할 때 직류부의 유하거리는 다음 중 어느 것이 가장 적당한가? [03 ㉠]

㉮ 수면폭의 1~2배　㉯ 수면폭의 2~3배
㉰ 하천폭의 1~2배　㉱ 하천폭의 2~3배

5 하천측량에서 표면부자를 사용할 때 표면유속에서 평균유속을 구할 경우 큰 하천에서는 얼마를 곱해주어야 하는가? [98, 94㉡]

㉮ 0.1　㉯ 0.2
㉰ 0.6　㉱ 0.9

해설

해설 1

$V_m=\frac{1}{4}(V_{0.2}+2V_{0.6}+V_{0.8})$

$=\frac{1}{4}(0.562+2\times0.497+0.364)$

$=0.48\,\text{m/sec}$

∴ 3점법

해설 2

• 2점법

수면에서 $\frac{2}{10}$, $\frac{8}{10}$ 되는 곳의 유속을 산술평균하여 평균유속한다.

$V_m=\frac{1}{2}(V_{0.2}+V_{0.8})$

해설 3

$V_m=\frac{1}{4}\{V_{0.2}+2V_{0.6}+V_{0.8}\}$

$=0.438$m/sec

해설 4

직류부의 길이
① 하천폭의 2~3배
② 30~200m 정도

해설 5

$V_m=(0.8\sim0.9)V_s$

여기서, 큰하천 0.9
작은하천 0.8

정답 1. ㉰ 2. ㉯ 3. ㉰ 4. ㉱ 5. ㉱

6 어느 하천의 최대 수심 4m의 장소에서 깊이를 변화시켜 유속관측을 행할 때, 표와 같은 결과를 얻었다. 3점법에 의해서 유속을 구하면 그 값은? [04 ㉠]

수심(m)	0.0	0.4	0.8	1.2	1.6	2.0
유속(m/s)	3.0	4.2	5.0	5.4	4.9	4.3

수심(m)	2.4	2.8	3.2	3.6	4.0
유속(m/s)	4.0	3.3	2.6	1.9	1.2

㉮ 3.9m/s ㉯ 4.1m/s
㉰ 4.3m/s ㉱ 5.3m/s

7 하천에서 2점법으로 평균유속을 구할 경우 관측하여야 할 두 지점의 위치는? [16 ㉠]

㉮ 수면으로부터 수심의 $\frac{1}{5}$, $\frac{3}{5}$ 지점

㉯ 수면으로부터 수심의 $\frac{1}{5}$, $\frac{4}{5}$ 지점

㉰ 수면으로부터 수심의 $\frac{2}{5}$, $\frac{3}{5}$ 지점

㉱ 수면으로부터 수심의 $\frac{2}{5}$, $\frac{4}{5}$ 지점

8 부자(浮子)에 의해 유속을 측정할 때 유하거리에서 ±0.5m, 시간측정에서 0.5sec의 오차를 허용한다면, 관측유속 1.0m/sec의 경우 유속정도를 2%로 하기 위해서는 유하거리로 얼마로 하면 좋은가? [91 ㉠]

㉮ 20m ㉯ 25m
㉰ 35m ㉱ 50m

9 다음 부자(float)에 의한 유속측정 방법 중 적절치 못한 것은? [00 ㉠]

㉮ 부자에는 표면부자, 이중부자, 봉부자 등이 있다.
㉯ 표면부자를 사용할 때 낮고 작은 하천에서의 평균 유속은 표면유속의 약 80%정도이다.
㉰ 표면유속과 평균유속의 비는 일정하다.
㉱ 이중부자 사용시 수중부자는 대략 수면으로부터 수심의 약 40%인 지점에 설치한다.

해 설

해설 6

전체수심이 4m이므로

$V_{0.2}$(4×0.2=0.8m인 곳의 유속) =5.0m/s

$V_{0.6}$(4×0.6=2.4m인 곳의 유속) =4.0m/s

$V_{0.8}$(4×0.8=3.2m인 곳의 유속) =2.6m/s

$$\therefore V_m = \frac{1}{4}(V_{0.2}+2V_{0.6}+V_{0.8}) = \frac{1}{4}(5.0+2\times4.0+2.6) = 3.9\,\text{m/s}$$

해설 7

㉮ 1점법 : $V_m = V_{0.6}$

㉯ 2점법 : $V_m = \frac{V_{0.2}+V_{0.8}}{2}$

㉰ 3점법 :

$$V_m = \frac{1}{4}(V_{0.2}+2V_{0.6}+V_{0.8})$$

해설 8

1. 유하거리의 오차

$$= \frac{dl}{l} = \frac{0.5}{l}\times100 = \frac{50}{l}\%$$

2. 유하시간의 오차

$$= \frac{dt}{t} = \frac{dt}{l/v} = \frac{0.5}{l}\times100 = \frac{50}{l}\%$$

∴ 유속의 오차

$$= \frac{dV}{V} = \sqrt{\left(\frac{50}{l}\right)^2+\left(\frac{50}{l}\right)^2} \fallingdotseq \frac{70.7}{l}\%$$

$\frac{70.7}{l}=2$ 이므로

$$\therefore l = \frac{70.7}{2} = 35.35\,\text{m}$$

해설 9

이중부자 사용시 수중부자는 대략 수면으로부터 수심의 3/5인 지점에 설치한다.

정답 6. ㉮ 7. ㉯ 8. ㉰ 9. ㉱

5 유량측정

학습방향

하천의 유속 및 유량측정 원리는 간단하지만 유속이 종,횡방향으로 변하면서 하상구배도 일정치 않기 때문에 힘든 작업이다. 이 단원은 유량계산, 유량곡선, 유량측정시 알아야 할 요소등을 학습한다.

① 유량 $(Q)=\Sigma A_i V_i$ ② 유량곡선 ③ 유량측정의 방법

1 유량 계산

하천의 유수단면적을 일정한 간격을 가진 n개로 분할하면 그 각각의 단면적과 평균유속은 $A_i,\ V_i$가 되므로 전유량(Q)은 다음과 같다.

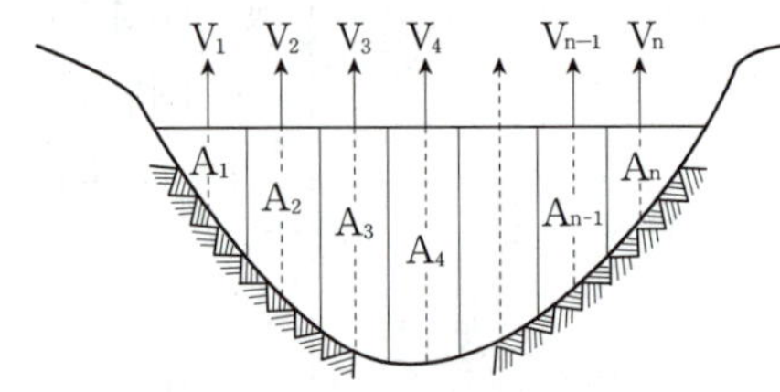

그림. 유량의 측정

$$Q=A_1V_1+A_2V_2+\cdots+A_nV_n=\Sigma A_iV_i$$

2 유량곡선으로부터 유량을 구하는 방법

① 어떤 한 지점에서 여러 가지 수위일 때 유량을 측정하면 이것에 의하여 수위 - 유량의 관계를 옆의 그림처럼 나타낸 것이 수위-유량곡선이다.

② 홍수시에는 같은 수위라도 감수시보다는 증수시가 훨씬 더 유량이 많음을 알 수 있다.

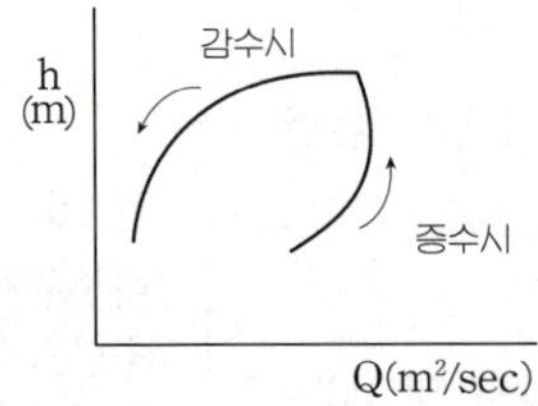

그림. 수위 유량 곡선

학습POINT

■ 하천유량을 간접적으로 알기 위해 평균유속을 사용하는 경우 반드시 알아두어야 할 사항

1. 수면경사
2. 조도계수
3. 단면적
4. 윤변

③ 곡선의 기본식

$$Q = a + bh + ch^2$$
$$= k(h+z)^2$$

여기서, a, b, c, k : 계수

h : 수위

z : 수위표의 O위치와 하저의 차이

3 위어(weir)에 의한 유량 측정

(1) 위어(weir)

상류의 흐름을 상승시킴과 동시에 그 자체 위를 통해서 수류가 흐르도록 수로에 설치한 장애물로 유량을 측정하는 장치이다.

(2) 위어는 작은 하천이나 수로에 설치해서 유량을 구한다.

(3) 모양에 따른 위어의 분류

① 광정 위어 : 위어의 頂部가 흐름의 방향으로 상당한 길이를 갖는 위어

② 예연 위어 : 위어의 頂部가 흐름의 방향으로 날카로운 칼날모양을 갖는 위어로 월류수맥이 안전하고 월류수심의 측정이 용이하므로 널리 사용된다.

4 유량측정의 방법

① 유속계를 사용하는 방법 : 정확하므로 큰 하천의 유량측정에 이용

② 부자를 사용하는 방법 : 유속이 대단히 빠른 상태(홍수시…)의 유량측정에 이용되며 정도는 낮다.

③ 수면구배를 측정하는 방법 : 수면구배(I)의 측정정도나 계수를 구하는 방법에 따라 정도가 달라진다.

④ 간접유량 측정법 : 강우량, 지질, 지형 등을 고려하여 하천의 유출량을 추정하는 방법

핵심문제

1 다음 중 유량측정 장소로서 적합하지 않은 것은? [87㉯]

㉮ 수류가 급격 또는 완만하지 않는 곳
㉯ 유심의 이동, 하상의 변동이 적은 곳
㉰ 잠류 역류 또는 유수가 없는 곳
㉱ 상하류에 하폭의 1~2배 구간이 직선일 것

2 하천의 유량 관측에서 유속을 실측하여 유량을 계산하는 것은? [96㉯]

㉮ 유량 곡선에 의한 유량관측
㉯ 위어에 의한 유량관측
㉰ 하천 기울기를 이용한 유량관측
㉱ 부자에 의한 유량관측

3 하천의 유량(Q) 측정공식은 다음 중 어느 것인가? [87㉯]

㉮ $Q=A \cdot V$ ㉯ $Q=\dfrac{A}{V}$

㉰ $Q=\dfrac{V}{A}$ ㉱ $Q=A \cdot V^2$

4 하천의 유량을 간접적으로 알아내는데 평균 유속공식을 사용할 경우 반드시 알아야 할 사항은? [87㉯]

㉮ 수면구배, 조도계수, 단면적, 윤변
㉯ 수면구배, 하상구배, 단면적, 경심
㉰ 단면적, 하상구배, 윤변, 경심
㉱ 단면적, 조도계수, 윤변, 경심

5 다음은 유량을 측정하는 장소를 선정하는데 필요한 사항에 대하여 설명하였다. 이 중 적당하지 않은 것은? [00, 83㉮]

㉮ 측수작업(測水作業)이 쉽고 하저(河底)의 변화가 없는 곳
㉯ 비교적 유신(流身)이 직선이고 갈수류(渴水流)가 없는 곳
㉰ 잠류(潛流), 역류(逆流)가 없고 유수의 상태가 균일한 곳
㉱ 윤변(潤邊)의 성질이 균일하고 상, 하류를 통하여 횡단면의 형상이 차(差)가 있는 곳

해설

해설 1

• 유량 측정장소 선정시 고려할 사항
1. 하상과 하안이 안전하고 세굴이나 퇴적이 생기지 않는 장소일 것
2. 상·하류 약 100m정도의 직선인 장소일 것

해설 2

유속이 대단히 커서(홍수, 급경사, …) 유속계를 이용할 수 없거나 기타 설비가 없을 때는 부자를 떠내려보내 유속을 실측하는 방법으로 유량을 관측한다.

해설 3

Q=A·V
유량은 단면적에 유속을 곱하여 구한다.

해설 4

• $Q=AV$ 에서 Manning의 유속공식

$$V=\frac{1}{n}R^{2/3}I^{1/2}$$

여기서, $R(\text{경심})=\dfrac{\text{유적}(A)}{\text{윤변}(S)}$

$I(\text{동수경사})=\dfrac{h}{L}$

해설 5

상·하류 약 100m정도의 직선인 장소로 횡단면의 형상의 차가 없는 곳일수록 (즉 A=일정) 유량(Q=A·V)을 구하기가 쉬워진다.

정답 1. ㉱ 2. ㉱ 3. ㉮ 4. ㉮ 5. ㉱

6 하천구배를 써서 유량을 계산하는 방법과 가장 관계가 깊은 것은? [86㉭]

㉮ 중등오차
㉯ Kutter의 공식
㉰ Rehbock의 공식
㉱ 유량곡선

7 하천 만곡부의 수면경사를 측정할 때 가장 주의하지 않으면 안되는 사항은?

㉮ 측정은 반드시 양안에서 하고 그 평균을 가장 중심의 수면으로 본다.
㉯ 시시각각 수면경사가 변하므로 많은 사람을 써서 동시에 많은 양수표의 읽음을 취한다.
㉰ 만곡부 하천중심의 길이는 측정하기 곤란하므로 특히 주의하여 정확히 측정한다.
㉱ 수면경사 측정에는 반드시 하천의 동일 측안에서 관측한 값에 기준하여 계산한다.

8 하천측량에 있어서 하상구배를 구하려 할 때 가장 적당하다고 생각하는 것은? [97㉠]

㉮ 각 단면도에 가장 깊은 곳을 따라 이것을 하상구배로 한다.
㉯ 하천의 중심지를 따라 하상을 측량하고 구배를 정한다.
㉰ 수심측량에 의하여 구배를 정한다.
㉱ 수심구배에 의하여 구배를 정한다.

해 설

해설 **6**

- 하천구배를 이용한 유량계산법

1. chezy 공식 $V = C\sqrt{RI}$
2. manning 공식
$$V = \frac{1}{n} R^{2/3} I^{1/2}$$
3. kutter 공식

해설 **7**

하천의 만곡부에서는 2단으로 양단의 수위차가 있다. 따라서 양안에서 측정하여 평균값을 얻어야 오차를 줄일 수 있다.

해설 **8**

하상구배는 하천의 가장 깊은 곳을 연결한 선의 경사도를 말하며 각 종,횡단면도를 그려 가장 깊은 곳을 따라 하상구배로 한다.

정답 6. ㉯ 7. ㉮ 8. ㉮

출제예상문제

1. 하천, 항만, 해안측량 등에서 심천측량을 할 때 측점에 숫자로 기입하여 고저를 표시하는 방법 중 옳은 것은? [05㉮]

㉮ 점고법　　㉯ 음영법
㉰ 영선법　　㉱ 등고선법

해설 점고법

하천, 항만, 해양측정 등에서 심천측량을 한 측점에 숫자를 기입하여 고저를 표시하는 방법

2. 육분의에 대한 설명 중 부적당한 사항은? [93]

㉮ 선체에서 수평각 연직각 및 경사각을 신속하게 측정할 수 있다.
㉯ 천체관측, 항만 공사에서 선상위치를 측정할 수 있다.
㉰ 곡선 설정등 지상의 측각에도 많이 이용한다.
㉱ 동요선체상에서도 정밀한 측각이 되므로 수상측량에 사용한다.

해설

육분의는 동시에 2개의 관측점을 관측하므로 하천, 항만의 심천측량, 선박이나 항공기 위에서 천체를 관측하여 경.위도 등을 관측하는데 사용한다.

3. 해상에서의 위치 결정방법이 아닌 것은?

㉮ 천문항법
㉯ 전자항법
㉰ 삼각항법
㉱ 음향항법

해설

해상위치 결정방법에는 천문항법, 전자항법, 음향항법 등이 있다.

4. 하천측량을 행할 때 평면측량의 범위 및 거리에 대한 설명 중 옳지 않은 것은?

㉮ 유제부에서의 측량범위는 제외지 300m 이내로 한다.
㉯ 무제부에서의 측량범위는 홍수가 영향을 주는 구역보다 약간 넓게 한다.
㉰ 선박운행을 위한 하천개수가 목적일 때 하류는 하구까지로 한다.
㉱ 홍수방지공사가 목적인 하천공사에서는 하구에서부터 상류의 홍수피해가 미치는 지점까지로 한다.

해설

유제부에서의 측량범위는 제외지 전지역과 제내지 300m 이내로 한다.

5. 하천 측량에 사용되는 삼각망으로 적합한 것은?

㉮ 격자형 삼각망
㉯ 유심 삼각망
㉰ 사변형 삼각망
㉱ 단열 삼각망

6. 하천측량 작업을 크게 나눈 3종류에 해당되지 않는 측량은?

㉮ 심천측량　　㉯ 유량측량
㉰ 수준측량　　㉱ 평면측량

해설 하천측량의 종류

1. 평면측량 : 골조측량과 세부측량
2. 수준측량 : 종 · 횡단 수준측량을 실시하여 지상 및 지하저의 높이 측정
3. 유량측량 : 각 관측점에서 수위관측, 유속관측, 심천측량을 행하여 유량을 계산하고 유량곡선을 작성

해답 1. ㉮ 2. ㉰ 3. ㉰ 4. ㉮ 5. ㉱ 6. ㉮

7. 하천측량을 실시하는 가장 중요한 목적은?

㉮ 하천의 유량, 수위, 구배, 단면 등을 알기 위하여
㉯ 평면도 및 종횡 단면도를 작성하기 위하여
㉰ 하천의 계획과 정비를 위한 각종 공사의 설계 및 시공에 필요한 자료를 얻기 위하여
㉱ 하천공사의 공사비용 산출하기 위하여

해설

하천측량의 목적은 하천의 형상, 수위, 심천, 구배, 단면등을 측정하여 하천의 평면도 및 종·횡단면도를 작성함과 동시에 하천의 계획과 정비를 위한 각종 공사의 설계 및 시공에 필요한 자료를 얻기 위함이다.

8. 하천측량에서 종단면도의 축척은?

㉮ 횡축척 1/10,000, 종축척 1/1,000
㉯ 횡축척 1/1000, 종축척 1/1,00
㉰ 횡축척 1/5,000, 종축척 1/500
㉱ 횡축척 1/5,000, 종축척 1/100

해설

하천 종단면도의 축척은 종 1/100, 횡 1/1000로 한다.

9. 하천의 세부측량시 평면도의 축척은 하천의 규모 도면의 사용목적에 따라 다르겠으나 하폭 50m 이하일 때 표준으로 하는 것은? [97]

㉮ 1/5,000 ㉯ 1/2,500
㉰ 1/2,000 ㉱ 1/1,000

해설

평면도의 축척은 1/2,500로 하나 하천의 폭이 50m 이하일 경우는 1/1,000로 한다.

10. 하천의 수애선은 어떤 수위에 의하여 정해지는가? [05㉦]

㉮ 평수위 ㉯ 저수위
㉰ 갈수위 ㉱ 고수위

해설

수애선은 평수위 일 때 수면과 하안과의 경계선을 말한다.

11. 하천의 수애선을 결정하는 수위는? [90㉳]

㉮ 저수위에 가까운 동시수위
㉯ 갈수위에 가까운 동시수위
㉰ 평균평수위에 가까운 동시수위
㉱ 평균고수위에 가까운 동시수위

해설

수애선(물가선)이란 평수위일때의 물가선을 말하며 평수위에 가까운 수위일 때 다수의 인원으로 동시각에 수애에 따라 말뚝을 박고 횡단측량을 실시하여 수애선을 결정한다.

12. 하천의 수심 밑 유수부분의 하저상황을 조사하고 횡단면도를 제작하는 측량은? [01㉳]

㉮ 평면측량
㉯ 심천측량
㉰ 수중측량
㉱ 유량측량

13. 다음 중 하천을 횡단할 때 가장 정밀한 수준측량을 할 수 있는 방법은?

㉮ 기압수준측량
㉯ 원격측정
㉰ 평판측량과 스타디아(stadia)측량을 병용하는 경우
㉱ 교호수준측량

해설

하천을 횡단할 때 교호수준측량을 실시하면 오차를 서로 상쇄시켜 정밀한 측정값을 얻을 수 있다.

해답 7. ㉰ 8. ㉯ 9. ㉱ 10. ㉮ 11. ㉰ 12. ㉯ 13. ㉱

14. 어떤 하천에서 BC 직선에 따라 심천(深淺)측량을 실시할 때 B점에서 CB에 직각으로 AB = 96m의 기선을 잡았다. 지금 배 P위에 육분의(sextant)로 ∠APB를 측정한 값이 43° 30′ 이다. BP의 거리가 100 m가 될 때 P의 위치는?

㉮ B방향으로 8.90m ㉯ C방향으로 8.90m
㉰ C방향으로 1.16m ㉱ B방향으로 1.16m

해설

$\angle PAB = 180° - 90° - 43°30' = 46°30'$

$\therefore \overline{BP} = 96 \times \tan 46°30' = 101.16\text{m}$

BP의 거리가 100m가 되려면 P의 위치는 B방향으로 1.16m 이동해야 한다.

15. 하천 측량에 있어서 하상구배를 구하려 할 때 가장 적당한 것은?

㉮ 각 단면도의 가장 깊은 곳을 따라 이것을 하상구배로 한다.
㉯ 하천의 중심선을 따라 하상을 측량하고 구배를 정한다.
㉰ 심천측량에 의하여 구배를 정한다.
㉱ 수면구배에 의하여 구배를 정한다.

해설

하천에서 물의 흐름은 가장 낮은(깊은) 곳을 따라 흐르므로 하상구배는 각 단면도의 가장 깊은 곳을 따라 결정한다.

16. 다음은 하천측량에 관한 설명이다. 이 중 틀린 것은?

㉮ 수심이 깊고, 유속이 빠른 장소에는 음향 측심기와 수압측정기를 사용하며 음향 측심기는 30m 깊이를 0.5%정도의 오차로 측정이 가능하다.
㉯ 1점법에 의한 평균유속은 수면으로부터 수심 0.6H 되는 곳의 유속을 말하며, 5% 정도의 오차가 발생한다.
㉰ 평면 측량의 범위는 유제부에서 제내지의 전부와 제외지의 300m 정도, 무제부에서는 홍수가 영향을 주는 구역보다 약간 넓게 측량한다.
㉱ 하천 측량의 목적은 하천공작물의 계획, 설계, 시공에 필요한 자료를 얻기 위해서이다.

해설

평면측량의 범위는 유제부에서 제외지 전부와 제내지 300m정도, 무제부에서는 홍수가 영향을 주는 구역보다 약간 넓게(약 100m 정도) 측량한다.

17. 하천측량에서 부자에 의해 유속측정을 하고자 한다. 작은 하천에서 제 1측정단면과 제 2측정단면간의 적당한 거리는?

㉮ 200~500m ㉯ 100~200m
㉰ 50~100m ㉱ 20~50m

해설 부자의 유하거리(L)

1. 큰하천 L=100~200m
2. 작은하천 L=20~50m

18. 하천 수위 관측소의 설치장소 중 틀린 곳은?

㉮ 수위가 교각이나 구조물에 의한 영향을 받는 곳일 것.
㉯ 유수의 크기가 크지 않는 곳일 것.
㉰ 잔류, 역류 및 저수위가 없는 곳일 것.
㉱ 하상과 하안이 안전하고 퇴적이 생기지 않는 곳일 것.

해설 수위관측소를 세우기 위한 적당한 장소

1. 관측소의 위치는 그 상하류의 상당한 범위까지 하안과 하상이 안전하고 세굴이나 퇴적이 되지 않아야 한다.
2. 상하류의 길이 약 100m 정도는 직선이어야 하고 유속의 크기가 크지 않아야 한다.
3. 수위를 관측할 경우 교각이나 기타 구조물에 의하여 수위에 영향을 받지 않아야 한다.
4. 홍수때는 관측소가 유실, 이동 및 파손 염려가 없는 곳이어야 한다.
5. 평시는 홍수 때보다 수위표를 쉽게 읽을 수 있는 곳이어야 한다.
6. 지천의 합류점 및 분류점으로 수위의 변화가 생기지 않는 곳이어야 한다.

해답 14. ㉱ 15. ㉮ 16. ㉰ 17. ㉱ 18. ㉮

19. 하천측량의 설명 중 틀린 것은?

㉮ 평수위는 평상시의 수위를 평균한 값이다.

㉯ 평면측량의 범위는 무제부에서 홍수가 영향을 주는 구역보다 넓게 한다.

㉰ 하천 폭이 넓고 수심이 깊은 경우 배에 의해 수심을 잴 수 있다.

㉱ 평균수위는 어떤 기간의 관측수위를 합계하여 관측횟수로 나누어 평균값을 구한 것이다.

해설

1. 평균수위 : 어떤기간의 관측수위를 합계하여 관측횟수로 나누어 평균값을 구한 값
2. 평수위 : 어떤기간에 있어서의 수위중 이것보다 높은 수위와 낮은 수위의 관측횟수가 똑같은 수위로 평균수위보다 약간 낮다.

20. 하폭이 크고 홍수시 표면 유속측정에 가장 적합한 방법은? [93]

㉮ 표면부자에 의한 측정

㉯ 수중부자에 의한 측정

㉰ 막대부자에 의한 측정

㉱ 유속계에 의한 측정

해설 홍수시의 유속측정

1. 표면유속 : 표면부자
2. 평균유속 : 막대부자

21. 하천측량에서 표면부자를 사용할 때 표면유속에서 평균유속을 구할 경우 작은 하천에서는 얼마를 곱해주어야 하는가? [98, 94]

㉮ 0.1 ㉯ 0.2

㉰ 0.8 ㉱ 0.9

해설 표면부자를 사용한 평균유속

1. 큰하천 : $0.9V_S$
2. 작은하천 : $0.8V_S$

22. 하천측량에 대한 설명 중 틀린 것은 어느 것인가?

㉮ 평균유속 계산식은 $V_m = V_{0.6}$

$V_m = \frac{1}{2}(V_{0.2} + V_{0.8})$,

$V_m = \frac{1}{4}(V_{0.2} + 2V_{0.6} + V_{0.8})$

㉯ 하천기울기를 이용한 유량은 $V_m = C\sqrt{RI}$

$V_m = \frac{1}{n}R^{\frac{2}{3}}I^{\frac{1}{2}}$ 공식을 이용하여 구한다.

㉰ 유량관측에 이용되는 부자는 표면부자, 2중부자, 봉부자 등이 있다.

㉱ 하천 구조물의 계획, 설계, 시공에 필요한 자료는 반드시 하천측량을 해서 얻는 것은 아니다.

해설

부자는 유속측정에 사용된다.

23. 부자(Float)에 의해 유속을 측정하고자 한다. 측정 지점 제 1단면과 제 2단면간의 거리는 대략 얼마가 좋은가? (단, 큰 하천의 경우)

㉮ 50m이내 ㉯ 100m이내

㉰ 100~200m ㉱ 200~300m

해설

부자에 의한 유속 측정시 제1단면과 2단면 사이의 거리

1. 큰하천 : 100~200m
2. 작은하천 : 20~50m

24. 유량계산 방법 중 홍수시의 유량계산에 가장 큰 영향을 주는 방법은? [93]

㉮ 하천구배에 의한 방법

㉯ 유량곡선에 의한 방법

㉰ 평균단면적에 의한 방법

㉱ 계산에 의한 방법

해설

홍수시에는 같은 수위라도 감수시보다는 증수시가 훨씬 더 유량이 많다.

해답 19. ㉮ 20. ㉮ 21. ㉰ 22. ㉰ 23. ㉰ 24. ㉯

25. 부자(Float)에 의해 유속을 측정하고자 한다. 투하 후 약 몇초후에 제1측정 단면에 도달할 수 있도록 투하장소를 결정하여야 하는가?

㉮ 10초 ㉯ 20초
㉰ 30초 ㉱ 40초

해설 부자에 의한 유속관측
1. 직류부에서 실시하며 직류부의 길이는 하폭의 2~3배, 30~200m로 한다.
2. 투하지점에서 제1측정단면에 도달하는 시간은 약 20~30초 정도 소요되는 위치
3. 시준선은 유심에 직각일 것.

26. 갈수위에 대한 설명으로 옳은 것은?

㉮ 1년을 통하여 355일이 이것보다 내려가지 않는 수위
㉯ 1년을 통하여 275일이 이것보다 내려가지 않는 수위
㉰ 1년을 통하여 185일이 이것보다 내려가지 않는 수위
㉱ 1년을 통하여 30일이 이것보다 내려가지 않는 수위

해설
㉮ : 갈수위 ㉯ : 저수위 ㉰ : 평수위

27. 해양측지에서 간출암 높이 및 해저수심의 기준이 되는 면은 다음 중 어느 것인가?

㉮ 약 최고고저면 ㉯ 평균중등수위면
㉰ 수애면 ㉱ 약 최저저조면

28. 그림과 같이 봉부자로 유속을 측정하고자 한다. 상하류 횡단면의 유하거리가 200m, 유하시간은 1분 40초일 때 유속은 얼마인가? [93]

㉮ 1.2m/sec
㉯ 1.9m/sec
㉰ 2.0m/sec
㉱ 3.2m/sec

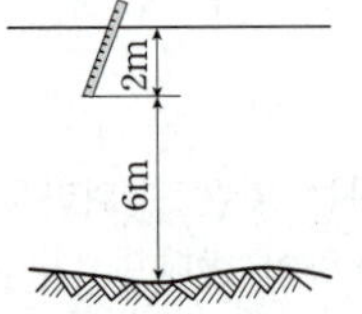

해설

$$V = \frac{l}{t} = \frac{200}{100} = 2.0\,\text{m/sec}$$

29. 홍수시에 매시간 수위를 관측하는 수위는?

㉮ 경계수위 ㉯ 지정수위
㉰ 통보수위 ㉱ 평수위

해설
경계수위 : 수방요원의 출동을 필요로 하는 수위
지정수위 : 홍수시에 매시 수위를 관측하는 수위
통보수위 : 지정된 통보를 개시하는 수위

30. 다음은 하천측량에 관한 설명이다. 틀린 것은?

㉮ 수심이 깊고, 유속이 빠른 장소에는 음향 측심기와 수압측정기를 사용하며 음향 측심기는 30m의 깊이를 0.5%정도의 오차로 측정이 가능하다.
㉯ 1점법에 의한 평균유속은 수면으로부터 수심 0.5H 되는 곳의 유속을 말하며 5% 정도의 오차가 발생한다.
㉰ 평면 측량의 범위는 유제부에서 제외지의 전부와 제내지의 300m 정도, 무제부에서는 홍수의 영향이 있는 구역을 측량한다.
㉱ 하천 측량은 하천 개수공사나 하천공작물의 계획, 설계, 시공에 필요한 자료를 얻기 위하여 실시한다.

해설
1점법의 평균유속은 수심 0.6H되는 곳의 유속을 말한다.

31. 평균유속의 일반적인 위치이다. 맞는 것은?

㉮ 수심의 0.45~0.55사이
㉯ 수심의 0.55~0.65사이
㉰ 수심의 0.65~0.75사이
㉱ 수심의 0.75~0.85사이

해답 25. ㉯ 26. ㉮ 27. ㉱ 28. ㉰ 29. ㉯ 30. ㉯ 31. ㉯

32. 하천의 유속을 설명한 것중 맞는 것은? [98, 93]

㉮ 하천의 유속은 수면보다 20% 아래 중앙부가 가장 빠르다.

㉯ 하천의 유속은 수면 30% 아래 가장자리가 가장 빠르다.

㉰ 하천의 유속은 수면 50% 아래의 중앙부가 가장 빠르다.

㉱ 하천의 유속은 수면하가 가장 빠르다.

33. 하천 유속 측정에서 수면부터 0.2h, 0.4h, 0.6h, 0.8h 깊이에서의 유속이 각각 0.565m/sec, 0.514m/sec, 0.450m/sec, 0.385m/sec이었다. 2점법에 의한 평균 유속은? [93]

㉮ 0.450m/sec　　㉯ 0.459m/sec
㉰ 0.463m/sec　　㉱ 0.475m/sec

해설 2점법

$$V_m = \frac{1}{2}(V_{02.} + V_{0.8})$$
$$= \frac{1}{2}(0.565 + 0.385) = 0.475\,\text{m/sec}$$

34. 하천의 평균유속을 구할 때 횡단면의 연직선내에서 일정점으로 가장 적합한 것은?

㉮ 수저에서 수심의 2/10되는 곳

㉯ 수저에서 수심의 4/10되는 곳

㉰ 수저에서 수심의 6/10되는 곳

㉱ 수저에서 수심의 8/10되는 곳

해설

수면에서 0.6H, 수저에서 0.4H

35. 하천의 평균유속을 구하기 위하여 수면으로부터 2/10, 6/10, 8/10 되는 곳의 유속을 측정하였더니 0.54m/sec, 0.67m/sec, 0.59m/sec이었다. 이때 3점법에 의하여 산출한 평균유속은 얼마인가?

㉮ 0.52m/sec　　㉯ 0.565m/sec
㉰ 0.605m/sec　　㉱ 0.618m/sec

해설

$$V_m = \frac{1}{4}(V_{0.2} + 2V_{0.6} + V_{0.8})$$
$$= \frac{1}{4}(0.54 + 2\times0.67 + 0.59) = 0.618\,\text{m/sec}$$

36. 하천의 유속측정에서 수면으로부터 0.2h, 0.6h, 0.8h 깊이의 유속이 각각 0.625, 0.564, 0.382m/sec일 때 3점법에 의한 평균유속은? [00㉠]

㉮ 0.49m/sec　　㉯ 0.50m/sec
㉰ 0.51m/sec　　㉱ 0.53m/sec

해설

$$V_m = \frac{1}{4}(V_{0.2} + 2V_{0.6} + V_{0.8})$$
$$= \frac{1}{4}(0.625 + 2\times0.564 + 0.382) = 0.534\,\text{m/sec}$$

37. 하천의 유속측정에 있어서 수면깊이가 0.2, 0.6, 0.8인 지점의 유속이 0.562m/sec, 0.497m/sec, 0.364m/sec일 때 평균유속이 0.463m/sec였다. 이 평균유속을 구한 방법 중 옳은 것은? [86㉰]

㉮ 2점법　　㉯ 3점법
㉰ 4점법　　㉱ 평균유속법

해설 평균유속 측정법

1점법 : $V_{0.6} = 0.497\,\text{m/sec}$

2점법 : $\frac{1}{2}(V_{0.2} + V_{0.8}) = \frac{1}{2}(0.562 + 0.364)$
$= 0.463\,\text{m/sec}$

3점법 : $\frac{1}{4}(V_{0.2} + 2V_{0.6} + V_{0.8})$
$= \frac{1}{4}(0.562 + 2\times0.497 + 0.364) = 0.48\text{m/sec}$

이 세방법 중 3점법이 실제유속에 가장 근접하고 일점법은 수심이 얕은 경우 많이 사용된다.

38. 평균유속 측정방법 중 3점법은 다음 어느 지점의 유속을 사용하는가? [01㉰ 05㉠]

㉮ 수면에서 0.1h, 0.4h, 0.9h 깊이의 지점 유속

㉯ 수면에서 0.1h, 0.4h, 0.8h 깊이의 지점 유속

㉰ 수면에서 0.2h, 0.4h, 0.8h 깊이의 지점 유속

㉱ 수면에서 0.2h, 0.6h, 0.8h 깊이의 지점 유속

해답 32. ㉮ 33. ㉱ 34. ㉯ 35. ㉱ 36. ㉱ 37. ㉮ 38. ㉱

39. 하천의 직류부를 선정하여 부자에 의한 유속관측을 실시할 경우 직류부의 길이는?

㉮ 하폭의 8~9배　　㉯ 하폭의 4~5배
㉰ 하폭의 6~7배　　㉱ 하폭의 2~3배

해설

부자에 의한 유속 관측은 하천의 직류부를 선정하여 실시하는데 직류부의 길이는 하폭의 2~3배, 30~200m 정도로 한다.

40. 부자에 의해 유속을 측정할 때 유하거리에 ±0.1m, 시간측정에 ±0.5초의 오차를 생각한다면 관측유속 1.0m/sec의 경우 그 오차를 2%이내에 있도록 하려면 유하거리는 얼마인가?

㉮ $l \geqq 50.5$m　　㉯ $l \leqq 50.5$m
㉰ $l \geqq 25.5$m　　㉱ $l \leqq 25.5$m

해설

$$\frac{dl}{l}=\frac{0.1}{l}\times 100=\frac{10}{l}\%$$

$$\frac{dt}{t}=\frac{0.5}{l/v}\times 100=\frac{50}{l}\%$$

오차 전파의 법칙에 따라

$$\therefore \frac{dV}{V}=\sqrt{\left(\frac{10}{l}\right)^2+\left(\frac{50}{l}\right)^2}=\frac{50.9}{l}\%$$

오차가 2%이내에 있어야 하므로 $2\% \geqq \frac{50.9}{l}$

$\therefore\ l \geqq 25.5$m

41. 하천의 수면 기울기를 정하기 위해 200m 간격으로 동시 수위를 측정하여 다음 결과를 얻었다. 이 구간의 평균수면경사는? (단, 표고의 단위는 m임)

㉮ 1/851
㉯ 1/909
㉰ 1/991
㉱ 1/111

측점	표고
1	85.73
2	85.55
3	85.33
4	85.12

해설

$$I=\frac{H}{D}\times 100(\%)$$

$$=\frac{(85.73-85.12)}{200\times(4-1)}\times 100 \fallingdotseq \frac{1}{990}$$

42. 하천측량시 무제부에서의 평면측량 범위는?

㉮ 홍수가 영향을 주는 구역보다 약간 넓게
㉯ 계획하고자 하는 지역의 전체
㉰ 홍수가 영향을 주는 구역까지
㉱ 홍수영향 구역보다 약간 좁게

해설 하천측량시 평면측량범위

1. 무제부 : 홍수가 영향을 주는 구역보다 약간 넓게 (약 100m정도)
2. 유제부 : ① 제외지 – 전부
　　　　　② 제내지 – 약 300m정도

43. 하천측량에 대한 다음 설명 중 맞지 않는 것은 어느 것인가?

㉮ 양수표는 하천에 연하여 중요지점에 설치한다.
㉯ 하천의 만곡부의 수면경사를 측정할 때 측정은 반드시 양안에서 하고 그 평균을 가장 중심의 수면으로 본다.
㉰ 건설부 하천측량의 규정에서 표준으로 하는 종단면도의 축척은 종 1/1000, 횡 1/100이다.
㉱ 하천 횡단면 직선내 평균유속을 구하는데 2점법을 사용하는 경우 수저로부터 수심의 2/10, 8/10점의 유속을 측정, 평균한다.

해설

1. 하천 양안 5km마다 수준기표를 설치한다.
2. 거리표는 하천좌안을 따라 200m 간격으로 배치한다.
3. 양수표는 하구부근이나 치수, 이수의 중요지점 등에 설치한다.

44. 유량 측정장소의 선정이 잘못된 것은?

㉮ 유수방향이 최다방향과 정방향인 곳
㉯ 교량 그밖의 구조물에 의한 영향을 받지 않는 곳
㉰ 합류에 의하여 불규칙한 영향을 받지 않는 곳
㉱ 와류와 역류가 생기지 않는 곳

해설

유수방향은 최다방향과 반대방향인 곳

해답 39. ㉱　40. ㉰　41. ㉰　42. ㉮　43. ㉰　44. ㉮

Part 2

CIVIL ENGINEERING

과년도출제문제

토목기사

토목산업기사

2023년 1월 1일부터 출제범위 변경 및 출제문항수가 20문항에서 10문항으로 변경되었습니다.

CBT대비 기사 6회 실전테스트

- CBT 토목기사 제1회 (2025년 제1회 과년도)
- CBT 토목기사 제2회 (2025년 제3회 과년도)
- CBT 토목기사 제3회 (2024년 제1회 과년도)
- CBT 토목기사 제4회 (2024년 제3회 과년도)
- CBT 토목기사 제5회 (2023년 제1회 과년도)
- CBT 토목기사 제6회 (2023년 제3회 과년도)

CBT대비 산업기사 6회 실전테스트

- CBT 토목산업기사 제1회 (2025년 제1회 과년도)
- CBT 토목산업기사 제2회 (2025년 제3회 과년도)
- CBT 토목산업기사 제3회 (2024년 제1회 과년도)
- CBT 토목산업기사 제4회 (2024년 제3회 과년도)
- CBT 토목산업기사 제5회 (2023년 제1회 과년도)
- CBT 토목산업기사 제6회 (2023년 제4회 과년도)

CBT 대비 토목기사, 토목산업기사 실전테스트는 홈페이지 (www.inup.co.kr)에서 CBT 모의 TEST로 함께 체험하실 수 있습니다.

과년도출제문제

21 토목기사
1회 시행 출제문제

1. 원격탐사(remote sensing)의 정의로 옳은 것은?

① 지상에서 대상 물체에 전파를 발생시켜 그 반사파를 이용하여 측정하는 방법
② 센서를 이용하여 지표의 대상물에서 반사 또는 방사된 전자 스펙트럼을 측정하고 이들의 자료를 이용하여 대상물이나 현상에 관한 정보를 얻는 기법
③ 우주에 산재해 있는 물체의 고유스펙트럼을 이용하여 각각의 구성 성분을 지상의 레이더망으로 수집하여 처리하는 방법
④ 우주선에서 찍은 중복된 사진을 이용하여 지상에서 항공사진의 처리와 같은 방법으로 판독하는 작업

2. 원곡선에 대한 설명으로 틀린 것은?

① 원곡선을 설치하기 위한 기본요소는 반지름(R)과 교각(I)이다.
② 접선길이는 곡선반지름에 비례한다.
③ 원곡선은 평면곡선과 수직곡선으로 모두 사용할 수 있다.
④ 고속도로와 같이 고속의 원활한 주행을 위해서는 복심곡선 또는 반향곡선을 주로 사용한다.

3. 삼각망 조정에 관한 설명으로 옳지 않은 것은?

① 임의의 한 변의 길이는 계산경로에 따라 달라질 수 있다.
② 검기선은 측정한 길이와 계산된 길이가 동일하다.
③ 1점 주위에 있는 각의 합은 360° 이다.
④ 삼각형의 내각의 합은 180° 이다.

4. 삼각측량과 삼변측량에 대한 설명으로 틀린 것은?

① 삼변측량은 변 길이를 관측하여 삼각점의 위치를 구하는 측량이다.
② 삼각측량의 삼각망 중 가장 정확도가 높은 망은 사변형삼각망이다.
③ 삼각점의 선점 시 기계나 측표가 동요할 수 있는 습지나 하상은 피한다.
④ 삼각점의 등급을 정하는 주된 목적은 표석설치를 편리하게 하기 위함이다.

5. 직사각형 토지의 면적을 산출하기 위해 두변 a, b의 거리를 관측한 결과가 $a=48.25\pm0.04$m, $b=23.42\pm0.02$m 이었다면 면적의 정밀도($\triangle A/A$)는?

① $\frac{1}{420}$　② $\frac{1}{630}$
③ $\frac{1}{840}$　④ $\frac{1}{1080}$

6. 조정계산이 완료된 조정각 및 기선으로부터 처음 신설하는 삼각점의 위치를 구하는 계산순서로 가장 적합한 것은?

① 편심조정 계산 → 삼각형 계산(변, 방향각) → 경위도 결정 → 좌표조정 계산 → 표고 계산
② 편심조정 계산 → 삼각형 계산(변, 방향각) → 좌표조정 계산 → 표고 계산 → 경위도 결정
③ 삼각형 계산(변, 방향각) → 편심조정 계산 → 표고 계산 → 경위도 결정 → 좌표조정 계산
④ 삼각형 계산(변, 방향각) → 편심조정 계산 → 표고 계산 → 좌표조정 계산 → 경위도 결정

7. 레벨의 불완전 조정에 의하여 발생한 오차를 최소화 하는 가장 좋은 방법은?

① 왕복 2회 측정하여 그 평균을 취한다.
② 기포를 항상 중앙에 오게 한다.
③ 시준선의 거리를 짧게 한다.
④ 전시, 후시의 표척거리를 같게 한다.

8. 노선측량에서 단곡선 설치시 필요한 교각이 95°30′, 곡선반지름이 200m일 때 장현(L)의 길이는?

① 296.087m ② 302.619m
③ 417.131m ④ 597.238m

9. 어느 두 지점 사이의 거리를 A, B, C, D 4명의 사람이 각각 10회 관측한 결과가 다음과 같다면 가장 신뢰성이 낮은 관측자는?

A : 165.864±0.002m
B : 165.867±0.006m
C : 165.862±0.007m
D : 165.864±0.004m

① A ② B
③ C ④ D

10. 초점거리 153mm, 사진크기 23cm×23cm인 카메라를 사용하여 동서 14km, 남북 7km, 평균표고 250m인 거의 평탄한 지역을 축척 1:5000으로 촬영하고자 할 때, 필요한 모델 수는? (단, 종중복도=60%, 횡중복도=30%)

① 81 ② 240
③ 279 ④ 961

11. 측지학에 관한 설명 중 옳지 않은 것은?

① 측지학이란 지구내부의 특성, 지구의 형상, 지구표면의 상호위치관계를 결정하는 학문이다.
② 물리학적 측지학은 중력측정, 지자기측정 등을 포함한다.
③ 기하학적 측지학에는 천문측량, 위성측량, 높이의 결정 등이 있다.
④ 측지측량이란 지구의 곡률을 고려하지 않는 측량으로 11km 이내를 평면으로 취급한다.

12. 그림과 같이 한 점 O에서 A, B, C방향의 각관측을 실시한 결과가 다음과 같을 때 ∠BOC의 최확값은?

∠AOB 2회 관측 결과 40°30′25″
3회 관측 결과 40°30′20″
∠AOC 6회 관측 결과 85°30′20″
4회 관측 결과 85°30′25″

① 45°00′05″
② 45°00′02″
③ 45°00′03″
④ 45°00′00″

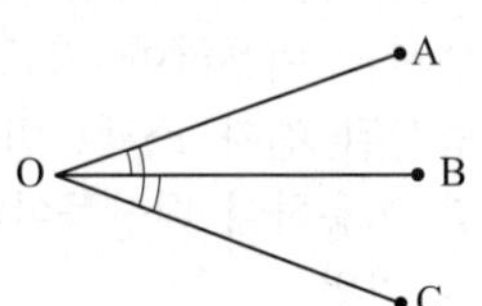

13. 교호수준측량의 결과가 아래와 같고, A점의 표고가 10m일 때 B점의 표고는?

레벨 P에서 A→B 관측 표고차 : −1.256m
레벨 Q에서 B→A 관측 표고차 : +1.238m

① 8.753m ② 9.753m
③ 11.238m ④ 11.247m

14. 각관측 장비의 수평축이 연직축과 직교하지 않기 때문에 발생하는 측각오차를 최소화 하는 방법으로 옳은 것은?

① 직교에 대한 편차를 구하여 더한다.
② 배각법을 사용한다.
③ 방향각법을 사용한다.
④ 망원경의 정·반위로 측정하여 평균한다.

15. 설계속도 80km/h의 고속도로에서 클로소이드 곡선의 곡선반지름이 360m, 완화곡선길이가 40m일 때 클로소이드 매개변수 A는?

① 100m ② 120m
③ 140m ④ 150m

16. 해도와 같은 지도에 이용되며, 주로 하천이나 항만 등의 심천측량을 한 결과를 표시하는 방법으로 가장 적당한 것은?

① 채색법 ② 영선법
③ 점고법 ④ 음영법

17. 기지점의 지반고가 100m이고, 기지점에 대한 후시는 2.75m, 미지점에 대한 전시가 1.40m일 때 미지점의 지반고는?

① 98.65m ② 101.35m
③ 102.75m ④ 104.15m

18. 그림과 같은 유토곡선(mass curve)에서 하향구간이 의미하는 것은?

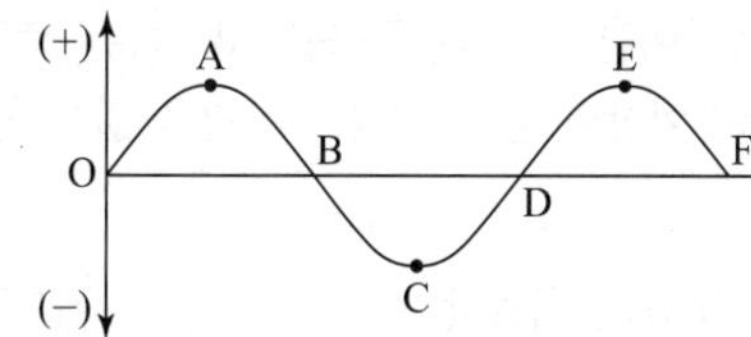

① 성토구간 ② 절토구간
③ 운반토량 ④ 운반거리

19. 등고선에 관한 설명으로 옳지 않은 것은?

① 높이가 다른 등고선은 절대 교차하지 않는다.
② 등고선간의 최단거리 방향은 최대경사 방향을 나타낸다.
③ 지도의 도면 내에서 폐합되는 경우에 등고선의 내부에는 산꼭대기 또는 분지가 있다.
④ 동일한 경사의 지표에서 등고선 간의 간격은 같다.

20. 트래버스 측량에서 1회 각 관측의 오차가 $\pm 10''$라면 30개의 측점에서 1회씩 각 관측하였을 때의 총 각관측 오차는?

① $\pm 15''$ ② $\pm 17''$
③ $\pm 55''$ ④ $\pm 70''$

해설 및 정답

1. 원격탐사(remote sensing)는 비행기, 인공위성 등의 플랫폼에 탑재된 탐측기를 사용하여 지표의 대상물에서 반사 또는 방사된 전자 스펙트럼을 측정하고 이들의 자료를 이용하여 대상물이나 현상에 관한 정보를 얻는 기법

2. 고속도로와 같이 고속의 원활한 주행을 위해서는 직선과 원곡선 사이에 완화곡선을 사용한다.

3. 삼각망의 변조정에서 임의의 한 변의 길이는 어느 계산경로든 동일하다.

4. 삼각점의 등급을 정하는 주된 목적은 측량의 정확도에 따라 삼각점을 배열하여 경제성을 추구하기 위함이다.

5. ① $A = 48.25 \times 23.42 = 1{,}130.015\text{m}^2$

② $\Delta A = \sqrt{(a \cdot d_b)^2 + (b \cdot d_a)^2}$

$= \sqrt{(48.25 \times 0.02)^2 + (23.42 \times 0.04)^2}$

$= 1.345\text{m}^2$

③ $\therefore \dfrac{\Delta A}{A} = \dfrac{1.345}{1{,}130.015} \fallingdotseq \dfrac{1}{840}$

6. 삼각망의 계산순서

각 측정 → 편심관측 조정 → 각 조건조정 → 변조정 → 좌표계산(트래버스) → 표고계산 → 경위도 결정순이다. 여기서, 편심관측 조정이란 한각의 측정 정도를 높이는 것이므로 제일 먼저 조정한다.

7. 레벨의 조정이 불완전하여 발생한 오차는 전시, 후시의 표척거리를 같게 하면 같은 양의 오차가 발생되어 서로 상쇄된다.

8. 곡선에서 현의 길이(L)

$L = 2R \cdot \sin\dfrac{I}{2}$

$= 2 \times 200 \times \sin\left(\dfrac{95°30'}{2}\right) = 296.087\text{m}$

9. 경중률은 오차의 제곱에 반비례한다.

경중률의 비$= \dfrac{1}{0.002^2} : \dfrac{1}{0.006^2} : \dfrac{1}{0.007^2} : \dfrac{1}{0.004^2}$

여기서, C의 경중률이 제일 작으므로 신뢰성이 가장 낮다.

10. ① 종모델수

$= \dfrac{S_1}{B} = \dfrac{14{,}000}{ma\left(1 - \dfrac{P}{100}\right)} = 30.4 = 31$

② 횡모델수

$= \dfrac{S_2}{C} = \dfrac{7{,}000}{ma\left(1 - \dfrac{q}{100}\right)} = 8.7 = 9$

③ 사진매수=종모델수×횡모델수

$= 31 \times 9 = 279$매

11. 측지측량이란 지구의 곡률을 고려하는 측량으로 반지름 11km 이상의 넓은 지역의 측량을 말한다.

12. ① $\angle AOB$의 최확값

$= \dfrac{[P \cdot \alpha]}{[P]} = \dfrac{2 \times 25'' + 3 \times 20''}{(2+3)} = 22''$

② $\angle AOC$의 최확값

$= \dfrac{6 \times 20'' + 4 \times 25''}{(6+4)} = 22''$

$\therefore \angle BOC = 85°30'22'' - 40°30'22''$

$= 45°00'00''$

13. 교호수준측량은 높이차의 평균으로 오차를 보정하여 높이를 구한다.

$\therefore H_B = H_A + \dfrac{(-1.256 - 1.238)}{2}$

$= 8.753\text{m}$

14. 수평축과 연직축이 직교하지 않아 발생하는 오차를 수평축 오차라 한다. 수평축 오차, 시준축 오차, 시준선의 편심오차는 망원경 정·반의 읽음값을 평균하여 오차를 조정한다.

15. $A^2 = R \cdot L$에서

$A = \sqrt{360 \times 40} = 120\text{m}$

여기서, 설계속도는 A를 구하는데 아무런 소용이 없다. 이런 문제도 출제되니 주어진 요소가 모두 사용된다는 착각을 하지 말자.

16. 해도나, 하천, 항만 등의 깊이를 측정하여 점에 숫자로 나타내는 방법을 점고법이라 한다.

17. 미지점의 지반고$= 100 + 2.75 - 1.40$

$= 101.35\text{m}$

18. 유토곡선에서 하향구간은 흙이 부족해지는 구간으로 성토구간을 의미한다.

19. 높이가 다른 등고선은 절벽이나 동굴을 제외하고는 절대 교차하지 않는다.

20. $E_a = \pm \epsilon_a \cdot \sqrt{n}$

$= \pm 10'' \times \sqrt{30} = \pm 54.8''$

즉, 각 오차의 총합은 측점수의 제곱근에 비례

1. ②	2. ④	3. ①	4. ④	5. ③
6. ②	7. ④	8. ①	9. ③	10. ③
11. ④	12. ④	13. ①	14. ④	15. ②
16. ③	17. ②	18. ①	19. ①	20. ③

과년도출제문제

21 토목기사
2회 시행 출제문제

1. 수로조사에서 간출지의 높이와 수심의 기준이 되는 것은?

① 약최고고저면 ② 평균중등수위면
③ 수애면 ④ 약최저저조면

2. 그림과 같이 각 격자의 크기가 10m×10m로 동일한 지역의 전체 토량은?

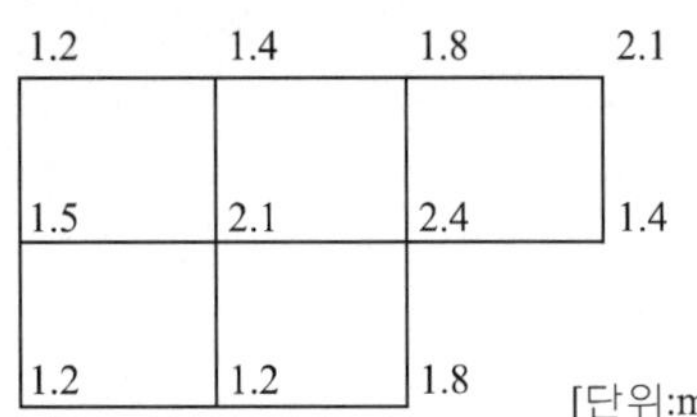

① 877.5m³ ② 893.6m³
③ 913.7m³ ④ 926.1m³

3. 동일 구간에 대해 3개의 관측군으로 나누어 거리관측을 실시한 결과가 표와 같을 때, 이 구간의 최확값은?

관측군	관측값(m)	관측횟수
1	50.362	5
2	50.348	2
3	50.359	3

① 50.354m ② 50.356m
③ 50.358m ④ 50.362m

4. 클로소이드 곡선(clothoid curve)에 대한 설명으로 옳지 않은 것은?

① 고속도로에 널리 이용된다.
② 곡률이 곡선의 길이에 비례한다.
③ 완화곡선의 일종이다.
④ 클로소이드 요소는 모두 단위를 갖지 않는다.

5. 표척이 앞으로 3° 기울어져 있는 표척의 읽음값이 3.645m이었다면 높이의 보정량은?

① 5mm ② −5mm
③ 10mm ④ −10mm

6. 최근 GNSS 측량의 의사거리 결정에 영향을 주는 오차와 거리가 먼 것은?

① 위성의 궤도 오차
② 위성의 시계 오차
③ 위성의 기하학적 위치에 따른 오차
④ SA(selective availability) 오차

7. 평탄한 지역에서 9개 측선으로 구성된 다각측량에서 2′의 각관측 오차가 발생되었다면 오차의 처리 방법으로 옳은 것은? (단, 허용오차는 60″ $\sqrt{N}$로 가정한다.)

① 오차가 크므로 다시 관측한다.
② 측선의 거리에 비례하여 배분한다.
③ 관측각의 크기에 역비례하여 배분한다.
④ 관측각에 같은 크기로 배분한다.

8. 도로의 단곡선 설치에서 교각이 60°, 반지름이 150m이며, 곡선시점이 No.8+17m(20m×8+17m) 일 때 종단현에 대한 편각은?

① 0° 02′ 45″ ② 2° 41′ 21″
③ 2° 57′ 54″ ④ 3° 15′ 23″

9. 표고가 300m인 평지에서 삼각망의 기선을 측정한 결과 600m이었다. 이 기선에 대하여 평균해수면 상의 거리로 보정할 때 보정량은? (단, 지구반지름 R=6,370km)

① +2.83cm ② +2.42cm
③ −2.42cm ④ −2.83cm

10. 수치지형도(Digital Map)에 대한 설명으로 틀린 것은?

① 우리나라는 축척 1 : 5,000 수치지형도를 국토기본도로 한다.
② 주로 필지정보와 표고자료, 수계정보 등을 얻을 수 있다.
③ 일반적으로 항공사진측량에 의해 구축된다.
④ 축척별 포함 사항이 다르다.

11. 등고선의 성질에 대한 설명으로 옳지 않은 것은?

① 등고선은 분수선(능선)과 평행하다.
② 등고선은 도면 내·외에서 폐합하는 폐곡선이다.
③ 지도의 도면 내에서 등고선이 폐합하는 경우에 등고선의 내부에는 산꼭대기 또는 분지가 있다.
④ 절벽에서 등고선은 서로 만날 수 있다.

12. 트래버스 측량의 작업순서로 알맞은 것은?

① 선점－계획－답사－조표－관측
② 계획－답사－선점－조표－관측
③ 답사－계획－조표－선점－관측
④ 조표－답사－계획－선점－관측

13. 지오이드(Geoid)에 대한 설명으로 옳지 않은 것은?

① 평균해수면을 육지까지 연장하여 지구전체를 둘러싼 곡면이다.
② 지오이드면은 등포텐셜면으로 중력방향은 이 면에 수직이다.
③ 지표 위 모든 점의 위치를 결정하기 위해 수학적으로 정의된 타원체이다.
④ 실제로 지오이드면은 굴곡이 심하므로 측지측량의 기준으로 채택하기 어렵다.

14. 장애물로 인하여 접근하기 어려운 2점 P, Q를 간접거리 측량한 결과가 그림과 같다. $\overline{AB}$의 거리가 216.90m일 때 PQ의 거리는?

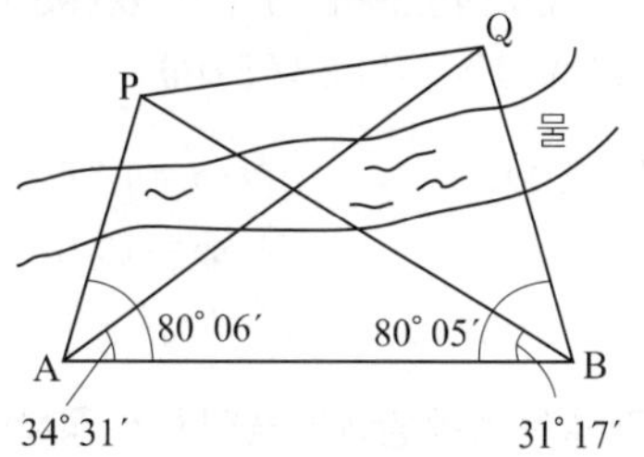

① 120.96m ② 142.29m
③ 173.39m ④ 194.22m

15. 수준측량야장에서 측점 3의 지반고는?

[단위 : m]

측점	후시	전시		지반고
		T.P	I.P	
1	0.95			10.00
2			1.03	
3	0.90	0.36		
4			0.96	
5		1.05		

① 10.59m ② 10.46m
③ 9.92m ④ 9.56m

16. 다각측량의 특징에 대한 설명으로 옳지 않는 것은?

① 삼각점으로부터 좁은 지역의 세부측량 기준점을 측설하는 경우에 편리하다.
② 삼각측량에 비해 복잡한 시가지나 지형의 기복이 심한 지역에는 알맞지 않다.
③ 하천이나 도로 또는 수로 등의 좁고 긴 지역의 측량에 편리하다.
④ 다각측량의 종류에는 개방, 폐합, 결합형 등이 있다.

17. 항공사진 측량에서 사진상에 나타난 두 점 A, B의 거리를 측정하였더니 208mm이었으며, 지상좌표는 아래와 같았다면 사진축척(S)은?
(단, $X_A = 205{,}346.39$m, $Y_A = 10{,}793.16$m, $X_B = 205{,}100.11$m, $Y_B = 11{,}587.87$m)

① $S = 1 : 3{,}000$　② $S = 1 : 4{,}000$
③ $S = 1 : 5{,}000$　④ $S = 1 : 6{,}000$

18. 그림과 같은 수준망에서 높이차의 정확도가 가장 낮은 것으로 추정되는 노선은? (단, 수준환의 거리 Ⅰ = 4km, Ⅱ = 3km, Ⅲ = 2.4km, Ⅳ(㉯㉳㉲) = 6km)

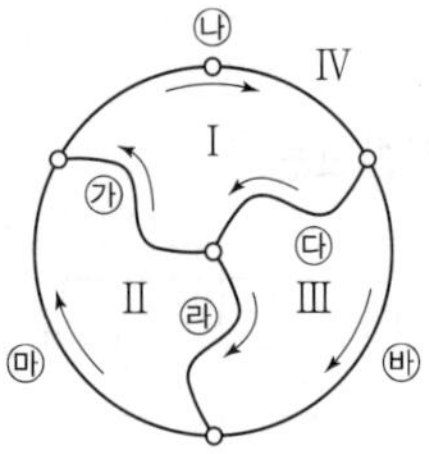

노선	높이차(m)
㉮	+3.600
㉯	+1.385
㉰	−5.023
㉱	+1.105
㉲	+2.523
㉳	−3.912

① ㉮　② ㉯
③ ㉰　④ ㉱

19. 도로의 곡선부에서 확폭량(slack)을 구하는 식으로 옳은 것은? (단, L : 차량 앞면에서 차량의 뒤축까지의 거리, R : 차선 중심선의 반지름)

① $\dfrac{L}{2R^2}$　② $\dfrac{L^2}{2R^2}$
③ $\dfrac{L^2}{2R}$　④ $\dfrac{L}{2R}$

20. 표준길이에 비하여 2cm 늘어난 50m 줄자로 사각형 토지의 길이를 측정하여 면적을 구하였을 때, 그 면적이 88m^{2}이었다면 토지의 실제 면적은?

① 87.30m^2　② 87.93m^2
③ 88.07m^2　④ 88.71m^2

해설 및 정답

1. • 약최저 저조면(기본수준면) : 조석이 그 이하로 내려가지 않는 면으로 조석표의 조위 및 해도의 수심을 표현하는 기준면

• 약최고 고조면 : 교량, 전력선의 높이와 해안선을 표시하는 기준

• 수애면 : 평수위일 때의 물가선을 수애선이라 하며 이때의 평면

2. $V = \frac{a}{4}(\Sigma h_1 + 2\Sigma h_2 + 3\Sigma h_3 + 4\Sigma h_4)$

• $\Sigma h_1 = 1.2 + 2.1 + 1.4 + 1.8 + 1.2 = 7.7$

• $2\Sigma h_2 = 2(1.4 + 1.8 + 1.2 + 1.5) = 11.8$

• $3\Sigma h_3 = 3 \times 2.4 = 7.2$

• $4\Sigma h_4 = 4 \times 2.1 = 8.4$

$\therefore\ V = \frac{10^2}{4}(7.7 + 11.8 + 7.2 + 8.4) = 877.5\text{m}^3$

3. $P_L = \frac{\Sigma L_i \times P_i}{\Sigma P}$

$= 50.3 + \frac{0.062 \times 5 + 0.048 \times 2 + 0.059 \times 3}{(5 + 2 + 3)}$

$= 50.358\text{m}$

4. 클로소이드 요소는 단위를 갖는 것과 단위를 갖지 않는 것으로 나눌 수 있다.

5. ① 3° 기울어진 표척의 수직높이

$= 3.645 \times \cos 3° = 3.640\text{m}$

② 높이의 보정량

$= 3.640 - 3.645 = -0.005\text{m}$

6. ① 의사거리 : GNSS 위성과 GNSS 수신기 내부 시계 오차, 전류층과 대류권 지연 등으로 실제거리와 차이가 있는 거리

② SA : 선택적 가용성에 따른 오차로 미국방성이 임의로 GPS의 오차를 부여하는 것

7. ① 허용오차 $= 60''\sqrt{9} = 180'' = 3'$

② 오차가 허용오차 이내이므로 관측각에 같은 크기로 배분하여 조정한다.

8. ① $B.C = 20 \times 8 + 17 = 177\text{m}$

② $C.L = R \cdot I° rad = 150 \times 60° \times \frac{\pi}{180°} = 157.08\text{m}$

③ $E.C =$ ① $+$ ② $= 334.08\text{m}$

④ l_2(종단현) $=$ ③ $- 320 = 14.08\text{m}$

⑤ $\delta_2 = \frac{l_2}{2R} rad = \frac{14.08}{2 \times 150} \times \frac{180°}{\pi}$

$= 2°41'20.7''$

9. ① 표고 보정 값은 항상 (−)이다.

② $C_h = -\frac{L \cdot H}{R}$

$= -\frac{0.6}{6{,}370} \times 300 = -0.0283\text{m}$

10. 지형도는 특정지역의 등고선, 수계, 교통망, 시설물, 산림, 경지, 행정구역 경계 등을 나타낸 도면이고 이를 전산화 한 것이 수치 지형도이다. 필지 정보는 지적도를 보면 알 수 있다.

11. 등고선은 분수선과 직교한다.

12. 트래버스 측량의 작업순서

계획 – 답사 – 선점 – 조표 – 관측 – 계산 및 측점의 전개

13. 지구타원체는 수학적으로 정의된 굴곡이 없는 기하학적인 회전타원체이다. 지오이드는 굴곡이 있으므로 수학적으로 정의되지 못한다.

14. ① ΔAPB에서

$\frac{\text{AB}}{\sin\angle P} = \frac{\text{AP}}{\sin 31°17'}$

$\therefore\ \text{AP} = 216.9 \times \frac{\sin 31°17'}{\sin(180° - 80°06' - 31°17')}$

$= 120.96\text{m}$

② ΔAQB에서

$$\frac{\text{AB}}{\text{sinQ}}=\frac{\text{AQ}}{\text{sin}80°05'}$$

$$\therefore\ \text{AQ}=216.9\times\frac{\text{sin}80°05'}{\text{sin}(180°-34°31'-80°05')}$$

$$=234.99\text{m}$$

③ ΔAPQ에 제2코사인 법칙 적용

$$a^2=b^2+c^2-2bc\cdot\cos A$$

$$\therefore\ \text{PQ}(a)=\sqrt{b^2+c^2-2bc\cdot\cos A}$$

$$=173.39\text{m}$$

여기서, $b=120.96$, $c=234.99$, $\angle A=45°35'$

15. ① 1~3 측점의 기계고$=10+0.95=10.95\text{m}$

② 3측점의 지반고$=10.95-0.36=10.59\text{m}$

16. 다각측량은 삼각측량에 비해 좁은 지역의 복잡한 시가지나 지형의 기복이 심한 지역에 유리하다.

17. ① $\overline{\text{AB}}$의 실제거리$=\sqrt{(X_B-X_A)^2+(Y_B-Y_A)^2}$

$$=831.996\text{m}$$

② $S=\dfrac{0.208}{831.996}\fallingdotseq\dfrac{1}{4{,}000}$

18. ① 각 구간의 폐합차

Ⅰ=가+나+다=−0.038m

Ⅱ=라+마−가=+0.028m

Ⅲ=다+라−바=−0.006m

Ⅳ=나+바+마=−0.004m

② Ⅲ, Ⅳ 노선은 폐합차가 작으므로 여기를 지나는 ㈏~㈓ 노선은 정확도가 높고 Ⅰ, Ⅱ 노선은 폐합차가 크므로 여기에 공통으로 들어가는 ㉮노선의 정확도가 낮다고 추정된다.

19. 확폭 : 곡선의 안쪽부를 넓게 하여 차량의 뒷바퀴가 노면 밖으로 탈선되지 않게 하는 것

확폭량$(\epsilon)=\dfrac{L^2}{2R}$

20. 늘어난 줄자로 측정하면 측정값은 작게 나오므로 실제 값은 측정값보다 커진다.

면적=거리 제곱이므로

$$A=a\left(1+\frac{0.02}{50}\right)^2=88.07\text{m}^2$$

1. ④	2. ①	3. ③	4. ④	5. ②
6. ④	7. ④	8. ②	9. ④	10. ②
11. ①	12. ②	13. ③	14. ③	15. ①
16. ②	17. ②	18. ①	19. ③	20. ③

과년도출제문제

1. A, B 두 점에서 교호수준측량을 실시하여 다음의 결과를 얻었다. A점의 표고가 67.104m일 때 B점의 표고는? (단, $a_1 = 3.756$m, $a_2 = 1.572$m, $b_1 = 4.995$m, $b_2 = 3.209$m)

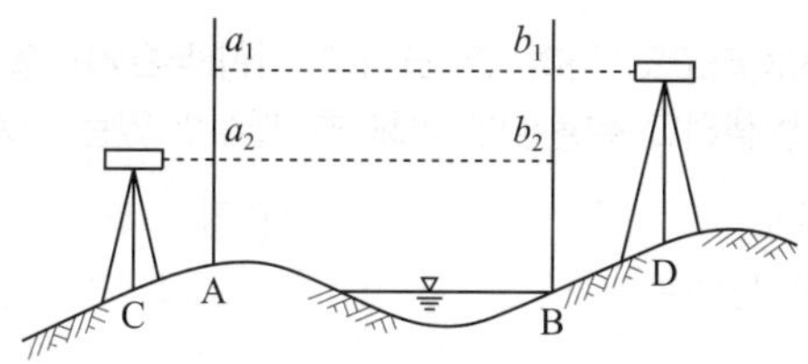

① 64.668m ② 65.666m
③ 68.542m ④ 69.089m

2. 하천의 심천(측심)측량에 관한 설명으로 틀린 것은?

① 심천측량은 하천의 수면으로부터 하저까지 깊이를 구하는 측량으로 횡단측량과 같이 행한다.
② 측심간(rod)에 의한 심천측량은 보통 수심 5m 정도의 얕은 곳에 사용한다.
③ 측심추(lead)로 관측이 불가능한 깊은 곳은 음향측심기를 사용한다.
④ 심천측량은 수위가 높은 장마철에 하는 것이 효과적이다.

3. 곡선반지름 R, 교각 I 인 단곡선을 설치할 때 각 요소의 계산 공식으로 틀린 것은?

① $M = R\left(1 - \sin\frac{I}{2}\right)$
② $T.L. = R\tan\frac{I}{2}$
③ $C.L. = \frac{\pi}{180°}\text{RI}°$
④ $E = R\left(\sec\frac{I}{2} - 1\right)$

4. 수준측량과 관련된 용어에 대한 설명으로 틀린 것은?

① 수준면(level surface)은 각 점들이 중력방향에 직각으로 이루어진 곡면이다.
② 어느 지점의 표고(elevation)라 함은 그 지역 기준타원체로부터의 수직거리를 말한다.
③ 지구곡률을 고려하지 않는 범위에서는 수준면(level surface)을 평면으로 간주한다.
④ 지구의 중심을 포함한 평면과 수준면이 교차하는 선이 수준선(level line)이다.

5. 완화곡선에 대한 설명으로 옳지 않은 것은?

① 완화곡선의 곡선 반지름은 시점에서 무한대, 종점에서 원곡선의 반지름 R로 된다.
② 클로소이드의 형식에는 S형, 복합형, 기본형 등이 있다.
③ 완화곡선의 접선은 시점에서 원호에, 종점에서 직선에 접한다.
④ 모든 클로소이드는 닮은꼴이며 클로소이드 요소에는 길이의 단위를 가진 것과 단위가 없는 것이 있다.

6. 토털스테이션으로 각을 측정할 때 기계의 중심과 측점이 일치하지 않아 0.5mm의 오차가 발생하였다면 각 관측 오차를 2″ 이하로 하기 위한 관측 변의 최소길이는?

① 82.51m ② 51.57m
③ 8.25m ④ 5.16m

7. 일반적으로 단열삼각망으로 구성하기에 가장 적합한 것은?

① 시가지와 같이 정밀을 요하는 골조측량
② 복잡한 지형의 골조측량
③ 광대한 지역의 지형측량
④ 하천조사를 위한 골조측량

8. 지형의 표시법에서 자연적 도법에 해당하는 것은?

① 점고법　　② 등고선법
③ 영선법　　④ 채색법

9. 축척 1 : 5000인 지형도에서 AB 사이의 수평거리가 2cm이면 AB선의 경사는?

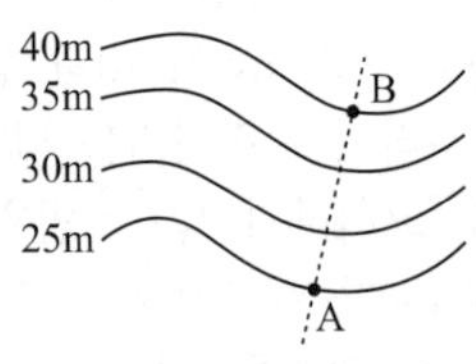

① 10%　　② 15%
③ 20%　　④ 25%

10. 트래버스 측량의 각 관측 방법 중 방위각법에 대한 설명으로 틀린 것은?

① 진북을 기준으로 어느 측점까지 시계방향으로 측정하는 방법이다.
② 방위각법에는 반전법과 부전법이 있다.
③ 각이 독립적으로 관측되므로 오차 발생 시, 개별 각의 오차는 이후의 측량에 영향이 없다.
④ 각 관측값의 계산과 제도가 편리하고 신속히 관측할 수 있다.

11. 대단위 신도시를 건설하기 위한 넓은 지형의 정지공사에서 토량을 계산하고자 할 때 가장 적당한 방법은?

① 점고법
② 비례 중앙법
③ 양단면 평균법
④ 각주공식에 의한 방법

12. 평면측량에서 거리의 허용 오차를 1/500000까지 허용한다면 지구를 평면으로 볼 수 있는 한계는 몇 km인가? (단, 지구의 곡률반경은 6370km이다.)

① 22.07km　　② 31.2km
③ 2207km　　④ 3121km

13. 측점 A에 토털스테이션을 정치하고 B점에 설치한 프리즘을 관측하였다. 이때 기계고 1.7m, 고저각 +15°, 시준고 3.5m, 경사거리가 2,000m이었다면, 두 측점의 고저차는?

① 512.438m　　② 515.838m
③ 522.838m　　④ 534.098m

14. 상차라고도 하며 그 크기와 방향(부호)이 불규칙적으로 발생하고 확률론에 의해 추정할 수 있는 오차는?

① 착오　　② 정오차
③ 개인오차　　④ 우연오차

15. 종단 및 횡단 수준측량에서 중간점이 많은 경우에 가장 편리한 야장기입법은?

① 고차식　　② 승강식
③ 기고식　　④ 간접식

16. GNSS 측량에 대한 설명으로 옳지 않은 것은?

① 상대측위기법을 이용하면 절대측위보다 높은 측위정확도의 확보가 가능하다.
② GNSS 측량을 위해서는 최소 4개의 가시위성(visible satellite)이 필요하다.
③ GNSS 측량을 통해 수신기의 좌표뿐만 아니라 시계오차도 계산할 수 있다.
④ 위성의 고도각(elevation angle)이 낮은 경우 상대적으로 높은 측위정확도의 확보가 가능하다.

17. 축척 1:500 도상에서 3변의 길이가 각각 20.5cm, 32.4cm, 28.5cm인 삼각형 지형의 실제면적은?

① 40.70m^2　　② 288.53m^2
③ 6924.15m^2　　④ 7213.26m^2

18. 축척 1 : 20000인 항공사진에서 굴뚝의 변위가 2.0mm 이고, 연직점에서 10cm 떨어져 나타났다면 굴뚝의 높이는? (단, 촬영 카메라의 초점거리 = 15cm)

① 15m　　② 30m
③ 60m　　④ 80m

19. 폐합 트래버스에서 위거의 합이 -0.17m, 경거의 합이 0.22m이고, 전 측선의 거리의 합이 252m일 때 폐합비는?

① 1/900　　② 1/1000
③ 1/1100　　④ 1/1200

20. 곡선 반지름이 500m인 단곡선의 종단현이 15.343m 이라면 종단현에 대한 편각은?

① 0° 31′ 37″　　② 0° 43′ 19″
③ 0° 52′ 45″　　④ 1° 04′ 26″

해설 및 정답

1. 교호수준측량은 전·후시의 거리차가 심한 하천, 계곡 등을 횡단할 때 높이차의 평균으로 오차를 상쇄시켜 정밀도를 높이는 측량법이다.

$$\Delta h = \frac{(a_1 - b_1) + (a_2 - b_2)}{2}$$

$$= -1.478\text{m}$$

$$\therefore H_B = H_A + \Delta \text{h}$$

$$= 67.104 - 1.478 = 65.666\text{m}$$

2. 심천측량은 수위가 불규칙한 장마철은 피한다.

3. $M = R(1 - \cos\frac{I}{2})$

중앙종거는 R에서 R보다 작은 값을 뺀다.

$E = R(\sec\frac{I}{2} - 1)$

외할은 R보다 큰 값에서 R값을 뺀다.

4. 어느 지점의 표고라 함은 지오이드면으로 부터의 수직거리를 말한다.

5. 완화곡선의 접선은 시점에서 직선에, 종점에서 원호에 접한다.

6. 거리 정도=측각 정도

$\frac{\Delta \ell}{\ell} = \frac{\epsilon''}{\rho''}$ 에서

$$\ell = \frac{\Delta \ell \times \rho''}{\epsilon''} = \frac{0.5 \times 206265''}{2''} = 51{,}566\text{mm}$$

$$= 51.566\text{m}$$

7. 단열삼각망은 하천이나 도로같은 좁고 긴 지역의 기준점 측량에 사용된다.

8. 지형의 자연적 도법

- 영선법 : 소털처럼 급경사지는 굵고 짧은선, 완경사지는 가늘고 긴 선으로 지형을 표시한다.
- 음영법 : 그림자로 지형의 기복을 표시

9. ① $\overline{AB}$의 수평거리$= 0.02 \times 5{,}000 = 100$m

② $\overline{AB}$의 경사도(%)$= \frac{40 - 25}{100} \times 100 = 15\%$

10. 전측선의 방위각을 사용하여 그 측선의 방위각을 측정하므로 오차가 이후의 측량에 계속 누적되는 단점이 방위각법의 특징이다.

11. 넓은 지역의 정지공사에서 토량을 구하는데 적절한 방법은 점고법으로 격자형의 면적은 일정하므로 격자점의 높이만 알면 쉽게 토량을 구할 수 있다.

12. $\frac{1}{m} = \frac{1}{12} \cdot (\frac{D}{R})^2$에서

$$D = \sqrt{\frac{(12 \times R^2)}{m}}$$

$$= \sqrt{\frac{(12 \times 6{,}370^2)}{500{,}000}} = 31.2\text{km}$$

13. $H_A + 1.7 + 2{,}000 \times \sin 15^\circ - 3.5 = H_B$

$\therefore \Delta H(H_B - H_A) = 515.838$m

14. 오차의 종류

① 정오차 : 정해진 오차로 크기와 방향을 알면 소거 가능

② 우연오차(부정오차) : 주의해도 없앨 수 없고 상차라고도 하며 그 크기와 방향이 불규칙해 확률론으로 처리

15. 야장의 기입법

① 기고식 : 기계 높이를 중심으로 지반고를 계산하며 중간점이 많을 때 사용

② 고차식 : 멀리 떨어진 두 점 사이의 고저차를 구할 때 사용

③ 승강식 : 검산이 완벽해 정밀한 수준측량에 사용

16. 위성의 고도각이 낮을수록 다중경로오차와 대류권오차의 영향을 많이 받으므로 임계고도각은 15° 이상으로 설정하여 오차를 줄인다.

17. ① $S=\frac{1}{2}(a+b+c)=40.7\text{cm}$

② $a=\sqrt{s(s-a)(s-b)(s-c)}$

$=288.531\text{cm}^2$

③ $A=m^2\cdot a$

$=500^2\times 288.531=7213.26\text{m}^2$

18. $\frac{\Delta r}{r}=\frac{h}{H}$ 에서

$h=\frac{\Delta r}{r}\times H=\frac{\Delta r}{r}\times m\cdot f$

$=\frac{0.002}{0.1}\times 20{,}000\times 0.15=60.0\text{m}$

19. 폐합비$=\frac{E}{\Sigma\ell}$

$=\frac{\sqrt{(-0.17)^2+(0.22)^2}}{252}=\frac{1}{906}$

20. 종단편각$(\delta_2)=\frac{l_2}{2R}\times\frac{180^\circ}{\pi}$

$=\frac{15.343}{2\times 500}\times\frac{180^\circ}{\pi}$

$=0^\circ 52' 45''$

1. ②	2. ④	3. ①	4. ②	5. ③
6. ②	7. ④	8. ③	9. ②	10. ③
11. ①	12. ②	13. ②	14. ④	15. ③
16. ④	17. ④	18. ③	19. ①	20. ③

과년도출제문제

1. 노선거리 2km의 결합 트래버스 측량에서 폐합비를 1/5,000로 제한한다면 허용폐합오차는?

① 0.1m ② 0.4m
③ 0.8m ④ 1.2m

2. 다음 설명 중 옳지 않은 것은?

① 측지선은 지표상 두 점간의 최단거리선이다.
② 라플라스점은 중력측정을 실시하기 위한 점이다.
③ 항정선은 자오선과 항상 일정한 각도를 유지하는 지표의 선이다.
④ 지표면의 요철을 무시하고, 적도반지름과 극반지름으로 지구의 형상을 나타내는 가상의 타원체를 지구타원체라고 한다.

3. 그림과 같은 반지름=50m인 원곡선에서 $\overline{HC}$의 거리는? (단, 교각=60°, α=20°, ∠AHC=90°)

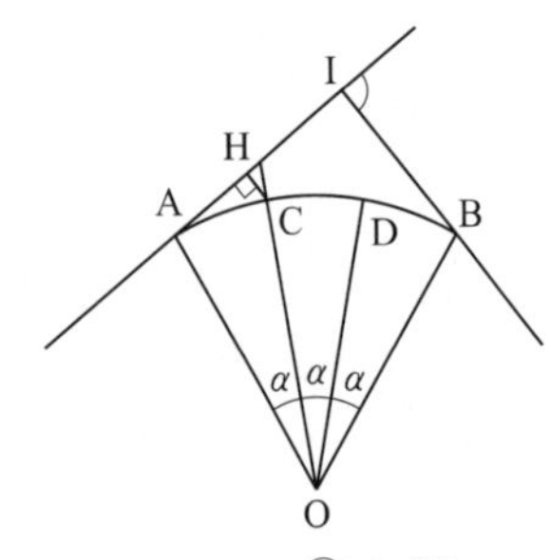

① 0.19m ② 1.98m
③ 3.02m ④ 3.24m

4. GNSS 상대측위 방법에 대한 설명으로 옳은 것은?

① 수신기 1대만을 사용하여 측위를 실시한다.
② 위성과 수신기 간의 거리는 전파의 파장 갯수를 이용하여 계산할 수 있다.
③ 위상차의 계산은 단순차, 2중차, 3중차와 같은 차분기법으로는 해결하기 어렵다.
④ 전파의 위상차를 관측하는 방식이나 절대측위 방법보다 정확도가 떨어진다.

5. 지형측량에서 등고선의 성질에 대한 설명으로 옳지 않은 것은?

① 등고선의 간격은 경사가 급한 곳에서는 넓어지고, 완만한 곳에는 좁아진다.
② 등고선은 지표의 최대 경사선 방향과 직교한다.
③ 동일 등고선 상에 있는 모든 점은 같은 높이이다.
④ 등고선간의 최단거리 방향은 그 지표면의 최대 경사 방향을 가리킨다.

6. 지형의 표시법에 대한 설명으로 틀린 것은?

① 영선법은 짧고 거의 평행한 선을 이용하여 경사가 급하면 가늘고 길게, 경사가 완만하면 굵고 짧게 표시하는 방법이다.
② 음영법은 태양광선이 서북쪽에서 45도 각도로 비친다고 가정하고 지표의 기복에 대하여 그 명암을 2~3색 이상으로 채색하여 기복의 모양을 표시하는 방법이다.
③ 채색법은 등고선의 사이를 색으로 채색, 색채의 농도를 변화시켜 표고를 구분하는 방법이다.
④ 점고법은 하천, 항만, 해양측량 등에서 수심을 나타낼 때 측점에 숫자를 기입하여 수심 등을 나타내는 방법이다.

7. 동일한 정확도로 3변을 관측한 직육면체의 체적을 계산한 결과가 1,200m^{3}이었다. 거리의 정확도를 1/10,000까지 허용한다면 체적의 허용오차는?

① 0.08m^3 ② 0.12m^3
③ 0.24m^3 ④ 0.36m^3

8. △ABC의 꼭지점에 대한 좌표값이 (30, 50), (20, 90), (60, 100)일 때 삼각형 토지의 면적은? (단, 좌표의 단위: m)

① 500m^2 ② 750m^2
③ 850m^2 ④ 960m^2

9. 교각 $I=90°$, 곡선반지름 $R=150$m인 단곡선에서 교점(I.P)의 추가거리가 1,139.250m일 때 곡선종점(E.C)까지의 추가거리는?

① 875.375m ② 989.250m
③ 1,224.869m ④ 1,374.825m

10. 수준측량의 부정오차에 해당되는 것은?

① 기포의 순간 이동에 의한 오차
② 기계의 불완전 조정에 의한 오차
③ 지구곡률에 의한 오차
④ 표척의 눈금 오차

11. 어떤 노선을 수준측량하여 작성된 기고식 야장의 일부 중 지반고 값이 틀린 측점은? (단, 단위 : m)

측점	B.S	F.S		기계고	지반고
		T.P	I.P		
0	3.121				123.567
1			2.586		124.102
2	2.428	4.065			122.623
3			−0.664		124.387
4		2.321			122.730

① 측점 1 ② 측점 2
③ 측점 3 ④ 측점 4

12. 노선측량에서 실시설계측량에 해당하지 않는 것은?

① 중심선 설치 ② 지형도 작성
③ 다각측량 ④ 용지측량

13. 트래버스 측량에서 측점 A의 좌표가 (100m, 100m)이고 측선 AB의 길이가 50m일 때 B점의 좌표는? (단, AB측선의 방위각은 195°이다)

① (51.7m, 87.1m)
② (51.7m, 112.9m)
③ (148.3m, 87.1m)
④ (148.3m, 112.9m)

14. 수심 H인 하천의 유속측정에서 수면으로부터 깊이 0.2H, 0.4H, 0.6H, 0.8H인 지점의 유속이 각각 0.663 m/s, 0.556m/s, 0.532m/s, 0.466m/s이었다면 3점법에 의한 평균유속은?

① 0.543m/s ② 0.548m/s
③ 0.559m/s ④ 0.560m/s

15. L1과 L2의 두 개 주파수 수신이 가능한 2주파 GNSS수신기에 의하여 제거가 가능한 오차는?

① 위성의 기하학적 위치에 따른 오차
② 다중경로오차
③ 수신기 오차
④ 전리층오차

16. 줄자로 거리를 관측할 때 한 구간 20m의 거리에 비례하는 정오차가 +2mm라면 전 구간 200m를 관측하였을 때 정오차는?

① +0.2mm ② +0.63mm
③ +6.3mm ④ +20mm

17. 삼변측량에 대한 설명으로 틀린 것은?

① 전자파거리측량기(EDM)의 출현으로 그이용이 활성화되었다.
② 관측값의 수에 비해 조건식이 많은 것이 장점이다.
③ 코사인 제2법칙과 반각공식을 이용하여 각을 구한다.
④ 조정방법에는 조건방정식에 의한 조정과 관측방정식에 의한 조정방법이 있다.

18. 트래버스 측량의 종류와 그 특징으로 옳지 않은 것은?

① 결합 트래버스는 삼각점과 삼각점을 연결시킨 것으로 조정계산 정확도가 가장 좋다.
② 폐합 트래버스는 한 측점에서 시작하여 다시 그 측점에 돌아오는 관측 형태이다.
③ 폐합 트래버스는 오차의 계산 및 조정이 가능하나, 정확도는 개방 트래버스보다 좋지 못하다.
④ 개방 트래버스는 임의의 한 측점에서 시작하여 다른 임의의 한 점에서 끝나는 관측 형태이다.

19. 수준점 A, B, C에서 P점까지 수준측량을 한 결과가 표와 같다. 관측거리에 대한 경중률을 고려한 P점의 표고는?

측량경로	거리	P점의 표고
A→P	1km	135.487m
B→P	2km	135.563m
C→P	3km	135.603m

① 135.529m ② 135.551m
③ 135.563m ④ 135.570m

20. 도로노선의 곡률반지름 $R=2{,}000$m, 곡선길이 $L=245$m일 때, 클로소이드의 매개변수 A는?

① 500m ② 600m
③ 700m ④ 800m

해설 및 정답

1. 폐합비 $\left(\frac{1}{5{,}000}\right) = \frac{E}{\Sigma \ell}$ 에서

$E = \frac{2{,}000}{5{,}000} = 0.4\text{m}$

2. 라플라스점 : 지형 측량 시 오차가 커지는 것을 방지하기 위해 200~300km 마다 하나씩 설치한 삼각점. 라플라스 조건을 충족하는 삼각측량과 천문측량이 동시에 이루어지도록 하는 기준점이다.

3. 지거법에서

$y = \ell \cdot \sin\delta = 2R \cdot \sin^2\delta$

$= R(1 - \cos 2\delta)$

$= 50(1 - \cos 20°) = 3.02\text{m}$

4. ① 상대측위는 수신기 2대 이상을 사용하여 위치를 결정한다.

② 위상차의 측정은 단일차분법, 이중차분법, 삼중차분법으로 계산한다.

③ 상대측위는 후처리 방법과 실시간 처리 방법에 따라 정밀도를 높일 수 있다.

④ 절대측위는 전파의 도달시간, 상대측위는 위상차로 거리를 계산한다.

5. 등고선의 간격은 경사가 급한 곳에서는 좁아지고 완만한 곳에서는 넓어진다.

6. 영선법(우모법)은 경사가 급한 곳은 굵고 짧은 선으로 완만한 곳은 가늘고 긴 선으로 지형의 경사를 표시한다.

7. $\frac{dV}{V} = 3\frac{d\ell}{\ell}$ 에서

$dV = 3 \times \frac{1}{10{,}000} \times 1{,}200 = 0.36\text{m}^3$

8. 좌표법

$A = \left|\frac{1}{2}\Sigma x_i(y_{i+1} - y_{i-1})\right|$

$= \left|\frac{1}{2}\{30(90-100) + 20(100-50) + 60(50-90)\}\right|$

$= |-850| = 850\text{m}^2$

9. ① $T.L = R \cdot \tan\frac{I}{2}$

$= 150 \times \tan\frac{90°}{2} = 150\text{m}$

② $C.L = R \cdot I°rad$

$= 150 \times 90° \times \frac{\pi}{180°} = 235.619\text{m}$

③ $E.C = \sim I.P - T.L + C.L$

$= 1{,}224.869\text{m}$

10. 부정오차는 조심해도 우연히 발생하는 오차로 그 크기를 알 수 없는 오차이다.

②, ③, ④는 오차를 알 수 있는 정오차이다.

11. 측점1. = 123.567+3.121−2.586 = 124.102

측점2. = 123.567+3.121−4.065 = 122.623

측점3. = 122.623+2.428−(−0.664) = 125.715

측점4. = 122.623+2.428−2.321 = 122.730

12. 노선측량의 순서

노선 선정 → 계획조사측량 → 실시설계측량 → 용지측량 → 공사측량 → 준공측량

13. $X_B = X_A + \ell \times \cos 195°$

$= 100 + 50 \times \cos 195° = 51.7\text{m}$

$Y_B = Y_A + \ell \times \sin 195°$

$= 100 + 50 \times \sin 195° = 87.1\text{m}$

14. $V_m = \frac{1}{4}(V_{0.2} + 2V_{0.6} + V_{0.8})$

$= \frac{1}{4}(0.663 + 2 \times 0.532 + 0.466)$

$= 0.548\text{m/s}$

15. ① 위성의 기하학적 위치에 따른 오차(DOP)
② 다중경로 오차 : 위성고도각을 조정하여 소거
③ 수신기 오차 : 수신기의 정밀검사 실시
④ 전리층 오차 : 2주파수 수신기를 이용하여 소거

16. 정오차는 측선거리에 비례한다.

$$\therefore E = E_a \times \frac{200}{20} = +20\text{mm}$$

17. 삼변측량은 삼각망의 세 변을 측정하여 수평위치를 결정하는 방법으로 관측수에 비하여 조건식이 적은 것이 단점이다.

18. 폐합트래버스는 오차의 계산 및 조정이 가능하며 정확도는 결합트래버스보다 나쁘나 개방트래버스보다는 좋다.

19. ① 경중률 계산(거리에 반비례)

$$P_1 : P_2 : P_3 = \frac{1}{1} : \frac{1}{2} : \frac{1}{3} = 6 : 3 : 2$$

② $H_P = \dfrac{[PH]}{[P]}$

$$= 135 + \frac{6 \times 0.487 + 3 \times 0.563 + 2 \times 0.603}{6 + 3 + 2}$$

$$= 135.529\text{m}$$

20. $A^2 = R \cdot L$ 에서

$$A = \sqrt{R \cdot L} = \sqrt{2{,}000 \times 245}$$

$$= 700\text{m}$$

1. ②	2. ②	3. ③	4. ②	5. ①
6. ①	7. ④	8. ③	9. ③	10. ①
11. ③	12. ④	13. ①	14. ②	15. ④
16. ④	17. ②	18. ③	19. ①	20. ③

1. 다음 중 완화곡선의 종류가 아닌 것은?

① 렘니스케이트 곡선
② 클로소이드 곡선
③ 3차 포물선
④ 배향 곡선

2. 그림과 같이 교호수준측량을 실시한 결과가 $a_1 = 0.63\text{m}, a_2 = 1.25\text{m}, b_1 = 1.15\text{m}, b_2 = 1.73\text{m}$이었다면, B점의 표고는? (단, A의 표고=50.00m)

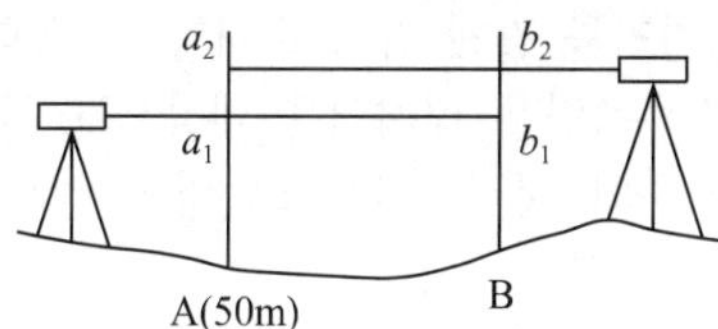

① 49.50m ② 50.00m
③ 50.50m ④ 51.00m

3. 수심 h인 하천의 수면으로부터 0.2h, 0.4h, 0.6h, 0.8h인 곳에서 각각의 유속을 측정하여 0.562m/s, 0.521m/s, 0.497m/s, 0.364m/s의 결과를 얻었다면 3점법을 이용한 평균유속은?

① 0.474m/s ② 0.480m/s
③ 0.486m/s ④ 0.492m/s

4. GNSS가 다중주파수(multi－frequency)를 채택하고 있는 가장 큰 이유는?

① 데이터 취득 속도의 향상을 위해
② 대류권지연 효과를 제거하기 위해
③ 다중경로오차를 제거하기 위해
④ 전리층지연 효과의 제거를 위해

5. 측점간의 시통이 불필요하고 24시간 상시 높은 정밀도로 3차원 위치측정이 가능하며, 실시간 측정이 가능하여 항법용으로도 활용되는 측량방법은?

① NNSS 측량
② GNSS 측량
③ VLBI 측량
④ 토털스테이션 측량

6. 어떤 측선의 길이를 관측하여 다음 표와 같은 결과를 얻었다면 최확값은?

관측군	관측값(m)	관측횟수
1	40.532	5
2	40.537	4
3	40.529	6

① 40.530m ② 40.531m
③ 40.532m ④ 40.533m

7. 그림과 같은 구역을 심프슨 제1법칙으로 구한 면적은? (단, 각 구간의 지거는 1m로 동일하다.)

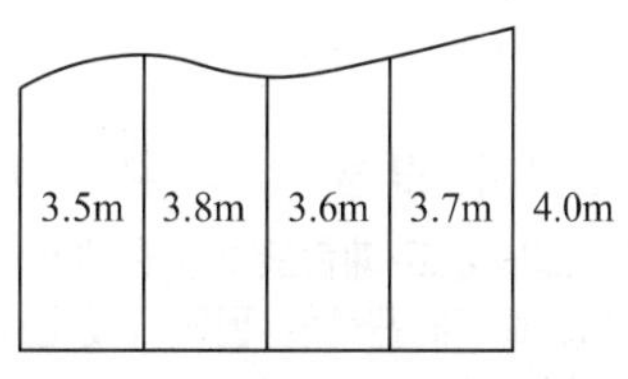

① 14.20m^2 ② 14.90m^2
③ 15.50m^2 ④ 16.00m^2

8. 단곡선을 설치할 때 곡선반지름이 250m, 교각이 116°23′, 곡선시점까지의 추가거리가 1146m일 때 시단현의 편각은? (단, 중심말뚝 간격=20m)

① 0°41′15″ ② 1°15′36″
③ 1°36′15″ ④ 2°54′51″

9. 그림과 같은 트래버스에서 AL의 방위각이 29°40′15″, BM의 방위각이 320°27′12″, 교각의 총합이 1,190°47′32″일 때 각관측 오차는?

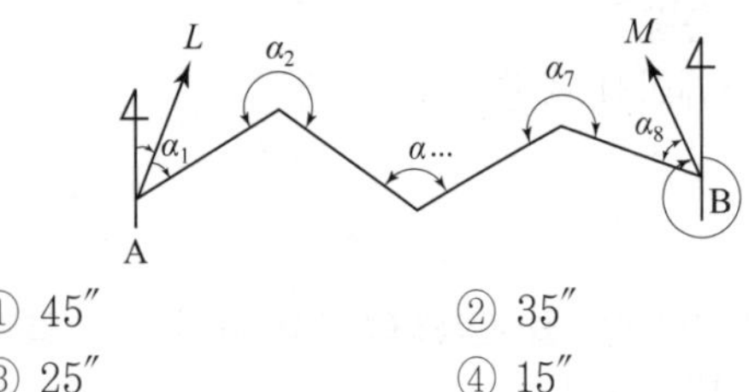

① 45″ ② 35″
③ 25″ ④ 15″

10. 지형측량을 할 때 기본 삼각점만으로는 기준점이 부족하여 추가로 설치하는 기준점은?

① 방향전환점 ② 도근점
③ 이기점 ④ 중간점

11. 지구반지름이 6,370km이고 거리의 허용오차가 $1/10^5$이면 평면측량으로 볼 수 있는 범위의 지름은?

① 약 69km ② 약 64km
③ 약 36km ④ 약 22km

12. 그림과 같은 수준망을 각각의 환에 따라 폐합오차를 구한 결과가 표와 같고 폐합오차의 한계가 $\pm 1.0\sqrt{S}$cm일 때 우선적으로 재 관측할 필요가 있는 노선은? (단, S : 거리[km])

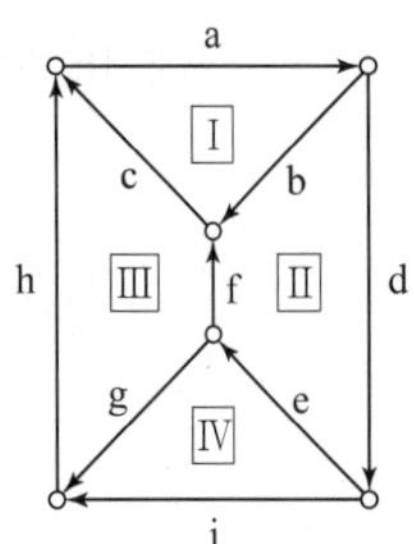

환	노선	거리(km)	폐합오차(m)
Ⅰ	abc	8.7	−0.017
Ⅱ	bdef	15.8	0.048
Ⅲ	cfgh	10.9	−0.026
Ⅳ	eig	9.3	−0.083
외주	adih	15.9	−0.031

① e노선 ② f노선
③ g노선 ④ h노선

13. 수준측량에서 발생하는 오차에 대한 설명으로 틀린 것은?

① 기계의 조정에 의해 발생하는 오차는 전시와 후시의 거리를 같게 하여 소거할 수 있다.
② 삼각수준측량은 대지역을 대상으로 하기 때문에 곡률오차와 굴절오차는 그 양이 상쇄되어 고려하지 않는다.
③ 표척의 영눈금 오차는 출발점의 표척을 도착점에서 사용하여 소거할 수 있다.
④ 기포의 수평조정이나 표척면의 읽기는 육안으로 한계가 있으나 이로 인한 오차는 일반적으로 허용오차 범위 안에 들 수 있다.

14. 그림과 같은 관측결과 $\theta=30°11'00''$, $S=$1,000m일 때 C점의 X좌표는? (단, AB의 방위각=89°49′00″, A점의 X좌표=1,200m)

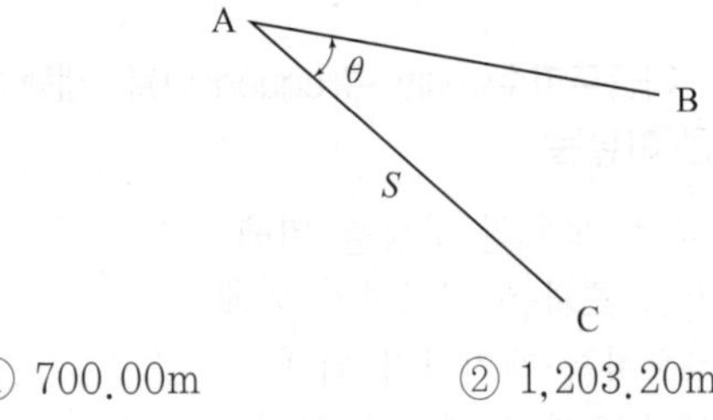

① 700.00m ② 1,203.20m
③ 2,064.42m ④ 2,066.03m

15. 그림과 같은 복곡선에서 $t_1 + t_2$의 값은?

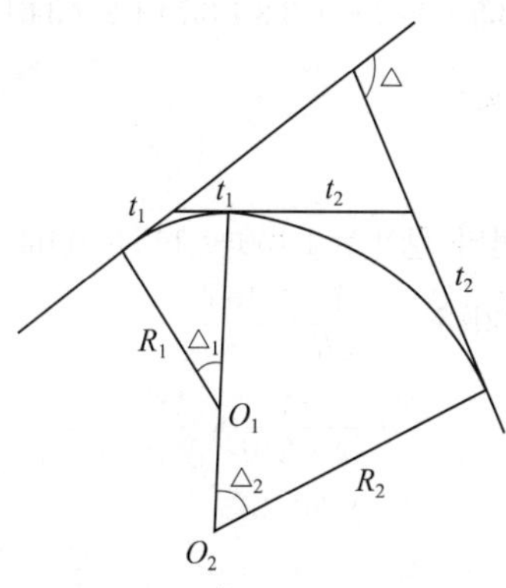

① $R_1(\tan\Delta_1 + \tan\Delta_2)$
② $R_2(\tan\Delta_1 + \tan\Delta_2)$
③ $R_1\tan\Delta_1 + R_2\tan\Delta_2$
④ $R_1\tan\dfrac{\Delta_1}{2} + R_2\tan\dfrac{\Delta_2}{2}$

16. 노선 설치 방법 중 좌표법에 의한 설치방법에 대한 설명으로 틀린 것은?

① 토털스테이션, GPS 등과 같은 장비를 이용하여 측점을 위치시킬 수 있다.
② 좌표법에 의한 노선의 설치는 다른 방법보다 지형의 굴곡이나 시통 등의 문제가 적다.
③ 좌표법은 평면곡선 및 종단곡선의 설치 요소를 동시에 위치시킬 수 있다.
④ 평면적인 위치의 측설을 수행하고 지형표고를 관측하여 종단면도를 작성할 수 있다.

17. 다각측량에서 각 측량의 기계적 오차 중 시준축과 수평축이 직교하지 않아 발생하는 오차를 처리하는 방법으로 옳은 것은?

① 망원경을 정위와 반위로 측정하여 평균값을 취한다.
② 배각법으로 관측을 한다.
③ 방향각법으로 관측을 한다.
④ 편심관측을 하여 귀심계산을 한다.

18. 30m당 0.03m가 짧은 줄자를 사용하여 정사각형 토지의 한 변을 측정한 결과 150m이었다면 면적에 대한 오차는?

① $41m^2$ ② $43m^2$
③ $45m^2$ ④ $47m^2$

19. 지성선에 관한 설명으로 옳지 않은 것은?

① 철(凸)선은 능선 또는 분수선이라고 한다.
② 경사변환선이란 동일 방향의 경사면에서 경사의 크기가 다른 두 면의 접합선이다.
③ 요(凹)선은 지표의 경사가 최대로 되는 방향을 표시한 선으로 유하선이라고 한다.
④ 지성선은 지표면이 다수의 평면으로 구성되었다고 할 때 평면간 접합부, 즉 접선을 말하며 지세선이라고도 한다.

20. 그림과 같은 지형에서 각 등고선에 쌓인 부분의 면적이 표와 같을 때 각주공식에 의한 토량은? (단, 윗면은 평평한 것으로 가정한다.)

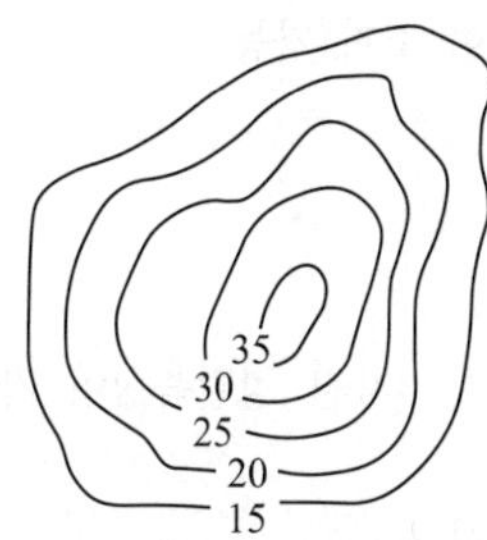

등고선(m)	면적(m^2)
15	3,800
20	2,900
25	1,800
30	900
35	200

① $11,400m^3$ ② $22,800m^3$
③ $33,800m^3$ ④ $38,000m^3$

해설 및 정답

1. 수평곡선의 종류

① 원곡선 : 단곡선, 복심곡선, 반향곡선, 배향곡선

② 완화곡선 : 3차 포물선, 클로소이드, 램니스케이트, 반파장 sin 체감곡선

2. 교호수준측량은 높이차의 평균으로 정확성을 높인다.

$$\Delta h = \frac{\{(a_1 - b_1) + (a_2 - b_2)\}}{2} = -0.50$$

$$\therefore H_B = H_A + \Delta h = 49.50\text{m}$$

3. $V_m(3\text{점법}) = \frac{1}{4}(V_{0.2} + 2V_{0.6} + V_{0.8})$

$$= \frac{1}{4}(0.562 + 2 \times 0.497 + 0.364)$$

$$= 0.480\text{m/s}$$

4. 전리층 오차

① 전리층 오차는 자유전자와 GPS위성 신호와의 간섭 현상에 의해 발생

② GPS 측량 시 고의잡음 제거 이후 가장 큰 오차

③ 2주파수의 수신기를 이용하여 소거 가능

5. GNSS 측량의 특징

① 측점간의 시통이 불필요하다.

② 기상조건에 관계없이 24시간 3차원 정밀측정이 가능하다.

③ 관측점간의 시통이 필요 없다.

④ 차량, 선박, 비행기 등의 항법에 사용된다.

⑤ 실시간 측량이 가능하다.

6. 거리측정의 경중률은 측정횟수에 비례

$$L_o = \frac{[P \cdot L]}{[P]}$$

$$= 40.5 + \frac{0.032 \times 5 + 0.037 \times 4 + 0.029 \times 6}{5 + 4 + 6}$$

$$= 40.532\text{m}$$

7. 심프슨의 제1법칙은 사다리꼴 2개씩을 한조로 면적을 계산한다.

$$A = \frac{d}{3}\{(3.5 + 4.0) + 4(3.8 + 3.7) + 2 \times 3.6\}$$

$$= 14.90\text{m}^2$$

8. ① 시단현의 길이 = 1,160−1,146 = 14m

② 시단편각(δ_1)= $\frac{\ell}{2R} \times \frac{180°}{\pi}$

$$= \frac{14}{2 \times 250} \times \frac{180°}{\pi}$$

$$= 1°\ 36'\ 15''$$

9. $\Delta\alpha = W_a + [\alpha] - 180°(n-3) - W_b$

$= 29°\ 40'\ 15'' + 1{,}190°\ 47'\ 32'' - 180°\ (8-3) - 320°\ 27'\ 12'' = 0°\ 0'\ 35''$

10. 지형측량의 순서

① 측량 계획

② 골조 측량 : 삼각점과 도근점 설치

③ 세부 측량 : 지물과 지모를 측정

④ 측량원도 작성

11. $\frac{d-D}{D} = \frac{1}{12} \cdot \left(\frac{D}{R}\right)^2 = \frac{1}{m}$ 에서

$$D = \sqrt{\frac{12 \cdot R^2}{m}} = 69.78\text{km}$$

12. 수준측량의 정밀도는 1km당 오차로 비교

$$\frac{0.017}{\sqrt{8.7}} : \frac{0.048}{\sqrt{15.8}} : \frac{0.026}{\sqrt{10.9}} : \frac{0.083}{\sqrt{9.3}} : \frac{0.031}{\sqrt{15.9}}$$

= 0.006 : 0.012 : 0.008 : 0.027 : 0.008

∴ 오차가 가장 큰 Ⅱ와 Ⅳ코스에 공통인 e노선을 재측한다.

13. 삼각수준측량은 넓은 지역을 대상으로 하기에 양차(곡률오차와 굴절오차)를 반드시 고려해야 한다.

14. ① AC의 위거 $= S \times \cos$ 방위각

$= 1{,}000 \times \cos(\theta + AB\ \text{방위각})$

$= -500\text{m}$

② X_C(C점의 합위거) = 1,200−500

= 700.00m

15. ① $t_1 = R_1 \cdot \tan\frac{\Delta_1}{2}$

② $t_2 = R_2 \cdot \tan\frac{\Delta_2}{2}$

③ $t_1 + t_2 = R_1 \cdot \tan\frac{\Delta_1}{2} + R_2 \cdot \tan\frac{\Delta_2}{2}$

16. ① 노선측량은 평면곡선의 중심점을 설치(X, Y)후 종단측량(Z)을 실시한다.

② 좌표법은 평면곡선의 설치요소를 구해 평면곡선을 설치한다.

17. 다각측량에서 망원경 정 · 반의 읽음값을 평균하여 처리하는 오차

① 시준축과 수평축이 직교하지 않아 발생되는 오차

② 수평축과 연직축이 직교하지 않아 발생되는 오차

③ 망원경 중심과 회전축이 일치하지 않아 발생되는 오차

18. ① 한 변의 거리오차 = $150\left(1 - \frac{30-0.03}{30}\right)$

= 0.150m

② 면적의 오차 = $150^2 - (150 - 0.150)^2$

≒ 45m^2

19. 요(凹)선은 지표면의 낮은 점들을 연결한 선으로 합수선이라고도 한다.

20. $V = \frac{h}{3}\{(3{,}800 + 200) + 4 \times (2{,}900 + 900) + 2 \times 1{,}800\}$

$V = \frac{5}{3}\{(3{,}800 + 200) + 4 \times (2{,}900 + 900) + 2 \times 1{,}800\}$

$= 38{,}000\text{m}^3$

1. ④	2. ①	3. ②	4. ④	5. ②
6. ③	7. ②	8. ③	9. ②	10. ②
11. ①	12. ①	13. ②	14. ①	15. ④
16. ③	17. ①	18. ③	19. ③	20. ④

과년도출제문제(CBT시험문제)

22 토목기사 3회 시행 출제문제

※ 본 기출문제는 수험자의 기억을 바탕으로 하여 복원한 문제이므로 실제 문제와 다를 수 있음을 미리 알려드립니다.

1. 지형의 표시방법으로 옳지 않은 것은?

① 지성선은 능선, 계곡선 및 경사변환선 등으로 표시 된다.
② 등고선의 간격은 일반적으로 주곡선의 간격을 말한다.
③ 부호적 도법에는 영선법과 음영법이 있고 자연적 도법에는 점고법, 등고선과 채색법 등이 있다.
④ 지성선이란 지형의 골격을 나타내는 선이다.

2. 트래버스측량의 각 관측방법 중 방위각법에 대한 설명으로 틀린 것은?

① 진북을 기준으로 어느 측선까지 시계방향으로 측정하는 방법이다.
② 험준하고 복잡한 지역에서는 적합하지 않다.
③ 각각이 독립적으로 관측되므로 오차발생시, 각각의 오차는 이후의 측량에 영향이 없다.
④ 각 관측값의 계산과 제도가 편리하고 신속히 관측할 수 있다.

3. 삼각망 조정에 관한 설명 중 잘못된 것은?

① 1점 주위에 있는 각의 합은 360°이다.
② 삼각형의 내각의 합은 180°이다.
③ 임의 한 변의 길이는 계산 경로가 달라지면 일치하지 않는다.
④ 검기선은 측정한 길이와 계산된 길이가 동일하다.

4. 직선 AB의 방위각이 128°30′30″이었다면 직선 BA의 방위각은?

① 128°30′30″
② 51°29′30″
③ 308°30′30″
④ 358°30′30″

5. 다음 그림과 같은 도로의 횡단면도에서 절토 단면적은? (단, O을 원점으로 하는 좌표(X, Y)의 단위 : [m])

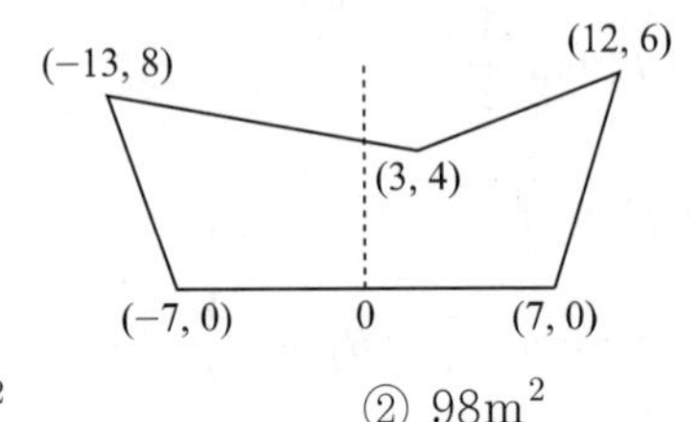

① $94m^2$
② $98m^2$
③ $102m^2$
④ $106m^2$

6. 완화곡선에 대한 설명으로 옳지 않은 것은?

① 완화곡선의 곡선 반지름은 시점에서 무한대, 종점에서 원곡선의 반지름 R로 된다.
② 클로소이드의 형식에는 S형, 복합형, 기본형 등이 있다.
③ 완화곡선의 접선은 시점에서 원호에, 종점에서 직선에 접한다.
④ 모든 클로소이드는 닮은꼴이며 클로소이드 요소에는 길이의 단위를 가진 것과 단위가 없는 것이 있다.

7. GNSS 측량에 대한 설명으로 틀린 것은?

① 다양한 항법위성을 이용한 3차원 측위방법으로 GPS, GLONASS, Galileo 등이 있다.
② VRS 측위는 수신기 1대를 이용한 절대 측위 방법이다.
③ 지구질량중심을 원점으로 하는 3차원 직교좌표체계를 사용한다.
④ 정지측량, 신속정지측량, 이동측량 등으로 측위방법을 구분할 수 있다.

8. 수면으로부터 수심의 $\frac{2}{10}$, $\frac{4}{10}$, $\frac{6}{10}$, $\frac{8}{10}$인 곳에서 유속을 측정한 결과가 각각 1.2m/s, 1.0m/s, 0.7m/s, 0.3m/s이었다면 평균 유속은? (단, 4점법 이용)

① 1.095m/s ② 1.005m/s
③ 0.895m/s ④ 0.775m/s

9. 지구상에서 50km 떨어진 두 점의 거리를 지구곡률을 고려하지 않은 평면측량으로 수행한 경우의 거리오차는? (단, 지구의 반지름은 6,370km이다.)

① 0.257m ② 0.138m
③ 0.069m ④ 0.005m

10. 도로노선의 곡률반지름 R=2,000m, 곡선길이 L=245m일 때, 클로소이드의 매개변수 A는?

① 500m ② 600m
③ 700m ④ 800m

11. 거리측량의 정확도가 $\frac{1}{10,000}$일 때 같은 정확도를 가지는 각 관측오차는?

① 18.6″ ② 19.6″
③ 20.6″ ④ 21.6″

12. 거리 2.0km에 대한 양차는? (단, 굴절계수 K는 0.14, 지구의 반지름은 6,370km이다.)

① 0.27m ② 0.29m
③ 0.31m ④ 0.33m

13. GPS 위성체계에서 이용하는 지구질량 중심을 원점으로 하는 좌표계는?

① 천문 좌표계 ② TUM 좌표계
③ WGS84 좌표계 ④ UPS 좌표계

14. 수준측량에서 전시와 후시의 시준거리를 같게 하면 소거가 가능한 오차가 아닌 것은?

① 관측자의 시차에 의한 오차
② 정준이 불안정하여 생기는 오차
③ 기포관 축과 시준축이 평행 되지 않았을 때 생기는 오차
④ 지구의 곡률에 의하여 생기는 오차

15. 지성선에 관한 설명으로 옳지 않은 것은?

① 지성선은 지표면이 다수의 평면으로 구성되었다고 할 때 평면간 접합부, 즉 접선을 말하며 지세선이라고도 한다.
② 철(凸)선을 능선 또는 분수선이라 한다.
③ 경사변환선이란 동일 방향의 경사면에서 경사의 크기가 다른 두면의 접합선이다.
④ 요(凹)선은 지표의 경사가 최대로 되는 방향을 표시한 선으로 유하선이라고 한다.

16. 축척 1 : 1,500 지도상의 면적을 축척 1 : 1,000으로 잘못 관측한 결과가 10,000m^2이었다면 실제면적은?

① 4,444m^2 ② 6,667m^2
③ 15,000m^2 ④ 22,500m^2

17. 다음 우리나라에서 사용되고 있는 좌표계에 대한 설명 중 옳지 않은 것은?

우리나라의 평면직각좌표는 ㉠ 4개의 평면직각좌표계(서부, 중부, 동부, 동해)를 사용하고 있다. 각 좌표계의 ㉡ 원점은 위도 38° 선과 경도 125°, 127°, 129°, 131° 선의 교점에 위치하며, ㉢ 투영법은 TM(Transverse Mercator)을 사용한다. 좌표의 음수 표기를 방지하기 위해 ㉣ 횡좌표에 200,000m, 종좌표에 500,000m를 가산한 가좌표를 사용한다.

① ㉠ ② ㉡
③ ㉢ ④ ㉣

18. 토적곡선(mass curve)을 작성하는 목적으로 가장 거리가 먼 것은?

① 토량의 배분　　② 교통량 산정
③ 토공기계의 선정　　④ 토량의 운반거리 산출

19. 직사각형의 두변의 길이를 $\frac{1}{100}$ 정밀도로 관측하여 면적을 산출할 경우 산출된 면적의 정밀도는?

① $\frac{1}{50}$　　② $\frac{1}{100}$
③ $\frac{1}{200}$　　④ $\frac{1}{300}$

20. 그림과 같이 수준측량을 실시하였다. A점의 표고는 300m이고, B와 C구간은 교호 수준 측량을 실시하였다면, D점의 표고는? (표고차 : A → B = +1.233m, B → C = +0.726m, C → B = −0.720m, C → D = −0.926m)

① 300.310m
② 301.030m
③ 302.153m
④ 302.882m

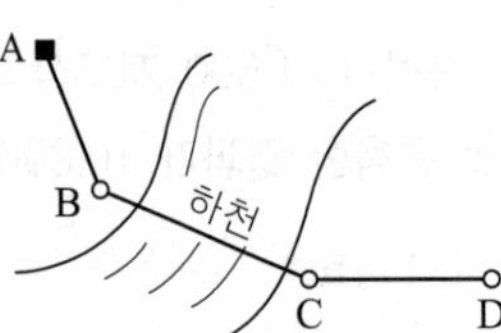

해설 및 정답

1. 지형의 자연적 도법에는 영선법과 음영법이 있고 부호적 도법에는 점고법, 등고선과 채색법이 있다.

2. 방위각법은 오차가 이후의 측량에 계속 누적되는 단점이 있다.

3. 삼각망을 조정하면 임의 한 변의 길이는 계산 경로가 달라져도 일치한다.

4. ① AB 방위각과 BA 방위각의 관계를 역방위각이라 한다.
② AB 방위각과 BA 방위각은 180° 의 차이가 있다.
③ BA 방위각 = 128° 30′ 30″ +180°
= 308° 30′ 30″

5. $A_1 = \frac{(4+8)}{2} \cdot \{3-(-13)\} - \frac{8}{2}\{-7-(-13)\} = 72\text{m}^2$

$A_2 = \frac{(4+6)}{2} \cdot (12-3) - \frac{6}{2}(12-7) = 30\text{m}^2$

$\therefore A = A_1 + A_2 = 102\text{m}^2$

6. 완화곡선의 접선은 시점에서 직선에, 종점에서 원호에 접한다.

7. ① GNSS 측량은 크게 단독측위(절대측위)와 상대측위로 나뉜다.
② VRS 측량은 가상기준점 방식의 실시간 네트워크 상대측위이다.

8. $V_m = \frac{1}{5}\left\{(V_{0.2} + V_{0.4} + V_{0.6} + V_{0.8}) + \frac{1}{2}\left(V_{0.2} + \frac{V_{0.8}}{2}\right)\right\}$

$= \frac{1}{5}\left\{(1.2+1.0+0.7+0.3) + \frac{1}{2}\left(1.2 + \frac{0.3}{2}\right)\right\}$

$= 0.775\text{m/s}$

9. $\frac{d-D}{D} = \frac{1}{12}\left(\frac{D}{R}\right)^2$ 에서

$d-D = \frac{1}{12} \cdot \frac{D^3}{R^2} = \frac{1}{12} \cdot \frac{50^2 \times 50{,}000}{6{,}370^2}$

$= 0.257\text{m}$

10. $A^2 = R \cdot L$ 에서

$A = \sqrt{R \cdot L} = \sqrt{2{,}000 \times 245}$

$= 700\text{m}$

11. $\frac{\epsilon''}{\rho''} = \frac{\Delta\ell}{\ell}$ 에서

$\epsilon'' = \frac{\Delta\ell}{\ell} \times \rho''$

$= \frac{1}{10{,}000} \times 206{,}265''$

$= 20.6''$

12. 양차 $= \frac{(1-K)}{2R}D^2$

$= \frac{(1-0.14)}{2 \times 6{,}370} \times 2 \times 2{,}000$

$= 0.270\text{m}$

13. 기존의 좌표계는 거리, 면적, 체적 등의 부피중심 좌표계이나 GPS 측량은 지구의 질량중심을 원점으로 하는 WGS 84 좌표계를 사용한다.

14. 수준측량에서 전 · 후시를 같게 하면 소거되는 오차
① 레벨의 조정이 불완전해 시준축과 기포관축이 평행하지 않을 때의 오차(가장 크다.)
② 지구의 곡률오차, 빛의 굴절 오차

15. ① 최대경사선은 지표의 경사가 최대로 되는 방향을 표시한 선으로 유하선이라고 한다.
② 요(凹)선은 계곡선, 합수선이라고 하며 지표의 가장 낮은 점들을 연결한 선이다.

16. 면적비 = 축척비^2 이므로

$$\frac{a}{A}=\left(\frac{1,500}{1,000}\right)^2$$

$$a=\left(\frac{1,500}{1,000}\right)^2\times 10,000$$

$$=22,500\text{m}^2$$

17. 우리나라는 평면좌표의 음수 표기를 방지하기 위해 횡좌표(Y)에 200,000m, 종좌표(X)에 600,000m를 가산한 가좌표를 사용한다.

18. 토적곡선의 작성 목적

① 토량의 배분

② 토공기계의 선정

③ 토량의 운반거리 산출

∴ 이렇게 능률적이고 경제적인 공사수행을 위해 토적곡선을 작성한다.

19. $A=a^2$ 에서 양변 미분

$$dA=2a\cdot da$$

$$\therefore \frac{dA}{A}=\frac{2a\cdot da}{a^2}=2\frac{da}{a}$$

$$=2\cdot\frac{1}{100}=\frac{1}{50}$$

20. $H_D=H_A+1.233+\dfrac{0.726-(-0.720)}{2}-0.926$

$$=301.030\text{m}$$

1. ③	2. ③	3. ③	4. ③	5. ③
6. ③	7. ②	8. ④	9. ①	10. ③
11. ③	12. ①	13. ③	14. ①	15. ④
16. ④	17. ④	18. ②	19. ①	20. ②

과년도출제문제(CBT시험문제)

23 토목기사
1회 시행 출제문제

※ 본 기출문제는 수험자의 기억을 바탕으로 하여 복원한 문제이므로 실제 문제와 다를 수 있음을 미리 알려드립니다.

1. A, B, C 점으로부터 수준측량을 하여 P점의 표고를 결정한 경우 P점의 표고는? (단, A→P 표고=367.786m, B→P 표고=367.732m, C→P 표고=367.758m)

① 367.738m
② 367.743m
③ 367.756m
④ 367.763m

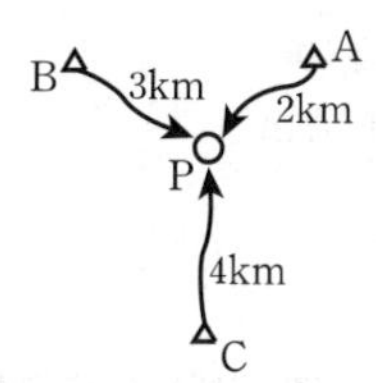

2. 지형을 표시하는 방법 중에서 짧은 선으로 지표의 기복을 나타내는 방법은?

① 점고법
② 등고선법
③ 영선법
④ 채색법

3. 다각측량에 관한 설명 중 옳지 않은 것은?

① 각과 거리를 측정하여 점의 위치를 결정한다.
② 근거리이고 조건식이 많아 삼각측량에서 구한 위치보다 정확도가 높다.
③ 선로와 같이 좁고 긴 지역의 측량에 편리하다.
④ 삼각측량에 비해 시가지 또는 복잡한 장애물이 있는 곳의 측량에 적합하다.

4. 노선 측량의 일반적인 작업 순서로 옳은 것은?

A : 종 · 횡단측량	B : 중심선 측량
C : 공사측량	D : 답사

① A→B→D→C
② D→B→A→C
③ D→C→A→B
④ A→C→D→B

5. 위성측량의 DOP(Dilution of Precision)에 관한 설명 중 옳지 않은 것은?

① 기하학적 DOP(GDOP), 3차원위치 DOP(PDOP), 수직위치 DOP(VDOP), 평면위치 DOP(HDOP), 시간 DOP(TDOP) 등이 있다.
② DOP는 측량할 때 수신 가능한 위성의 궤도정보를 항법메시지에서 받아 계산할 수 있다.
③ 위성측량에서 DOP가 작으면 클 때보다 위성의 배치상태가 좋은 것이다.
④ 3차원위치 DOP(PDOP)는 평면위치 DOP(HDOP)와 수직위치 DOP(VDOP)의 합으로 나타난다.

6. 캔트(cant)의 크기가 C인 노선의 곡선 반지름을 2배로 증가시키면 새로운 캔트 C′의 크기는?

① 0.5C
② C
③ 2C
④ 4C

7. 완화곡선에 대한 설명으로 틀린 것은?

① 곡선 반지름은 완화곡선의 시점에서 무한대, 종점에서 원곡선의 반지름이 된다.
② 완화곡선에 연한 곡선 반지름의 감소율은 칸트의 증가율과 같다.
③ 완화곡선의 접선은 시점에서 직선에, 종점에서 원호에 접한다.
④ 종점에 있는 칸트와 원곡선의 칸트는 역수관계이다.

8. 100m의 측선을 20m 줄자로 관측하였다. 1회의 관측에 +4mm의 정오차와 ±3mm의 부정오차가 있었다면 측선의 거리는?

① 100.010±0.007m
② 100.010±0.015m
③ 100.020±0.007m
④ 100.020±0.015m

9. 기준면으로부터 어느 측점까지의 연직 거리를 의미하는 용어는?

① 수준선(level line)
② 표고(elevation)
③ 연직선(plumb line)
④ 수평면(horizontal plane)

10. 1:25000 지형도에서 10% 경사의 노선을 선정하고자 할 때 주곡선 사이의 도상수평거리는?

① 1mm ② 2mm
③ 3mm ④ 4mm

11. 직접고저측량을 실시한 결과가 그림과 같을 때, A점의 표고가 10m라면 C점의 표고는? (단, 그림은 개략도로 실제 치수와 다를 수 있음)?

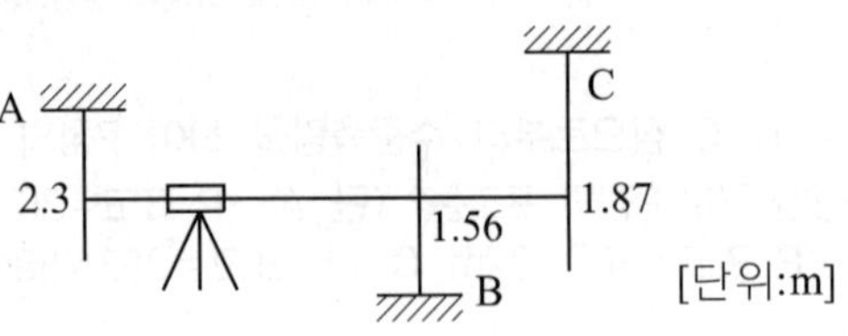

① 9.57m ② 9.66m
③ 10.57m ④ 10.66m

12. 그림과 같은 유토곡선(mass curve)에서 하향구간이 의미하는 것은?

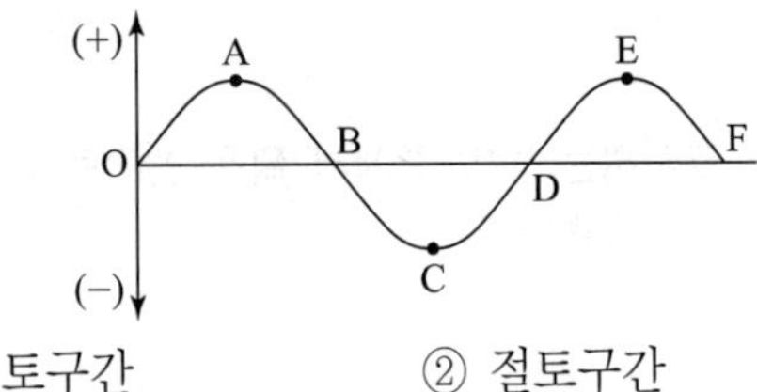

① 성토구간 ② 절토구간
③ 운반토량 ④ 운반거리

13. 트래버스 측량에서 측점 A의 좌표가 (100m, 100m)이고 측선 AB의 길이가 50m일 때 B점의 좌표는? (단, AB측선의 방위각은 195°이다)

① (51.7m, 87.1m)
② (51.7m, 112.9m)
③ (148.3m, 87.1m)
④ (148.3m, 112.9m)

14. 수애선의 기준이 되는 수위는?

① 평수위
② 평균수위
③ 최고수위
④ 최저수위

15. 그림과 같은 삼각형을 직선 AP로 분할하여 m : n = 3 : 7의 면적비율로 나누기 위한 BP의 거리는? (단, BC의 거리 = 500m)

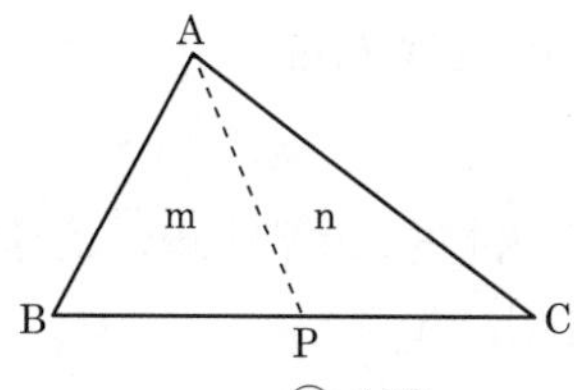

① 100m ② 150m
③ 200m ④ 250m

16. 그림과 같은 삼각망에서 CD의 거리는?

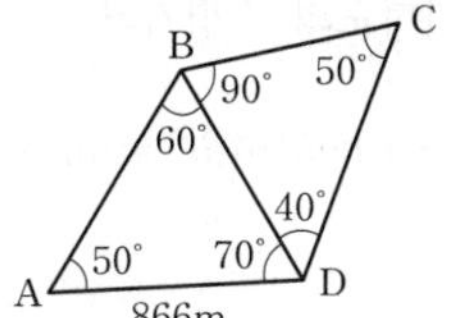

① 1,732m
② 1,000m
③ 866m
④ 750m

17. 폐합트래버스 측량에서 전체 측선 길이의 합이 900m일 때 폐합비를 1/5,000로 하기 위해서는 축척 1/500의 도면에서 폐합오차는 얼마까지 허용되는가?

① 0.2mm ② 0.25mm
③ 0.3mm ④ 0.36mm

18. 우리나라는 TM도법에 따른 평면직교좌표계를 사용하고 있는데 그 중 중부도원점의 경위도 좌표는?

① 125°00′00″E, 38°00′00″N
② 127°00′00″E, 38°00′00″N
③ 129°00′00″E, 37°00′00″N
④ 131°00′00″E, 37°00′00″N

19. 곡선 반지름이 500m인 단곡선의 종단현이 15.343m라면 이에 대한 편각은?

① 0°31′37″ ② 0°43′19″
③ 0°52′45″ ④ 1°04′26″

20. GNSS 측량에 대한 설명으로 옳지 않은 것은?

① 상대측위기법을 이용하면 절대측위보다 높은 측위정확도의 확보가 가능하다.
② GNSS 측량을 위해서는 최소 4개의 가시위성(visible satellite)이 필요하다.
③ GNSS 측량을 통해 수신기의 좌표뿐만 아니라 시계오차도 계산할 수 있다.
④ 위성의 고도각(elevation angle)이 낮은 경우 상대적으로 높은 측위정확도의 확보가 가능하다.

해설 및 정답

1. 경중율은 노선거리에 반비례(직접수준측량)

$P_A : P_B : P_C = \frac{1}{2} : \frac{1}{3} : \frac{1}{4} = 6 : 4 : 3$

$\therefore H_P = \frac{[P \cdot H]}{[P]}$

$= 367.7 + \frac{0.086 \times 6 + 0.032 \times 4 + 0.058 \times 3}{6+4+3}$

$= 367.763\text{m}$

2. • 점고법 : 점의 높이를 숫자로 표현

• 영선법 : 급경사는 굵고 짧은 선, 완경사는 가늘고 긴 선으로 지형의 기복을 표시

3. 다각측량은 삼각측량보다 근거리에서 실시하며 조건식이 적어 정밀도는 삼각측량보다는 낮다.

4. 노선측량의 작업 순서

답사 및 선점 – 중심선 측량 – 종·횡단 측량 – 공사 측량 – 준공 측량

5. ① DOP(Dilution of Precision) : 위성 배치의 고른 정도를 나타내며 정밀도 저하율이라 한다.

② PDOP : 3차원 위치 정밀도 저하율로 3~5 정도가 적당하다. PDOP는 4개의 관측 위성들이 이루는 사면체의 체적이 최대일 때 가장 정확도가 좋으며 이 때는 관측자의 머리 위에 다른 3개의 위성이 각각 120°를 이룰 때이다.

③ DOP의 값은 작을수록 정확한데 1이 가장 정확하고 5까지는 실용상 허용된다.

6. $C = \frac{S \cdot V^2}{gR}$ 에서

$C' = \frac{S \cdot V^2}{g(2R)} = \frac{1}{2}\frac{SV^2}{gR} = \frac{1}{2}C$

7. 완화곡선의 종점에서의 캔트는 원곡선과 같다.

8. ① 측정횟수$(n) = \frac{100}{20} = 5$

② 정오차는 측정횟수에 비례하고 부정오차는 측정횟수 제곱근에 비례한다.

$\therefore L = 100 + 5 \times 0.004 \pm \sqrt{5} \times 0.003$

$= 100.020 \pm 0.007\text{m}$

9. 기준면(평균해수면)으로부터 어느 측점까지의 연직거리를 표고라 한다.

10. ① 경사도$= \frac{수직거리}{수평거리} \times 100$

여기서 $\frac{1}{25,000}$ 의 등고선 간격$= 10\text{m}$

$\therefore$ 수평거리$= \frac{10}{10(\%)} \times 100 = 100\text{m}$

② $\frac{1}{25,000}$ 지형도의 수평거리

$= \frac{100}{25,000} \times 1,000(\text{mm}) = 4\text{mm}$

11. $H_C = H_A - 2.3 + 1.87$

$= 10.000 - 2.3 + 1.87 = 9.57\text{m}$

12. 유토곡선에서 상향구간은 흙이 증가하는 절토구간이고 하향구간은 흙이 감소하는 성토구간이다.

13. ① AB의 위거 $= 50 \times \cos 195° = -48.3$

AB의 경거 $= 50 \times \sin 195° = -12.9$

② $X_B = 100 - 48.3 = 51.7\text{m}$

$Y_B = 100 - 12.9 = 87.1\text{m}$

14. ① 하천의 수애선을 결정하는 수위는 평수위이다.

② 평수위란 하천의 특정지점에서 어느 기간 내의 관측 수위 중 이것보다 높은 수위와 낮은 수위의 관측횟수가 똑같은 수위를 말한다.

15. ① 삼각형의 면적 계산에서 두 삼각형은 높이가 같으므로 면적은 밑변에 비례

② $\therefore BP=\frac{m}{m+n}\times BC$

$=\frac{3}{7+3}\times 500=150\text{m}$

16. ① $\frac{866}{\sin 60°}=\frac{BD}{\sin 50°}$

$\therefore BD=\frac{\sin 50°}{\sin 60°}\times 866$

② $\frac{BD}{\sin 50°}=\frac{CD}{\sin 90°}$

$\therefore CD=\frac{\sin 90°}{\sin 50°}\cdot\frac{\sin 50°}{\sin 60°}\times 866$

$=999.97\text{m}$

17. ① 폐합오차 계산

$\frac{1}{5{,}000}=\frac{E}{\Sigma l}$ 에서

$E=\frac{900}{5{,}000}=0.180\text{m}$

② $\frac{1}{500}$ 도면상 폐합오차(e)의 거리

$\frac{0.180\times 1{,}000}{500}=0.36\text{mm}$

18. 평균직각좌표의 원점은 북위 38°를 기준으로 서, 중, 동, 동해원점을 경도 2° 간격으로 설정한 가상의 원점이다.

- 서부원점 125°E, 38°N
- 중부원점 127°E, 38°N
- 동부원점 129°E, 38°N
- 동해원점 131°E, 38°N

19. 편각(δ)$=\frac{l}{2R}rad$

$=\frac{15.343}{2\times 500}\times\frac{180°}{\pi}$

$=0°52'45''$

20. 위성의 고도각은 90°에 가까울수록 좋으며 15° 이하의 위성은 오차가 많으므로 제외한다.

1. ④	2. ③	3. ②	4. ②	5. ④
6. ①	7. ④	8. ③	9. ②	10. ④
11. ①	12. ①	13. ①	14. ①	15. ②
16. ②	17. ④	18. ②	19. ③	20. ④

과년도출제문제(CBT시험문제)

23 토목기사

2회 시행 출제문제

※ 본 기출문제는 수험자의 기억을 바탕으로 하여 복원한 문제이므로 실제 문제와 다를 수 있음을 미리 알려드립니다.

1. 4회 관측하여 최확값을 얻었다. 최확값의 정확도를 2배 높이려면 몇 회 관측하여야 하는가?

① 32회 ② 16회
③ 8회 ④ 2회

2. A, B 간의 고저차를 구하기 위해 (1), (2), (3) 경로에 대하여 직접수준측량을 실시하여 다음과 같은 결과를 얻었다. A, B간의 고저차의 최확값은?

노선	관측값	노선길이
(1)	52.243m	2km
(2)	52.245m	1km
(3)	52.252m	1km

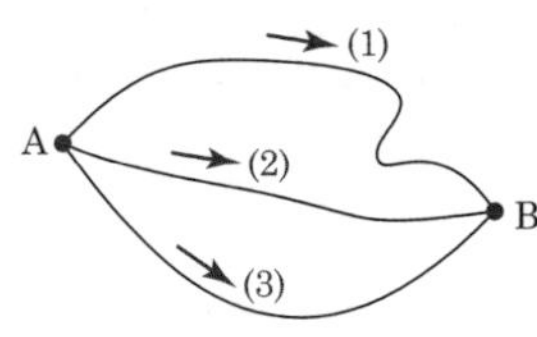

① 52.238m ② 52.245m
③ 52.247m ④ 52.250m

3. 지구상의 △ABC를 측정한 결과, 150km^{2}이었다면 이때 발생하는 구과량은? (단, 지구의 곡선반지름은 6,400km로 가정한다.)

① 0.76″ ② 1.62″
③ 2.04″ ④ 2.24″

4. 트래버스측량에서 관측값의 계산은 편리하나 한번 오차가 생기면 그 영향이 끝까지 미치는 각관측 방법은?

① 교각법 ② 편각법
③ 협각법 ④ 방위각법

5. A와 B의 좌표가 다음과 같을 때 측선 AB의 방위각은? (단, A점의 좌표(X_A = 179,847.1m, Y_A = 76,614.3m), B점의 좌표(X_B = 179,964.5m Y_B = 76,625.1m))

① 5°23′15″
② 185°15′23″
③ 185°23′15″
④ 5°15′22″

6. 삼각측량을 위한 삼각망 중에서 유심다각망에 대한 설명으로 틀린 것?

① 농지측량에 많이 사용된다.
② 삼각망 중에서 정확도가 가장 높다.
③ 방대한 지역의 측량에 적합하다.
④ 동일 측점 수에 비하여 포함 면적이 가장 넓다.

7. 레벨로부터 60m 떨어진 표척을 시준한 값이 1.258m 이며 이때 기포가 1눈금 편위되어 있었다. 이것을 바로 잡고 다시 시준하여 1.267m를 읽었다면 기포의 감도는?

① 25″ ② 27″
③ 29″ ④ 31″

8. 하천 양안의 고저차를 측정할 때 교호수준 측량을 많이 이용하는 가장 큰 이유는 무엇인가?

① 기계오차 및 광선의 굴절에 의한 오차를 소거하기 위하여
② 스타프(함척)를 세우기 편하게 하기 위하여
③ 개인 오차를 제거하기 위하여
④ 과실에 의한 오차를 제거하기 위하여

9. 등고선의 성질에 대한 설명으로 옳지 않은 것은?

① 경사가 급할수록 등고선 간격이 좁다.
② 경사가 일정하면 등고선 간격이 일정하다.
③ 등고선은 분수선과 직교하고 합수선과 평행하다.
④ 등고선의 최단거리 방향은 최대경사방향을 나타낸다.

10. 다음 중 지성선에 해당되지 않는 것은?

① 경사변환선 ② 능선
③ 합수선 ④ 도로선

11. 완화곡선에 대한 설명으로 옳지 않은 것은?

① 모든 클로소이드(clothoid)는 닮음 꼴이며 클로소이드 요소는 길이의 단위를 가진 것과 단위가 없는 것이 있다.
② 완화곡선의 접선은 시점에서 원호에, 종점에서 직선에 접한다.
③ 완화곡선의 반지름은 그 시점에서 무한대, 종점에서는 원곡선의 반지름과 같다.
④ 완화곡선에 연한 곡선반지름의 감소율은 캔트(cant)의 증가율과 같다.

12. 교각(I) 60°, 외선 길이(E) 15m인 단곡선을 설치할 때 곡선길이는?

① 85.2m ② 91.3m
③ 97.0m ④ 101.5m

13. 노선측량에서 단곡선 설치 시 필요한 교각 $I=95°30'$, 곡선 반지름 $R=300$m일 때 장현(long chord : L)은?

① 222.065m
② 298.619m
③ 444.131m
④ 597.238m

14. 도로설계에서 상향 종단 기울기 3%, 하향 종단 기울기 4%인 종단면에 종단 곡선을 2차 포물선으로 설치할 때 시점으로부터 장현을 따라 50m인 지점의 절토고(y : 종거)는 얼마인가? (단, 종단 곡선 거리 $l=180$m))

① 0.436m ② 0.486m
③ 1.138m ④ 1.575m

15. 하천의 수위관측소 설치를 위한 장소로 적합하지 않은 것은?

① 상 · 하류의 길이가 약 100m 정도는 직선인 곳
② 홍수 시 관측소가 유실 및 파손될 염려가 없는 곳
③ 수위표를 쉽게 읽을 수 있는 곳
④ 합류나 분류에 의해 수위가 민감하게 변화하여 다양한 수위의 관측이 가능한 곳

16. 축척 1/3,000의 도면에서 면적을 관측한 결과 2,450m^{2}이었다. 그런데 도면의 가로와 세로가 각각 1%씩 줄어있었다면 실제 면적은?

① 2,485m^2 ② 2,500m^2
③ 2,558m^2 ④ 2,588m^2

17. 도로공사에서 거리 20m인 성토구간의 시작단면 $A_1=72$m^2, 끝 단면 $A_2=182$m^2, 중앙단면 $A_m=132$m^{2}이라고 할 때에 각주공식에 의한 성토량은?

① 2,540.0m^3 ② 2,573.3m^3
③ 2,600.0m^3 ④ 2,606.7m^3

18. DGPS를 적용할 경우 기지점과 미지점에서 측정한 결과로부터 공통오차를 상쇄시킬 수 있기 때문에 측량의 정확도를 높일 수 있다. 이때 상쇄되는 오차요인이 아닌 것은?

① 위성의 궤도정보오차
② 다중경로오차
③ 전리층 신호지연
④ 대류권 신호지연

19. GNSS측량에 대한 설명으로 틀린 것을 고르시오.

① 상대측위기법을 이용하면 절대측위보다 높은 측위정확도의 확보가 가능하다.
② GNSS 측량을 통해 수신기의 좌표뿐만 아니라 시계오차도 계산할 수 있다.
③ 지구질량중심을 원점으로 하는 3차원 직교좌표 체계를 사용한다.
④ GNSS측량은 고압선이나 고층건물이 있는 부분이 더 유리하다.

20. 방위각 265°에 대한 측선의 방위는?

① S85°W　　② E85°W
③ N85°E　　④ E85°N

해설 및 정답

1. 경중률은 관측횟수에 비례하고, 정밀도의 제곱에 비례한다.

$\therefore P \propto n \propto$ 정밀도^{2}에서

$n = 4 \times (2)^2 = 16$회

2. ① 경중률은 노선길이에 반비례

$$P_1 : P_2 : P_3 = \frac{1}{2} : \frac{1}{1} : \frac{1}{1} = 1 : 2 : 2$$

② $P_H = \dfrac{[P \cdot H]}{[P]}$

$$= 52.2 + \frac{1 \times 0.043 + 2 \times 0.045 + 2 \times 0.052}{1+2+2}$$

$$= 52.247\text{m}$$

3. 구과량$(\epsilon'') = \dfrac{\text{구면삼각형의 면적}}{(\text{구의 반경})^2} \times \rho''$

$$= \frac{150}{6{,}400^2} \times 206{,}265''$$

$$= 0.76''$$

4. 방위각법 : 각 측선이 진북방향과 이루는 각을 시계방향으로 관측하는 방법으로 직접 방위각이 관측되어 편리하나 한번 오차가 생기면 그 영향이 끝까지 간다.

5. $\theta = \tan^{-1}\left(\dfrac{Y_B - Y_A}{X_B - X_A}\right)$

$= 5°15'22''$

여기서, $Y_B - Y_A = \oplus$, $X_B - X_A = \oplus$이므로 방위각은 θ가 된다.

6. 유심삼각망은 동일 측점수에 비해 포함 면적이 넓어 방대한 측량에 적합하고 비교적 정밀도도 높다.
사변형삼각망은 삼각망 중 가장 정밀도가 높아 기선측정에 주로 사용된다.

7. 감도$(P) = \dfrac{L}{nD} rad$

$$= \frac{(1.267 - 1.258)}{1 \times 60} \times \frac{180°}{\pi}$$

$$= 0°0'31''$$

8. 교호수준측량 : 기계오차(시준축 오차) 및 양차(구차 및 기차)를 소거하여 보다 정확한 표고를 얻기 위함이다.

9. 등고선은 분수선(능선)과 직교하고 합수선(계곡선)과도 직교한다.

10. 지성선이란 지표의 불규칙한 곡면을 몇 개 평면의 집합으로 생각할 때 이들 평면이 서로 만나는 선으로 능선, 계곡선, 경사변환선, 최대경사선 등이 있다.

11. 완화곡선의 접선은 시점에서 직선에 종점에서 원호에 접한다.

12. ① $E = R\left(\sec\dfrac{I}{2} - 1\right)$에서

$$R = \frac{E}{\sec\dfrac{I}{2} - 1} = 96.96\text{m}$$

② $C.L = RI°rad$

$$= 96.96 \times 60° \times \frac{\pi}{180°} = 101.54\text{m}$$

13. $C = 2R \cdot \sin\dfrac{I}{2}$

$$= 2 \times 300 \times \sin\frac{95°30'}{2} = 444.131\text{m}$$

14. 종거$(y) = \dfrac{|m-n|}{200\text{L}} \times x^2$

$$= \frac{|3-(-4)|}{200 \times 180} \times 50^2 = 0.486\text{m}$$

15. 수위관측소는 합류나 분류에 의해 수위의 변화가 민감한 곳은 피한다.

16. 도면이 1% 줄어있는 면적을 측정했으므로 실제 면적은 커야 한다.

$$A = A_o\left(1+\frac{1}{100}\right)^2$$
$$= 2{,}450(1.01)^2 = 2{,}499.25\text{m}^2$$

17. $V = \frac{l}{6}(A_1 + 4A_m + A_2)$

$$= \frac{20}{6}(72 + 4 \times 132 + 182)$$
$$= 2{,}606.7\text{m}^3$$

18. ① DGPS(위성항법보정시스템)는 기준국 역할을 하는 GPS 수신기를 설치
→ GPS 위성의 신호를 수신하여 보정오차 계산
② DGPS 보정오차는 위성의 궤도 오차, 수신기 시계 오차, 전리층 오차, 대류권 오차
③ DGPS로 보정되지 않는 오차는 다중경로오차, 수신기 오차

19. GNSS 측량시 고도각은 15° 이상으로 한다. 따라서, 고층건물이 있는 시가지는 오차 발생이 커진다. 고압선이 있는 곳은 전파의 영향으로 오차가 커진다.

20. ① 방위는 NS축을 기준으로 좌우로 90°까지의 각으로 표현한다.
② S 265°－180°W＝S 85°W

1. ②	2. ③	3. ①	4. ④	5. ④
6. ②	7. ④	8. ①	9. ③	10. ④
11. ②	12. ④	13. ③	14. ②	15. ④
16. ②	17. ④	18. ②	19. ④	20. ①

과년도출제문제(CBT시험문제)

23 토목기사
3회 시행 출제문제

※ 본 기출문제는 수험자의 기억을 바탕으로 하여 복원한 문제이므로 실제 문제와 다를 수 있음을 미리 알려드립니다.

1. 축척 1/3,000의 도면에서 면적을 관측한 결과 2,450m^{2}이었다. 그런데 도면의 가로와 세로가 각각 1%씩 줄어있었다면 실제 면적은?

① 2,485m^2　② 2,500m^2
③ 2,558m^2　④ 2,588m^2

2. 완화곡선에 대한 설명으로 옳지 않은 것은?

① 완화곡선의 곡선 반지름은 시점에서 무한대, 종점에서 원곡선의 반지름 R로 된다.
② 클로소이드의 형식에는 S형, 복합형, 기본형 등이 있다.
③ 완화곡선의 접선은 시점에서 원호에, 종점에서 직선에 접한다.
④ 모든 클로소이드는 닮은꼴이며 클로소이드 요소에는 길이의 단위를 가진 것과 단위가 없는 것이 있다.

3. 좌표를 알고 있는 기지점에 고정용 수신기를 설치하여 보정자료를 생성하고 동시에 미지점에 또 다른 수신기를 설치하여 고정점에서 생성된 보정자료를 이용해 미지점의 관측자료를 보정함으로써 높은 정확도를 확보하는 GPS측위 방법은?

① KINEMATIC　② STATIC
③ SPOT　④ DGPS

4. 다음 중 지구의 형상에 대한 설명으로 틀린 것은?

① 회전타원체는 지구의 형상을 수학적으로 정의한 것이고, 어느 하나의 국가에 기준으로 채택한 타원체를 준거타원체라 한다.
② 지오이드는 물리적인 형상을 고려하여 만든 불규칙한 곡면이며, 높이 측정의 기준이 된다.
③ 임의 지점에서 회전타원체에 내린 법선이 적도면과 만나는 각도를 측지위도라 한다.
④ 지오이드 상에서 중력 포텐셜의 크기는 중력이상에 의하여 달라진다.

5. 두 점간의 고저차를 정밀하게 측정하기 위하여 A, B 두 사람이 각각 다른 레벨과 표척을 사용하여 왕복관측한 결과가 다음과 같다. 두 점간 고저차의 최확값은?

- A의 결과값 : 25.447m ± 0.006m
- B의 결과값 : 25.609m ± 0.003m

① 25.621m　② 25.577m
③ 25.498m　④ 25.449m

6. A의 좌표가 (x = 125.26m, y = 286.32m)이고 B의 좌표가 (x = 829.55m, y = 1833.82m)일 때 BA의 방위각은?

① 53°30′35″　② 145°29′49″
③ 245°31′44″　④ 344°32′52″

7. 트래버스 측량에 관한 일반적인 사항에 대한 설명으로 옳지 않은 것은?

① 트래버스 종류 중 결합트래버스는 가장 높은 정확도를 얻을 수 있다.
② 각관측 방법 중 방위각법은 한번 오차가 발생하면 그 영향은 끝까지 미친다.
③ 폐합오차 조정방법 중 컴퍼스법칙은 각관측의 정밀도가 거리관측의 정밀도보다 높을 때 실시한다.
④ 폐합트래버스에서 편각의 총합은 반드시 360°가 되어야 한다.

8. 도로 시공에서 단곡선의 외선장(E)는 10m, 교각(I)는 60°일 때에 이 단곡선의 접선장(T.L)은?

① 42.4m ② 37.3m
③ 32.4m ④ 27.3m

9. 다음은 교호수준측량의 결과이다. A점의 표고가 10m일 때 B점의 표고는?

> 레벨 P에서 A→B관측 표고차 $\Delta h = -1.256$m
> 레벨 Q에서 B→A관측 표고차 $\Delta h = +1.238$m

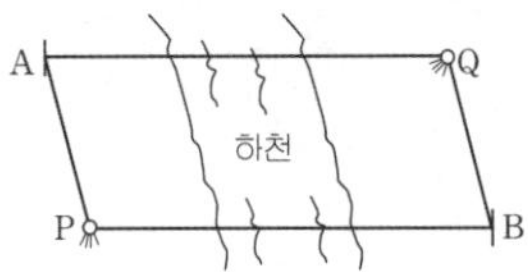

① 11.247m ② 11.238m
③ 9.753m ④ 8.753m

10. 삼각망의 종류 중 사변형삼각망에 대한 설명으로 옳은 것은?

① 삼각망 가운데 가장 간단한 형태이며 측량의 정확도를 얻기 위한 조건이 부족하므로 특수한 경우 외에는 사용하지 않는다.
② 거리에 비하여 측점수가 가장 적으므로 측량이 간단하며 조건식의 수가 적어 정도가 낮다. 노선 및 하천측량과 같이 폭이 좁고 거리가 먼 지역의 측량에 사용한다.
③ 광대한 지역의 측량에 적합하며 정확도가 비교적 높은 편이다.
④ 가장 높은 정확도를 얻을 수 있으나 조정이 복잡하고 포함된 면적이 작으며 특히 기선을 확대할 때 주로 사용한다.

11. 그림과 같이 표고가 각각 112m, 142m인 A, B두 점이 있다. 두 점 사이에 130m의 등고선을 삽입할 때 이 등고선의 위치는 A점으로부터 AB선상 몇 m에 위치하는가? (단, AB의 직선거리는 200m이고, AB구간은 등경사이다.)

140m
130m
120m
B=142m
A=112m

① 120m ② 125m
③ 130m ④ 135m

12. 지형의 표시방법 중 하천, 항만, 해안측량 등에서 심천측량을 할 때 측점에 숫자로 기입하여 고저를 표시하는 방법은?

① 점고법 ② 음영법
③ 영선법 ④ 등고선법

13. 수심이 h인 하천의 평균 유속을 구하기 위하여 수면으로부터 $0.2h$, $0.6h$, $0.8h$가 되는 깊이에서 유속을 측량한 결과 초당 0.8m, 1.5m, 1.0m이었다. 3점법에 의한 평균 유속은?

① 0.9m/s ② 1.0m/s
③ 1.1m/s ④ 1.2m/s

14. 한 변의 길이가 10m인 정방형 토지를 축척 1 : 600 도상에서 측정한 결과, 도상의 변측정오차가 0.2mm 발생하였다. 이때 실제면적의 면적측정오차는 몇 %가 발생하는가?

① 1.2% ② 2.4%
③ 4.8% ④ 6.0%

15. 삼변측량에서 △ABC에서 세 변의 길이가 $a=$ 1,200.00m, $b=1{,}600.00$m, $c=1{,}442.22$m라면 변 c의 대각인 ∠C는?

① 45° ② 60°
③ 75° ④ 90°

16. 기차 및 구차에 대한 설명 중 옳지 않은 것은?

① 삼각점 상호간의 고저차를 구하고자 할 때와 같이 거리가 상당히 떨어져 있을 때 지구의 표면이 구상이므로 일어나는 오차를 구차라 한다.
② 구차는 시준거리의 제곱에 비례한다.
③ 공기의 온도, 기압 등에 의하여 시준선에서 생기는 오차를 기차라 하며 대략 구차의 1/7 정도이다.
④ 기차 $=\frac{L^2}{2R}$, 구차 $=K\frac{L^2}{2R}$의 식으로 구할 수 있다. (여기서, L : 2점간의 거리, R : 지구의 반경(6,370km), K : 굴절 계수)

17. 거리와 각을 동일한 정밀도로 관측하여 다각측량을 하려고 한다. 이때 각 측량기의 정밀도가 10″라면 거리 측량기의 정밀도는 약 얼마 정도이어야 하는가?

① $\frac{1}{15{,}000}$ ② $\frac{1}{18{,}000}$
③ $\frac{1}{21{,}000}$ ④ $\frac{1}{25{,}000}$

18. L1과 L2의 두 개 주파수 수신이 가능한 2주파 GNSS수신기에 의하여 제거가 가능한 오차는?

① 위성의 기하학적 위치에 따른 오차
② 다중경로오차
③ 수신기 오차
④ 전리층오차

19. GIS 기반의 지능형 교통정보시스템(ITS)에 관한 설명으로 가장 거리가 먼 것은?

① 고도의 정보처리기술을 이용하여 교통운용에 적용한 것으로 운전자, 차량, 신호체계 등 매순간의 교통상황에 따른 대응책을 제시하는 것
② 도심 및 교통수요의 통제와 조정을 통하여 교통량을 노선별로 적절히 분산시키고 지체 시간을 줄여 도로의 효율성을 증대시키는 것
③ 버스, 지하철, 자전거 등 대중교통을 효율적으로 운행관리하며 운행상태를 파악하여 대중교통의 운영과 운영사의 수익을 목적으로 하는 체계
④ 운전자의 운전행위를 도와주는 것으로 주행 중 차량간격, 차선위반여부 등의 안전운행에 관한 체계

20. 시가지에서 5개의 측점으로 폐합트래버스를 구성하여 내각을 측정한 결과, 각관측 오차가 30″이었다. 각관측의 경중률이 동일할 때 각오차의 처리방법은?

① 재측량한다.
② 각의 크기에 관계없이 등배분한다.
③ 각의 크기에 비례하여 배분한다.
④ 각의 크기에 반비례하여 배분한다.

해설 및 정답

1. $A=A_0\left(1+\frac{1}{100}\right)^2$

$=2{,}450\times1.01^2=2{,}499\text{m}^2$

2. 완화곡선의 접선은 시점에서 직선에 종점에서 원호에 접한다.

3. ① DGPS(위성항법보정시스템) : 좌표를 알고 있는 기지점에 세워진 수신기(기준국)의 보정자료를 이용해 미지점에 세워진 수신기(이동국)의 오차를 보정해 정확도를 높이는 측량법

② STATIC(정지측량) : 가장 정확한 GNSS측량법

③ KINEMATIC(이동측량)

④ SPOT(지구자원탐사위성)

4. 지오이드 상의 모든 점의 높이는 0m이다. 따라서 지오이드의 위치에너지는 0이므로 지오이드를 등포텐셜면이라고 한다.

5. ① 경중률은 오차의 제곱에 반비례

$P_A:P_B=\frac{1}{0.006^2}:\frac{1}{0.003^2}=1:4$

② $H_P=\frac{[P\cdot H]}{[P]}$

$=25+\frac{1\times0.447+4\times0.609}{1+4}$

$=25.577\text{m}$

6. ① $\theta=\tan^{-1}\left(\frac{Y_B-Y_A}{X_B-X_A}\right)=65°31'44''$

② $(Y_B-Y_A)=\oplus$, $(X_B-X_A)=\oplus$이므로 θ는 1상한

③ $\overline{\text{BA}}$의 방위각$=\theta+180°=245°31'44''$

7. ① 컴퍼스 법칙 : 각 관측과 거리측정의 정밀도가 비슷할 때 사용

② 트랜싯 법칙 : 각 관측의 정도가 거리측정의 정도보다 높을 때 사용

8. ① $E=R\left(\sec\frac{I}{2}-1\right)$에서

$R=\frac{10}{\sec\frac{60°}{2}-1}=64.64\text{m}$

② $T.L=R\cdot\tan\frac{I}{2}$

$=64.64\times\tan\frac{60°}{2}=37.32\text{m}$

9. 교호수준측량은 높이차의 평균으로 시준축오차와 양차를 소거하여 정확한 높이를 구하는 수준측량방법이다.

$H_A+\frac{\{-1.256-(+1.238)\}}{2}=H_B$

$\therefore H_B=10-1.247=8.753\text{m}$

10. 사변형삼각망

측점수에 비해 포함된 면적이 작고 조정이 복잡해 가장 높은 정밀도를 얻을 수 있어 기선측량에 주로 사용된다.

11. 등경사이므로 $L:H=l:h$에서

$200:(142-112)=l:(130-112)$

$\therefore l=\frac{18}{30}\times200=120\text{m}$

12. ① 점고법 : 점의 높이를 숫자로 표시

하천, 항만, 해안측량 등의 심천측량에 사용

② 음영법 : 음영으로 지형의 경사를 표시

③ 영선법(우모법) : 급경사지는 굵고 짧은 선, 완경사지는 가늘고 긴 선으로 지형 표시

13. 3점법의 평균유속(V_m)

$V_m=\frac{1}{4}(V_{0.2}+2V_{0.6}+V_{0.8})$

$=\frac{1}{4}(0.8+2\times1.5+1.0)=1.2\text{m/s}$

14. ① 10m의 $\frac{1}{600}$ 도면에서 도상 길이(l)

$$l=\frac{10}{600}\times 1{,}000=16.67\text{mm}$$

② $A=A_o\left(1+\frac{0.2}{16.67}\right)^2$ (∵ 면적=거리^2)

$=1.024A_o$

③ 오차$=1.024-1=0.024=2.4\%$

15. 코사인 제2법칙에서

$$\cos C=\frac{a^2+b^2-c^2}{2ab}$$

$$\therefore\ C=\cos^{-1}\left(\frac{a^2+b^2-c^2}{2ab}\right)=60°$$

16. 양차 계산에서

① 구차 : 지구 곡률에 의한 오차 : $\oplus\frac{L^2}{2R}$

② 기차 : 빛의 굴절에 의한 오차 : $\ominus K\frac{L^2}{2R}$

17. $\frac{\Delta l}{l}=\frac{\epsilon''}{\rho}$ 에서

$$\therefore\ \frac{\Delta l}{l}=\frac{10''}{206{,}265''}\fallingdotseq\frac{1}{21{,}000}$$

18. ① 전리층 : 지상으로부터 약 50~1,000km 사이에 존재하는 전자/양이온층으로 GPS 신호 전달에 영향을 줌

② 전리층 오차는 L_1, L_2 두 개의 주파수를 사용하는 수신기로 제거한다.

19. ITS는 전자, 정보, 통신, 제어 등의 기술을 교통체계에 접목시킨 지능형 교통 시스템으로 신속, 안전, 쾌적한 차세대 교통체계이다.

20. 시가지에서 트래버스 측각오차의 허용범위는

$20\sqrt{n}\sim 30\sqrt{n}''$ 이므로

$20\sqrt{5}\sim 30\sqrt{5}''=44\sim 67''$

∴ 허용범위 이내이고 경중률이 동일하므로 각의 크기에 관계없이 등배분한다.

1. ②	2. ③	3. ④	4. ④	5. ②
6. ③	7. ③	8. ②	9. ④	10. ④
11. ①	12. ①	13. ④	14. ②	15. ②
16. ④	17. ③	18. ④	19. ③	20. ②

과년도출제문제

24 토목기사 1회 시행 출제문제

※ 본 기출문제는 수험자의 기억을 바탕으로 하여 복원한 문제이므로 실제 문제와 다를 수 있음을 미리 알려드립니다.

1. 곡선반지름 R, 교각 I인 단곡선을 설치할 때 사용되는 공식으로 틀린 것은?

① $T.L = R\tan\frac{I}{2}$ ② $C.L = \frac{\pi}{180°}RI°$

③ $E = R\left(\sec\frac{I}{2} - 1\right)$ ④ $M = R\left(1 - \sin\frac{I}{2}\right)$

2. 트래버스 측량의 일반적인 사항에 대한 설명으로 옳지 않은 것은?

① 트래버스 종류 중 결합트래버스는 가장 높은 정확도를 얻을 수 있다.
② 각관측 방법 중 방위각법은 한번 오차가 발생하면 그 영향은 끝까지 미친다.
③ 폐합오차 조정방법 중 컴퍼스 법칙은 각관측의 정밀도가 거리관측의 정밀도보다 높을 때 실시한다.
④ 폐합트래버스에서 편각의 총합은 반드시 360°가 되어야 한다.

3. 거리와 각을 동일한 정밀도로 관측하여 다각측량을 하려고 한다. 이때 각 측량기의 정밀도가 10″라면 거리측량기의 정밀도는 약 얼마 정도이어야 하는가?

① $\frac{1}{15,000}$ ② $\frac{1}{18,000}$

③ $\frac{1}{21,000}$ ④ $\frac{1}{25,000}$

4. L1과 L2의 두 개 주파수 수신이 가능한 2주파 GNSS 수신기에 의하여 제거가 가능한 오차는?

① 위성의 기하학적 위치에 따른 오차
② 다중경로오차
③ 수신기 오차
④ 전리층오차

5. 해도와 같은 지도에 이용되며, 주로 하천이나 항만 등의 심천측량을 한 결과를 표시하는 방법으로 가장 적당한 것은?

① 채색법 ② 영선법
③ 점고법 ④ 음영법

6. 기지점의 지반고가 100m이고, 기지점에 대한 후시는 2.75m, 미지점에 대한 전시가 1.40m일 때 미지점의 지반고는?

① 98.65m ② 101.35m
③ 102.75m ④ 104.15m

7. 그림과 같이 한 점 O에서 A, B, C 방향의 각관측을 실시한 결과가 다음과 같을 때 ∠BOC의 최확값은?

∠AOB	2회 관측 결과	40°30′25″
	3회 관측 결과	40°30′20″
∠AOC	6회 관측 결과	85°30′20″
	4회 관측 결과	85°30′25″

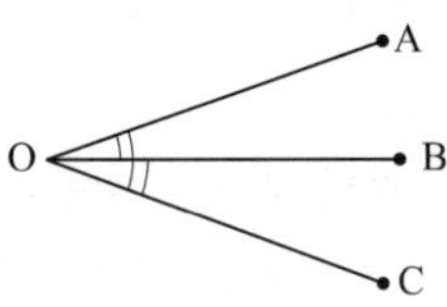

① 45°00′05″
② 45°00′02″
③ 45°00′03″
④ 45°00′00″

8. 하천의 평균유속(V_m)을 구하는 방법 중 3점법으로 옳은 것은? (단, V_2, V_4, V_6, V_8은 각각 수면으로부터 수심(h)의 $0.2h$, $0.4h$, $0.6h$, $0.8h$인 곳의 유속이다.)

① $V_m = \dfrac{V_2 + V_4 + V_8}{3}$

② $V_m = \dfrac{V_2 + V_6 + V_8}{3}$

③ $V_m = \dfrac{V_2 + 2V_4 + V_8}{4}$

④ $V_m = \dfrac{V_2 + 2V_6 + V_8}{4}$

9. 삼각점 C에 기계를 세울 수 없어서 2.5m를 편심하여 B에 기계를 설치하고 T' =31°15′40″를 얻었다면 T는? (단, ϕ=300°20′, S_1 =2km, S_2 =3km)

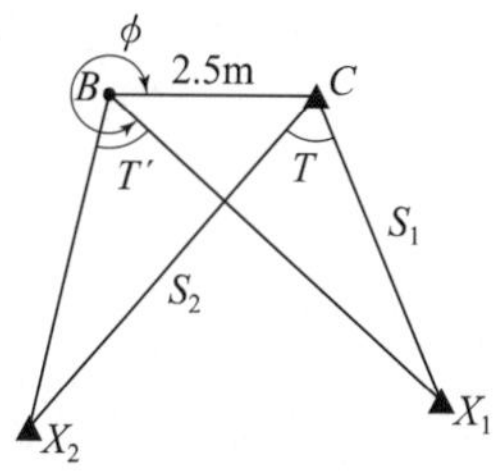

① 31°14′49″

② 31°15′18″

③ 31°15′29″

④ 31°15′41″

10. 100m의 측선을 20m 줄자로 관측하였다. 1회의 관측에 +4mm의 정오차와 ±3mm의 부정오차가 있었다면 측선의 거리는?

① 100.010±0.007m

② 100.010±0.015m

③ 100.020±0.007m

④ 100.020±0.015m

11. 하천측량에 대한 설명으로 옳지 않은 것은?

① 수위관측소의 위치는 지천의 합류점 및 분류점으로서 수위의 변화가 일어나기 쉬운 곳이 적당하다.

② 하천측량에서 수준측량을 할 때의 거리표는 하천의 중심에 직각방향으로 설치한다.

③ 심천측량은 하천의 수심 및 유수부분의 하저상황을 조사하고 횡단면도를 제작하는 측량을 말한다.

④ 하천측량 시 처음에 할 일은 도상조사로서 유로상황, 지역면적, 지형, 토지이용 상황 등을 조사하여야 한다.

12. GNSS 데이터의 교환 등에 필요한 공통적인 형식으로 원시데이터에서 측량에 필요한 데이터를 추출하여 보기 쉽게 표현한 것은?

① Bernese ② RINEX

③ Ambiguity ④ Binary

13. 100m^{2}의 정방형 토지의 면적을 0.1m^{2}까지 정확하게 구하고자 할 때 관측의 조건으로 옳은 것은?

① 한변의 길이를 5mm까지 정확하게 읽어야 한다.

② 한변의 길이를 5cm까지 정확하게 읽어야 한다.

③ 한변의 길이를 10mm까지 정확하게 읽어야 한다.

④ 한변의 길이를 10cm까지 정확하게 읽어야 한다.

14. 교각(I) 60°, 외선길이(E) 15m인 단곡선을 설치할 때 곡선길이는?

① 85.2m ② 91.3m

③ 97.0m ④ 101.5m

15. 표척이 앞으로 3° 기울어져 있는 표척의 읽음값이 3.645m이었다면 높이의 보정량은?

① 5mm ② −5mm

③ 10mm ④ −10mm

16. 그림과 같은 토지의 $\overline{BC}$에 평행한 $\overline{XY}$로 m : n= 1 : 2.5의 비율로 면적을 분할하고자 한다. $\overline{AB}$=35m 일 때 $\overline{AX}$는?

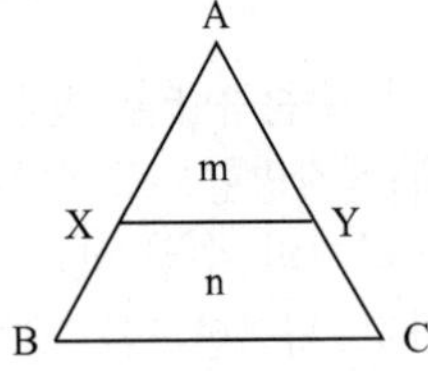

① 17.7m ② 18.1m
③ 18.7m ④ 19.1m

17. 지구반지름이 6,370km이고 거리의 허용오차가 $1/10^5$이면 평면측량으로 볼 수 있는 범위의 지름은?

① 약 69km ② 약 64km
③ 약 36km ④ 약 22km

18. 클로소이드 곡선에서 R=450m, 매개변수 A=300m 일 때 곡선의 시점으로부터 100m 지점의 곡률반경은?

① 450m ② 900m
③ 1350m ④ 1800m

19. 어떤 노선을 수준측량하여 작성된 기고식 야장의 일부 중 지반고 값이 틀린 측점은? (단, 단위 : m)

측점	B.S	F.S		기계고	지반고
		T.P	I.P		
0	3.121				123.567
1			2.586		124.102
2	2.428	4.065			122.623
3			−0.664		124.387
4		2.321			122.730

① 측점 1 ② 측점 2
③ 측점 3 ④ 측점 4

20. 원격탐사(remote sensing)의 정의로 옳은 것은?

① 지상에서 대상 물체에 전파를 발생시켜 그 반사파를 이용하여 측정하는 방법
② 센서를 이용하여 지표의 대상물에서 반사 또는 방사된 전자 스펙트럼을 측정하고 이들의 자료를 이용하여 대상물이나 현상에 관한 정보를 얻는 기법
③ 우주에 산재해 있는 물체의 고유스펙트럼을 이용하여 각각의 구성성분을 지상의 레이더망으로 수집하여 처리하는 방법
④ 우주선에서 찍은 중복된 사진을 이용하여 지상에서 항공사진의 처리와 같은 방법으로 판독하는 작업

해설 및 정답

1. $M = R\left(1-\cos\frac{I}{2}\right)$

$E = R\left(\sec\frac{I}{2}-1\right)$

여기서, M은 R에서 R보다 작은 값을 빼주고 E는 R보다 큰 값에서 R을 빼준다.

2. 폐합오차의 조정법

① 컴퍼스 법칙 : 각과 거리의 정도가 비슷할 때 사용

② 트랜싯 법칙 : 각의 정도가 거리의 정도보다 높을 때 사용

3. $\frac{\varepsilon''}{\rho} = \frac{\Delta\ell}{\ell}$에서

$\frac{10}{206,265} \fallingdotseq \frac{1}{21,000}$

4. 전리층 오차

전리층으로 전송되는 L밴드 신호가 굴절되어 발생하는 오차로 2주파수(L1, L2) 수신기를 사용하여 소거 가능하다.

5. 점고법

해도와 같은 지도에 이용되며 주로 하천이나 항만 등의 심천측량의 깊이를 숫자로 나타낸다.

6. $H_B = H_A$+후시−전시

=100+2.75−1.40 = 101.35m

7. 경중률은 관측횟수에 비례하므로 최확값은

① $\angle AOB = \frac{[P\theta]}{[P]} = 40°30' + \frac{2\times25'' + 3\times20''}{5}$

$= 40°\ 30'\ 22''$

② $\angle AOC = 85°30' + \frac{6\times20'' + 4\times25''}{10}$

$= 85°\ 30'\ 22''$

③ $\angle BOC = \angle AOC - \angle AOB = 45°\ 00'\ 00''$

8. 평균유속

① 1점법 $V_m = V_{0.6}$

② 2점법 $V_m = \frac{1}{2}(V_{0.2} + V_{0.8})$

③ 3점법 $V_m = \frac{1}{4}(V_{0.2} + 2V_{0.6} + V_{0.8})$

9. ① $\frac{e}{\sin X_1} = \frac{S_1}{\sin(360° - \phi)}$에서

$X_1 = \sin^{-1}\left(\frac{2.5\times\sin 59°40'}{2,000}\right)$

$= 0°\ 3'\ 43''$

$\frac{2.5}{\sin X_2} = \frac{S_2}{\sin(360° - \phi + T')}$

$X_2 = 0°\ 2'\ 52''$

② $T + X_1 = T' + X_2$에서

$T = T' + X_2 - X_1 = 31°\ 14'\ 49''$

10. 정오차는 측정횟수에 비례하고 부정오차는 측정횟수의 제곱근에 비례하므로

① $n = \frac{100}{20} = 5$

② $L = 100 + (5\times0.004) \pm (\sqrt{5}\times0.003)$

$= 100.020 \pm 0.007\text{m}$

11. 수위관측소의 위치는 지천의 합류점이나 분류점 같은 수위의 변화가 일어나기 쉬운 곳은 피한다.

12. ① RINEX : GNSS 데이터의 호환을 위한 표준화된 공통데이터 포맷으로 서로 다른 수신기의 데이터를 상호 교환해 해석할 수 있게 하는 관측 데이터 형식

② Binary :2진수로 표시되는 데이터

13. $\frac{dA}{A} = 2\frac{\Delta\ell}{\ell}$에서

$\Delta\ell = \frac{dA\times\ell}{2A} = \frac{0.1\times\sqrt{100}}{2\times100} = 0.005\text{m}$

∴ 한변의 길이를 5mm까지 정확하게 읽는다.

14. ① $E = R\left(\sec\frac{I}{2} - 1\right)$ 에서

$$R = \frac{15}{\left(\frac{1}{\cos\frac{60°}{2}} - 1°\right)} = 96.96\text{m}$$

② $C.L = \text{R} \cdot \text{I}° \text{ rad}$

$$= 96.96 \times 60° \times \frac{\pi}{180°} = 101.54\text{m}$$

15. $L_0 = L \times \cos 3° = 3.640\text{m}$

∴ 보정량$= L_0 - L = -0.005\text{m}$

여기서, 항상 기울어져 읽음 값이 항상 크므로 보정량은 ⊖가 된다.

16. $AX = AB\sqrt{\frac{m}{m+n}}$

$$= 35 \times \sqrt{\frac{1}{1+2.5}} = 18.71\text{m}$$

17. $\frac{1}{12}\left(\frac{D}{R}\right)^2 = \frac{1}{m}$ 에서

$$D = \sqrt{\frac{12 \times R^2}{m}} = \sqrt{\frac{12 \times 6{,}370^2}{10^5}}$$

$= 69.78\text{km}$

여기서, 평면으로 볼 수 있는 범위는 D 이내 이므로 69km이다.

18. $A^2 = R \cdot L$에서

$$R = \frac{A^2}{L} = \frac{300^2}{100} = 900\text{m}$$

19. $G_3 = 122.623 + 2.428 - (-0.664)$

$= 125.715$

이렇게 표척의 읽음값에 ⊖가 붙으면 거꾸로 세워 천정의 높이를 말한다.

20. 원격탐사(측)

센서를 사용하여 지표의 대상물에서 반사 또는 방사된 전자 스펙트럼을 측정하고 이들의 자료를 이용하여 대상물이나 현상에 관한 정보를 얻는 기법

1. ④	2. ③	3. ③	4. ④	5. ③
6. ②	7. ④	8. ④	9. ①	10. ③
11. ①	12. ②	13. ①	14. ④	15. ②
16. ③	17. ①	18. ②	19. ③	20. ②

과년도출제문제

24 토목기사
2회 시행 출제문제

※ 본 기출문제는 수험자의 기억을 바탕으로 하여 복원한 문제이므로 실제 문제와 다를 수 있음을 미리 알려드립니다.

1. 축척 1 : 600 지도상의 면적을 축척 1 : 500으로 계산하여 38.675m^{2}를 얻었을 때 실제 면적은?

① 26.858m^2　② 32.229m^2
③ 48.410m^2　④ 55.692m^2

2. 그림과 같이 각 격자의 크기가 10m×10m로 동일한 지역의 전체 토량은?

1.2　1.4　1.8　2.1
1.5　2.1　2.4　1.4
1.2　1.2　1.8
[단위:m]

① 877.5m^3　② 893.6m^3
③ 913.7m^3　④ 926.1m^3

3. 그림과 같은 유토곡선(mass curve)에서 상향구간이 의미하는 것은?

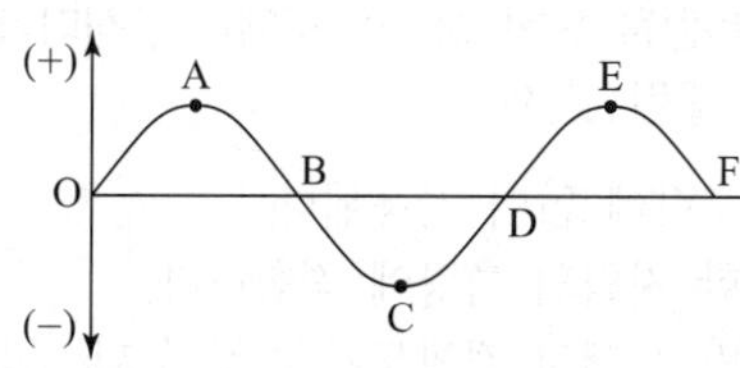

① 성토구간　② 절토구간
③ 운반토량　④ 운반거리

4. 80m의 측선을 20m 줄자로 관측하였다. 만약 1회의 관측에 +4mm의 정오차와 ±3mm의 부정오차가 있었다면 이 측선의 거리는?

① 80.006±0.006m　② 80.006±0.016m
③ 80.016±0.006m　④ 80.016±0.016m

5. 아래 그림과 같이 M점의 표고를 구하기 위하여 수준점(A, B, C)들로부터 고저 측량을 실시하여 아래 표와 같은 결과를 얻었다. 이 때 M점의 평균 표고는 얼마인가?

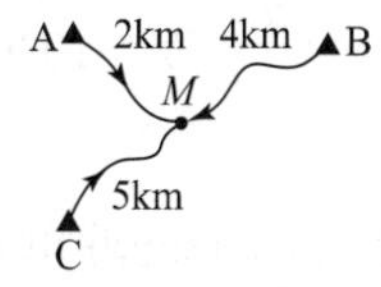

측점	표고(m)	측정 방향	고저차(m)
A	11.03	A→M	+2.10
B	13.60	B→M	−0.50
C	11.64	C→M	+1.45

① 13.07m　② 13.09m
③ 13.11m　④ 13.13m

6. 지구상의 △ABC를 측정한 결과, 두 변의 거리가 $a=$30km, $b=$20km이었고, 그 사잇각 80°이었다면 이때 발생하는 구과량은? (단, 지구의 곡선반지름은 6400km로 가정한다.)

① 1.49″　② 1.62″
③ 2.04″　④ 2.24″

7. 다각측량의 폐합오차 조정방법 중 트랜싯 법칙에 대한 설명으로 옳은 것은?

① 각과 거리의 정밀도가 비슷할 때 실시하는 방법이다.
② 각 측선의 길이에 비례하여 폐합오차를 배분한다.
③ 각 측선의 길이에 반비례하여 폐합오차를 배분한다.
④ 거리보다는 각의 정밀도가 높을 때 활용하는 방법이다.

8. 그림과 같은 도로 횡단면도의 단면적은? (단, 0을 원점으로 하는 좌표(x, y)의 단위 : [m])

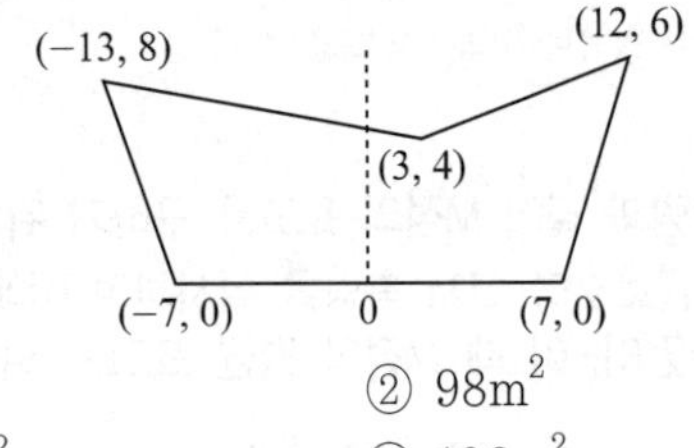

① $94m^2$ ② $98m^2$
③ $102m^2$ ④ $106m^2$

9. DGPS를 적용할 경우 기지점과 미지점에서 측정한 결과로부터 공통오차를 상쇄시킬 수 있기 때문에 측량의 정확도를 높일 수 있다. 이때 상쇄되는 오차요인이 아닌 것은?

① 위성의 궤도정보오차 ② 다중경로오차
③ 전리층 신호지연 ④ 대류권 신호지연

10. 노선의 곡률반경이 100m, 곡선길이가 20m일 경우 클로소이드(clothoid)의 매개변수(A)는 약 얼마인가?

① 22m ② 40m
③ 45m ④ 60m

11. 완화곡선에 대한 설명으로 옳지 않은 것은?

① 완화곡선의 곡선 반지름은 시점에서 무한대, 종점에서 원곡선의 반지름 R로 된다.
② 클로소이드의 형식에는 S형, 복합형, 기본형 등이 있다.
③ 완화곡선의 접선은 시점에서 원호에, 종점에서 직선에 접한다.
④ 모든 클로소이드는 닮은꼴이며 클로소이드 요소에는 길이의 단위를 가진 것과 단위가 없는 것이 있다.

12. 원곡선에서 반지름 R=200m, 시점으로부터 교점(I.P)까지의 추가거리 423.26m, 교각 I=42°20′일 때 시단현의 편각은 얼마인가?(단, 중심말뚝간격은 20m임)

① 0°50′00″ ② 2°01′52″
③ 2°03′11″ ④ 2°51′47″

13. 교호 수준 측량을 하여 다음과 같은 결과를 얻었다. A점의 표고가 120.564m이면 B점의 표고는?

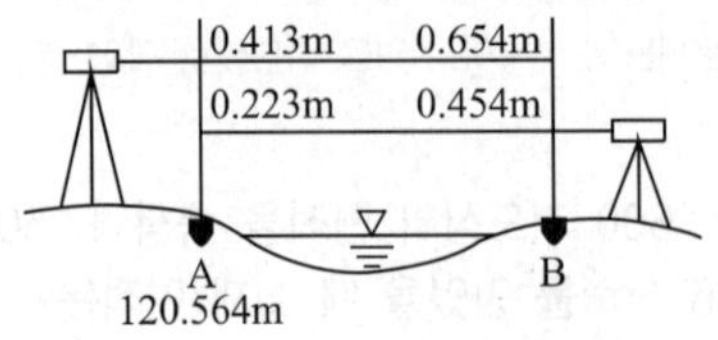

① 120.759m ② 120.672m
③ 120.524m ④ 120.328m

14. 수준측량에서 전·후시 거리를 같게 함으로써 제거되는 오차가 아닌 것은?

① 빛의 굴절오차
② 지구의 곡률오차
③ 시준선이 기포관축과 평행하지 않아 생기는 오차
④ 표척눈금의 부정확에서 오는 오차

15. 삼각측량을 위한 삼각망 중에서 유심다각망에 대한 설명으로 틀린 것은?

① 농지측량에 많이 사용된다.
② 방대한 지역의 측량에 적합하다.
③ 삼각망 중에서 정확도가 가장 높다.
④ 동일측점 수에 비하여 포함면적이 가장 넓다.

16. 수심이 h인 하천의 평균유속을 구하기 위하여 수면으로부터 $0.2h$, $0.6h$, $0.8h$가 되는 깊이에서 유속을 측량한 결과 초당 0.8m, 1.5m, 1.0m이었다. 3점법에 의한 평균유속은?

① 0.9m/s ② 1.0m/s
③ 1.1m/s ④ 1.2m/s

17. GNSS 측량에 대한 설명으로 옳지 않은 것은?

① 상대측위기법을 이용하면 절대측위보다 높은 측위정확도의 확보가 가능하다.
② GNSS 측량을 위해서는 최소 4개의 가시위성(visible satellite)이 필요하다.
③ GNSS 측량을 통해 수신기의 좌표뿐만 아니라 시계오차도 계산할 수 있다.
④ 위성의 고도각(elevation angle)이 낮은 경우 상대적으로 높은 측위정확도의 확보가 가능하다.

18. 지성선에 관한 설명으로 옳지 않은 것은?

① 지성선은 지표면이 다수의 평면으로 구성되었다고 할 때 평면간 접합부, 즉 접선을 말하며 지세선이라고도 한다.
② 철(凸)선을 능선 또는 분수선이라 한다.
③ 경사변환선이란 동일 방향의 경사면에서 경사의 크기가 다른 두 면의 접합선이다.
④ 요(凹)선은 지표의 경사가 최대로 되는 방향을 표시한 선으로 유하선이라고 한다.

19. 삼변측량에 대한 설명으로 틀린 것은?

① 전자파거리측량기(EDM)의 출현으로 그 이용이 활성화되었다.
② 관측값의 수에 비해 조건식이 많은 것이 장점이다.
③ 코사인 제2법칙과 반각공식을 이용하여 각을 구한다.
④ 조정방법에는 조건방정식에 의한 조정과 관측방정식에 의한 조정방법이 있다.

20. $\overline{AB}$ 측선의 방위각이 50°30′이고 그림과 같이 각 관측을 실시하였다. $\overline{CD}$ 측선의 방위각은?

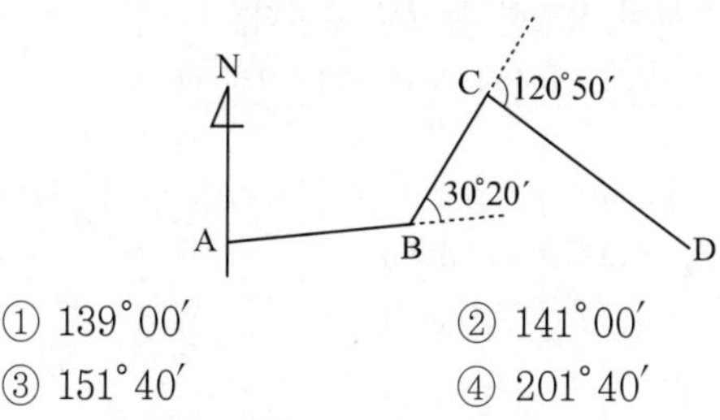

① 139°00′　　② 141°00′
③ 151°40′　　④ 201°40′

해설 및 정답

1. (축척비)^2=면적비

$$\left(\frac{600}{500}\right)^2 = \frac{\text{실제면적}}{38.675}$$

∴ 실제 면적$=1.2^2 \times 38.675 = 55.692\text{m}^2$

2. $\sum h_1 = 1.2+2.1+1.4+1.8+1.2 = 7.7\text{m}$

$2\sum h_2 = (1.4+1.8+1.2+1.5)\times 2 = 11.8\text{m}$

$3\sum h_3 = 2.4\times 3 = 7.2\text{m}$

$4\sum h_4 = 2.1\times 4 = 8.4\text{m}$

$$\therefore V = \frac{10\times 10}{4}(7.7+11.8+7.2+8.4) = 877.5\text{m}^3$$

3. 유토곡선에서 상향구간은 토량이 증가(절토하므로 흙이 많아짐)하는 구간이다.

4. 정오차는 n에 비례, 부정오차는 $\sqrt{n}$에 비례

① $n = \dfrac{80}{20} = 4$

② $L = 80 + 0.004\times 4 \pm 0.003\sqrt{4}$

$= 80.016 \pm 0.006\text{m}$

5. $H_{AM} = 13.13\text{m}$

$H_{BM} = 13.10\text{m}$

$H_{CM} = 13.09\text{m}$

① 경중율 계산

$\dfrac{1}{2} : \dfrac{1}{4} : \dfrac{1}{5} = 10:5:4$

② $H_M = \dfrac{[PH]}{[P]}$

$= 13 + \dfrac{10\times 0.13 + 5\times 0.10 + 4\times 0.09}{10+5+4}$

$= 13.114\text{m}$

6. $\dfrac{\varepsilon''}{\rho} = \dfrac{A}{R^2}$

$$\therefore \varepsilon'' = 206.265'' \times \frac{\frac{1}{2}\times 30\times 20\times \sin 80^\circ}{6{,}400^2}$$

$= 1.488''$

7. 트래버스의 조정법

① 각 ≒ 거리 정도 : 컴퍼스 법칙

② 각 > 거리 정도 : 트랜싯 법칙

8. 좌표법

$$A = \left|\frac{1}{2}\sum x_i \cdot (y_{i+1} - y_{i-1})\right|$$

$$= \left|\frac{1}{2}\{3(6-8)+12(0-4)+7(0-6)-7(8-0)-13(4-0)\}\right|$$

$= |-102| = 102\text{m}^2$

9. ① DGPS : 오차를 계측하는 기준국과 오차 정보를 받아 보정하는 이동국으로 구성

② DGPS로 제거되는 오차 : 위성의 궤도오차, 전리층 오차, 대류권 신호 지연 등

③ 다중경로 오차 : Ground-plane 안테나를 사용하거나 위성고도각을 조정하여 소거

10. $A^2 = R\cdot L$에서

$A = \sqrt{R\cdot L} = \sqrt{100\times 20} = 44.72\text{m}$

11. 완화곡선의 접선은 시점에서 직선에, 종점에서 원호에 접한다.

12. ① $T.L = R\cdot \tan\dfrac{I}{2}$

$= 200\times \tan\dfrac{42^\circ 20'}{2} = 77.44\text{m}$

② $\sim B.C. = \sim I.P - T.L. = 345.82\text{m}$

③ $\ell_1 = 360 - 345.82 = 14.18\text{m}$

④ $\delta_1 = \dfrac{\ell_1}{2R}\times \dfrac{180^\circ}{\pi} = 2^\circ 01' 52''$

13. 교호수준측량은 높이차의 평균으로 시준축 오차와 양차를 소거하여 정밀한 높이를 구한다.

① $\Delta H = \dfrac{(0.223-0.454)+(0.413-0.654)}{2}$

$= -0.236\text{m}$

② $H_B = H_A + \Delta H = 120.328\text{m}$

14. ① 수준측량은 전·후시의 거리를 등거리로 하면 시준축 오차와 양차가 소거된다.
② 표척의 눈금 부정확에 의한 오차는 정오차이다.

15. 삼각망 중에서 정확도가 가장 높은 삼각망은 사변형 삼각망이다.

16. $V_m = \frac{1}{4}(V_{0.2} + 2V_{0.6} + V_{0.8})$

$= \frac{1}{4}(0.8 + 2 \times 1.5 + 1.0) = 1.2\text{m/s}$

17. 위성의 고도각이 높을수록(90°에 가까울수록) 측위 정확도가 높다. 「GPS에 의한 기준점측량 작업규정」에서 위성고도각은 원칙적으로 15° 이상일 것으로 규정함

18. 요(凹)선은 가장 낮은 점들을 연결한 선으로 물이 흐르는 계곡선 또는 합수선이라고 한다.

19. 삼변측량은 관측값의 수에 비해 조건식이 적은 것이 단점이다.

20. $\overline{BC}$측선은 좌편각 ⊖, $\overline{CD}$측선은 우편각 ⊕이므로 편각법에 의해 방위각을 계산하면

$\overline{CD} = \overline{AB} - \overline{BC} + \overline{CD}$

$= 50°30' - 30°20' + 120°50'$

$= 141°00'00''$

1. ④	2. ①	3. ②	4. ③	5. ③
6. ①	7. ④	8. ③	9. ②	10. ③
11. ③	12. ②	13. ④	14. ④	15. ③
16. ④	17. ④	18. ④	19. ②	20. ②

과년도출제문제

※ 본 기출문제는 수험자의 기억을 바탕으로 하여 복원한 문제이므로 실제 문제와 다를 수 있음을 미리 알려드립니다.

1. 노선 측량의 일반적인 작업 순서로 옳은 것은?

A : 종 · 횡단측량	B : 중심선 측량
C : 공사측량	D : 답사

① A → B → D → C　② A → C → D → B
③ D → B → A → C　④ D → C → A → B

2. 삼변측량을 실시하여 길이가 각각 a = 1,200m, b = 1,300m, c = 1,500m이었다면 ∠ACB는?

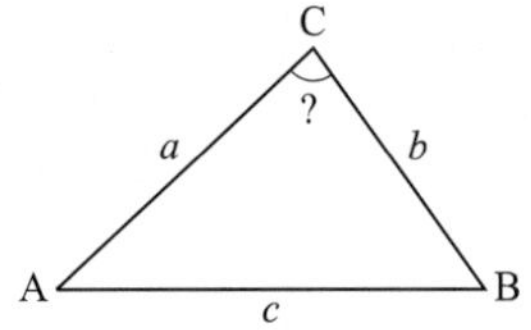

① 73°31′02″　② 73°33′02″
③ 73°35′02″　④ 73°37′02″

3. 30m에 대하여 3mm 늘어나 있는 줄자로서 정사각형의 지역을 측정한 결과 80,000m^{2}이었다면 실제의 면적은?

① 80,016m^2　② 80,008m^2
③ 79,984m^2　④ 79,992m^2

4. 그림과 같은 편심측량에서 ∠ABC는? (단, $\overline{AB}$ = 2.0km, $\overline{BC}$ = 1.5km, e = 0.5m, t = 54°30′, ρ = 300°30′)

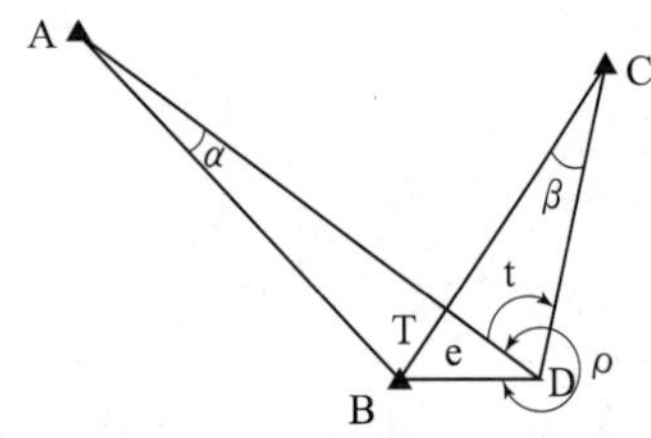

① 54°28′45″　② 54°30′19″
③ 54°31′58″　④ 54°33′14″

5. 직사각형 두 변의 길이를 $\frac{1}{100}$ 정밀도로 관측하여 면적을 산출할 경우 산출된 면적의 정밀도는?

① $\frac{1}{50}$　② $\frac{1}{100}$
③ $\frac{1}{200}$　④ $\frac{1}{300}$

6. 지형의 표시방법으로 옳지 않은 것은?

① 지성선은 능선, 계곡선 및 경사변환선 등으로 표시된다.
② 등고선의 간격은 일반적으로 주곡선의 간격을 말한다.
③ 부호적 도법에는 영선법과 음영법이 있고 자연적 도법에는 점고법, 등고선법과 채색법 등이 있다.
④ 지성선이란 지형의 골격을 나타내는 선이다.

7. 다음의 다각망에서 C점의 좌표는 얼마인가? (단, $\overline{AB}$ = $\overline{BC}$ = 100m)

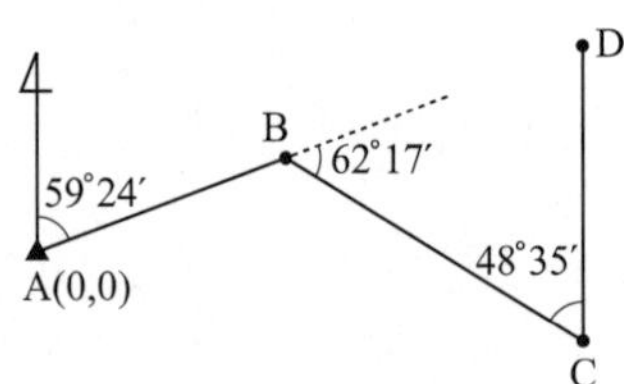

① X_c = −5.31m, Y_c = 160.45m
② X_c = −1.62m, Y_c = 171.17m
③ X_c = −10.27m, Y_c = 89.25m
④ X_c = 50.90m, Y_c = 86.07m

8. 트래버스 측량에서 선점 시 주의하여야 할 사항이 아닌 것은?

① 트래버스의 노선은 가능한 폐합 또는 결합이 되게 한다.
② 결합 트래버스의 출발점과 결합점 간의 거리는 가능한 한 단거리로 한다.
③ 거리측량과 각측량의 정확도가 균형을 이루게 한다.
④ 측점 간 거리는 다양하게 선점하여 부정오차를 소거 한다.

9. 위성측량의 DOP(Dilution of Precision)에 관한 설명으로 옳지 않은 것은?

① DOP는 위성의 기하학적 분포에 따른 오차이다.
② 일반적으로 위성들 간의 공간이 더 크면 위치 정밀도가 낮아진다.
③ DOP를 이용하여 실제 측량 전에 위성측량의 정확도를 예측할 수 있다.
④ DOP값이 클수록 정확도가 좋지 않은 상태이다.

10. 곡선반지름이 400m인 원곡선을 설계속도 70km/h로 하려고 할 때 캔트(cant)는? (단, 궤간 $b=1.065$m)

① 73mm ② 83mm
③ 93mm ④ 103mm

11. 하천에서 수애선 결정에 관계되는 수위는?

① 갈수위(DWL) ② 최저수위(HWL)
③ 평균최저수위(NLWL ④ 평수위(OWL)

12. 시가지에서 25변형 트래버스 측량을 실시하여 2′50″의 각관측 오차가 발생하였다면 오차의 처리 방법으로 옳은 것은? (단, 시가지의 측각 허용범위 $=\pm 20''\sqrt{n} \sim 30''\sqrt{n}$, 여기서 n은 트래버스의 측점 수)

① 오차가 허용오차 이상이므로 다시 관측하여야 한다.
② 변의 길이의 역수에 비례하여 배분한다.
③ 변의 길이에 비례하여 배분한다.
④ 각의 크기에 따라 배분한다.

13. 지오이드(Geoid)에 대한 설명으로 옳은 것은?

① 육지와 해양의 지형면을 말한다.
② 육지 및 해저의 요철(凹凸)을 평균한 매끈한 곡면이다.
③ 회전타원체와 같은 것으로서 지구의 형상이 되는 곡면이다.
④ 평균해수면을 육지내부까지 연장했을 때의 가상적인 곡면이다.

14. 그림과 같이 2회 관측한 ∠AOB의 크기는 21°36′28″, 3회 관측한 ∠BOC는 63°18′45″, 6회 관측한 ∠AOC는 84° 54′ 37″ 일 때 ∠AOC의 최확값은?

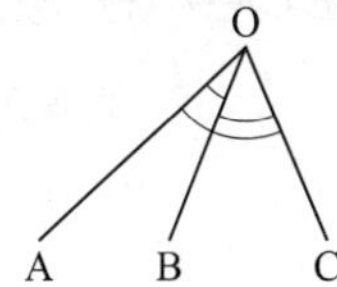

① 84°54′25″
② 84°54′31″
③ 84°54′43″
④ 84°54′49″

15. 지자기측량을 위한 관측요소가 아닌 것은?

① 지자기의 방향과 자오선과의 각
② 지자기의 방향과 수평면과의 각
③ 자오선으로부터 좌표북 사이의 각
④ 수평면내에서의 자기장의 크기

16. A, B 두 점 간의 비고를 구하기 위해 (1), (2), (3) 경로에 대하여 직접고저측량을 실시하여 다음과 같은 결과를 얻었다. A, B 두 점간의 고저차의 최확값은?

노선	관측값	노선길이
(1)	32.234m	2km
(2)	32.245m	1km
(3)	32.240m	1km

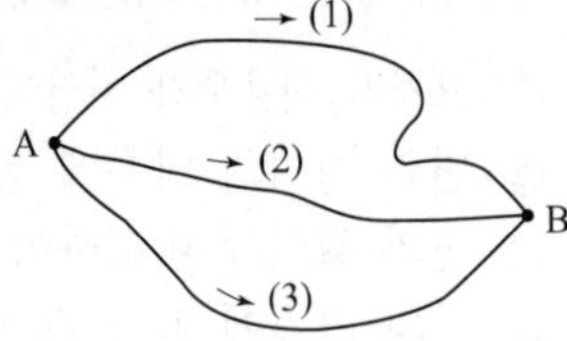

① 32.236m　② 32.238m
③ 32.241m　④ 32.243m

17. 좌표를 알고 있는 기지점에 고정용 수신기를 설치하여 보정자료를 생성하고 동시에 미지점에 또 다른 수신기를 설치하여 고정점에서 생성된 보정자료를 이용해 미지점의 관측자료를 보정함으로써 높은 정확도를 확보하는 GPS 측위방법은?

① KINEMATIC　② STATIC
③ SPOT　④ DGPS

18. 도로 기점으로부터 교점(I.P)까지의 추가거리가 400m, 곡선반지름 $R=200$m, 교각 $I=90°$인 원곡선을 설치할 경우, 곡선시점(B.C)은? (단, 중심말뚝거리=20m)

① NO.9　② NO.9+10m
③ NO.10　④ NO.10+10m

19. 다음 설명 중 틀린 것은?

① 측지학이란 지구 내부의 특성, 지구의 형상 및 운동을 결정하는 측량과 지구표면상 모든 점들 간의 상호위치 관계를 산정하는 측량을 위한 학문이다.
② 측지측량은 지구의 곡률을 고려한 정밀측량이다.
③ 지각변동의 관측, 항로 등의 측량은 평면측량으로 한다.
④ 측지학의 구분은 물리측지학과 기하측지학으로 크게 나눌 수 있다.

20. 삼각측량의 각 삼각점에 있어 모든 각의 관측 시 만족되어야 하는 조건이 아닌 것은?

① 하나의 측점을 둘러싸고 있는 각의 합은 360°가 되어야 한다.
② 삼각망 중에서 임의의 한 변의 길이는 계산의 순서에 관계없이 같아야 한다.
③ 삼각망 중 각각 삼각형 내각의 합은 180°가 되어야 한다.
④ 모든 삼각형의 포함면적은 각각 일정하여야 한다.

해설 및 정답

1. 노선 측량의 작업 순서

도상 계획→답사→선점→중심선 측량→종·횡단 측량→공사 측량→준공 측량

2. 코사인 제2법칙에서

$$\cos C = \frac{a^2+b^2-c^2}{2ab}$$

$$\therefore \angle C = \cos^{-1}\left(\frac{1{,}200^2+1{,}300^2-1{,}500^2}{2\times 1{,}200\times 1{,}300}\right)$$

$$= 73°37'2.4''$$

3. 늘어난 줄자로 측정하면 실제보다 작은 값으로 측정됨

$$\therefore A = A_0\left(\frac{30+0.003}{30}\right)^2$$

$$= 80{,}016\text{m}^2$$

4. $\angle$ABC$+\alpha=\angle$ADC$+\beta$(맞꼭지각)에서

$$\frac{e}{\sin\alpha} = \frac{\overline{\text{AB}}}{\sin(360°-\rho)}$$

$$\therefore \alpha = \sin^{-1}\frac{0.5}{2{,}000}\cdot\sin 59°30'$$

$$≒ 0°0'44''$$

$$\beta = \sin^{-1}\frac{0.5}{1{,}500}\cdot\sin(54°30'+59°30')$$

$$= 0°1'3''$$

$$\therefore \angle\text{ABC} = 54°30'+1'3''-44''$$

$$= 54°30'19''$$

5. $A=a^2$에서 양변을 미분

$$dA = 2a\cdot da$$

$$\therefore \frac{dA}{A} = \frac{2a}{a^2}\cdot da = 2\frac{da}{a}$$

$$= 2\times\frac{1}{100} = \frac{1}{50}$$

6. 지형을 표시하는 자연적 도법에는 영선법과 음영법이 있고 부호적 도법에는 점고법, 등고선법, 채색법 등이 있다.

7. $\overline{AB}$의 방위각$=59°24'$

$\overline{BC}$의 방위각$=59°24'+62°17'$

$$=121°41'$$

$$X_c = 100\times(\cos 59°24'+\cos 121°41')$$

$$=-1.62\text{m}$$

$$Y_c = 100\times(\sin 59°24'+\sin 121°41')$$

$$=171.17\text{m}$$

8. 삼각 측량이나 트래버스 측량 같은 기준점 측량에서 측점간의 거리는 가능한 한 등거리로 하고 현저히 짧은 측선은 피한다.

9. 위성 측량의 DOP란 위성의 배치상태에 따른 정밀도 저하율을 말한다. 일반적으로 위성 간의 배치각도가 예각일 경우 DOP 값이 커져 낮은 정확도의 위치 결정이 되고 넓게 배치되면 DOP 값이 작아져 높은 정확도의 위치 결정이 가능하다.

10. $$C = \frac{b\cdot V^2}{gR} = \frac{1.065\times(70{,}000/3{,}600)^2}{9.8\times 400}$$

$$=0.103\text{m}$$

11. ① 수애선이란 평수위일 때의 물가선을 말한다.

② 평수위란 어떤 기간이보다 높은 수위와 낮은 수위의 횟수가 같게 되는 수위

12. 트래버스의 시가지에서 측각오차의 허용범위

$$W_a = \pm 20''\sqrt{n} \sim 30''\sqrt{n}$$

$$= \pm 20''\sqrt{25}\sim 30''\sqrt{n} = \pm 100''\sim 150''$$

∴ 측각오차가 $2'50''(170'')$로 허용범위를 벗어나므로 재측하여야 한다.

13. 지오이드란 평균해수면을 육지 내부까지 연장했을 때의 가상적인 곡면이다.

14. ① 측각오차(ω) 계산

$$\omega = 84°54'37''-21°36'28''-63°18'45''$$

$$=-0°0'36''$$

② 보정량은 경중률에 반비례하므로

$\frac{1}{2}:\frac{1}{3}:\frac{1}{6}=3:2:1$

③ ∠AOC의 보정량

$=\frac{1\times(+36'')}{(3+2+1)}=+6''$

④ ∠AOC의 최확값$=84°54'43''$

15. 지자기측정의 3요소

① 편각 : 지자기의 방향과 자오선과의 각

② 복각 : 지자기의 방향과 수평면과의 각

③ 수평분력 : 수평면내에서 자기장의 크기

16. ① 경중율 계산

$P_1:P_2:P_3=\frac{1}{2}:1:1=1:2:2$

② 최확값 계산

$H_P=\frac{[P\cdot H]}{[P]}$

$=32.2+\frac{0.034\times1+0.045\times2+0.040\times2}{(1+2+2)}$

$=32.241\text{m}$

17. DGPS

기지점에 고정용 수신기를 설치(기준국)하여 보정 정보를 받아 이동국의 오차분을 차감하여 정밀도를 높이는 위성측량 기법

18. ① $\text{T.L.}=\text{R}\cdot\tan\frac{I}{2}=200\text{m}$

② $\sim\text{B.C.}=\sim I.P.-T.L.$

$=400-200=200\text{m}=\text{No.}10$

19. ① 대지측량(측지학적 측량)은 반경 11km 이상 넓은 지역에서 실시하는 측량이며 기하학적 측지학과 물리학적 측지학으로 나누어진다.

② 지각변동 및 균형, 해양의 조류에 따른 항로 결정 등은 물리학적 측지학으로 해석한다.

20. 삼각측량은 가장 완전한 구조인 삼각형을 측점으로 연결하여 점의 위치를 결정하는 측량법으로 삼각형이 정삼각형에 가까울수록 정밀도가 좋아진다.

1. ③	2. ④	3. ①	4. ②	5. ①
6. ③	7. ②	8. ④	9. ②	10. ④
11. ④	12. ①	13. ④	14. ③	15. ③
16. ③	17. ④	18. ③	19. ③	20. ④

과년도출제문제

25 토목기사
1회 시행 출제문제

※ 본 기출문제는 수험자의 기억을 바탕으로 하여 복원한 문제이므로 실제 문제와 다를 수 있음을 미리 알려드립니다.

1. 등고선의 성질에 대한 설명으로 옳지 않은 것은?

① 경사가 급할수록 등고선 간격이 좁다.
② 경사가 일정하면 등고선 간격이 일정하다.
③ 등고선은 분수선과 직교하고 합수선과 평행하다.
④ 등고선의 최단거리 방향은 최대경사방향을 나타낸다.

2. 교각(I) 60°, 외선 길이(E) 15m인 단곡선을 설치할 때 곡선길이는?

① 85.2m ② 91.3m
③ 97.0m ④ 101.5m

3. 수심 H인 하천의 유속측정에서 수면으로부터 깊이 0.2H, 0.4H, 0.6H, 0.8H인 지점의 유속이 각각 0.663m/s, 0.556m/s, 0.532m/s, 0.466m/s이었다면 3점법에 의한 평균유속은?

① 0.543m/s ② 0.548m/s
③ 0.559m/s ④ 0.560m/s

4. 그림과 같이 교호수준측량을 실시한 결과가 $a_1=0.63$m, $a_2=1.25$m, $b_1=1.15$m, $b_2=1.73$m이었다면, B점의 표고는? (단, A의 표고＝50.00m)

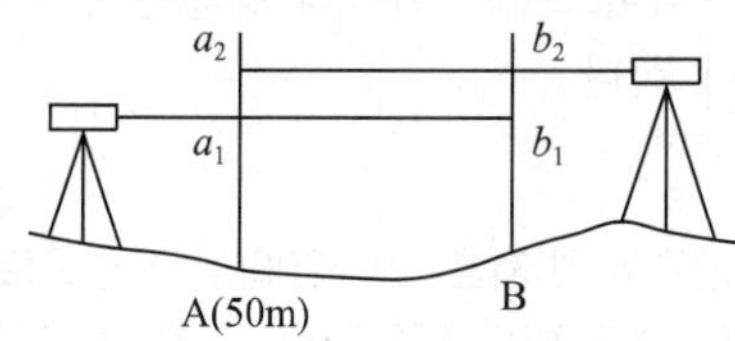

① 49.50m ② 50.00m
③ 50.50m ④ 51.00m

5. A, B, C 점으로부터 수준측량을 하여 P점의 표고를 결정한 경우 P점의 표고는? (단, A→P 표고＝367.786m, B→P 표고＝367.732m, C→P 표고＝367.758m)

① 367.738m
② 367.743m
③ 367.756m
④ 367.763m

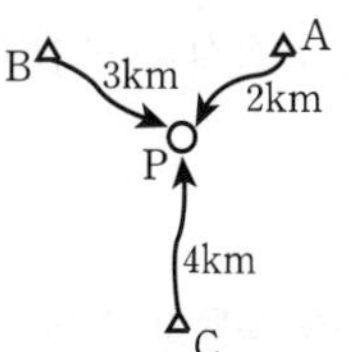

6. 지형의 표시방법 중 하천, 항만, 해안측량 등에서 심천측량을 할 때 측점에 숫자로 기입하여 고저를 표시하는 방법은?

① 점고법 ② 음영법
③ 영선법 ④ 등고선법

7. 그림의 다각망에서 C점의 좌표는? (단, $\overline{AB}=\overline{BC}=100$m이다.)

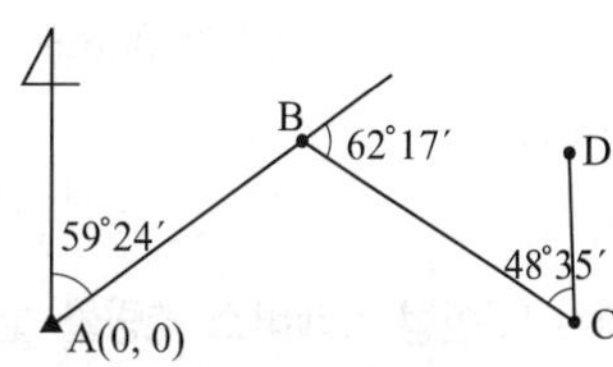

① $X_c=-5.31$m, $Y_c=160.45$m
② $X_c=-1.62$m, $Y_c=171.17$m
③ $X_c=-10.27$m, $Y_c=89.25$m
④ $X_c=50.90$m, $Y_c=86.07$m

8. 삼각측량의 각 삼각점에 있어 모든 각의 관측시 만족되어야 하는 조건이 아닌 것은?

① 하나의 측점을 둘러싸고 있는 각의 합은 360°가 되어야 한다.
② 삼각망 중에서 임의의 한 변의 길이는 계산의 순서에 관계없이 같아야 한다.
③ 삼각망 중 각각 삼각형 내각의 합은 180°가 되어야 한다.
④ 모든 삼각점의 포함면적은 각각 일정하여야 한다.

9. DGPS를 적용할 경우 기지점과 미지점에서 측정한 결과로부터 공통오차를 상쇄시킬 수 있기 때문에 측량의 정확도를 높일 수 있다. 이때 상쇄되는 오차요인이 아닌 것은?

① 위성의 궤도정보오차
② 다중경로오차
③ 전리층 신호지연
④ 대류권 신호지연

10. 철도의 궤도간격 $b=1.067$m, 곡선반지름 $R=600$m인 원곡선 상을 열차가 100km/h로 주행하려고 할 때 캔트는?

① 100mm ② 140mm
③ 180mm ④ 220mm

11. 시가지에서 25변형 트래버스 측량을 실시하여 2′50″의 각관측 오차가 발생하였다면 오차의 처리 방법으로 옳은 것은? (단, 시가지의 측각 허용범위= $\pm 20''\sqrt{n} \sim 30''\sqrt{n}$, 여기서 n은 트래버스의 측점 수)

① 오차가 허용오차 이상이므로 다시 관측하여야 한다.
② 변의 길이의 역수에 비례하여 배분한다.
③ 변의 길이에 비례하여 배분한다.
④ 각의 크기에 따라 배분한다.

12. L1과 L2의 두 개 주파수 수신이 가능한 2주파 GNSS수신기에 의하여 제거가 가능한 오차는?

① 위성의 기하학적 위치에 따른 오차
② 다중경로오차
③ 수신기 오차
④ 전리층오차

13. 도로공사에서 거리 20m인 성토구간의 시작단면 $A_1=72\text{m}^2$, 끝 단면 $A_2=182\text{m}^2$, 중앙단면 $A_m=132\text{m}^2$이라고 할 때에 각주공식에 의한 성토량은?

① 2,540.0m³ ② 2,573.3m³
③ 2,600.0m³ ④ 2,606.7m³

14. 지구상의 △ABC를 측정한 결과, 두 변의 거리가 $a=30$km, $b=20$km이었고, 그 사잇각이 80°이었다면 이때 발생하는 구과량은? (단, 지구의 곡선반지름은 6400km로 가정한다.)

① 1.49″ ② 1.62″
③ 2.04″ ④ 2.24″

15. 트래버스 측량에 관한 일반적인 사항에 대한 설명으로 옳지 않은 것은?

① 트래버스 종류 중 결합트래버스는 가장 높은 정확도를 얻을 수 있다.
② 각관측 방법 중 방위각법은 한번 오차가 발생하면 그 영향은 끝까지 미친다.
③ 폐합오차 조정방법 중 컴퍼스법칙은 각관측의 정밀도가 거리관측의 정밀도보다 높을 때 실시한다.
④ 폐합트래버스에서 편각의 총합은 반드시 360°가 되어야 한다.

16. 원곡선에서 반지름 $R=200$m, 시점으로부터 교점(I.P)까지의 추가거리 423.26m, 교각 $I=42°20'$일 때 시단현의 편각은 얼마인가? (단, 중심말뚝간격은 20m임)

① 0°50′0″ ② 2°01′52″
③ 2°03′11″ ④ 2°51′47″

17. 그림과 같이 ΔP_1P_2C는 동일 평면상에서 $\alpha_1 =$ 62°8′, $\alpha_2 =$56°27′, B=95.00m이고 연직각 $v_1 =$ 20°46′일 때 C로부터 P까지의 높이 H는?

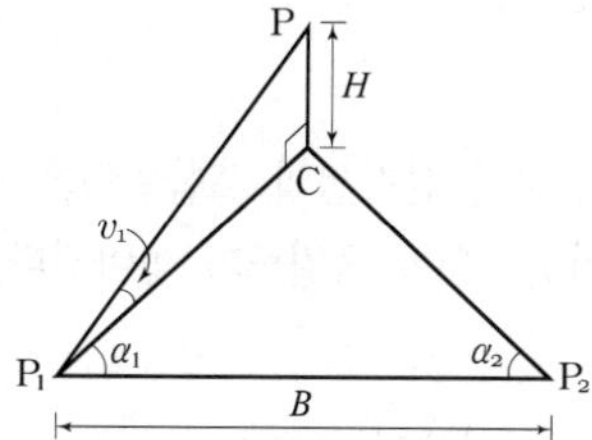

① 30.014m ② 31.940m
③ 33.904m ④ 34.189m

18. 표척이 앞으로 3° 기울어져 있는 표척의 읽음값이 3.645m이었다면 높이의 보정량은?

① 5mm ② −5mm
③ 10mm ④ −10mm

19. 축척 1/1000의 도면에서 어느 지역의 토지를 측정하였더니 가로 2cm, 세로 1cm였다. 이 도면이 전체적으로 1% 수축되어 있었다면 이 토지의 실제면적은 얼마인가?

① $204m^2$ ② $20.4m^2$
③ $408m^2$ ④ $40.8m^2$

20. 지오이드(Geoid)에 대한 설명 중 옳지 않은 것은?

① 평균해수면을 육지까지 연장한 가상적인 곡면을 지오이드라 하며 이것은 지구타원체와 일치한다.
② 지오이드는 중력장의 등포텐셜면으로 볼 수 있다.
③ 실제로 지오이드면은 굴곡이 심하므로 측지 측량의 기준으로 채택하기 어렵다.
④ 지구타원체의 법선과 지오이드의 법선 간의 차이를 연직선 편차라 한다.

해설 및 정답

1. 등고선은 분수선과 직교하고 합수선(계곡)과도 직교한다.

2. ① $E=R\left(\sec\frac{I}{2}-1\right)$ 에서

$$R=\frac{E}{\sec\frac{I}{2}-1}=96.96\text{m}$$

② $\text{C.L}=R\cdot I°\text{rad}$

$$=96.96\times60°\times\frac{\pi}{180°}=101.54\text{m}$$

3. $V_m=\frac{1}{4}(V_{0.2}+2V_{0.6}+V_{0.8})$

$$=0.548\text{m/s}$$

4. 교호수준측량 : 높이차의 평균을 이용하여 정밀도를 높이는 측량

① $\Delta h=\frac{(a_1-b_1)+(a_2-b_2)}{2}=-0.50\text{m}$

② $H_B=H_A+\Delta h=49.50\text{m}$

5. ① 경중률은 거리에 반비례

$$P_A:P_B:P_c=\frac{1}{2}:\frac{1}{3}:\frac{1}{4}=\frac{6}{12}:\frac{4}{12}:\frac{3}{12}$$

$$=6:4:3$$

② $H_P=\frac{[\text{P}\cdot\text{H}]}{[\text{P}]}$

$$=367.7+\frac{6\times0.086+4\times0.032+3\times0.058}{6+4+3}$$

$$=367.763\text{m}$$

6. 지형측량의 점고법은 하천, 해안, 항만 등의 심천측량을 실시하여 그 점의 깊이를 숫자로 표시하여 고저를 나타내는 방법이다.

7. ① $\overline{\text{BC}}$ 방위각$=59°24'+62°17'=121°41'$

② $X_c=0+100\cdot\cos59°24'+100\cdot\cos121°41'$

$$=-1.618\text{m}$$

$Y_c=0+100\cdot\sin59°24'+100\cdot\sin121°41'$

$$=171.171\text{m}$$

8. 삼각측량시 모든 삼각점의 포함면적은 일정할 순 없지만 가급적 비슷할수록 정밀도가 높아진다.

9. DGPS 적용시 상쇄되는 오차

① 위성의 궤도 정보오차

② 전리층 신호 지연

③ 대류권 신호 지연

10. $C=\frac{b\cdot V^2}{gR}$

$$=\frac{1.067\times(100\times1{,}000/3{,}600)^2}{9.81\times600}\fallingdotseq0.140\text{m}$$

11. ① 허용오차(W)의 계산

$$W=\pm20''\sqrt{25}\sim30''\sqrt{25}$$

$$=\pm100''\sim150''=\pm1'40''\sim2'30''$$

② 측각오차 $2'50''$가 허용오차 범위를 벗어나므로 재측한다.

12. GNSS 측량의 전리층 오차 : 대전된 전리층으로 전송되는 L밴드 신호가 굴절되어 발생하는 오차로 2주파수 수신기를 이용하여 소거 가능함

13. $V=\frac{l}{6}(A_1+4A_m+A_2)$

$$=\frac{20}{6}(72+4\times132+182)=2{,}606.7\text{m}^3$$

14. $\frac{\epsilon''}{\rho''}=\frac{A}{R^2}$ 에서

$$\epsilon''=206{,}265''\times\frac{\frac{1}{2}\times30\times20\times\sin80°}{6{,}400^2}$$

$$=1.49''$$

15. 폐합오차의 조정 방법 중 트랜싯 법칙은 각 관측의 정밀도 〉 거리관측의 정밀도일 때 사용한다.

16. ① $\text{T.L} = R \cdot \tan\frac{I°}{2} = 77.441\text{m}$

② $\sim\text{B.C} = 423.26 - \text{T.L} = 345.82\text{m}$

③ $l_1 = 360 - 345.82 = 14.18\text{m}$

④ $\delta_1 = \frac{l_1}{2R}\text{rad}$

$= \frac{14.18}{2 \times 200} \times \frac{180°}{\pi} = 2°01'52''$

17. ① $\frac{B}{\sin\angle C} = \frac{P_1C}{\sin\alpha_2}$ 에서

수평거리 $P_1C = \frac{95.00 \times \sin 56°27'}{\sin(180° - \alpha_1 - \alpha_2)} = 90.16\text{m}$

② $H = P_1C \times \tan\nu_1 = 34.189\text{m}$

18. $\Delta h = 3.645 - 3.645 \times \cos 3° = 0.005\text{m}$

∴ 기울어진 읽음값이 더 크므로 보정량은 -0.005m 이다.

19. 실제면적 $A = 2 \times 1 \times \left(1 + \frac{1}{100}\right)^2 \times 1{,}000^2$

$= 2.04 \times 10^6\text{cm}^2 = 204\text{m}^2$

여기서, 도면이 수축되어 있으므로 실제 면적은 커진다.

20. ① 지오이드란 평균해수면을 육지 내부까지 연장한 가상적인 곡면이다.

② 북극에서는 지오이드가 지구타원체보다 13.5m 위에 있고 남극에서는 24.1m 아래에 있다.

1. ③	2. ④	3. ②	4. ①	5. ④
6. ①	7. ②	8. ④	9. ②	10. ②
11. ①	12. ④	13. ④	14. ①	15. ③
16. ②	17. ④	18. ②	19. ①	20. ①

과년도출제문제

25 토목기사
2회 시행 출제문제

※ 본 기출문제는 수험자의 기억을 바탕으로 하여 복원한 문제이므로 실제 문제와 다를 수 있음을 미리 알려드립니다.

1. 수준점 A, B, C에서 P점까지 수준측량을 한 결과가 표와 같다. 관측거리에 대한 경중률을 고려한 P점의 표고는?

측량경로	거리	P점의 표고
A→P	1km	135.487m
B→P	2km	135.563m
C→P	3km	135.603m

① 135.529m ② 135.551m
③ 135.563m ④ 135.570m

2. 완화곡선에 대한 설명으로 옳지 않은 것은?

① 곡선반지름은 완화곡선의 시점에서 무한대, 종점에서 원곡선의 반지름으로 된다.
② 완화곡선의 접선은 시점에서 직선에, 종점에서 원호에 접한다.
③ 완화곡선에 연한 곡선반지름의 감소율은 캔트의 증가율의 2배가 된다.
④ 완화곡선 종점의 캔트는 원곡선의 캔트와 같다.

3. 수준측량에서 수준 노선의 거리와 무게(경중률)의 관계로 옳은 것은?

① 노선거리에 비례한다.
② 노선거리에 반비례한다.
③ 노선거리의 제곱근에 비례한다.
④ 노선거리의 제곱근에 반비례한다.

4. 하천측량에 대한 설명으로 틀린 것은?

① 제방중심선 및 종단측량은 레벨을 사용하여 직접 수준측량 방식으로 실시한다.
② 심천측량은 하천의 수심 및 유수부분의 하저상황을 조사하고 횡단면도를 제작하는 측량이다.
③ 하천의 수위경계선인 수애선은 평균수위를 기준으로 한다.
④ 수위 관측은 지천의 합류점이나 분류점 등 수위 변화가 생기지 않는 곳을 선택한다.

5. 기선 $D=30\text{m}$, 수평각 $\alpha=80°$, $\beta=70°$, 연직각 $V=40°$를 관측하였다면 높이 H는? (단, A, B, C점은 동일평면임.)

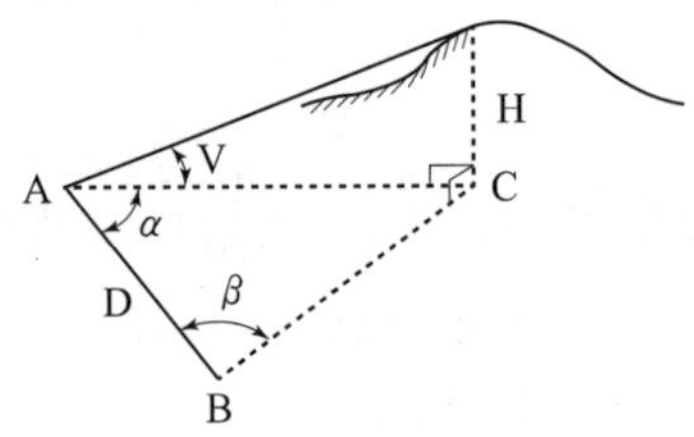

① 31.54m ② 32.42m
③ 47.31m ④ 55.32m

6. 1/5,000의 지형 측량에서 등고선을 그리기 위한 측점에 높이의 오차가 2.0m였다. 그 지점의 경사각이 1°일 때 그 지점을 지나는 등고선의 오차는 얼마인가?

① 3.5cm ② 2.3cm
③ 2.1cm ④ 1.2cm

7. 표고 $h=326.42$m인 지대에 설치한 기선의 길이가 $L=500$m일 때 평균해면상의 보정량은? (단, 지구 반지름 $R=6367$km이다.)

① −0.0156m ② −0.0256m
③ −0.0356m ④ −0.0456m

8. 트래버스 ABCD에서 각 측선에 대한 위거와 경거 값이 아래 표와 같을 때, 측선 BC의 배횡거는?

측선	위거(m)	경거(m)
AB	+75.39	+81.57
BC	−33.57	+18.78
CD	−61.43	−45.60
DA	+44.61	−52.65

① 81.57m ② 155.10m
③ 163.14m ④ 181.92m

9. 노선 설치 방법 중 좌표법에 의한 설치방법에 대한 설명으로 틀린 것은?

① 토털스테이션, GPS 등과 같은 장비를 이용하여 측점을 위치시킬 수 있다.
② 좌표법에 의한 노선의 설치는 다른 방법보다 지형의 굴곡이나 시통 등의 문제가 적다.
③ 좌표법은 평면곡선 및 종단곡선의 설치요소를 동시에 위치시킬 수 있다.
④ 평면적인 위치의 측설을 수행하고 지형표고를 관측하여 종단면도를 작성할 수 있다.

10. 지성선에 관한 설명으로 옳지 않은 것은?

① 지성선은 지표면이 다수의 평면으로 구성되었다고 할 때 평면간 접합부, 즉 접선을 말하며 지세선이라고도 한다.
② 철(凸)선을 능선 또는 분수선이라 한다.
③ 경사변환선이란 동일 방향의 경사면에서 경사의 크기가 다른 두 면의 접합선이다.
④ 요(凹)선은 지표의 경사가 최대로 되는 방향을 표시한 선으로 유하선이라고 한다.

11. 100m^{2}인 정사각형 토지의 면적을 0.1m^{2}까지 정확하게 구하고자 한다면 이에 필요한 거리관측의 정확도는?

① 1/2,000 ② 1/1,000
③ 1/500 ④ 1/300

12. 그림과 같은 터널 내 수준측량의 관측결과에서 A점의 지반고가 20.32m일 때 C점의 지반고는? (단, 관측값의 단위는 m이다.)

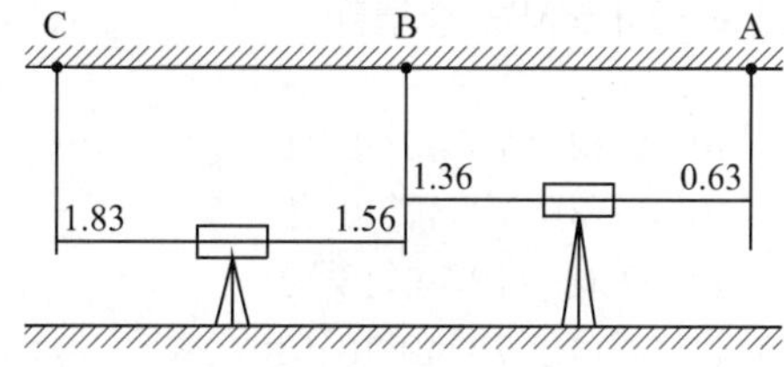

① 21.32m ② 21.49m
③ 16.32m ④ 16.49m

13. GPS 구성부문 중 위성의 신호상태를 점검하고, 궤도 위치에 대한 정보를 모니터링하는 임무를 수행하는 부문은?

① 우주부문 ② 제어부문
③ 사용자부문 ④ 개발부문

14. 2,000m의 거리를 50m씩 끊어서 40회 관측하였다. 관측결과 오차가 ±0.14m이었고, 40회 관측의 정밀도가 동일하다면, 50m 거리관측의 오차는?

① ±0.022m ② ±0.019m
③ ±0.016m ④ ±0.013m

15. 30m에 대하여 3mm 늘어나 있는 줄자로서 정사각형의 지역을 측정한 결과 80,000m^{2}이었다면 실제의 면적은?

① 80,016m^2 ② 80,008m^2
③ 79,984m^2 ④ 79,992m^2

16. 평균표고 730m인 지형에서 $\overline{AB}$측선의 수평거리를 측정한 결과 5,000m이었다면 평균해수면에서의 환산거리는? (단, 지구의 반지름은 6,370km)

① 5,000.57m ② 5,000.66m
③ 4,999.34m ④ 4,999.43m

17. 어느 각을 관측한 결과가 다음과 같을 때, 최확값은? (단, 괄호 안의 숫자는 경중률)

> 73°40′12″(2), 73°40′10″(1)
> 73°40′15″(3), 73°40′18″(1)
> 73°40′09″(1), 73°40′16″(2)
> 73°40′14″(4), 73°40′13″(3)

① 73°40′10.2″ ② 73°40′11.6″
③ 73°40′13.7″ ④ 73°40′15.1″

18. A, B 두 점 간의 거리를 관측하기 위하여 그림과 같이 세 구간으로 나누어 측량하였다. 측선 $\overline{AB}$의 거리는? (단, Ⅰ : 10m±0.01m, Ⅱ : 20m±0.03m, Ⅲ : 30m±0.05m이다.)

① 60m±0.09m ② 30m±0.06m
③ 60m±0.06m ④ 30m±0.09m

19. 고속도로 공사에서 각 측점의 단면적이 표와 같을 때, 측점 10에서 측점 12까지의 토량은? (단, 양단면평균법에 의해 계산한다.)

측점	단면적(m^2)	비고
NO.10	318	측점 간의 거리 =20m
NO.11	512	
NO.12	682	

① 15,120m^3 ② 20,160m^3
③ 20,240m^3 ④ 30,240m^3

20. 그림에서 AD, BD 간에 단곡선을 설치할 때 ∠ADB의 2등분 선상의 C점을 곡선의 중점으로 선택하였을 때 이 곡선의 접선 길이를 구한 값은? (단, DC=10.0m, I=80°20′이다.)

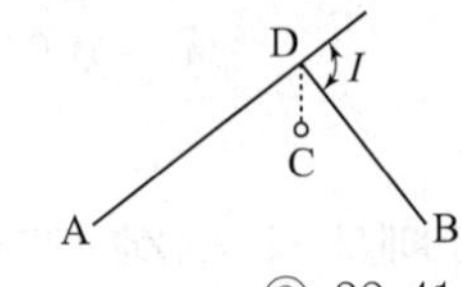

① 34.05m ② 32.41m
③ 27.35m ④ 15.31m

해설 및 정답

1. ① 경중률(P)은 거리에 반비례

$$P_A : P_B : P_C = \frac{1}{1} : \frac{1}{2} : \frac{1}{3} = 6 : 3 : 2$$

② $H_P = \frac{[P \cdot H]}{[P]}$

$$= 135 + \frac{6 \times 0.487 + 3 \times 0.563 + 2 \times 0.603}{6+3+2}$$

$$= 135.529\text{m}$$

2. 완화곡선에 연한 곡선반지름의 감소율은 캔트의 증가율과 같다. (부호는 반대)

3. ① 직접 수준측량에서 경중률은 노선거리에 반비례

② 직접 수준측량에서 오차는 노선거리의 제곱근에 비례

4. 하천의 수애선은 평수위(어떤 기간에 있어서의 수위 중 이것보다 높은 수위와 낮은 수위의 관측횟수가 똑같은 수위로 평균수위보다 약간 낮음)로 한다.

5. ① $\angle C = 180° - 80° - 70° = 30°$

② $\frac{D}{\sin 30°} = \frac{\overline{AC}}{\sin\beta}$ 에서

$$\overline{AC} = 30 \times \frac{\sin 70°}{\sin 30°} = 56.38\text{m}$$

③ $H = \overline{AC} \cdot \tan 40° = 47.31\text{m}$

6. ① $\tan\theta = \frac{H}{D}$ 에서

$$D = \frac{2.0}{\tan 1°} = 114.58\text{m}$$

② $\frac{1}{5,000}$ 에서 등고선 오차

$$= \frac{114.58}{5,000} = 0.023\text{m}$$

7. $\frac{H}{R} = \frac{C_h}{L}$

이렇게 비례관계로 이해할 것

$$\therefore C_h = -\frac{L \cdot H}{R} = -\frac{500 \times 326.42}{6,367,000} = -0.026\text{m}$$

8. ① 제1측선의 배횡거=제1측선의 경거

AB의 배횡거=81.57m

② 임의 측선의 배횡거=하나 앞측선의 배횡거+하나 앞측선의 경거+그 측선의 경거

$\therefore \overline{BC}$의 배횡거$= 81.57 + 81.57 + 18.78$

$= 181.92\text{m}$

9. 좌표법은 평면곡선과 종단곡선을 동시에 설치할 수 있다고 보지만 종단곡선은 별도의 종단 측량이 필요하다. 좌표법은 평면위치 측정에는 유용하지만 종단면의 정확한 곡선설치는 종단측량 및 측설이 요구됨

10. 요(凹)선은 지표면의 낮은 점들을 연결한 선으로 합수선이라고도 한다.

11. $A = xy$에서

$dA = y \cdot dx + x \cdot dy$

$$\therefore \frac{dA}{A} = \frac{y \cdot dx}{xy} + \frac{x \cdot dy}{xy} = \frac{dx}{x} + \frac{dy}{y}$$

여기서, 거리관측이 동일정도이므로

$\frac{dx}{x} = \frac{dy}{y} = K$(거리측정의 정도)

$$\frac{dA}{A} = 2K$$

$$\therefore K = \frac{dA}{2A} = \frac{0.1}{2 \times 100} = \frac{1}{2,000}$$

12. 수준측량의 높이 계산은 기준면을 중심으로 올라가면 ⊕, 내려가면 ⊖ 한다.

$H_A - 0.63 + 1.36 - 1.56 + 1.83 = H_C$

$\therefore H_C = 21.32\text{m}$

13. GPS의 제어부문이란 GPS 위성의 궤도, 시간동기, 신호상태 모니터링 및 관리를 담당하는 지상관제 시스템이다.

14. 오차는 관측횟수의 제곱근에 비례

$\pm 0.14 = \sqrt{40} \cdot \sigma_{50}$

$\therefore\ \sigma_{50} = \pm \dfrac{0.14}{\sqrt{40}} = \pm 0.022\text{m}$

15. 늘어난 줄자로 측정했으므로 측정값보다 실제면적이 커야함

$A = A_o\left(1 + \dfrac{0.003}{30}\right)^2 = 80{,}016\text{m}^2$

16. $\dfrac{H}{R} = \dfrac{C_h}{L}$ 에서

$C_h = -\dfrac{L \cdot H}{R}$

(여기서, 평균해수면보다 높으므로 보정량은 ⊖임)

$= -\dfrac{730 \times 5}{6{,}370} = -0.573\text{m}$

∴ 평균해수면으로 환산거리(L_o)

$L_o = 5{,}000 - 0.573 ≒ 4{,}999.43\text{m}$

17. $\alpha_P = \dfrac{[P \cdot \alpha]}{[P]}$

$= 73°40' + \dfrac{2 \times 12'' + 1 \times 10'' + \cdots + 3 \times 13''}{2 + 1 + \cdots + 3}$

$= 73°40'13.7''$

18. $\overline{AB} = 60 \pm \sqrt{0.01^2 + 0.03^2 + 0.05^2}$

$= 60 \pm 0.059\text{m}$

19. $V = \dfrac{L}{2}(A_1 + 2A_2 + A_3)$

$= \dfrac{20}{2}(318 + 2 \times 512 + 682)$

$= 20{,}240\text{m}^3$

20. ① $E = R\left(\sec\dfrac{I}{2} - 1\right)$ 에서

$R = \dfrac{10}{\sec 40°10' - 1} = 32.40\text{m}$

② $T.L = R \cdot \tan\dfrac{I}{2} = 27.35\text{m}$

1. ①	2. ③	3. ②	4. ③	5. ③
6. ②	7. ②	8. ④	9. ③	10. ④
11. ①	12. ①	13. ②	14. ①	15. ①
16. ④	17. ③	18. ③	19. ③	20. ③

1. 대상구역을 삼각형으로 분할하여 각 교점의 표고를 측량한 결과가 그림과 같을 때 토공량은?

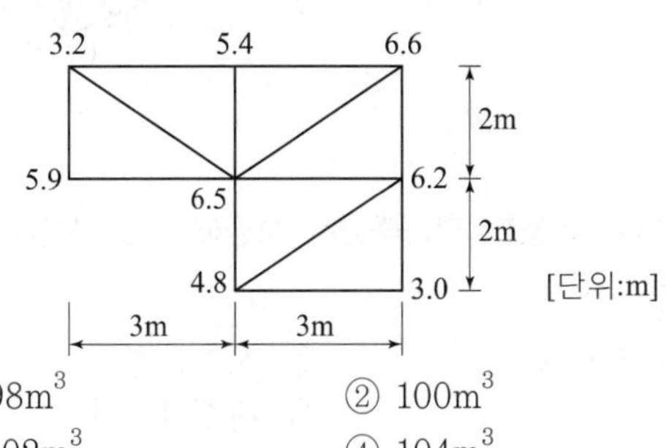

① $98m^3$ ② $100m^3$
③ $102m^3$ ④ $104m^3$

2. 그림과 같은 트래버스에서 AL의 방위각이 19°48′26″, BM의 방위각이 310°36′43″, 관측한 교각의 총합이 1,190°47′22″일 때 측각오차의 크기는?

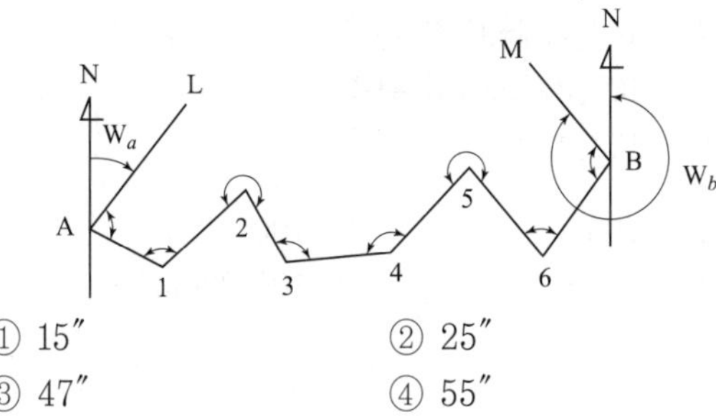

① 15″ ② 25″
③ 47″ ④ 55″

3. 축척 1 : 25,000의 수치지형도에서 경사가 10%인 등경사 지형의 주곡선간 도상거리는?

① 2mm ② 4mm
③ 6mm ④ 8mm

4. 지구상의 ΔABC를 측정한 결과, 두 변의 거리가 a=30km, b=20km이었고, 그 사잇각 80°이었다면 이때 발생하는 구과량은? (단, 지구의 곡선반지름은 6,400km로 가정한다.)

① 1.49″ ② 1.62″
③ 2.04″ ④ 2.24″

5. 그림과 같은 복곡선(Compound Curve)에서 관계식으로 틀린 것은?

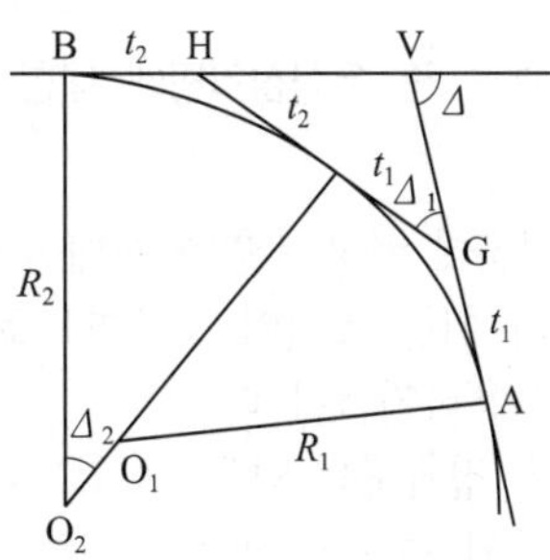

① $\Delta_1 = \Delta - \Delta_2$

② $t_2 = R_2 \tan\dfrac{\Delta_2}{2}$

③ $VG = (\sin\Delta_2)\left(\dfrac{GH}{\sin\Delta}\right)$

④ $VB = (\sin\Delta_2)\left(\dfrac{GH}{\sin\Delta}\right) + t_2$

6. 다각측량을 위한 수평각 측정방법 중 어느 측선의 바로 앞 측선의 연장선과 이루는 각을 측정하여 각을 측정하는 방법은?

① 편각법 ② 교각법
③ 방위각법 ④ 전진법

7. A와 B의 좌표가 다음과 같을 때 측선 AB의 방위각은?

A점의 좌표 =(179847.1m, 76614.3m)
B점의 좌표 =(179964.5m, 76625.1m)

① 5°23′15″ ② 185°15′23″
③ 185°23′15″ ④ 5°15′22″

8. 거리 2.0km에 대한 양차는? (단, 굴절계수 K는 0.14, 지구의 반지름은 6,370km이다.)

① 0.27m ② 0.29m
③ 0.31m ④ 0.33m

9. 삼각망의 종류 중 유심삼각망에 대한 설명으로 옳은 것은?

① 삼각망 가운데 가장 간단한 형태이며 측량의 정확도를 얻기 위한 조건이 부족하므로 특수한 경우 외에는 사용하지 않는다.
② 가장 높은 정확도를 얻을 수 있으나 조정이 복잡하고 포함된 면적이 작으며 특히 기선을 확대할 때 주로 사용한다.
③ 거리에 비하여 측점수가 가장 적으므로 측량이 간단하며 조건식의 수가 적어 정도가 낮다.
④ 광대한 지역의 측량에 적합하며 정확도가 비교적 높은 편이다.

10. 아래 종단수준측량의 야장에서 ㉠, ㉡, ㉢에 들어갈 값으로 옳은 것은? (단위 : m)

측점	후시	기계고	전시		지반고
			전환점	중간점	
BM	0.175	㉠			37.133
No. 1				0.154	
No. 2				1.569	
No. 3				1.143	
No. 4	1.098	㉡	1.237		㉢
No. 5				0.948	
No. 6				1.175	

① ㉠ : 37.308, ㉡ : 37.169, ㉢ : 36.071
② ㉠ : 37.308, ㉡ : 36.071, ㉢ : 37.169
③ ㉠ : 36.958, ㉡ : 35.860, ㉢ : 37.097
④ ㉠ : 36.958, ㉡ : 37.097, ㉢ : 35.860

11. 수평각관측방법에서 그림과 같이 각을 관측하는 방법은?

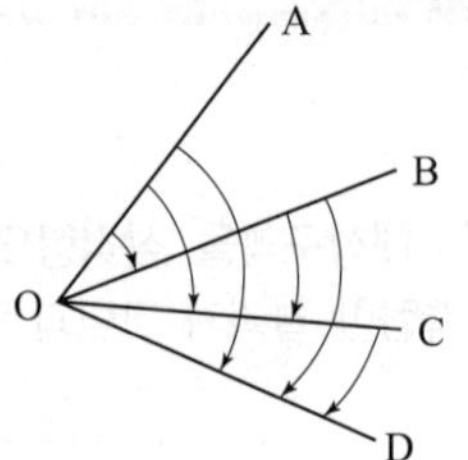

① 방향각관측법
② 반복관측법
③ 배각관측법
④ 조합각관측법

12. 별을 이용한 천문측량시 보정해야 할 사항이 아닌 것은?

① 부게보정 ② 시차보정
③ 기차보정 ④ 광행차보정

13. 어떤 측선의 길이를 3인(A, B, C)이 관측하여 아래와 같은 결과를 얻었을 때 최확값은?

> A : 100.287m(5회 관측)
> B : 100.376m(3회 관측)
> C : 100.432m(2회 관측)

① 100.298m ② 100.312m
③ 100.343m ④ 100.376m

14. ΔABC의 꼭지점에 대한 좌표값이 (30, 50), (20, 90), (60, 100)일 때 삼각형 토지의 면적은? (단, 좌표의 단위 : m)

① $500m^2$ ② $750m^2$
③ $850m^2$ ④ $960m^2$

15. 도로 설계 시에 단곡선의 외할(E)은 10m, 교각은 60°일 때, 접선길이($T.L$)은?

① 42.4m ② 37.3m
③ 32.4m ④ 27.3m

16. 노선측량에서 단곡선 설치 시 필요한 교각 I= 95°30′, 곡선반지름 R=300m일 때 장현(long chord : L)은?

① 222.065m ② 298.619m
③ 444.131m ④ 597.238m

17. 다음 우리나라에서 사용되고 있는 좌표계에 대한 설명 중 옳지 않은 것은?

> 우리나라의 평면직각좌표는 ㉠ 4개의 평면직각 좌표계(서부, 중부, 동부, 동해)를 사용하고 있다. 각 좌표계의 ㉡ 원점은 위도 38°선과 경도 125°, 127°, 129°, 131° 선의 교점에 위치하며, ㉢ 투영법은 TM(Transverse Mercator)을 사용한다. 좌표의 음수 표기를 방지하기 위해 ㉣ 횡좌표에 200,000m, 종좌표에 500,000m를 가산한 가좌표를 사용한다.

① ㉠ ② ㉡
③ ㉢ ④ ㉣

18. 측지학과 관련된 설명으로 옳은 것은? (단, N : 지구의 횡곡률반지름, R : 지구의 자오선 곡률반지름, a : 타원지구의 적도반지름, b : 타원지구의 극반지름)

① 측량의 원점에서의 평균 곡률반지름은 $\frac{a+2b}{3}$ 이다.
② 타원에 대한 지구의 곡률반지름은 $\frac{a-b}{a}$로 표시된다.
③ 지구의 편평률은 $\sqrt{N \cdot R}$로 표시된다.
④ 지구의 이심률(편심률)은 $\frac{\sqrt{a^2-b^2}}{a}$로 표시된다.

19. 지자기측량을 위한 관측요소가 아닌 것은?

① 지자기의 방향과 자오선과의 각
② 지자기의 방향과 수평면과의 각
③ 자오선으로부터 좌표북 사이의 각
④ 수평면 내에서의 자기장의 크기

20. 삼각형 토지의 3변 길이가 각각 25.4m, 40.8m, 50.6m일 때, 축척 1/600 도면상의 면적은?

① 14.3cm^2 ② 12.8cm^2
③ 0.86cm^2 ④ 0.74cm^2

해설 및 정답

1. $V=\frac{a}{3}\{\Sigma h_1+2\Sigma h_2+\cdots+6\Sigma h_6\}$

$\Sigma h_1=5.9+3.0=8.9$

$2\Sigma h_2=2(3.2+5.4+6.6+4.8)=40.0$

$3\Sigma h_3=3\times 6.2=18.6$

$5\Sigma h_5=5\times 6.5=32.5$

$\therefore\ V=\dfrac{3\times\frac{2}{2}}{3}\{8.9+40.0+18.6+32.5\}=100.0\text{m}^2$

2. 삼각점이 북쪽을 기준으로 모두 안쪽에 있으므로 가장 작다.$(n-3)$

$\therefore\ E=W_a-W_b+[\alpha]-180°(n-3)$

$=19°48'26''-310°36'43''+1,190°47'22''-180°(8-3)$

$=-0°0'55''$

여기서, $n=1\sim6$번 6개$+\angle A+\angle B=8$개

3. ① $\frac{1}{25,000}$ 지형도의 주곡선 간격 : 10m

② 경사도 10%일 때 주곡선 간의 수평거리(L)

$\frac{10}{100}=\frac{10}{L}$

$\therefore\ L=100\text{m}$

③ $\frac{1}{25,000}$ 지형도의 주곡선 수평 간격(l)

$l=\frac{100}{25,000}=0.004\text{m}$

4. $\frac{\epsilon''}{\rho''}=\frac{F}{\gamma^2}$에서

$\epsilon''=206,265''\times\dfrac{\frac{1}{2}\times 30\times 20\times\sin 80°}{6,400^2}=1.49''$

5. ΔVGH에서

$\frac{VH}{\sin\Delta_1}=\frac{GH}{\sin\Delta}$이므로

① $VH=(\sin\Delta_1)\cdot\left(\frac{GH}{\sin\Delta}\right)$

② $VB=VH+t_2=(\sin\Delta_1)\cdot\left(\frac{GH}{\sin\Delta}\right)+t_2$

6. 편각 : 어느 측선의 바로 앞 측선의 연장선과 그 측선이 이루는 각

7. $\theta=\tan^{-1}\frac{(Y_B-Y_A)}{(X_B-X_A)}=5°15'22''$

여기서, (X_B-X_A)와 (Y_B-Y_A)가 모두 ⊕이므로 방위각은 θ가 된다.

8. 수준측량에서 구차와 기차를 양차라 한다.

양차$(E)=\frac{(1-K)D^2}{2R}$

$=\frac{(1-0.14)\times 2}{2\times 6,370}\times 2,000=0.27\text{m}$

9. 유심삼각망은 측점수에 비해 피복면적이 넓어 광대한 지역의 측량에 적합하며 정밀도도 비교적 높다.

10. ㉠$=37.133+0.175=37.308$

㉢$=$㉠$-1,273=36.071$

㉡$=$㉢$+1.098=37.169$

11. 조합각관측법(각관측법)은 수평각 관측법 중 가장 정확한 방법으로 조건식의 수가 많아 정밀한 보정이 가능하다.

12. 부게보정 : 관측점들의 고도차에 존재하는 물질의 인력이 중력에 미치는 영향을 보정하는 것으로 중력 보정의 한 종류임

13. ① 경중률은 관측횟수에 비례

$P_A : P_B : P_C = 5 : 3 : 2$

② $L_P = \frac{[P \cdot L]}{[P]}$

$= 100 + \frac{5 \times 0.287 + 3 \times 0.376 + 2 \times 0.432}{5+3+2}$

$= 100.343\text{m}$

14. $A = \left| \frac{1}{2} \Sigma x_i (y_{i+1} - y_{i-1}) \right|$

$= \left| \frac{1}{2} \{30(90-100) + 20(100-50) + 60(50-90)\} \right|$

$= \left| \frac{1}{2} \cdot (-1{,}700) \right| = 850\text{m}^2$

15. ① $E = R\left(\sec\frac{I}{2} - 1\right)$에서

$R = \frac{E}{\sec\frac{I}{2} - 1} = \frac{10}{\frac{1}{\cos 30°} - 1}$

$= 64.64\text{m}$

② $T.L. = R \cdot \tan\frac{I}{2} = 64.64 \times \tan 30°$

$= 37.32\text{m}$

16. 장현$= 2R \cdot \sin\frac{I}{2} = 444.131\text{m}$

17. 우리나라 평면직각좌표계 각 원점의 좌표에는 종$(X) = 600{,}000\text{m}$, 횡$(Y) = 200{,}000\text{m}$를 가산하여 모든 좌표가 ⊕값을 갖도록 했다.

18. ① 평균곡률반경 $R = \frac{2a+b}{3}$

② 지구의 편평률 $\epsilon = \frac{a-b}{a}$

③ 중등 곡률반경 $R = \sqrt{N \cdot R}$

19. 지자기 측정의 3요소

① 편각 : 지자기의 방향과 자오선과의 각

② 복각 : 지자기의 방향과 수평면과의 각

③ 수평분력 : 수평면 내에서 자기장의 크기

20. ① $s = \frac{a+b+c}{2} = 58.4\text{m}$

② $A = \sqrt{s\,(s-a)(s-b)(s-c)}$

$= 514.36\text{m}^2$

③ $a = \frac{A}{m^2} = \frac{514.36}{600^2}$

$= 0.0014288\text{m}^2 = 14.3\text{cm}^2$

1. ②	2. ④	3. ②	4. ①	5. ④
6. ①	7. ④	8. ①	9. ④	10. ①
11. ④	12. ①	13. ③	14. ③	15. ②
16. ③	17. ④	18. ④	19. ③	20. ①

과년도출제문제(CBT시험문제)

※ 본 기출문제는 수험자의 기억을 바탕으로 하여 복원한 문제이므로 실제 문제와 다를 수 있음을 미리 알려드립니다.

1. 삼각망의 조정에서 하나의 삼각형 3점에서 같은 정밀도로 측량하여 생긴 폐합오차는 어떻게 처리하는가?

① 각의 크기에 관계없이 등배분한다.
② 대변의 크기에 비례하여 배분한다.
③ 각의 크기에 반비례하여 배분한다.
④ 각의 크기에 비례하여 배분한다.

2. 트래버스측량을 한 전체 측선 길이가 2.0km이고 위거오차가 +0.21m, 경거오차가 -0.29m이었다면 폐합비는?

① $\frac{1}{5,186}$　② $\frac{1}{5,386}$
③ $\frac{1}{5,586}$　④ $\frac{1}{6,168}$

3. 각의 정밀도가 ±20″인 각측량기로 각을 관측할 경우, 각오차와 거리오차가 균형을 이루기 위한 줄자의 정밀도는?

① 약 $\frac{1}{10,000}$　② 약 $\frac{1}{50,000}$
③ 약 $\frac{1}{100,000}$　④ 약 $\frac{1}{500,000}$

4. 수심이 H인 하천의 유속을 3점법에 의해 관측할 때, 관측위치로 옳은 것은?

① 수면에서의 깊이가 $0.1H$, $0.5H$, $0.9H$가 되는 지점
② 수면에서의 깊이가 $0.2H$, $0.6H$, $0.8H$가 되는 지점
③ 수면에서의 깊이가 $0.3H$, $0.5H$, $0.7H$가 되는 지점
④ 수면에서의 깊이가 $0.4H$, $0.5H$, $0.6H$가 되는 지점

5. 등고선의 성질에 대한 설명으로 옳지 않은 것은?

① 경사가 급할수록 등고선 간격이 좁다.
② 경사가 일정하면 등고선 간격이 일정하다.
③ 등고선은 분수선과 직교하고 합수선과 평행하다.
④ 등고선의 최단거리 방향은 최대경사방향을 나타낸다.

6. 거리가 100m 떨어진 A, B 두 점의 중간점에서 레벨로 두 점의 표척을 시준하니 $a_1=0.327$m, $b_1=0.995$m이고, 레벨을 BA 연직선상 3m 지점에 다시 세운 후 A와 B의 표척을 시준하니 $a_2=1.709$m, $b_2=2.339$m이었다. B점에서의 조정한 표척의 읽음값은?

① 2.219m　② 2.300m
③ 2.378m　④ 2.419m

7. GNSS 측량에 대한 설명으로 옳지 않은 것은?

① 3차원 공간 계측이 가능하다.
② 기상의 영향을 거의 받지 않으며 야간에도 측량이 가능하다.
③ Bessel 타원체를 기준으로 경위도 좌표를 수집하기 때문에 좌표정밀도가 높다.
④ 기선 결정의 경우 두 측점 간의 시통에 관계가 없다.

8. 단곡선을 설치하기 위하여 교각(I)=80°를 측정하였다. 외할(E)을 10m로 하고자 할 때 곡선길이(C.L)는?

① 33m　② 46m
③ 74m　④ 117m

9. 캔트(cant)의 계산에서 속도 및 반지름을 2배로 하면 캔트는 몇 배가 되는가?

① 2배　　② 4배
③ 8배　　④ 16배

10. 노선 측량에서 토적곡선(Mass Curve)을 작성하는 목적으로 가장 거리가 먼 것은?

① 토량의 운반거리 산출
② 토공기계의 선정
③ 경제적인 노선 선정
④ 주행에 최적 조건인 노선의 선정

해설 및 정답

1. 삼각망의 각조건의 조정

① 제1조정 : 삼각형의 내각의 합이 180°가 되도록 조정

② 조정량$(\alpha)=-\frac{W_1}{3}$ 즉, 오차(W_1)를 3등분하여 조정한다.

2. ① $E=\sqrt{(0.21)^2+(-0.290^2)}=0.358\text{m}$

② 폐합비$(R)=\frac{E}{\Sigma l}=\frac{0.358}{2{,}000}=\frac{1}{5{,}586}$

3. $\frac{\Delta l}{l}=\frac{\epsilon''}{\rho}$ 에서

$$\frac{\Delta l}{l}=\frac{20''}{206{,}265''}\fallingdotseq\frac{1}{10{,}000}$$

4. 3점법에 의한 평균유속(V_m) 계산

$$V_m=\frac{1}{4}(V_{0.2}+2V_{0.6}+V_{0.8})$$

5. 등고선은 분수선(빗물을 나누는 선으로 지표면의 가장 높은 곳을 연결한 선)과 직교하고 합수선(빗물이 합쳐지는 선) 및 최대경사선과도 직교한다.

6. 교호수준측량은 높이차의 평균으로 시준축오차 및 양차를 소거하여 정밀한 값을 얻으며, 레벨의 조정은 높이차의 차를 이용하여 조정한다.

① 조정량(d)

$$d=\frac{D+e}{D}[(a_1-b_1)-(a_2-b_2)]$$

$$=\frac{100+3}{100}[(0.327-0.995)-(1.709-2.339)]$$

$$=-0.039\text{m}$$

② 조정 $=b_2$의 읽음 값 $-d$

$$=2.339-(-0.039)=2.378\text{m}$$

7. 우리나라의 GNSS측량은 지구의 질량 중심 좌표계인 GRS80 좌표계를 사용한다.

8. ① $E=R\left(\sec\frac{I}{2}-1\right)$ 에서

$$R=\frac{10}{\sec\frac{80°}{2}-1}=32.743\text{m}$$

② $C.L=R\cdot I°\,rad$

$$=32.743\times80°\times\frac{\pi}{180°}=45.72\text{m}$$

9. $C=\frac{SV^2}{gR}$ 에서

$$C'=\frac{S\cdot(2V)^2}{g\cdot2R}=2\frac{SV^2}{gR}=2C$$

10. 토적(유토)곡선 작성의 목적

① 토량의 운반거리 산출

② 토공 기계의 선정

③ 경제적인 노선 선정

④ 절 · 성토량의 효율적인 배분

1. ①	2. ③	3. ①	4. ②	5. ③
6. ③	7. ③	8. ②	9. ①	10. ④

과년도출제문제(CBT시험문제)

23 토목산업기사

2회 시행 출제문제

※ 본 기출문제는 수험자의 기억을 바탕으로 하여 복원한 문제이므로 실제 문제와 다를 수 있음을 미리 알려드립니다.

1. 트래버스측량에서 측선의 전장=2,500m, 위거의 오차=0.30m, 경거의 오차=0.40m일 때에 폐합비는?

① 1/4,500　② 1/5,000
③ 1/5,500　④ 1/6,000

2. 레벨의 조정이 불완전하여 발생한 오차를 최소화하는 방법은?

① 왕복 2회 측정하여 그 평균을 취한다.
② 기포의 위치를 항상 중앙에 오게 한다.
③ 시준선의 거리를 40m 이내로 한다.
④ 전시 · 후시의 시준거리를 같게 한다.

3. 지형측량에서 지성선(地性線)에 대한 설명으로 옳은 것은?

① 등고선이 수목에 가려져 불명확할 때의 선을 말한다.
② 지모(地貌)의 골격이 되는 선을 말한다.
③ 등고선에 직각방향으로 내려 그은 선을 말한다.
④ 곡선(谷線)이 합류되는 점들을 서로 연결한 선을 말한다.

4. 캔트(cant)의 계산에서 속도 및 반지름을 2배로 하면 캔트는 몇 배가 되는가?

① 2배　② 4배
③ 8배　④ 16배

5. 하천의 심천측량에 관한 설명으로 틀린 것은?

① 심천측량은 하천의 수면으로부터 하저까지의 깊이를 구하는 측량으로 횡단측량과 같이 행한다.
② 로드(rod)에 의한 심천측량은 보통 수심 5~6m 정도의 얕은 곳에 사용한다.
③ 레드(lead)로 관측이 불가능한 깊은 곳은 음향측심기를 사용한다.
④ 심천측량은 수위가 높은 장마철에 하는 것이 효과적이다.

6. 비행장이나 운동장과 같이 넓은 지형의 정지 공사시에 토량을 계산하고자 할 때 적당한 방법은?

① 점고법　② 등고선법
③ 중앙단면법　④ 양단면 평균법

7. 120m 측선을 30m줄자로 관측하였다. 1회 관측에 따른 정오차는 +3mm, 우연오차 ±3mm였다면, 이 줄자를 이용한 관측 거리는?

① 120.000±0.006m　② 120.006±0.006m
③ 120.012±0.006m　④ 120.012±0.012m

8. 수준점 A, B, C에서 수준측량을 하여 P점의 표고를 얻었다. P점 표고의 최확값은?

노선	P점 표고값	노선거리
A→P	57.583m	2 km
B→P	57.700m	3 km
C→P	57.680m	4 km

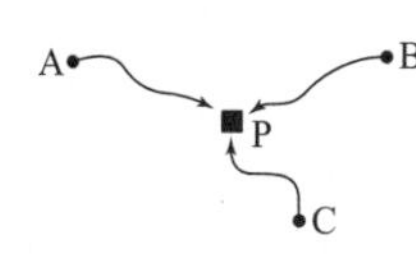

① 57.641m　② 57.649m
③ 57.654m　④ 57.706m

9. 노선에 곡선반지름 $R=600$m인 곡선을 설치할 때, 현의 길이 $l=20$m에 대한 편각은?

① 54′18″　　② 55′18″
③ 56′18″　　④ 57′18″

10. GNSS측량에 대한 설명으로 틀린 것을 고르시오.

① 상대측위기법을 이용하면 절대측위보다 높은 측위정확도의 확보가 가능하다.
② GNSS 측량을 통해 수신기의 좌표뿐만 아니라 시계오차도 계산할 수 있다.
③ 지구질량중심을 원점으로 하는 3차원 직교좌표체계를 사용한다.
④ GNSS측량은 고압선이나 고층건물이 있는 부분이 더 유리하다.

해설 및 정답

1. 폐합비$(R)=\dfrac{E}{\Sigma l}$

$$=\frac{\sqrt{0.3^2+0.4^2}}{2{,}500}=\frac{1}{5{,}000}$$

2. 레벨의 조정이 불완전하여 발생한 오차(시준축 오차), 양차 등은 전·후시의 시준거리를 같게 하여 상쇄시킨다.

3. 지성선 : 지표면이 다수의 평면으로 이루어졌다고 가정할 때 평면과 평면이 만나는 접선으로 능선, 최대 경사선, 계곡선 등 지모의 골격이 되는 선을 말한다.

4. $C=\dfrac{SV^2}{gR}$ 에서

$$C'=\frac{S\cdot(2V)^2}{g\cdot 2R}=2\frac{SV^2}{gR}=2C$$

5. 심천측량이란 수면의 깊이를 구하는 측량으로 수위가 높은 장마철에는 오차가 많이 발생하고 작업도 어려워 피한다.

6. 토량 계산법

① 점고법 : 택지지구, 비행장, 공단 등 넓은 지역의 토량 계산에 유리
② 등고선법 : 토공량, 저수량 산정 등에 이용
③ 단면법 : 철도, 수로, 도로 등 좁고 긴 선상의 지역 토량을 계산할 때 사용

7. ① 관측횟수$(n)=\dfrac{120}{30}=4$회

② 정오차는 n에 비례, 우연오차는 $\sqrt{n}$ 에 비례

$$\therefore\ l=120+0.003\cdot 4\pm 0.003\sqrt{4}$$
$$=120.012\pm 0.006\text{m}$$

8. ① 직접수준측량에서 경중률은 노선거리에 반비례하므로

$$P_A:P_B:P_C=\frac{1}{2}:\frac{1}{3}:\frac{1}{4}=6:4:3$$

② $H_P=\dfrac{[P\cdot H]}{[P]}$

$$=57+\frac{6\times 0.583+4\times 0.700+3\times 0.680}{6+4+3}$$
$$=57.641\text{m}$$

9. $\delta=\dfrac{l}{2R}rad$

$$=\frac{20}{2\times 600}\times\frac{180°}{\pi}=0°57'18''$$

10. GNSS 측량시 고도각은 15° 이상으로 한다. 고층건물이 있는 시가지는 전파가 건물 벽에 반사되어 오차 발생이 커진다. 고압선이 있는 곳은 전파의 영향으로 오차가 커진다. 이런 오차를 다중경로 오차라 한다.

1. ②	2. ④	3. ②	4. ①	5. ④
6. ①	7. ③	8. ①	9. ④	10. ④

과년도출제문제(CBT시험문제)

23 토목산업기사

4회 시행 출제문제

※ 본 기출문제는 수험자의 기억을 바탕으로 하여 복원한 문제이므로 실제 문제와 다를 수 있음을 미리 알려드립니다.

1. 타원체고는 10m이고 정표고는 5m이었을 때 다음 중 지오이드(Geoid)고는 몇 m인가?

① 5m ② 15m
③ 0m ④ −5m

2. 100m의 거리를 20m의 줄자로 관측하였다. 1회의 관측에 +5mm의 누적오차와 ±5mm의 우연오차가 있을 때 정확한 거리는?

① 100.015±0.011m
② 100.025±0.011m
③ 100.015±0.022m
④ 100.025±0.022m

3. 트래버스 측점 A의 좌표 X, Y가 (200m, 200m)이고 AB측선의 길이가 100m일 때, B점의 좌표는? (단, AB측선의 방위각은 195°이다.)

① (98.5m, 106.7m)
② (103.4m, 174.1m)
③ (−86.1m, 145.8m)
④ (92.4m, −108.9m)

4. 폐합트래버스의 경·위거 계산에서 CD측선의 배횡거는?

[단위 : m]

측선	위거	경거	배횡거
AB	+65.39	+83.57	
BC	−34.57	+19.68	
CD	−65.43	−40.60	?
DA	+34.61	−62.65	

① 62.65m ② 103.25m
③ 125.30m ④ 165.90m

5. 삼각측량의 작업순서로 옳은 것을 고르시오.

① 도상계획 → 답사 및 선점 → 조표 → 좌표계산 → 경위도계산
② 도상계획 → 답사 및 선점 → 조표 → 경위도계산 → 좌표계산
③ 답사 및 선점 → 도상계획 → 조표 → 좌표계산 → 경위도계산
④ 답사 및 선점 → 도상계획 → 조표 → 경위도계산 → 좌표계산

6. 등고선에 관한 설명으로 옳지 않은 것은?

① 높이가 다른 등고선은 절대 교차하지 않는다.
② 등고선간의 최단거리 방향은 최급경사 방향을 나타낸다.
③ 지도의 도면 내에서 폐합되는 경우 등고선의 내부에는 산꼭대기 또는 분지가 있다.
④ 동일한 경사의 지표에서 등고선 간의 수평거리는 같다.

7. 교점(I.P)의 위치가 기점으로부터 400m, 곡선 반지름 R=200m, 교각 I=90°인 원곡선에서 기점으로부터 곡선시점(B.C)의 추가거리는?

① 180m ② 190m
③ 200m ④ 600m

8. 노선측량의 작업순서로 옳은 것을 고르시오.

① 계획측량 → 설계측량 → 용지측량 → 공사측량
② 계획측량 → 용지측량 → 공사측량 → 용지측량
③ 설계측량 → 계획측량 → 용지측량 → 공사측량
④ 설계측량 → 계획측량 → 공사측량 → 용지측량

9. 삼각형 토지의 3변 길이가 각각 25.4m, 40.8m, 50.6m일 때 축척 1/600 도면상의 면적은?

① $14.3cm^2$　　② $12.8cm^2$
③ $0.86cm^2$　　④ $0.74cm^2$

10. 30m에 대하여 3mm 늘어나 있는 줄자로써 정사각형의 지역을 측정한 결과 $62,500m^2$이었다면 실제의 면적은?

① $62,512.5m^2$　　② $62,524.3m^2$
③ $62,535.5m^2$　　④ $62,550.3m^2$

해설 및 정답

1. 타원체고 - 지오이드고 = 정표고에서
지오이드고 = 타원체고 - 정표고
= 10 - 5 = 5m

2. 정오차는 관측횟수에 비례하고 부정오차는 관측횟수의 제곱근에 비례한다.

① 관측횟수 $n=\dfrac{100}{20}=5$회

② $\therefore\ L_o = 100+5\times 0.005 \pm \sqrt{5}\times 0.005$
$= 100.025 \pm 0.011\text{m}$

3. ① X좌표 : 합위거
$X_B = X_A + l\cos\alpha_{AB}$
$= 200+100\times\cos 195° = 103.4\,\text{m}$

② Y좌표 : 합경거
$Y_B = Y_A + l\sin\alpha_{AB}$
$= 200+100\times\sin 195° = 174.1\,\text{m}$

4. 임의 측선의 배횡거=앞 측선의 배횡거+앞 측선의 경거+그 측선의 경거
$\overline{\text{AB}}$의 배횡거 $=83.57\text{m}$
$\overline{\text{BC}}$의 배횡거 $=83.57+83.57+19.68=186.82\text{m}$
$\overline{\text{CD}}$의 배횡거 $=186.82+19.68-40.60=165.90\text{m}$

5. ① 삼각측량의 작업순서
도상계획 → 답사 및 선점 → 조표 → 측정 → 계산
② 삼각망 계산 후 삼각점의 위치를 구하는 계산순서
편심조정 계산 → 삼각형의 변과 방향각 계산 → 좌표 계산 → 표고 계산 → 경위도 계산

6. 등고선은 절벽이나 동굴을 제외하고는 서로 교차하지 않는다.

7. 기점에서 곡선시점(B.C)까지 추가거리
$\sim I.P - T.L = 400 - 200\cdot\tan\dfrac{90°}{2} = 200\text{m}$
여기서, 접선장 $T.L = R\cdot\tan\dfrac{I°}{2}$

8. 노선측량의 작업순서
노선선정 → 계획조사측량 → 실시설계측량 → 세부측량 → 용지측량 → 공사측량

9. ① 삼각형의 실제 면적
$A=\sqrt{s(s-a)(s-b)(s-c)}$
$=\sqrt{58.4(58.4-25.4)(58.4-40.8)(58.4-50.6)}$
$=514.36\,\text{m}^2$
여기서,
$s=\dfrac{a+b+c}{2}=\dfrac{25.4+40.8+50.6}{2}$
$=58.4\,\text{m}$

② 도상면적(a)
면적비 = 축척비^{2}이므로

$$\frac{a}{A}=\left(\frac{\frac{1}{m}}{\frac{1}{M}}\right)^2$$

$$\therefore\ a=\left(\frac{M}{m}\right)^2\cdot A$$

$$=\left(\frac{1}{600}\right)^2\times 514.36=0.001429\text{m}^2$$

$$=14.29\text{cm}^2$$

10. 면적 = 거리^{2}이므로

$$A_o = A\times\left(\frac{l\pm\Delta l}{l}\right)^2$$

$$=62{,}500\times\left(\frac{30+0.003}{30}\right)^2$$

$$=62{,}512.5\text{m}^2$$

1. ①	2. ②	3. ②	4. ④	5. ①
6. ①	7. ③	8. ①	9. ①	10. ①

과년도출제문제

24 토목산업기사 1회 시행 출제문제

※ 본 기출문제는 수험자의 기억을 바탕으로 하여 복원한 문제이므로 실제 문제와 다를 수 있음을 미리 알려드립니다.

1. 그림과 같은 개방 트래버스에서 CD측선의 방위는?

① N50°W
② S30°E
③ S50°W
④ N30°E

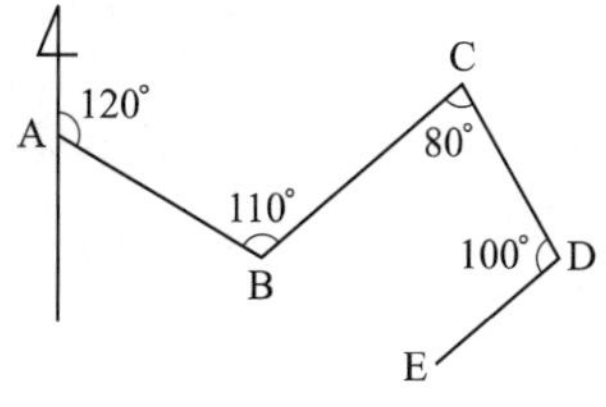

2. 30m당 ±1.0mm의 오차가 발생하는 줄자를 사용하여 480m의 기선을 측정하였다면 총오차는?

① ±3.0mm
② ±3.5mm
③ ±4.0mm
④ ±4.5mm

3. 수심 h인 하천의 유속측정에서 수면으로부터 $0.2h$, $0.6h$, $0.8h$의 유속이 각각 각각 0.625m/sec, 0.564 m/sec, 0.382m/sec일 때 3점법에 의한 평균유속은?

① 0.498m/sec
② 0.505m/sec
③ 0.511m/sec
④ 0.533m/sec

4. 삼각망 중 정확도가 가장 높은 삼각망은?

① 단열삼각망
② 단삼각망
③ 유심다각망
④ 사변형삼각망

5. 그림과 같은 교호수준 측량의 결과에서 B점의 표고는? (단, A점의 표고는 60m이고 관측결과의 단위는 m이다.)

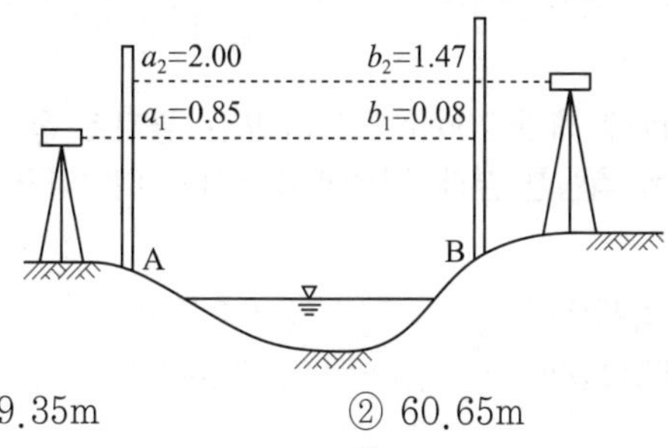

① 59.35m
② 60.65m
③ 61.82m
④ 61.27m

6. 다음 중 기지의 삼각형을 이용한 삼각측량의 순서로 옳은 것은?

㉠ 도상계획 ㉡ 답사 및 선점 ㉢ 계산 및 성과표 작성 ㉣ 각관측 ㉤ 조표

① ㉠→㉡→㉤→㉣→㉢
② ㉠→㉤→㉡→㉣→㉢
③ ㉡→㉠→㉤→㉣→㉢
④ ㉡→㉤→㉠→㉣→㉢

7. 노선측량의 완화곡선에 대한 설명 중 옳지 않은 것은?

① 완화곡선의 접선은 시점에서 원호에, 종점에서 직선에 접한다.
② 완화곡선의 반지름은 시점에서 무한대, 종점에서 원곡선의 반지름(R)으로 된다.
③ 클로소이드의 조합형식에는 S형, 복합형, 기본형 등이 있다.
④ 모든 클로소이드는 닮은꼴이며, 클로소이드 요소는 길이의 단위를 가진 것과 단위가 없는 것이 있다.

8. GPS 위성의 기하학적 배치상태에 따른 정밀도 저하율을 뜻하는 것은?

① 다중경로(Multipath)
② DOP
③ A/S
④ 사이클 슬립(Cycle Slip)

9. 50m에 대해 20mm 늘어나 있는 줄자로 정사각형의 토지를 측량한 결과, 면적이 62,500m^2이었다면 실제면적은?

① 62,450m^2　　② 62,475m^2
③ 62,525m^2　　④ 62,550m^2

10. 종단면도를 이용하여 유토곡선(mass curve)을 작성하는 목적과 가장 거리가 먼 것은?

① 토량의 운반거리 산출
② 토공장비의 선정
③ 토량의 배분
④ 교통로 확보

해설 및 정답

1. ① $\overline{CD}$ 방위각=120°−180°+110°+180°−80°=150°

② $\overline{CD}$의 방위=S(180°−150°)E=S30°E

2. 우연오차는 측정횟수의 제곱근에 비례

$\therefore\ E=\sqrt{n}\cdot e=\sqrt{\frac{480}{30}}\times(\pm 1\text{mm})=\pm 4.0\text{mm}$

3. $V_m=\frac{1}{4}(V_{0.2}+2V_{0.6}+V_{0.8})$

$=\frac{1}{4}(0.625+2\times 0.564+0.382)$

$=0.534\text{m/sec}$

4. 사변형 삼각망은 측점수에 비해 피복면적이 작아 비경제적이나 가장 정밀도가 높아 기선삼각망에 주로 사용된다.

5. ① 교호수준측량은 높이차의 평균으로 시준축 오차를 제거한다.

$\Delta h=\frac{(a_1-b_1)+(a_2-b_2)}{2}=0.650\text{m}$

② $\therefore\ H_B=H_A+\Delta h=60.650\text{m}$

6. 삼각측량의 순서

① 도상 계획 ② 답사 및 선점
③ 조표 ④ 각 관측
⑤ 계산 및 성과표 작성

7. 완화곡선의 접선은 시점에서 직선에, 종점에서 원호에 접한다.

8. DOP(Dilution of Precision)

위성의 기하학적 배치상태에 따른 정밀도 저하율로 DOP 값이 작을수록 정확하다.

9. $A=\left(\frac{50+0.020}{50}\right)^2\times 62{,}500=62{,}550\text{m}^2$

10. 유토곡선의 작성 목적

① 절· 성토량의 효율적인 배분
② 토량의 운반거리 산출
③ 토량의 운반거리에 따른 장비의 선정
④ 토취장, 사토장의 적정 위치 선정 등

1. ②	2. ③	3. ④	4. ④	5. ②
6. ①	7. ①	8. ②	9. ④	10. ④

과년도출제문제

24 토목산업기사
2회 시행 출제문제

※ 본 기출문제는 수험자의 기억을 바탕으로 하여 복원한 문제이므로 실제 문제와 다를 수 있음을 미리 알려드립니다.

1. 범세계적 위치결정체계(GPS)에 대한 설명으로 옳지 않은 것은?

① 기상에 관계없이 위치결정이 가능하다.
② NNSS의 발전형으로 관측소요시간 및 정확도를 향상시킨 체계이다.
③ 우주부분, 제어부분, 사용자부분으로 구성되어 있다.
④ 사용되는 좌표계는 WGS72이다.

2. 수준측량의 오차 최소화 방법으로 틀린 것은?

① 표척의 영점오차는 기계의 설치 횟수를 짝수로 세워 오차를 최소화 한다.
② 시차는 망원경의 접안경 및 대물경을 명확히 조절한다.
③ 눈금오차는 기준자와 비교하여 보정값을 정하고 온도에 대한 온도보정도 실시한다.
④ 표척 기울기에 대한 오차는 표척을 앞뒤로 흔들 때의 최대값을 읽음으로 최소화 한다.

3. 교점(I.P.)의 위치가 기점으로부터 200.12m, 곡선반지름 200m, 교각 45°00′인 단곡선의 시단현의 길이는? (단, 측점간 거리는 20m로 한다.)

① 2.72m
② 2.84m
③ 17.16m
④ 17.28m

4. 거리측량의 허용정밀도를 $\frac{1}{10^5}$이라 할 때, 반지름 몇 km까지를 평면으로 볼 수 있는가? (단, 지구반지름 $r=$ 6400km이다.)

① 11km
② 22km
③ 35km
④ 70km

5. 노선측량에서 노선을 선정할 때 유의해야 할 사항으로 옳지 않은 것은?

① 배수가 잘 되는 곳으로 한다.
② 노선 선정 시 가급적 직선이 좋다.
③ 절토 및 성토의 운반거리를 가급적 짧게 한다.
④ 가급적 성토구간이 길고, 토공량이 많아야 한다.

6. 우리나라의 축척 1:50,000 지형도에서 주곡선의 간격은?

① 5m
② 10m
③ 20m
④ 25m

7. 방대한 지역의 측량에 적합하며 동일 측점 수에 대하여 포괄면적이 가장 넓은 삼각망은?

① 유심 삼각망
② 사변형 삼각망
③ 단열 삼각망
④ 복합 삼각망

8. 그림과 같은 트래버스에서 AL의 방위각이 19°48′26″, BM의 방위각이 310°36′43″, 관측한 교각의 총합이 1190°47′22″일 때 측각 오차의 크기는?

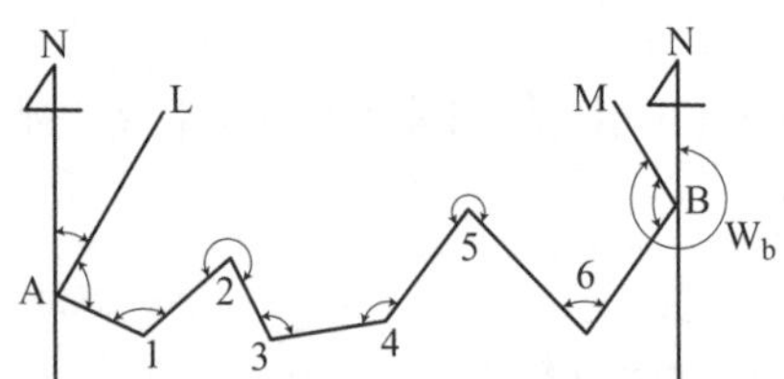

① 15″
② 25″
③ 47″
④ 55″

9. 축척1 : 3,000의 도상에서 어떤 토지개량구역의 면적을 구한 결과가 20.75cm² 이었다면 이 구역의 실면적은?

① 15,725m²
② 18,675m²
③ 25,725m²
④ 32,354m²

10. 다각측량에서 길이는 1,200m이며 각 오차는 5″일 경우 같은 정밀도를 가진 거리 오차는 얼마인가?

① 1cm
② 2cm
③ 3cm
④ 4cm

해설 및 정답

1. GPS에 사용되는 좌표계는 WGS 84이다.

2. 수준측량시 표척 기울기에 대한 오차는 표척을 앞뒤로 흔들때의 최소값(수직으로 세웠을 때)을 읽음으로 최소화한다.

3. ① $\text{T.L.} = \text{R} \cdot \tan\frac{I^\circ}{2} = 200 \times \tan\frac{45^\circ}{2} = 82.84\text{m}$

② $\text{B.C.} = 200.12 - 82.84 = 117.28\text{m}$

③ 시단현$= 120 - 117.28 = 2.72\text{m}$

4. ① $\frac{d-D}{D} = \frac{1}{12}\left(\frac{D}{R}\right)^2 = \frac{1}{m}$ 에서

$\therefore\ D = \sqrt{\frac{12 \cdot R^2}{m}} = \sqrt{\frac{12 \times 6{,}370^2}{10^5}} = 69.78\text{km}$

② $r = \frac{D}{2} \fallingdotseq 35\text{km}$ 이내를 평면으로 간주

5. 노선의 선정은 가급적 절·성토량이 작아 토공량이 작아야 경제적이고 환경 훼손도 적다.

6. S=1:50,000 지형도의 등고선 간격

① 조곡선 : 5m
② 간곡선 : 10m
③ 주곡선 : 20m
④ 계곡선 : 100m

7. 유심 삼각망

측점수에 비해 포괄면적이 넓어 공단, 택지 조성 등 방대한 지역에 적합하며 정밀도도 높다.

8. $\Delta\alpha = T_A + [\alpha] - 180^\circ(n-3) - T_B$

$= 19^\circ 48' 26'' + 1{,}190^\circ 47' 22''$

$- 180^\circ(8-3) - 310^\circ 36' 43''$

$= -55''$

9. (축척비)^2=면적비 이므로

$\left(\frac{3000}{1}\right)^2 = \frac{A}{20.75} \times \left(\frac{1}{100}\right)^2$

$\therefore\ A = (3000)^2 \times 20.75\left(\frac{1}{100}\right)^2 = 18675\text{m}^2$

10. 각 측정의 정도=거리 측정의 정도

$\frac{5''}{\rho''} = \frac{\Delta\ell}{\ell}$

$\therefore\ \Delta\ell = \frac{5''}{206{,}265''} \times 1{,}200 = 0.029\text{m} = 2.9\text{cm}$

1. ④	2. ④	3. ①	4. ③	5. ④
6. ③	7. ①	8. ④	9. ②	10. ③

과년도출제문제

24 토목산업기사
3회 시행 출제문제

※ 본 기출문제는 수험자의 기억을 바탕으로 하여 복원한 문제이므로 실제 문제와 다를 수 있음을 미리 알려드립니다.

1. 기하학적 측지학에 속하지 않는 것은?

① 측지학적 3차원 위치의 결정
② 면적 및 체적의 산정
③ 길이 및 시(時)의 결정
④ 지구의 극운동과 자전운동

2. 우리나라의 축척 1:50,000 지형도에서 주곡선의 간격은?

① 5m ② 10m
③ 20m ④ 25m

3. 폐합다각형의 관측결과 위거오차 -0.005m, 경거오차 -0.042m, 관측길이 327m의 성과를 얻었다면 폐합비는?

① $\frac{1}{20}$ ② $\frac{1}{330}$
③ $\frac{1}{770}$ ④ $\frac{1}{7,730}$

4. 수심 h인 하천의 유속측정에서 수면으로부터 $0.2h$, $0.6h$, $0.8h$의 유속이 각각 0.625m/sec, 0.564m/sec, 0.382m/sec 일 때 3점법에 의한 평균유속은?

① 0.498m/sec
② 0.505m/sec
③ 0.511m/sec
④ 0.533m/sec

5. 우리나라의 측량기준원점에 대한 설명으로 틀린 것은?

① 평면직교좌표는 동서축을 X축, 남북축을 Y축으로 하고 있다.
② 지구상 제점의 수평위치는 경도와 위도로 표시함을 원칙으로 한다.
③ 육지 표고의 기준은 평균해수면을 기준으로 한다.
④ 경도, 위도는 삼각점을 기준으로 측지측량, 천문측량, 위성측량에 의해 구한다.

6. GPS 위성체계에서 이용하는 지구질량 중심을 원점으로 하는 좌표계는?

① 천문 좌표계 ② TUM 좌표계
③ WGS84 좌표계 ④ UPS 좌표계

7. A, B, C 각 점에서 P점까지 수준측량을 한 결과가 표와 같다. 거리에 대한 경중률을 고려한 P점의 최확 표고는?

측량경로	거리	P점의 표고
A → P	1km	135.487m
B → P	2km	135.563m
C → P	3km	135.603m

① 135.529m ② 135.551m
③ 135.563m ④ 135.570m

8. 삼변측량에 대한 설명으로 잘못된 것은?

① 전자파거리측량기(E.D.M)의 출현으로 그 이용이 활성화 되었다.
② 관측값의 수에 비해 조건식이 많은 것이 장점이다.
③ 코사인 제2법칙과 반각공식을 이용하여 각을 구한다.
④ 조정방법에는 조건방정식에 의한 조정과 관측방정식에 의한 조정방법이 있다.

9. 캔트(cant)의 계산에서 속도 및 반지름을 2배로 하면 캔트는 몇 배가 되는가?

① 2배 ② 4배
③ 8배 ④ 16배

10. 도로 선형계획시 교각이 25°, 반지름 300m인 원곡선과 교각 20°, 반지름 400m인 원곡선의 외선 길이(E)의 차이는?

① 6.284m ② 7.284m
③ 2.113m ④ 1.113m

해설 및 정답

1. ① 기하학적 측지학은 지구 표면상에 있는 모든 점들의 상호위치관계를 결정한다.
② 지구의 극운동과 자전운동은 물리학적 측지학에서 해석한다.

2. 우리나라 1/5만 지형도의 등고선 간격
계곡선 100m, 주곡선 20m, 간곡선 10m

3. 폐합비$=\dfrac{E}{\Sigma \ell}$

$$=\frac{\sqrt{(-0.005)^2+(-0.042)^2}}{327}=\frac{1}{7,731}$$

4. $V_m=\dfrac{1}{4}(V_{0.2}+2V_{0.6}+V_{0.8})$

$$=\frac{1}{4}(0.625+2\times0.564+0.382)$$

$$=0.534\text{m/sec}$$

5. 평면직교좌표는 남북축을 X축,
동서축을 Y축으로 한다.

6. GPS 측량의 좌표계 : WGS 84
우리나라 측량의 좌표계 : GRS 80

7. ① 경중률 계산

$$P_1:P_2:P_3=\frac{1}{1}:\frac{1}{2}:\frac{1}{3}=6:3:2$$

② P점의 표고

$$H_P=\frac{[P.H]}{[P]}$$

$$=135+\frac{6\times0.487+3\times0.563+2\times0.603}{6+3+2}$$

$$=135.529\text{m}$$

8. 삼변측량은 삼각망의 변의 길이를 관측하여 삼각점의 좌표를 구하는 측량으로 관측값의 수에 비해 조건식이 적은 것이 단점이다.

9. 캔트$(C)=\dfrac{S\cdot V^2}{gR}$에서 V와 R이 2가 되면

$C'=\dfrac{2^2}{2}=2$, 즉, 캔트는 2배

10. ① $E=R\left(\sec\dfrac{I}{2}-1\right)$에서

② $E_1=300\left(\sec\dfrac{25°}{2}-1\right)=7.284\text{m}$

③ $E_2=400\left(\sec\dfrac{20°}{2}-1\right)=6.171\text{m}$

$\therefore\ E_1-E_2=1.113\text{m}$

1. ④	2. ③	3. ④	4. ④	5. ①
6. ③	7. ①	8. ②	9. ①	10. ④

과년도출제문제

※ 본 기출문제는 수험자의 기억을 바탕으로 하여 복원한 문제이므로 실제 문제와 다를 수 있음을 미리 알려드립니다.

1. 그림과 같은 3개의 각 X_1, X_2, X_3을 같은 정밀도로 측정한 결과 X_1=31°38′18″, X_2=33°04′31″, X_3=64°42′34″이었다면 ∠AOB의 보정된 값은?

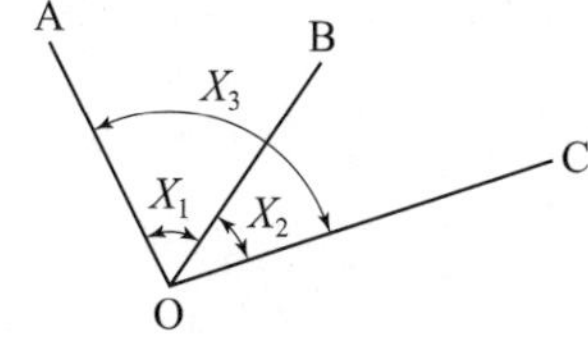

① 31°38′13″ ② 31°38′15″
③ 31°38′18″ ④ 31°38′23″

2. 시간과 경비가 많이 들고 조건식수가 많아 조정이 복잡하지만 정확도가 가장 높은 삼각망은?

① 단열 삼각망 ② 유심 삼각망
③ 사변형 삼각망 ④ 단 삼각형

3. 교호수준측량에서 A점의 표고가 60.00m일 때, a_1=0.75m, b_1=0.55m, a_2=1.45m, b_2=1.24m이면 B점의 표고는?

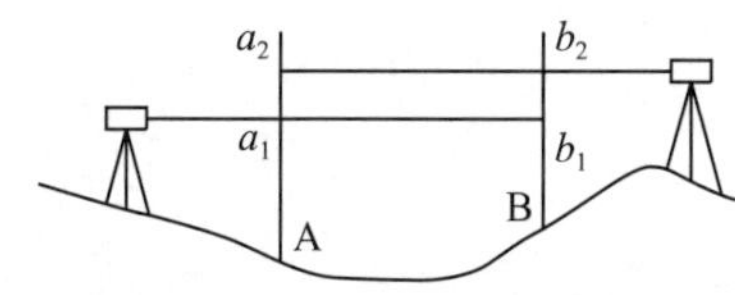

① 60.205m ② 60.210m
③ 60.215m ④ 60.200m

4. 우리나라의 노선측량에서 고속도로에 주로 이용되는 완화곡선은?

① 렘니스케이트 곡선
② 클로소이드 곡선
③ 2차 포물선
④ 3차 포물선

5. 수위 관측소의 위치 선정 시 고려사항으로 옳지 않은 것은?

① 평시에는 홍수 때보다 수위표를 쉽게 읽을 수 있는 곳
② 지천의 합류점 및 분류점으로 수위의 변화가 뚜렷한 곳
③ 하안과 하상이 안전하고 세굴이나 퇴적이 없는 곳
④ 유속의 크기가 크지 않고 흐름이 직선인 곳

6. 도로시점에서 교점까지의 추가거리가 546.42m이고 교각이 45°일 때 곡선반지름 300m인 단곡선에서 시단현의 편각 δ_1의 값은? (단, 중심말뚝 간격은 20m이다.)

① 0°15′38″ ② 1°14′21″
③ 1°42′13″ ④ 1°54′35″

7. 트래버스 측량에서 선점 시 주의하여야 할 사항이 아닌 것은?

① 트래버스의 노선은 가능한 폐합 또는 결합이 되게 한다.
② 결합 트래버스의 출발점과 결합점간의 거리는 가능한 단거리로 한다.
③ 거리측량과 각측량의 정확도가 균형을 이루게 한다.
④ 측점간 거리는 다양하게 선점하여 부정오차를 소거 한다.

8. 1/5,000 지형도에서 AB간의 도상거리가 1.2cm일 때 AB 사이의 경사는? (단, A점의 표고는 40m, B점의 표고는 25m이다.)

① 15% ② 19%
③ 21% ④ 25%

9. 측량결과 그림과 같은 지역의 면적은?

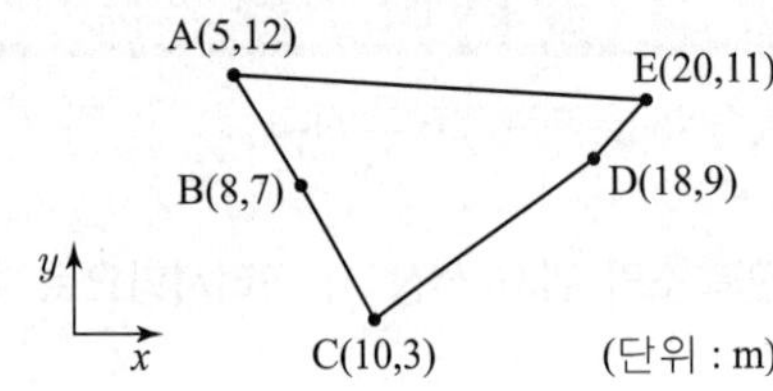

① $66m^2$ ② $80m^2$
③ $132m^2$ ④ $160m^2$

10. 축척 1 : 1,000에서의 면적을 측정하였더니 도상면적이 $3cm^2$이었다. 그런데 이 도면 전체가 가로, 세로 모두 1%씩 수축되어 있었다면 실제면적은?

① $29.4m^2$ ② $30.6m^2$
③ $294m^2$ ④ $306m^2$

해설 및 정답

1. ① 측각오차(W)$=X_3-(X_1+X_2)$

$$=-0°0'15''$$

② X_1의 조정량$=\frac{-0°0'15''}{3}=-5''$

③ $\angle AOB=31°38'18''-0°0'05''=31°38'13''$

2. 삼각망의 종류

① 단열 삼각망 : 도로, 하천 등 좁고 긴 지역에 적합하며, 정밀도가 낮다.

② 유심 삼각망 : 측점수에 비해 피복면적이 넓고 정밀도도 좋다.

③ 사변형 삼각망 : 피복면적이 작고 가장 정밀하여 기선 삼각망에 사용

3. 교호수준측량이란 높이차의 평균을 이용하여 정밀도를 높이는 방법

$$\Delta h=\frac{(a_1-b_1)+(a_2-b_2)}{2}=0.205\text{m}$$

$$\therefore\ H_B=H_A+\Delta h=60.205\text{m}$$

4. 완화곡선

① 클로소이드 곡선 : 주로 고속도로에 사용

② 3차 포물선 : 주로 철도에 사용

③ 렘니스케이트 곡선 : 인터체인지 등에 사용

5. 수위관측소는 지천의 합류점이나 분류점과 같은 수위의 변화가 심한 곳은 피한다.

6. ① $\text{T.L}=\text{R}\cdot\tan\frac{I°}{2}=124.26\text{m}$

② $\sim\text{B.C}=546.42-\text{T.L}=422.16\text{m}$

③ $l_1=440-422.16=17.84\text{m}$

④ $\delta_1=\frac{l_1}{2R}\times\frac{180°}{\pi}=1°42'14''$

7. 트래버스 측량에서 측점간의 거리는 가능한 한 등거리로 하고 현저히 짧은 노선은 피한다.

8. ① $\overline{\text{AB}}$의 실제거리$=0.012\times5{,}000=60\text{m}$

② $\overline{\text{AB}}$의 경사$=\frac{40-25}{60}\times100=25\%$

9. 좌표법 $A=\frac{1}{2}\Sigma x_i(y_{i+1}-y_{i-1})$

$$=\frac{1}{2}\{5(7-11)+8(3-12)+10(9-7)$$
$$+18(11-3)+20(12-9)\}$$
$$=66\text{m}^2$$

10. $A_o=A\cdot\text{m}^2\left(1\pm\frac{n}{100}\right)^2$

$$=3\times1{,}000^2\left(1+\frac{1}{100}\right)^2$$
$$=306\text{m}^2$$

여기서, 도면이 수축되어 있으므로 실제 면적은 커진다. (+)

1. ①	2. ③	3. ①	4. ②	5. ②
6. ③	7. ④	8. ④	9. ①	10. ④

과년도출제문제

25 토목산업기사

2회 시행 출제문제

※ 본 기출문제는 수험자의 기억을 바탕으로 하여 복원한 문제이므로 실제 문제와 다를 수 있음을 미리 알려드립니다.

1. 반지름 150m의 단곡선을 설치하기 위하여 교각을 측정한 값이 57°36′일 때 접선장과 곡선장은?

① 접선장＝82.46m, 곡선장＝150.80m
② 접선장＝82.46m, 곡선장＝75.40m
③ 접선장＝236.36m, 곡선장＝75.40m
④ 접선장＝236.36m, 곡선장＝150.80m

2. 측선길이가 100m, 방위각이 240°일 때 위거와 경거는?

① 위거 : 80.6m, 경거 : 50.0m
② 위거 : 50.0m, 경거 : 86.6m
③ 위거 : −86.6m, 경거 : −50.0m
④ 위거 : −50.0m, 경거 : −86.6m

3. 축척 1 : 200과 축척 1 : 600에서 1변이 3cm인 정사각형 실제 면적비는?

① 1 : 3　② 1 : 6
③ 1 : 9　④ 1 : 12

4. 시간과 경비가 많이 들고 조건식수가 많아 조정이 복잡하지만 정확도가 높은 삼각망은?

① 단열 삼각망　② 유심 삼각망
③ 사변형 삼각망　④ 단 삼각형

5. 거리측량에서 발생하는 오차 중에서 착오(과오)에 해당되는 것은?

① 줄자의 눈금이 표준자와 다를 때
② 줄자의 눈금을 잘못 읽었을 때
③ 관측시 줄자의 온도가 표준온도와 다를 때
④ 관측시 장력이 표준장력과 다를 때

6. 트래버스측량의 오차 조정으로 컴퍼스법칙을 사용하는 경우로 옳은 것은?

① 각관측과 거리관측의 정밀도가 거의 같을 경우
② 각관측의 정밀도가 거리관측의 정밀도보다 좋은 경우
③ 거리관측의 정밀도가 각관측의 정밀도보다 좋은 경우
④ 각관측과 거리관측의 정밀도가 현저하게 나쁜 경우

7. 하천 양안의 고저차를 관측할 때 교호수준측량을 하는 가장 주된 이유는?

① 개인오차를 제거하기 위하여
② 기계오차(시준축 오차)를 제거하기 위하여
③ 과실에 의한 오차를 제거하기 위하여
④ 우연오차를 제거하기 위하여

8. 곡선반지름 $R=250$m, 곡선길이 $L=40$m인 클로소이드에서 매개변수 A는?

① 20m　② 50m
③ 100m　④ 120m

9. 등고선의 성질에 대한 설명으로 옳지 않은 것은?

① 어느 지점의 최대경사 방향은 등고선과 평행한 방향이다.
② 경사가 급한 지역은 등고선 간격이 좁다.
③ 동일 등고선 위의 지점들은 높이가 같다.
④ 계곡선(합수선)은 등고선과 직교한다.

10. GNNS 측량으로 측점의 표고를 구하였더니 89.123m이었다. 이 지점의 지오이드 높이가 40.150m라면 실제 표고(정표고)는?

① 129.273m　② 48.973m
③ 69.048m　④ 89.123m

해설 및 정답

1. ① $T.L. = R \cdot \tan\frac{I°}{2}$

$$= 150 \times \tan\frac{57°36'}{2} = 82.46\text{m}$$

② $C.L. = R \cdot I° rad$

$$= 150 \times 57°36' \times \frac{\pi}{180°} = 150.80\text{m}$$

2. ① 위거$= l \times \cos$방위각$= -50.0\text{m}$

② 경거$= l \times \sin$방위각$= -86.6\text{m}$

3. 정사각형의 면적비

$(200 \times 0.03)^2 : (600 \times 0.03)^2 = 36 : 324$

$= 1 : 9$

4. 사변형 삼각망은 측점수에 비해 피복면적이 작아 시간과 경비가 많이 들지만 정확도가 높아 기선삼각망에 주로 쓰인다.

5. 착오란 작업자의 부주의로 나타나는 오차로 비교적 크게 나타난다. 아무리 정밀한 줄자라도 잘못 읽으면 오차가 발생한다.

6. 트래버스의 오차 조정

① 컴퍼스 법칙 : 각 과 거리의 정도가 비슷할 때

② 트랜싯 법칙 : 각 측정의 정도가 거리 측정의 정도보다 높을 때

7. 교호수준측량이란 하천이나 계곡을 횡단하는 경우처럼 전·후시의 거리차가 클 경우 양쪽에서 측정하여 평균을 구해 시준축 오차와 양차를 제거하여 정밀도를 높이는 측량

8. $A^2 = R \cdot L$에서

$A = \sqrt{250 \times 40} = 100\text{m}$

9. 등고선의 최대경사방향은 등고선과 등고선을 직각으로 통과하는 방향이다.

10. GNSS 측량에서 얻은 높이는 타원체고임

∴ 정표고 $H = h$(타원체고)$- N$(지오이드고)

$= 89.123 - 40.150 = 48.973\text{m}$

1. ①	2. ④	3. ③	4. ③	5. ②
6. ①	7. ②	8. ③	9. ①	10. ②

과년도출제문제

1. 원곡선 설치에 이용되는 식으로 틀린 것은? (단, R : 곡선반지름, I : 교각[단위 : 도(°)])

① 접선길이 $T.L = R\tan\dfrac{I}{2}$

② 곡선길이 $C.L = \dfrac{\pi}{180°}RI$

③ 중앙종거 $M = R\left(\cos\dfrac{I}{2} - 1\right)$

④ 외할 $E = R\left(\sec\dfrac{I}{2} - 1\right)$

2. 한 변이 36m인 정삼각형(ΔABC)의 면적을 BC변에 평행한 선($\overline{de}$)으로 면적비 $m : n = 1 : 1$로 분할하기 위한 $\overline{Ad}$의 거리는?

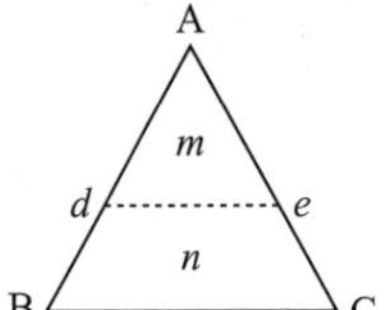

① 18.0m

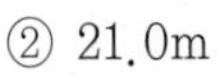
② 21.0m

③ 25.5m

④ 27.5m

3. 삼각점 A에 기계를 세웠을 때, 삼각점 B가 보이지 않아 P를 관측하여 $T' = 65°42'39''$의 결과를 얻었다면 $T = \angle DAB$는? (단, $S = 2$km, $e = 40$cm, $\phi = 256°40'$)

① 65°39′58″

② 65°40′20″

③ 65°41′59″

④ 65°42′20″

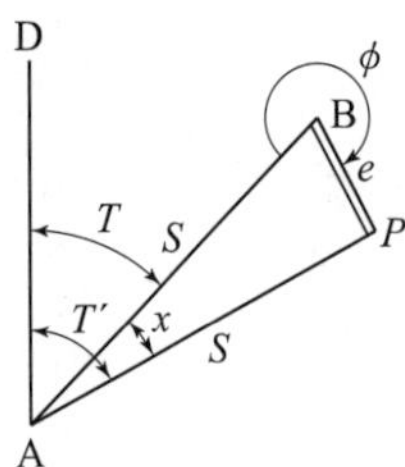

4. 거리측량의 오차를 $\dfrac{1}{10^5}$까지 허용한다면 지구상에 평면으로 간주할 수 있는 거리는? (단, 지구의 곡률반지름은 6,300km로 가정)

① 약 22km　② 약 44km

③ 약 59km　④ 약 69km

5. 교점(I.P.)의 위치가 기점으로부터 200.12m, 곡선반지름 200m, 교각 45°00′인 단곡선의 시단현의 길이는? (단, 측점간 거리는 20m로 한다.)

① 2.72m　② 2.84m

③ 17.16m　④ 17.28m

6. 종단면도를 이용하여 유토곡선(mass curve)을 작성하는 목적과 가장 거리가 먼 것은?

① 토량의 운반거리 산출

② 토공장비의 선정

③ 토량의 배분

④ 교통로 확보

7. 매개변수 $A = 60$m인 클로소이드 곡선길이가 30m일 때 종점에서의 곡선반지름은?

① 60m　② 90m

③ 120m　④ 150m

8. 두 변이 각각 82m와 73m이며, 그 사이에 낀 각이 67°인 삼각형의 면적은?

① 1169m²　② 2339m²

③ 2755m²　④ 5510m²

9. 표고 236.42m의 평탄지에서 거리 500m를 평균 해면상의 값으로 보정하려고 할 때, 보정량은? (단, 지구 반지름은 6,370km로 한다.)

① −1.656cm ② −1.756cm
③ −1.856cm ④ −1.956cm

10. 지형도를 작성할 때 지형 표현을 위한 원칙과 거리가 먼 것은?

① 기복을 알기 쉽게 할 것
② 표현을 간결하게 할 것
③ 정량적 계획을 엄밀하게 할 것
④ 기호 및 도식을 많이 넣어 세밀하게 할 것

해설 및 정답

1. 중앙종거 $M=R\left(1-\cos\frac{I°}{2}\right)$

외할 $E=R\left(\sec\frac{I°}{2}-1\right)$

단곡선 그림에서

① 중앙종거는 R에서 R보다 작은 것 빼고

② 외할은 R보다 큰 것에서 R을 뺀다.

2. 면적은 거리의 제곱에 비례하므로

$m:m+n=\overline{Ad}^2:\overline{AB}^2$에서

$\overline{Ad}^2=\frac{m}{m+n}\times\overline{AB}^2$

$\therefore\ \overline{Ad}=\sqrt{\frac{1}{2}}\times 36=25.46\text{m}$

3. ① $\frac{e}{\sin x}=\frac{S}{\sin(360°-\phi)}$에서

$x=\sin^{-1}\left(\frac{0.4}{2{,}000}\times\sin 103°20'\right)$

$=0°0'40''$

② $T=T'-x=65°41'59''$

4. $\frac{1}{m}=\frac{1}{12}\left(\frac{D}{R}\right)^2$에서

$D=\sqrt{\frac{12\times 6{,}300^2}{10^5}}=69.01\text{km}$

5. ① $T.L.=R\cdot\tan\frac{I°}{2}=82.84\text{m}$

② $\sim B.C=200.12-82.84=117.28\text{m}$

③ 시단현의 길이$(l_1)=120-117.28=2.72\text{m}$

6. 종단면도를 이용하여 유토곡선의 작성 목적

① 토량의 배분

② 토공 장비의 선정

③ 토량의 운반거리 산출 등을 하기 위함

7. $A^2=R\cdot L$에서

$R=\frac{A^2}{L}=\frac{60^2}{30}=120\text{m}$

8. $A=\frac{1}{2}ab\cdot\sin\alpha$

$=\frac{1}{2}\times 82\times 73\times\sin 67°=2{,}755.1\text{m}^2$

9. $C_h=-\frac{D}{R}h$

$=-\frac{0.5}{6{,}370}\times 236.42=-1.856\text{cm}$

10. 지형의 표현은 기복을 알기 쉽게 하고 표현을 간결하게, 정량적 계획을 엄밀하게 한다. 너무 많은 기호나 도식을 넣으면 가독성이 떨어지고 복잡해져 지형의 이해가 힘들어진다.

1. ③	2. ③	3. ③	4. ④	5. ①
6. ④	7. ③	8. ③	9. ③	10. ④

토목기사 대비 **측량학** 2

定價 28,000원

저 자 남수영 · 정경동
고길용

발행인 이 종 권

2001年 5月 7日 초판발행
2021年 1月 7日 20차개정1쇄발행
2022年 1月 10日 21차개정1쇄발행
2023年 1月 18日 22차개정1쇄발행
2024年 1月 9日 23차개정1쇄발행
2025年 1月 10日 24차개정1쇄발행
2026年 1月 7日 25차개정1쇄발행

發行處 **(주) 한솔아카데미**

(우)06775 서울시 서초구 마방로10길 25 트윈타워 A동 2002호
TEL : (02)575-6144/5 FAX : (02)529-1130
〈1998. 2. 19 登錄 第16-1608號〉

※ 본 교재의 내용 중에서 오타, 오류 등은 발견되는 대로 한솔아카데미 인터넷 홈페이지를 통해 공지하여 드리며 보다 완벽한 교재를 위해 끊임없이 최선의 노력을 다하겠습니다.

※ 파본은 구입하신 서점에서 교환해 드립니다.

www.inup.co.kr / www.bestbook.co.kr

ISBN 979-11-6654-749-2 13530

한솔아카데미 발행도서

건축기사시리즈
①건축계획
이종석, 이병억 공저
432쪽 | 27,000원

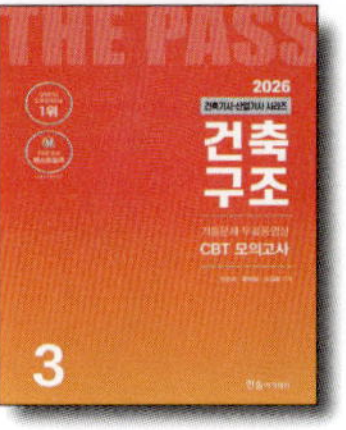

건축기사시리즈
②건축시공
김형중, 한규대, 이명철 공저
570쪽 | 27,000원

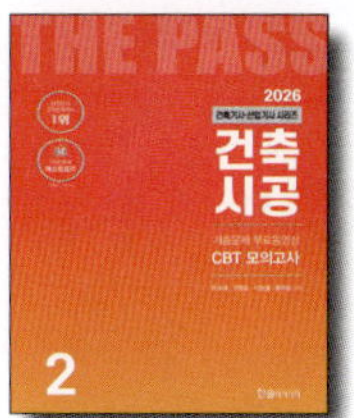

건축기사시리즈
③건축구조
안광호, 홍태화, 고길용 공저
796쪽 | 27,000원

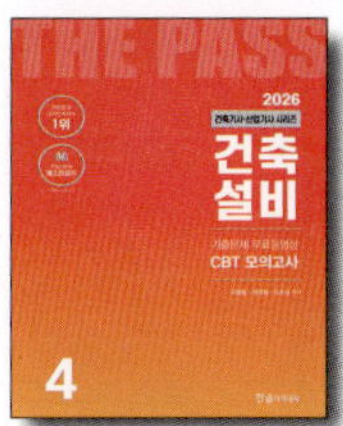

건축기사시리즈
④건축설비
오병칠, 권영철, 오호영 공저
564쪽 | 27,000원

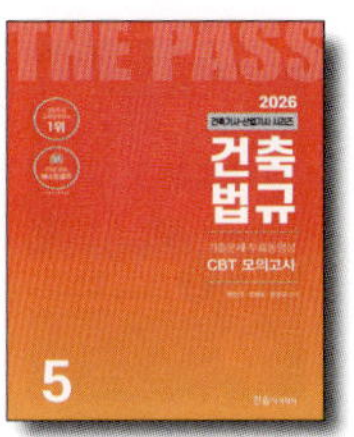

건축기사시리즈
⑤건축법규
현정기, 조영호, 한웅규, 김주석 공저
622쪽 | 27,000원

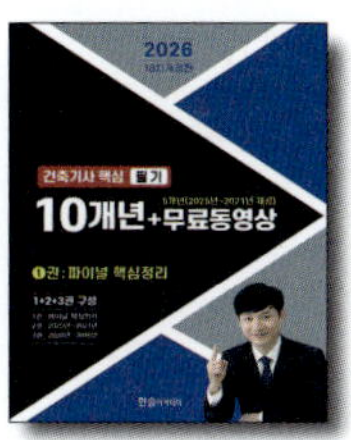

건축기사 필기 10개년 핵심 과년도문제해설
안광호, 백종엽, 이병억 공저
1,028쪽 | 45,000원

건축기사 4주완성
남재호, 송우용 공저
1,412쪽 | 47,000원

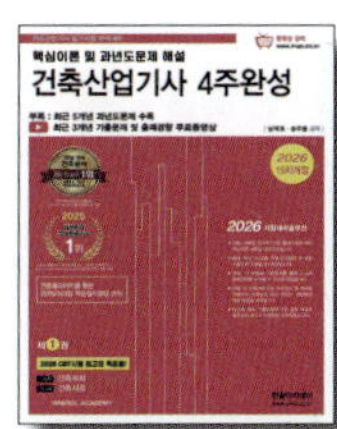

건축산업기사 4주완성
남재호, 송우용 공저
1,136쪽 | 44,000원

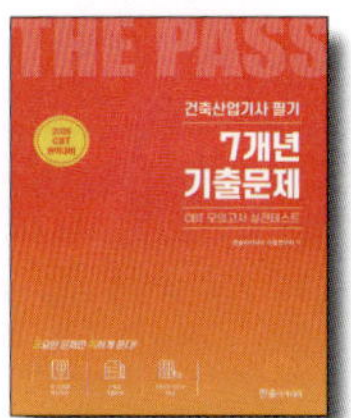

7개년 기출문제 건축산업기사 필기
한솔아카데미 수험연구회
868쪽 | 38,000원

건축설비기사 4주완성
남재호 저
1,088쪽 | 46,000원

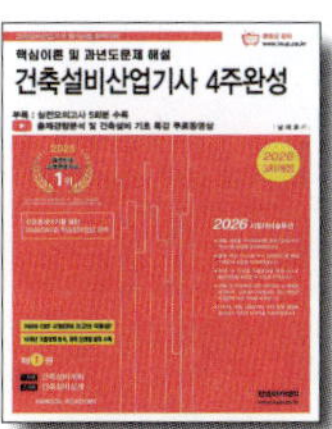

건축설비산업기사 4주완성
남재호 저
872쪽 | 40,000원

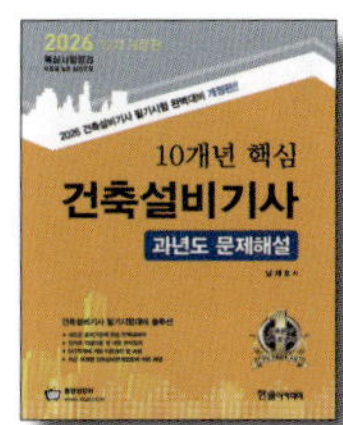

10개년 핵심 건축설비기사 과년도
남재호 저
1,148쪽 | 40,000원

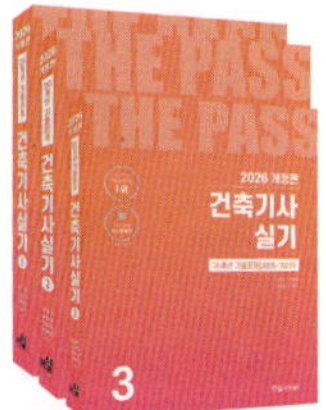

건축기사 실기
한규대, 김형중, 안광호, 이병억 공저
1,708쪽 | 53,000원

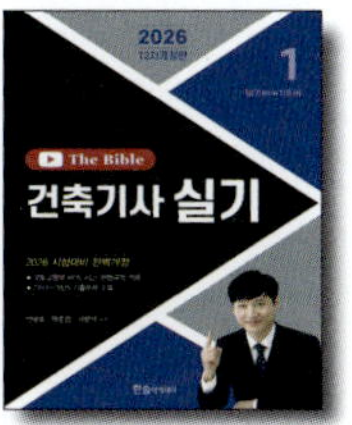

건축기사 실기 (The Bible)
안광호, 백종엽, 이병억 공저
1,000쪽 | 41,000원

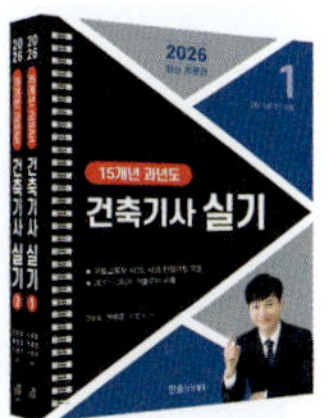

건축기사 실기 14개년 과년도
안광호, 백종엽, 이병억 공저
688쪽 | 34,000원

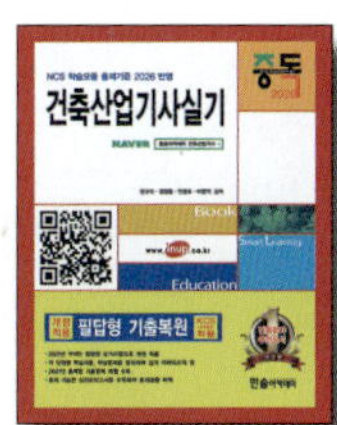

건축산업기사 실기
한규대, 김형중, 안광호, 이병억 공저
696쪽 | 33,000원

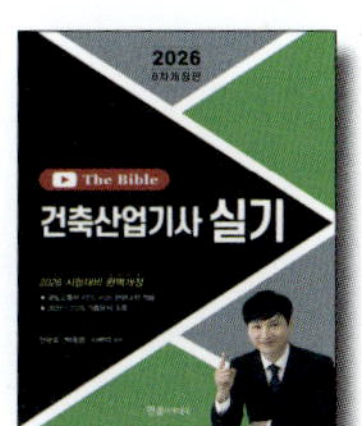

건축산업기사 실기 (The Bible)
안광호, 백종엽, 이병억 공저
300쪽 | 30,000원

실내건축기사 4주완성
남재호 저
1,320쪽 | 39,000원

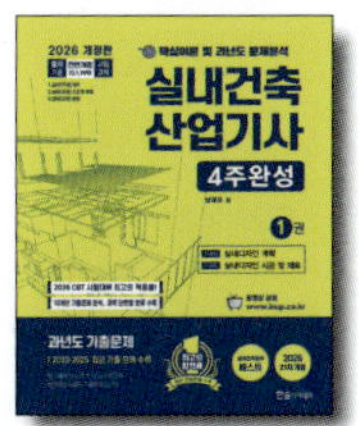

실내건축산업기사 4주완성
남재호 저
1,096쪽 | 32,000원

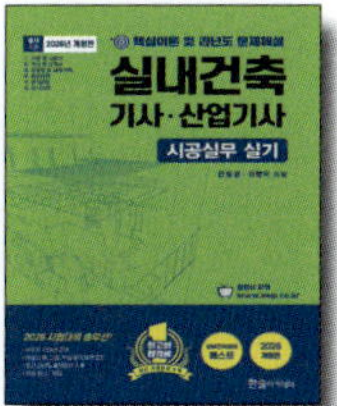

시공실무 실내건축(산업)기사 실기
안동훈, 이병억 공저
422쪽 | 30,000원

Hansol Academy

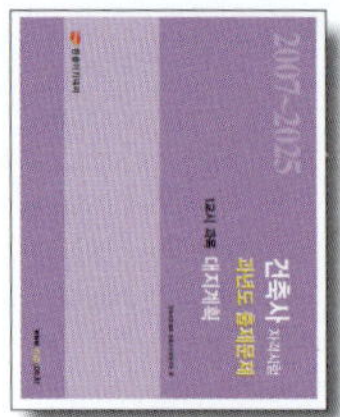

건축사 과년도출제문제 1교시 대지계획
한솔아카데미 건축사수험연구회
346쪽 | 33,000원

건축사 과년도출제문제 2교시 건축설계1
한솔아카데미 건축사수험연구회
192쪽 | 33,000원

건축사 과년도출제문제 3교시 건축설계2
한솔아카데미 건축사수험연구회
436쪽 | 33,000원

건축물에너지평가사 ①건물 에너지 관계법규
건축물에너지평가사 수험연구회
852쪽 | 32,000원

건축물에너지평가사 ②건축환경계획
건축물에너지평가사 수험연구회
516쪽 | 30,000원

건축물에너지평가사 ③건축설비시스템
건축물에너지평가사 수험연구회
708쪽 | 32,000원

건축물에너지평가사 ④건물 에너지효율설계 · 평가
건축물에너지평가사 수험연구회
648쪽 | 32,000원

건축물에너지평가사 2차실기(상)
건축물에너지평가사 수험연구회
940쪽 | 45,000원

건축물에너지평가사 2차실기(하)
건축물에너지평가사 수험연구회
905쪽 | 50,000원

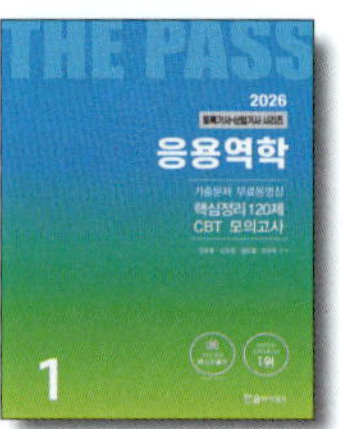

토목기사시리즈 ①응용역학
안광호, 김창원, 염창열, 정용욱 공저
540쪽 | 28,000원

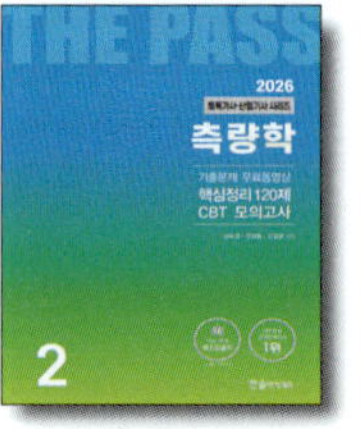

토목기사시리즈 ②측량학
남수영, 정경동, 고길용 공저
392쪽 | 28,000원

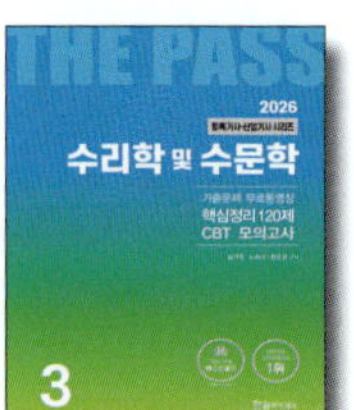

토목기사시리즈 ③수리학 및 수문학
심기오, 노재식, 한웅규 공저
396쪽 | 28,000원

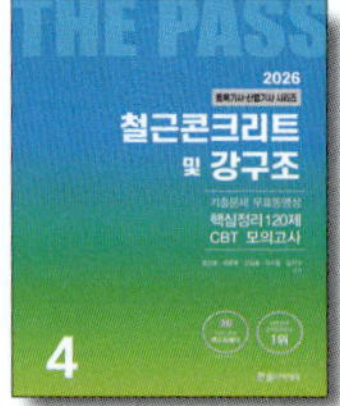

토목기사시리즈 ④철근콘크리트 및 강구조
정경동, 정용욱, 고길용, 김지우 공저
464쪽 | 28,000원

토목기사시리즈 ⑤토질 및 기초
안진수, 박광진, 김창원, 홍성협 공저
588쪽 | 28,000원

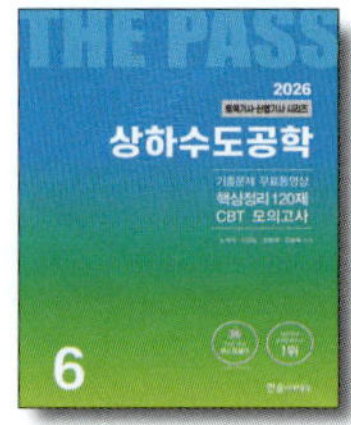

토목기사시리즈 ⑥상하수도공학
노재식, 이상도, 한웅규, 정용욱 공저
544쪽 | 28,000원

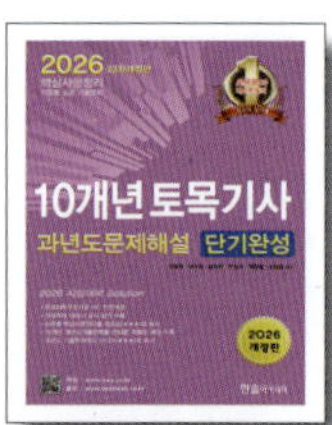

10개년 핵심 토목기사 과년도문제해설
김창원 외 5인 공저
1,076쪽 | 46,000원

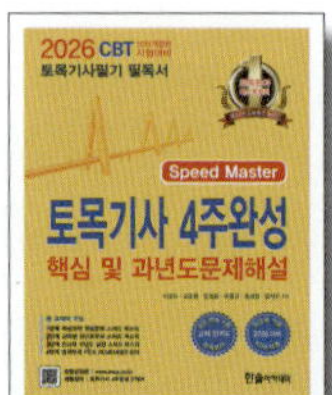

토목기사 4주완성 핵심 및 과년도문제해설
이상도, 고길용, 안광호, 한웅규, 홍성협, 김지우 공저
1,054쪽 | 45,000원

토목산업기사 4주완성 과년도문제해설
이상도, 정경동, 고길용, 안광호, 한웅규, 홍성협 공저
752쪽 | 42,000원

토목기사 실기
김태선, 박광진, 홍성협, 김창원, 김상욱, 이상도, 한웅규 공저
1,540쪽 | 52,000원

토목기사 실기 과년도문제해설
김태선, 이상도, 한웅규, 홍성협, 김상욱, 김지우 공저
892쪽 | 38,000원

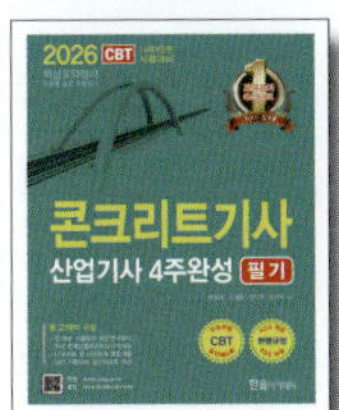

콘크리트기사 · 산업기사 4주완성(필기)
정용욱, 고길용, 전지현, 김지우 공저
856쪽 | 39,000원

콘크리트기사 과년도(필기)
정용욱, 고길용, 김지우 공저
684쪽 | 30,000원

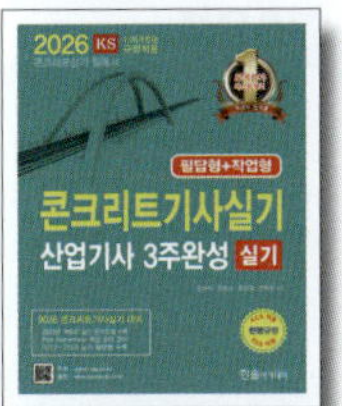

콘크리트기사 · 산업기사 3주완성(실기)
정용욱, 한웅규, 홍성협, 전지현 공저
784쪽 | 33,000원

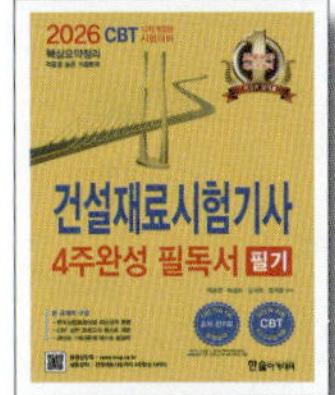

건설재료시험기사 4주완성(필기)
박광진, 이상도, 김지우, 전지현 공저
742쪽 | 39,000원

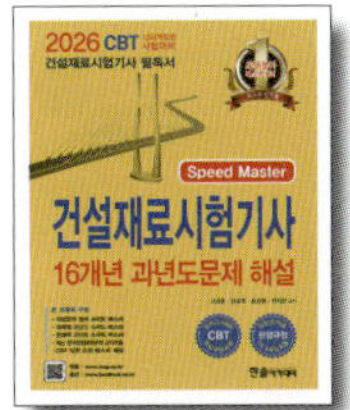

건설재료시험기사 과년도(필기)
고길용, 정용욱, 홍성협, 전지현 공저
692쪽 | 32,000원

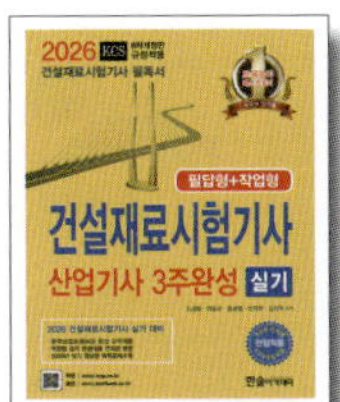

건설재료시험기사 3주완성(실기)
고길용, 홍성협, 전지현, 김지우 공저
728쪽 | 33,000원

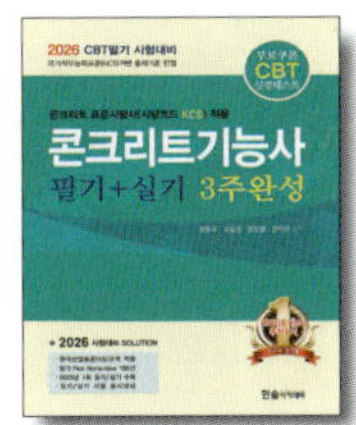

콘크리트기능사 3주완성(필기+실기)
정용욱, 고길용, 염창열, 전지현 공저
538쪽 | 27,000원

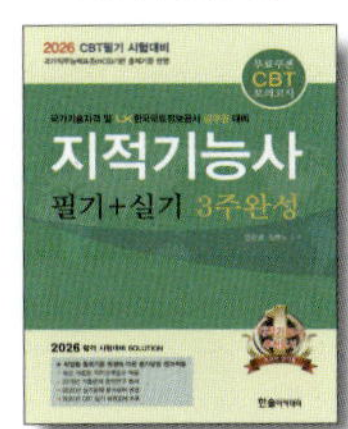

지적기능사(필기+실기) 3주완성
염창열, 정병노 공저
640쪽 | 30,000원

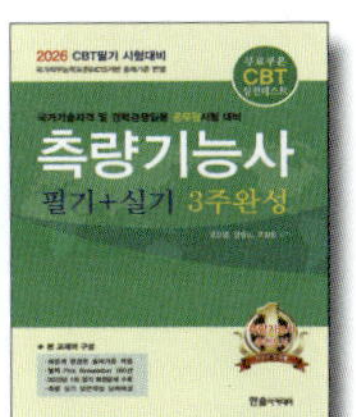

측량기능사 3주완성
염창열, 정병노, 고길용 공저
580쪽 | 29,000원

전산응용토목제도기능사 필기 3주완성
염창열, 김지우, 최진호 공저
644쪽 | 29,000원

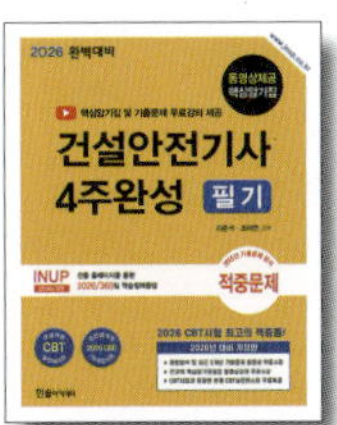

건설안전기사 4주완성 필기
지준석, 조태연 공저
1,388쪽 | 38,000원

산업안전기사 4주완성 필기
지준석, 조태연 공저
1,560쪽 | 38,000원

공조냉동기계기사 필기
조성안, 이승원, 강희중 공저
1,358쪽 | 41,000원

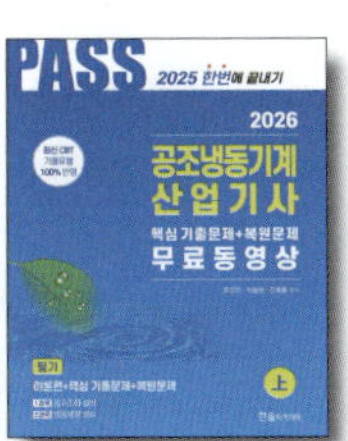

공조냉동기계산업기사 필기
조성안, 이승원, 강희중 공저
1,236쪽 | 36,000원

공조냉동기계기사 실기
조성안, 강희중 공저
1,040쪽 | 38,000원

조경기사 · 산업기사 필기
이윤진 저
1,464쪽 | 49,000원

조경기사 · 산업기사 실기
이윤진 저
784쪽 | 45,000원

조경기능사 필기
이윤진 저
682쪽 | 29,000원

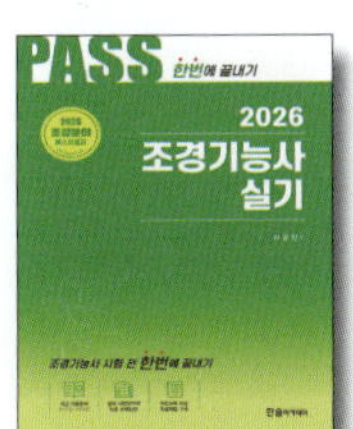

조경기능사 실기
이윤진 저
360쪽 | 29,000원

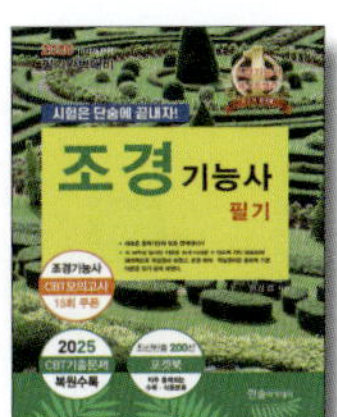

조경기능사 필기
한상엽 저
712쪽 | 28,000원

Hansol Academy

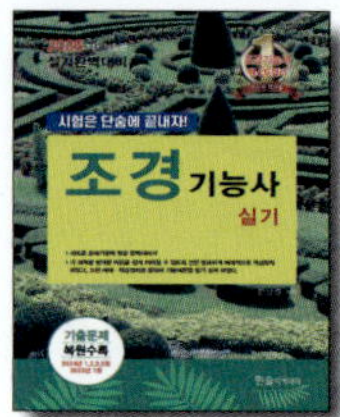

조경기능사 실기
한상엽 저
823쪽 | 30,000원

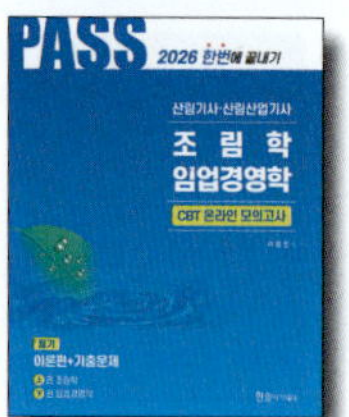

산림기사 · 산업기사 1권
이윤진 저
888쪽 | 27,000원

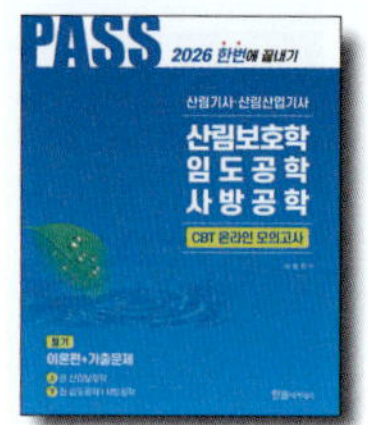

산림기사 · 산업기사 2권
이윤진 저
974쪽 | 27,000원

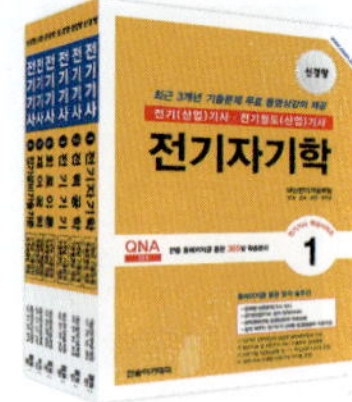

전기기사시리즈(전6권)
대산전기수험연구회
2,240쪽 | 131,000원

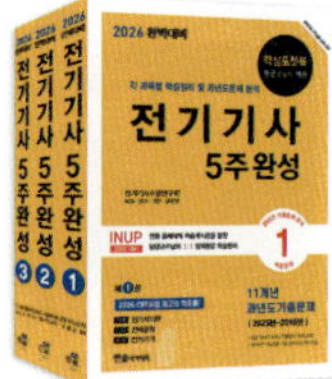

전기기사 5주완성
전기기사수험연구회
2,140쪽 | 43,000원

전기산업기사 5주완성
전기산업기사수험연구회
1,964쪽 | 43,000원

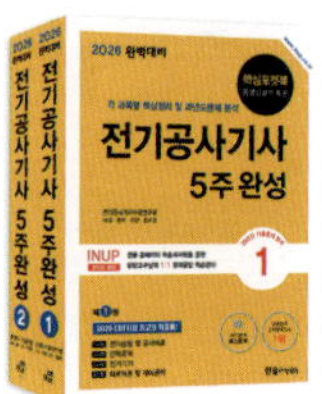

전기공사기사 5주완성
전기공사기사수험연구회
2,096쪽 | 43,000원

전기공사산업기사 5주완성
전기공사산업기사수험연구회
1,606쪽 | 43,000원

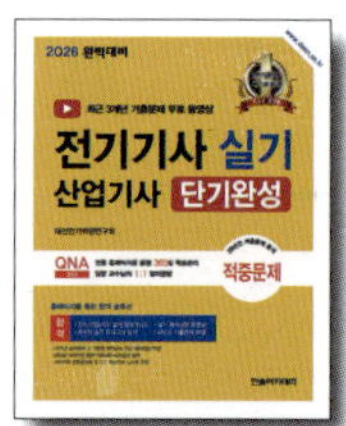

전기(산업)기사 실기
대산전기수험연구회
766쪽 | 43,000원

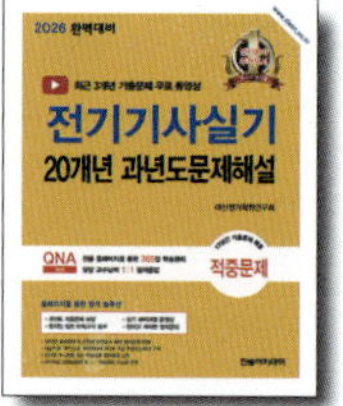

전기기사 실기 20개년 과년도문제해설
대산전기수험연구회
992쪽 | 38,000원

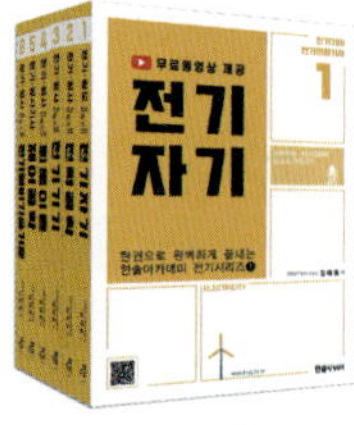

전기기사시리즈(전6권)
김대호 저
3,230쪽 | 136,000원

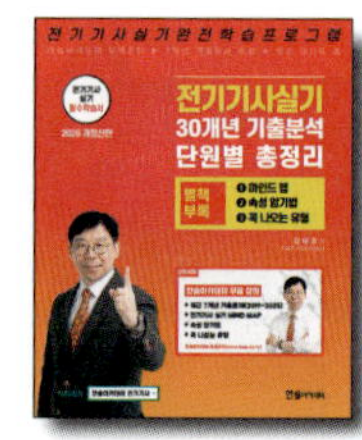

전기기사 실기 기본서
김대호 저
964쪽 | 39,000원

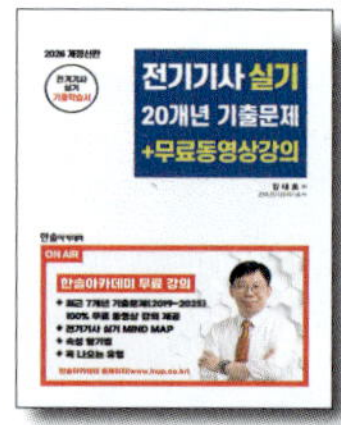

전기기사 실기 기출문제
김대호 저
1,340쪽 | 43,000원

전기산업기사 실기 기본서
김대호 저
920쪽 | 39,000원

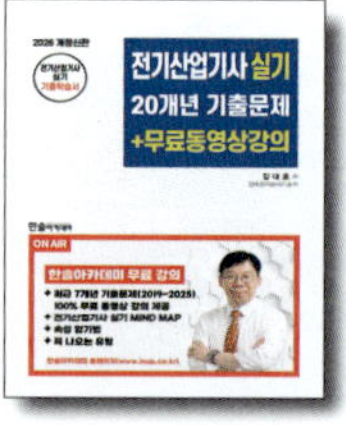

전기산업기사 실기 기출문제
김대호 저
1,076 | 41,000원

전기기사/전기산업기사 실기 마인드 맵
김대호 저
232 | 15,000원

CBT 전기기사 단기완성
이승원, 김승철, 윤종식 공저
1,244쪽 | 42,000원

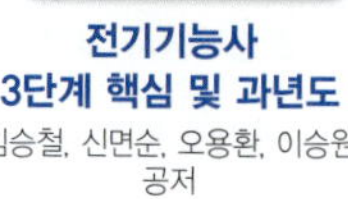

전기기능사 3단계 핵심 및 과년도
김승철, 신면순, 오용환, 이승원 공저
876쪽 | 28,000원

전기기능사 3주완성
이승원, 김승철, 윤종식 공저
532쪽 | 27,000원

소방설비기사 기계분야 필기
김흥준, 윤중오 공저
1,212쪽 | 40,000원

소방설비기사 전기분야 필기
김흥준, 신면순 공저
1,148쪽 | 40,000원

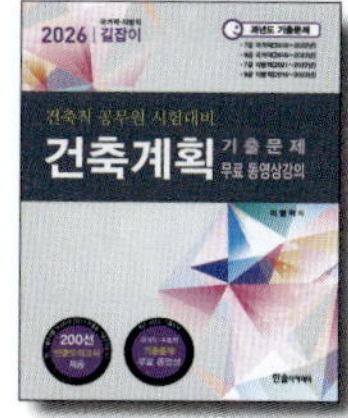

공무원 건축계획
이병억 저
800쪽 | 37,000원

7·9급 토목직 응용역학
정경동 저
1,192쪽 | 42,000원

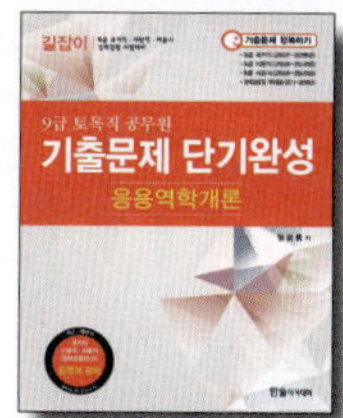

응용역학개론 기출문제
정경동 저
686쪽 | 40,000원

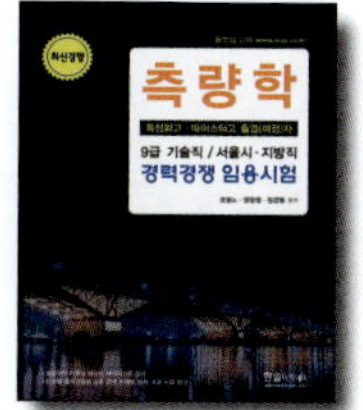

측량학(9급 기술직/서울시·지방직)
정병노, 염창열, 정경동 공저
756쪽 | 29,000원

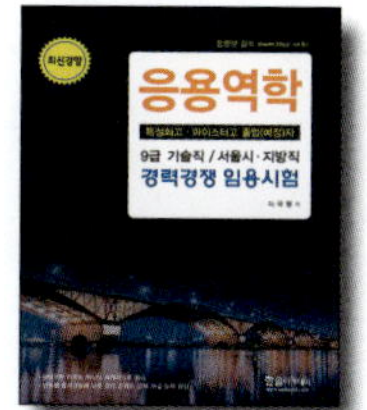

응용역학(9급 기술직/서울시·지방직)
이국형 저
628쪽 | 23,000원

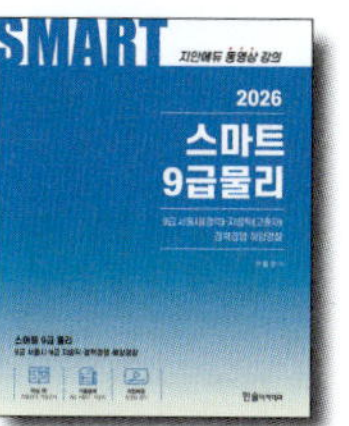

스마트 9급 물리(서울시·지방직)
신용찬 저
422쪽 | 23,000원

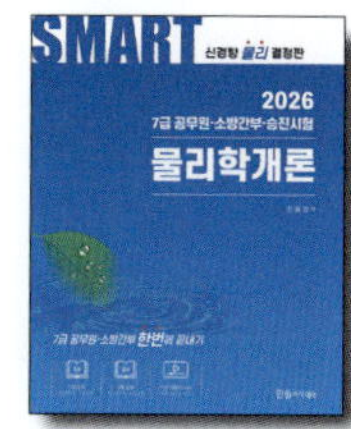

7급 공무원 스마트 물리학개론
신용찬 저
996쪽 | 45,000원

1종 운전면허
도로교통공단 저
110쪽 | 13,000원

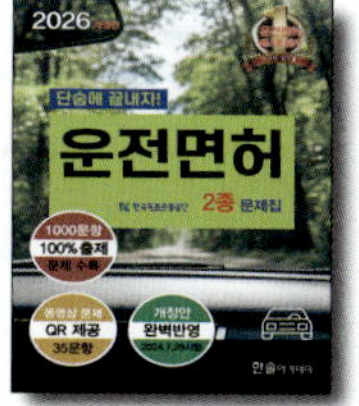

2종 운전면허
도로교통공단 저
110쪽 | 13,000원

지게차 운전기능사
건설기계수험연구회 편
216쪽 | 15,000원

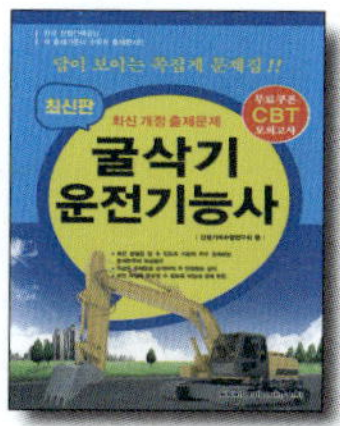

굴삭기 운전기능사
건설기계수험연구회 편
224쪽 | 15,000원

지게차 운전기능사 3주완성
건설기계수험연구회 편
338쪽 | 12,000원

굴삭기 운전기능사 3주완성
건설기계수험연구회 편
356쪽 | 12,000원

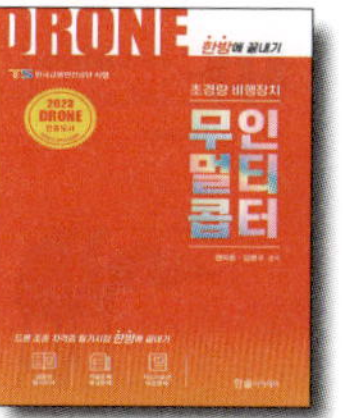

초경량 비행장치 무인멀티콥터
권희춘, 김병구 공저
258쪽 | 22,000원

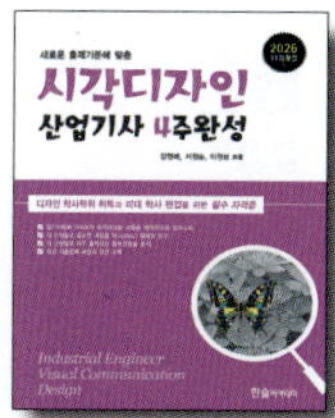

시각디자인 산업기사 4주완성
김영애, 서정술, 이원범 공저
1,102쪽 | 36,000원

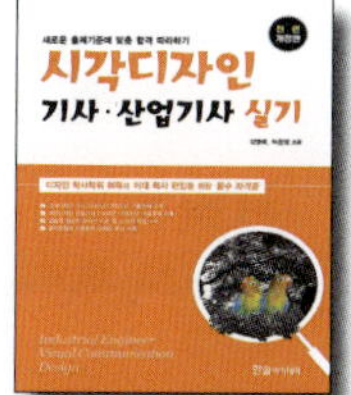

시각디자인 기사·산업기사 실기
김영애, 이원범 공저
508쪽 | 35,000원

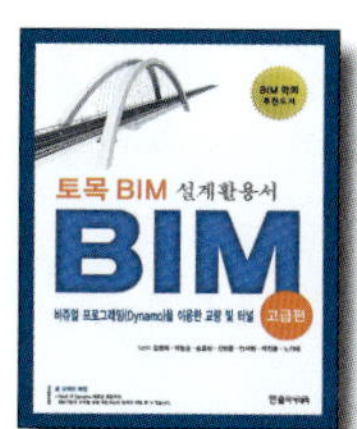

토목 BIM 설계활용서
김영휘, 박형순, 송윤상, 신현준, 안서현, 박진훈, 노기태 공저
388쪽 | 30,000원

BIM 전문가 토목 2급자격(필기+실기)
BIM전문가 토목연구회 공저
324쪽 | 32,000원

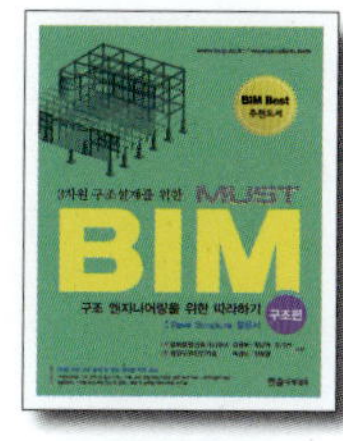

BIM 구조편
(주)알피종합건축사사무소
(주)동양구조안전기술 공저
536쪽 | 32,000원

Hansol Academy

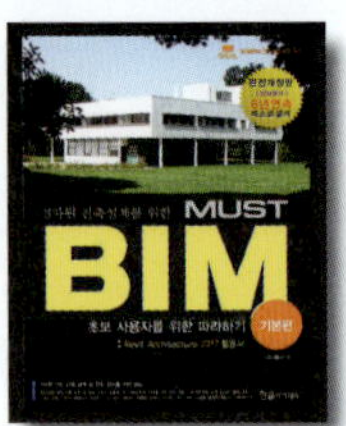

BIM 기본편
(주)알피종합건축사사무소
402쪽 | 32,000원

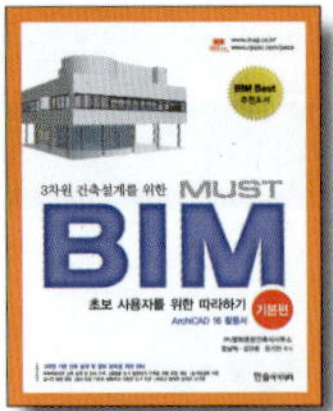

BIM 기본편 2탄
(주)알피종합건축사사무소
380쪽 | 28,000원

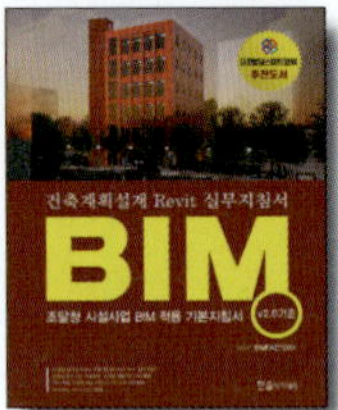

BIM 건축계획설계 Revit 실무지침서
BIMFACTORY
607쪽 | 35,000원

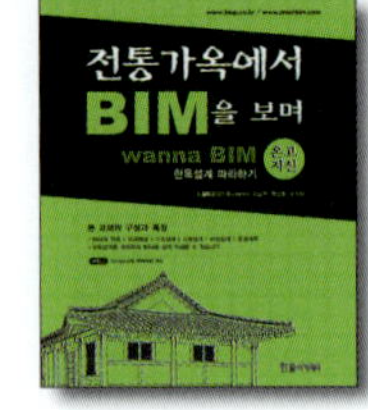

전통가옥에서 BIM을 보며
김요한, 함남혁, 유기찬 공저
548쪽 | 32,000원

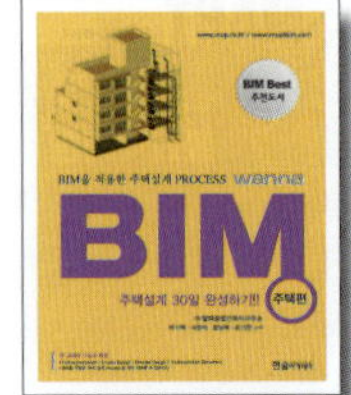

BIM 주택설계편
(주)알피종합건축사사무소
박기백, 서창석, 함남혁, 유기찬 공저
514쪽 | 32,000원

BIM 활용편 2탄
(주)알피종합건축사사무소
380쪽 | 30,000원

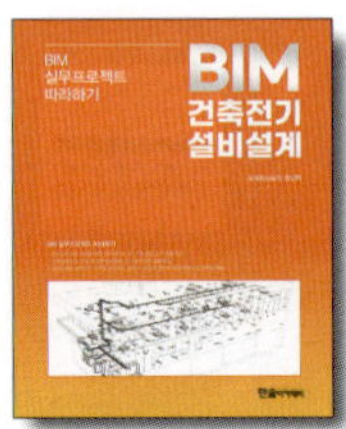

BIM 건축전기설비설계
모델링스토어, 함남혁
572쪽 | 32,000원

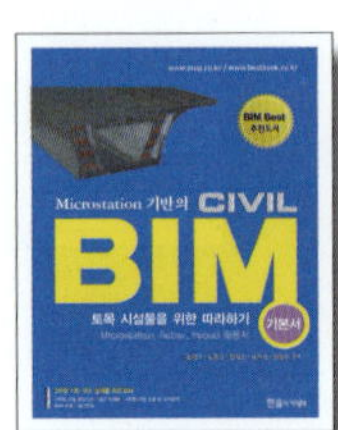

BIM 토목편
송현혜, 김동욱, 임성순, 유자영, 심창수 공저
278쪽 | 25,000원

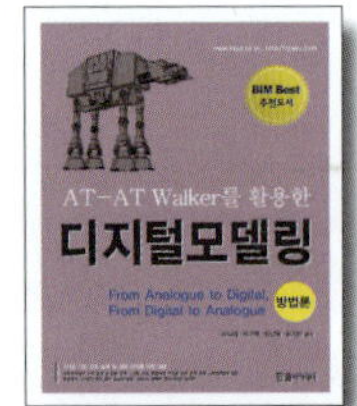

디지털모델링 방법론
이나래, 박기백, 함남혁, 유기찬 공저
380쪽 | 28,000원

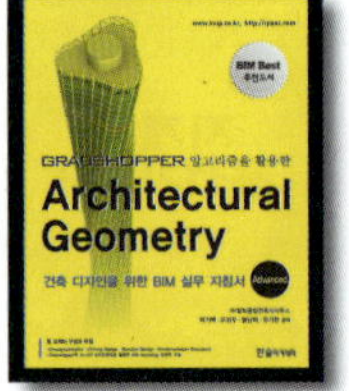

건축디자인을 위한 BIM 실무 지침서
(주)알피종합건축사사무소
박기백, 오정우, 함남혁, 유기찬 공저
516쪽 | 30,000원

BIM 전문가 건축 2급자격(필기+실기)
모델링스토어
760쪽 | 36,000원

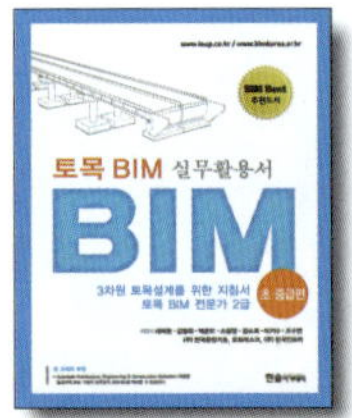

BIM 전문가 토목 2급 실무활용서
채재현, 김영휘, 박준오, 소광영, 김소희, 이기수, 조수연
614쪽 | 35,000원

BE Architect
유기찬, 김재준, 차성민, 신수진, 홍유찬 공저
282쪽 | 20,000원

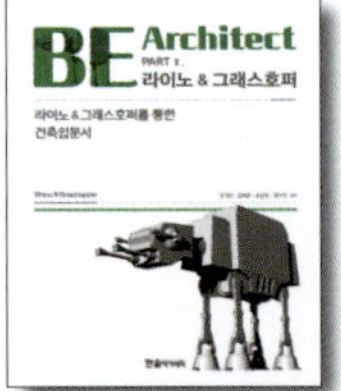

BE Architect 라이노&그래스호퍼
유기찬, 김재준, 조준상, 오주연 공저
288쪽 | 22,000원

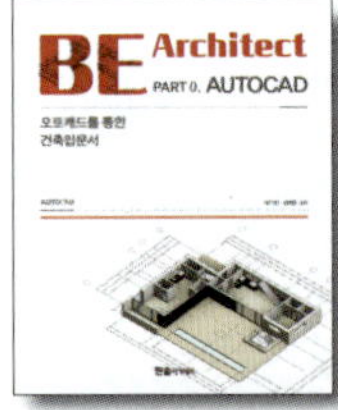

BE Architect AUTO CAD
유기찬, 김재준 공저
400쪽 | 25,000원

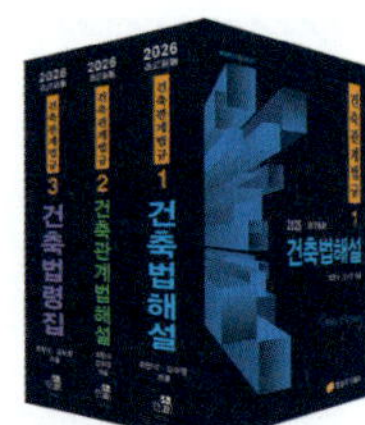

건축관계법규(전3권)
최한석, 김수영 공저
3,544쪽 | 110,000원

건축법령집
최한석, 김수영 공저
1,490쪽 | 60,000원

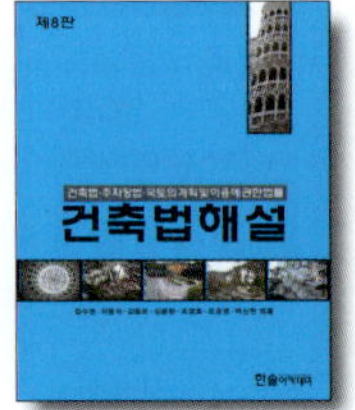

건축법해설
김수영, 이종석, 김동화, 김용환, 조영호, 오호영 공저
918쪽 | 32,000원

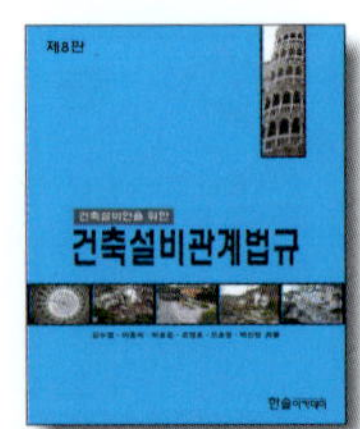

건축설비관계법규
김수영, 이종석, 박호준, 조영호, 오호영 공저
790쪽 | 34,000원

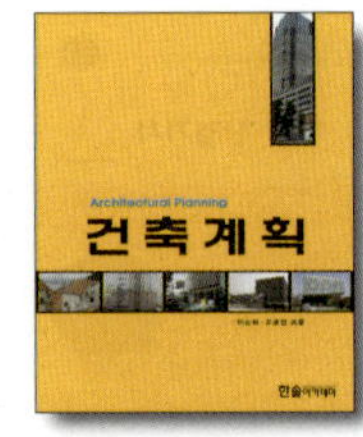

건축계획
이순희, 오호영 공저
422쪽 | 23,000원

건축시공학
이찬식, 김선국, 김예상, 고성석, 손보식, 유정호, 김태완 공저
776쪽 | 30,000원

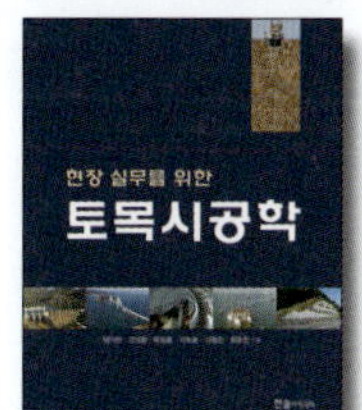

현장실무를 위한 토목시공학
남기천,김상환,유광호,강보순, 김종민,최준성 공저
1,212쪽 | 45,000원

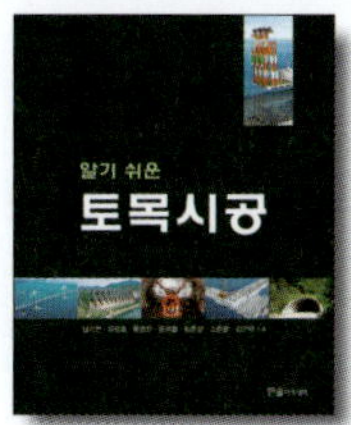

알기쉬운 토목시공
남기천, 유광호, 류명찬, 윤영철, 최준성, 고준영, 김연덕 공저
818쪽 | 28,000원

Auto CAD 오토캐드
김수영, 정기범 공저
364쪽 | 25,000원

친환경 업무매뉴얼
정보현, 장동원 공저
352쪽 | 30,000원

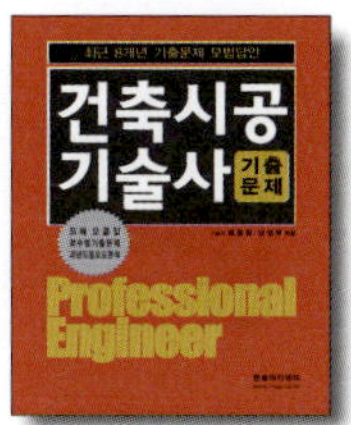

건축시공기술사 기출문제
배용환, 서갑성 공저
1,146쪽 | 69,000원

합격의 정석 건축시공기술사
조민수 저
904쪽 | 67,000원

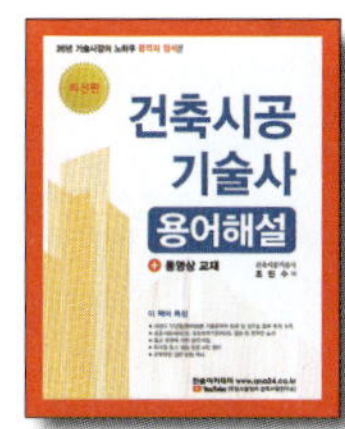

건축시공기술사 용어해설
조민수 저
1,438쪽 | 70,000원

건축전기설비기술사 (상,하)
서학범 저
1,532쪽 | 65,000원(각권)

디테일 기본서 PE 건축시공기술사
백종엽 저
730쪽 | 62,000원

디테일 마법지 PE 건축시공기술사
백종엽 저
504쪽 | 50,000원

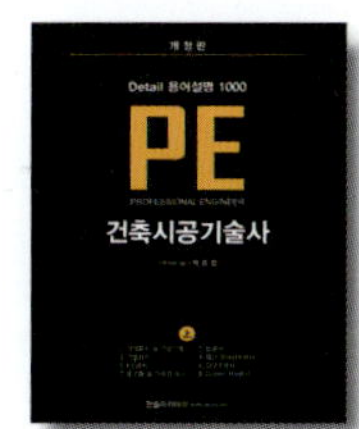

용어설명1000 PE 건축시공기술사(상,하)
백종엽 저
2,148쪽 | 70,000원(각권)

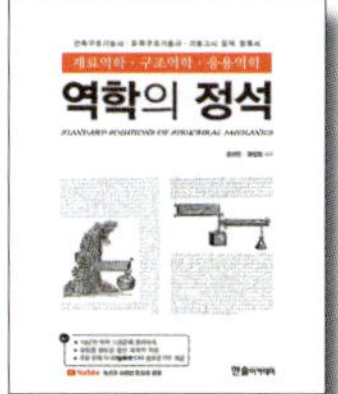

역학의 정석
김성민, 김성범 공저
788쪽 | 52,000원

합격의 정석 토목시공기술사
김무섭, 조민수 공저
874쪽 | 60,000원

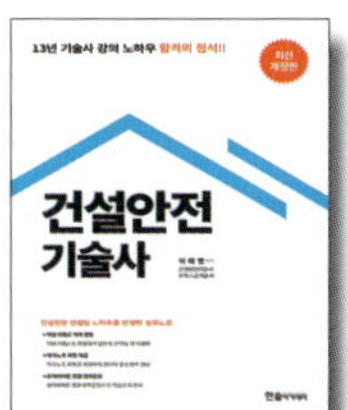

건설안전기술사
이태엽 저
776쪽 | 60,000원

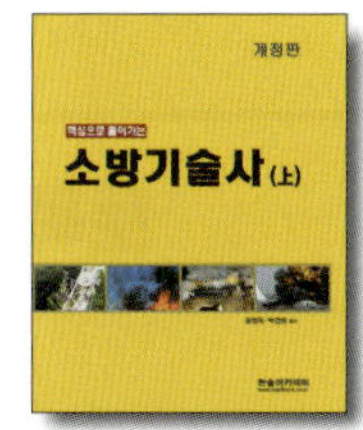

소방기술사 上
윤정득, 박견용 공저
656쪽 | 55,000원

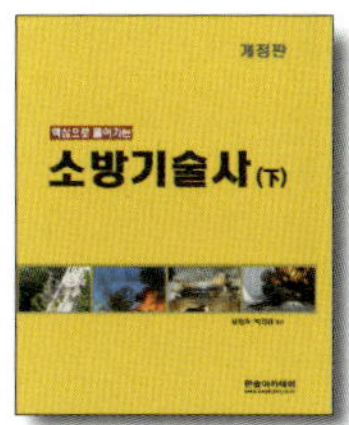

소방기술사 下
윤정득, 박견용 공저
730쪽 | 55,000원

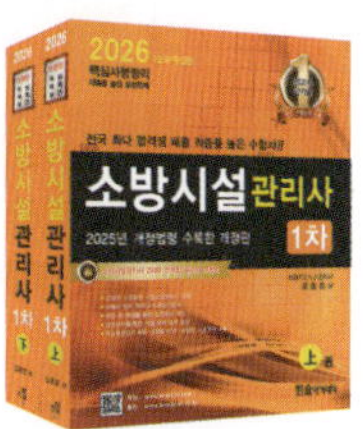

소방시설관리사 1차 (상,하)
김흥준 저
1,630쪽 | 63,000원

건축에너지관계법해설
조영호 저
614쪽 | 27,000원

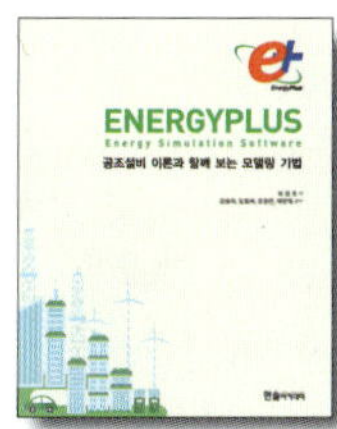

ENERGYPULS
이광호 저
236쪽 | 25,000원

Hansol Academy

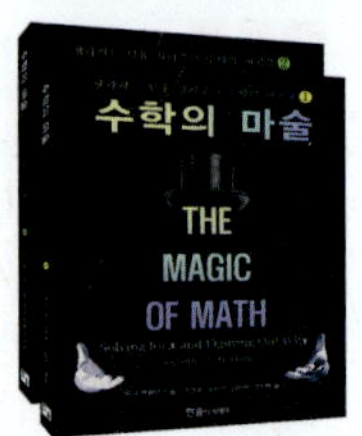

수학의 마술(2권)
아서 벤저민 저, 이경희, 윤미선, 김은현, 성지현 옮김
206쪽 | 24,000원

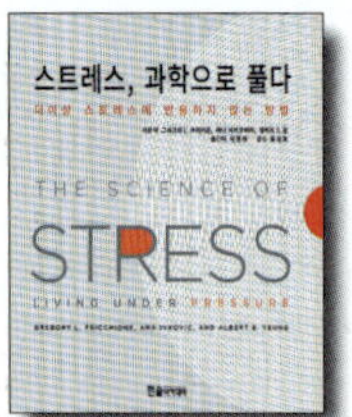

스트레스, 과학으로 풀다
그리고리 L. 프리키온, 애너이브 코비치, 앨버트 S.융 저
176쪽 | 20,000원

행복충전 50Lists
에드워드 호프만 저
272쪽 | 16,000원

지치지 않는 뇌 휴식법
이시카와 요시키 저
188쪽 | 12,800원

지능형홈관리사
김일진, 이의신, 송한춘, 황준호, 장우성 공저
500쪽 | 35,000원

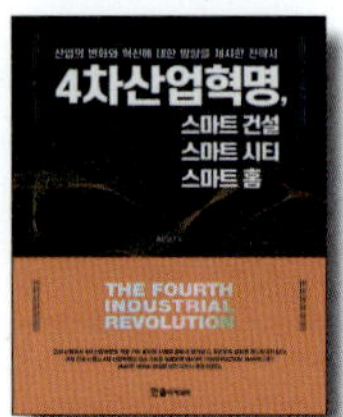

스마트 건설, 스마트 시티, 스마트 홈
김선근 저
436쪽 | 19,500원

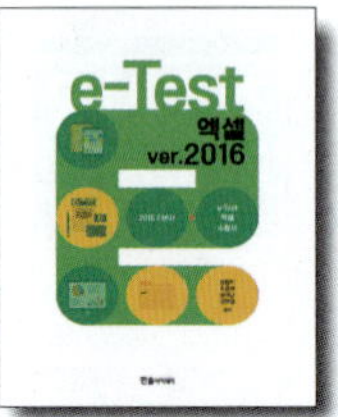

e-Test 엑셀 ver.2016
임창인, 조은경, 성대근, 강현권 공저
268쪽 | 17,000원

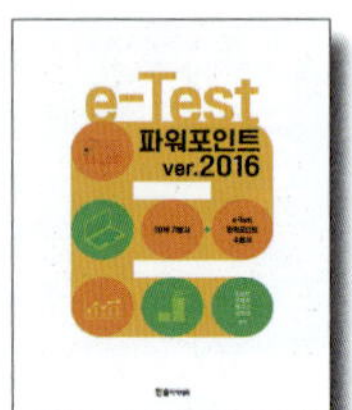

e-Test 파워포인트 ver.2016
임창인, 권영희, 성대근, 강현권 공저
206쪽 | 15,000원

e-Test 한글 ver.2016
임창인, 이권일, 성대근, 강현권 공저
198쪽 | 13,000원

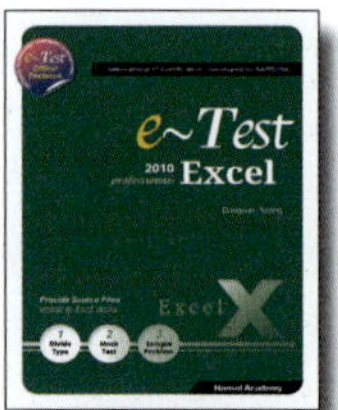

e-Test 엑셀 2010(영문판)
Daegeun-Seong
188쪽 | 25,000원

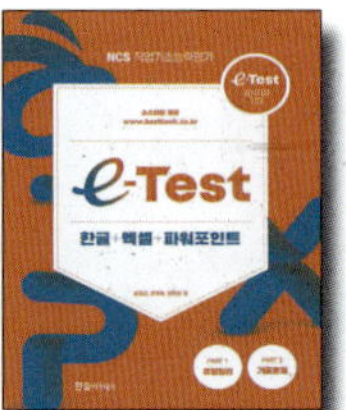

e-Test 한글+엑셀+파워포인트
성대근, 유재휘, 강현권 공저
412쪽 | 28,000원

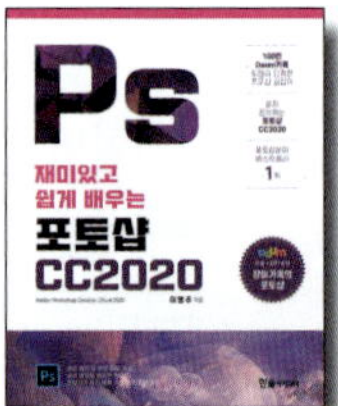

재미있고 쉽게 배우는 포토샵 CC2020
이영주 저
320쪽 | 23,000원

토목기사 실기 (전 3권)

김태선, 박광진, 홍성협, 김창원, 김상욱, 이상도, 한웅규
1,540쪽 | 52,000원

토목기사 실기 12개년 과년도

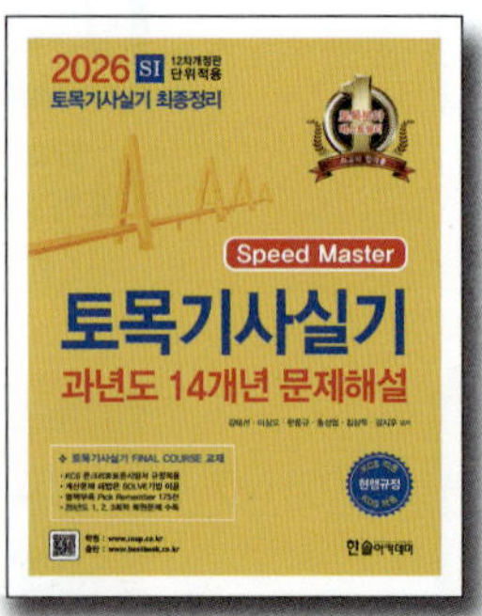

김태선, 이상도, 한웅규, 홍성협, 김상욱, 김지우
892쪽 | 38,000원

※ 구입처는 **전국대형서점**에서 구매하실 수 있습니다.

핵심 10 수준측량의 방법

1. 1등 수준측량을 할 경우 적당한 시준거리는? 답 40~60m

2. 레벨과 전시표척, 후시표척의 거리는 [   ] 로 한다. 답 등거리

3. 교호수준측량시 제거되는 오차는 [   ] 와 [   ] 이다.

답 레벨의 시준축 오차(기계오차), 지구의 곡률 및 광선굴절에 의한 오차

4. 기지점의 지반고가 100m, 기지점에 대한 후시는 2.75m 미지점에 대한 전시가 1.40m 일 때 미지점의 지반고는?

답 $G.H. = I.H. - F.S.$에서
$I.H. = 100 + 2.75 = 102.75\text{m}$이므로
$G.H. = 102.75 - 1.40 = 101.35\text{m}$

5. 교호수준측량의 고저차 공식은? 답 $h = \frac{1}{2}\{(a_1 - b_1) + (a_2 - b_2)\}$

6. 간접수준측량에서 수평거리 7km일 때 지구곡률의 오차는 얼마인가? (단, 지구의 반경은 6,370km로 함)

답 곡률오차(구차)$= \frac{D^2}{2R} = \frac{7^2}{2 \times 6370} = 0.0038\text{km}$

7. 수평거리 40m, 경사분획 5, 측표의 높이 2.0m, 시준공까지의 높이가 1m일 때, 고저차는?

답 $\therefore h = \frac{5 \times 4}{100} = 2\text{m}$
$\therefore H = i_A + h - z = 1 + 2 - 2 = 1\text{m}$

8. 횡단야장에서 분모는 [   ], 분자는 [   ] 으로 나타낸다.

답 거리, 표척의 읽음값

9. 직접수준측량의 정밀도는 간접수준측량의 정밀도보다 [   ]. 답 높다

10. 삼각 수준측량은 직접 수준측량보다 정밀도가 [   ]. 답 낮다

핵심 11 수준측량의 일반사항 및 정밀도

1. 항정법은 조정량을 구하는 것이므로 [   ] 를 조정한다. 답 높이차의 차

2. 전·후시를 같게하는 주목적은 [   ] 를 제거하기 위함이다. 답 시준축오차

3. 수준측량 작업에 있어서 전시(前視)와 후시(後視)의 거리를 같게 하면 소거되는 오차는?

답 시준축 오차, 구차, 기차

4. 기고식 야장 기입에서 [   ] 는 기지점 지반고+기지점 B.S.−미지점 F.S.로 구한다.

답 미지점의 지반고

5. 직접고저측량을 하여 2km 왕복에 오차가 5mm 발생했다면 같은 정확도로 8km를 왕복측량 했을 때 오차는?

답 $\sqrt{2} : 5 = \sqrt{8} : x \qquad \therefore x = \frac{\sqrt{8}}{\sqrt{2}} \cdot 5 = \frac{2\sqrt{2}}{\sqrt{2}} \cdot 5 = 10\text{mm}$

6. A, B 두점간의 고저차를 구하기 위하여 그림과 같이 (1), (2), (3) 코스로 수준측량한 결과는 다음과 같다. 두 점간의 고저차는?

코스	측정결과	거리
(1)	23.234m	4km
(2)	23.245m	2km
(3)	23.240m	2km

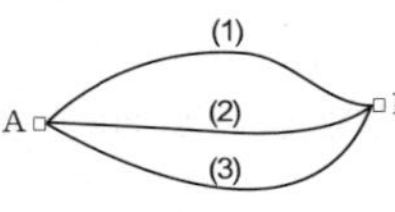

답 경중률 $= 1/4 : 1/2 : 1/2 = 1 : 2 : 2$

최확값$(H_P) = \frac{\Sigma PH}{\Sigma P} = \frac{1 \times 23.234 + 2 \times 23.245 + 2 \times 23.240}{1+2+2} = 23.2408\text{m}$

7. 수준측량에서 오차는 측량 거리의 [   ] 에 비례한다. 답 제곱근

8. 직접수준측량에 있어서 2km 왕복하는데 허용오차를 3mm로 한다면 4km 왕복의 허용오차는?

답 $E_1 = \pm K\sqrt{L_1} \qquad K = \pm \frac{E_1}{\sqrt{L_1}} = \frac{3}{\sqrt{4}} = \pm 1.5\text{mm}$
$\therefore E = \pm 1.5\sqrt{8} = \pm 4.24\text{mm}$

9. 수준망의 정확도는 각 구간마다 [   ] 를 비교하여 구한다. 답 1km당 오차

10. 타원보정량은 [   ] 와 관계있다. 답 위도

핵심 12 각 측량의 개요

1. 한점 주위의 여러개의 각을 정밀하게 측정하는 방법을 [　　　] 이라 한다. 답 각 관측법

2. A, B 두 방향에 대한 협각을 3대회 관측하려면 수평분도반(水平分度盤)의 위치는?

답 n대회 관측시 분도원의 위치는 $\frac{180°}{n}$이므로 $\frac{180°}{3}=60°$씩 초독의 위치를 이동하면서 관측한다.
즉, 0°, 60°, 120°

3. 반복법은 읽기오차가 [　　　] 로 줄어들어 관측각의 정도가 좋게 된다. 답 1/n

4. 31° 46′ 09″인 각을 1′까지 읽을 수 있는 트랜싯(transit)을 사용하여 6회의 배각법으로 관측하였을 때 각 관측값은? (단, 기계오차 및 관측오차는 없는 것으로 한다.)

답 ① $31°46'09''\times6=190°36'54''$
② 1′독 트랜싯을 사용하면 190°37′으로 관측된다.
$\therefore$ 관측값$=\frac{190°37'}{6}=31°46'10''$

5. 한 측점에서 7개의 방향선이 구성 되었을 때 각 관측법에 의한 관측각의 총 수는?

답 관측각의 총수$=\frac{N(N-1)}{2}=\frac{7(7-1)}{2}=21$개

6. 수평각을 측정하는 다음 방법 중 가장 정도가 높은 방법은? 답 각관측법

7. 트랜싯의 조정조건은 [　　　], [　　　], [　　　] 이다. 답 L⊥V, C⊥H, H⊥V

8. 트랜싯의 3축은 [　　　], [　　　], [　　　] 이다.

답 연직축(V), 수평축(H), 시준축(C)

9. 평반상의 수준기축이 연직축에 [　　　] 일 것. 답 수직

10. 트랜싯의 평반 기포관을 조정하기 위하여 기포관의 기포를 중앙에 오도록 한 다음 상반을 연직축 주위로 돌려 기포의 위치를 보았더니 기포가 2눈금 움직였다. 올바른 조정방법은?

답 평반 기포관의 조정시 오차가 발생하면 그 $\frac{1}{2}$을 기포관 조정나사로 나머지 $\frac{1}{2}$은 정준나사로 조정하여 기포를 중앙에 오도록 한다.

핵심 9 수준측량의 개요

1. 기계고(시준고)를 알기 위하여 표고를 알고 있는 점에 세운 표척의 시준을 [　　　] 라 한다.
답 후시

2. 수평면은 정지된 해수면상에 중력 방향으로 수직인 [　　　] 이다. 답 곡면

3. 오직 전시($F.S$)만하는 점을 무엇이라 하는가? 답 $I.P$

4. 중간점은 [　　　] 만 하므로 다른 측량지역에 영향을 미치지 않는다. 답 전시

5. 높이의 기준이 되는 수평면으로 이 면상의 모든 점의 표고가 0인 면을 [　　　] 이라 한다.
답 기준면

6. [　　　] 은 대물렌즈의 광심과 십자선의 교점을 연결한 선이다. 답 시준선

7. 망원경의 배율(m) 답 $m=\frac{\text{대물렌즈의 초점거리}}{\text{접안렌즈의 초점거리}}=\frac{F}{f}$

8. 기포관의 감도란 기포관의 [　　　] 이 곡률중심에 낀 각으로 감도를 표시한다.
답 1눈금

9. 기포관 한 눈금의 길이가 2mm이고, 기포가 한 눈금 움직이는데 중심각의 변화가 10″였다. 기포관의 곡률반경은?

답 $nd=R\theta$
$\therefore R=\frac{n}{\theta}d(rad)=\frac{1}{10''}\times0.002\times206265''=41.23\text{m}$

10. 수준기의 감도가 한눈금 20″의 덤피 레벨로 50m 전방의 표척을 읽은 후 기포의 위치가 1눈금 이동되었다. 이때 생기는 오차는 얼마인가?

답 $L=D\,20''(rad)$
$=50\times20''\times\frac{\pi}{180°}=0.005\text{m}$

핵심 8 GNSS 측량의 오차

1. GNSS 측량의 오차는 크게 [ ] 오차와 [ ] 오차

답 기하학적, 구조적인

2. DOP란 위성의 배치에 따른 [ ] 이다.

답 정밀도 저하율

3. 위성에서 발생하는 오차

답 ① 위성궤도오차 : 정확한 궤도 정보와 이력을 사용하여 보정
② 위성시계오차 : 위성 제어국의 시계오차 보정 정보를 이용

4. SA와 AS

답 ① SA : 선택적 사용성, 비군사용 사용자들에게 의도적으로 정밀도를 저하시킴
② AS : 군사목적의 P코드를 암호화, 미군만 사용 가능

5. 대기권 전파 지연 오차

답 ① 전리층 오차 : 2주파 수신기를 이용하여 소거
② 대류권 오차 : 대류권의 수증기로 인해 신호 굴절, 대류권 지연 모델을 이용하여 소거

6. 수신기 발생 오차

1) 다중경로오차 : 위성 고도각을 조정하여 소거
2) 신호 단절([ ])

답 cycle slip

7. 단일차분에 의하여 제거 가능한 오차는?

답 SA에 의한 오차, 위성 시계 오차, 위성 궤도 오차, 대기효과

8. 이중차분에 의해 제거 가능한 오차는?

답 수신기의 시계 오차, 전리층 지연 오차, 대류권 지연 오차

9. 삼중차분에 의해 제거 가능한 오차는?

답 모호정수 소거, 사이클 슬립 검출

10. 국가 기준점 체계

우주측지기준점 → 위성 기준점 → [ ]

답 통합기준점

핵심 13 오차의 종류 및 처리

1. 단각법에 의한 각 관측오차는 [ ] 이다.

답 $m_2 = \pm\sqrt{2(\alpha^2+\beta^2)}$

2. 배각법에 의한 각 관측오차는 [ ] 이다.

답 $m_0 = \pm\sqrt{\frac{2}{n}\left(\alpha^2+\frac{\beta^2}{n}\right)}$

3. 수평각은 아침, 저녁에 연직각은 빛의 굴절오차가 적은 [ ] 에 관측한다.

답 정오

4. 각 관측에서 시준오차가 ±10″이고 읽기오차가 ±5″인 경우 단각법에 의해 한각을 관측하는데 발생하는 각 관측오차는 얼마인가?

답 $m_x = \pm\sqrt{2(\alpha^2+\beta^2)} = \pm\sqrt{2(10^2+5^2)} = \pm 15.8''$

5. 망원경을 정, 반으로 관측하여 평균하면 소거되는 오차는 [ ], [ ], [ ] 이다.

답 시준축 오차, 수평축 오차, 외심 오차

6. 거리 2km 떨어진 목표가 관측방향에 대하여 직각으로 5cm 이동되었다면 관측각은 몇 초 변화하는가?

답 $\frac{e}{l} = \frac{\epsilon''}{\rho''}$ $\therefore \epsilon'' = \rho'' \times \frac{e}{l} = 206265'' \times \frac{0.005}{2000} = 5''$

7. 다각측량에서 한각을 관측하는데 발생되는 오차가 ±5″라고 하면, 4개의 각이 있을 때 각 오차의 총합은 얼마인가?

답 오차 전파의 법칙에서 $E = \pm\sqrt{E_1^2+E_2^2+\ldots} = \pm\sqrt{4\times(5'')^2} = \pm 10''$

8. 거리와 각을 동일한 정밀도로 관측하여 다각측량하려고 한다. 이 때, 각 측량기의 정밀도가 10″인 경우, 거리측량기의 정밀도로 옳은 것은?

답 각측량기의 정도(거리측량기의 정도) $= \frac{\epsilon''}{\rho''} = \frac{10''}{206265''} \fallingdotseq \frac{1}{21{,}000}$

9. 각 관측오차가 1′일 때 2km 떨어진 지점에서의 편심오차는 얼마인가?

답 $\frac{\Delta l}{l} = \frac{\epsilon''}{\rho''}$ $\therefore \Delta l = \frac{\epsilon''}{\rho''} \times l = \frac{1\times 60''}{206265''} \times 2000 = 0.582\text{m}$

10. 다각측량에서 1각의 오차가 10″인 9개의 각이 있을 경우에는 그 각오차의 총합은?

답 $E_\alpha = \pm\epsilon_\alpha\sqrt{n} = \pm 10''\sqrt{9} = \pm 30''$

핵심 14 트래버스 측량의 개요

1. 기준점을 연결하는 측선의 길이와 그 방향을 관측하여 측점을 연결하는 측량을 ☐ 이라 한다.

답 다각측량(Travers Surveying)

2. 측점수는 될 수 있는한 ☐ 한다.

답 적게

3. 트래버스 측량 순서는 계획 → 답사 → ☐ → ☐ → 거리 및 각 관측 → 계산 및 측점의 전개이다.

답 선점, 조표

4. 다각측량 중 가장 정도가 높은 것은 ☐ 로 한 삼각점에서 다른 삼각점에 ☐ 시키는 트래버스이다.

답 결합 트래버스, 결합

5. 좁은 지역에 세부측량의 기준이 되는 점을 추가 설치할 경우에 편리한 측량법은?

답 다각측량

6. 다각측량은 주로 ☐ 과 ☐ 를 측정하여 점의 위치를 정한다.

답 각, 거리

7. 폐합 트래버스 측량에서 편각을 측정했을 때 측각오차의 식은? (단, n : 변수, α : 측정교각의 합)

답 $360^\circ - \alpha$

8. 시가지에서 25변형 트래버스 측량을 실시하여 측각오차가 2′ 50″ 발생하였다. 어떻게 처리해야 하는가?

답 $E_\epsilon = 20''\sqrt{n} \sim 30''\sqrt{n} = 100'' \sim 150'' = 1'40'' \sim 2'30''$

∴ 오차가 허용오차를 초과했으므로 재측

9. 평탄한 지역에서 9개 측선으로 구성된 다각측량을 하여 2′ 의 측각오차가 발생되었다. 이 오차의 처리는 어떻게 하는 것이 좋은가?

답 평탄지의 측각오차의 허용범위

$60''\sqrt{n} = 60''\sqrt{9} = 180'' = 3'$

∴ 측각오차가 허용범위내에 있으므로 등배분한다.

10. 총 측점수 18개인 폐합 트래버스의 외각을 측정할 경우 그 총화는?

답 외각 측정시

$[\alpha] = 180^\circ(n+2) = 180^\circ(18+2) = 3600^\circ$

핵심 7 GNSS 측량의 개요

1. GNSS시스템

☐ – 미국, ☐ – 러시아, ☐ – EU,
☐ – 중국, ☐ – 일본

답 GPS, GLONASS, Galileo, Beidou, QZSS

2. GPS 구성의 3요소는?

답 우주부문, 제어부문, 사용자부문

3. PRN코드

☐ – 군사용, ☐ – 민간용, ☐ – P코드의 새로운 형태

답 P코드, C/A코드, M코드

4. 반송파, ☐, ☐, ☐

답 L_1파, L_2파, L_5파

5. 코드 측정방식 거리 = ☐ × 전파속도

답 시간차

6. 반송파 측정방식 거리 = ☐ × 파장길이

답 파장갯수

7. GPS 관측치를 어떤 수신기로 관측하여도 그에 무관하게 공통적인 양식으로 변환되는 GPS 데이터 형식은?

답 RINEX

8. 가장 정도가 높은 GNSS 측위법은?

답 정적측위

9. DGPS는 위성기반보정시스템인 ☐ 와 지성기반보정시스템인 ☐ 이 있다.

답 SBAS, GBAS

10. GNSS의 수준측량 표고 = 타원체고 – 지오이드고

4. 평균표고 730m인 지형에서 $\overline{AB}$측선의 수평거리를 측정한 결과 5000m였다. 평균해수위면으로의 거리로 환산하면? (단, 지구의 반경은 6370km임)

답 $C_h = -\dfrac{DH}{R} = -\dfrac{5\times730}{6370} = -0.57\text{m}$

$\therefore L = D + C_h = 5000 - 0.57 = 4999.43\text{m}$

5. 135m 측선의 우연오차가 135mm였다면 같은 정도로 측량한 15m측량선의 우연오차는?

답 우연오차는 측량거리의 제곱근에 비례하므로

우연오차$=\pm 135\text{mm} \times \sqrt{\dfrac{15\text{m}}{135\text{m}}} = \pm 45\text{mm}$

6. 100m의 거리를 20m의 줄자로 관측하였다. 1회의 관측에 +5mm의 누적오차와 ±5mm의 우연오차가 있을 때 정확한 거리는?

답 $\therefore L = 100 + 0.005\times5 \pm 0.005\sqrt{5} = 100.025 \pm 0.011$

7. 평균치의 중등오차 식은? 답 $m_0 = \pm\sqrt{\dfrac{\Sigma V^2}{n(n-1)}}$

8. 평균치의 확률오차 식은? 답 $r_0 = \pm 0.6745\sqrt{\dfrac{\Sigma V^2}{n(n-1)}}$

9. 어떤 길이를 10회 측정하여 평균제곱오차를 ±0.8cm 얻었다. 같은 방법으로 하여 평균제곱오차를 ±0.4cm로 하려고 한다면 몇 회 측정하는 것이 좋겠는가?

답 $m_0 = \dfrac{C}{\sqrt{n}}$

$C = m_0\sqrt{n} = 0.8\sqrt{10}$

$0.4 = \dfrac{0.8\sqrt{10}}{\sqrt{n}}$

$\therefore n = \left(\dfrac{0.8\sqrt{10}}{0.4}\right)^2 = 40$

10. 직각삼각형의 직각을 낀 두변 a,b를 측정하여 다음 결과를 얻었다. 빗변 c의 거리는? (단, a = 92.56±0.08, b = 43.25±0.06)

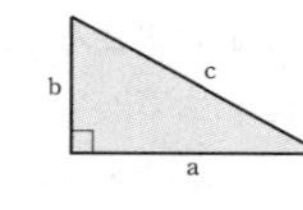

답 $c = \sqrt{a^2+b^2} = 102.166\text{m}$

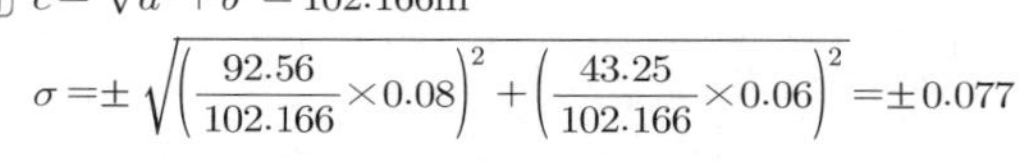

$\sigma = \pm\sqrt{\left(\dfrac{92.56}{102.166}\times0.08\right)^2 + \left(\dfrac{43.25}{102.166}\times0.06\right)^2} = \pm0.077$

핵심 15 트래버스의 계산

1. 방위각 265° 에 대한 측선의 방위는? 답 3상한이므로 265° − 180° W = S 85° W

2. 측선의 길이가 100m이고 경거의 부호가 (−), 위거의 값이 −50m일 때 이 측선의 방위각은?

답 $50 = l \cdot \cos\theta$

$\therefore \theta = \cos^{-1}\dfrac{50}{l} = 60°$

∴ 위거와 경거가 (−)이므로 3상한이다.

방위각$= 60 + 180 = 240°$

3. A와 B점의 좌표가 X_A = −11,328.58m, X_B = −11,616.10m, Y_A = −4,891.49m, Y_B = −5,240.8m라면 AB의 수평거리 S와 방위각 T는?

답 $S = \sqrt{(X_B - X_A)^2 + (Y_B - Y_A)^2} = 452.42\text{m}$

$\theta = \tan^{-1}\left(\dfrac{Y_B - Y_A}{X_B - X_A}\right) = 50°32'31''$

3상한이므로 $T = \theta + 180° = 230°32'31''$

4. 다음 그림에서 측선 CD의 방위는 얼마인가?

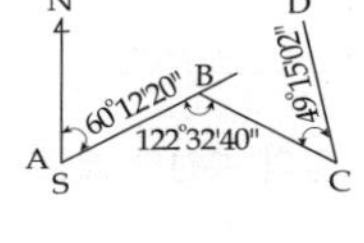

답 ① $\overline{BC}$의 방위각

$= 60°12'20'' + 180° - 122°32'40'' = 117°39'40''$

② $\overline{CD}$의 방위각

$= 117°39'40'' + 180° + 49°15'42'' = 346°54'42''$

③ $\overline{CD}$의 방위 : 4상한 이므로 N(360−α)W=N13°05'18''W

5. 역방위각은 방위각에 [   ] 를 더한 값이다. 답 180°

6. 방위각이란 북쪽을 기준으로 [   ] 방향으로 그 [   ] 에 이르는 각을 말한다.

답 시계, 측선

7. 편각측정시 방위각의 계산은 전측선의 방위각에 그 측점의 [   ] 을 더해준다. 답 편각

8. 어떤 측선이 NS축에 투영된 길이를 [   ] 라 한다. 답 위거

9. 위거는 측선의 길이에 [   ] 방위각을 곱하여 구한다. 답 cos

10. 경거는 측선의 길이에 [   ] 방위각을 곱하여 구한다. 답 sin

핵심 16 트래버스의 조정 및 면적계산

1. 폐합 트래버스의 오차는 각 위거(경거)의 [   ] 을 말한다. 답 총합

$$E_L = \Sigma Li = [L] \qquad E_D = \Sigma Di = [D]$$

2. 결합 트래버스의 오차는 기지점의 좌표값의 차이와 각 위거(경거)의 총합과의 [   ] 를 말한다. 답 차이

$$E_L = (X_B - X_A) - [L] \qquad E_D = (Y_B - Y_A) - [D]$$

3. 컴퍼스 법칙은 측각의 정도와 측거의 정도가 [   ] 할 때 사용한다. 답 비슷

$$e_L = \frac{E_L}{\Sigma l} l \qquad e_D = \frac{E_D}{\Sigma l} l$$

4. 트랜싯 법칙은 각 측정의 정도가 거리측정의 정도보다 [   ] 때 사용한다. 답 높을

$$e_L = \frac{E_L}{\Sigma |L|} |L| \qquad e_D = \frac{E_D}{\Sigma |D|} |D|$$

5. 임의 측선의 배횡거 : 전측선의 합경거 [   ] 그 측선의 합경거 답 +

6. 트래버스의 각 점은 합위거, 합경거를 [   ] 로 하여 도상에 전개하여 제도한다. 답 좌표

7. 트래버스 측량의 정밀도는 [   ] 로 나타낸다. 답 폐합비

8. A점 및 B점의 좌표가 다음표와 같고, A점에서 B점까지 결합 다각측량을 하여 계산해본 결과 합위거가 +84.30m, 합경거가 +512.62m이었다면, 이 측량의 폐합 오차는?

좌표 / 측점	X좌표	Y좌표
A점	69.30m	123.56m
B점	153.47m	636.22m

답 ① $E_L = 84.30 - (153.47 - 69.30) = 0.13\text{m}$

$E_D = 512.62 - (636.22 - 123.56) = -0.04\text{m}$

② $E = \sqrt{E_L^2 + E_D^2} = \sqrt{0.13^2 + (-0.04)^2} = 0.136\text{m}$

6. 거리세부측량을 실시할 때 적당한 방법은? 답 지거법

7. 모든 측선 사이에 장애물이 없는 지역의 거리 골조측량은 [   ] 을 사용한다. 답 삼각구분법

8. 측량구역에 장애물이 있어 대각선 측량이 불가능할 때는 [   ] 을 사용한다. 답 계선법

9. 100m의 거리를 20m의 줄자로 측정하려면 두 지점을 일직선으로 하기위해 [   ] 의 폴이 필요하다. 답 3개

10. 트랜싯으로 길이 2m인 수평표척(substense bar)의 양끝점을 관측한 결과 20°를 얻었다면 트랜싯을 세운 지점과 표척을 설치한 곳 까지의 거리는?

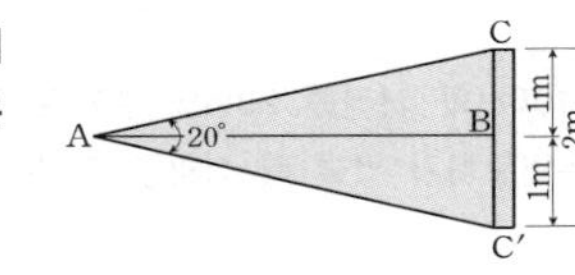

답 $D = \frac{b}{2} \cdot \cot\frac{\alpha}{2} = \frac{2}{2} \cdot \cot\frac{20°}{2} = 5.67\text{m}$

핵심 6 거리오차의 처리와 정밀도

1. 일률적인 경사지에서 AB 두 점간의 거리를 측정하여 150m를 얻었다. AB간의 고저차가 20m였다면 수평거리는?

답 $C_h = -\frac{h^2}{2L} = -\frac{20^2}{2 \times 150} \fallingdotseq -1.3\text{m}$

$\therefore D = L + C_h = 150 - 1.3 = 148.7\text{m}$

2. 거리관측의 보정량 중 항상(−)값을 갖는 것은 [   ], [   ], [   ] 이다. 답 경사보정, 처짐보정, 표고보정

3. 30m의 테이프가 표준자보다 1cm 짧다고 할 때 이 테이프로 측정한 300m의 길이는 얼마인가?

답 짧은자로 측정했으므로 측정한 길이는 크게 나타난다.

$L_o = L(1 + \frac{\Delta l}{l}) = 300(1 + \frac{0.01}{30}) = 300.1\text{m}$

핵심 4 관측값의 처리

1. 오차 중 그 원인이 불분명하여 주의하여도 제거할 수 없는 오차는 [ ] 이다.

답 우연오차

2. [ ] 는 원인이 분명하여 항상 일정량의 오차가 발생한다. 답 정오차

3. 부정오차(우연오차)는 [ ] 으로 처리한다. 답 최소제곱법

4. 같은 정도로 측정했을 때에는 경중률은 측정회수에 [ ] 한다. 답 비례

5. 경중률은 정밀도의 [ ] 에 비례한다. 답 제곱

6. 경중률은 직접수준측량에서는 측량거리에 [ ] 한다. 답 반비례

7. 확률오차는 몇 %의 확률을 나타내는가? 답 50%

8. 분포곡선은 [ ] 에 대하여 대칭이다. 답 μ_x

9. 측정값이 $\mu_x \pm \sigma_x$ 영역 내에 있을 확률은 [ ] 이다. 답 68.3%

10. 평균제곱근 오차(R. M. S. E : Root Mean Square Error)는 밀도함수 전체의 몇 % 범위를 나타내는가? 답 68.26%

핵심 5 거리측량 방법

1. 광파를 이용하는 거리측량기구는 [ ] 이다. 답 Geodimeter

2. 전파거리측정기를 사용한 측정거리는 전파의 [ ] 을 측정하여 구한다. 답 왕복시간

3. NNSS는 [ ] 을 하는 위성을 이용하여 지상위치 결정을 한다. 답 극궤도 운동

4. G.P.S는 [ ] 을 하는 위성을 이용하여 지상위치 결정을 한다. 답 원궤도 운동

5. GPS에서 사용하고 있는 기준타원체는 [ ] 타원체이다. 답 WGS 84

9. 다각측량의 A점에서 출발하여 다시 A점으로 돌아왔을때 위거차가 15cm, 경거차가 20cm 이었다. 이 때 다각측량의 전체길이가 932.34m이면 이 다각형의 정확도는?

답 $R = \frac{E}{\sum l} = \frac{\sqrt{0.15^2 + 0.20^2}}{932.34} = \frac{1}{3,729}$

10. 트래버스 측량에서 산림, 임야, 호소지에서 폐합비 허용범위는? 답 1/500~1/1,000

핵심 17 삼각측량의 개요

1. 삼각형의 각을 각각 A, B, C로 하고 그 대응변을 각각 a, b, c로 할 때 정현 비례식은?

답 $\frac{a}{\sin A} = \frac{b}{\sin B} = \frac{c}{\sin C}$

2. 삼각측량에서 시간과 경비가 많이 소요되나 가장 정밀한 측량성과를 얻을 수 있는 삼각망은?

답 사변형망

3. 도형의 강도는 조건식과 관측식의 수와 삼각형의 기하학적 성질에만 관계되고 [ ] 와는 무관하다. 답 관측 정확도

4. 삼각측량의 수평각 관측은 주로 [ ] 을 사용한다. 답 각관측법

5. 일등삼각측량에서 각관측은 [ ] 과 [ ] 을 관측한다. 답 수평각, 연직각

6. 2등 삼각점의 평균 변길이는 [ ] 이다. 답 10km

7. 변조건이란 삼각망 중에서 임의 한변의 길이는 계산의 순서에 관계없이 [ ] 하도록 한다. 답 동일

8. 단삼각형의 조정에서 각점의 내각이 같은 정밀도로 관측되었다고 한다면 폐합오차는 각의 크기에 관계 없이 [ ] 한다. 답 등배분

9. 삼각측량의 망계산에서 0.1″까지 계산할 때 18° 44′ 46.8″의 1″의 표차는?

답 표차계산식 = 21.05 ÷ tan α = 21.05 ÷ tan18° 44′ 46.8″ = 62

10. 그림과 같은 유심다각망의 조정에 필요한 조건방정식의 총 수는?

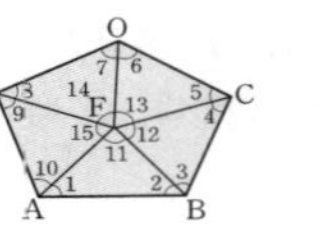

답 조건식의 총수$=B+a-2p+3=1+15-2\times6+3$
$=7$

핵심 18 삼각측량의 응용

1. 구차 : $+\dfrac{D^2}{2R}$

• 지구의 ☐ 때문에 발생하며 항상 작게 나타남 → ⊕해준다 답 곡률

2. 기차 : $-\dfrac{KD^2}{2R}$

• ☐ 때문에 발생하며 항상 크게 나타남 → ⊖해준다. 답 빛의 굴절

3. 양차란 기차와 구차를 ☐ 으로 A, B 양 지점에서 측정을 해서 높이의 평균을 구하면 없어진다. 답 합한 값

$$\text{양차}=\frac{(1-K)}{2R}D^2$$

4. 평탄한 지역에서 5km 떨어진 지점을 관측하려면 측표의 높이는 얼마로 하여야 하는가? (단, 지구의 곡률반경은 6,370km이다.) 답 구차$=\dfrac{D^2}{2R}=\dfrac{5^2}{2\times6370}=0.00196\text{km}$

5. 삼각수준측량을 할 때 구차와 기차로 인하여 생기는 높이에 대한 오차 보정량 계산식은? (단, R=지구의 반경, S=측점까지의 거리, K=굴절률 계수) 답 $S\tan\alpha+\dfrac{1-K}{2R}S^2$

6. 삼각수준측량은 ☐ 를 보정하여 높이계산을 한다. 답 양차

7. 삼각 수준측량에서 오차 : 거리의 비가 1/30,000일 때 지구의 곡률을 고려하지 않아도 좋은 시준거리는? (단, R=6370km, K=0.14이다)

답 $1:30,000=\dfrac{(1-k)}{2R}D^2:D \qquad D=\dfrac{(1-K)}{2R}D^2\times30,000$

$\therefore D=\dfrac{2R}{(1-K)\times30,000}=\dfrac{2\times6370}{(1-0.14)\times30,000}=0.494\text{km}$

7. 측지학적 3차원 위치 결정은 ① ☐ ② ☐ ③ ☐ 를 결정하는 것이다. 답 ① 위도, ② 경도, ③ 높이

8. 측지좌표 기준계로서 SPOT이나 GPS에서 채택하고 있는 좌표계는? 답 WGS 84

9. 위도는 어떤 지점에서 준거타원체의 법선이 ☐ 과 이루는 각으로 표시한다. 답 적도면

10. 임의의 지점에 있어서 ☐ 이란 측지원점을 통하는 자오선에 평행인 남북선의 북방향이다. 답 진북

핵심 3 측지학

1. 지자기의 3요소는 ☐ , ☐ , ☐ 이다. 답 편각, 복각, 수평분력

2. ☐ 은 지구 내부의 특성, 지구의 형상 및 운동을 결정하는 것이다. 답 물리학적 측지학

3. ☐ 은 지구표면상에 있는 점들 간의 상호 위치관계를 결정하는 것이다. 답 기하학적 측지학

4. 중력이상의 주된 원인은 지하물질의 ☐ 가 고르게 분포되어 있지 않다. 답 밀도

5. 탄성파 측량은 낮은곳은 ☐ , 깊은 곳은 ☐ 을 이용한다. 답 굴절법, 반사법

6. 지구의 곡률반경이 6,370km이며 삼각형의 구과량이 2.0″일 때 구면삼각형의 면적은?

답 $\dfrac{\epsilon''}{\rho''}=\dfrac{F}{R^2} \qquad \therefore F=R^2\cdot\dfrac{\epsilon''}{\rho''}=6,370^2\times\dfrac{2.0''}{206,265''}=393.4\text{km}^2$

7. VLBI는 2점에 전파가 도착하는 ☐ 를 관측하여 두 점간의 거리를 구한다. 답 시간차

8. ☐ 은 지표상 두점간의 최단거리 선이다. 답 측지선

9. ☐ 은 자오선과 항상 일정한 각도를 유지하는 지표의 선이다. 답 항정선

10. ☐ 란 중력방향과 회전타원체의 중심방향과의 교각으로 중력이상을 측정하는데 사용된다. 답 연직선편기

10. 지구의 곡률로부터 생기는 길이의 오차를 1/2,000,000까지 허용한다면 반경 몇 km이내를 평면으로 보는가? (단, 지구의 반경을 6,370km로 한다.)

답 $\frac{d-D}{D}=\frac{1}{12}\left(\frac{D}{R}\right)^2=\frac{1}{200만}$

$D=\sqrt{\frac{12R^2}{2\times10^6}}=\sqrt{\frac{12\times6370^2}{2\times10^6}}=15.6\text{km}$

반경 $r=\frac{D}{2}=7.8\text{km}$

핵심 2 지구의 형상과 크기

1. 지구의 크기로서는 회전타원체의 삼축 반경을 산술평균하는 것으로 그 값은 다음 중 어느 것인가? (단, 지구의 적도반경 : 6377km, 극반경 : 6356km이다.)

답 평균반경 $R=\frac{2a+b}{3}=\frac{2\times6377+6356}{3}=6370\text{km}$

2. 현재 우리나라에서 공식적으로 사용되고 있는 지구타원체의 형상은? 답 BESSEL

3. 지구를 장반경이 6,377.393km, 단반경이 6,356.079km인 타원체로 볼 때 편평률은?

답 $\epsilon=\frac{a-b}{a}=\frac{6377.393-6356.079}{6377.393}=\frac{1}{299}$

4. 적도반경과 극반경과의 차이는 약 몇 km인가?

답 편평율 $(\epsilon)=\frac{a-b}{a}$

$\frac{1}{299}=\frac{a-b}{a}$

$a-b=\frac{a}{299}=\frac{6370}{299}=21.304\text{km}$

5. 지구를 구체로 취급할 때 위도 1° 간의 거리는? (단, 지구의 반지름은 6,370km로 한다.)

답 $2\pi R\times\frac{1°}{360°}=2\times3.14\times6370\times\frac{1}{360}=111.12\text{km}$

6. 지구의 경도 180° 에서 경도를 6° 간격으로 동쪽을 향하여 구분하고 그 중앙의 경도와 적도의 교점을 원점으로 하는 좌표는? 답 U.T.M 좌표

8. 삼변측량에서 cos∠A를 구하는 식은? 답 $\frac{b^2+c^2-a^2}{2bc}$

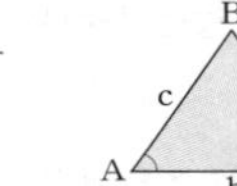

9. 삼각점의 등급을 정하는 주된 목적은 [ ] 를 결정하기 위함이다. 답 각관측정밀도

10. 삼각망 조정법의 기본원리는 삼각망의 도형이 단 한 개로 확정될 수 있게 [ ] 을 만족시키는 데는 변함이 없다. 답 기하학적 조건

핵심 19 지형측량의 개요

1. 지형측량이란 [ ] 과 [ ] 를 측정하여 일정한 축척과 도식으로 지형도를 작성하기 위한 측량을 말한다. 답 지물, 지모

2. [ ] 이란 지표의 불규칙한 곡면을 몇 개의 평면의 집합으로 생각할 때 이들 평면의 서로 만나는 선으로 지표면의 형상을 나타내는 골조가 된다. 답 지성선

3. 자연적 도법에는 [ ] 과 [ ] 이 있으며 입체감이 잘 나타나나 그리기 어렵다. 답 음영법, 우모법

4. 토목공사용으로 가장 널리 사용되는 지형의 표시법은 [ ] 이며 [ ] 과 함께 사용하면 더욱더 편리하다. 답 등고선법, 채색법

5. 지형도의 등고선 간격은 일반적으로 다음 어느 것으로 하는가? 답 축척 분모수의 약 1/2000

6. 지형측량에서 지성선(地性線)이란 [ ] 이 되는 선을 말한다. 답 지모(地貌)의 골격

7. 부호적 도법에는 [ ] , [ ] 및 [ ] 이 있다.

답 점고법, 채색법, 등고선법

8. 하천이나 항만 등에서 심천측량을 한 결과의 지형을 표시하는 방법으로 적당한 것은?

답 점고법

9. 등고선에서 최단거리의 방향은 지표의 [　　] 을 표시한다. 답 최대경사방향

10. 凹선은 지표면의 낮은 점들을 연결한 선으로 [　　], [　　] 이라고 한다.

답 합수선, 계곡선

핵심 20 등고선

1. 1/50,000 국토기본도에서 500m의 산정과 300m의 산정사이에는 주곡선이 몇 본 들어가는가?

답 1/50,000 지도에서 주곡선 간격은 20m이다.

주곡선 갯수$= \frac{500-300}{20} - 1 = 9$

2. 등고선의 간격은 대체로 축척 분모수의 몇 분의 1이 적합한가? 답 1/2,000

3. 1 : 25,000지도에서 등고선의 간격은? 답 주곡선 10m, 간곡선 5m, 조곡선 2.5m

4. 등고선은 지표의 최대 경사선 방향과 [　　] 한다. 답 직교

5. 등고선은 [　　] 이나 [　　] 을 제외하고는 절대 교차하지 않는다. 답 절벽, 동굴

6. 다음 1/50,000 도면상에서 AB간의 도상수평거리 10cm일 때 AB간의 실수평 거리와 AB선의 경사를 구한 값은?

A B
25m 30m 35m 40m
등고선

답 ① 실수평거리

0.1m×50,000=5,000m

② AB선의 경사

$\frac{40-25}{5,000} = \frac{1}{333.3}$

7. 표고 31.5m의 A점에 평판을 세우고 그 기계 높이를 측정하니 1.1m였다. 2m 간격의 등고선을 측정하려면 타켈판의 높이를 얼마로 하면 좋은가?

답 ① 평판의 높이=31.5+1.1=32.6m
② 32m 등고선의 타켈판 높이=32.6−32=0.6m
③ 30m 등고선의 타켈판 높이=32.6−30=2.6m

핵심 1 측량의 정의 및 분류

1. 측량의 3요소는 ① [　　] ② [　　] ③ [　　] 이다.

답 ① 수평거리, ② 방향(각), ③ 고저차(높이)

2. 측지학의 분류 중 물리학적 측지학에 속하는 것은 ① [　　] ② [　　] ③ [　　] 등이 있다. 답 ① 중력 측정, ② 탄성파 측정, ③ 지구의 운동

3. 기하학적 측지학에 속하는 것은 ① [　　] ② [　　] ③ [　　] 등이 있다.

답 ① 수평위치 결정, ② 천문측량, ③ 길이 및 시의 결정

4. 지구곡률을 고려한 반경 [　　] 인 지역의 측량에는 측지학의 지식을 필요로 한다.

답 11km 이상

5. 측지측량은 지구의 [　　] 을 고려한 정밀측량이다. 답 곡률

6. [　　] 이란 지구내부의 특성, 지구의 형상 및 운동을 결정하는 측량과 지구표면상 모든 점들간의 상호위치 관계를 산정하는 측량을 위한 학문이다. 답 측지학

7. 거리 60km인 지역을 평면으로 고려하여 측량을 실시했을 때 얻어지는 측량성과의 허용정도는? 답 허용정도 $\frac{(d-D)}{D} = \frac{D^2}{12R^2} = \frac{60^2}{12 \times 6370^2} = \frac{1}{135,256}$

8. 지구곡률을 고려한 대지측량을 해야 하는 범위는? (단, 정도는 1/100만 로 한다.)

답 $\frac{d-D}{D} = \frac{1}{12}\left(\frac{D}{R}\right)^2$ $\frac{1}{100만} = \frac{1}{12}\left(\frac{D}{6370}\right)^2$

$\therefore D = \sqrt{\frac{12 \times 6370^2}{100만}} \fallingdotseq 22km$

$\therefore$ 반경$r = \frac{D}{2} = 11km$

면적$A = \pi r^2 \fallingdotseq 400km^2$

9. 지구반경 6400km에서 구면상의 거리차는 평면거리 20km에서는 얼마인가?

답 $\frac{d-D}{D} = \frac{1}{12}\left(\frac{D}{R}\right)^2$

$\therefore d-D = \frac{1}{12} \cdot \frac{D^3}{R^2} = \frac{1}{12} \cdot \frac{20^3}{6370^2} = 0.0163m$

제2편
핵심120제

8. 1/5000의 지형측량에서 등고선을 그리기 위한 측점에 높이의 오차가 2.0m였다. 그 지점의 경사각이 1°일 때 그 지점을 지나는 등고선의 오차는 얼마인가?

답 ① $\tan\theta = \frac{H}{D}$에서 $H=2.0\text{m}$이면

$D = \frac{2.0}{\tan 1°} = 114.58\text{m}$

② 1/5,000에서 등고선의 오차 $= \frac{114.58}{5,000} = 0.023\text{m}$

9. 1/50,000 지형도에서 5% 구배의 노선을 선정하려면 각 주곡선 간의 도상 수평거리는?

답 ① 1/50,000에서 주곡선의 간격은 20m

$\frac{5}{100} = \frac{C}{L} \quad \therefore L = \frac{100}{5} \times 20 = 400\text{m}$

② 도상거리$(l) = L \times \frac{1}{S} = 400 \times \frac{1}{50,000} = 0.008\text{m}$

10. 1/50,000 지형측량에서 등고선의 위치오차를 평면 0.5mm, 높이 ±2m, 토지의 경사 45°에서 최소 등고선 간격은?

답 최소 등고선의 간격(H)

$H \geq 2(dh + dl \cdot \tan\theta)$

$dl = 0.5 \times 50,000 = 25,000\text{mm} = 25\text{m}$

$H \geq 2(2 + 25 \times \tan 45°) = 54\text{m}$

핵심 21 면적 계산법

1. 축척 1/1,500 도면상의 면적을 축척 1/1,000으로 잘못 측정하여 24,000m²를 얻었을 때 실제 면적은?

답 $A_o = (\frac{S}{L})^2 = A = (\frac{1,500}{1,000})^2 \times 24,000 = 54,000\text{m}^2$

2. 1km²의 면적이 도면상에서 4cm²일 때의 축척은?

답 면적비 = (축척비)² $\quad \frac{1}{m} = \sqrt{\frac{4}{1 \times (10^5)^2}} = \frac{1}{50,000}$

3. 축척 1/500 도상에서 세변의 길이가 각각 20.5cm, 32.4cm, 28.5cm일 때 실제면적은?

답 $S = \frac{1}{2}(a+b+c) = 40.7\text{cm}$

$A = \sqrt{s(s-a)(s-b)(s-c)} = 288.53\text{cm}^2$

$A_O = A \cdot \text{m}^2 = 288.53 \times 500^2 = 72,132,500\text{cm}^2$

4. 직선으로 둘러싸인 면적의 계산 방법은 [ ], [ ], [ ] 이 있다.

답 삼사법, 삼변법, 좌표에 의한 방법

5. 어떤 횡단면적의 도상면적이 40.5cm²였다. 가로 축척이 1/20, 세로 축척이 1/60이였다면 실제면적은 얼마인가?

답 $A_0 = (m_1 \times m_2) \cdot A = (20 \times 60) \times 40.5 = 48,600\text{cm}^2 = 4.86\text{m}^2$

6. 면적계산에 있어서 도면이 곡선에 둘러싸여 있는 부분의 면적은 어느 방법으로 구하는 것이 가장 적당한가?

답 구적기에 의한 방법

7. 도형의 면적을 구한 경우 그림에서 곡선 AB를 2차 곡선으로 가정할 때 그 면적 ABEF를 구하는 공식은?

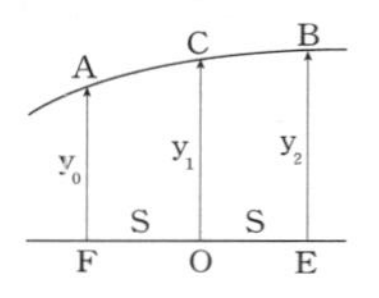

답 $A = S/3(y_o + 4y_1 + y_2)$

8. 축척 1/1000일 때 단위면적이 10m²인 측간의 위치에서 1/100의 면적을 측정하고자 한다. 단위면적은 얼마인가?

답 $a' = a\left(\frac{S}{L}\right)^2 = 10\left(\frac{100}{1000}\right)^2 = 0.1\text{m}^2$

9. 구적기의 정밀도에서 큰 면적의 정밀도는?

답 0.1~0.2%

10. 축척 1/1,000의 단위면적이 5m²일 때 이것을 이용하여 1/3,000의 축척에 의한 면적을 구할 경우의 단위면적은?

답 $A = \left(\frac{S}{L}\right)^2 \cdot A_o = \left(\frac{3,000}{1,000}\right)^2 \cdot 5 = 45\text{m}^2$

핵심 22 체적계산법

1. 각주공식(prismoidal formula) : 심프슨의 제1법칙을 적용한 공식은?

답 $V = \frac{l}{6}(A_1 + 4A_m + A_2)$

2. [ ] 은 비교적 평지에 가까운 넓은 지역의 토공량을 계산하기에 좋은 방법이다.

답 점고법

3. [ ] 은 토공량, 저수량 산정 등에 사용된다.

답 등고선법

4. 토량계산 공식중 양단면의 면적차가 심할 때 산출된 토량의 대소 관계는? (단, 중앙단면법 : A, 양단면평균법 : B, 각주공식 : C로 한다.)

답 A < C < B

11 하천측량

* 평균유속 측정법

1. 1점법(Vm) = $V_{0.6}$
2. 2점법(Vm) = $\frac{V_{0.2} + V_{0.8}}{2}$
3. 3점법(Vm) = $\frac{V_{0.2} + 2V_{0.6} + V_{0.8}}{4}$
4. 4점법(Vm) = $\frac{1}{5}\left\{(V_{0.2} + V_{0.4} + V_{0.6} + V_{0.8}) + \frac{1}{2}\left(V_{0.2} + \frac{V_{0.8}}{2}\right)\right\}$

3. cant : 바깥 레일을 안쪽보다 높이는 것(편물매, C)

$$C=\frac{SV^2}{gR}\text{(철도}=150\text{mm)}$$

S : 레일간거리　　V : 차량속도(km/hr)
R : 곡선반경(m)　　g : 중력가속도(9.8m/sec)

4. 슬랙(철도) 확폭(도로)

: 곡선부에서 안쪽 간격을 넓히는 것(철도 30mm이하)

확폭량(ϵ) = $\frac{L^2}{2R}$

5. 완화곡선

1) 완화곡선의 길이(L) = $\frac{N}{1,000}\cdot C$
2) 이정(f) = $\frac{L^2}{24R}$
3) 클로소이드의 기본식 $A^2=R\cdot L$
4) 클로소이드의 접선각 $\tau=\frac{L}{2R}$

6. 종단곡선

1) 원곡선(철도)
① 접선길이 $l=\frac{R}{2}\left(\frac{m}{1000}-\frac{n}{1000}\right)$
② 곡선길이 $L\fallingdotseq 2l=R\left(\frac{m}{1000}-\frac{n}{1000}\right)$
③ 종거계산 $y=\frac{x^2}{2R}$
2) 이차포물선(도로)
① 곡선길이 $L=\frac{R}{100}(m-n)$
② 종거 $y=\frac{|m-n|}{200\cdot L}x^2$
3) 구배선 계획고 : (H') = $H_o+\frac{m}{100}x$
4) 종곡선 계획고 : (H) = H' − y

5. **고속도로 공사에서 측점10의 단면적은 318m², 측점 11의 단면적은 512m², 측점12의 단면적은 682m²일 때 측점 10에서 12까지의 토량을 양단면평균법으로 구하면? (단, 측점간의 거리는 20m임)**

답 양단면 평균법

$$V=\frac{A_1+A_2}{2}L=\frac{318+2\times512+682}{2}\times20=20,240\text{m}^3$$

6. **그림과 같은 구릉이 있다. 표고 5m의 등고선에 둘러 쌓인 부분의 단면적이 A_1=3800m², A_2=2900m², A_3=1800m², A_4=900m², A_5=200m²라고 할 때의 이 구릉의 토량은?**

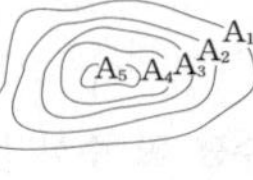

답 $V=\frac{h}{3}\{A_1+A_n+4(A_2+A_4)+2(A_3)\}$

$=\frac{5}{3}\{3800+200+4(2900+900)+(2\times1800)=38,000\text{m}^3$

7. **그림과 같은 지형의 절토량을 구하시오. (단, 구형단면식에 의함)**

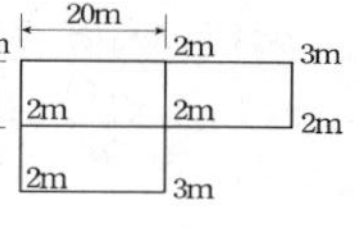

답 $V=\frac{a}{4}\{\Sigma h_1+2\Sigma h_2+3\Sigma h_3+4\Sigma h_4\}$

$=\frac{10\times20}{4}\{(1+3+2+3+2)+2(2+2)+3(2)+4(0)\}$

$=1250\text{m}^3$

8. **도로공사에서 거리 20m인 성토구간의 시작단면 A_1=72m², 끝 단면 A_2=182m², 중앙단면 Am=132m²라고 할 때에 각주 공식에 의한 성토량은?**

답 $V=\frac{l}{6}(A_1+4A_m+A_2)=\frac{20}{6}(72+4\times132+182)=2606.7\text{m}^3$

핵심 23 면적과 체적측정의 정확도 및 토지분할법

1. **면적과 거리의 정도의 관계는?**

답 $A=x\cdot y$

$dA=y\,dx+x\,dy$

$\frac{dA}{A}=\frac{y\,dx}{x\,y}+\frac{x\,dy}{x\,y}=\frac{dx}{x}+\frac{dy}{y}$

2. 거리와 체적측정의 정확도의 공식은?

답 $\frac{dV}{V}=3\frac{dl}{l}$ $\quad \frac{dl}{l}=\frac{1}{3}\frac{dV}{V}$

3. 100m² 의 정방형의 토지의 면적을 0.1m²까지 정확하게 구하자면 이에 필요한 1변의 길이는?

답 $A=a^2$ 에서, $a=\sqrt{A}=\sqrt{100}=10\text{m}$가 된다.

$dA=2a\cdot da$

$\therefore da=\frac{dA}{2a}=\frac{0.1}{2\times10}=0.005\text{m}$

그러므로 5mm의 단위로 읽는다.

4. 수평 및 수직거리를 동일한 정확도로 관측하여 육면체의 체적을 2,000m³로 측정했을 때, 체적계산오차를 0.5m³ 이내로 하려면 수평 및 수직거리 관측의 허용정확도는 얼마로 해야 하는가?

답 $V=a^3$

$a=\sqrt[3]{V}=\sqrt[3]{2000}=12.6\text{m}$

$dV=3a^2da$

$\therefore da=\frac{dV}{3a^2}=\frac{0.5}{3\times12.6^2}=0.00105\text{m}$

$\therefore$ 거리관측의 정도$=\frac{da}{a}=\frac{0.00105}{12.6}≒\frac{1}{12,000}$

5. 직사각형 모양의 토지면적을 1/1000 정확도로 산출할려면 변길이의 측정 정확도는 얼마로 측정해야 하는가?

답 $\frac{dA}{A}=2\frac{dl}{l}$

$\therefore \frac{dl}{l}=\frac{1}{2}\frac{dA}{A}=\frac{1}{2}\times\frac{1}{1000}=\frac{1}{2,000}$

6. 장방형의 두변을 측정하여 x_1 =25m, x_2 =50m를 얻었다. 줄자의 1m당 평균 자승오차가 ±3mm일 때 면적의 평균 자승오차는?

답 $dA=\sqrt{(x_1 m_{x_2})^2+(x_2 m_{x_1})^2}$

$m_{x_1}=\pm3\sqrt{25}=\pm0.015\text{m}$

$m_{x_2}=\pm3\sqrt{50}=\pm0.021\text{m}$

$\therefore dA=\pm\sqrt{(25\times0.021)^2+(50\times0.015)^2}=\pm0.92\text{m}^2$

3) 면적의 오차

$dA=y\cdot d_x+x\cdot d_y$

4) 면적 측정의 평균 제곱근 오차

$M=\pm\sqrt{(y\cdot m_x)^2+(x\cdot m_y)^2}$

10 노선측량

1. 단곡선 공식

1) T.L(접선장)$=R\cdot\tan\frac{I}{2}$

2) C.L(곡선장)$=R\cdot I\,rad=R\cdot I\frac{\pi}{180°}=0.0174533R\cdot I$

3) C(현장)$=2R\cdot\sin\frac{I}{2}$

4) M(중앙종거)$=R\left(1-\cos\frac{I}{2}\right)$

5) E(S.L) 외할, 외선장$=R\left(\sec\frac{I}{2}-1\right)$

6) B.C(곡선시점) = ~ I.P거리 − T.L

7) E.C(곡선종점) = ~B.C + C.L

8) l_1(시단현 길이) = B.C 다음 말뚝 값 − B.C

9) l_2(종단현 길이) = E.C − E.C 전 말뚝 값

10) δ_o(편각)$=\frac{\ell}{2R}rad=\frac{\ell}{2R}\frac{180°}{\pi}=1,718.87'\frac{\ell}{R}$

11) δ_1 시단현편각$=\frac{l_1}{2R}rad$

12) δ_2(종단현(편각)$=\frac{l_2}{2R}rad$

13) 총편각$=\frac{I}{2}$

14) 접선편거 $t=\frac{l^2}{2R}$

15) 현편거 $d=\frac{l^2}{R}$

2. 중앙종거법($\frac{1}{4}$법) : 기설곡선의 보정에 편리

$M_1=R\left(1-\cos\frac{I}{2}\right)≒\frac{C_1^{\ 2}}{8R}$

$M_2=R\left(1-\cos\frac{1}{4}\right)≒\frac{C_2^{\ 2}}{8R}≒M_1\frac{1}{4}$

$M_3=R\left(1-\cos\frac{1}{2^3}\right)≒\frac{C_3^{\ 2}}{8R}≒M_2\frac{1}{4}$

4) 좌표법

$$A=\frac{1}{2}\sum x_i(y_{i+1}-y_{i-1})$$

5) 축척과 면적의 관계(면적비=축척비^2)

$$A_2=\left(\frac{m_2}{m_1}\right)^2\cdot A_1$$

2. 체적계산

1) 양단면 평균법 : $V=\frac{A_1+A_2}{2}\times\ell$

2) 중앙단면법 : $V=Am\times\ell$

3) 각주공법 : $V=\frac{\ell}{6}(A_1+4Am+A_2)$

4) 점고법(사각형) : $V=\frac{A}{4}(\Sigma h_1+2\Sigma h_2+3\Sigma h_3+4\Sigma h_4)$

평균표고(계획고) $h_o=\frac{V}{nA}$

5) 등고선법 $V=\frac{h}{3}\{A_o+4(A_{홀})+2(A_{짝})+A_n\}$

3. 토지분할법

1) 한 변에 평행한 직선에 따른 분할

$$\left(\frac{AD}{AB}\right)^2=\frac{m}{m+n} \qquad AD=AB\sqrt{\frac{m}{m+n}}$$

2) 한 변상의 고정점을 통하는 분할

$$AD=\frac{AB\times BC}{AP}\times\frac{n}{m+n}$$

3) 삼각형의 정점을 통하는 분할

$$BP=BC\frac{m}{m+n}$$

4. 면적 측정의 정도 및 평균제곱근 오차의 합

1) 면적(A)

$$A=x\cdot y$$

2) 면적측정의 정도

$$\frac{dA}{A}=\frac{d_x}{x}+\frac{d_y}{y}=2\cdot K \text{ (거리측정의 정도)}$$

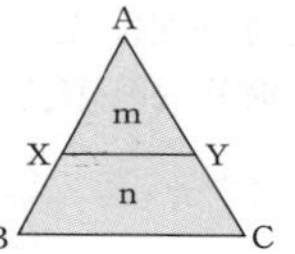

7. 그림과 같은 토지를 한변 BC에 평행한 XY로 분할하여 m : n = 1 : 3의 면적비가 되었다. AB = 50m라면 AX는 얼마인가?

답 $\overline{AX}^2:\overline{AB}^2=m:(m+n)$

$\therefore \overline{AX}=\overline{AB}\sqrt{\frac{m}{m+n}}=50\sqrt{\frac{1}{1+3}}=25\text{m}$

8. 50m의 스틸(steel)자로 4각형의 변장을 측정한 결과 가로, 세로 모두 30.00m였다. 나중에 이 스틸자의 눈금을 기선척에 비교한 결과 50m에 대해 1cm 늘어난 것을 발견했다. 이 때의 면적오차는?

답 $A_o=A(1\pm\frac{\Delta l}{l})^2=30^2\times(1+\frac{0.01}{50})^2=900.36\text{m}^2$

$\therefore dA=A_o-A=900.36-900=0.36\text{m}^2$

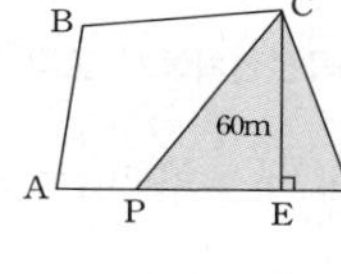

9. 4변형 ABCD의 C를 통하여 면적을 2등분할 때 PD 길이는? (단, ABCD의 면적은 1800m², CE의 길이는 60m임)

답 $\triangle$CDP의 면적$=\frac{1800}{2}=900\text{m}^2=\frac{1}{2}\text{PD}\cdot\text{CE}$

$\therefore \text{PD}=\frac{2\times900}{\text{CE}}=\frac{2\times900}{60}=30\text{m}$

핵심 24 노선측량의 개요 및 단곡선 공식

1. [ ] 이란 도로, 철도, 관로, 갱도, 수로등 노선상에 여러 구조물을 계획, 설계 및 시공을 목적으로 하여 시행하는 측량이다.

답 노선측량

2. 노선측량에서 중심말뚝의 간격은 [ ] 이다.

답 20m

3. 평면곡선은 노선의 방향이 변화되는 위치에 설치하며 [ ] 과 [ ] 이 있다.

답 원곡선, 완화곡선

4. 노선측량의 순서는 [ ] → 답사 → 예측 → [ ] → 준공측량이다.

답 도상계획, 공사측량

5. 원곡선에서 적당한 현장 C와 그 중앙종거 M을 측정하여 반지름 R을 구할 때 적당한 식은?

답 $M=R(1-\cos\frac{I}{2})\fallingdotseq\frac{C^2}{8R} \qquad \therefore R=\frac{C^2}{8M}$

6. 단곡선을 설치하기 위하여 교각 I=80°를 측정하고 외선장 S.L(E)=10m로 하고 싶다. 이때의 곡선장은? (단, $\rho''=57°$)

답 $\therefore R=\frac{E}{\sec\frac{I}{2}-1}=\frac{10}{\sec\frac{80°}{2}-1}=32.74\text{m}$

$C.L.=RI°(rad)=RI°\frac{\pi}{180°}=32.74\times 80°\times\frac{\pi}{180°}=45.71\text{m}$

7. 반경이 150m, 교각이 57° 36′ 일 때 접선장(T.L)과 곡선장(C.L)은 얼마인가?

답 $T.L=R\tan\frac{I}{2}=150\times\tan\frac{57°36'}{2}=82.46\text{m}$

$C.L=RI°rad=150\times 57°36'\times\frac{\pi}{180°}=150.80\text{m}$

8. 곡선설치에서 교각 I = 60°, 반지름 R = 150m일 때 접선장(T.L)은?

답 $T.L=R\tan\frac{I}{2}=150\times\tan\frac{60°}{2}=86.6\text{m}$

9. 노선측량의 원곡선에서 교각 I = 45°, 반경 R = 200m일 때 곡선길이는 얼마인가?

답 $C.L=R\cdot Irad=200\times 45°\times\frac{\pi}{180°}=157.08\text{m}$

10. 도로의 단곡선 설치에서 교각 I = 60°, 곡선반경 R = 150m이며, 곡선시점 B, C는 No.8+17m(20m×8+17m)일 때 종단현에 대한 편각을 구하는 순서는 [　　] → [　　] → [　　] → [　　]

답 C.L, E.C의 추가거리, 종단현의 길이, 종단현에 대한 편각

핵심 25 곡선설치법

1. 지거법은 [　　] 으로 설치하기 곤란한 곳에 사용하며 삼림등에서 벌채량을 줄일 수 있다.

답 편각법

2. 노선측량에서 단곡선을 설치할 때 정확도는 좋지 않으나 간단하고 신속하게 설치할수 있는 1/4 법은 어느 방법을 이용한 것인가?

답 중앙종거법

3. 양차

1) 구차(지구의 곡률오차) $K_1=\frac{D^2}{2R}$(높게 보정)

2) 기차(대기의 굴절오차) $K_2=\frac{-KD^2}{2R}$(낮게 보정)

3) 양차 = 구차 + 기차 = $\frac{(1-K)}{2R}D^2$

8 지형 측량

1. 지성선

지표의 불규칙한 곡면을 몇 개의 평면으로 생각할 때 이들 평면이 서로 만나는 선으로 지표의 골조가 됨

2. 지성선의 종류

1) 능선 : 지표면의 높은 점들을 연결한 선 – 분수선
2) 계곡선 : 지표면의 낮은 점들을 연결한 선 – 합수선
3) 최대경사선 : 등고선에 직각으로 교차 – 유하선

3. 지형의 표시법

1) 자연적 도법 : 음영법, 우모법
2) 부호적 도법 : 점고밥, 채색법, 등고선법

4. 등고선의 종류와 성질

1) 종류 : 계곡선, 주곡선, 간곡선, 조곡선
2) 성질 : 매우 중요. 본문 참고.

9 면적 및 체적계산

1. 면적 계산

1) 삼변법 : $A=\sqrt{s(s-a)(s-b)(s-c)}$

2) 심프슨의 1법칙 : $A=\frac{d}{3}(y_1+4y_2+y_3)$

3) 심프슨의 2법칙 : $A=\frac{3d}{8}(y_1+3y_2+3y_3+y_4)$

5. 경·위거의 계산

1) 위거 $= l$ (거리) $\times \cos\theta$

2) 경거 $= l$ (거리) $\times \sin\theta$

6. **폐합오차(E)** $= \sqrt{(\text{위거오차}^2)+(\text{경거오차}^2)} = \sqrt{(E_L)^2+(E_D)^2}$

7. **폐합비(R)** $= \dfrac{\text{폐합오차}}{\text{전측선의 거리}} = \dfrac{E}{\Sigma L} =$ 정밀도

8. 두점의 좌표에 의한 측선의 길이 및 방위계산

1) 실제거리(측선의 길이) $= \sqrt{(\Delta X)^2+(\Delta Y)^2}$

2) 방위 $= \tan^{-1}\left(\dfrac{\Delta Y}{\Delta X}\right)$

9. 면적계산

1) 배면적 = 배횡거 × 조정위거

2) 면적 $= \dfrac{|\text{배면적}|}{2}$

3) 좌표에 의한 면적 계산

$$A = \frac{1}{2}\Sigma X_i(Y_{i+1} - Y_{i-1})$$

7 삼각 측량

1. 삼각측량의 원리(정현비례법칙, sin 법칙)

$$\frac{a}{\sin\angle A} = \frac{b}{\sin\angle B} = \frac{c}{\sin\angle C}$$

$$\frac{a}{\sin\angle A} = \frac{b}{\sin\angle B} \Rightarrow a = \frac{\sin\angle A}{\sin\angle B}\times b$$

2. 귀심계산(편심계산)

1) $\theta_1 = \dfrac{e}{\ell_1}\sin\alpha\times\rho''$

2) $\theta_2 = \dfrac{e}{\ell_2}\sin(360 - T+\gamma)\times\rho''$

3) $\beta+\theta_1 = \gamma+\theta_2$

$\therefore \beta = \gamma+\theta_2-\theta_1$

3. **단곡선을 설치하는 방법중에서 가장 정밀한 방법은?** 답 편각 설치법

4. **접선편거와 현편거를 이용하여 도로곡선을 설치하고자 할 때 현편거가 26cm이었다면 접선 편거는?** 답 13cm

5. **B.C의 위치가 No.12+16.404m이고, E.C의 위치가 No.19+13.52m일 때 시단현과 종단현에 대한 편각은? (단, 곡선반경은 200m이며 중심말뚝의 간격은 20m이다. δ_1 : 시단현에 대한 편각, δ_2 : 종단현에 대한 편각이다.)**

답 ① 시단현(l_1) $= 20 - 16.104 = 3.596$m

$$\delta_1 = \frac{180°}{\pi}\times\frac{l_1}{2R} = \frac{180°}{\pi}\times\frac{3.596}{2\times200} = 0°30'54''$$

② 종단현(l_2) $= 13.52$m

$$\delta_2 = \frac{180°}{\pi}\times\frac{13.52}{2\times200} = 1°56'12''$$

6. **다음과 같은 복곡선(Compound Curve)에서 $t_1 + t_2$의 값은 얼마인가?**

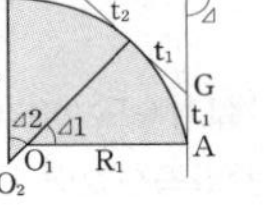

답 $R_1\tan\dfrac{\Delta_1}{2} + R_2\tan\dfrac{\Delta_2}{2}$

7. **I=60°, R=200m일 때 중앙종거법에 의해 원곡선을 측설할 때 8등분점은?**

답 M_3 (8등분점) $= R\left(1-\cos\dfrac{I}{2^3}\right)$

$$\therefore M_3 = 200\left(1-\cos\frac{60°}{8}\right) = 1.711\text{m}$$

8. **교점(I.P)은 기점에서 500m의 위치에 있고 교각 I = 36°, 현장 ℓ = 20m일 때 외선길이(외할) S.L = 5.00m이라면 시단현의 길이는 얼마인가?** 답 11.57m

9. **R = 200m, I = 56° 20′ 의 원곡선을 설치하고자 한다. 편각 δ가 7° 25′ 일 때 x, y를 구하여라.**

답 지거법에서

① $x = R(1-\cos2\delta) = 200(1-\cos14°50') = 6.67$m

② $y = R\sin2\delta = 200\times\sin(2\times7°25') = 51.20$m

핵심 26 완화곡선

1. 완화곡선의 곡선반경은 완화곡선의 시점에서 [ ] 종점에서 [ ] 로 된다.

답 무한대, 원곡선 R

2. 일반적으로 고속도로에 사용되는 완화곡선은?

답 클로소이드 곡선

3. 노선에 있어서 곡선의 반경만이 2배로 증가하면 캔트의 크기는?

답 $C=\frac{SV^2}{gR}$에서 곡선반경(R)을 2배로 하면 캔트(C)는 $\frac{1}{2}$배로 된다.

4. 곡선부를 통과하는 차량에 원심력이 발생하여 접선방향으로 탈선하는 것을 방지하기 위해 바깥쪽의 노면을 안쪽보다 높이는 정도를 무엇이라 하는가?

답 캔트

5. 곡선반경 R=500m, 차량의 앞면에서 뒤 차축까지의 거리가 10m일 때 확폭량은?

답 $\epsilon=\frac{L^2}{2R}=\frac{10^2}{2\times500}=0.10\text{m}$

6. 설계속도 80km/hr의 고속도로에서 기본형의 크로소이드 완화곡선 종점의 반경 R=360m, 완화곡선길이 L=40m인 경우 크로소이드 매개 변수 A는?

답 $A^2=RL$ (클로소이드의 기본식)에서 $A=\sqrt{RL}=\sqrt{360\times40}=120\text{m}$

7. A=60.00의 클로소이드 곡선상의 시점 BC에서 곡선 길이 30m의 반지름은?

답 $A^2=RL$에서 $R=\frac{A^2}{L}=\frac{60^2}{30}=120\text{m}$

8. 클로소이드곡선은 곡률이 곡선길이에 [ ] 하여 증가하는 일종의 나선형 곡선이다.

답 비례

9. 클로소이드 곡선은 수평곡선에 속하며 [ ] 에서 주로 사용하고 [ ] 에는 3차 포물선이 사용된다.

답 고속도로, 철로

10. 클로소이드 곡선의 직각좌표에 의한 설치법이 아닌 것은?

① 주접선에 의한 방법
② 현에 의한 방법
③ 접선에 의한 방법
④ 현다각에 의한 방법

답 ④

③ n회 관측한 평균값에 의한 오차

$$(M)=\pm\sqrt{\frac{2}{n}(\alpha^2+\beta^2)}$$

n : 관측수, α : 시준오차, β : 읽기오차

3. **대회관측** : 정위, 반위로 2회 측정한 값
   1) 교차 : R_1-L_1
   2) 관측차 : $(R_1-L_1)-(R_2-L_2)$
   3) 배각차 : $(R_1+L_1)-(R_2+L_2)$

6 트래버스 측량

1. **폐합트래버스 오차 검산**
   1) 내각 : $[\alpha]-180(n-2)$
   2) 외각 : $[\alpha]-180(n+2)$
   3) 편각 : $[\alpha]-360°$

2. **결합트래버스 오차 검산**
   1) $A_1+[\alpha]-180(n+1)-A_n$
   2) $A_1+[\alpha]-180(n-1)-A_n$
   3) $A_1+[\alpha]-180(n-3)-A_n$

3. **측각오차의 허용 범위**
   1) 산림지 및 복잡한 경사지 $1.5\sqrt{n}$(분)
   2) 평지(보통지) : $0.5\sqrt{n}\sim1.0\sqrt{n}$(분)
   3) 시가지 및 그 밖의 중요지 : $20\sqrt{n}\sim30\sqrt{n}$(초)

4. **방위각 계산**
   1) 교각 : ① 진행방향 우측각(시계) : 전측선의 방위각+180−그 측선의 교각
      ② 진행방향 좌측각(반시계) : 전측선의 방위각+180+그 측선의 교각
   2) 편각 : ① 진행방향 우측각(시계) : 전측선의 방위각+우편각
      ② 진행방향 좌측각(반시계) : 전측선의 방위각−좌편각
   3) 역방위각=방위각+180°

5. 오차의 허용범위

1) 왕복 측정할 때의 허용오차(L=km, 노선거리)

1등 : $\pm 2.5\sqrt{L}$mm, 2등 : $\pm 5.0\sqrt{L}$mm

2) 폐합수준측량을 할 때 폐합차

1등 : $\pm 2.0\sqrt{L}$mm, 2등 : $\pm 5.0\sqrt{L}$mm

6. 오차는 노선거리의 제곱근에 비례

$$E = \pm K\sqrt{L}$$

7. 수준측량의 정밀도는 허용오차로 대신한다.

$$K = \pm \frac{E}{\sqrt{L}}$$

5 각 측량(트랜싯 측량)

1. 각 관측법

1) 반복법

2) 방향각법

3) 각(조합각)관측법 : 가장 정밀한 측각법

2. 수평각 측정시의 오차

1) 단측법 : 1각을 1회 측정

2) 배각(반복)법 : 1각을 2회 이상 측정

① 시준오차$(n_1) = \pm\sqrt{\dfrac{2\alpha^2}{n}}$

② 읽음오차$(n_2) = \pm\dfrac{\sqrt{2\beta^2}}{n}$

③ 배각관측오차$(M) = \pm\sqrt{\dfrac{2}{n}\left(\alpha^2 + \dfrac{\beta^2}{n}\right)}$

3) 방향관측법 : 한측점에 여러개의 각

① 1방향에 생기는 오차$(m_1) = \pm\sqrt{\alpha^2+\beta^2}$

② 2방향에 생기는 오차$(m_2) = \pm\sqrt{2(\alpha^2+\beta^2)}$

핵심 27 종단곡선

1. 종단곡선은 [   ] 을 완화하고 충분한 [   ] 를 확보하여 안전운행을 할 수 있도록 설치하는 곡선이다.

답 충격, 시야

2. 철도는 주로 [   ] 이 이용되고 도로는 [   ] 이 이용된다. 지형에 따라 오목형과 볼록형이 있다.

답 원곡선, 2차 포물선

3. 종단곡선의 길이(L)는 접선길이(l)의 [   ] 로 해도 큰 차이가 없다.

답 2배

4. 우리나라 도로(道路)에서 1/25의 구배(勾配)에 대한 표시 방법은?

답 $\dfrac{1}{25} = \dfrac{x}{100}(\%)$ $\quad x = 4\%$

5. 곡선설치에서 상향기울기 4.5/1000와 하향기울기 35/1000가 반경 2000m의 단곡선 중에서 교차할 때 교점에서 곡선시점까지의 거리는?

답 $L = R\left(\dfrac{m}{1000} - \dfrac{n}{1000}\right) = 2000\left\{\dfrac{4.5}{1000} - \left(-\dfrac{35}{1000}\right)\right\} = 79\text{m}$

$\therefore l = L/2 = 39.5\text{m}$

6. 상향 구배 20/1000, 하향 구배 50/1000인 두 직선이 반경 2000m의 단곡선 중에서 교차할 때 절선장은 얼마인가?

답 $l = \dfrac{R}{2}\left(\dfrac{m}{1000} - \dfrac{n}{1000}\right) = \dfrac{2000}{2}\left\{\dfrac{20}{1000} - \left(-\dfrac{50}{1000}\right)\right\} = 70\text{m}$

7. 상향구배 45/1000와 상향구배 35/1000가 반지름 2000m의 곡선중에서 만날 경우에 곡선시점에서 40m 떨어져 있는 점의 종거 y의 값은 어느 것인가?

답 $(y) = \dfrac{x^2}{2R} = \dfrac{40^2}{20 \times 2000} = 0.4\text{m}$

8. 다음과 같은 종곡선(vertical curve)에서 A점으로부터 10m 되는 지점의 표고는 얼마인가? (단, 시점 A의 표고는 101.40m 이다.)

답 101.50

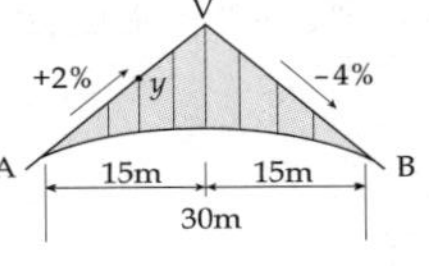

핵심 28 평면측량

1. 하천 삼각측량의 측각은 [ ] 으로 측정하며 각오차는 [ ] (단, 삼각형의 오차는 10″ 이내)

답 반복법(배각법), 20″이내

2. 평면도의 축척은 [ ] 로 하나, 하천의 폭이 50m이내일 경우에는 [ ] 으로 한다.

답 1/2,500, 1/1,000

3. 수애선의 측량에는 [ ] 과 [ ] 에 의한 방법이 있다. 답 동시관측법, 심천측량

4. 하천측량을 실시하는 주목적은 하천공사의 [ ]

답 각종 설계, 시공에 필요한 자료를 얻기 위해

5. 하천측량에서 평면측량의 범위는 유제부에서 제내 [ ], 무제부에서는 홍수가 영향을 주는 구역보다 [ ] 한다.

답 300m 이내, 약간 넓게

6. 하천측량의 종류에는 [ ], [ ], 우량관측, [ ], [ ], 하천 공작물 조사 등이 있다.

답 평면측량, 수준측량, 수위관측, 유량관측

7. 하천 측량의 순서는 [ ] → [ ] → [ ] → 관측순이다.

답 도상조사, 자료조사, 답사

8. 하천의 평면 측량에서 삼각망의 구성중 소삼각의 내각을 얼마로 하면 좋은가?

답 40° ~ 100°

9. 하천측량시 기준점 설치 평면측량의 삼각점 [ ], 수준측량의 수준점 [ ] 로 한다.

답 2~3km, 5km 이내

10. 하천측량시 수애선은 어떤 수위를 기준으로 하는가?

답 평수위

4 수준측량

1. 레벨의 조정조건

① $C//L$, ② $L \perp V$ (①이 가장 중요)

2. 항정법(항타법) : 덤피레벨의 제3조정과 같다.

1) 조정량$(d) = \frac{l+l'}{l}\{(a_1-b_1)-(a_2-b_2)\}$

2) 정확한 b_2 의 읽음값$= b_2 \pm d$

3. 수준측량방법

1) $H_B = H_A \pm H$, H (고저차)

① 고차식 야장의 고저차 $H = \Sigma B.S - \Sigma T.P$

② 기고식, 승강식 $H = \Sigma B.S - \Sigma T.P$

③ 교호수준측량 $H = \frac{(a_1-b_1)+(a_2-b_2)}{2} = \frac{(a_1+a_2)-(b_1+b_2)}{2}$

(시준축오차 소거, 하천 및 계곡에서 많이 사용)

4. 수준기(기포관)의 감도

1) 기포관의 곡률반경

$nd : R = L : D$

① $R = \frac{n \times d \times D}{L}$ ② $L = \frac{n \times d \times D}{R}$

2) 감도 : 기포관 1눈금이 움직이는데 대한 중심각

$\frac{\alpha''}{\rho} = \frac{L}{nD}$

① $L = \frac{\alpha''}{\rho} \times n \times D$ ② $\alpha'' = \frac{L}{n \times D} \times \rho''$

③ $\alpha'' = \frac{d}{R}\rho''$

여기서, α'' : 기포관의 감도 R : 기포관의 곡률반지름

n : 기포의 이동눈금수 d : 기포의 한눈금의 크기

3) 각 측정의 정도와 거리 측정의 정도

$\frac{\triangle l}{l} = \frac{\alpha''}{\rho''} = \frac{1}{M}$

$\rho'' = \frac{180''}{\pi} = 206,265''$

3. 실제거리 = 도상거리 × M , 도상거리 = $\frac{실제거리}{M}$

실제면적 = 도상면적 × M^2

4. **정밀도(오차)**

1) 산지 : $\frac{1}{500} - \frac{1}{1,000}$

2) 평지 : $\frac{1}{1,000} - \frac{1}{5,000}$

3) 시가지 : $\frac{1}{5,000} - \frac{1}{50,000}$

3 GNSS측량

1. **GPS의 구성**
   1) 우주부문
   2) 제어부문
   3) 사용자부문

2. **GPS 신호**
   1) PRN 코드 : P코드(군사용). C/A코드(민간용)
   2) 반송파 : L_1파(P코드와 C/A코드 모두 방송)
   L_2파(P코드만 방송)
   L_5파(생활안전신호 방송)

3. **GPS의 측위원리**
   1) 코드 측정방식 : 거리=시간차×전파속도 – 정밀도 낮음
   2) 반송파 측정방식 : 거리=파장갯수×파장길이 – 정밀도 높음

4. **GNSS측량의 정밀도**
   1) 단독측위 < 상대측위
   2) 동적측위 < 정적측위
   3) 실시간 처리 < 후처리

5. **GNSS 수준측량**
   정표고=타원체고–지오이드고

6. **GNSS의 측위오차**
   1) 기하학적 오차 : DOP(기하학적인 위성의 배치에 따른 오차)
   2) 구조적인 오차 : 위성 오차, 대기권 전파지연오차, 수신기 오차
   3) SA(선택적 사용성)와 AS 오차

핵심 29 수위관측

1. [ ] 는 지천의 합류점 및 분류점등 수위의 변화가 일어나기 쉬운 곳은 피한다.
답 수위관측소

2. 하천의 [ ] 를 구하는 방법은 여러 가지가 있으나 심천측량으로 수심이 가장 깊은 곳을 찾아서 구하는 것이 가장 적합하다. 답 하저경사도

3. 하천수준 측량에서 그 오차의 한계를 유조부에서는 4km 왕복에 대하여 얼마를 넘지 않아야 하는가? 답 10mm

4. 수심이 수십 m 이내이고 소규모의 하구의 수심도를 작성하고자 한다. 이때 사용되는 기계, 기구, 장비의 조합은? 답 육분의, 음향측심기, 측량선

5. 하천 측량시 수준 측량에서 거리표의 설치는 하천의 좌안을 기준으로 몇 m간격으로 설치하는가? 답 200m

6. 수위는 [ ] 까지 읽고 수면구배를 측정시는 [ ] 까지 읽는다. 답 cm, 1/4cm

7. 양수표를 설치하는 위치조건 중 옳지 않은 것은?

① 상, 하류 약 500m 정도의 직선인 장소
② 잔류, 역류가 적은 장소
③ 수위가 교각이나 기타 구조물에 의한 영향을 받지 않는 장소
④ 지천의 합류점에서는 불규칙한 수위의 변화가 없는 장소

답 ①

8. 하천의 수위에서 제방, 교량, 배수 등 치수목적에 이용되는 수위는? 답 평균최고수위

9. 하천에서 저수위라 함은 1년을 통하여 며칠 이상 내려가지 않는 수위를 말한다? 답 275일

10. 건설부 하천측량의 규정에서 표준으로 하는 종단면도의 축척은 [ ] , [ ] 이다.
답 횡 1/1,000, 종 1/100

핵심 30 유량관측

1. 2점법은 수면에서 [   ], [   ] 되는 곳의 유속을 산술평균하여 평균유속으로 한다.

답 $\frac{2}{10}, \frac{8}{10}$

2. 1점법은 수면에서 [   ] 되는 곳의 [   ] 을 평균유속으로 취하는 방법이다.

답 $\frac{6}{10}$, 유속($V_{0.6}$)

3. 3점법은 수면에서 [   ], [   ], [   ] 되는 곳의 [   ] 를 산술평균하여 평균유속으로 취하는 방법이다.

답 $\frac{2}{10}, \frac{6}{10}, \frac{8}{10}$, 유속($V_{0.2}, V_{0.6}\ V_{0.8}$)

4. 유속을 수면으로부터 0.2h, 0.5h, 0.6h, 0.8h되는 곳에서 측정한 결과 각각 0.562, 0.480, 0.497, 0.364m/sec이었다. 이 때 평균유속이 0.480m/sec로 계산되었다면 옳은 계산법은? (단, h는 수심)

답 $V_m = \frac{1}{4}(V_{0.2} + 2V_{0.6} + V_{0.8}) = \frac{1}{4}(0.562 + 2 \times 0.497 + 0.364) = 0.48\mathrm{m/sec}$

∴ 3점법

5. 유속측정에서 부자를 사용할 때 직류부의 유하거리는? 답 하천폭의 2~3배

6. 하천측량에서 표면부자를 사용할 때 표면유속에서 평균유속을 구할 경우 큰 하천에서는 얼마를 곱해주어야 하는가? 답 0.9

7. 부자(浮子)에 의해 유속을 측정할 때 유하거리에서 ±0.5m, 시간측정에서 0.5sec의 오차를 허용한다면, 관측유속 1.0m/sec의 경우 유속정도를 2%로 하기 위해서는 유하거리로 얼마로 하면 좋은가?

답 ① 유하거리의 오차 $= \frac{dl}{l} = \frac{0.5}{l} \times 100 = \frac{50}{l}\%$

② 유하시간의 오차 $= \frac{dt}{t} = \frac{dt}{l/v} = \frac{0.5}{l} \times 100 = \frac{50}{l}\%$

∴ 유속의 오차 $= \frac{dV}{V} = \sqrt{\left(\frac{50}{l}\right)^2 + \left(\frac{50}{l}\right)^2} \fallingdotseq \frac{70.7}{l}\%$

$\frac{70.7}{l} = 2$ 이므로

∴ $l = \frac{70.7}{2} = 35.35\mathrm{m}$

2) P(경중률)을 고려한 경우

① 최확치(L_O)

$$L_O = \frac{P_1\ell_1 + P_2\ell_2 + P_3\ell_3 \cdots + P_n\ell_n}{P_1 + P_2 + \cdots + P_n} = \frac{[P\ell]}{[P]}$$

② 중등오차(m_O) $\pm\sqrt{\frac{\Sigma PV^2}{P(n-1)}}$ $\quad r_o = \pm 0.6745 \times m_o$

4. **구과량** : 내각의 합은 $180(n-2)$보다 반드시 크게 나타난다.

$$e'' = \frac{F}{r^2} \cdot \rho''$$

여기서, F : 구면(평면)삼각형의 면적
r : 지구의 곡률반경

5. **오차 전파의 법칙**

$$M = \pm\sqrt{m_1^2 + m_2^2 + m_3^2 \cdots + m_n^2}$$

2 거리측량

1. **거리 측정방법**

1) $D = L \times \cos\theta$ 2) $H = L \times \sin\theta$ 3) $\tan\theta = \frac{H}{D}$

4) $D = \sqrt{L^2 - H^2}$ 5) $D = L - \frac{H^2}{2L}$, $\theta = \tan^{-1}\frac{H}{D}$

2. **정오차의 보정식(삼각측량 기선측정 보정식)**

1) 온도보정(C_t) $= \pm L \cdot \alpha \cdot (t - t_0)$
정확한 거리 $= L \pm C_t$

2) 장력보정(C_p) $= \pm\frac{L}{AE}(P - P_o)$, 정확한 거리 $= L \pm C_p$

3) 처짐보정(C_s) $= -\frac{L}{24}\left(\frac{w\ell}{P}\right)^2$, 정확한 거리 $= L - C_s$

4) 평균해수면 보정(표고보정)(C_m) $= -\frac{H}{R}L$, 정확한 거리 $= L - C_m$

5) 경사보정(C_g) $= -\frac{H^2}{2L}$, 정확한 거리 $= L - C_g$

6) 표준척 보정(C_u) $= \pm L \times \frac{\triangle l}{l}$, 정확한 거리 $= L \pm C_u$

7) 장력과 처짐의 소거(P_n) $= \sqrt[3]{\frac{AE}{24}(w\ell)^2}$

공식 파일 요약

1 측량학 개론

1. 대지측량과 평면측량의 구분

1) 허용오차 $= \dfrac{D^3}{12r^2}$

2) 허용정도 $= \dfrac{d-D}{D} = \dfrac{D^3}{12r^2}$

3) 평면으로 간주할 수 있는 범위$(D) = \sqrt{\dfrac{12 \cdot R^2}{m}}$

2. 지구의 형상과 크기

1) 지구를 구로 볼 때 : 곡률반경 $R = \dfrac{2a+b}{3}$

2) 지구를 회전타원체로 볼 때

① 타원방정식의 표준형, $\dfrac{X^2}{a^2} + \dfrac{Y^2}{b^2} = 1$

② 지구의 편평률 $\epsilon = \dfrac{a-b}{a}$

③ 지구의 편심(이심)률 $e = \sqrt{\dfrac{a^2-b^2}{a^2}}$

④ 중등곡률반경 $R = \sqrt{M \cdot N}$

3. 오차와 정밀도

1) P(경중률)을 고려하지 않은 경우

① 최확치 $L_0 = \dfrac{\ell_1 + \ell_2 + \ell_3 \cdots + \ell_n}{n} = \dfrac{(\ell)}{n}$

② 개개의 관측치에 대한 m_o, r_o

$m_o = \pm\sqrt{\dfrac{\Sigma V^2}{n-1}}$, $r_o = \pm 0.6745 \times m_o$

③ n개의 관측치에 대한 m_o, r_o (최확치에 대한 m_o, r_o)

$m_o = \pm\sqrt{\dfrac{\Sigma V^2}{n(n-1)}}$, $r_o = \pm 0.6745 \times m_o$

④ 정도$(R) = \dfrac{\text{오차}}{\text{전측선의 길이}} = \dfrac{m_o}{L_o}$ or $\dfrac{r_o}{L_o} = \dfrac{1}{m}$

8. 유량 측정장소 선정시 고려할 사항 상·하류 약 [ ] 의 직선인 장소일 것.

답 100m정도

9. 하천의 유량(Q) 측정공식은?

답 $Q = A \cdot V$

10. 하상구배는 하천의 [ ] 을 연결한 선의 경사도를 말하며 각 종,횡단면도를 그려 가장 깊은 곳을 따라 하상구배로 한다.

답 가장 깊은 곳

제1편

공식파일요약

1주일 완성! 핵심문제풀이

측 량 학

發行處 **(주) 한솔아카데미**

(우)06775 서울시 서초구 마방로10길 25 트윈타워 A동 2002호
TEL : 575-6144/5　　FAX : 529-1130
〈1998. 2. 19 登錄 第16-1608號〉
www.bestbook.co.kr/www.inup.co.kr

CIVIL ENGINEER

측 량 학

- 제1편 공식파일요약
- 제2편 핵심120제(1~40)

THE PASS

1주일 완성! 핵심문제풀이

측량학

핵심정리 120제

이 책의 특징

- 각 단원별 기출문제를 체계적으로 정리하여 복습이 자연스럽게 이루어지도록 유도하였습니다.
- 과년도기출문제 중심으로 구성하여 문제 답을 한눈에 들어오도록 하였습니다.
- 총정리 문제풀이로 최종 마무리가 될 수 있도록 하였습니다.

www.inup.co.kr
www.bestbook.co.kr

THE PASS

2026

1주일 완성! 핵심문제풀이

측량학

핵심정리 120제

- 핵심1～핵심28
- 핵심공식 파일요약

2

한솔아카데미